(Hoch)Schulmathematik

Tobias Glosauer

(Hoch)Schulmathematik

Ein Sprungbrett vom Gymnasium an die Uni

3. Auflage

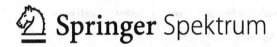 Springer Spektrum

Tobias Glosauer
Johannes-Kepler-Gymnasium
Reutlingen, Deutschland

ISBN 978-3-658-24573-3   ISBN 978-3-658-24574-0   (eBook)
https://doi.org/10.1007/978-3-658-24574-0

Die Deutsche Nationalbibliothek verzeichnet diese Publikation in der Deutschen Nationalbibliografie; detaillierte bibliografische Daten sind im Internet über http://dnb.d-nb.de abrufbar.

Springer Spektrum

Springer Spektrum ist ein Imprint der eingetragenen Gesellschaft Springer Fachmedien Wiesbaden GmbH und ist ein Teil von Springer Nature
Die Anschrift der Gesellschaft ist: Abraham-Lincoln-Str. 46, 65189 Wiesbaden, Germany

Vorwort

Was soll und kann dieses Buch?

Dieses Buch richtet sich an Schülerinnen und Schüler der gymnasialen Oberstufe, die in die Hochschulmathematik reinschnuppern möchten, aber auch an Studierende im ersten Semester, die noch etwas mathematische Starthilfe gebrauchen können.

Ursprünglich entstand dieser Text als Begleitmaterial zum „Vertiefungskurs Mathematik", der am Kepler-Gymnasium Reutlingen von 2012 – 2014 gehalten wurde. Dieses Wahlfach „MathePlus" wird gerade an vielen Schulen Baden-Württembergs eingeführt, um den mathematischen Übergang an die Hochschule zu erleichtern. Aber auch wenn es keinen solchen Kurs an deiner Schule gibt, kannst du dieses Buch mit viel Gewinn im Selbststudium durcharbeiten.

In Teil I lernst du grundlegendes mathematisches Handwerkszeug: Es geht los mit einer Einführung in die (Aussagen-)Logik, gefolgt von mathematischer Beweismethodik sowie etwas Mengenlehre.

Teil II stellt eine Einführung in die *Analysis* dar: Nach intensivem Studium des Grenzwertbegriffs wird zur Abrundung noch Grundwissen in Differenzial- und Integralrechnung vermittelt (hiervon ist dir vieles bereits aus der Schule bekannt).

Nachdem in Teil IV eine gründliche Einführung in die komplexen Zahlen erfolgt ist, werden die Anfangsgründe der *Linearen Algebra* erforscht, wobei wir uns mit Vektorräumen, linearen Abbildungen und Matrizen beschäftigen. In beiden Teilen bekommst du ein Gefühl dafür, was dir am Anfang einer Mathe-Vorlesung des ersten Semesters alles um die Ohren fliegen wird.

Zwischendrin, sozusagen zum Verschnaufen von den vielen abstrakten Konzepten, wird in Teil III ganz handfest gerechnet: Du lernst Gleichungen und Ungleichungen zu lösen (bzw. dein Schulwissen zu reaktivieren und zu festigen), sowie komplizierte Integrale zu knacken. Auf diese Rechenfertigkeiten wird vor allem in naturwissenschaftlich-technischen Studiengängen wie z.B. Maschinenbau großen Wert gelegt.

Danksagungen

Ich möchte all denjenigen danken, die mich beim Entstehen dieses Buches unterstützt haben. An erster Stelle danke ich ganz herzlich meiner Kollegin Marion Rauscher, da ich mich ohne sie vermutlich niemals an dieses äußerst zeitintensive Projekt herangewagt hätte. Wir haben das erste Jahr des „Vertiefungskurses Mathematik" im Wechsel unterrichtet und dabei entstanden die Kapitel 3 und 7 in gemeinsamer Arbeit. Bei vielen anderen Kapiteln war sie mir beim Editieren und Korrekturlesen extrem hilfreich.

Ein riesiges Dankeschön gebührt meiner lieben Frau (und unerbittlichen Korrektorin) Vera, die mir vor allem in der Endphase dieses Buchprojekts eine unschätzbar große Hilfe war – sowohl mathematisch als auch beim Abwenden von Panikattacken durch viel gutes Zureden.

Vielen Dank natürlich auch an meine Schülerinnen und Schüler, also an

> Adi, Anja, Annabel, Benno, Carlotta, Dani, Fabi, Felix, Franz, Franzi, Henrik, Jakob, Jan-Hendrik, Jooon, Joni, Julia, Juliane, Kai, Kenji, Kosta, Leonie, Lukas, Marco, Marie, Marius, Marvin, Matze, Michi, Mirjam, Moritz, Nico, Pasi, Patrick, Peer, Sabrina, Sam, Simon, Timon, Tobi (2x), Verena und Vero.

Das Spektrum ihrer Blicke und Gesichtsausdrücke (von „Ah ja, klar!" über „Jetzt hab ich's kapiert!" bis hin zu „Häh, was will der?" und „Wann ist endlich 15.20 Uhr?") war stets ein guter Indikator dafür, ob der Stoff verständlich oder vielleicht doch zu abstrakt bzw. zu hastig erklärt war. Durch ihre Fragen und Kommentare haben einige von ihnen erheblich zur Verbesserung des Textes beigetragen und zudem haben sie noch zahlreiche Tippfehler und Lücken aufgespürt. Alle verbleibenden Fehler gehen selbstverständlich auf ihr Konto; hättet ihr halt aufmerksamer gelesen, ihr Schnarchnasen! Aber Spaß beiseite: Alle mir noch bekannt werdenden Fehler und deren Korrektur werden auf der Homepage

> http://gl.jkg-reutlingen.de/MathePlus/

erscheinen. Hinweise auf Fehler sowie jede andere Art von Rückmeldung werden dankbar entgegengenommen; einfach eine Mail an gl.kepi@gmail.com senden.

Zurück zum eigentlichen Dank: Ich danke meinem Kollegen Oliver Redner ganz herzlich für den LaTeX-Support und Dr. F. Haug für das Beantworten einer Frage zur Logik.

Schließlich möchte ich Frau Schmickler-Hirzebruch vom Springer Verlag wärmstens dafür danken, dass sie sich überhaupt auf dieses Projekt eingelassen hat sowie für ihre vielen konstruktiven Tipps und Ratschläge. Ebenfalls besten Dank an Frau Gerlach vom Springer Verlag für die äußerst angenehme Zusammenarbeit.

Reutlingen, im Mai 2014   Tobias Glosauer

Vorwort zur zweiten Auflage

Über das zeitnahe Erscheinen dieser zweiten Auflage freue ich mich sehr. Das Kapitel über Mengen und Abbildungen wurde überarbeitet und erweitert, bei den komplexen Zahlen kam ein neues Beispiel hinzu, und am Ende des Buches gibt es nun noch mehr Übungsmaterial in Form einiger Klausuren aus meinen MathePlus-Kursen. Es wurde etwas am Layout gefeilt und ein paar (Tipp-)Fehler konnten ausgemerzt werden; ich bedanke mich recht herzlich bei allen, die mich darauf hingewiesen haben: V. Bilkic, S. Friedmann, L. Hatzky, Dr. R. Hatzky, H. Krüger, W. Messner, P. Necker, C. Nieder, A. Sieck, T. Stein, J. Waidner und A. Wenger. Ein großes Dankeschön geht wieder an meine Frau fürs Korrekturlesen der Erweiterungen.

Reutlingen, im September 2016   Tobias Glosauer

Vorwort zur dritten Auflage

In der zweiten Auflage scheinen die meisten Tippfehler bereits beseitigt worden zu sein, zumindest haben mich seither nur noch eine Handvoll Fehlermeldungen erreicht – vielen Dank dafür an L. Hatzky, N. Herrmann, T. Junginger, D. Meyer und C. Zeyffert.

Durch die unkomplizierte Zusammenarbeit mit Frau Gerlach und Frau Schmickler-Hirzebruch von Springer Spektrum wurde das rasche Erscheinen dieser dritten Auflage ermöglicht, in der einige Ergänzungen vorgenommen wurden. Die Kapitel 3 und 10 wurden um ein paar Beispiele und Aufgaben erweitert und dem Kapitel 7 wurde ein Abschnitt über Polynomdivision hinzugefügt. Im zweiten Kapitel kam eine Aufgabe zum Goldbach'schen Beweis der Unendlichkeit der Primzahlen hinzu und in Kapitel 4 lädt eine Aufgabe zum Nachvollziehen des Fourier'schen Beweises der Irrationalität von e ein.

Ein herzliches Dankeschön an D. Meyer für Anregungen und Rückmeldungen und – wie immer – an meine Frau fürs Korrekturlesen der Erweiterungen.

Reutlingen, im Oktober 2018   Tobias Glosauer

Inhalt

II Anfänge der Analysis 69

Teil I

Formales Fundament

1 Ein wenig Logik

Logik ist die vom griechischen Philosophen-Boss ARISTOTELES (384 – 322 v.Chr.) begründete wissenschaftliche Disziplin vom „korrekten Schlussfolgern", die heutzutage ein eigenständiges Gebiet der mathematischen Grundlagenforschung ist. Wir stellen hier lediglich ein paar bescheidene Grundkonzepte der Logik vor, die uns im weiteren Verlauf des Buches von Nutzen sein werden.

1.1 Aussagenlogik

Wir beginnen mit einer elementaren Einführung in die *Aussagenlogik*, die sich mit der Verknüpfung einfacher „Aussagen" zu komplexeren, zusammengesetzten Aussagen beschäftigt. Dazu müssen wir natürlich zunächst klären, was unter einer Aussage denn überhaupt zu verstehen ist.

1.1.1 Aussagen

Definition 1.1   Eine *Aussage* ist ein Sachverhalt, der entweder wahr oder falsch ist. Die Möglichkeiten „wahr" (w) und „falsch" (f) heißen *Wahrheitswerte*. $\Diamond$

Beispiele für Aussagen sind somit:

> Die Erde ist eine Scheibe.   (f)
>
> Alle Schüler lieben Mathe.   (f)!
>
> Es gilt $x^2 \geqslant 0$ für alle reellen Zahlen x.   (w)
>
> Pythagoras hatte mal genau 109 712 Haare auf dem Kopf.   (?)

Wie man am letzten Beispiel sieht, spielt es keine Rolle, ob wir den Wahrheitswert tatsächlich ermitteln können; wichtig ist nur, dass man dieser Aussage prinzipiell genau einen der Werte „w" oder „f" sinnvoll zuordnen kann. Weitere solche Beispiele für Aussagen sind unbewiesene mathematische Vermutungen wie z.B. die Goldbach-Vermutung (siehe Seite 20). Ihr Wahrheitswert ist entweder w oder f, man weiß bis heute (2018) aber nicht, welche Möglichkeit zutrifft.

Keine Aussagen sind Fragen, Befehle, Ausrufe, etc. wie zum Beispiel:

> Wann ist diese Stunde endlich vorbei?
>
> Alter, komm, wir gehen Mensa!
>
> Laaangweilig!

Anmerkung: Bei Definition 1.1 handelt es sich um keine Definition im mathematisch strengen Sinn. Wir bleiben hier notgedrungen etwas unscharf, da wir auf die umgangssprachlichen Konzepte „Sachverhalt", „wahr" und „falsch" zurückgreifen, ohne diese weiter zu präzisieren.

© Springer Fachmedien Wiesbaden GmbH, ein Teil von Springer Nature 2019
T. Glosauer, *(Hoch)Schulmathematik*, https://doi.org/10.1007/978-3-658-24574-0_1

Zum Wort „Sachverhalt": Man hätte eine Aussage auch als einen deskriptiven (beschreibenden) Satz definieren können, allerdings wollen wir uns nicht nur auf reine Sätze beschränken, sondern interessieren uns auch für mathematische Sachverhalte wie z.B. $2 \cdot 2 = 4$, was eine wahre Aussage darstellt.

Definition 1.2   Enthält eine Aussage eine oder mehrere Variable (Platzhalter), und kann man erst nach Ersetzen der Variable(n) durch geeignete Objekte den Wahrheitswert der Aussage entscheiden, so spricht man von einer *Aussageform*. ◇

$$A(x): \quad x + 5 = 8$$

ist ein Beispiel einer Aussageform. Für $x = 3$ nimmt A(3) den Wahrheitswert w an, während $A(x)$ z.B. für $x = 17$ bzw. $x = $ Hund falsch wird.

Aufgabe 1.1   Handelt es sich um Aussagen?

a) $1 + 1 = 3$.

b) Gehen wir Mammuts jagen?

c) Urrkh fragt Ankk, ob sie Mammuts jagen gehen.

d) Halt den Mund, Rotzbub, frecher!

e) Der Lehrer fordert den Schüler höflich auf, die Privatgespräche einzustellen.

Aufgabe 1.2   Handelt es sich bei dem folgenden Satz (S) um eine Aussage?

S: Dieser Satz ist falsch.

Anleitung: Überlege dir, dass sowohl die Annahme „S ist wahr" als auch die Annahme „S ist falsch" zu einem Widerspruch führt. Somit kann S weder wahr noch falsch sein – obwohl die Frage nach seinem Wahrheitswert sinnvoll gestellt werden kann. S ist also keine Aussage (und gilt als „paradox"). Ähnlich ist es bei:

L: Ich lüge gerade.

Die klassische Version dieses Paradoxons lautet: „Ein Kreter sagt: Alle Kreter sind Lügner."; vielleicht hatte auch bereits Urrkh ähnliche Gedanken (siehe Abbildung 1.1)?
Das Problem der Sätze S und L ist ihre *Selbstrückbezüglichkeit*. Ein weiteres solches Beispiel ist:

F: Der nächste Satz ist falsch. Der vorhergehende Satz ist wahr.

Denke jeweils kurz über den Wahrheitswert von L und F nach; weiter wollen wir diese Problematik hier nicht vertiefen.

Abbildung 1.1: Frühes Logik-Paradoxon

RUSSELL[1] konnte 1908 die Widersprüche, die solche selbstrückbezüglichen Sätze bergen, im Rahmen seiner *Typentheorie* beseitigen. Siehe [RUS]; schweeere Kost!

1.1.2 Junktoren

Junktoren sind Worte wie „oder", „und", „weil", „nicht" usw., die aus einer oder mehreren Aussagen eine neue Aussage bilden. Beispiele:

1. In der Mittagspause esse ich einen Döner oder ich esse eine Pizza.

2. Ich sitze im Klassenzimmer und mein Handy ist aus.

3. Ich gehe ins Freibad, weil es 35° im Schatten hat.

4. Sheldon Cooper ist nicht verrückt. (His mother had him tested.)

Hierzu gleich ein paar wichtige Bemerkungen.

---

[1] Bertrand RUSSEL (1872−1970); einer der Gründungsväter der modernen Logik.

a) Aussage 1 zeigt eines der Probleme mit den Doppeldeutigkeiten der Umgangssprache auf, nämlich dass das „oder" hier auf zwei Arten verstanden werden kann: Als *ausschließendes* „oder" – entweder Döner oder Pizza – oder als *nicht-ausschließendes* „oder", in welchem Fall die Aussage auch dann wahr bleibt, wenn der hungrige Schüler beides verspeist. In der Mathematik ist mit „oder" immer das nicht-ausschließende gemeint.

b) Der Wahrheitswert von Aussage 2 hängt nur von dem der Teilaussagen „Ich sitze im Klassenzimmer" (A) und „Mein Handy ist aus" (B) ab, denn nur wenn sowohl A als auch B wahr sind, ist auch die verknüpfte Aussage „A und B" wahr. In allen anderen Fällen ist sie falsch.

Bei Aussage 3 hingegen ist das anders. Beide Teilaussagen können wahr sein, ohne dass damit der Wahrheitswert der Gesamtaussage geklärt wäre: Selbst wenn „Ich gehe ins Freibad" (A) und „Es hat 35° im Schatten" (B) beide wahr sind, ist noch nichts über den Wahrheitswert von „A weil B" gesagt. Ich könnte auch aus anderen Gründen ins Freibad gehen, die nichts mit den 35° zu tun haben, z.B. um meine neuen Schwimmflügel auszuprobieren. Junktoren dieses Typs betrachten wir im Folgenden nicht mehr, sondern nur noch Junktoren, bei denen der Wahrheitswert der verknüpften Aussage allein von den Wahrheitswerten der Teilaussagen abhängt.

Wir werden nun die für uns wichtigen Junktoren einführen und untersuchen, wie der Wahrheitswert der durch sie gebildeten Aussagen von den Wahrheitswerten der ursprünglichen Aussagen abhängt. Da es in der Aussagenlogik nur um den Wahrheitswert von Aussagen, *nicht* aber deren konkreten Inhalt geht, verwenden wir stets abstrakte Symbole wie A und B für Aussagen.

1.1.3 „nicht"

Der einfachste Junktor ist die *Negation* mit dem Symbol ¬. Ist A eine Aussage, so ist ihre Verneinung ¬A („nicht-A") eine Aussage, die wahr ist, wenn A falsch ist und falsch ist, wenn A wahr ist. Dies ist in der *Wahrheits(wert)tafel* 1.1 dargestellt.

A	¬A
w	f
f	w

Tabelle 1.1

Überlege dir, dass ¬(¬A), kurz: ¬¬A (doppelte Verneinung) dieselbe Wahrheitswertverteilung wie A hat.

Unbedingt zu beachten ist: Die Negation von „Zitronen schmecken süß" lautet nicht etwa „Zitronen schmecken sauer", sondern natürlich „Zitronen schmecken salzig" Späßle ... sondern natürlich „Zitronen schmecken nicht süß".

1.1.4 „und"

Als Nächstes betrachten wir die „und"-Verknüpfung, auch *Konjunktion* genannt, die mit $\wedge$ abgekürzt wird. Wie oben bereits diskutiert, ist $A \wedge B$ genau dann wahr, wenn sowohl A als auch B wahr sind, d.h. wir erhalten die Wahrheitstafel 1.2.

A	B	$A \wedge B$
w	w	w
w	f	f
f	w	f
f	f	f

Tabelle 1.2

Da $B \wedge A$ natürlich dieselbe Wahrheitstafel wie $A \wedge B$ hat, ist die Konjunktion kommutativ. Umgangssprachlich muss das nicht stimmen, da hier die $\wedge$-Verknüpfung oft implizit eine zeitliche Abfolge enthält. Vergleiche etwa $A \wedge B$ mit $B \wedge A$ für

A: Mir wird übel   B: Ich sehe dich.

1.1.5 „(entweder) oder"

Die *Disjunktion* mit dem Zeichen $\vee$ steht für das nicht-ausschließende „oder", das bei Aussagen wie

Abschreiben beim Nachbarn oder Spickzettel gibt eine 6

gemeint ist: Der böse Schüler, der beides versucht, soll von dieser Strafe natürlich nicht ausgeschlossen werden. D.h. wenn sowohl A (6 für Abschreiben beim Nachbarn) als auch B (6 für Spickzettel) wahr sind, ist $A \vee B$ ebenfalls wahr.
Beim „entweder-oder", welches auch *Kontravalenz* genannt und mit $\succ\!\!\prec$ abgekürzt wird, ist dies nicht so. Die zugehörigen Wahrheitstafeln 1.3 unterscheiden sich daher in der ersten Zeile.

A	B	$A \vee B$	$A \succ\!\!\prec B$
w	w	w	f
w	f	w	w
f	w	w	w
f	f	f	f

Tabelle 1.3

1.1.6 „wenn ..., dann ..."

Die *Subjunktion* (auch: *Implikation*) mit dem Symbol $\rightarrow$ ist definiert durch die Wahrheitstafel 1.4.

A	B	$A \to B$
w	w	w
w	f	f
f	w	w
f	f	w

Tabelle 1.4

Umgangssprachlich gibt man $A \to B$ (lies: „A subjungiert B") in Form von „wenn ..., dann ... "-Sätzen wieder. Dies ist etwas unglücklich, denn zwischen dem umgangssprachlichen Gebrauch und der Subjunktion als Junktor gilt es zwei äußerst gewöhnungsbedürftige Unterschiede zu beachten.

(i) Bei Aussagen der Form „wenn A, dann B" stehen im normalen Sprachgebrauch die Aussagen A und B stets in einer inhaltlichen Beziehung zueinander, wie z.B. in

Wenn ich in die Echaz springe, dann werde ich nass.

Da es in der Aussagenlogik nur um den Wahrheitswert der Aussagen, nicht aber um deren Inhalt geht, braucht es bei der Subjunktion keine solche inhaltliche Beziehung zu geben. Betrachten wir z.B. die (unsinnige) Aussage

Wenn $1 + 1 = 2$ ist (A), dann ist Wasser nass (B).

Da A wahr und auch B wahr ist, ist laut obiger Wahrheitstafel auch $A \to B$ als wahr definiert, obwohl offenbar keinerlei inhaltlicher Zusammenhang zwischen A und B herrscht.

(ii) Die Zeilen 3 und 4 der Wahrheitstafel enthalten das Prinzip „Aus Falschem folgt Beliebiges". Ist A falsch, so wird $A \to B$ unabhängig vom Wahrheitswert von B als wahr definiert, d.h. die beiden Aussagen

Wenn $1 + 1 = 1$ ist, dann ist Wasser nass.

Wenn $1 + 1 = 1$ ist, dann ist Wasser rot.

sind im Sinne der Aussagenlogik wahr. Klingt komisch, is' aber so.

Warum es dennoch sinnvoll ist, die Subjunktion auf diese Weise zu definieren, wird z.B. in [Jun], S. 28 f. erläutert. (Achtung: Dort wird die Subjunktion als Implikation bezeichnet.)

1.1.7 „... genau dann, wenn ... "

Die *Bijunktion* mit dem Zeichen $\longleftrightarrow$ wird durch Wahrheitstafel 1.5 erklärt.
Die Bijunktion $A \longleftrightarrow B$ (lies: „A bijungiert B") ist also wahr, wenn A und B denselben Wahrheitswert haben, ansonsten ist sie falsch. Umgangssprachlich drückt man die Bijunktion durch „... genau dann, wenn ... "-Sätze aus wie z.B.

A	B	A $\longleftrightarrow$ B
w	w	w
w	f	f
f	w	f
f	f	w

Tabelle 1.5: A $\longleftrightarrow$ B ist nichts anderes als $\neg$ (A $\succ\!\!\prec$ B)

An Schultagen gibt es hitzefrei genau dann, wenn es um 10 Uhr morgens (im Schulhof) 25°C im Schatten hat.

(Leider wird dies heutzutage nicht mehr als Äquivalenz gehandhabt; 25°C um 10 Uhr ist nur noch notwendig, aber nicht mehr hinreichend für hitzefrei.) Es gilt dasselbe zu beachten wie bei der Subjunktion, nämlich dass in der Aussagenlogik kein inhaltlicher Zusammenhang zwischen A und B bestehen muss.

1.1.8 Aussagenlogische Formeln

Wir setzen das fort, was wir beim Bilden von A $\wedge$ B, A $\rightarrow$ B, etc. bereits begonnen haben. Unter einer *atomaren Aussage* verstehen wir im Folgenden eine Aussage, die noch keinen Junktor enthält. Solche Aussagen setzen wir unter Verwendung eines oder mehrerer Junktoren zu immer komplexeren Ausdrücken wie z.B.

$$(A \vee B) \rightarrow (\neg C)$$

zusammen, und nennen so etwas eine *aussagenlogische Formel*. Atomare Aussagen selbst lassen wir dabei auch als aussagenlogische Formeln gelten.

Jede solche Formel muss dabei selbst wieder eine Aussage sein, d.h. man muss ihr in eindeutiger Weise die Wahrheitswerte w oder f zuordnen können – natürlich abhängig von den Wahrheitswerten der atomaren Bestandteile der Formel. Demnach ist A $\vee$ B $\wedge$ C *keine* aussagenlogische Formel: Durch die fehlende Klammerung ist hier nämlich nicht erkennbar, ob $\vee$ oder $\wedge$ zuerst auszuführen ist; überzeuge dich davon, dass dies einen Unterschied macht.

Klammersetzung ist bei aussagenlogischen Formeln also sehr wichtig. Um dennoch übermäßiges Klammersetzen zu vermeiden, vereinbaren wir die folgenden **Vorfahrtsregeln**:

1. $\neg$ bindet am stärksten. $(\neg A) \wedge B$ kann also kürzer als $\neg A \wedge B$ geschrieben werden. (Was unbedingt von $\neg (A \wedge B)$ zu unterscheiden ist!)

2. $\vee$ und $\wedge$ binden stärker als $\rightarrow$ und $\longleftrightarrow$. So ist z.B. A $\wedge$ B $\longleftrightarrow$ C die Kurzschreibweise für $(A \wedge B) \longleftrightarrow$ C. $\vee$ und $\wedge$ sind untereinander allerdings gleichwertig, d.h. A $\wedge$ B $\vee$ C ist keine zulässige Abkürzung für $(A \wedge B) \vee$ C. Gleiches gilt für $\rightarrow$ und $\longleftrightarrow$.

Beispiel 1.1   Wir bestimmen die Wahrheitstafel der Formel $\neg A \vee B \longleftrightarrow \neg B$.

Nach den Vorfahrtsregeln ist dies die Kurzschreibweise für $((\neg A) \vee B) \longleftrightarrow (\neg B)$.

A	B	$\neg A$	$\neg A \vee B$	$\neg B$	$\neg A \vee B \longleftrightarrow \neg B$
w	w	f	w	f	f
w	f	f	f	w	f
f	w	w	w	f	f
f	f	w	w	w	w

Tabelle 1.6

Um Schreibarbeit zu sparen, verkürzt man Tabelle 1.6 folgendermaßen (den Wahrheitswert von $\neg A \vee B$ bestimmt man hierbei ohne Zwischenschritt im Kopf):

A	B	$\neg A \vee B$	$\longleftrightarrow$	$\neg B$
w	w	w	f	f
w	f	f	f	w
f	w	w	f	f
f	f	w	w	w

Tabelle 1.7

Unter den zuletzt ausgeführten Junktor, hier also $\longleftrightarrow$, trägt man den Wahrheitswert der gesamten Formel ein.

Bis hierhin haben wir recht viel „formalen Unsinn" betrieben, und man mag sich zu Recht fragen, was das alles soll. Im folgenden Abschnitt lernen wir nun aber endlich Zusammenhänge kennen, die uns in den nächsten Kapiteln (Beweistechniken und Mengenlehre) von Nutzen sein werden.

1.1.9 Aussagenlogische Äquivalenz

Beispiel 1.2   Zum Einstieg fragen wir uns, wie sich die Negation mit der Konjunktion verträgt, indem wir untersuchen, wie sich $\neg(A \wedge B)$ umschreiben lässt. Vielleicht als $\neg A \wedge \neg B$, was bedeuten würde, dass man die Negation einfach in die Klammer reinziehen dürfte.

Vergleichen wir hierzu die Wahrheitstafeln beider Formeln. Im linken Teil von Tabelle 1.8 steht der Wahrheitswert der gesamten Formel wieder unter dem zuletzt ausgeführten Junktor. Bei $\neg(A \wedge B)$ ist dies $\neg$, während es bei $\neg A \wedge \neg B$ das $\wedge$ ist. Rechts ist der Übersichtlichkeit halber das Ergebnis nochmals ohne Zwischenschritte dargestellt.

Man erkennt, dass beide Formeln verschiedene Aussagen beschreiben, da sich die Zeilen 2 und 3 unterscheiden. Probieren wir es doch mal mit $\neg A \vee \neg B$.

A	B	$\neg(A \wedge B)$	$\neg A \wedge \neg B$			A	B	$\neg(A \wedge B)$	$\neg A \wedge \neg B$
w	w	f w	f f f			w	w	f	f
w	f	w f	f f w			w	f	w	f
f	w	w f	w f f			f	w	w	f
f	f	w f	w w w			f	f	w	w

Tabelle 1.8

A	B	$\neg(A \wedge B)$	$\neg A \vee \neg B$
w	w	f	f
w	f	w	w
f	w	w	w
f	f	w	w

Tabelle 1.9

Aha! Tabelle 1.9 zeigt, dass die Wahrheitswerte beider Formeln in jedem möglichen Fall gleich sind, d.h. vom aussagenlogischen Standpunkt her sind sie nicht voneinander zu unterscheiden. Solche Formeln nennt man *aussagenlogisch äquivalent*.

Mit Hilfe der Bijunktion lässt sich dies noch etwas umformulieren: Da $\mathcal{F} \longleftrightarrow \mathcal{G}$ genau dann wahr ist, wenn die beiden Teilformeln $\mathcal{F}$ und $\mathcal{G}$ denselben Wahrheitswert haben, erhalten wir für die Formel $\neg(A \wedge B) \longleftrightarrow \neg A \vee \neg B$ die Wahrheitstafel 1.10.

A	B	$\neg(A \wedge B)$	$\longleftrightarrow$	$\neg A \vee \neg B$
w	w	f	w	f
w	f	w	w	w
f	w	w	w	w
f	f	w	w	w

Tabelle 1.10

An ihr erkennt man, dass diese Bijunktion in jedem möglichen Fall wahr ist; eine solche Aussage nennt man eine aussagenlogische *Tautologie*. Die Äquivalenz zweier Formeln drückt man durch das Zeichen $\Longleftrightarrow_{\mathscr{L}}$ aus, wobei der Index daran erinnern soll, dass es sich um eine aussagen$\mathscr{L}$ogische Äquivalenz handelt. (Echte Logiker verwenden hierfür das Symbol $=\!\!\mid\,\models$. Mir gefällt $\Longleftrightarrow_{\mathscr{L}}$ besser, auch wenn dies kein offizielles Symbol ist.) Als Ergebnis dieses Beispiels können wir die sogenannte erste De Morgan[2]'sche Regel festhalten:

$$\neg(A \wedge B) \Longleftrightarrow_{\mathscr{L}} \neg A \vee \neg B.$$

---

[2]Augustus De Morgan (1806–1871); englischer Mathematiker.

Definition 1.3   Zwei aussagenlogische Formeln $\mathcal{F}$ und $\mathcal{G}$ heißen *aussagenlogisch äquivalent*, in Zeichen $\mathcal{F} \Longleftrightarrow_{\mathscr{L}} \mathcal{G}$, wenn sie in allen Fällen denselben Wahrheitswert annehmen (d.h. beide gleichzeitig w oder beide gleichzeitig f). Dies ist genau dann der Fall, wenn die Bijunktion $\mathcal{F} \longleftrightarrow \mathcal{G}$ eine *Tautologie*, also stets wahr ist.   ◇

Beachte unbedingt den Unterschied der Zeichen $\longleftrightarrow$ und $\Longleftrightarrow_{\mathscr{L}}$:

- ○ Den Junktor $\longleftrightarrow$ kann man zwischen zwei beliebige Formeln schreiben. $\mathcal{F} \longleftrightarrow \mathcal{G}$ ist dann wieder eine aussagenlogische Formel, die aber keinesfalls in allen Fällen wahr sein muss.

- ○ Das Zeichen $\Longleftrightarrow_{\mathscr{L}}$ hingegen ist *kein* Junktor. $\mathcal{F} \Longleftrightarrow_{\mathscr{L}} \mathcal{G}$ ist *keine* aussagenlogische Formel, sondern macht eine Aussage *über* die Formel $\mathcal{F} \longleftrightarrow \mathcal{G}$, nämlich dass diese eine Tautologie ist.

Satz 1.1   Für zwei aussagenlogische Formeln $\mathcal{F}$ und $\mathcal{G}$ gilt

$$(\mathcal{F} \to \mathcal{G}) \Longleftrightarrow_{\mathscr{L}} (\neg \mathcal{G} \to \neg \mathcal{F}) \qquad (\textit{Kontrapositions-Regel}).$$

In Worten: „Wenn $\mathcal{F}$, dann $\mathcal{G}$" ist äquivalent zu „Wenn nicht-$\mathcal{G}$, dann nicht-$\mathcal{F}$".

Beweis: Wir stellen die Wahrheitstafel der Formel $(\mathcal{F} \to \mathcal{G}) \longleftrightarrow (\neg \mathcal{G} \to \neg \mathcal{F})$ auf.

$\mathcal{F}$	$\mathcal{G}$	$(\mathcal{F} \to \mathcal{G})$	$\longleftrightarrow$	$(\neg \mathcal{G}$	$\to$	$\neg \mathcal{F})$
w	w	w	w	f	w	f
w	f	f	w	w	f	f
f	w	w	w	f	w	w
f	f	w	w	w	w	w

Tabelle 1.11

Diese Bijunktion ist eine Tautologie, also gilt $(\mathcal{F} \to \mathcal{G}) \Longleftrightarrow_{\mathscr{L}} (\neg \mathcal{G} \to \neg \mathcal{F})$.   □

In allen Aufgaben seien A, B und C Aussagen. Ob es sich dabei um atomare Aussagen oder zusammengesetzte Formeln handelt, spielt (meist) keine Rolle, da es nur darauf ankommt, dass ihre Wahrheitswerte entweder w oder f sein können.

Aufgabe 1.3   Beweise die zweite De Morgan'sche Regel

$$\neg (A \vee B) \Longleftrightarrow_{\mathscr{L}} \neg A \wedge \neg B.$$

Bilde mit Hilfe der De Morgan-Regeln die Verneinung der beiden folgenden Aussagen zur Abendgestaltung eines Schülers.

Gustl lernt Mathe und geht pumpen.

Gustl lernt Mathe oder geht pumpen. (Also auch beides möglich.)

Hat zwar nichts mehr mit dieser Aufgabe zu tun, aber kannst du auch

Entweder lernt Gustl Mathe oder geht pumpen.

verneinen? (Vergleiche dein Ergebnis mit Aufgabe 1.9.)

Aufgabe 1.4   Beweise die Regel $\neg(A \to B) \Longleftrightarrow_{\mathscr{L}} A \wedge \neg B$. Verneine damit

Wenn Gustl Mathe lernt, dann geht er nicht pumpen.

Aufgabe 1.5   Ist $A \to B$ äquivalent zu $\neg A \to \neg B$ oder zu $B \to A$?

Aufgabe 1.6   Zeige für zwei aussagenlogische Formeln $\mathcal{F}$ und $\mathcal{G}$, dass aus

$\mathcal{F} \Longleftrightarrow_{\mathscr{L}} \mathcal{G}$ stets auch $\neg\mathcal{F} \Longleftrightarrow_{\mathscr{L}} \neg\mathcal{G}$ folgt.

Aufgabe 1.7   a) Weise die Gültigkeit der *Assoziativgesetze* für $\wedge$ und $\vee$ nach:

$(A \wedge B) \wedge C \Longleftrightarrow_{\mathscr{L}} A \wedge (B \wedge C)$ und

$(A \vee B) \vee C \Longleftrightarrow_{\mathscr{L}} A \vee (B \vee C)$.

Sie besagen, dass man bei mehrfacher $\wedge$- bzw. $\vee$-Verknüpfung die Klammern weglassen kann. (Es genügt, wenn du nur eines der beiden Gesetze beweist.)

b) Verfahre ebenso für die beiden *Distributivgesetze*

$(A \wedge B) \vee C \Longleftrightarrow_{\mathscr{L}} (A \vee C) \wedge (B \vee C)$ und

$(A \vee B) \wedge C \Longleftrightarrow_{\mathscr{L}} (A \wedge C) \vee (B \wedge C)$.

Aufgabe 1.8   In dieser Aufgabe soll gezeigt werden, dass sich alle bisher eingeführten Junktoren allein durch die zwei Junktoren $\neg$ und $\vee$ ausdrücken lassen.

a) Zeige, dass für die Subjunktion gilt: $(A \to B) \Longleftrightarrow_{\mathscr{L}} \neg A \vee B$.

b) Gewinne eine $\{\neg, \vee\}$-Darstellung des $\wedge$-Junktors durch Verneinung der ersten De Morgan-Regel.

c) Kannst du auch für die Bijunktion $\longleftrightarrow$ und die Kontravalenz $\rightarrowtail\!\!\!\!\prec$ entsprechende Ausdrücke finden?

Aufgabe 1.9   Wie du in Aufgabe 1.8 c) vielleicht erkannt hast, gilt

$A \rightarrowtail\!\!\!\!\prec B \Longleftrightarrow_{\mathscr{L}} (\neg A \wedge B) \vee (A \wedge \neg B)$.

Gewinne daraus mit Hilfe der De Morgan-Regeln und des zweiten Distributivgesetzes (siehe Aufgabe 1.7) eine Formel für die Negation von $A \rightarrowtail\!\!\!\!\prec B$, die nur $\neg$, $\vee$ und $\wedge$ enthält.

1.2   Ausblick auf die Prädikatenlogik

In der Aussagenlogik haben wir mittels Junktoren (atomare) Aussagen zu komplexeren Formeln zusammengesetzt, wobei nur der Wahrheitswert, nicht aber der Inhalt der Aussagen bedeutsam war. Nun werden wir die innere Struktur atomarer Aussagen genauer analysieren.

Wir geben hier nur einen Mini-Einblick anhand von Beispielen und werden nicht mehr alles streng definieren. Für einen vertieften Einstieg empfehlen wir [Sch].

1.2.1   Prädikate und Individuen

Definition 1.4   Ein *Prädikat* ist eine Wort-Folge mit einer oder mehreren Leerstellen, die zu einer Aussage wird, wenn in jede Leerstelle ein Eigenname eingesetzt wird.   ◇

Beispiel 1.3   Bei „ _ ist satt" handelt es sich um ein Prädikat, da durch Einsetzen des Namens „Gustl" die Aussage

> Gustl ist satt.

entsteht. Hier wird also einem *Individuum* (Gustl) durch das Prädikat eine gewisse Eigenschaft (Satt-sein) zugeordnet. In der Aussagenlogik hätten wir diese atomare Aussage einfach mit A abgekürzt. In der *Prädikatenlogik* richten wir das Augenmerk auf die innere logische Struktur der atomaren Aussage und schreiben sie als

> ist satt (Gustl)

oder noch kürzer:

> $S(g)$.

Dabei verwenden wir Großbuchstaben als Symbole für Prädikate – hier ist S das *Prädikatensymbol* für „ _ ist satt" – und Kleinbuchstaben als Symbole für Individuen – hier ist g die sogenannte *Individuenkonstante* für „Gustl". S ist ein *einstelliges Prädikat*, da es nur eine Leerstelle enthält.

Beispiel 1.4   Ein Beispiel für ein *zweistelliges Prädikat* beinhaltet die Aussage

> Obelix isst mehr Wildschweine als Asterix.

Bei der Formalisierung ist die Reihenfolge der zwei Individuenkonstanten in der Klammer zu beachten:

> isst mehr Wildschweine als (Obelix, Asterix)   bzw.
>
> $W(o, a)$,

wobei W für das zweistellige Prädikat „ _ isst mehr Wildschweine als _ " steht und o bzw. a für die Individuen „Obelix" bzw. „Asterix".

Anmerkung: In der Prädikat-Definition sind „Wort-Folge" und „Eigenname" (Individuum) im weitesten Sinne zu verstehen. In mathematischen Aussagen wie „$f(x) = 2$" fassen wir „$\_ = \_$" als zweistelliges Prädikat G auf, und $f(x)$, 2 sind die Individuen. Prädikatenlogisch könnte man obige Aussage dann als $G(f(x), 2)$ schreiben.

1.2.2 Der Allquantor

Oftmals will man nicht nur über einzelne Individuen Aussagen machen, sondern man möchte allgemeine Aussagen über eine ganze Gruppe von Individuen treffen.

Beispiel 1.5   Wollen wir etwa die tiefgründige Aussage

Alle Dinge sind leer.

in eine prädikatenlogische Form umwandeln, so benennen wir das Prädikat „$\_$ ist leer" mit L und müssten für jedes Ding, d.h. für jede erdenkliche Individuenkonstante a, b, c, ...

$L(a) \wedge L(b) \wedge L(c) \wedge \ldots$

schreiben – nicht besonders elegant! Stattdessen führt man eine *Individuenvariable* x ein, die für jedes Individuum („Ding") stehen kann, und schreibt die Aussage Schritt für Schritt um.

Alle Dinge sind leer.

Für alle Dinge gilt: sie sind leer.

Für alle x gilt: x ist leer.

Für alle x gilt: $L(x)$

$\forall x : L(x)$

Im letzten Schritt wurde zur Abkürzung von „für alle $\_$ gilt" der *Allquantor* $\forall$ (ein umgedrehtes A) eingeführt.

Beispiel 1.6   Der Allquantor ist nützlich, um mathematische Aussagen wie z.B.

Für alle reellen Zahlen gilt, dass ihr Quadrat größer gleich Null ist.

kurz und prägnant zu formulieren. Wir wandeln diese Aussage in prädikatenlogische Form um; dabei stehe R für das Prädikat „$\_$ ist reelle Zahl" und G für das zweistellige Prädikat „$\_$ ist größer gleich $\_$".

Für alle Dinge gilt: Wenn das Ding eine reelle Zahl ist, dann ist ihr Quadrat größer gleich Null.

Für alle x gilt: Wenn $R(x)$, dann $G(x^2, 0)$.

$\forall x : (R(x) \rightarrow G(x^2, 0))$

Das zeigt nun ganz eindeutig die prädikatenlogische Struktur der Aussage, aber keine Sorge: So umständlich schreiben wir das später nie mehr auf. Statt $R(x)$ schreibt man $x \in \mathbb{R}$ und statt $G(x^2, 0)$ natürlich $x^2 \geqslant 0$. Außerdem spart man sich die Subjunktion und mogelt die Voraussetzung $x \in \mathbb{R}$ in den Allquantor mit rein:

$$\forall x \in \mathbb{R} : x^2 \geqslant 0.$$

Sieht doch schon freundlicher aus, gell?

1.2.3   Der Existenzquantor

Während man mit dem Allquantor eine *Generalisierung* ausdrückt, geht es beim Existenzquantor $\exists$ (ein gespiegeltes E) um eine *Partikularisierung*. Man möchte ausdrücken, dass eine Aussage nur für einige (manche, wenige) Individuen gilt bzw. dass es überhaupt ein solches Individuum gibt, auf das die Aussage zutrifft.

Beispiel 1.7   Wir bringen die Aussage

> Manche Dinge sind leer.

in prädikatenlogische Form.

> Es gibt (mindestens) ein Ding für das gilt: Das Ding ist leer.
>
> Es gibt (mindestens) ein x für das gilt: x ist leer.
>
> $\exists x : L(x)$

Beispiel 1.8   Als weiteres Beispiel betrachten wir die Aussage

> Es gibt eine Zahl, deren Quadrat negativ ist.

Mit Hilfe des Existenzquantors schreibt sich dies als

$$\exists x : (\, Z(x) \wedge K(x^2, 0)\,),$$

wobei Z für das Prädikat „ _ ist eine Zahl" steht und K für das zweistellige Prädikat „ _ ist kleiner als _". (Was $Z(x)$ mathematisch bedeuten soll, werden wir erst im Kapitel über komplexe Zahlen konkretisieren; dort werden wir dann auch sehen, dass obige Aussage wahr ist.)

Zum Abschluss notieren wir noch zwei nützliche Verneinungs-Regeln. Ohne dass wir formal definieren, was *prädikatenlogisch äquivalent* bedeutet[3], sollte der folgende Zusammenhang intuitiv einleuchtend sein: Ist F ein Prädikat (oder allgemeiner eine *prädikatenlogische Formel* wie $G(\ ) \wedge H(\ )$), so gilt

$$\neg\,(\,\forall x : F(x)\,) \iff_{\mathscr{L}} \exists x : \neg\, F(x).$$

---

[3]bequemlichkeitshalber bleiben wir beim gewohnten Symbol $\iff_{\mathscr{L}}$

Denn: Die Verneinung der Aussage, dass alle Dinge x die Eigenschaft F haben, ist, dass F auf mindestens ein Ding x nicht zutrifft. Ebenso gilt

$$\neg\,(\,\exists x:F(x)\,)\ \Longleftrightarrow_{\mathscr{L}}\ \forall x:\neg\,F(x).$$

In Worten kann man sich das so merken: Zieht man den $\neg$-Junktor in die Klammer, so wird aus dem $\forall$ ein $\exists$ (und umgekehrt) und das Prädikat $F(x)$ wird verneint.

Beispiel 1.9   Wir formalisieren die folgende Aussage.

> Kein Schüler telefoniert während des Unterrichts.

> Es ist nicht der Fall, dass es ein x gibt, für das gilt: x ist Schüler und x telefoniert während des Unterrichts.

> $\neg\,(\,\exists x:(\,S(x)\wedge T(x)))$

Nach obiger Überlegung lässt sich das umschreiben in

$$\forall x:\neg\,(\,S(x)\wedge T(x)\,)\ \Longleftrightarrow_{\mathscr{L}}\ \forall x:(\,S(x)\rightarrow\neg\,T(x)\,).$$

Die letzte Äquivalenz folgt aus Aufgabe 1.4, wenn man die dortige Äquivalenz negiert und $\neg$B für B einsetzt. In Worten: Für alle Dinge x gilt: wenn x ein Schüler ist, dann telefoniert x nicht während des Unterrichts.

Aufgabe 1.10   Gegeben sind die einstelligen Prädikate mit den Symbolen M: „ _ ist ein Mann“ und S: „ _ ist ein Schwein“. Formuliere die folgenden prädikatenlogischen Aussagen in Worten. (Welche Aussagen sind wahr?)

a) $\forall x:(\,M(x)\rightarrow S(x)\,)$ b) $\forall x:(\,M(x)\wedge S(x)\,)$ c) $\exists x:(\,M(x)\wedge S(x)\,)$

Aufgabe 1.11   Wandle die folgenden Aussagen in prädikatenlogische Form um.

a) Alles ist Eins.

b) Alle Wege führen nach Rom.

c) Einige Schüler sind gut in Mathe.

d) Keine Gurke ist eine Tomate. (Oder: Alle Gurken sind keine Tomaten.)

Aufgabe 1.12   Mehrfaches Quantifizieren

a) $S(x,y)$ stehe für „x ist schwerer als y“. Drücke in Worten aus:

(i) $\forall x\,\exists y:S(x,y)$ (ii) $\exists x\,\forall y:S(x,y)$ (iii) $\exists x\,\exists y:S(x,y)$

b) (Aus [KuB], S. 93.) Im Englischen gibt es eine Redensart, die lautet:

> You can fool all people some of the time and you can fool some people all of the time, but nobody can fool all people all of the time.

Bringe dies auf prädikatenlogische Form. Dabei soll $F(x,y,t)$ für das Prädikat „x can fool y at time t" stehen und „you" als generalisierender Ausdruck im Sinne von „jeder" aufgefasst werden.

c) Diese Aufgabe ist nur dann sinnvoll, wenn du bereits die Definition des Grenzwerts a einer Folge (a_n) kennst (siehe Kapitel 4), die wie folgt lautet:

$$\forall \varepsilon > 0 \quad \exists n_\varepsilon \in \mathbb{N} \quad \forall n > n_\varepsilon : \quad |a - a_n| < \varepsilon.$$

(zur subjunktionssparenden Schreibweise $\forall \varepsilon > 0$ siehe Beispiel 1.6). Drücke dies in Worten aus und negiere die Aussage (formal und in Worten). ☠

Literatur zu Kapitel 1

[Beu1] Beutelspacher, A.: *Mathe-Basics zum Studienbeginn.* Springer Spektrum, 2. Aufl. (2016)

[GoJ] Golecki, R., Jungmann, J.: *Einführung in die Aussagenlogik.* http://ddi.cs.uni-potsdam.de/HyFISCH/KI/GoleckiAussagenlogik.pdf

[Ham] Hammack, R.: *Book of Proof.* 3rd edition (2018) https://www.people.vcu.edu/ rhammack/BookOfProof/

[Jun] Junker, M.: *Formale Logik.* http://home.mathematik.uni-freiburg.de/junker/ws12/skript-Kapitel1.pdf

[KuB] Kutschera, F., Breitkopf, A.: *Einführung in die moderne Logik.* Alber Verlag, 8. Aufl. (2007)

[Rus] Russell, B.: *Mathematical Logic as Based on the Theory of Types.* https://archive.org/details/jstor-2369948

[Sch] Schatz, T.: *Einführung in die Logik.* http://www.mathematik.uni-tuebingen.de/~logik/skript.pdf

[Vel] Velleman, D.: *How to Prove It: A Structured Approach.* Cambridge University Press, 2nd edition (2006)

2 Beweismethoden

In diesem Kapitel werden die gängigsten mathematischen Beweismethoden anhand zahlreicher Beispiele erläutert. Hauptsächlich wird es dabei um Aussagen aus der elementaren Zahlentheorie gehen. Die dort zu beweisenden Aussagen lassen sich nämlich sehr einfach formulieren und für den Beweis selbst braucht man meist nur sehr wenig Vorkenntnisse; oftmals genügen schon die aus der Schule bekannten Rechenregeln. Zusätzlich werden jedoch einige grundlegende Fakten über Zahlen und Teilbarkeit benötigt, die wir im nächsten Abschnitt kurz vorstellen.

2.1 Exkurs: Grundwissen über Zahlen

Die *natürlichen Zahlen* sind die Zahlen, die unserem Anzahlbegriff entsprechen:

$$1, 2, 3, \ldots$$

Manche Autoren zählen die Null mit, wir nicht. Die Menge aller natürlichen Zahlen kürzen wir mit $\mathbb{N}$ ab. Ist n eine natürliche Zahl, so schreiben wir kurz $n \in \mathbb{N}$ dafür (lies: „n ist Element der natürlichen Zahlen"; in Kapitel 3 gehen wir genauer auf die Mengenschreibweise ein).

Definition 2.1 Es seien m und n natürliche Zahlen. Man sagt, m *teilt* n, in Zeichen: $m \mid n$, wenn es ein $k \in \mathbb{N}$ gibt, so dass n sich als

$$n = k \cdot m$$

schreiben lässt. Man sagt auch: m ist ein *Teiler* von n bzw. n ist ein *Vielfaches* von m. Ist $1 < m < n$, so heißt m *echter Teiler* von n.
Zwei natürliche Zahlen heißen *teilerfremd*, wenn sie nur die 1 als gemeinsamen Teiler besitzen, d.h. wenn außer der 1 keine weitere Zahl beide Zahlen teilt. $\diamondsuit$

Beachte, dass $m = 1$ jede Zahl $n \in \mathbb{N}$ teilt, denn es ist $n = n \cdot 1$ (d.h. $k = n$). Ebenso teilt jede Zahl n sich selbst, denn es ist $n = 1 \cdot n$ (d.h. $k = 1$). Man nennt 1 und n die *trivialen Teiler* von n.
Will man die Null in der Teilbarkeitsdefinition mit einschließen, so ist jede natürliche Zahl m aufgrund von $0 = 0 \cdot m$ ein Teiler der Null.

Beispiel 2.1 $m = 17$ teilt $n = 51$, denn es ist $51 = 3 \cdot 17$ (d.h. $k = 3$).
Die Teilbarkeitsdefinition ist nur eine Umschreibung der Tatsache, dass beim Dividieren von 51 durch 17 „kein Rest" bleibt, d.h. dass 51:17 „aufgeht", was nichts anderes bedeutet, als dass der Bruch $\frac{51}{17}$ wieder eine natürliche Zahl $k \in \mathbb{N}$ ergibt. Und $\frac{51}{17} = k$ ist eben gleichbedeutend mit $51 = k \cdot 17$. Die zweite Gleichung hat allerdings den Vorteil, dass sie keinen Bruch mehr enthält und somit besser zum Zahlbereich der natürlichen Zahlen passt.

Die Zahlen 3 und 17 sind teilerfremd, da sie außer der 1 keine gemeinsamen Teiler mehr besitzen. Für sie gilt sogar noch mehr: Sie besitzen außer 1 und sich selbst überhaupt keine weiteren Teiler, was zur nächsten Definition führt.

© Springer Fachmedien Wiesbaden GmbH, ein Teil von Springer Nature 2019
T. Glosauer, *(Hoch)Schulmathematik*, https://doi.org/10.1007/978-3-658-24574-0_2

Definition 2.2   Eine natürliche Zahl größer eins, die nur die trivialen Teiler besitzt, also nur durch sich selbst und durch 1 teilbar ist, heißt *Primzahl*.
Eine Zahl heißt *prim*, wenn sie eine Primzahl ist, andernfalls heißt sie *zusammengesetzt*.   ◇

Hier ist eine Liste der ersten 20 Primzahlen:

$$2, 3, 5, 7, 11, 13, 17, 19, 23, 29, 31, 37, 41, 43, 47, 53, 59, 61, 67, 71, \dots$$

Keiner kann bis heute einen Funktionsterm $f(x)$ angeben, der einem alle Primzahlen ausspuckt, wenn man für x z.B. alle natürlichen Zahlen einsetzt. Die Eigenschaften der Primzahlen und ihre Verteilung innerhalb der natürlichen Zahlen ist intensiver Forschungsgegenstand der sogenannten *Zahlentheorie*. Hier gibt es noch viele Möglichkeiten, Ruhm und Ehre zu erlangen. So ist z.B. die so schlicht aussehende GOLDBACH[1]-Vermutung aus dem Jahre 1742

Jede gerade Zahl größer als 2 ist die Summe zweier Primzahlen

eines der bis heute (2018) offenen Probleme der Zahlentheorie! Als Beispiel ist $4 = 2 + 2$; verfahre ebenso für die geraden Zahlen von 6 bis 20.
Ist dir auch aufgefallen, dass in obiger Primzahlliste oft Paare wie $(3, 5)$, $(5, 7)$, $(11, 13)$ etc. auftreten, die sich nur um 2 unterscheiden? Die Vermutung, dass es unendlich viele solcher *Primzahlzwillinge* gibt, ist bis heute ebenfalls unbewiesen. Aber ich schweife ab; zum Schluss notieren wir zwei grundlegende Sätze über Primzahlen, die wir an dieser Stelle ohne Beweis akzeptieren (siehe [PAD] und Beispiel 2.6). Dies (oder unvollständige Beweise) kennzeichnen wir fortan mit dem Zeichen ⊟.

Satz 2.1   (*Euklidisches Lemma*)

Teilt eine Primzahl p ein Produkt $a \cdot b$ natürlicher Zahlen, so teilt p einen (oder beide) der Faktoren a oder b.   ⊟

Beispiel 2.2   Die Primzahl 3 teilt $12 = 2 \cdot 6$, also muss sie laut EUKLID[2] bereits einen der Faktoren 2 oder 6 teilen, was auch stimmt. Ist p hingegen keine Primzahl, so kann Folgendes passieren: 6 teilt zwar $18 = 2 \cdot 9$, aber 6 teilt keinen der Faktoren, weder $a = 2$ noch $b = 9$.

Anmerkung: Ein *Lemma* ist ein Hilfssatz, dem nicht ganz so viel Bedeutung eingeräumt wird wie einem *Satz* oder gar einem *Theorem*, d.h. einem Satz von grundlegender Bedeutung. Oftmals enthalten Lemmata Zusammenhänge, die man als wichtige Schritte im Beweis von Sätzen braucht. Weil man während des Beweises aber nicht durch zu viele technische Details den roten Faden verlieren will, lagert man oft Beweisschritte als Lemmata aus, die dann vor dem eigentlich Beweis gesondert bewiesen werden.

---

[1] Christian GOLDBACH $(1690 - 1764)$; deutscher Mathematiker.
[2] EUKLID von Alexandria (vermutlich 3. Jhdt. v. Chr.). Einer der bedeutendsten Mathematiker der griechischen Antike, der monumentale Beiträge zur Geometrie und Zahlentheorie lieferte.

Das Lemma von Euklid ist allerdings so bedeutsam, dass es die Bezeichnung Satz verdient hat. Man benötigt es z.B. zum Beweis der Eindeutigkeitsaussage des nächsten Satzes, den man auch als *Hauptsatz der elementaren Zahlentheorie* bezeichnet.

Theorem 2.1   (*Eindeutige Primfaktorzerlegung*)

Jede natürliche Zahl größer 1 lässt sich als Produkt von Primzahlen schreiben, und diese *Primfaktorzerlegung* ist bis auf die Reihenfolge der Faktoren eindeutig.   ⊟

Beispiel 2.3   Die Primfaktorzerlegung von 264 lautet $2 \cdot 2 \cdot 2 \cdot 3 \cdot 11 = 2^3 \cdot 3 \cdot 11$. Man kommt auf sie, indem man sukzessive immer Faktoren von 264 abspaltet:

$$264 = 2 \cdot 132 = 2 \cdot 2 \cdot 66 = 2 \cdot 2 \cdot 2 \cdot 33 = 2 \cdot 2 \cdot 2 \cdot 3 \cdot 11.$$

Theorem 2.1 besagt nun, dass man zwar die Reihenfolge der Primfaktoren in dieser Zerlegung ändern kann, etwa $264 = 2 \cdot 11 \cdot 2 \cdot 3 \cdot 2$, nicht aber die darin auftretenden Primzahlen samt ihrer Anzahl.

2.2   Direkter Beweis

Mathematische Sätze sind meist als „A $\Longrightarrow$ B" formuliert. Lies:

>   „Aus A folgt B"   bzw.   „A impliziert B".

Oder noch etwas präziser:

>   „Wenn A wahr ist, dann ist auch B wahr".

Statt „A ist wahr" schreibt man oft kürzer „A gilt".

Beim *direkten Beweis* geht man davon aus, dass A wahr ist und folgert durch eine Kette gültiger Argumente, dass dann auch B wahr ist. Dabei verwendet man logisch korrekte Schlüsse wie z.B. „Aus A $\Longrightarrow$ C und C $\Longrightarrow$ B folgt A $\Longrightarrow$ B" (klar!) und kann zudem auf bereits bewiesene Sätze wie etwa Theorem 2.1 oder Grundtatsachen (*Axiome*) zurückgreifen, wie z.B. die Gültigkeit des Distributivgesetzes. Wir demonstrieren dieses Vorgehen an einem ganz simplen Lemma. Mit „Zahlen" meinen wir in diesem Abschnitt stets natürliche Zahlen.

Lemma 2.1   Teilt t die Zahlen a und b, dann teilt t auch deren Summe.

Beweis: Am Anfang empfiehlt es sich, den Beweis in drei Teile zu gliedern.

(1) *Voraussetzung* sauber formulieren bzw. umschreiben: Es gilt $t \mid a$ und $t \mid b$, d.h. es gibt Zahlen k und l mit

$$a = k \cdot t \qquad \text{und} \qquad b = l \cdot t.$$

(2) *Behauptung*: $t \mid (a+b)$, d.h. wir müssen ein $m \in \mathbb{N}$ finden mit

$$a + b = m \cdot t.$$

(3) Der eigentliche *Beweis*: Die Voraussetzung liefert in Kombination mit dem Distributivgesetz sofort

$$a + b = k \cdot t + l \cdot t \overset{\text{DG}}{=} (k+l) \cdot t.$$

Also ist $a + b = m \cdot t$ mit[3] $m := k + l \in \mathbb{N}$, was $t \mid (a+b)$ bedeutet. $\qquad\square$

Immer wenn ein Beweis vollständig erbracht ist, freut sich der Mathematiker und macht ein Kästchen $\square$ (wie auch schon nach dem Beweis von Satz 1.1 geschehen).

Um die logische Struktur des Beweises besser zu beleuchten, geben wir ihn nochmals in Kurzform wieder.

$$\text{Voraussetzung:}\quad t \mid a \;\wedge\; t \mid b$$
$$\Longrightarrow \quad \exists\, k, l \in \mathbb{N}:\; a = k \cdot t \;\wedge\; b = l \cdot t$$
$$\Longrightarrow \quad a + b = k \cdot t + l \cdot t = (k+l) \cdot t \quad \text{mit } k + l \in \mathbb{N}$$
$$\Longrightarrow \quad t \mid (a+b)$$

So schreibt man das auf, wenn man sich eine Beweisidee auf einem Schmierblatt überlegt. Beim Niederschreiben des Beweises verlangt jedoch die „mathematische Etikette", dass man viel Wert auf Begleittext legt und so wenig Folgepfeile und Junktoren wie möglich verwendet.

Nun kommen wir zum Beweis eines echten Klassikers. Beachte, dass der nun folgende Satz nicht in der Form A $\Longrightarrow$ B formuliert ist, sondern nur als Aussage B da steht. Der (direkte) Beweis greift zwar unter anderem auf Theorem 2.1 zurück, aber dessen Gültigkeit setzt man hier voraus, und hebt sie nicht gesondert als Voraussetzung A hervor.

Satz 2.2   Es gibt unendlich viele Primzahlen.

Der wunderschöne Beweis geht auf Euklid zurück und steht in seinem berühmten Mammut-Werk *Elemente* – natürlich nicht in heutiger Notation; vor 2300 Jahren gab es noch keine Algebra und Euklid definierte Primzahlen geometrisch mit Hilfe von Streckenlängen. Bearbeite zur Vorbereitung Aufgabe 2.1.

Beweis: Wir starten mit einer Liste von n Primzahlen $p_1, \ldots, p_n$ (eine solche gibt es, z.B. $p_1 = 2$, $p_2 = 3$ und $p_3 = 5$) und konstruieren daraus eine weitere

---

[3]Der Doppelpunkt in $m := k + l$ weist darauf hin, dass die Zahl m als $k + l$ definiert wird.

Primzahl, die nicht in dieser Liste vorkommt.

Die Beweisidee besteht einfach darin, aus den gegebenen Primzahlen die Zahl

$$m = p_1 \cdot \ldots \cdot p_n + 1$$

zu bilden. Nach Theorem 2.1 besitzt m einen Primfaktor, den wir p nennen; sollte m selbst bereits prim sein, ist $p = m$, aber das stört nicht. Dieses p kann keine der Zahlen $p_1, \ldots, p_n$ sein, denn sonst würde p sowohl das Produkt $p_1 \cdot \ldots \cdot p_n$ teilen (klar: p wäre ja einer der Faktoren) als auch m (als Primfaktor von m), und nach Aufgabe 2.1 wäre p dann auch ein Teiler der Differenz

$$m - p_1 \cdot \ldots \cdot p_n = 1,$$

was aufgrund von $p > 1$ nicht möglich ist. Somit ist p eine Primzahl, die von $p_1, \ldots, p_n$ verschieden ist. Hat man also n Primzahlen gefunden, dann gibt es noch eine $(n + 1)$-te und durch Wiederholung obiger Prozedur auch noch eine $(n + 2)$-te usw., d.h. die Menge $\mathbb{P}$ aller Primzahlen ist unendlich. $\qquad\square$

Bis heute (2018) war übrigens noch niemand in der Lage zu klären, ob unter Zahlen der Gestalt $m = p_1 \cdot \ldots \cdot p_n + 1$ unendlich viele Primzahlen auftreten.

Für einen weiteren Beweis der Unendlichkeit von $\mathbb{P}$ siehe Aufgabe 2.20.

Vorbemerkung: Erfahrungsgemäß tut man sich als Anfänger enorm schwer, erste Beweise selbstständig auszuführen, bzw. überhaupt darauf zu kommen, wie man vorgehen soll. Schaut man dann gleich die komplette Lösung an, so ist der „Witz" weg und man hat sich der Möglichkeit beraubt, selber zumindest auf Teile des Beweises zu kommen.

Deshalb gibt es auf Seite 352 vor den ausführlichen Lösungen Hinweise zu einigen Aufgaben, die als Starthilfe zum Beweis dienen können. Es ist äußerst empfehlenswert, erst nur den Hinweis zu lesen und dann einige Zeit über den auftretenden Problemen zu brüten, bevor man gleich zur vollständigen Lösung blättert.

Aufgabe 2.1   Zeige: Teilt t die Zahlen $a > b$, so auch deren Differenz $a - b$. (Damit $a - b$ nicht negativ wird, wir also $\mathbb{N}$ nicht verlassen, wird $a > b$ vorausgesetzt. $a < b$ wäre aber auch kein Problem, denn für ganze Zahlen ist Teilbarkeit vollkommen analog definiert.)

Aufgabe 2.2   Beweise die folgenden Teilbarkeitsregeln. Alle Zahlen seien aus $\mathbb{N}$.

a) Ist a ein Teiler von b, und teilt b wiederum c, so ist auch a ein Teiler von c.

b) Wenn gilt: a teilt c und b teilt d, dann teilt $a \cdot b$ das Produkt $c \cdot d$.

c) Teilt t die Zahlen a und b, dann teilt t auch $m \cdot a + n \cdot b$.

Aufgabe 2.3   (*Gerade und ungerade Zahlen*)
Eine natürliche Zahl heißt *gerade*, wenn sie durch 2 teilbar ist, also die Gestalt $k \cdot 2$ oder kürzer $2k$ mit $k \in \mathbb{N}$ besitzt. Wegen $0 = 2 \cdot 0$ lassen wir auch die Null ($\notin \mathbb{N}$) als gerade Zahl gelten. Der Nachfolger einer geraden Zahl ist *ungerade*, und hinterlässt bei Division durch 2 einen Rest von 1. Ungerade Zahlen besitzen also die Form $2k + 1$ mit $k \in \mathbb{N}_0$ (d.h. hier ist auch $k = 0$ erlaubt, um die 1 zu erhalten).
Stelle Vermutungen über Summen bzw. Produkte gerader und ungerader Zahlen auf (ob diese wieder gerade oder ungerade sind) und beweise sie anschließend.

Aufgabe 2.4   Zeige: Ist die Quersumme einer Zahl durch 3 (9) teilbar, dann ist auch die Zahl selbst durch 3 (9) teilbar. (Es genügt, die Beweisidee an einem Beispiel zu entwickeln.)   ☠

Aufgabe 2.5   Starte mit der „Liste" $p_1 = 2$ und wende das Verfahren aus Euklids Beweis von Satz 2.2 wiederholt an, um eine Liste mit mindestens 5 Primzahlen zu erhalten.

Es gibt auch Sätze, die als „A $\Longleftrightarrow$ B" formuliert sind (lies: „A gilt genau dann, wenn B gilt" oder „A ist äquivalent zu B"), wie z.B.

> Das Dreieck ABC hat bei C einen rechten Winkel (A)
>
> genau dann, wenn
>
> C auf einem Kreis mit der Hypotenuse AB als Durchmesser liegt (B).

In diesem Fall müssen zum Beweis des Satzes stets *beide* Implikationen gezeigt werden, also sowohl A $\Longrightarrow$ B (hier: Kehrsatz bzw. Umkehrung des Satzes von THALES[4]) als auch B $\Longrightarrow$ A (hier: Satz von THALES). Manchmal ist dies in einem Aufwasch möglich, zu Beginn empfiehlt es sich allerdings, beide Richtungen getrennt voneinander aufzuschreiben.
Wir wollen an dieser Stelle nicht in die Schul-Geometrie einsteigen und den Beweis des Satzes und Kehrsatzes von Thales tatsächlich führen, sondern demonstrieren die typische Beweisstruktur nur an einem Trivialbeispiel. In Kapitel 3 werden wir dann interessantere Äquivalenzen beweisen.

Beispiel 2.4   Wir beweisen die folgende Äquivalenz (für welche die Bezeichnung Satz oder Lemma stark übertrieben wäre):

---

[4]THALES von Milet (624 – 547 v.Chr.); griechischer Philosoph, Mathematiker und Astronom.

Die Gleichung $a \cdot x = b$ mit $a, b \in \mathbb{N}$ ist genau dann in $\mathbb{N}$ lösbar,
wenn b ein Vielfaches von a ist.

Beweis: Da es sich um eine Äquivalenz handelt, müssen wir beide Implikationen beweisen, was wir hier in zwei getrennten Schritten aufschreiben.

„$\Rightarrow$" Wir setzen voraus, dass es eine Lösung $x \in \mathbb{N}$ der Gleichung $a \cdot x = b$ gibt, und folgern, dass dann b ein Vielfaches von a ist. Das steht aber schon da, denn $b = a \cdot x$ bedeutet ja – aufgrund von $x \in \mathbb{N}$ – nichts anderes, als dass b das x-fache von a ist.

„$\Leftarrow$" Sei umgekehrt b ein Vielfaches von a, also $b = k \cdot a$ mit einem $k \in \mathbb{N}$. Dann ist die Gleichung $a \cdot x = b$ in $\mathbb{N}$ lösbar, denn $x = k$ ist eine (die) natürliche Lösung. $\square$

Zum Abschluss noch einige Sprechweisen.

○ Gilt die Implikation „A $\Longrightarrow$ B", so nennt man A eine *hinreichende Bedingung* für B, da aus der Gültigkeit von A zwangsläufig auch die Gültigkeit von B folgt (es „reicht" für die Wahrheit von B also bereits, dass A erfüllt ist).
Betrachte als Beispiel die Aussagen A: „n ist ein Vielfaches von 4" und B: „n ist gerade" für eine natürliche Zahl n. Es gilt offenbar A $\Longrightarrow$ B (da $n = 4 \cdot k = 2 \cdot (2k)$ mit einem $k \in \mathbb{N}$), d.h. wenn $n = 4k$ ist, muss zwangsläufig auch n gerade sein.

○ Gilt „A $\Longrightarrow$ B", so nennt man B eine *notwendige Bedingung* für A. In vorigem Beispiel kann nicht der Fall eintreten, dass B falsch wäre (d.h. n ungerade), A aber wahr ($n = 4k$). Die Gültigkeit von B ist somit zwingend erforderlich (notwendig) dafür, dass A überhaupt gelten kann.

○ Hinreichend für A ist B in diesem Beispiel allerdings nicht, da es gerade Zahlen wie z.B. 2 gibt, die kein Vielfaches von 4 sind. Es gilt also nicht auch B $\Longrightarrow$ A.
Ist beides erfüllt, A $\Longrightarrow$ B (d.h. B ist notwendig für A) *und* B $\Longrightarrow$ A (d.h. B ist auch hinreichend für A), so sind A und B *äquivalent*: A $\Longleftrightarrow$ B.

2.3 Indirekter Beweis

Hat man Schwierigkeiten, einen direkten Beweis für einen Satz der Gestalt A $\Longrightarrow$ B zu finden, so kann oftmals ein „Umweg" enorme Vorteile bieten.

2.3.1 Kontraposition

Will man den Satz A $\Longrightarrow$ B beweisen, so kann man auch seine *Kontraposition*

$$\neg B \implies \neg A$$

beweisen. Wir demonstrieren dies zunächst an einem Beispiel und begründen danach allgemein, wieso dieser Beweis der Kontraposition äquivalent zum Beweis der ursprünglichen Aussage ist.

Lemma 2.2   Wenn n^2 gerade ist (für ein $n \in \mathbb{N}$), dann ist auch n gerade.

Für einen direkten Beweis müssten wir das euklidische Lemma 2.1 heranziehen (das wir nicht bewiesen haben): Aus $2 \mid n^2 = n \cdot n$ folgt $2 \mid n$, da 2 eine Primzahl ist. Der Beweis durch Kontraposition kommt dagegen ganz ohne solche Mittel aus. Formulieren wir zunächst die Kontraposition: Da „ungerade" die Negation von „gerade" ist, lautet $\neg B \Longrightarrow \neg A$ hier

Wenn n ungerade ist, dann ist auch n^2 ungerade.

Beweis der Kontraposition: Als ungerade Zahl lässt sich n als $n = 2k + 1$ mit einem $k \in \mathbb{N}$ darstellen (siehe Aufgabe 2.3). Für das Quadrat von n folgt daher

$$n^2 = (2k + 1)^2 = 4k^2 + 4k + 1 = 2(2k^2 + 2k) + 1 = 2k' + 1,$$

wobei wir $k' = 2k^2 + 2k$ gesetzt haben. Somit ist n^2 ungerade. $\square$

Verblüffend einfach! Außer der Definition einer ungeraden Zahl, der ersten binomischen Formel und dem Distributivgesetz ging nichts weiter in den Beweis ein.

Logische Analyse

Kurz gesagt: Äquivalent zum Nachweis von $A \Longrightarrow B$, also dass der Fall „A wahr und B falsch" *nicht* auftreten kann, ist der Nachweis von „aus B falsch folgt A falsch". Letzteres ist gleichbedeutend mit „aus nicht-B wahr folgt nicht-A wahr", sprich $\neg B \Longrightarrow \neg A$.

Wem das so noch nicht einleuchtet, kann sich auf die Aussagenlogik berufen. Dazu brauchen wir den folgenden Zusammenhang[5] zwischen der „inhaltlichen" Implikation $\Longrightarrow$ und dem aussagenlogischen Subjunktor $\rightarrow$. Erinnern wir uns an die Wahrheitstafel der Subjunktion (die dritte und vierte Zeile können wir ignorieren, da uns hier nur die Fälle interessieren, in denen A wahr ist):

A	B	A $\rightarrow$ B
w	w	w
w	f	f
f	w	w
f	f	w

Tabelle 2.1

---

[5]Sich nur auf Wahrheitstafeln bzw. die aussagenlogische Kontrapositions-Regel zu stützen, erscheint mir etwas zu knapp, da die aussagenlogische Subjunktion $\rightarrow$ eben doch etwas anderes als der „inhaltliche" Folgepfeil $\Longrightarrow$ ist.

Hier sind A und B noch beliebige Aussagen. Stehen nun aber die Inhalte von A und B in Beziehung zueinander, und haben wir A $\Longrightarrow$ B auf inhaltlicher Ebene bewiesen (wie z.B. $n = 4k \Longrightarrow n$ gerade), dann wissen wir, dass in diesem Fall A $\to$ B nicht falsch sein kann, d.h. dass die zweite Zeile (A wahr und B falsch) nicht auftreten kann. Wissen wir umgekehrt, dass A $\to$ B für bestimmte Aussagen A, B nicht falsch sein kann, dann gilt auch A $\Longrightarrow$ B, denn im Falle „A wahr und B falsch" wäre A $\to$ B falsch.

In diesem Sinne ist also A $\Longrightarrow$ B äquivalent dazu, dass A $\to$ B nicht falsch sein kann. Nun besagt aber die *Kontrapositions-Regel* (Satz 1.1), dass A $\to$ B aussagenlogisch äquivalent zu $\neg$B $\to \neg$A ist, d.h. dass beide Subjunktionen dieselbe Wahrheitstafel besitzen. Statt zu prüfen, dass A $\to$ B nie falsch wird, kann man dies also ebenso gut für $\neg$B $\to \neg$A tun, was äquivalent zum Beweis von $\neg$B $\Longrightarrow \neg$A ist.

Anmerkung: Beachte unbedingt, dass A $\Longrightarrow$ B weder zu $\neg$A $\Longrightarrow \neg$B noch zum *Kehrsatz* B $\Longrightarrow$ A äquivalent ist (siehe Aufgabe 2.8).

Aufgabe 2.6 Beweise durch Kontraposition, dass zwei aufeinanderfolgende natürliche Zahlen teilerfremd sind.

Aufgabe 2.7 Beweise durch Kontraposition: Ist eine Zahl gerade, so ist ihre letzte Ziffer (im Zehnersystem) gerade. ☠

Aufgabe 2.8 Finde Beispiele für einen wahren Satz A $\Longrightarrow$ B, für den weder $\neg$A $\Longrightarrow \neg$B noch sein *Kehrsatz* B $\Longrightarrow$ A wahr sind (warum ist eine der beiden Forderungen überflüssig?). Überzeuge dich zudem davon, dass die Kontraposition des Satzes wahr ist.

2.3.2 Widerspruchsbeweis

Ein Beweis durch Widerspruch ist eine der „schärfsten mathematischen Waffen" (G.H. HARDY[6]). Man geht davon aus, dass die zu beweisende Aussage falsch ist und führt dies zu einem *Widerspruch*, z.B. zu einem absurden Resultat wie $1 < 0$, oder etwa dass gleichzeitig A und $\neg$A wahr ist. Somit erweist sich die Annahme, die zu beweisende Aussage sei falsch, als nicht haltbar, woraus die Wahrheit der Aussage folgt.

Auch hier demonstrieren wir das Vorgehen zunächst an einem Beispiel und betrachten erst danach die zugrunde liegende Logik ausführlicher.

---

[6]Godfrey Harold HARDY (1877 – 1947); berühmter britischer Zahlentheoretiker.

Zum Einstieg bringen wir *den* Klassiker schlechthin: Den Beweis für die Irrationalität der Quadratwurzel aus 2. Der angeführte Beweis gilt als der erste Widerspruchsbeweis in der Geschichte der Mathematik und geht – wie sollte es anders sein – auf Euklid zurück.

Satz 2.3 $\sqrt{2}$ ist eine irrationale Zahl, also nicht als Bruch darstellbar.

Beweis: Wir nehmen an, die Aussage des Satzes sei falsch, also dass $\sqrt{2}$ doch rational ist und sich somit als (positiver) Bruch $\frac{m}{n}$ mit $m, n \in \mathbb{N}$ darstellen lässt:

$$\sqrt{2} = \frac{m}{n} \qquad (\star).$$

Zudem nehmen wir an, dass m und n teilerfremd sind, der Bruch also vollständig gekürzt wurde (z.B. $\frac{7}{5}$ statt $\frac{14}{10}$). Nach Definition der Quadratwurzel folgt durch Quadrieren von $(\star)$

$$\left(\frac{m}{n}\right)^2 = \sqrt{2}^{\,2} = 2 \qquad \text{bzw.} \qquad m^2 = 2n^2.$$

Nun ist offenbar $2n^2$ eine gerade Zahl, also muss auch m^2 gerade sein. Nach Lemma 2.2 ist dies nur möglich, wenn bereits m selbst gerade ist, d.h. $m = 2k$ mit einem $k \in \mathbb{N}$. Eingesetzt in obige Gleichung liefert dies

$$2n^2 = m^2 = (2k)^2 = 4k^2,$$

und Teilen durch 2 ergibt $n^2 = 2k^2$, woraus wie eben folgt, dass n gerade ist. Somit besitzen m und n die 2 als gemeinsamen Teiler, was aber ihrer Teilerfremdheit widerspricht.
Die Annahme, $\sqrt{2}$ sei eine rationale Zahl, führt also auf einen Widerspruch, sie muss demnach falsch gewesen sein. Folglich ist die Behauptung, dass $\sqrt{2}$ irrational ist, bewiesen.   □

Logische Analyse

Um zu sehen, auf welcher aussagenlogischen Äquivalenz obiges Vorgehen fußt, bringen wir zunächst den Satz „$\sqrt{2}$ ist irrational" auf die Form $A \Longrightarrow B$:

Wenn $\frac{m}{n}$ ein vollständig gekürzter Bruch ist (A),
dann kann nicht $\frac{m}{n} = \sqrt{2}$ gelten (B).

Im obigen Beweis haben wir A als wahr und $\neg B$ als wahr vorausgesetzt, nämlich dass doch $\frac{m}{n} = \sqrt{2}$ gilt. Dann haben wir daraus den Widerspruch gefolgert, dass auch $\neg A$ wahr ist (da m und n nicht teilerfremd waren, $\frac{m}{n}$ also nicht vollständig gekürzt), d.h. wir haben

$$A \wedge \neg B \Longrightarrow \neg A$$

bewiesen. Nun kann man sich aber durch eine Wahrheitstafel leicht davon überzeugen, dass

$$(A \wedge \neg B \ \to \ \neg A) \ \Longleftrightarrow_{\mathscr{L}} \ (A \to B)$$

gilt (tue dies!), und nach den Überlegungen von Seite 26 ist der Beweis der Implikation $A \wedge \neg B \Longrightarrow \neg A$ deshalb äquivalent zum Beweis von $A \Longrightarrow B$.

Diese Variante, wo der Widerspruch aus der gleichzeitigen Wahrheit von A und
$\neg A$ besteht, wird als *reductio ad absurdum* bezeichnet. Alternativ kann man auch
B und $\neg B$ als gleichzeitig wahr nachweisen, in diesem Fall spricht man von *reductio
ad impossibile*. Dieses Vorgehen basiert auf der Äquivalenz

$$(A \wedge \neg B \ \to \ B) \ \Longleftrightarrow_{\mathscr{L}} \ (A \to B).$$

Um die zweite Variante zu demonstrieren, beweisen wir erneut den **Satz 2.2**, dass
es unendlich viele Primzahlen gibt. Dazu schreiben wir ihn in der Form

> Wenn der Satz von der eindeutigen Primfaktorzerlegung stimmt (A),
> dann gibt es unendlich viele Primzahlen (B).

Beweis: (Durch reductio ad impossibile.) Wir nehmen an, B ist falsch, d.h. $\neg B$
ist wahr. Dann gibt es nur endlich viele Primzahlen, sagen wir n Stück, die wir als
$p_1, \dots, p_n$ auflisten können. Wir betrachten wie früher bereits die Zahl

$$m = p_1 \cdot \dots \cdot p_n + 1.$$

Wörtlich wie auf Seite 22 erhält man nun eine Primzahl, die nicht in der Liste
$p_1, \dots, p_n$ vorkommt, nämlich m selbst, falls es prim ist, bzw. ein Primfaktor q
von m, der laut A existieren muss, wenn m keine Primzahl ist. Die Existenz dieser
weiteren Primzahl zeigt, dass $\neg B$ falsch und damit B wahr ist, was ein Widerspruch
zur Annahme ist.   □

Die Unterscheidung von reductio ad absurdum bzw. ad impossibile musst du dir
nicht merken. Welches der beiden Verfahren man in der Praxis wählt, ist vollkommen egal, so lange man am Ende auf einen Widerspruch stößt.

Alternativ kann man auch aus der Annahme $A \wedge \neg B$ eine *Kontradiktion* C folgern,
also eine stets falsche Aussage wie z.B. $1 < 0$ oder $5 \mid 1$ (die gar nichts mit A oder
B zu tun haben muss). Da

$$(A \wedge \neg B \ \to \ C) \ \Longleftrightarrow_{\mathscr{L}} \ (A \to B)$$

gilt (Wahrheitstafel aufstellen), zeigt auch dieses Vorgehen die Gültigkeit der Implikation $A \Longrightarrow B$. Diese Variante kommt z.B. in Aufgabe 2.9 zur Anwendung.

Meistens gilt: Wenn man einen Beweis direkt führen kann, sollte man dies auch tun.
So ist z.B. der direkte Beweis von Satz 2.2 angenehmer zu lesen als obiger Beweis,
der ja nur eine logische Umformulierung darstellt. Hat man allerdings keinen Plan,
wie man beim direkten Beweis ansetzen sollte, hilft oftmals das Vorgehen durch
Widerspruch weiter.

Aufgabe 2.9   Beweise durch Widerspruch, dass zwei aufeinanderfolgende natürliche Zahlen teilerfremd sind.

Aufgabe 2.10   Führe einen Widerspruchsbeweis, um die Ungleichung

$$2 \cdot \sqrt{ab} \leqslant a + b$$

für beliebige reelle Zahlen $a, b > 0$ zu beweisen.

Aufgabe 2.11   Beweise, dass $\sqrt{3}$ irrational ist (allgemeiner: $\sqrt{p}$ für p prim).

Aufgabe 2.12   Beweise durch reductio ad absurdum, dass es unendlich viele Primzahlen gibt. Dazu musst du den obigen Beweis nur leicht abwandeln.

2.4   Beweis durch vollständige Induktion

Die *vollständige Induktion* ist ein Beweisverfahren, das in folgender Situation angewendet wird: Zu jeder natürlichen Zahl n ist eine Aussage $A(n)$ gegeben, deren Gültigkeit man beweisen will.

Die Aussagen $A(n)$ sind für alle $n \in \mathbb{N}$ wahr, wenn man Folgendes zeigen kann:

(IA) *Induktionsanfang*: $A(1)$ ist wahr.

(IS) *Induktionsschritt*: Wenn $A(n)$ für ein n wahr ist, dann stimmt auch $A(n+1)$.

Die Annahme, dass $A(n)$ wahr ist, heißt *Induktionsvoraussetzung* (IV).

Hat man nämlich (IA) nachgewiesen, so folgt mit (IS), dass auch $A(2)$ richtig ist. Dann folgt aber durch erneute Anwendung von (IS), dass $A(3)$ richtig ist usw. („*Induktionsschleife*"). So kann man sich durch alle natürlichen Zahlen nach oben hangeln und erkennt, dass durch den Nachweis von nur zwei Bedingungen, (IA) und (IS), die Richtigkeit unendlich vieler Aussagen bewiesen wurde.

Stelle dir zur Veranschaulichung unendlich viele Dominosteine vor, die in einer Reihe stehen.

(IA): Stein 1 fällt um.

(IS): Wenn Stein n fällt, dann fällt auch Stein $n+1$.

Sind beide Aussagen wahr, dann fallen alle Steine um. Hieran erkennt man auch, dass einem die Gültigkeit von (IS) alleine gar nichts bringt; man muss sich stets vergewissern, dass auch tatsächlich (IA) erfüllt ist.

Satz 2.4 Für jedes $n \in \mathbb{N}$ gilt die *arithmetische Summenformel*

$$1 + 2 + 3 + \ldots + n = \frac{1}{2} n(n+1).$$

Diese wird zu Ehren von C.F. Gauss[7] auch *gaußsche Summenformel* genannt. Die Geschichte vom neunjährigen Carl Friedrich, der die Zahlen von 1 bis 100 addieren musste, wurde schon so oft erzählt, dass ich hier auf sie verzichte ...

Beweis: Wir zeigen durch vollständige Induktion die Richtigkeit der Aussagen $A(n)$: „Die Summenformel stimmt für n" für jedes $n \in \mathbb{N}$.
(IA): Induktionsanfang: Für $n = 1$ stimmt diese Formel offenbar, denn $1 = \frac{1}{2} \cdot 1 \cdot 2$.
(IS): Induktionsschritt von n auf $n + 1$: Unter der Voraussetzung, dass die Formel

$$1 + 2 + 3 + \ldots + n = \frac{1}{2} n(n+1)$$

für ein n gilt (IV), zeigen wir, dass sie dann auch für $n + 1$ gilt. Wir müssen also unter Verwendung der (IV) nachweisen, dass

$$1 + 2 + 3 + \ldots + n + (n+1) \overset{!}{=} \frac{1}{2} (n+1) \cdot ((n+1)+1) = \frac{1}{2} (n+1)(n+2) \quad (\star)$$

gilt. Dies lässt sich hier leicht bewerkstelligen:

$$(1 + 2 + 3 + \ldots + n) + (n+1) \overset{\text{(IV)}}{=} \frac{1}{2} n(n+1) + (n+1) = \frac{1}{2} (n+1)(n+2).$$

Der letzte Schritt mag überraschend erscheinen, aber es wurde einfach nur $\frac{1}{2}(n+1)$ ausgeklammert. Diese Rechnung zeigt, dass wenn $A(n)$ wahr ist, auch $A(n+1)$ wahr ist.

Die Induktionsschleife liefert die Richtigkeit von $A(n)$ für alle $n \in \mathbb{N}$. $\square$

Anmerkung: Auf den eleganten Trick mit dem Ausklammern von $\frac{1}{2}(n+1)$ kommt man natürlich nur, wenn man sich in $(\star)$ anschaut, was rechts rauskommen soll. Wenn man darauf nicht kommt, ist es auch nicht weiter schlimm: Dann fasst man eben $\frac{1}{2}n(n+1) + (n+1)$ zu $\frac{1}{2}n^2 + \frac{3}{2}n + 1$ zusammen und vergleicht dies mit dem Ausdruck, den man erhält, wenn man die rechte Seite von $(\star)$ ausmultipliziert. Da dies ebenfalls $\frac{1}{2}n^2 + \frac{3}{2}n + 1$ ergibt, hat man auch so die Gültigkeit der Gleichung $(\star)$ nachgewiesen.

An dieser Stelle bietet es sich an, ein paar Worte über die Σ-Notation zu verlieren. Um Schreibarbeit und Pünktchen zu sparen, schreibt der Mathematiker gerne

$$1 + 2 + \ldots + n =: \sum_{k=1}^{n} k.$$

---

[7]Carl Friedrich Gauss (1777–1855); einer der größten Mathematiker e v e r. Leistete Bahnbrechendes in der Zahlentheorie, Differenzialgeometrie, Statistik und und und...

Das große Sigma steht für „Summe" und der Ausdruck auf der rechten Seite sagt einfach nur: „Summiere alle Zahlen k von 1 bis n auf". k heißt *Laufindex*, und man kann natürlich jeden anderen Buchstaben dafür wählen – außer n, da dies bereits den höchsten Wert des Laufindex bezeichnet. In Σ-Notation lautet die gaußsche Summenformel also kurz und bündig

$$\sum_{k=1}^{n} k = \frac{1}{2}\, n(n+1).$$

In den nachfolgenden Aufgaben kannst du bereits damit beginnen, dich mit dieser Schreibweise vertraut zu machen, die wir später immer wieder ausgiebig einsetzen werden. Ist aber auch in Ordnung, wenn du vorerst bei der Pünktchen-Schreibweise bleiben willst.

Satz 2.5   Für jedes reelle x mit $0 \neq x > -1$ und alle $n \in \mathbb{N}$, $n \geqslant 2$, gilt die BERNOULLI[8]-Ungleichung

$$(1+x)^n > 1 + nx.$$

Beweis: durch – welche Überraschung – vollständige Induktion.

(IA): Der Induktionsanfang startet hier erst bei $n = 2$, da für $n = 1$ Gleichheit herrscht. Für $n = 2$ ist die Ungleichung sogar für alle $x \neq 0$ erfüllt, denn

$$(1+x)^2 = 1 + 2x + x^2 > 1 + 2x.$$

(IS): Unter der (IV), dass $(1 + x)^n > 1 + nx$ für ein n stimmt, müssen wir die Gültigkeit der Ungleichung auch für $n+1$ nachweisen. Um von $\heartsuit^n$ auf $\heartsuit^{n+1}$ zu kommen, muss man mit $\heartsuit$ malnehmen. Also multiplizieren wir die (IV) mit $(1 + x) > 0$ (hier geht $x > -1$ ein; für $x < -1$ würde sich das $>$-Zeichen umdrehen):

$$(1+x)^n > 1+nx \iff (1+x)^{n+1} > (1+nx) \cdot (1+x) = 1 + (n+1)x + nx^2,$$

und wegen $nx^2 > 0$ gilt für den letzten Ausdruck

$$1 + (n+1)x + nx^2 > 1 + (n+1)x.$$

Aus $a > b > c$ folgt automatisch $a > c$, also haben wir insgesamt

$$(1+x)^{n+1} > 1 + (n+1)x,$$

was wir zeigen wollten.

Und wieder greift die Induktionsschleife und liefert die Gültigkeit der Ungleichung für jedes $n \in \mathbb{N}$ mit $n \geqslant 2$. $\square$

---

[8] Jakob BERNOULLI (1654–1705). Schweizer Mathematiker und Physiker, der einer regelrechten Dynastie brillanter Mathematiker und Wissenschaftler entstammte.

Auf dieses letzte, immer gleiche Argument mit der Induktionsschleife verzichten wir in Zukunft und beenden Induktionsbeweise gleich nach dem Beweis von (IS).

Beispiel 2.5 Für jedes $n \in \mathbb{N}$ ist 8 ein Teiler von $9^n - 1$.

(IA): Für $n = 1$ stimmt die Aussage, da $9^1 - 1 = 8$ durch 8 teilbar ist.

(IS): Für ein n sei 8 ein Teiler von $9^n - 1$, d.h. $9^n - 1 = m \cdot 8$ mit $m \in \mathbb{N}$ (IV). Wir müssen zeigen, dass dann auch $9^{n+1} - 1$ durch 8 teilbar ist, sich also als $k \cdot 8$ mit $k \in \mathbb{N}$ schreiben lässt. Zunächst ist $9^{n+1} - 1 = 9 \cdot 9^n - 1$. Laut leicht umgeformter (IV) gilt $9^n = 8m + 1$, und setzt man dies ein, so folgt

$$9^{n+1} - 1 = 9 \cdot 9^n - 1 = 9 \cdot (8m + 1) - 1 = 9 \cdot 8m + 9 - 1$$

$$= 9 \cdot 8m + 8 = (9m + 1) \cdot 8 = k \cdot 8,$$

mit $k := 9m + 1 \in \mathbb{N}$, d.h. $9^{n+1} - 1$ ist durch 8 teilbar. $\qquad\square$

Mittels Induktion lässt sich auch die Existenzaussage des Hauptsatzes zur Primfaktorzerlegung leicht beweisen (siehe Theorem 2.1). Allerdings muss man hier die (IV) leicht modifizieren, weil man von $n + 1$ nicht nur auf n, sondern auf noch weitere Vorgänger zurückgreift.

Beispiel 2.6 Jede natürliche Zahl $n > 1$ ist ein Produkt von Primzahlen.

(IA): Für $n = 2$ stimmt die Aussage, da 2 bereits prim ist.

(IS): In leichter Abwandlung zur bisherigen (IV) gehen wir davon aus, dass die Aussage nicht nur für ein n, sondern für *alle* Zahlen $m \leqslant n$ gilt, und schließen auf die Gültigkeit für $n + 1$ (Prinzip der *Abschnittsinduktion*[9]).
Ist $n + 1$ prim, gibt es nichts mehr zu tun. Falls $n + 1$ nicht prim ist, muss es einen nicht-trivialen Teiler t besitzen ($1 < t < n + 1$), d.h. es ist $n + 1 = k \cdot t$, wobei ebenfalls $1 < k < n + 1$ gilt. Da k und t kleiner als $n + 1$ sind, greift die (IV), wonach beide Zahlen Produkte von Primzahlen sind: $k = p_1 \cdot \ldots \cdot p_i$ und $t = q_1 \cdot \ldots \cdot q_j$, also ist auch

$$n + 1 = k \cdot t = p_1 \cdot \ldots \cdot p_i \cdot q_1 \cdot \ldots \cdot q_j$$

ein Produkt von Primzahlen. $\qquad\square$

Die Eindeutigkeit dieser Zerlegung lässt sich nicht ganz so einfach zeigen. Zumindest braucht man dafür das euklidische Lemma (für n Faktoren), um dessen Beweis wir uns hier ja gedrückt haben.

---

[9] Siehe z.B. http://www.math.uni-kiel.de/geometrie/klein/ingws8/di1111.pdf für eine ausführliche Begründung der Gültigkeit dieses Beweis-Prinzips.

Wende in allen Aufgaben das Beweisprinzip der vollständigen Induktion an.

Aufgabe 2.13   Für alle $n \in \mathbb{N}$ gelten die folgenden Summenformeln.

a) $1 + 4 + 7 + \ldots + (3n - 2) = \frac{1}{2}\, n(3n - 1)$

b) $1 + 3 + 5 + \ldots + (2n - 1) = n^2$

c) $1^2 + 2^2 + \ldots + n^2 = \frac{1}{6}\, n(n + 1)(2n + 1)$

d) $1^3 + 2^3 + \ldots + n^3 = \frac{1}{4}\, n^2(n + 1)^2$

Folgere aus d) und der Summenformel aus Satz 2.4 die überraschende Beziehung

$$(1 + 2 + \ldots + n)^2 = 1^3 + 2^3 + \ldots + n^3.$$

Aufgabe 2.14   Für $n \in \mathbb{N}$ und $1 \neq q \in \mathbb{R}$ gilt die *geometrische Summenformel*

$$1 + q + q^2 + \ldots + q^n = \frac{1 - q^{n+1}}{1 - q}.$$

Aufgabe 2.15   Beweise die folgenden Teilbarkeitsregeln.

a) 9 ist ein Teiler von $10^n - 1$ für alle $n \in \mathbb{N}$. (Wie sieht man das ohne Induktion?)

b) 6 ist ein Teiler von $n^3 - n$ für alle $n \in \mathbb{N}$ mit $n \geqslant 2$. Zerlege $n^3 - n$ in Linearfaktoren, um dies auch ohne vollständige Induktion einzusehen.   ☠

Aufgabe 2.16   (Wer noch nicht ableiten kann, lese kurz mal Kapitel 5 als Vorbereitung zu dieser Aufgabe.)

a) Leite die Funktion $f(x) = \frac{1}{x}$ ein paar Mal ab. Stelle eine Vermutung für die n-te Ableitung $f^{(n)}(x)$ auf und beweise sie.

b) Zeige, dass für die n-te Ableitung von $f(x) = \frac{1}{\sqrt{x}}$, $x > 0$, gilt: ☠

$$f^{(n)}(x) = \frac{1 \cdot 3 \cdot 5 \cdot \ldots \cdot (2n - 1)}{(-2)^n \cdot \sqrt{x}^{\,2n+1}}.$$

Aufgabe 2.17   In einem Klassenzimmer befinden sich n Schüler[10], die sich alle mit Handschlag begrüßen. Zeige, dass dabei $\frac{1}{2}(n - 1) \cdot n$ Handschläge stattfinden.

Aufgabe 2.18   Wir beweisen die Aussage „*Alle Schüler mögen Mathe*", indem wir vollständige Induktion auf die Aussagen

---

[10]Natürlich ist hier „Schüler" immer im Sinne von „Schülerinnen und Schüler" gemeint.

$A(n)$: „Mag von n Schülern einer Mathe, so mögen sie alle Mathe."

anwenden. $A(1)$ ist offensichtlich wahr, es bleibt nur der Induktionsschritt von n auf $n+1$ zu zeigen. Sei also $A(n)$ für ein $n \in \mathbb{N}$ wahr. Betrachte eine beliebige Menge Schüler $S_1, \ldots, S_{n+1}$, von denen mindestens einer Mathe mag (z.B. S_1, sonst Umnummerierung). Weil $A(n)$ wahr ist, mögen somit $S_1, \ldots, S_n$ Mathe. Also mag von den Schülern $S_2, \ldots, S_{n+1}$ mindestens S_n Mathe. Erneute Anwendung von $A(n)$ liefert, dass damit auch alle Schüler $S_2, \ldots, S_{n+1}$ Mathe mögen, insgesamt also alle $n+1$. Damit ist $A(n+1)$ wahr, und die Induktionsschleife liefert die Gültigkeit der Aussagen $A(n)$ für alle $n \in \mathbb{N}$.
Und da nun (hoffentlich) ein Schüler Mathe mag, folgt obige Aussage! Stimmt's?

Aufgabe 2.19   Der *binomische Lehrsatz* besagt, dass für alle reellen Zahlen a, b und $n \in \mathbb{N}$ der Zusammenhang

$$(a+b)^n = \binom{n}{0}a^n b^0 + \binom{n}{1}a^{n-1}b^1 + \binom{n}{2}a^{n-2}b^2 + \ldots + \binom{n}{n}a^0 b^n$$

besteht. In Σ-Notation lautet er deutlich kompakter

$$(a+b)^n = \sum_{k=0}^{n} \binom{n}{k}a^{n-k}b^k.$$

Die Vorfaktoren von $a^{n-k}b^k$ sind die *Binomialkoeffizienten* (die du vielleicht in der Schule als Einträge des Pascal[11]-Dreiecks kennen gelernt hast)

$$\binom{n}{k} = \frac{n!}{k!(n-k)!}$$

mit der *Fakultät* $n! := n \cdot (n-1) \cdot (n-2) \cdot \ldots \cdot 2 \cdot 1$ (und $0! := 1$).

a) Zur Gewöhnung an dieses Formel-Gestrüpp: Schreibe den binomischen Lehrsatz für $n = 1, \ldots, 4$ explizit auf, mit und ohne Summenzeichen, und überzeuge dich, dass er die (hoffentlich) bereits bekannten Formeln für die Binome $(a+b)^n$ wiedergibt.

b) Zeige (ohne Induktion): $\binom{n}{k} + \binom{n}{k-1} = \binom{n+1}{k}$ für alle $k \leqslant n \in \mathbb{N}$. ☠

c) Beweise den binomischen Lehrsatz mittels vollständiger Induktion. ☠☠
   Dabei wird der folgende „Index-Shift" hilfreich sein (begründe ihn):

$$\sum_{k=0}^{n} A(k) = \sum_{k=1}^{n+1} A(k-1).$$

---

[11]Blaise Pascal (1623–1662); französischer Mathematiker, Physiker und Philosoph.

Aufgabe 2.20　Es folgt eine Anleitung zu einem weiteren Beweis der Tatsache, dass es unendlich viele Primzahlen gibt (von Goldbach, 1730).

Dieser Beweis verwendet die sogenannten *Fermat[12]-Zahlen*

$$F_n = 2^{2^n} + 1, \quad n \in \mathbb{N}_0.$$

a) Berechne $F_0, \ldots, F_4$ und suche einen Zusammenhang zwischen

$$F_0 \text{ und } F_1, \quad F_0 \cdot F_1 \text{ und } F_2, \quad F_0 \cdot F_1 \cdot F_2 \text{ und } F_3 \quad \text{etc.}$$

b) Stelle eine Vermutung für das Produkt $F_0 \cdot F_1 \cdot \ldots \cdot F_{n-1}$ auf und beweise sie durch vollständige Induktion.

c) Zeige nun unter Verwendung der allgemeinen Formel aus b), dass zwei beliebige Fermat-Zahlen F_k und F_n (mit $k < n$) teilerfremd sind[13]. Betrachte dazu einen gemeinsamen Teiler t von F_k und F_n und folgere $t = 1$.

d) Wie folgt daraus (zusammen mit Theorem 2.1) die Unendlichkeit der Menge aller Primzahlen?

Literatur zu Kapitel 2

[Beu1]　Beutelspacher, A.: *Mathe-Basics zum Studienbeginn.*
　　　　Springer Spektrum, 2. Aufl. (2016)

[Gri]　Grieser, D.: *Mathematisches Problemlösen und Beweisen.*
　　　　Springer Spektrum, 2. Aufl. (2017)

[Ham]　Hammack, R.: *Book of Proof.* 3rd edition (2018)
　　　　https://www.people.vcu.edu/ rhammack/BookOfProof/

[Pad]　Padberg, F.: *Elementare Zahlentheorie.* Spektrum, 3. Aufl. (2008)

[Raz]　Razen, A.: *Beweismethoden in der Mathematik.*
　　　　http://bgfeldkirch.at/FBA/FBA_Beweis.pdf

[Vel]　Velleman, D.: *How to Prove It: A Structured Approach.*
　　　　Cambridge University Press, 2nd edition (2006)

Sehr zu empfehlen sind [Ham] und [Vel], wo sich eine große Fülle an weiteren Beispielen und Aufgaben zur Beweismethodik finden.

---

[12]Pierre de Fermat (1607–1665); französischer Mathematiker und Jurist. Fermats berühmter „letzter Satz" (besser: letzte Vermutung) schrieb Mathematik-Geschichte.

[13]Die ersten vier Fermat-Zahlen sind sogar prim und damit automatisch teilerfremd. Es wird vermutet, dass kein weiteres F_n prim ist (z.B. ist $F_5 = 641 \cdot 6700417$), aber das ist ein bis heute offenes Problem.

3 Mengen und Abbildungen

In diesem Kapitel lernst du, mit Mengen und den Abbildungen zwischen ihnen umzugehen. Auch hier werden teilweise wieder hohe Anforderungen an dein Abstraktionsvermögen und deine mathematische Denkweise gestellt, wie du sie von der Schule her kaum gewohnt sein wirst. Wie immer gilt: Nicht verzagen und deinem Gehirn ruhig etwas Zeit geben, damit es sich nach und nach an die neuen Begriffe und Konzepte gewöhnen kann.

3.1 Mengen

Wir beginnen mit einer anschaulichen und leicht verdaulichen Einführung in die Begriffswelt der Mengen.

3.1.1 Der Mengenbegriff

Du kennst aus der Schulmathematik bereits einige Beispiele von Mengen:

- Die Menge der natürlichen Zahlen $\mathbb{N} = \{\, 1, 2, \dots \,\}$ und $\mathbb{N}_0 = \{\, 0, 1, 2, \dots \,\}$.

- Die Menge der ganzen Zahlen $\mathbb{Z} = \{\, \dots, -2, -1, 0, 1, 2, \dots \,\}$.

- Die Menge der rationalen Zahlen $\mathbb{Q} = \{\, \frac{p}{q} \mid p, q \in \mathbb{Z}, q \neq 0 \,\}$.

- Die Menge der reellen Zahlen $\mathbb{R}$ (alle Dezimalzahlen).

- $\{\, \mathrm{HA} \,\}$ – eine Menge Hausaufgaben. :)

Wie der Begriff „Menge" mathematisch korrekt zu definieren ist, ist eine hochkomplizierte Angelegenheit (siehe [EBB]). Wir begnügen uns hier mit einer „naiven" Mengendefinition, in deren Problematik Aufgabe 3.2 einen kleinen Einblick gibt.

Definition 3.1   Eine Ansammlung von Objekten heißt *Menge*. Ein Mitglied dieser Ansammlung heißt *Element* der Menge. Ist a ein Element der Menge A, so schreibt man $a \in A$. Gehört a nicht zu der Menge A, schreibt man $a \notin A$.
Mit $|A|$ bezeichnet man die Anzahl der Elemente in A, diese heißt *Mächtigkeit von* A. Falls diese Anzahl nicht endlich ist, schreibt man $|A| = \infty$. $\hspace{1em}\diamond$

Eine Menge kann man auf zwei verschiedene Arten beschreiben. Entweder beschreibt man, welche Eigenschaften die Elemente der Menge A haben sollen, etwa

$$A = \{\, x \mid x \text{ hat die Eigenschaften } E_1, E_2, \dots \,\},$$

z.B. $\quad A = \{\, x \mid x \text{ war Haar auf Pythagoras' Kopf (am 1. Mai 550 v.Chr.)} \,\}$,

oder man benennt die Elemente in A explizit:

$$A = \{\, x_1, x_2, \dots, x_n \,\},$$

z.B. $\quad A = \{\, \mathrm{Haar}_1, \dots, \mathrm{Haar}_{109\,712} \,\}$.

Bei einer („abzählbar") unendlichen Menge schreibt man: $A = \{\, x_1, x_2, x_3, \dots \,\}$.

© Springer Fachmedien Wiesbaden GmbH, ein Teil von Springer Nature 2019
T. Glosauer, *(Hoch)Schulmathematik*, https://doi.org/10.1007/978-3-658-24574-0_3

Beispiel 3.1

a) $\varnothing = \{\,\}$ heißt *leere Menge*. Sie enthält kein Element, d.h. $|\varnothing| = 0$. Falls Pythagoras sich an besagtem 1. Mai gerade den Kopf geschoren hatte, so ist in obigem Beispiel $A = \varnothing$.

b) $M = \{\,$Döner, Pizza, Brathendl$\,\}^1$ ist eine endliche Menge mit $|M| = 3$. Reihenfolge der Elemente sowie Mehrfachnennungen werden bei Mengen übrigens stets ignoriert, d.h. $M' = \{\,$Pizza, Brathendl, Döner$\,\} = M$ und $M'' = \{\,$Döner, Pizza, Brathendl, Döner$\,\} = M$. Insbesondere ist auch $|M''| = 3$.

c) Die (unendliche) Menge der geraden ganzen Zahlen $\mathbb{E}$ („E" steht für „even"):

$$\mathbb{E} = \{\,e \in \mathbb{Z} \mid e \text{ ist gerade}\,\} = \{\,e \mid e = 2k, k \in \mathbb{Z}\,\}.$$

d) Die (unendliche) Menge der ungeraden ganzen Zahlen $\mathbb{O}$ („O" für „odd"):

$$\mathbb{O} = \{\,o \in \mathbb{Z} \mid o \text{ ist ungerade}\,\} = \{\,o \mid o = 2k+1, k \in \mathbb{Z}\,\}.$$

e) Die (nach Satz 2.2 unendliche) Menge aller Primzahlen:

$$\mathbb{P} = \{\,n \in \mathbb{N} \mid n > 1,\, n \text{ besitzt nur } 1 \text{ und } n \text{ als Teiler}\,\} = \{\,2, 3, 5, \dots\,\}.$$

Aufgabe 3.1   Gib in Mengenschreibweise an.

a) A: Menge aller ganzzahligen Vielfachen von 42.

b) B: Menge aller natürlicher Zahlen, die mit Rest 2 durch 7 teilbar sind.

Aufgabe 3.2   Unsere naive Mengendefinition verbietet es z.B. nicht, dass eine Menge sich selbst als Element enthalten kann. Dass bereits dies zu absurden Folgerungen führt, zeigt die Russell'sche Antinomie[2] (Widerspruch). Sei

$$\mathfrak{M} := \{\,M \mid M \notin M\,\}$$

die Menge aller Mengen, die sich nicht selbst enthalten. Dann stellt sich natürlich die Frage, ob $\mathfrak{M} \in \mathfrak{M}$ oder $\mathfrak{M} \notin \mathfrak{M}$ gilt. Was trifft zu?
(Wie man solche Widersprüche vermeidet, kann nur im Rahmen der axiomatischen Mengenlehre geklärt werden, auf die wir hier weder eingehen können noch wollen.)

---

[1] Vegetarische Alternative: $M = \{\,$Falafel, Pizza Margherita, Tofuburger$\,\}$.
[2] Bertrand Russell (1872–1970). Bedeutender Philosoph und Mathematiker; insbesondere Logiker. Seine *Principia Mathematica* sind ein Meisterwerk über die Grundlagen der Mathematik.

3.1.2 Teilmengen und Mengenoperationen

Definition 3.2 Es sei A eine Menge.

- Eine Menge B heißt *Teilmenge von A*, in Zeichen: $B \subseteq A$, wenn jedes Element von B auch Element von A ist, d.h. wenn stets gilt: $x \in B \implies x \in A$. Die leere Menge wird dabei immer als Teilmenge jeder Menge betrachtet.

- A und B heißen *gleich*, $A = B$, wenn sie dieselben Elemente enthalten. Dies ist gleichbedeutend mit $A \subseteq B$ und $B \subseteq A$, da dann $x \in A \iff x \in B$ gilt.

- $B \subset A$ bedeutet $B \subseteq A$ und $B \neq A$. B heißt dann *echte Teilmenge von A*. ◇

Beispiel 3.2

a) $\{\,\text{Döner, Pizza}\,\} \subset \{\,\text{Döner, Pizza, Brathendl}\,\}$

b) $\mathbb{N} \subset \mathbb{Z} \subset \mathbb{Q} \subset \mathbb{R}$

c) $\mathbb{E} \subset \mathbb{Z}$ und $\mathbb{O} \subset \mathbb{Z}$

Anmerkung: Nur bei endlichen Mengen gilt $A \subset B \implies |A| < |B|$. Bei unendlichen Mengen braucht das nicht zu gelten, z.B. ist $|\mathbb{N}| = |\mathbb{Z}| = \infty$, obwohl $\mathbb{N}$ eine echte Teilmenge von $\mathbb{Z}$ ist. Später mehr zu dieser Problematik.

Beispiel 3.3 Wir führen die (vermutlich schon aus der Schule bekannte) Intervallschreibweise ein, die wir häufig verwenden werden. Für zwei reelle Zahlen $a < b$ ist das *offene Intervall* $(\,a\,,b\,)$ eine echte Teilmenge von $\mathbb{R}$ der Gestalt

$$(\,a\,,b\,) := \{\,x \in \mathbb{R} \mid a < x < b\,\}.$$

Beim *halboffenen Intervall* $[\,a\,,b\,)$ gehört der linke Randwert a mit dazu, d.h. $[\,a\,,b\,) := \{\,x \in \mathbb{R} \mid a \leqslant x < b\,\}$, analog bei $(\,a\,,b\,]$. Die Menge $[\,a\,,b\,]$ heißt *abgeschlossenes Intervall*. Schließlich definiert man $(\,a\,,\infty\,)$ als $\{\,x \in \mathbb{R} \mid x > a\,\}$ und $(-\infty\,,b\,) := \{\,x \in \mathbb{R} \mid x < b\,\}$ (beachte: $\pm\infty$ bezeichnet *keine* reellen Zahlen).

Definition 3.3 Sei M eine beliebige Menge. Dann heißt

$$\mathfrak{P}(M) := \{\,A \mid A \subseteq M\,\}$$

die *Potenzmenge von M*. Sie ist also die Menge aller Teilmengen von M. ◇

Beispiel 3.4 Wir bestimmen die Potenzmenge von

$$M = \{\,\text{Döner, Pizza, Brathendl}\,\} = \{\,d, p, b\,\}.$$

Die einelementigen Teilmengen von M sind $\{d\}$, $\{p\}$ und $\{b\}$; die zweielementigen $\{d,p\}$, $\{d,b\}$ und $\{p,b\}$ (die Reihenfolge spielt wie oben bereits gesagt keine Rolle). Da nach Definition $\varnothing \subseteq M$ und natürlich auch $M \subseteq M$ gilt, haben wir insgesamt

$$\mathfrak{P}(M) = \Big\{\, \varnothing,\ \{d\},\ \{p\},\ \{b\},\ \{d,p\},\ \{d,b\},\ \{p,b\},\ \{d,p,b\}\, \Big\},$$

d.h. die Potenzmenge von M besitzt 8 Elemente.

Ähnlich wie bei Zahlen, die man auf verschiedene Weise verknüpfen kann (etwa durch Addition oder Multiplikation), kann man dies auch mit zwei oder mehreren Mengen tun, um neue Mengen zu erhalten.

Definition 3.4   Seien A, B Teilmengen einer Menge M.

○ Die *Schnittmenge von A und B* ist

$$A \cap B := \{\, x \in M \mid x \in A \wedge x \in B \,\}.$$

In $A \cap B$ liegen also alle Elemente, die in A *und* gleichzeitig auch in B liegen.

○ Die *Vereinigungsmenge von A und B* ist

$$A \cup B := \{\, x \in M \mid x \in A \vee x \in B \,\}.$$

In $A \cup B$ liegen also alle Elemente, die in A *oder B* liegen. Erinnere dich: „Oder" im mathematischen Sinne ist kein ausschließendes „entweder-oder". Ein Element von $A \cup B$ darf in A und auch gleichzeitig in B liegen.

○ Die *Differenz von A und B* ist (lies: „A ohne B")

$$A \backslash B := \{\, x \in M \mid x \in A \wedge x \notin B \,\}.$$

○ Das *Komplement von A in M* ist die Menge

$$A^{\mathsf{C}} := \{\, x \in M \mid x \notin A \,\},$$

was nichts anderes als $M \backslash A$ ist.   ◇

Man veranschaulicht diese Mengenoperationen gerne mit Hilfe sogenannter VENN[3]-Diagramme. Abbildung 3.1 zeigt ein Venn-Diagramm für $A \cap B$; die Schnittmenge der Mengen A und B ist dunkelgrau schattiert.

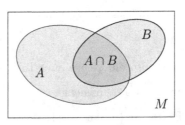

Abbildung 3.1

Zeichne dir bevor du weiterliest unbedingt noch die Venn-Diagramme für $A \cup B$, $A \backslash B$ und A^{C} auf (die konkrete Form von A, B und M spielt dabei natürlich überhaupt keine Rolle).

---

[3]John VENN (1834–1923); englischer Mathematiker.

Abbildung 3.2: Frühe Konzepte von Schnitt und Vereinigung

Beispiel 3.5

a) Wir betrachten die in Beispiel 3.1 definierten Teilmengen $\mathbb{E}$ und $\mathbb{O}$ von $\mathbb{Z}$. Offenbar ist $\mathbb{E} \cap \mathbb{O} = \varnothing$ und $\mathbb{E} \cup \mathbb{O} = \mathbb{Z}$. Zwei Mengen, deren Schnitt leer ist, nennt man *disjunkt*. $\mathbb{Z}$ ist somit die *disjunkte Vereinigung* der Menge der geraden und ungeraden ganzen Zahlen, in Zeichen

$$\mathbb{Z} = \mathbb{E} \mathbin{\dot{\cup}} \mathbb{O}.$$

Zudem ist $\mathbb{O}^{\mathsf{C}} = \mathbb{E}$ und umgekehrt. Und was ist eigentlich $\mathbb{O} \backslash \mathbb{E}$?

b) Man kann nicht nur zwei oder endlich viele Mengen schneiden und vereinigen, sondern auch unendlich viele. Betrachte z.B. die Intervalle $I_n = [-n\,,n] \subset \mathbb{R}$ für alle $n \in \mathbb{N}_0$. Dann sollte intuitiv klar sein, dass

$$\bigcap_{n=0}^{\infty} I_n = \{0\} \quad \text{und} \quad \bigcup_{n=0}^{\infty} I_n = \mathbb{R}.$$

(Für saubere Definitionen und Beweise siehe Aufgabe 3.11.)

Wie beim Rechnen mit Zahlen gelten auch bei der Verknüpfung von Mengen gewisse Regeln, wie z.B. das Assoziativ- und Kommutativgesetz: Sind A, B und C Teilmengen einer Menge M, so gilt

$$(A \cap B) \cap C = A \cap (B \cap C) \qquad \text{und} \qquad A \cap B = B \cap A;$$

analog für die Vereinigung. Die Beweise hierzu sind offensichtlich (denke kurz darüber nach). Lohnenswerter ist es, sich den Beweis für die Distributivgesetze genauer anzusehen.

Satz 3.1   Für Teilmengen $A, B, C \subseteq M$ gelten die *Distributivgesetze*

$$A \cup (B \cap C) = (A \cup B) \cap (A \cup C) \quad \text{und} \quad A \cap (B \cup C) = (A \cap B) \cup (A \cap C).$$

Beweis 1: Wir führen die Distributivgesetze für Mengen auf die Distributivgesetze der Aussagenlogik zurück. Dazu definieren wir Aussageformen durch

$$\mathcal{A}(x) : x \in A, \quad \mathcal{B}(x) : x \in B, \quad \text{und} \quad \mathcal{C}(x) : x \in C.$$

Diese sind jeweils wahr, wenn x in der zugehörigen Menge liegt, und falsch, wenn x nicht drin liegt. Zum Nachweis des ersten Distributivgesetzes zeigen wir, dass

$$\mathcal{X}(x) : x \in A \cup (B \cap C) \quad \text{und} \quad \mathcal{Y}(x) : x \in (A \cup B) \cap (A \cup C)$$

zwei aussagenlogisch äquivalente Aussageformen sind, d.h. dass sie bei jeder Einsetzung eines x stets den gleichen Wahrheitswert annehmen. Nach Definition von Schnitt und Vereinigung ist $\mathcal{X}(x)$ genau dann wahr, wenn $x \in A \lor (x \in B \land x \in C)$ gilt, d.h. wenn $\mathcal{A}(x) \lor (\mathcal{B}(x) \land \mathcal{C}(x))$ wahr ist. Nach Aufgabe 1.7 b) ist dies aber genau dann der Fall, wenn $(\mathcal{A}(x) \lor \mathcal{B}(x)) \land (\mathcal{A}(x) \lor \mathcal{C}(x))$ wahr ist, also wenn $\mathcal{Y}(x)$ wahr ist.

Der Beweis des zweiten Distributivgesetzes verläuft vollkommen analog und ist Inhalt der Aufgabe 3.5. $\boxminus$

Wem diese Reduktion auf die Aussagenlogik suspekt ist, der kann sich die Mengengleichheit auch „zu Fuß" überlegen. (Dies entspricht letztendlich dem, was wir damals beim Aufstellen der Wahrheitstafeln gemacht haben, nur eben jetzt in Mengenschreibweise.)

Zur Erinnerung: Zwei Mengen X und Y sind genau dann gleich, wenn X eine Teilmenge von Y und Y eine Teilmenge von X ist, d.h.

$$X = Y \iff (X \subseteq Y \land Y \subseteq X).$$

Zum Nachweis der Mengengleichheit $X = Y$ auf Elementebene müssen wir also zeigen, dass jedes $x \in X$ auch in Y liegt und umgekehrt.

Beweis 2: Wir zeigen wieder nur das erste Distributivgesetz.

„$\subseteq$" Wir weisen $A \cup (B \cap C) \subseteq (A \cup B) \cap (A \cup C)$ nach.

Sei $x \in A \cup (B \cap C)$, also $x \in A$ oder $x \in B \cap C$. Im ersten Fall ($x \in A$) folgt wegen $A \subseteq A \cup B$ auch $x \in A \cup B$. Ebenso folgt aus $A \subseteq A \cup C$, dass $x \in A \cup C$. Also ist insgesamt $x \in (A \cup B) \cap (A \cup C)$.

Im zweiten Fall ($x \in B \cap C$) gilt $x \in B$ und $x \in C$. Da $B \subseteq A \cup B$ und $C \subseteq A \cup C$ gilt, folgt wieder $x \in A \cup B$ und $x \in A \cup C$, also zusammen

$x \in (A \cup B) \cap (A \cup C)$.

In beiden Fällen folgt also aus $x \in A \cup (B \cap C)$, dass $x \in (A \cup B) \cap (A \cup C)$ und somit auf Mengenebene die Beziehung $A \cup (B \cap C) \subseteq (A \cup B) \cap (A \cup C)$.

„$\supseteq$" Wir zeigen $(A \cup B) \cap (A \cup C) \subseteq A \cup (B \cap C)$.

Sei $x \in (A \cup B) \cap (A \cup C)$. Dann ist (1): $x \in A \cup B$ und (2): $x \in A \cup C$. Wir machen wieder eine Fallunterscheidung: Im Falle $x \in A$ folgt sofort $x \in A \cup (B \cap C)$, da A Teilmenge dieser Menge ist.

Ist $x \notin A$, dann muss wegen (1) $x \in B$ und wegen (2) $x \in C$ gelten, insgesamt folgt also auch in diesem Fall $x \in B \cap C \subseteq A \cup (B \cap C)$. □

Aufgabe 3.3   Bestimme folgende Schnitte, Vereinigung und Differenz.

a) $[0,1] \cap (\frac{1}{2},2]$ b) $[0,1) \cup (\frac{1}{2},2]$ c) $[0,1) \cap [1,2]$ d) $[0,1] \setminus (\frac{1}{2},2]$

Aufgabe 3.4   Weise die Mengengleichheit $\mathbb{E} = \{ z \in \mathbb{Z} \mid \frac{z}{2} \in \mathbb{Z} \}$ nach.

Aufgabe 3.5   Beweise das zweite Distributivgesetz aus Satz 3.1.

Aufgabe 3.6   Zeige: $(A \cap B) \cup C = A \cap (B \cup C)$ genau dann, wenn $C \subseteq A$. (Tipp: Distributivgesetz; andere Richtung: Kontraposition oder Widerspruch.) ☠

Aufgabe 3.7   Beweise die De Morgan'schen Regeln für Mengen (vergleiche Seite 11 sowie Aufgabe 1.3): Seien A und B Teilmengen einer Menge M. Dann gilt für die Komplemente (bezogen auf M) von Schnitt und Vereinigung

$$(A \cap B)^{\mathsf{C}} = A^{\mathsf{C}} \cup B^{\mathsf{C}} \qquad \text{und} \qquad (A \cup B)^{\mathsf{C}} = A^{\mathsf{C}} \cap B^{\mathsf{C}}.$$

Aufgabe 3.8   Seien A und B endliche Teilmengen einer Menge M. Finde mit Hilfe des Venn-Diagramms 3.1 eine Formel für $|A \cup B|$ und begründe diese. (Zerlege dazu $A \cup B$ in disjunkte Teilmengen.)

Aufgabe 3.9   Das *kartesische Produkt* zweier Mengen A und B ist

$$A \times B := \{ (x,y) \mid x \in A, y \in B \}$$

(lies: „A Kreuz B"). In $A \times B$ sind zwei Elemente (x_1,y_1), (x_2,y_2) genau dann gleich, wenn $x_1 = x_2$ und $y_1 = y_2$ ist.

Gib für die beiden Mengen $A = \{ \text{Döner } (d), \text{Pizza } (p), \text{Brathendl } (b) \}$ und $B = \{ \text{Ketchup } (k), \text{Mayo } (m), \text{Scharf } (s) \}$ explizit das kartesische Produkt an. Was ist dessen Mächtigkeit $|A \times B|$ und welche Formel gilt hier offenbar allgemein (für endliche Mengen A, B)?

Aufgabe 3.10   Bestimme $|\mathfrak{P}(M)|$ einer Menge M mit $|M| = 0, 1, 2, 3$ und 4. Woher könnte also der Name Potenzmenge kommen?
Versuche bei $|M| = 4$ durch systematische Überlegungen auf die Anzahl der 1-, 2- und 3-elementigen Teilmengen zu kommen und versuche dies auf $|M| = n \in \mathbb{N}$ zu verallgemeinern.   💀💀

Aufgabe 3.11   Beliebige Schnitte und Vereinigungen.
Sei M eine Menge, I eine beliebige Indexmenge (nicht notwendigerweise endlich) und für jedes $i \in I$ sei M_i eine Teilmenge von M. $(M_i)_{i \in I}$ nennt man dann eine *Familie* von Teilmengen. Man definiert

$$\bigcap_{i \in I} M_i := \{\, x \in M \mid x \in M_i \text{ für alle } i \in I \,\} \quad \text{und}$$

$$\bigcup_{i \in I} M_i := \{\, x \in M \mid x \in M_i \text{ für (mindestens) ein } i \in I \,\}.$$

a) Beweise die Aussagen von Beispiel 3.5 b).

b) $M_i = (\, 0, \frac{1}{i} \,) \subset \mathbb{R}$, $I = \mathbb{N}$. Gib $\bigcap_{i \in I} M_i$ und $\bigcup_{i \in I} M_i$ mit Begründung an.

c) Verallgemeinere die De Morgan'schen Regeln auf eine beliebige Familie von Teilmengen und beweise sie.

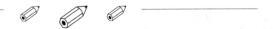

3.2   Abbildungen

In der Schule hast du dich beim Umgang mit Funktionen wie z.B. $f(x) = x^2 - 2x + 3$ meist nur auf die Funktionsvorschrift $f(x)$ konzentriert.
Wir beschäftigen uns nun mit Eigenschaften von Funktionen, die maßgeblich vom Definitionsbereich („welche x man einsetzen darf") und Bildbereich der Funktion („welche $y = f(x)$ rauskommen") abhängen. Betrachte z.B.

$$f\colon \mathbb{R} \to \mathbb{R}, \quad x \mapsto x^2, \qquad \text{und} \qquad \widetilde{f}\colon \mathbb{R}_0^+ := [\, 0, \infty) \to \mathbb{R}, \quad x \mapsto x^2.$$

Obwohl die Funktionsvorschrift jeweils dieselbe ist, sind f und $\widetilde{f}$ aufgrund ihrer unterschiedlichen Definitionsbereiche $D_f = \mathbb{R}$ und $D_{\widetilde{f}} = \mathbb{R}_0^+$ verschiedene Funktionen. (Stelle dir die zugehörigen Schaubilder vor.)
Wir schränken uns im Folgenden nicht mehr auf Funktionen $f\colon D_f \subseteq \mathbb{R} \to \mathbb{R}$ ein, die auf $\mathbb{R}$ oder reellen Intervallen definiert sind, sondern lassen ab jetzt beliebige Mengen als Definitions- und Bildbereiche zu. So werden wir z.B. mit Hilfe von

$$f\colon \mathbb{Z} \to \mathbb{E}, \quad z \mapsto 2z,$$

untersuchen, welche der beiden Mengen $\mathbb{Z}$ und $\mathbb{E}$ die größere Mächtigkeit hat. Was meinst du?

3.2.1   Der Abbildungsbegriff

Definition 3.5   Seien A und B Mengen ($\neq \varnothing$). Eine *Abbildung von A nach B*

$$f\colon A \to B, \quad x \mapsto f(x),$$

(lies: „f von A nach B, x geht über nach $f(x)$") ist eine Vorschrift, die jedem Element $x \in A$ ein *eindeutiges* Element $f(x) \in B$ zuordnet, das sogenannte *Bild von x unter f*. Ein $x \in A$ heißt *Urbild von $y \in B$*, falls $y = f(x)$ gilt. A heißt *Definitionsbereich*, B heißt *Bildbereich von f*.   ◇

Beispiel 3.6   Die Ellipse im Bildchen 3.3 kann *nicht* das Schaubild einer Abbildung $f\colon A \to B$ darstellen, da z.B. das eingezeichnete $x \in A$ unter f zwei Bilder y_1 und y_2 besitzen würde, womit die Forderung nach der eindeutigen Zuordnung eines Bildes $f(x) \in B$ verletzt wäre. Erst wenn man die untere oder obere Hälfte der Ellipse abschneidet, lässt sich die verbleibende Halbellipse durch eine Abbildung $f\colon A \to B$ beschreiben (siehe Lösung 8.10 für eine spezielle Ellipsen-Funktionsgleichung $f(x)$).

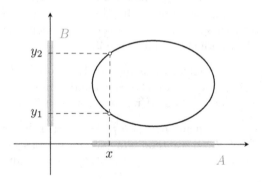

Abbildung 3.3

Anmerkung: Man kann die Worte „Abbildung" und „Funktion" synonym gebrauchen; wir reservieren hier allerdings den Ausdruck „Funktion" speziell für Abbildungen $f\colon D_f \subseteq \mathbb{R} \to \mathbb{R}$.

Beispiel 3.7

a) Betrachte die Quadratfunktion $q\colon A = \mathbb{R} \to B = \mathbb{R}$, $x \mapsto x^2$. Anhand von q sieht man leicht ein:

  ○ Zwei verschiedene Elemente von A können dasselbe Bild haben. Bzw.: Das Urbild eines Elements aus B muss nicht eindeutig sein.

   Denn z.B. ist $x_1 = 1 \neq -1 = x_2$, aber $q(x_1) = 1 = (-1)^2 = q(x_2)$. Anders ausgedrückt besitzt die Zahl $1 \in B$ die beiden Urbilder $x_1 = 1$ und $x_2 = -1$, da beide unter q auf 1 abgebildet werden.

○ Nicht für jedes Element aus B muss ein Urbild existieren. Denn für $-1 \in B$ findet man kein $x \in A = \mathbb{R}$ mit $q(x) = x^2 = -1$.

b) Ist $A = \{\,\text{Döner } (d),\ \text{Pizza } (p),\ \text{Brathendl } (b)\,\}$ und $B = \{\,\text{Ketchup } (k),\ \text{Mayo } (m),\ \text{Scharf } (s)\,\}$, so wird durch die Zuordnungen

$$f(d) := s, \quad f(p) := s \quad \text{und} \quad f(b) := k$$

eine Abbildung $f\colon A \to B$ erklärt, da jedem Element von A eindeutig ein Element von B zugeordnet wird. Dabei besitzt $m \in B$ kein Urbild, während s zwei verschiedene Urbilder (p und d) hat.

c) In Verallgemeinerung von a) ist ein reelles *Polynom n-ten Grades* $(n \in \mathbb{N}_0)$ eine Funktion der Gestalt

$$p\colon \mathbb{R} \to \mathbb{R}, \quad x \mapsto a_n x^n + a_{n-1} x^{n-1} + \ldots + a_1 x + a_0,$$

mit $a_i \in \mathbb{R}$ für $i = 0, \ldots, n$. Die Angabe des Bilds eines Elements $x \in \mathbb{R}$ erfolgt durch Einsetzen in die Funktionsvorschrift, die Bestimmung des Urbilds dagegen ist für $n \geqslant 5$ nur in Spezialfällen möglich, denn nur für $n \leqslant 4$ gibt es geschlossene Lösungsformeln für die Gleichung $p(x) = b$ (für $n = 2$ die bekannte „Mitternachtsformel" für quadratische Gleichungen; für $n = 3$ und 4 die „cardanischen Formeln", siehe Seite 277).

d) $\mathrm{id}_A\colon A \to A$, $x \mapsto x$, heißt *identische Abbildung* oder *Identität* und bildet jedes Element auf sich selbst ab. Das Schaubild von $\mathrm{id}_{\mathbb{R}}$ ist ganz einfach die erste Winkelhalbierende, also die Ursprungsgerade mit Steigung 1.

e) $r\colon \mathbb{N} \to \mathbb{N}$, $n \mapsto n + 1$, heißt *Rechtsshift*. Die 1 im Bildbereich besitzt kein Urbild unter r (da $0 \notin \mathbb{N}$), während alle anderen $n \in \mathbb{N}_{\geqslant 2}$ ein Urbild unter r besitzen, nämlich $n - 1$ (da $r(n-1) = (n-1) + 1 = n$ gilt).

3.2.2　Bild- und Urbildmenge

Definition 3.6　Sei $f\colon A \to B$ eine Abbildung, $M \subseteq A$ und $N \subseteq B$ seien beliebige Teilmengen. Die Menge

$$f(M) := \{\,f(x) \mid x \in M\,\} \subseteq B$$

heißt *Bildmenge von M unter f* (oder kürzer: Bild von M unter f). Für $M = A$ nennt man $f(A) =: \mathrm{im}\, f$ das *Bild von f* (engl. *image*). Das Bild $\mathrm{im}\, f$ besteht also aus allen Elementen von B, die „von f getroffen werden" (siehe Abbildung 3.4). Für eine Teilmenge $N \subseteq B$ heißt

$$f^{-1}(N) := \{\,x \in A \mid f(x) \in N\,\}.$$

Urbildmenge von N unter f (oder kürzer: Urbild von N unter f). Es besteht aus allen $x \in A$, die bei Anwendung von f in N landen.　　　　　　　　　　　$\diamond$

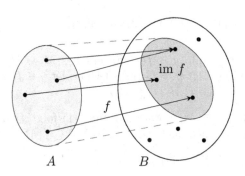

Abbildung 3.4

Anmerkung: Für die einelementige Menge $N = \{y\} \subseteq B$ gilt

$$f^{-1}(\{y\}) = \{\, x \in A \mid f(x) \in \{y\} \,\} = \{\, x \in A \mid f(x) = y \,\},$$

d.h. $f^{-1}(\{y\})$ besteht aus allen Urbildern von y (im Sinne von Definition 3.5). Man schreibt $f^{-1}(\{y\})$ kürzer als $f^{-1}(y)$.

Bearbeite vor dem Weiterlesen gründlich Aufgaben 3.12 und 3.13, um dich mit diesen neuen Begriffen vertraut zu machen.

Wir untersuchen nun, wie sich Bild- und Urbildbestimmung von Teilmengen mit der Inklusion und den Mengenoperationen vertragen.

Satz 3.2 Es seien $f\colon A \to B$ eine Abbildung und M_1, M_2 Teilmengen von A, sowie N, N_1, N_2 Teilmengen von B. Dann gelten die folgenden Aussagen:

(1) $M_1 \subseteq M_2 \implies f(M_1) \subseteq f(M_2)$; $N_1 \subseteq N_2 \implies f^{-1}(N_1) \subseteq f^{-1}(N_2)$.

  (Anwenden von f sowie f^{-1}-Bilden „respektieren" die Inklusion.)

(2) $f(M_1 \cup M_2) = f(M_1) \cup f(M_2)$; $f(M_1 \cap M_2) \subseteq f(M_1) \cap f(M_2)$.

  (Die erste Gleichung besagt, dass die Reihenfolge beim Abbilden mit f und Vereinigen von Mengen keine Rolle spielt, bzw. dass f die Vereinigung respektiert. Beim Abbilden einer Schnittmenge hingegen muss man aufpassen: $f(M_1 \cap M_2)$ kann kleiner als $f(M_1) \cap f(M_2)$ werden.)

(3) $f^{-1}(N_1 \cup N_2) = f^{-1}(N_1) \cup f^{-1}(N_2)$ und ebenso für Schnitte
  $f^{-1}(N_1 \cap N_2) = f^{-1}(N_1) \cap f^{-1}(N_2)$.

  (Urbild-Nehmen respektiert sowohl Vereinigungen als auch Schnitte.)

(4) $f^{-1}(N^{\mathsf{C}}) = (f^{-1}(N))^{\mathsf{C}}$.

  (Urbild- und Komplement-Bildung sind vertauschbar.)

Beweis: Wir zeigen nur zwei Aussagen (Rest als Aufgabe 3.15).

Um $f(M_1 \cup M_2) = f(M_1) \cup f(M_2)$ aus (2) zu zeigen, weisen wir wie gewohnt beide Inklusionen nach.

„$\subseteq$" Sei $y \in f(M_1 \cup M_2)$, d.h. $y = f(x)$ für ein $x \in M_1 \cup M_2$. Dann ist $x \in M_1$ oder $x \in M_2$ und es folgt $y = f(x) \in f(M_1)$ oder $y \in f(M_2)$. Also liegt y in der Vereinigungsmenge $f(M_1) \cup f(M_2)$.

„$\supseteq$" Für $i = 1, 2$ gilt $M_i \subseteq M_1 \cup M_2$, und nach (1) folgt $f(M_i) \subseteq f(M_1 \cup M_2)$. Damit ist dann natürlich auch $f(M_1) \cup f(M_2) \subseteq f(M_1 \cup M_2)$.

Aus (3) beweisen wir $f^{-1}(N_1 \cap N_2) = f^{-1}(N_1) \cap f^{-1}(N_2)$.

„$\subseteq$" Sei $x \in f^{-1}(N_1 \cap N_2)$, d.h. $f(x) \in N_1 \cap N_2$. Dann gilt $f(x) \in N_1$ und $f(x) \in N_2$, was nichts anderes bedeutet als $x \in f^{-1}(N_1)$ und $x \in f^{-1}(N_2)$, sprich $x \in f^{-1}(N_1) \cap f^{-1}(N_2)$.

„$\supseteq$" Sei $x \in f^{-1}(N_1) \cap f^{-1}(N_2)$, also $x \in f^{-1}(N_1)$ und $x \in f^{-1}(N_2)$. Das bedeutet $f(x) \in N_1$ und $f(x) \in N_2$, also $f(x) \in N_1 \cap N_2$ bzw. $x \in f^{-1}(N_1 \cap N_2)$. $\boxminus$

Anmerkung: Oftmals lassen sich solche Beweise auch „in einem Rutsch" aufschreiben: Etwa für (3) gelten die Äquivalenzen

$$x \in f^{-1}(N_1 \cap N_2) \iff f(x) \in N_1 \cap N_2$$
$$\iff f(x) \in N_1 \wedge f(x) \in N_2$$
$$\iff x \in f^{-1}(N_1) \wedge x \in f^{-1}(N_2)$$
$$\iff x \in f^{-1}(N_1) \cap f^{-1}(N_2).$$

Allerdings muss man sich hierbei in *jedem* Schritt vergewissern, dass tatsächlich eine Äquivalenz vorliegt, man also den Folgepfeil in beide Richtungen lesen darf.

Aufgabe 3.12   Gib für die Abbildungen aus Bsp. 3.7 die folgenden Mengen an:

a) $\operatorname{im} q$, $q([1, 3))$, $q^{-1}([169, 361])$, $q^{-1}(-1)$, $q^{-1}((-1, 2))$.

b) $\operatorname{im} f$, $f^{-1}(m)$, $f^{-1}(s)$, $f^{-1}(\{s, k\})$.

c) $\operatorname{im} p$, wobei $a_n > 0$ sei.   ☠

d) $\operatorname{id}^{-1}(N)$ für beliebiges $N \subseteq A$.

e) $\operatorname{im} r$, $r^{-1}(\{169, \ldots, 361\})$.

Aufgabe 3.13   Es sei $\sin\colon \mathbb{R} \to \mathbb{R}$, $x \mapsto \sin(x)$, die altbekannte Sinusfunktion. Bestimme die folgenden Mengen – hierbei sind keine Beweise für Mengengleichheiten verlangt, sondern es darf ganz anschaulich mit der Sinuskurve aus Abbildung 3.5 argumentiert werden.

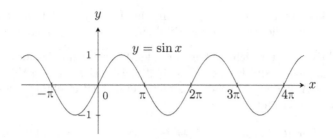

Abbildung 3.5

a) im sin   b) $\sin([\pi, 2\pi])$ c) $\sin^{-1}(\{0\})$ (kurz: $\sin^{-1}(0)$)

d) $\sin^{-1}(\{1\})$ (kurz: $\sin^{-1}(1)$)   e) $\sin^{-1}([-1, 0])$

Aufgabe 3.14   Es sei $f: A \to B$, $x \mapsto \sqrt{x}$, die Wurzelfunktion mit Definitions- und Bildbereich $A = B = \mathbb{R}_0^+ := \{\, x \in \mathbb{R} \mid x \geqslant 0 \,\}$. Beweise: im $f = B$.

Aufgabe 3.15   Beweise die restlichen Aussagen von Satz 3.2.
Gib in (2) ein Beispiel an, in welchem das „$\subseteq$" in ein „$\subset$" übergeht.

3.2.3   In-, Sur- und Bijektivität

Jetzt kommen drei extrem wichtige Eigenschaften von Abbildungen. Auch wenn die Definitionen auf den ersten Blick recht simpel erscheinen, ist es unerlässlich, dass du gut über die Beispiele nachdenkst und die Aufgaben gründlich bearbeitest, damit du den Umgang mit den neuen Begriffen verinnerlichst.

Definition 3.7   Sei $f : A \to B$ eine Abbildung.

(1)   Falls aus $f(x_1) = f(x_2)$ stets $x_1 = x_2$ folgt, nennt man f *injektiv*.

(2)   Falls es für jedes $y \in B$ ein $x \in A$ gibt, so dass $f(x) = y$ gilt, heißt f *surjektiv*.

(3)   Falls f injektiv und surjektiv ist, heißt f *bijektiv*. $\Diamond$

Anmerkungen:

(1) Die (logisch äquivalente) Kontraposition der Definition von Injektivität lautet

$$x_1 \neq x_2 \implies f(x_1) \neq f(x_2).$$

Injektivität ist gleichzusetzen mit der Eindeutigkeit des Urbilds, d.h. dass zwei verschiedene Elemente nicht auf dasselbe Element des Bildbereichs fallen können.

(2) Die Surjektivität ist gleichzusetzen mit der Existenz des Urbilds für jedes $y \in B$, d.h. dass alle Elemente des Bildbereichs B „von f getroffen werden".

(3) Die Bijektivität ist gleichzusetzen mit der Existenz und Eindeutigkeit des Urbilds, d.h. dass jedes Element des Bildbereichs B genau ein Urbild besitzt (siehe auch Aufgabe 3.17). Somit stellt f eine 1:1-Beziehung zwischen den Elementen von A und B her.

Beispiel 3.8   Der Rechtsshift $r \colon \mathbb{N} \to \mathbb{N}, n \mapsto n + 1$ ist injektiv, aber nicht surjektiv (und damit auch nicht bijektiv).

- Injektivität von r: Wir müssen zeigen, dass aus $r(n_1) = r(n_2)$ stets $n_1 = n_2$ folgt. Sei also $r(n_1) = r(n_2)$, d.h. $n_1 + 1 = n_2 + 1$; durch Subtraktion der 1 folgt bereits $n_1 = n_2$.

- Surjektivität von r: Um nachzuweisen, dass r nicht surjektiv ist, genügt *ein* Gegenbeispiel. Wir müssen ein $m \in B = \mathbb{N}$ angeben, das kein Urbild besitzt. Wähle $m = 1$. Dessen Urbild wäre 0, was nicht im Definitionsbereich $A = \mathbb{N}$ liegt. Kurz: $r^{-1}(1) = \varnothing$.

Durch eine leichte Abänderung des Definitionsbereichs erreichen wir, dass der modifizierte Rechtsshift („rho") $\rho \colon \mathbb{N}_0 \to \mathbb{N}, n \mapsto n + 1$, bijektiv wird.

- Injektivität von ρ: Wörtlich wie oben.

- Surjektivität von ρ: Um nachzuweisen, dass ρ surjektiv ist, müssen wir für jedes $m \in B = \mathbb{N}$ ein Urbild angeben, das in $A' := \mathbb{N}_0$ liegt. Für ein beliebiges $m \in B = \mathbb{N}$ ist $m - 1$ das Urbild, denn $\rho(m - 1) = (m - 1) + 1 = m$. Wegen $m \geqslant 1$ ist $m - 1 \geqslant 0$ und somit liegt $m - 1$ auch tatsächlich in $A' = \mathbb{N}_0$.

Aufgabe 3.16

a) Untersuche das in Abbildung 3.4 dargestellte f auf Injektivität, Surjektivität und Bijektivität.

b) Zeichne entsprechende Diagramme für eine Abbildung, die i) injektiv, aber nicht surjektiv;   ii) surjektiv, aber nicht injektiv;   iii) bijektiv ist.

c) Sei $f \colon A \to B$ eine Abbildung zwischen endlichen Mengen. Welcher Zusammenhang muss zwischen den Mächtigkeiten $|A|$ und $|B|$ bestehen, damit f i) injektiv; ii) surjektiv; iii) bijektiv sein kann?

Aufgabe 3.17   Sei $f \colon A \to B$ eine Abbildung. Charakterisiere die Eigenschaften injektiv, surjektiv und bijektiv mit Hilfe der Mengen $f^{-1}(y)$, $y \in B$.

Aufgabe 3.18   Begründe folgende Aussagen.

a) Die Funktion $q \colon \mathbb{R} \to \mathbb{R}, x \mapsto x^2$, ist weder injektiv noch surjektiv.

b) Die Funktion $q_1 \colon \mathbb{R} \to \mathbb{R}_0^+$, $x \mapsto x^2$, ist surjektiv.

c) Die Funktion $q_2 \colon \mathbb{R}_0^+ \to \mathbb{R}$, $x \mapsto x^2$, ist injektiv.

d) Die Funktion $q_3 \colon \mathbb{R}_0^+ \to \mathbb{R}_0^+$, $x \mapsto x^2$, ist bijektiv.

Wie lässt sich am Schaubild einer reellwertigen Funktion ablesen, ob die Funktion in- bzw. surjektiv ist? (Tipp: Betrachte Parallelen zur x-Achse durch jeden Wert des Wertebereichs auf der y-Achse. Wie oft schneiden diese das Schaubild K_f bei injektiven bzw. surjektiven Funktionen?)

3.2.4 Verkettung und Umkehrabbildung

Definition 3.8 Seien $f \colon A \to B_1$, $g \colon B_2 \to C$ zwei Abbildungen und B_2 enthalte das Bild von f, also $f(A) \subseteq B_2$ (siehe Abbildung 3.6).
Die *Verkettung* $g \circ f$ (lies: „g nach f") ist die Abbildung von A nach C, die jedem $x \in A$ das Bild

$$(g \circ f)(x) := g\big(f(x)\big)$$

zuordnet. Beachte: Zuerst wird f, danach g angewendet. $\diamond$

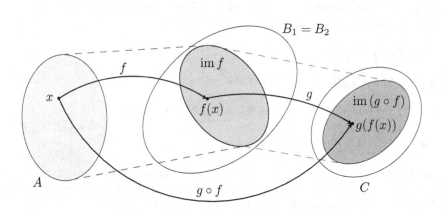

Abbildung 3.6

Beispiel 3.9 Wem die Bedingung $f(A) \subseteq B_2$ nicht unmittelbar einleuchtet, betrachte die Funktionen

$$f \colon \mathbb{R} \to \mathbb{R}, \quad x \mapsto -x \quad \text{und} \quad g \colon \mathbb{R}_0^+ \to \mathbb{R}_0^+, \quad x \mapsto \sqrt{x}.$$

Hier ist $f(A) = f(\mathbb{R}) = \mathbb{R}$, was keine Teilmenge von $B_2 = \mathbb{R}_0^+$ ist, und tatsächlich ist die Verkettung

$$g \circ f \colon \mathbb{R} \to \mathbb{R}_0^+, \quad x \mapsto g(f(x)) = g(-x) = \sqrt{-x}$$

für kein $x > 0$ definiert, da dann etwas Negatives unter der Wurzel steht. Schränkt man jedoch f durch Beschneiden der Definitionsmenge von $A = \mathbb{R}$ zu $\widetilde{A} = \mathbb{R}_0^-$ zur Funktion

$$\widetilde{f} \colon \mathbb{R}_0^- \to \mathbb{R}_0^+, \quad x \mapsto -x,$$

ein, dann gilt $\widetilde{f}(\widetilde{A}) = \widetilde{f}(\mathbb{R}_0^-) = \mathbb{R}_0^+$ und die Verkettung

$$g \circ \widetilde{f} \colon \mathbb{R}_0^- \to \mathbb{R}_0^+, \quad x \mapsto g(\widetilde{f}(x)) = g(-x) = \sqrt{-x}$$

ist für alle $x \in \widetilde{A} = \mathbb{R}_0^-$ erklärt, da der Radikand $-x$ in diesem Fall $\geqslant 0$ ist. Umgekehrt liegt $g(\mathbb{R}_0^+) = \mathbb{R}_0^+$ im Definitionsbereich von f (der hier ja ganz $\mathbb{R}$ ist) und die Verkettung

$$f \circ g \colon \mathbb{R}_0^+ \to \mathbb{R}, \quad x \mapsto f(g(x)) = f(\sqrt{x}) = -\sqrt{x}$$

ist für alle $x \in \mathbb{R}_0^+$ definiert.

Beispiel 3.10 Seien $f \colon \mathbb{R}_0^+ \to \mathbb{R}_0^+, x \mapsto x^2$, die (eingeschränkte) Quadratfunktion und $g \colon \mathbb{R}_0^+ \to \mathbb{R}_0^+, x \mapsto \sqrt{x}$, die Wurzelfunktion. Da hier alle Definitions- und Bildbereiche übereinstimmen, können beide Verkettungen $g \circ f$ und $f \circ g$ gebildet werden. Sie sind gegeben durch

$$(g \circ f)(x) = g(f(x)) = g(x^2) = \sqrt{x^2} = |x| = x \quad \text{und}$$
$$(f \circ g)(x) = f(g(x)) = f(\sqrt{x}) = \sqrt{x}^2 = x.$$

$g \circ f$ und $f \circ g$ bilden also jedes $x \in \mathbb{R}_0^+$ auf sich selbst ab, d.h.

$$g \circ f = f \circ g = \mathrm{id}_{\mathbb{R}_0^+}.$$

Beispiel 3.11 Sei $A = \{1, 2, \ldots, n\} \subset \mathbb{N}$. Eine bijektive Abbildung $\pi \colon A \to A$ heißt *Permutation* der Zahlen 1 bis n. Sie würfelt einfach die Reihenfolge der Zahlen durcheinander. Ist etwa $A = \{1, 2, 3, 4\}$, dann ist $\pi \colon A \to A$ mit

$$\pi(1) = 3, \ \pi(2) = 2, \ \pi(3) = 4, \ \pi(4) = 1$$

offensichtlich bijektiv, also eine Permutation von A. Wir können hier π mit sich selbst verketten: $\pi \circ \pi =: \pi^2$. Achtung, es ist nicht etwa $\pi^2(1) = \pi(1)^2 = 3^2$ (was ja auch gar nicht mehr in A läge), sondern

$$\pi^2(1) = (\pi \circ \pi)(1) = \pi(\pi(1)) = \pi(3) = 4.$$

Verfahre im Kopf ebenso für $\pi^2(2)$, $\pi^2(3)$ und $\pi^2(4)$ und stelle fest, dass π^2, das wir mit σ (sigma) abkürzen, insgesamt

$$\sigma(1) = 4, \ \sigma(2) = 2, \ \sigma(3) = 1, \ \sigma(4) = 3$$

erfüllt, also ebenfalls wieder eine Permutation von A ist.
Verketten wir π mit σ, passiert dasselbe wie in Beispiel 3.10: Überzeuge dich davon, dass $\sigma \circ \pi = \mathrm{id}_A$ ist, indem du $\sigma(\pi(i)) = i$ für alle $i \in A$ nachprüfst (z.B. ist $\sigma(\pi(1)) = \sigma(3) = 1$). Gehe analog für $\pi \circ \sigma = \mathrm{id}_A$ vor.
Die Gleichheit zweier Abbildungen zeigt man übrigens immer so. Man überprüft, dass sie jedem Element des Definitionsbereichs dasselbe Bild zuordnen.

Was es zu bedeuten hat, wenn die Verkettung zweier Abbildungen die Identität ergibt, zeigt der nächste Satz.

> **Satz 3.3**   Sei $f : A \to B$ eine Abbildung.
>
> (1) Existiert eine Abbildung $g \colon B \to A$ mit $g \circ f = \mathrm{id}_A$, dann ist f injektiv.
>
> (2) Gibt es eine Abbildung $h \colon B \to A$ mit $f \circ h = \mathrm{id}_B$, dann ist f surjektiv.
>
> (3) f ist genau dann bijektiv, wenn es eine Abbildung $g \colon B \to A$ gibt mit
>
> $$g \circ f = \mathrm{id}_A \qquad \text{und} \qquad f \circ g = \mathrm{id}_B.$$

Probiere ein Weilchen, ob du die Beweise der Teile (1) und (2) des Satzes selber hinbekommst. Bei Teil (3) ist es bereits eine Leistung, wenn du beim ersten Lesen des Beweises alle Schritte nachvollziehen kannst.

Beweis:

(1) Ist $g : B \to A$ eine Abbildung mit $g \circ f = \mathrm{id}_A$, dann gilt

$$g(f(x)) = \mathrm{id}_A(x) = x \quad \text{für alle } x \in A. \qquad (\star)$$

Um die Injektivität von f nachzuweisen, starten wir mit $f(x_1) = f(x_2)$. Wenden wir g auf diese Gleichung an, ergibt sich $g(f(x_1)) = g(f(x_2))$. Mit $(\star)$ folgt nun sofort $x_1 = x_2$. Und das war's auch schon.

(2) Ist $h : B \to A$ eine Abbildung, die $f \circ h = \mathrm{id}_B$ erfüllt, dann ist

$$f(h(y)) = \mathrm{id}_B(y) = y \quad \text{für alle } y \in B. \qquad (\star\star)$$

Um die Surjektivität von f nachzuweisen, müssen wir für jedes $y \in B$ ein Urbild $x \in A$ angeben. $x := h(y)$ does the job: Es liegt in A und wegen $(\star\star)$ erfüllt es $f(x) = f(h(y)) = \mathrm{id}_B(y) = y$.

(3) „Genau dann wenn" bedeutet, dass man beide Richtungen zeigen muss. Beginnen wir mit der geschenkten Implikation:

„⇐" Die Injektivität von f folgt aus (1), die Surjektivität aus (2), also ist f bijektiv.

„⇒" Sei umgekehrt f als bijektiv vorausgesetzt. Wir müssen die gesuchte Abbildung g angeben. Die Idee ist simpel und lässt sich an Abbildung 3.7 motivieren: Wir kehren dort einfach die Pfeilrichtung um (grau) und erhalten so das gewünschte g.

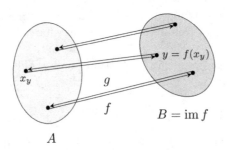

Abbildung 3.7

Da f surjektiv ist, landet auf jedem Boppel $y \in B$ überhaupt ein Pfeilchen, das man umdrehen kann, und weil f injektiv ist, werden durch Pfeilumkehr einem solchen y nicht zwei oder mehr Boppel in A zugeordnet. Somit ist g auch tatsächlich eine Abbildung von B nach A, die zudem die beiden gewünschten Eigenschaften besitzt:
Da jedes $x_y \in A$ durch f auf $y = f(x_y)$ geschoben wird und dieser Bildpunkt durch g einfach wieder zurück auf x_y wandert (nach Konstruktion von g), lässt $g \circ f$ jedes $x_y \in A$ auf sich selbst sitzen, ist also die Identität von A, d.h. $g \circ f = \mathrm{id}_A$. Ebenso sieht man $f \circ g = \mathrm{id}_B$ ein.   □

(Wem der Beweis der Hinrichtung von (3) zu Lari-Fari aufgeschrieben war, bekommt hier noch eine formalere Version:

„⇒" Aufgrund der Surjektivität von f lässt sich jedes $y \in B$ als Bild eines $x_y \in A$ darstellen: $y = f(x_y)$. Die Injektivität von f garantiert die Eindeutigkeit dieses x_y. Setzen wir daher

$$g(y) := x_y \quad \text{für jedes } y \in B,$$

wird durch $g \colon B \to A$, $y \mapsto x_y$, eine Abbildung definiert, da jedem $y \in B$ eindeutig ein $x_y \in A$ zugeordnet wird. Da jedes $x \in A$ Urbild von $f(x) \in B$ ist, folgt $x = x_{f(x)}$, also nach Definition von g

$$(g \circ f)(x) = g(f(x)) = x_{f(x)} = x \quad \text{für beliebiges } x \in A,$$

d.h. $g \circ f = \mathrm{id}_A$. Ebenso gilt $(f \circ g)(y) = f(g(y)) = f(x_y) = y$ für beliebiges $y \in B$, also ist auch $f \circ g = \mathrm{id}_B$.   □)

Zusatz: Ist f bijektiv, dann ist die Abbildung g aus Satz 3.3 (3) eindeutig bestimmt. Man nennt sie die *Umkehrabbildung* oder *Inverse* von f und bezeichnet sie mit $g = f^{-1}$.

Beweis: Jetzt kommt eine typische Vorgehensweise bei Eindeutigkeitsbeweisen. Wir nehmen an, es gäbe eine weitere Abbildung $\tilde{g}$ mit denselben Eigenschaften wie g und folgern daraus die Gleichheit von $\tilde{g}$ und g. Wir führen hier einen Widerspruchsbeweis.

Seien also g und $\tilde{g}$ zwei solche Abbildungen mit $g \neq \tilde{g}$. Dann gibt es ein $y \in B$, für das $g(y) \neq \tilde{g}(y)$ gilt, denn sonst wäre $g = \tilde{g}$. Anwenden des injektiven f liefert $f(g(y)) \neq f(\tilde{g}(y))$, was wegen $f \circ g = \mathrm{id}_B$ und $f \circ \tilde{g} = \mathrm{id}_B$ auf $y \neq y$ führt. Da dies absurd ist, muss die Annahme $g \neq \tilde{g}$ falsch gewesen sein, d.h. wir haben $g = \tilde{g}$ bewiesen. $\qquad\square$

Achtung: Die Bezeichnung f^{-1} darf nur bei bijektivem f als Abbildung verstanden werden. Bei nicht bijektivem f steht sie für das Urbild unter f und beschreibt *keine* Abbildung: Ist nämlich $f\colon A \to B$ nicht injektiv, so gibt es ein $b \in B$, das mindestens zwei Urbilder besitzt. Somit besteht $f^{-1}(b)$ aus mindestens zwei Elementen und über f^{-1} lässt sich $b \in B$ nicht in eindeutiger Weise ein $a \in A$ zuordnen. Ist f nicht surjektiv, so besitzt mindestens ein $b \in B$ gar kein Urbild, d.h. auch in diesem Fall lässt sich mittels f^{-1} keine Abbildung von B nach A konstruieren (höchstens von $\operatorname{im} f$ nach A).

Beispiel 3.12 Die Bijektivität des Rechtsshifts ρ folgt unter Verwendung von Satz 3.3 (3) viel schneller als in Beispiel 3.8. Seine Umkehrabbildung ist nämlich einfach der Linksshift

$$\ell\colon \mathbb{N} \to \mathbb{N}_0, \quad m \mapsto m - 1,$$

denn es gilt offensichtlich $\rho \circ \ell = \mathrm{id}_\mathbb{N}$ sowie $\ell \circ \rho = \mathrm{id}_{\mathbb{N}_0}$, d.h. $\ell = \rho^{-1}$.

Aufgabe 3.19 Es sei $f\colon I \subseteq \mathbb{R} \to J \subseteq \mathbb{R}$, $x \mapsto y = f(x)$, eine bijektive Funktion. Die Umkehrfunktion $f^{-1}\colon J \to I$ ordnet jedem $y = f(x) \in J$ in eindeutiger Weise sein Urbild $x \in I$ zu. Um die Funktionsgleichung von f^{-1} zu bestimmen, muss man also die Funktionsgleichung $y = f(x)$ nach x auflösen und dann die Rollen von x und y vertauschen, damit auch die Funktionsvariable von f^{-1} die Bezeichnung x trägt, wie wir es gewohnt sind. Führe dies durch (inklusive Angabe der maximalen Bereiche I und J) für

a) $f(x) = 2x - 2,$ b) $g(x) = \dfrac{1}{x},$ c) $h(x) = \sqrt{x + 2} + 1.$

Rechne zur Kontrolle nach, dass tatsächlich $f \circ f^{-1} = \mathrm{id}_J$ und $f^{-1} \circ f = \mathrm{id}_I$ gilt. Was haben die Schaubilder K_f und $K_{f^{-1}}$ miteinander zu tun?

Aufgabe 3.20

a) Seien f, g und h Abbildungen (mit solchen Definitions- und Bildbereichen, dass alle vorkommenden Verkettungen definiert sind). Überzeuge dich von der Richtigkeit des Assoziativgesetzes für die Verkettung: $(f \circ g) \circ h = f \circ (g \circ h)$, indem du diese Gleichheit auf Elementebene, d.h. für alle $x \in D_h$, nachweist.

b) Das Kommutativgesetz hingegen gilt für die Verkettung von Abbildungen nicht. Belege dies anhand geeigneter Permutationen, aber auch mit Hilfe von Funktionen von $\mathbb{R}$ nach $\mathbb{R}$.

Aufgabe 3.21   Seien $f\colon A \to B$ und $g\colon B \to C$ Abbildungen. Beweise:

a) Ist $g \circ f$ injektiv, so ist f injektiv.

b) Ist $g \circ f$ surjektiv, so ist g surjektiv.

c) Ist $g \circ f$ surjektiv und g injektiv, so ist f surjektiv.

d) $g \circ f$ kann surjektiv sein, ohne dass f surjektiv ist.

Aufgabe 3.22   Beweise für eine Abbildung $f\colon A \to B$ folgende Charakterisierung von Injektivität bzw. Surjektivität.

(1) f ist genau dann injektiv, wenn $f(M^{\mathsf{C}}) \subseteq f(M)^{\mathsf{C}}$ für alle $M \subseteq A$ gilt.

(2) f ist genau dann surjektiv, wenn $f(M)^{\mathsf{C}} \subseteq f(M^{\mathsf{C}})$ für alle $M \subseteq A$ gilt.

3.2.5   Mächtigkeitsvergleiche unendlicher Mengen

Definition 3.9   Zwei Mengen A und B heißen *gleichmächtig*, wenn es eine Bijektion $f\colon A \to B$ zwischen ihnen gibt.
Im Fall $A = \mathbb{N}$, d.h. falls es eine bijektive Abbildung $f\colon \mathbb{N} \to B$ gibt, heißt B *abzählbar unendlich*. Eine Menge B mit $|B| = \infty$ heißt *überabzählbar unendlich*, wenn es keine Bijektion von $\mathbb{N}$ nach B gibt. $\diamond$

Dass B abzählbar unendlich, also gleichmächtig zu $\mathbb{N}$ ist, bedeutet anschaulich, dass man „die Elemente von B durchnummerieren kann". Ist nämlich $f\colon \mathbb{N} \to B$ eine Bijektion, so ist $B = \{\, f(1), f(2), \dots \}$.

Beispiel 3.13   Wir können nun die auf Seite 44 aufgeworfene Frage, welche der Mengen $\mathbb{Z}$ oder $\mathbb{E}$ die größere Mächtigkeit besitzt, beantworten. Da beides unendliche Mengen sind, kann man die Mächtigkeit nicht mehr durch eine Zahl beschreiben, und auch so eine verlockende Aussage wie „$\mathbb{Z}$ hat doppelt so viel Elemente wie $\mathbb{E}$" verliert ihren Sinn.

Stattdessen betrachten wir die Abbildung

$$f\colon \mathbb{Z} \to \mathbb{E}, \quad z \mapsto 2z,$$

die aus jeder ganzen Zahl durch Multiplikation mit 2 eine gerade Zahl macht. Die Umkehrabbildung von f ist offenbar $f^{-1}\colon \mathbb{E} \to \mathbb{Z}$, $e \mapsto \frac{1}{2}e$, d.h. f ist bijektiv. (Beachte: Weil jedes e von der Form $2z$ ist, bildet f^{-1} auch tatsächlich wieder nach $\mathbb{Z}$ ab.) Also sind $\mathbb{Z}$ und $\mathbb{E}$ gleichmächtig. . . . Wer hätt au dees denggt![4].

Satz 3.4

(1) $\mathbb{Z}$ und $\mathbb{Q}$ sind beides abzählbar unendliche Mengen.

(2) Die reellen Zahlen $\mathbb{R}$ hingegen sind überabzählbar unendlich.

Beweis:

(1) Wir müssen $\mathbb{Z}$ und $\mathbb{Q}$ durchnummerieren. Bei $\mathbb{Z}$ ist die Idee einfach: Der 0 geben wir die Nummer 1, die positiven ganzen Zahlen nummerieren wir mit geraden Nummern und den negativen ganzen Zahlen verpassen wir ungerade Nummern, beginnend ab 3, weil die 0 schon Nr. 1 ist:

ganze Zahl $z \in \mathbb{Z}$	...	-3	-2	-1	0	1	2	3	...
Nummer von z in $\mathbb{N}$	...	7	5	3	1	2	4	6	...

Dieses Vorgehen wird durch folgende Abbildung formalisiert:

$$f\colon \mathbb{N} \to \mathbb{Z}, \quad n \mapsto \begin{cases} \frac{1}{2}n & \text{für gerades } n \\ -\frac{1}{2}(n-1) & \text{für ungerades } n. \end{cases}$$

Beachte, dass $\frac{n}{2}$ für gerades n und $-\frac{n-1}{2}$ für ungerades n stets ganze Zahlen sind, d.h. im $f \subseteq \mathbb{Z}$. Setze ein paar Zahlen ein, um zu verstehen, dass f genau das macht, was oben beschrieben wurde (z.B. ist $f(5) = -\frac{4}{2} = -2$, d.h. $z = -2$ bekommt die Nummer 5). Wir zeigen die Bijektivität von f, indem wir explizit die Umkehrabbildung von f angeben:

$$g\colon \mathbb{Z} \to \mathbb{N}, \quad z \mapsto \begin{cases} 2z & \text{für } z > 0 \\ -2z + 1 & \text{für } z \leqslant 0. \end{cases}$$

Um $g = f^{-1}$ nachzuweisen, müssen wir laut Satz 3.3 (bzw. dem Zusatz) $f \circ g = \mathrm{id}_{\mathbb{Z}}$ und $g \circ f = \mathrm{id}_{\mathbb{N}}$ überprüfen. Wir führen dies für die erste Gleichung vor. Fallunterscheidung: Ist $z > 0$, so folgt

$$f(g(z)) = f(2z) = \tfrac{1}{2}2z = z = \mathrm{id}_{\mathbb{Z}}(z).$$

Für $z \leqslant 0$ ist $f(g(z)) = f(-2z+1) = -\frac{1}{2}\left((-2z+1)-1\right) = z = \mathrm{id}_{\mathbb{Z}}(z)$, so dass insgesamt $f \circ g = \mathrm{id}_{\mathbb{Z}}$ gilt. $g \circ f = \mathrm{id}_{\mathbb{N}}$ sieht man analog ein. Somit haben wir eine Bijektion $f\colon \mathbb{N} \to \mathbb{Z}$ gefunden, was die Abzählbarkeit von $\mathbb{Z}$ beweist.

---

[4]Für Nicht-Schwaben: „Wer hätte das gedacht?"

Ein Durchnummerieren von $\mathbb{Q}$ gelingt mit einem Trick, der als Cantor[5]'sches *Diagonalverfahren* berühmt wurde. Man schreibt die rationalen Zahlen in dem in Abbildung 3.8 dargestellten Schema auf. Dann läuft man entlang der eingezeichneten Zick-Zack-Linie durch $\mathbb{Q}$ hindurch und kann so jeder rationalen Zahl in eindeutiger Weise eine Nummer geben: 0 ist Nr. 1, 1 Nr. 2, -1 Nr. 3, $\frac{1}{2}$ Nr. 4, $\frac{1}{3}$ Nr. 5 usw. Nicht gekürzte Brüche (grau dargestellt) überspringt man dabei. Weiter wollen wir das hier nicht formalisieren.

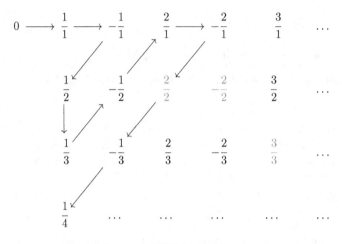

Abbildung 3.8

(2) Es genügt zu zeigen, dass die Teilmenge $I = (0,1) \subset \mathbb{R}$ überabzählbar unendlich ist, denn dann kann auch $\mathbb{R}$ (die Menge aller Dezimalzahlen) selbst nicht abzählbar unendlich sein. Wir führen dazu einen Widerspruchsbeweis, der auf dem *zweiten cantorschen Diagonalverfahren* basiert. Wir nehmen an, I sei abzählbar unendlich, d.h. dass eine Bijektion $f\colon \mathbb{N} \to I$ existiert, deren Bilder $f(n)$ wir als x_n schreiben. Mittels f können wir die Zahlen[6] in I also durchnummerieren, z.B. als

$$x_1 = 0{,}153827\ldots$$
$$x_2 = 0{,}092246\ldots$$
$$x_3 = 0{,}287287\ldots$$
$$x_4 = 0{,}500001\ldots$$
$$x_5 = 0{,}314159\ldots$$

$\vdots$

---

[5] Georg Cantor (1845 – 1918); deutscher Mathematiker und Gründungsvater der Mengenlehre.
[6] Um Probleme mit Zweideutigkeiten wie $0{,}4\overline{9} = 0{,}5$ (siehe Aufgabe 3.24) zu umgehen, schreiben wir die Zahlen als nicht abbrechende Dezimalzahlen.

(Wem das nicht allgemein genug ist, der stelle x_n als $0{,}z_{n1}z_{n2}z_{n3}\ldots$ mit Ziffern $z_{nk} \in \{0, \ldots, 9\}$ dar.) Nun konstruieren wir eine Zahl $x \in I$, die nicht in dieser Liste vorkommt. Die erste Nachkommastelle von x soll sich von 1, also der ersten Nachkommastelle von x_1, unterscheiden; die zweite Nachkommastelle von x wählen wir als $\neq 9$, der zweiten Nachkommastelle von x_2 und so weiter. Unser x könnte also z.B. so beginnen:

$$x = 0{,}24816\ldots\,.$$

Dann ist $x \in I$, aber es gilt $x \neq x_n$ für alle $n \in \mathbb{N}$, da nach Konstruktion von x die n-te Nachkommastelle von x nicht mit der n-ten Nachkommastelle von x_n übereinstimmt (beachte obige Fußnote!). Somit liegt x nicht im Bild von f, im Widerspruch zur Surjektivität von f. Damit ist bewiesen, dass I und folglich auch $\mathbb{R}$ überabzählbar unendlich sind. $\qquad\square$

Obige Aussagen samt ihren genialen Beweisideen gehören schon lange zur „mathematischen Folklore". Wir wollen zum Abschluss noch eine weniger bekannte und durchaus verblüffende Tatsache präsentieren. Als Vorbereitung benötigen wir den folgenden Satz, dessen Inhalt einen zwar nicht vom Hocker reißt, für dessen Beweis man aber schon ein wenig tiefer in die Trickkiste greifen muss. Du kannst dich ja spaßeshalber erstmal selbst am Beweis versuchen, bevor du weiterliest! Die Beweisideen sind allesamt [AIZ] entnommen (allerdings auf Schulniveau runtergekocht und breitgetreten).

Satz 3.5 (*Zur Mächtigkeit von Teilintervallen von* $\mathbb{R}$)

(1) Die Intervalle $[0,1]$, $(0,1]$, $[0,1)$ und $(0,1)$ besitzen alle dieselbe Mächtigkeit. (Das ist nicht wirklich überraschend, da ja nur eine oder zwei Zahlen jeweils weggenommen werden.)

(2) Das Intervall $(0,1)$ und $\mathbb{R}$ sind gleichmächtig. (Das ist vielleicht schon überraschender.)

Beweis:

(1) Wir zeigen, dass das halboffene Intervall $(0,1]$ die gleiche Mächtigkeit wie das offene Intervall $(0,1)$ besitzt; für die restlichen Fälle siehe Aufgabe 3.23. Dazu definieren wir eine gewitzte Abbildung $f\colon (0,1] \to (0,1)$ durch

$$f(x) := \begin{cases} \frac{3}{2} - x & \text{für } x \in \left(\frac{1}{2}, 1\right] \\[4pt] \frac{3}{4} - x & \text{für } x \in \left(\frac{1}{4}, \frac{1}{2}\right] \\[4pt] \frac{3}{8} - x & \text{für } x \in \left(\frac{1}{8}, \frac{1}{4}\right] \\[4pt] \quad\vdots \end{cases}$$

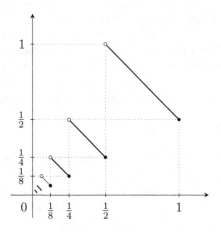

Abbildung 3.9

oder allgemein

$$f(x) := \frac{3}{2^n} - x \quad \text{für } x \in \left(\frac{1}{2^n}, \frac{1}{2^{n-1}} \right] =: I_n, \quad n \in \mathbb{N}.$$

Abbildung 3.9 zeigt das Schaubild von f; weißer Kringel und schwarzer Boppel übereinander bedeutet: Kringel gehört nicht mehr zum Schaubild, Boppel hingegen liegt drauf. Zunächst erkennt man im $f \subseteq (0,1)$, da weder 0 noch 1 im Bild von f liegen.

Die Injektivität ist klar erkennbar (keine zwei Zahlen $x_1 \neq x_2$ aus $(0,1]$ besitzen denselben Funktionswert), und da „offensichtlich" auch jede Zahl $y \in (0,1)$ von f getroffen wird, ist f surjektiv, also insgesamt bijektiv. Dies zeigt $|(0,1]| = |(0,1)|$.
Wer über diese Anschaulichkeit erbost ist, bekommt hier noch einen formalen Nachweis: Die Abbildung $g\colon (0,1) \to (0,1]$ mit

$$g(x) := \frac{3}{2^n} - x \quad \text{für } x \in \left[\frac{1}{2^n}, \frac{1}{2^{n-1}} \right) =: J_n, \quad n \in \mathbb{N},$$

ist die Umkehrabbildung[7] von f. (Beachte $D_g = \bigcup_{n \in \mathbb{N}} J_n = (0,1)$ und nicht etwa $[0,1)$, da $\frac{1}{2^n}$ zwar beliebig nahe an die 0 herankommt, aber niemals Null wird.) Denn für jedes $x \in I_n$, $n \in \mathbb{N}$ beliebig, gilt $f(x) \in J_n$ und

$$(g \circ f)(x) = g(f(x)) = g\left(\frac{3}{2^n} - x \right) = \frac{3}{2^n} - \left(\frac{3}{2^n} - x \right) = x,$$

d.h. $g \circ f = \mathrm{id}_{I_n}$ für alle $n \in \mathbb{N}$, sprich $g \circ f = \mathrm{id}_{(0,1]}$, da $\bigcup_{n \in \mathbb{N}} I_n = (0,1]$ ist. Ebenso sieht man $f \circ g = \mathrm{id}_{(0,1)}$, also gilt $g = f^{-1}$.

---

[7]Wenn du dich fragst, wie man auf g kommt: Auch dies ist geometrisch motiviert. Nach Aufgabe 3.19 erhält man das Schaubild der Umkehrabbildung durch Spiegeln an der ersten Winkelhalbierenden. Dadurch werden in K_f lediglich die weißen und schwarzen Punkte vertauscht, was dem Übergang von I_n zu J_n entspricht (eckige und runde Intervallklammern vertauschen).

(2) Eine Standard-Bijektion von $I := (\,0\,,1\,)$ nach $\mathbb{R}$ wäre z.B. eine geeignet ska-
lierte und verschobene Tangensfunktion. Es geht aber noch elementarer (ohne
auf bislang gar nicht definierte trigonometrische Funktionen zurückzugreifen)
durch ein wunderschönes geometrisches Argument: Man knicke I in der Mitte
unter einem 90°-Winkel und projiziere dann wie in Abbildung 3.10 dargestellt
jeden Punkt von I vom Zentrum Z aus auf die Zahlengerade $\mathbb{R}$. Dabei geht
P auf $p(P)$, und je mehr P sich den beiden Randpunkten von I annähert,
desto weiter rutscht sein Bildpunkt $p(P)$ Richtung ∞ bzw. $-\infty$.

Diese Projektion p ist offensichtlich eine bijektive Korrespondenz zwischen
dem geknickten I und $\mathbb{R}$, also gilt $|I| = |\mathbb{R}|$, da sich $|I|$ beim Knicken offenbar
nicht ändert. Nice!

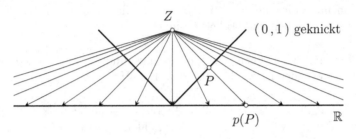

Abbildung 3.10

Auch hier kann man sich wieder am Wörtchen „offensichtlich" stören, weshalb wir noch die Formalisierung dieses geometrischen Arguments andeuten:
Zunächst definieren wir die „Knick-Abbildung"

$$k\colon I \to \mathbb{R}^2, \quad x \mapsto (x - \tfrac{1}{2}, |x - \tfrac{1}{2}|).$$

(Beachte: $(x - \tfrac{1}{2}, |x - \tfrac{1}{2}|)$ ist kein Intervall, sondern ein Element von $\mathbb{R}^2 =
\mathbb{R} \times \mathbb{R}$, d.h. ein Punkt mit zwei Koordinaten. Ist dir die Betragsfunktion $|\cdot|$
unbekannt, so blättere zu den Seiten 72 und 127.)

Das Bild $k(I)$ ist gerade das geknickte (und etwas gestreckte) Einheitsinter-
vall; mache dir dies klar, indem du z.B. die x-Werte $\tfrac{1}{4}$, $\tfrac{1}{2}$ und $\tfrac{3}{4}$ in k einsetzt
(siehe Abbildung 3.11).

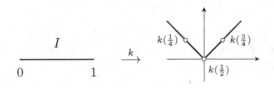

Abbildung 3.11

Nun schalten wir die Projektion $p\colon k(I) \to \mathbb{R}$ aus Abbildung 3.10 nach. Die

Gerade durch Z und $P = k(x)$ schneidet den reellen Zahlenstrahl bei

$$p(k(x)) = \frac{-\frac{1}{4} + \frac{1}{2}x}{\frac{1}{2} - |x - \frac{1}{2}|} = \frac{x - \frac{1}{2}}{1 - 2|x - \frac{1}{2}|} \ .$$

Rechne dies nach, z.B. mit Hilfe des Strahlensatzes oder durch Bestimmen der Nullstelle der Geraden durch Z (y-Koordinate $= \frac{1}{2}$) und $P = k(x)$. Definieren wir $f \colon I \to \mathbb{R}$ durch obigen Bruch, sprich $f := p \circ k$, so ist dies die bijektive Funktion, die zur geometrischen Idee mit dem Knicken und Projizieren gehört. Auf den Nachweis, dass f tatsächlich eine Umkehrfunktion besitzt, verzichten wir (es ist eine Fallunterscheidung zum Auflösen des Betrags nötig). Plotte dir lieber das Schaubild von f; es ist eine gebrochenrationale Funktion mit Polen bei $x = 0$ und $x = 1$, die stark an die Tangenskurve (geeignet verschoben und skaliert) erinnert.   ⊟

Mit dieser Vorbereitung können wir nun die angekündigte unerwartete Tatsache beweisen. Die Beweisidee ist wieder aus „dem BUCH" [AIZ].

Satz 3.6   Es gilt $|\mathbb{R} \times \mathbb{R}| = |\mathbb{R}|$, d.h. die reelle Ebene $\mathbb{R}^2 := \mathbb{R} \times \mathbb{R}$ enthält ebenso viele Punkte, wie es Zahlen auf der Zahlengeraden $\mathbb{R}$ gibt.

Beweis: Aufgrund von Satz 3.5 können wir uns darauf beschränken,

$$|(\,0\,,1\,] \times (\,0\,,1\,]| = |(\,0\,,1\,]| \quad (\star)$$

zu zeigen. Denn laut Aussagen (1) und (2) gibt es Bijektionen $f_1 \colon (\,0\,,1\,] \to (\,0\,,1\,)$ und $f_2 \colon (\,0\,,1\,) \to \mathbb{R}$, deren Verkettung $f := f_2 \circ f_1$ dann eine Bijektion von $(\,0\,,1\,]$ nach $\mathbb{R}$ ist (mit Umkehrabbildung $f^{-1} = f_1^{-1} \circ f_2^{-1}$), sprich $|(\,0\,,1\,]| = |\mathbb{R}|$ (*). Es folgt, dass die durch

$$g := f \times f, \quad (x,y) \mapsto (f(x), f(y))$$

definierte Abbildung eine Bijektion von $(\,0\,,1\,] \times (\,0\,,1\,]$ nach $\mathbb{R} \times \mathbb{R}$ ist, da $f^{-1} \times f^{-1}$ ihre Umkehrabbildung ist (prüfe dies nach!). Somit gilt $|(\,0\,,1\,] \times (\,0\,,1\,]| = |\mathbb{R} \times \mathbb{R}|$ und insgesamt ergibt sich wie gewünscht:

$$|\mathbb{R} \times \mathbb{R}| = |(\,0\,,1\,] \times (\,0\,,1\,]| \stackrel{(\star)}{=} |(\,0\,,1\,]| \stackrel{(*)}{=} |\mathbb{R}|.$$

Nun also zum Beweis von $(\star)$: Wir betrachten ein Paar $(x,y) \in (\,0\,,1\,] \times (\,0\,,1\,]$ und schreiben die reellen Zahlen x und y in eindeutiger Weise als nicht abbrechende Dezimalbrüche (siehe dazu Aufgabe 3.24), also z.B.

$$x = 0{,}14015008\ldots \quad \text{und} \quad y = 0{,}0802610009\ldots \, .$$

Jetzt kommt der Trick: Wir schreiben x und y untereinander und teilen ihre Nachkommastellen in Blöcke ein, wobei ein Block dann aufhört, sobald eine Zahl $\neq 0$

auftritt (die Zahl gehört aber noch mit zum Block). Im Beispiel:

$$x = 0{,}1 \quad 4 \quad 01 \quad 5 \quad 008 \quad \ldots$$
$$y = 0{,}08 \quad 02 \quad 6 \quad 1 \quad 0009 \quad \ldots$$

Nun definieren wir eine Abbildung $h\colon (0,1] \times (0,1] \to (0,1]$, indem wir die Blöcke von x und y immer schön abwechselnd nacheinander aufschreiben, also

$$z = h(x,y) = 0{,}1 \ 08 \ 4 \ 02 \ 01 \ 6 \ 5 \ 1 \ 008 \ 0009 \ldots .$$

Da weder x noch y irgendwann abbrechen, ist auch $h(x,y)$ eine nicht abbrechende Dezimalzahl aus $(0,1]$ (d.h. die Abbildung h ist „wohldefiniert"). Die Umkehrabbildung von h liegt auf der Hand: Sie macht die Blockvermischung einfach rückgängig, d.h. sie ordnet einer Zahl $z \in (0,1]$ wie z.B.

$$z = 0{,}1408005920100004\ldots$$

das folgende Tupel $(x,y) = h^{-1}(z)$ zu:

$$x = 0{,}1 \quad 08 \quad 9 \quad \quad 01 \quad \ldots$$
$$y = 0{,}4 \quad 005 \quad 2 \quad 00004 \quad \ldots .$$

Damit ist h bijektiv und $(\star)$ ist bewiesen. $\qquad\square$

Das folgende Korollar – so bezeichnet man eine unmittelbare Folgerung aus einem Satz – erscheint auf den ersten Blick noch haarsträubender. Es besagt, dass der n-dimensionale reelle Raum, $\mathbb{R}^n := \mathbb{R} \times \ldots \times \mathbb{R}$ (n-mal), dieselbe Mächtigkeit wie $\mathbb{R}$ besitzt, egal wie groß n auch sein mag.

Korollar 3.1 Für jedes $n \in \mathbb{N}$ gilt $|\mathbb{R}^n| = |\mathbb{R}|$.

Beweis: Durch vollständige Induktion über n.

(IA) Trivialerweise ist $|\mathbb{R}^1| = |\mathbb{R}|$.

(IV) Für ein $n \in \mathbb{N}$ gelte $|\mathbb{R}^n| = |\mathbb{R}|$, d.h. es gebe eine Bijektion $f_n\colon \mathbb{R}^n \to \mathbb{R}$.

(IS) Wir schreiben $\mathbb{R}^{n+1}$ als $\mathbb{R}^n \times \mathbb{R}$ und definieren unter Verwendung der (IV) eine Abbildung $f_{n+1}\colon \mathbb{R}^n \times \mathbb{R} \to \mathbb{R} \times \mathbb{R}$ durch

$$f_{n+1} := f_n \times \mathrm{id}_{\mathbb{R}}, \quad \text{d.h.} \quad f_{n+1}(x,y) := (f_n(x), y)$$

für $x \in \mathbb{R}^n$ und $y \in \mathbb{R}$. Diese Abbildung ist bijektiv (überzeuge dich davon, dass $f_n^{-1} \times \mathrm{id}_{\mathbb{R}}$ ihre Umkehrabbildung ist), also gilt $|\mathbb{R}^{n+1}| = |\mathbb{R} \times \mathbb{R}|$, was laut Satz 3.6 mit $|\mathbb{R}|$ übereinstimmt. $\qquad\square$

Die Aussage $|\mathbb{R}^n| = |\mathbb{R}|$ erscheint einem vor allem dann äußerst unglaubwürdig, wenn man bereits mit dem Dimensionsbegriff vertraut ist (siehe Kapitel 10). In der Linearen Algebra lernt man nämlich, dass der n-dimensionale Vektorraum $\mathbb{R}^n$ für kein $n > 1$ isomorph zur eindimensionalen Gerade $\mathbb{R}$ ist, d.h. dass es keine bijektive, *lineare* Abbildung von $\mathbb{R}^n$ nach $\mathbb{R}$ gibt. Lässt man aber die Forderung nach Linearität der Abbildung fallen, so zeigt obiges Korollar, dass es sehr wohl eine „nur" bijektive Abbildung von $\mathbb{R}^n$ nach $\mathbb{R}$ gibt.

Aufgabe 3.23   Beweise durch Angabe geeigneter Bijektionen:

a) $|(0,1]| = |[0,1)| = |[0,1]|$.

b) $|(a,b)| = |(c,d)|$ für beliebige a, b, c, $d \in \mathbb{R}$ mit $a < b$ und $c < d$.

c) $|[0,1)| = |(\sqrt{2},\pi)|$.

Aufgabe 3.24   Zur (Un)Eindeutigkeit der Dezimalschreibweise.

a) Zeige, dass $0,\overline{9} = 0,9999\ldots$ nichts anderes als die Zahl $1 = 1,\overline{0}$ ist. (Tipp: Setze $x = 0,\overline{9}$ und vergleiche $10x$ mit x.)
   Will man diese Zweideutigkeit der Dezimalschreibweise vermeiden, muss man sich auf nicht abbrechende Dezimaldarstellungen beschränken. Eine Zahl wie z.B. $0,051 = 0,0510000\ldots$, bei der ab einer gewissen Stelle nur noch Nullen auftreten, muss dann mit Hilfe einer 9er-Periode geschrieben werden, also als $0,050\overline{9}$.

b) Warum so kompliziert? Sind $x = 0,x_1 x_2 x_3\ldots$ und $y = 0,y_1 y_2 y_3\ldots$ mit Ziffern $x_i, y_i \in \{0,1,\ldots,9\}$, so könnte man die Abbildung h im Beweis von Satz 3.6 doch viel einfacher als $(x,y) \mapsto 0,x_1 y_1 x_2 y_2\ldots$ definieren. Wieso geht das schief? ☠

c) Kann man sich im Beweis von Satz 3.6 auch auf $(0,1)$ anstelle von $(0,1]$ beschränken? (Dann bräuchte man zur Definition von f im Beweis nämlich nur Teil 2 von Satz 3.5.)

3.2.6 Ausblick: Mächtig und übermächtig

Wir beenden dieses Kapitel mit einem spannenden Ausblick, drücken uns hier allerdings meistens um exakte Definitionen (immer wenn im Text Gänsefüßchen auftreten). Interessierte LeserInnen seien dazu auf [AiZ] und [Ebb] verwiesen.

Bei endlichen Mengen ist klar, was es bedeuten soll, dass eine Menge N *mächtiger* als eine Menge M ist: Ganz einfach wenn $|N| > |M|$ gilt. Bei unendlichen Mengen verliert dies seinen Sinn, da deren Mächtigkeiten keine natürlichen Zahlen mehr sind, deren Größen man direkt vergleichen könnte. Mit Hilfe von Abbildungen lässt sich dieser Begriff jedoch auch auf unendliche Mengen übertragen.

Definition 3.10   Es seien M und N beliebige Mengen. Man nennt N *mächtiger* als M, in Zeichen $|N| > |M|$, wenn es eine Injektion von M nach N, aber keine Bijektion von M nach N gibt. $\diamondsuit$

Aufgrund von $\mathbb{N} \subset \mathbb{R}$ ist $n \mapsto n$ offenbar eine Injektion von $\mathbb{N}$ nach $\mathbb{R}$. Eine Bijektion $f \colon \mathbb{N} \to \mathbb{R}$ hingegen kann es nicht geben, denn sonst wäre $\mathbb{R}$ abzählbar unendlich, was es laut Satz 3.4 (2) nicht ist. Somit gilt $|\mathbb{R}| > |\mathbb{N}|$, d.h. $\mathbb{R}$ ist mächtiger als $\mathbb{N}$.

Um mit unterschiedlichen Unendlichkeiten besser hantieren zu können, hat Cantor eine Theorie der „Kardinalzahlen" ins Leben gerufen. Der Name kommt daher, dass die Mächtigkeit einer Menge auch *Kardinalität* genannt wird. Die Mächtigkeit der natürlichen Zahlen ist die „*kleinste unendliche Kardinalzahl*" und wird mit

$$|\mathbb{N}| =: \aleph_0 \quad \text{(lies: Aleph}^8\text{Null)}$$

bezeichnet. Für jede abzählbar unendliche Menge M gilt $|M| = \aleph_0$, da es nach Definition von Abzählbarkeit eine Bijektion von $\mathbb{N}$ nach M gibt. Für überabzählbare Mengen M ist $|M| > \aleph_0$. Neben dem Klassiker $M = \mathbb{R}$ liefert der folgende Satz ein schönes Beispiel für eine Menge, die ebenfalls mächtiger als $\mathbb{N}$ ist.

Satz 3.7   Die Potenzmenge von $\mathbb{N}$ ist überabzählbar unendlich, d.h.

$$|\mathfrak{P}(\mathbb{N})| > \aleph_0.$$

Beweis: Zunächst ist klar, dass für die Potenzmenge $|\mathfrak{P}(\mathbb{N})| = \infty$ gilt, da sie z.B. bereits alle einelementigen Teilmengen $\{n\} \subset \mathbb{N}$, $n \in \mathbb{N}$, enthält.
Wir zeigen nun, dass es keine Surjektion $f \colon \mathbb{N} \to \mathfrak{P}(\mathbb{N})$ geben kann (und damit auch keine Bijektion), indem wir einen sehr trickreichen Widerspruchsbeweis führen. Angenommen, ein solches f existiert doch. Da f surjektiv ist, liegt

$$N := \{\, n \in \mathbb{N} \mid n \notin f(n) \,\} \subseteq \mathbb{N} \quad \text{(also } N \in \mathfrak{P}(\mathbb{N}))$$

im Bild von f, d.h. es existiert ein Urbild $u \in \mathbb{N}$ mit $N = f(u)$. Dieses u muss dann entweder in N oder in N^{C} liegen.

---

[8]Dies ist der erste Buchstabe des hebräischen Alphabets.

Im Fall $u \in N$ ist $u \notin f(u)$ nach Definition von N, und wegen $N = f(u)$ erhalten wir $u \notin f(u) = N$ im Widerspruch zur Annahme $u \in N$.

Im anderen Fall $u \notin N$ muss $u \in f(u)$ gelten (denn sonst läge u in N), was wieder aufgrund von $f(u) = N$ auf den Widerspruch $u \in N$ führt.

Somit war die Annahme falsch und es folgt die Überabzählbarkeit von $\mathfrak{P}(\mathbb{N})$.

Da $\iota\colon \mathbb{N} \to \mathfrak{P}(\mathbb{N})$, $n \mapsto \{n\}$, eine Injektion ist, aber wir gerade gezeigt haben, dass es keine Bijektion von $\mathbb{N}$ nach $\mathfrak{P}(\mathbb{N})$ gibt (diese müsste ja surjektiv sein), folgt $|\mathfrak{P}(\mathbb{N})| > |\mathbb{N}| = \aleph_0$ im Sinne von Definition 3.10. $\square$

Anmerkung: Dieser Beweis funktioniert wörtlich, wenn man $\mathbb{N}$ durch eine beliebige Menge M ersetzt. Dies zeigt, dass es zu einer beliebigen Menge M immer eine noch größere Menge, nämlich $\mathfrak{P}(M)$, gibt. $\mathfrak{P}(\mathfrak{P}(M))$ wiederum ist echt größer als $\mathfrak{P}(M)$ usw.; den Kardinalzahlen ist nach oben hin also keine Grenze gesetzt.

Man kann zeigen (siehe [AiZ]), dass jede Kardinalzahl $\mathfrak{m}$ einen direkten Nachfolger $\mathfrak{n}$ besitzt, d.h. eine *kleinste* Kardinalzahl, die $\mathfrak{n} > \mathfrak{m}$ erfüllt. Der Nachfolger von $\aleph_0$ heißt $\aleph_1$, der von $\aleph_1$ (kommst du drauf?) $\aleph_2$ und so weiter. Bezeichnen wir die Mächtigkeit der reellen Zahlen mit $\mathfrak{c} := |\mathbb{R}|$ (das $\mathfrak{c}$ steht für „continuum", da die reellen Zahlen früher auch Kontinuum genannt wurden), so wissen wir bereits $\mathfrak{c} > \aleph_0$. Folgende Frage drängt sich nun geradezu auf: Ist $\mathbb{R}$ auch die *kleinste* Menge mit dieser Eigenschaft, oder gibt es vielleicht eine Teilmenge von $\mathbb{R}$, die zwar auch überabzählbar unendlich, aber von kleinerer Mächtigkeit als $\mathbb{R}$ selbst ist? (Nach Satz 3.5 (2) und Aufgabe 3.23 kann diese Teilmenge jedenfalls kein einfaches Intervall sein.) Da $\aleph_1$ die kleinste Kardinalzahl nach $\aleph_0$ ist, kann man dies auch so formulieren: Gilt $\mathfrak{c} = \aleph_1$?

Diese Frage stellte sich Cantor[9] bereits im Jahre 1878 und da er keine solche Teilmenge von $\mathbb{R}$ konstruieren konnte, stellte er die folgende berühmt-berüchtigte *Kontinuumshypothese* auf.

Vermutung 3.1   (*Kontinuumshypothese*)

Es gilt $\mathfrak{c} = \aleph_1$, es gibt also keine Menge, deren Mächtigkeit größer als $|\mathbb{N}| = \aleph_0$, aber kleiner als $|\mathbb{R}| = \mathfrak{c}$ ist.

Nur auf die reellen Zahlen bezogen bedeutet dies, dass jede überabzählbare Teilmenge von $\mathbb{R}$ gleichmächtig zu $\mathbb{R}$ selbst sein muss.

Es dauerte über ein halbes Jahrhundert, bevor eine erste Antwort auf Cantors Frage gefunden wurde. Gödel[10] bewies 1940, dass die Kontinuumshypothese *nicht widerlegbar* ist, wenn man die sogenannten „Zermelo-Fraenkel-Axiome" (ZF) (plus

---

[9]dessen intensive Beschäftigung damit vermutlich zu seinen schweren Depressionen beigetragen hat. Math can be dangerous, kids!

[10]Kurt Friedrich Gödel (1906–1978); österreichisch-amerikanischer Mathematiker und einer der krassesten Logiker aller Zeiten. Auch bei ihm lagen leider Genie und Wahnsinn (zu) dicht beieinander.

„Auswahlaxiom"(C)) der Mengenlehre zugrunde legt. 1963 zeigte COHEN[11], dass die Kontinuumshypothese im Rahmen dieser ZFC-Mengenlehre auch *nicht beweisbar* ist. Es handelt sich also um ein *nicht entscheidbares* Problem!

Man kann übrigens relativ elementar einsehen, dass $|\mathfrak{P}(\mathbb{N})| = \mathfrak{c}$ gilt. Kürzt man die Mächtigkeit von $|\mathfrak{P}(\mathbb{N})|$ mit $2^{\aleph_0}$ ab (in Anlehnung an $|\mathfrak{P}(M)| = 2^{|M|}$ für endliche Mengen M; siehe Aufgabe 3.10), so erhält die Kontinuumshypothese folgende suggestive Form:

$$2^{\aleph_0} = \aleph_1.$$

Literatur zu Kapitel 3

[AIZ]   Aigner, M., Ziegler, M.: *Das BUCH der Beweise.*
        Springer Spektrum, 4. Aufl. (2015)

[BEU1] Beutelspacher, A.: *Mathe-Basics zum Studienbeginn.*
        Springer Spektrum, 2. Aufl. (2016)

[EBB]   Ebbinghaus, H.-D., et al.: *Zahlen.* Springer, 3. verb. Aufl. (1992)

[VEL]   Velleman, D.: *How to Prove It: A Structured Approach.*
        Cambridge University Press, 2nd edition (2006)

---

[11]Paul Joseph COHEN (1934–2007); amerikanischer Mathematiker und Träger der Fields-Medaille (dem „Nobelpreis der Mathematik").

Teil II

Anfänge der Analysis

4   Grenzwerte von Folgen und Reihen

Wir machen nun unsere erste (rigorose) Bekanntschaft mit dem Unendlichen und lernen eines der wichtigsten und fruchtbarsten Konzepte der Analysis kennen: den Grenzwert.

4.1   Folgen

4.1.1   Der Grenzwertbegriff

Beispiel 4.1   Betrachte die Zahlenfolge

$$1, \frac{1}{2}, \frac{1}{3}, \frac{1}{4}, \dots,$$

deren n-tes Glied die Zahl $\frac{1}{n}$ ist. Es ist klar, dass die Folgenglieder $\frac{1}{n}$ mit wachsendem n immer kleiner werden und sich der Zahl 0 nähern. Man sagt, die Folge *konvergiert* gegen 0 bzw. der *Grenzwert* der Folge ist die 0.

Was aber ist darunter mathematisch exakt zu verstehen? Es bedeutet jedenfalls nicht, dass die Folgenglieder irgendwann tatsächlich 0 werden müssen: Egal wie groß n wird, es bleibt immer $\frac{1}{n} \neq 0$. Der Punkt ist vielmehr, dass der Abstand zwischen den Folgengliedern und dem Grenzwert beliebig klein wird:

- Gibt man den Abstand $0{,}1 = \frac{1}{10}$ vor, so sind die Folgenglieder $\frac{1}{11}, \frac{1}{12}, \frac{1}{13}, \dots$, also alle Folgenglieder $\frac{1}{n}$ für $n > 10$, um weniger als $\frac{1}{10}$ von der Zahl 0 verschieden.

- Dasselbe mit $0{,}01 = \frac{1}{100}$: Alle $\frac{1}{n}$ sind für $n > 100$ um weniger als $0{,}01$ von der 0 entfernt.

- Dies gilt für *jede noch so kleine Zahl* $\varepsilon > 0$: Man kann stets ein $n_\varepsilon \in \mathbb{N}$ mit $\frac{1}{n_\varepsilon} < \varepsilon$ finden, und es gilt dann, dass für $n > n_\varepsilon$ alle $\frac{1}{n}$ um weniger als ε von der 0 entfernt sind.

Bevor wir dieses n_ε in Beispiel 4.2 explizit bestimmen, wollen wir die Begriffe „Folge" und „Grenzwert" formalisieren.

Definition 4.1   Eine (reelle) *Folge* ist eine Abbildung $a : \mathbb{N} \to \mathbb{R}$, also eine Vorschrift, die jeder natürlichen Zahl n das n-te *Folgenglied* $a(n) \in \mathbb{R}$ zuordnet. $\Diamond$

Anmerkung: Meist schreibt man a_n anstelle von $a(n)$ und stellt die Folge als $(a_n)_{n \in \mathbb{N}}$ dar. So bezeichnet etwa $(\frac{1}{n})_{n \in \mathbb{N}}$ die Folge aus Beispiel 4.1, deren Folgenglieder $a_n = \frac{1}{n}$ sind. In Zukunft lassen wir den Index „$n \in \mathbb{N}$" weg und schreiben die Folge einfach als (a_n).

© Springer Fachmedien Wiesbaden GmbH, ein Teil von Springer Nature 2019
T. Glosauer, *(Hoch)Schulmathematik*, https://doi.org/10.1007/978-3-658-24574-0_4

Um die Folge $\left(\frac{1}{n}\right)$ grafisch darzustellen, wurden in Abbildung 4.1 die Folgenglieder $a_1 = 1$,
$a_2 = \frac{1}{2}$, $a_3 = \frac{1}{3}$, usw. einfach als Striche auf der
Zahlengeraden eintragen.

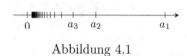

Abbildung 4.1

Dies wird aber offenbar schnell unübersichtlich,
weil sich die Striche in der Nähe der Null immer mehr häufen (das Bild hört bei
a_{30} auf). Viel besser ist daher die Darstellung in Abbildung 4.2, bei der man die
Folge mittels der Punktepaare $(\,n\,|\,a_n\,)$ veranschaulicht.

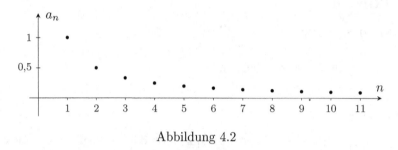

Abbildung 4.2

Bevor wir die Grenzwert-Definition formulieren, erinnern wir an den *Betrag* $|x|$
einer reellen Zahl x, der nichts anderes als ihr Abstand zur 0 ist. So ist z.B. $|2| = 2$,
während $|-2|$ auch 2 ergibt, d.h. $|-2| = -(-2)$ (der Betrag „beseitigt" also das
negative Vorzeichen).

Allgemein gilt $|x| = x$ falls $x \geqslant 0$ ist, und $|x| = -x$ für negative Zahlen. Der
Betrag $|x - y|$ misst damit den Abstand der Zahlen $x, y \in \mathbb{R}$, egal ob x rechts oder
links von y auf der Zahlengeraden liegt.

Nun aber zur versprochenen Definition des Grenzwertbegriffs nach Weierstrass[1],
die du dir mehrmals gründlich durchlesen solltest.

Definition 4.2   Eine Zahl $a \in \mathbb{R}$ heißt *Grenzwert* der Folge (a_n), wenn gilt:

> Für jedes $\varepsilon > 0$ gibt es eine Zahl $n_\varepsilon \in \mathbb{N}$, so dass
>
> $|a_n - a| < \varepsilon$ für alle $n > n_\varepsilon$ ist.

Besitzt eine Folge (a_n) einen Grenzwert a – auch *Limes* genannt – so sagt man, die
Folge *konvergiert* gegen a und schreibt dafür

$$\lim_{n \to \infty} a_n = a \qquad \text{oder} \qquad a_n \to a \quad (\text{für } n \to \infty)\,. \qquad\qquad \diamond$$

Ist a Grenzwert der Folge (a_n), so bedeutet das: Egal wie klein man die Abweichung
ε zu a auch wählt, man findet immer einen Index n_ε, so dass sich alle Folgenglieder
a_n für $n > n_\varepsilon$ um weniger als ε von a unterscheiden, also $|a_n - a| < \varepsilon$ erfüllen.

---

[1]Karl Weierstrass (1815–1897); Begründer der „Epsilontik", mit der eine logische Strenge
Einzug in die Analysis hielt.

Einige Beispiele sollen dir nun helfen, diese Definition zu verdauen. Es geht stets darum, mit Hilfe der Weierstraß-Epsilontik zu *beweisen*, dass eine Folge den Grenzwert hat, den man vielleicht durch Hinschauen oder mit Hilfe des Taschenrechners vermuten würde. Konkret bedeutet dies, dass wir zu gegebenem ε das passende n_ε rechnerisch finden müssen.

Beispiel 4.2 Die Folge $(\frac{1}{n})$ ist eine *Nullfolge*, d.h. $\displaystyle\lim_{n\to\infty} \frac{1}{n} = 0$.

Laut Herrn Weierstraß müssen wir für jedes $\varepsilon > 0$ ein $n_\varepsilon \in \mathbb{N}$ finden, so dass

$$|a_n - 0| = \left|\frac{1}{n} - 0\right| < \varepsilon, \quad \text{d.h.} \quad \frac{1}{n} < \varepsilon \quad \text{für alle } n > n_\varepsilon \text{ gilt.}$$

Sei also ein beliebiges $\varepsilon > 0$ gegeben. Auflösen der obigen Bedingung nach n durch Kehrbruchbilden liefert: $n > \frac{1}{\varepsilon}$. Da in der Regel $\frac{1}{\varepsilon} \notin \mathbb{N}$ sein wird, setzen wir $n_\varepsilon = \lceil \frac{1}{\varepsilon} \rceil :=$ erste natürliche Zahl, die $\geqslant \frac{1}{\varepsilon}$ ist. Dann gilt für alle $n > n_\varepsilon \geqslant \frac{1}{\varepsilon}$:

$$\frac{1}{n} < \frac{1}{n_\varepsilon} \leqslant \frac{1}{\frac{1}{\varepsilon}} = \varepsilon.$$

Damit ist wie gewünscht $\frac{1}{n} < \varepsilon$ für alle $n > n_\varepsilon = \lceil \frac{1}{\varepsilon} \rceil$, d.h. wir haben bewiesen, dass 0 der Grenzwert der Folge ist, da wir für jedes $\varepsilon > 0$ ein geeignetes n_ε angeben können.

Als konkretes Zahlenbeispiel bestimmen wir ein n_ε zu $\varepsilon = 0{,}03$: Hier kann man $n_\varepsilon = \lceil \frac{1}{0,03} \rceil = \lceil 33,\overline{3} \rceil = 34$ wählen (oder eine beliebige größere Zahl). Für $\varepsilon' = 0{,}003$ braucht man mindestens $n_{\varepsilon'} = 334$ usw.

Beispiel 4.3 Die Folge $(a_n) = \left(\frac{n-1}{n+1}\right)$ konvergiert gegen 1.

Sei $\varepsilon > 0$ gegeben. Wir untersuchen, ob es ein n_ε gibt, so dass $\left|\frac{n-1}{n+1} - 1\right| < \varepsilon$ für alle $n > n_\varepsilon$ wird. Umformen liefert:

$$|a_n - 1| = \left|\frac{n-1}{n+1} - 1\right| = \left|\frac{n-1-(n+1)}{n+1}\right| = \left|\frac{-2}{n+1}\right| = \frac{2}{n+1}.$$

Löst man $\frac{2}{n+1} < \varepsilon$ nach n auf, so erhält man $n > \frac{2}{\varepsilon} - 1$. Wählt man

$$n_\varepsilon = \left\lceil \frac{2}{\varepsilon} - 1 \right\rceil,$$

dann gilt $|a_n - 1| < \varepsilon$ für alle $n > n_\varepsilon$. Da dieses Argument für jedes beliebige $\varepsilon > 0$ funktioniert, ist bewiesen, dass 1 der Grenzwert der Folge ist.

Beispiel 4.4 Die Folge $\left((\frac{1}{2})^n\right)$ ist eine Nullfolge.

Sei wieder $\varepsilon > 0$ gegeben. Wir müssen ein zugehöriges $n_\varepsilon \in \mathbb{N}$ finden, so dass gilt: $|(\frac{1}{2})^n - 0| < \varepsilon$, d.h. $(\frac{1}{2})^n < \varepsilon$ für alle $n > n_\varepsilon$. Die folgenden Äquivalenzumformungen führen zum Ziel:

$$\left(\tfrac{1}{2}\right)^n < \varepsilon \stackrel{(i)}{\iff} \log\left(\tfrac{1}{2}\right)^n < \log\varepsilon \iff n\log\tfrac{1}{2} < \log\varepsilon \stackrel{(ii)}{\iff} n > \frac{\log\varepsilon}{\log\frac{1}{2}}.$$

Dabei wurde in (i) verwendet, dass die log-Funktion streng monoton steigend ist und somit die Ungleichung erhält. In (ii) dreht sich aufgrund von $\log \frac{1}{2} < 0$ das $<$-Zeichen um. (Wer Skrupel hat, die Logarithmusfunktion an dieser Stelle zu verwenden: siehe Aufgabe 4.7.)

Damit gilt $(\frac{1}{2})^n < \varepsilon$ für alle $n > n_\varepsilon := \lceil \frac{\log \varepsilon}{\log \frac{1}{2}} \rceil$, d.h. Null ist Grenzwert der Folge.

(Beachte: Für $\varepsilon > 1$ wird $\frac{\log \varepsilon}{\log \frac{1}{2}} < 0$; hier wählt man dann einfach $n_\varepsilon = 1$.)

Beispiel 4.5   Analog zeigt man, dass (q^n) für jedes $0 < q < 1$ eine Nullfolge ist. Zu $\varepsilon > 0$ ist $n_\varepsilon := \lceil \frac{\log \varepsilon}{\log q} \rceil$ zu wählen (beachte $\log q < 0$ für $0 < q < 1$). Wegen $|q^n - 0| = |q|^n = ||q|^n - 0|$ gilt dies auch für $-1 < q < 0$, und für $q = 0$ sowieso.

So viel zum rechnerischen Nachweis der Konvergenz. Es ist nun noch sehr lohnenswert, sich mit einer geometrischen Version der Weierstraß-Definition anzufreunden. Dazu definieren wir die *ε-Umgebung von a* als das offene Intervall $U_\varepsilon(a) = (a - \varepsilon, a + \varepsilon)$ mit Mittelpunkt a. Nach Definition besteht $U_\varepsilon(a)$ aus allen $x \in \mathbb{R}$ mit $|x - a| < \varepsilon$ (siehe Abbildung 4.3).

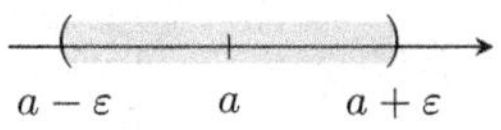

Im Folgendiagramm wird daraus der *ε-Schlauch* $S_\varepsilon(a) = \mathbb{R}^+ \times U_\varepsilon(a)$, also ein Kasten der Breite 2ε, der symmetrisch um den Grenzwert a liegt (präziser: um die Halbgerade $\mathbb{R}^+ \times \{a\}$).

Abbildung 4.3

Die beiden folgenden Bilder illustrieren dies für die Folge (a_n) mit

$$a_n = 2 - 2 \cdot \frac{(-1)^n}{n},$$

die gegen $a = 2$ konvergiert. In Abbildung 4.4 wurde $\varepsilon = 0{,}4$ gewählt, in 4.5 ist der Fall $\varepsilon = 0{,}2$ dargestellt.

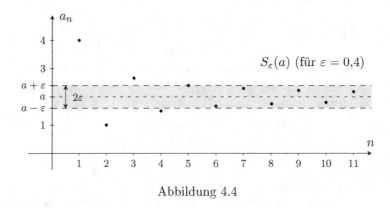

Abbildung 4.4

In Abbildung 4.4 erkennt man, dass alle Punkte $(n \mid a_n)$ ab $n = 6$ innerhalb des ε-Schlauches $S_{0{,}4}(2)$ liegen, kurz: $(n \mid a_n) \in S_\varepsilon(a)$ für $n > 5$. Für $\varepsilon = 0{,}2$ ist dies erst ab $n = 11$ erfüllt, aber auch dann scheinen alle weiteren Punkte innerhalb des

Schlauches zu bleiben. (So gut man das eben anhand eines Bildchens überhaupt erkennen kann.)

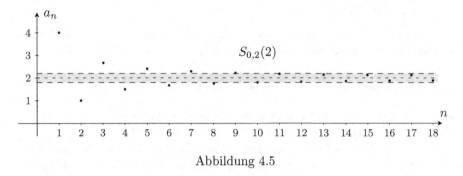

Abbildung 4.5

Da ein Punkt $(n \,|\, a_n)$ genau dann im ε-Schlauch $S_\varepsilon(a)$ liegt, wenn das entsprechende Folgenglied a_n in der ε-Umgebung $U_\varepsilon(a)$ liegt, schreiben wir immer nur $a_n \in U_\varepsilon(a)$. Aufgrund der größeren Anschaulichkeit solltest du dabei aber stets das Schlauchbild im Kopf haben.

Konvergenz $a_n \to a$ bedeutet, dass es zu jedem $\varepsilon > 0$ ein $n_\varepsilon \in \mathbb{N}$ gibt, so dass $|a_n - a| < \varepsilon$ für alle $n > n_\varepsilon$ gilt. Das bedeutet, dass nur die endlich vielen Folgenglieder $a_1, \ldots, a_{n_\varepsilon}$ außerhalb der ε-Umgebung $U_\varepsilon(a)$ liegen, der Rest liegt drin.

Beachten wir nun noch, dass der Ausdruck „*fast alle*" in der Mathematik „*alle bis auf endlich viele*" bedeutet, so lässt sich die Grenzwert-Definition kurz und knackig so fassen:

> Die Folge (a_n) konvergiert gegen a, wenn gilt: „In jeder (noch so kleinen) ε-Umgebung um a liegen stets fast alle Folgenglieder."

Ins Schlauchbild übersetzt bedeutet dies: In jedem (noch so engen) ε-Schlauch um a liegen stets fast alle Punkte der Folge.

Zum Schluss lernen wir *divergente* Folgen kennen, d.h. Folgen ohne Grenzwert.

Beispiel 4.6 Die Folge $(a_n) = (n)$ ist divergent.

Jedem ist wohl klar, dass die Folgenglieder n sich keiner festen Zahl nähern, und die Folge damit keinen Grenzwert besitzen kann. Aber wie schreibt man das korrekt auf? Etwa so:

Sei $a \in \mathbb{R}$ beliebig. Dann liegt z.B. für $\varepsilon = \frac{1}{4}$ maximal eine natürliche Zahl k im Intervall $(a - \frac{1}{4}, a + \frac{1}{4})$, d.h. höchstens ein Folgenglied $a_k = k$ liegt in der ε-Umgebung $U_{\frac{1}{4}}(a)$. Wäre a Grenzwert der Folge, müssten aber fast alle Folgenglieder in $U_{\frac{1}{4}}(a)$ liegen, d.h. kein $a \in \mathbb{R}$ ist Grenzwert der Folge.

In gewissem Sinn strebt (a_n) gegen ∞, was aber keine reelle Zahl ist.

Oft weist man die Divergenz einer Folge nicht direkt nach, sondern mit Hilfe der Tatsache, dass *Unbeschränktheit* stets Divergenz nach sich zieht.

Definition 4.3   Eine Folge (a_n) heißt *beschränkt*, wenn es Zahlen $s, S \in \mathbb{R}$ gibt, so dass gilt:

$$s \leqslant a_n \leqslant S \quad \text{für alle } n \in \mathbb{N}.$$

s heißt dann *untere Schranke* und S *obere Schranke* der Folge. (Äquivalent dazu ist die Existenz eines $s^* \in \mathbb{R}^+$ mit $|a_n| \leqslant s^*$ für alle $n \in \mathbb{N}$; siehe Aufgabe 4.8.)   ◇

Satz 4.1   Jede konvergente Folge ist beschränkt.

Beweis: Sei (a_n) eine Folge und a ihr Grenzwert. Zu $\varepsilon = 1$ liegen fast alle Folgenglieder in $U_1(a) = (a-1, a+1)$, d.h. es gibt ein $n_1 \in \mathbb{N}$, so dass $a_n \in U_1(a)$ für alle $n > n_1$ gilt (zeichne dir ein Schlauchbild!). Für diese a_n ist also $a + 1$ eine obere Schranke. Die endlich vielen $a_1, \dots, a_{n_1}$, die außerhalb von $U_1(a)$ liegen können, besitzen ein größtes Element. Somit ist $S := \max\{a_1, \dots, a_{n_1}, a+1\}$ eine obere Schranke der gesamten Folge.
Ebenso sieht man, dass $s := \min\{a_1, \dots, a_{n_1}, a-1\}$ eine untere Schranke ist.   □

Durch Kontraposition folgt: „Jede unbeschränkte Folge ist divergent".
Damit ist Beispiel 4.6 mit einem Schlag erledigt, da es keine obere Schranke für die natürlichen Zahlen gibt[2].

Beispiel 4.7   Die Folge (q^n) ist für jedes $q \in \mathbb{R}$ mit $|q| > 1$ divergent.

Wir zeigen dies, indem wir zunächst für $q > 1$ die Unbeschränktheit der Folge nachweisen (und zwar ohne Logarithmus). Wegen $q > 1$ ist $q = 1 + x$ mit einem $x > 0$. Mit Hilfe der Bernoulli-Ungleichung (Satz 2.5) folgt

$$q^n = (1+x)^n > 1 + nx.$$

(Wegen $x > 0$ folgt dies auch aus dem binomischen Lehrsatz.) Wählt man also n groß genug, so übersteigt $q^n > 1 + nx$ irgendwann jede Schranke $S \in \mathbb{R}^+$.
Wegen $|q^n| = |q|^n$ folgt die Unbeschränktheit auch für $q < -1$.

Es gibt jedoch auch divergente Folgen, die beschränkt sind.

Beispiel 4.8   Die *alternierende Folge* $((-1)^n)$ ist divergent.

Für $a \neq 1, -1$ enthält $U_\varepsilon(a)$ gar keine Folgenglieder, wenn man ε klein genug wählt, also kommt ein solches a als Grenzwert nicht in Frage. Wäre 1 der Grenzwert der Folge, dann müssten in $U_{\frac{1}{2}}(1)$ fast alle, d.h. alle bis auf endlich viele, Folgenglieder liegen. Dies ist nicht erfüllt: Zwar liegen dort unendlich viele Folgenglieder, nämlich alle $(-1)^n = 1$ mit geradem n, aber eben nicht fast alle, da die unendlich vielen $(-1)^n = -1$ mit ungeradem n nicht in $U_{\frac{1}{2}}(1)$ liegen. Ebenso sieht man, dass auch -1 nicht der Grenzwert der Folge sein kann.

---

[2]Die scheinbare so klare Aussage „Zu jedem $S \in \mathbb{R}$ gibt es ein $n \in \mathbb{N}$ mit $n > S$" (was wir bei der Bestimmung von n_ε schon die ganze Zeit stillschweigend benutzt haben), ist als *archimedisches Axiom* bekannt und muss bei der Konstruktion der reellen Zahlen $\mathbb{R}$ bewiesen werden (siehe Aufgabe 4.16)!

Das letzte Beispiel motiviert die folgende

Definition 4.4   Eine Zahl $h \in \mathbb{R}$ heißt *Häufungswert* einer Folge (a_n), wenn in jeder ε-Umgebung um h unendlich viele (aber nicht notwendigerweise fast alle) Folgenglieder liegen:

$$\text{Für jedes } \varepsilon > 0 \text{ gilt }\quad |a_n - h| < \varepsilon \text{ für unendliche viele } n. \qquad \Diamond$$

Der Grenzwert einer Folge ist natürlich stets ein Häufungswert, aber nicht umgekehrt; z.B. hat die Folge $((-1)^n)$ keinen Grenzwert, besitzt aber die beiden Häufungswerte -1 und 1 (siehe Beispiel 4.8).

Beispiel 4.9   Wir betrachten eine Folge, die unendlich viele Häufungswerte besitzt. Es sei (a_n) die Folge mit

$$a_n = \frac{1}{\bar{n}}\,, \quad \text{wobei } \bar{n} \text{ die Quersumme von } n \text{ ist.}$$

Es ist also z.B.

$$a_{42} = \frac{1}{\overline{42}} = \frac{1}{4+2} = \frac{1}{6} \quad (= a_6 = a_{60} = a_{600}\ldots).$$

Wir behaupten, dass jedes Folgenglied und die Zahl 0 Häufungswerte dieser Folge sind (mache dir am Ende noch klar, dass es auch keine weiteren gibt).

Zunächst ist die 0 ein Häufungswert, weil die Quersumme beliebig groß werden kann: Will man $\bar{n} = q$ erhalten, so kann man für $n(q)$ z.B. die Zahl mit q Einsen als Ziffern wählen, d.h. $n(q) := 111\ldots 1$. Ist nun $\varepsilon > 0$ beliebig gegeben, so wähle ein natürliches $k > \frac{1}{\varepsilon}$. Alle Zahlen $n(q)$ mit $q \geqslant k$ erfüllen dann

$$|a_{n(q)} - 0| = \frac{1}{\overline{n(q)}} = \frac{1}{q} \leqslant \frac{1}{k} < \varepsilon$$

nach Wahl von k. Da es unendlich viele solcher Zahlen $n(q)$ – also auch unendlich viele solcher Folgenglieder $a_{n(q)}$ – gibt, ist 0 ein Häufungswert von (a_n).

Sei nun n eine beliebige Zahl mit Quersumme $q := \bar{n}$ und $a_n = \frac{1}{q}$ das zugehörige Folgenglied. Alle Zahlen der Form $N_k := n(q) \cdot 10^k$, $k \in \mathbb{N}$, wobei $n(q)$ wie vorher die Zahl mit q Einsen als Ziffern ist, besitzen ebenfalls die Quersumme q – es werden ja nur zusätzliche Nullen angehängt. (Für $q = 2$ z.B. ist $n(2) = 11$ und die Zahlen N_k sind dann von der Gestalt 110, 1100, 11000, $\ldots$; hier könnte man ähnlich wie bei a_{42} oben natürlich auch 20, 200, 2000 nehmen, aber wieso klappt das für zwei- und mehrstellige Quersummen q nicht mehr?) Somit gilt $a_{N_k} = \frac{1}{\overline{N_k}} = \frac{1}{q} = a_n$ für alle $k \in \mathbb{N}$. Insbesondere liegen unendlich viele Folgenglieder in jeder ε-Umgebung von a_n, da sie gleich a_n sind, also $|a_{N_k} - a_n| = 0 < \varepsilon$ erfüllen. Dies zeigt, dass *jedes* Folgenglied Häufungswert der Folge ist.

Aufgabe 4.1   Stelle eine Vermutung für den Grenzwert der Folgen (a_n) auf und beweise diese sodann. Gib zudem zu $\varepsilon = 10^{-6}$ explizit ein n_ε an.

a) $a_n = 2 - \dfrac{1}{\sqrt{n}}$

b) $a_n = \dfrac{1 - 2n}{4n}$

c) $a_n = \pi - \dfrac{(-1)^n}{n^2}$

d) $a_n = \sqrt{2} + \left(\tfrac{5}{8}\right)^n$

e) $a_n = \dfrac{3^n - 4^n}{4^{n+1}}$

f) $a_n = \dfrac{-12n^2 + 12n - 1}{8n^2 - 8n + 2}$

Aufgabe 4.2   Zeige, dass $(\sqrt{n+1} - \sqrt{n})$ eine Nullfolge ist (Tipp: Mit geeignetem Bruch erweitern und 3. binomische Formel verwenden).

Aufgabe 4.3   Beweise die *Eindeutigkeit des Grenzwerts*: Ist (a_n) eine Folge mit $a_n \to a$ und $a_n \to a'$, dann muss $a = a'$ sein. (Tipp: Nimm $a \neq a'$ an und führe dies, z.B. mit Hilfe von ε-Umgebungen, zum Widerspruch.)

Aufgabe 4.4   Formuliere in Worten, was es bedeutet, dass a *nicht* der Grenzwert der Folge (a_n) ist. Vergleiche dazu auch Aufgabe 1.12.

Aufgabe 4.5   Beweise: Ist (a_n) eine Nullfolge und (b_n) eine beschränkte Folge, so ist das Produkt $(a_n b_n)$ eine Nullfolge.

Aufgabe 4.6   Zeige: Aus $a_n \to a$ (mit $a_n \geqslant 0$) folgt $\sqrt{a_n} \to \sqrt{a}$.

Aufgabe 4.7   Folgt man einem logisch strengen Aufbau der Analysis, so darf man in den Beispielen 4.4 und 4.5 keinen Logarithmus verwenden. (Die allgemeine Potenz- und Logarithmusfunktion muss erst definiert werden – mit Hilfe von Folgen oder über die Zahl e; siehe dazu Abschnitt 4.2.3 ff.)
Zeige $q^n \to 0$ für $0 < q < 1$ *ohne* Logarithmus. Betrachte dazu $\frac{1}{q}$ und verwende Beispiel 4.7.

Aufgabe 4.8   Zeige, dass eine Folge genau dann beschränkt ist, wenn es ein $s^* \in \mathbb{R}$ mit $|a_n| \leqslant s^*$ für alle $n \in \mathbb{N}$ gibt.

Aufgabe 4.9   Finde eine divergente Folge, die genau einen Häufungswert hat.

Aufgabe 4.10   Es bezeichne $T(n)$ die Anzahl aller Teiler (inklusive 1 und n) der Zahl $n \in \mathbb{N}$. Gib möglichst viele Häufungswerte der Folge (a_n) mit $a_n = \frac{1}{T(n)}$ an und begründe deine Vermutungen.

4.1.2 Die Grenzwertsätze

Bei einer Folge wie z.B. $\left(\frac{4n^4-n^2}{2n^4-5n^3}\right)$ wird es unbequem, zu einem $\varepsilon > 0$ ein zugehöriges n_ε explizit zu finden. Mit Hilfe der *Grenzwertsätze* lassen sich die Grenzwerte komplizierter Folgen auf (bekannte) Grenzwerte einfacher Folgen zurückführen – ganz ohne Epsilontik!

Satz 4.2 Für *konvergente* Folgen (a_n) und (b_n) gilt:

(G$_1$) Die Summenfolge $(a_n + b_n)$ ist konvergent und ihr Grenzwert ist die Summe der Grenzwerte von (a_n) und (b_n):

$$\lim_{n\to\infty} (a_n + b_n) = \lim_{n\to\infty} a_n + \lim_{n\to\infty} b_n.$$

(G$_2$) Die Produktfolge $(a_n \cdot b_n)$ ist konvergent und ihr Grenzwert ist das Produkt der Grenzwerte von (a_n) und (b_n):

$$\lim_{n\to\infty} (a_n \cdot b_n) = \lim_{n\to\infty} a_n \cdot \lim_{n\to\infty} b_n.$$

(G$_3$) Ist $\lim_{n\to\infty} b_n \neq 0$, so sind fast alle $b_n \neq 0$, und die (ggf. erst ab einem Index $N > 1$ definierte) Quotientenfolge $\left(\frac{a_n}{b_n}\right)$ konvergiert gegen

$$\lim_{n\to\infty} \frac{a_n}{b_n} = \frac{\lim\limits_{n\to\infty} a_n}{\lim\limits_{n\to\infty} b_n}.$$

Man darf also den Limes in Summe, Produkt und Quotient zweier Folgen „reinziehen", w e n n (!) die Ausgangs-Folgen konvergent sind.

Im Beweis benötigen wir eine Ungleichung, die in der Analysis so häufig gebraucht wird, dass wir ihr ein eigenes Lemma widmen.

Lemma 4.1 Für zwei reelle Zahlen $x, y \in \mathbb{R}$ gilt die *Dreiecksungleichung*

$$|x + y| \leqslant |x| + |y|.$$

Beweis: Ist $x \geqslant 0$, so ist $|x| = x$ und $-x \leqslant 0 \leqslant x = |x|$, insgesamt also $\pm x \leqslant |x|$. Für $x < 0$ ist $|x| = -x > 0$ und $x < 0 < -x = |x|$, insgesamt also auch hier $\pm x \leqslant |x|$. D.h. für beliebige $x, y \in \mathbb{R}$ gilt $\pm x \leqslant |x|$ und $\pm y \leqslant |y|$. Zusammen ergibt sich:

$$x + y \leqslant |x| + |y| \quad \text{und} \quad -(x+y) = (-x) + (-y) \leqslant |x| + |y|.$$

Da (wieder nach Definition des Betrags) $|x + y| = x + y$ oder $|x + y| = -(x+y)$ ist, folgt $|x + y| \leqslant |x| + |y|$. □

Was diese Ungleichung mit einem Dreieck zu tun hat, wird erst im Kapitel über komplexe Zahlen klar werden. Mit ihr gewappnet können wir nun zum Beweis der Grenzwertsätze voranschreiten.

Beweis: $(\mathbf{G_1})$ Es sei $a := \lim\limits_{n\to\infty} a_n$ und $b := \lim\limits_{n\to\infty} b_n$. Mit $\varepsilon > 0$ ist auch $\frac{\varepsilon}{2} > 0$ (der Grund für $\frac{1}{2}$ wird gleich klar), und man findet $n_{\varepsilon,a}, n_{\varepsilon,b} \in \mathbb{N}$ mit

$$|a_n - a| < \tfrac{\varepsilon}{2} \quad \text{für alle } n > n_{\varepsilon,a} \qquad \text{und} \qquad |b_n - b| < \tfrac{\varepsilon}{2} \quad \text{für alle } n > n_{\varepsilon,b}.$$

Setzt man $n_\varepsilon = \max\left\{ n_{\varepsilon,a}, n_{\varepsilon,b} \right\}$, so sind für alle $n > n_\varepsilon$ beide der obigen Ungleichungen gleichzeitig erfüllt, und es folgt

$$|a_n + b_n - (a+b)| = |a_n - a + b_n - b| \leqslant |a_n - a| + |b_n - b| < \tfrac{\varepsilon}{2} + \tfrac{\varepsilon}{2} = \varepsilon.$$

Im zweiten Schritt wurde die Dreiecksungleichung 4.1 verwendet. Damit ist bewiesen, dass $(a_n + b_n)$ gegen $a + b$ konvergiert, und das ist genau die Aussage von $(\mathbf{G_1})$.

$(\mathbf{G_2})$ Wir müssen zeigen, dass $a \cdot b$ der Grenzwert von $(a_n \cdot b_n)$ ist. Dies ist äquivalent zur Aussage, dass „Folge minus Grenzwert", hier also $(a_n b_n - ab)$ eine Nullfolge ist (mache dir das klar). Das Einfügen einer „nahrhaften Null" ergibt

$$a_n b_n - ab = a_n b_n - a_n b + a_n b - ab = a_n(b_n - b) + (a_n - a)b.$$

Die Folgen (a_n) und (b) sind konvergent (die zweite ist sogar konstant) und damit nach Satz 4.1 beschränkt. Ihre Produkte mit den Nullfolgen $(b_n - b)$ und $(a_n - a)$ bleiben laut Aufgabe 4.5 Nullfolgen, also folgt mit $(\mathbf{G_1})$ $a_n(b_n - b) + (a_n - a)b \to 0 + 0 = 0$.

$(\mathbf{G_3})$ Zunächst zeigen wir, dass aus $b_n \to b \neq 0$ folgt, dass fast alle $b_n \neq 0$ sind: Mit $b \neq 0$ ist $\varepsilon' := \frac{1}{2}|b| > 0$. Da fast alle b_n im Intervall $U_{\varepsilon'}(b)$ liegen müssen, sind sie mindestens $\frac{1}{2}|b|$ von der Null entfernt und damit $\neq 0$. Ab einem gewissen Index $N \in \mathbb{N}$ ist also $b_n \neq 0$ und ab hier ist damit die Quotientenfolge $\frac{a_n}{b_n}$ definierbar, wir betrachten also „$\left(\frac{a_n}{b_n}\right)_{n > N}$" (wer mag, shiftet den Index und nimmt $\left(\frac{a_{n+N}}{b_{n+N}}\right)_{n \in \mathbb{N}}$). Wenn wir $\frac{1}{b_n} \to \frac{1}{b}$ zeigen können, folgt $(\mathbf{G_3})$ wegen $\frac{a_n}{b_n} = a_n \cdot \frac{1}{b_n}$ sofort aus $(\mathbf{G_2})$. Dazu müssen wir

$$\left| \frac{1}{b_n} - \frac{1}{b} \right| = \left| \frac{b - b_n}{b_n b} \right| = \frac{|b_n - b|}{|b_n||b|}$$

kleiner als jedes beliebige $\varepsilon > 0$ machen. Wir haben gerade gesehen, dass es ein $n_{\varepsilon'}$ mit $|b_n| \geqslant \frac{1}{2}|b|$ für $n > n_{\varepsilon'}$ gibt. Für diese n gilt

$$\frac{|b_n - b|}{|b_n||b|} \leqslant \frac{|b_n - b|}{\frac{1}{2}|b||b|} = \frac{2|b_n - b|}{|b|^2}.$$

Wegen $b_n \to b$ gibt es ein $n_{\widetilde{\varepsilon}}$ nach dem $|b_n - b| < \widetilde{\varepsilon} := \frac{1}{2}|b|^2 \varepsilon$ ist. Der Grund für diese spezielle Wahl von $\widetilde{\varepsilon}$ ist, dass am Ende genau ε herauskommen soll. Für

$n > \max \{ n_{\varepsilon'}, n_{\widetilde{\varepsilon}} \} =: n_\varepsilon$ gilt dann

$$\left| \frac{1}{b_n} - \frac{1}{b} \right| \leqslant \frac{2|b_n - b|}{|b|^2} < \frac{2 \cdot \frac{1}{2}|b|^2 \varepsilon}{|b|^2} = \varepsilon.$$

$\square$

Beispiel 4.10 Die Folge $(3 + \frac{1}{n})$ konvergiert gegen 3.

Diese Folge ist die Summe zweier konvergenter Folgen: Der konstanten Folge (3), die selbstverständlich 3 als Grenzwert besitzt und der Nullfolge $(\frac{1}{n})$. Damit folgt

$$\lim_{n \to \infty} \left(3 + \frac{1}{n} \right) \stackrel{(G_1)}{=} \lim_{n \to \infty} 3 + \lim_{n \to \infty} \frac{1}{n} = 3 + 0 = 3.$$

Beispiel 4.11 Die Folge $(\frac{5}{n^2})$ ist eine Nullfolge.

Zunächst hat $(\frac{5}{n}) = (5 \cdot \frac{1}{n})$ nach (G_2) den Grenzwert Null. Die obige Folge ist also das Produkt der beiden Nullfolgen $(\frac{1}{n})$ und $(\frac{5}{n})$ und erneute Anwendung von (G_2) liefert:

$$\lim_{n \to \infty} \frac{5}{n^2} = \lim_{n \to \infty} \left(\frac{5}{n} \cdot \frac{1}{n} \right) \stackrel{(G_2)}{=} \lim_{n \to \infty} \frac{5}{n} \cdot \lim_{n \to \infty} \frac{1}{n} = 0 \cdot 0 = 0.$$

Diese Beispiele hätte man mit Hilfe der ε-Definition ebenso schnell (oder schneller) bewältigt. Im nächsten Beispiel zeigt sich erstmals die Nützlichkeit der Grenzwertsätze.

Beispiel 4.12 Die Folge $\left(\frac{4n^2 - 1}{2n^2 - 5n} \right)$ konvergiert gegen 2.

Zunächst klammern wir in Zähler und Nenner die höchste n-Potenz aus:

$$\frac{4n^2 - 1}{2n^2 - 5n} = \frac{n^2\left(4 - \frac{1}{n^2}\right)}{n^2\left(2 - \frac{5}{n}\right)} = \frac{4 - \frac{1}{n^2}}{2 - \frac{5}{n}},$$

und wenden anschließend die Grenzwertsätze an:

$$\lim_{n \to \infty} \frac{4n^2 - 1}{2n^2 - 5n} = \lim_{n \to \infty} \frac{4 - \frac{1}{n^2}}{2 - \frac{5}{n}} \stackrel{(G_3)}{=} \frac{\lim_{n \to \infty} \left(4 - \frac{1}{n^2}\right)}{\lim_{n \to \infty} \left(2 - \frac{5}{n}\right)} \stackrel{(G_{1,2})}{=} \frac{4 - 0}{2 - 0} = 2.$$

Beispiel 4.13 Bestimme den Grenzwert der Folge $\left(\frac{5^n}{3^n + 2 \cdot 5^n} \right)$.

Zunächst 5^n im Nenner ausklammern: $\dfrac{5^n}{3^n + 2 \cdot 5^n} = \dfrac{5^n}{5^n\left(\frac{3^n}{5^n} + 2\right)} = \dfrac{1}{\left(\frac{3}{5}\right)^n + 2}.$

Da $\left(\left(\frac{3}{5}\right)^n\right)$ nach Beispiel 4.5 eine Nullfolge ist, ergibt sich

$$\lim_{n \to \infty} \frac{5^n}{3^n + 2 \cdot 5^n} = \lim_{n \to \infty} \frac{1}{\left(\frac{3}{5}\right)^n + 2} \stackrel{(G_3)}{=} \frac{1}{\lim_{n \to \infty} \left(\left(\frac{3}{5}\right)^n + 2\right)} \stackrel{(G_1)}{=} \frac{1}{0 + 2} = \frac{1}{2}.$$

Aufgabe 4.11 $1 = \lim\limits_{n \to \infty} 1 = \lim\limits_{n \to \infty} \left(n \cdot \frac{1}{n} \right) = \lim\limits_{n \to \infty} n \cdot \lim\limits_{n \to \infty} \frac{1}{n} = \infty \cdot 0 \,!$ Oder?

Aufgabe 4.12   Bestimme den Grenzwert von (a_n) mit Hilfe der Grenzwertsätze.

a) $a_n = \dfrac{4 + 2n}{3 - \sqrt{2}\,n}$ b) $a_n = \dfrac{(5 - 3n)^2}{2 - 4n^2}$ c) $a_n = \dfrac{2\sqrt{n}}{\sqrt{n} - 2}$

d) $a_n = \dfrac{7^n - 1}{7^{n+1} + 6^n}$ e) $a_n = \dfrac{n - 2}{\sqrt{4n^2 - 1}}$ f) $a_n = \sqrt{n + \sqrt{n}} - \sqrt{n}$ ☠

4.1.3   Exkurs: Die Vollständigkeit von $\mathbb{R}$

In diesem theoretisch recht anspruchsvollen Abschnitt lernen wir eine grundlegende Eigenschaft der reellen Zahlen $\mathbb{R}$ kennen, die für die Konvergenztheorie und damit für die gesamte Analysis von fundamentaler Bedeutung ist: $\mathbb{R}$ ist *vollständig*. Dies bedeutet anschaulich, dass es „auf der reellen Zahlengeraden keine Lücken gibt". Um dies präziser zu formulieren, brauchen wir einen neuen Begriff.

Definition 4.5   Es sei $A \subseteq \mathbb{R}$ eine nicht leere Menge reeller Zahlen. Eine Zahl $S \in \mathbb{R}$ heißt *Supremum* von A, in Zeichen $S = \sup A$, wenn sie die *kleinste obere Schranke* von A ist. Das bedeutet zweierlei:

(1) S ist eine obere Schranke von A, d.h. es gilt $x \leqslant S$ für alle $x \in A$ *und*

(2) S ist die kleinste Zahl mit der Eigenschaft (1), d.h. keine Zahl $S' < S$ kann obere Schranke von A sein. Anders formuliert:

$\qquad$ Für alle $\varepsilon > 0$ gibt es ein $x \in A$ mit $x > S - \varepsilon$

(denn sonst wäre $S' := S - \varepsilon$ eine kleinere obere Schranke als S).

Das *Infimum* von A ist analog als *größte untere Schranke* von A definiert (siehe Aufgabe 4.13). $\qquad\qquad\qquad\qquad\qquad\qquad\qquad\qquad\qquad\qquad\qquad\qquad$ ◇

Beispiel 4.14   Für das halboffene Intervall $A = [\,0\,,1\,) \subseteq \mathbb{R}$ gilt $\sup A = 1$.

Denn offenbar gilt $x < 1$ für alle $x \in A$, d.h. $S = 1$ ist obere Schranke von A. Für jedes S' mit $0 < S' < 1$ gilt

$\qquad x := \tfrac{1}{2}(S' + 1) \in A, \quad$ da $\quad \tfrac{1}{2}(S' + 1) < \tfrac{1}{2}(1 + 1) = 1,$

und es ist $x > S'$, denn aus $1 > S'$ folgt $\quad x = \tfrac{1}{2}(S' + 1) > \tfrac{1}{2}(S' + S') = S'.$ Anschaulich ist dies alles vollkommen klar, da x in der Mitte von S' und 1 liegt.

Somit kann kein $0 < S' < S$ eine obere Schranke von A sein (und ein $S' < 0$ sowieso nicht), womit $S = 1$ die kleinste obere Schranke von A, also das Supremum ist.

Mit der ε-Definition gelingt der Nachweis von (2) viel müheloser: Ist $\varepsilon > 0$, so gibt es zu $1 - \varepsilon$ (es sei $\varepsilon < 1$) stets ein $x \in A$ mit $x > 1 - \varepsilon$, z.B. $x = 1 - \frac{\varepsilon}{2}$. Dieses x ist übrigens gerade obiges $\frac{1}{2}(S' + 1)$, wenn man $\varepsilon = S - S' > 0$ setzt.

Anmerkung: Wie man an diesem Beispiel sieht, muss das Supremum einer Menge A nicht zwingend in A liegen. Es gibt eben keine größte Zahl in $[0,1)$, sondern nur eine kleinste obere Schranke, die hier außerhalb von A liegt.

Beispiel 4.15 Besitzt die Menge A ein *Maximum*, d.h. ein $M \in A$ mit $x \leqslant M$ für alle $x \in A$, dann besitzt A auch ein Supremum und es gilt $\sup A = \max A$.

Denn $M = \max A$ ist eine obere Schranke von A (nach Definition des Maximums). Es ist aber auch die kleinste obere Schranke, denn für kein $S' < M$ kann $x \leqslant S'$ für alle $x \in A$ gelten, da ja M in A liegt und $M > S'$ ist. Somit ist $\max A$ das Supremum von A.

Für $A' = [0,1]$ ist also $\sup A' = \max A' = 1$, während die Menge $A = [0,1)$ kein Maximum besitzt.

Beispiel 4.16 Wir definieren eine Folge $(a_n) \subset \mathbb{Q}$, indem wir für jedes $n \in \mathbb{N}$ eine rationale Zahl $a_n \in \mathbb{Q}$ auswählen, die $0 < \sqrt{2} - a_n < 10^{-n}$ erfüllt. Es ist also $a_n < \sqrt{2}$ und a_n weicht um weniger als $(\frac{1}{10})^n$ von $\sqrt{2}$ ab. Man kann allgemein zeigen, dass es für jede reelle Zahl eine solche rationale Folge gibt; wir behelfen uns hier mit der Dezimaldarstellung

$$\sqrt{2} = 1{,}4142\ldots \quad \text{und setzen} \quad a_1 = 1{,}4;\ a_2 = 1{,}41;\ a_3 = 1{,}414;\ \ldots$$

Es ist $a_n < \sqrt{2}$ für alle n, d.h. für die Menge $A = \{\, a_n \mid n \in \mathbb{N} \,\}$ ist $\sqrt{2}$ eine obere Schranke. Nach Konstruktion der Folge konvergiert sie gegen $\sqrt{2}$, weshalb der Grenzwert $\sqrt{2}$ auch die kleinste obere Schranke von A ist: Zu jedem $\varepsilon > 0$ gibt es ein a_n, das $|a_n - \sqrt{2}| < \varepsilon$ erfüllt (sogar fast alle a_n erfüllen dies), was man wegen $|a_n - \sqrt{2}| = \sqrt{2} - a_n$ umschreiben kann zu $a_n > \sqrt{2} - \varepsilon$. Damit gilt $\sup A = \sqrt{2}$. Betrachtet man allerdings A als Teilmenge von $\mathbb{Q}$, so besitzt A plötzlich *kein Supremum mehr*, denn es ist $\sqrt{2} \notin \mathbb{Q}$. Damit haben wir ein Beispiel gefunden für eine nach oben beschränkte Teilmenge von $\mathbb{Q}$, die kein Supremum besitzt.

Dass so etwas wie im letzten Beispiel in den reellen Zahlen *nicht* passieren kann, garantiert der folgende Satz, auf dessen Beweis wir im Rahmen dieses Buches nicht eingehen (siehe z.B. [EBB]) – wir haben ja noch nicht einmal angedeutet, was reelle Zahlen eigentlich sind bzw. wie man sie konstruieren kann, sondern betrachten sie als gegeben. Der Satz stellt eine mögliche Formulierung[3] der Tatsache dar, dass die reellen Zahlen *vollständig* sind.

---

[3]Die Vollständigkeit von $\mathbb{R}$ lässt sich auch mit Hilfe sogenannter *Intervallschachtelungen* formulieren.

Satz 4.3 (*Supremumseigenschaft von* $\mathbb{R}$)

Jede nicht leere, nach oben beschränkte Teilmenge der reellen Zahlen $\mathbb{R}$ besitzt ein Supremum in $\mathbb{R}$.

Aufgabe 4.13   (Definition und Eigenschaften des Infimums)

a) Gib analog zum Supremum die vollständige Definition des *Infimums* einer Menge $\emptyset \neq A \subseteq \mathbb{R}$ an, also der *größten unteren Schranke* von A.

b) Bestimme mit Hilfe der ε-Charakterisierung das Infimum von $A = (\pi, 42]$.

c) Definiere das *Minimum* $\min A$ einer Menge $A \subseteq \mathbb{R}$ und zeige $\inf A = \min A$, sofern $\min A$ existiert.

Aufgabe 4.14

a) Für $\emptyset \neq A \subseteq \mathbb{R}$ definieren wir $-A := \{ -x \mid x \in A \}$ (die an der Null gespiegelte Menge). Zeige: Ist A nach oben beschränkt, so gilt $\inf(-A) = -\sup A$. Formuliere und beweise damit die „Infimumseigenschaft von $\mathbb{R}$".

b) Zeige: Gilt $\inf A > 0$ für $\emptyset \neq A \subseteq \mathbb{R}^+$, so ist $\sup(A^{-1}) = \frac{1}{\inf A}$, wobei die „Kehrbruchmenge" A^{-1} als $\{ \frac{1}{x} \mid x \in A \}$ definiert ist.

Aufgabe 4.15   Bestimme (mit Begründung) Maximum, Minimum, Supremum und Infimum der Menge $A = \{ \frac{1}{n} \mid n \in \mathbb{N} \} \subseteq \mathbb{R}$.

Aufgabe 4.16   Beweise das *archimedische Axiom*: Zu jeder reellen Zahl $r \in \mathbb{R}$ existiert eine natürliche Zahl $n \in \mathbb{N}$ mit $n > r$.
(Tipp: Führe einen Widerspruchsbeweis mit Hilfe von Satz 4.3.)

4.1.4 Ausblick: Cauchyfolgen

Wir lernen hier eine weitere Formulierung der Vollständigkeit von $\mathbb{R}$ kennen, mit Hilfe sogenannter *Cauchyfolgen*. Diese sind für den weiteren Ausbau der Analysis (z.B. in „metrischen Räumen") von fundamentaler Bedeutung, spielen für uns aber keine große Rolle mehr (außer beim Beweis von Satz 4.11). Dieser Abschnitt kann daher beim ersten Lesen übergangen werden.

Im Unterschied zur Weierstraß-Definition von Konvergenz nimmt das Konvergenzkriterium von Cauchy[4] keinerlei Bezug auf den Grenzwert der Folge.

---

[4]Augustin Louis Cauchy (1789–1857); einer der berühmtesten Mathematiker seiner Zeit und Mitbegründer der komplexen Analysis (Funktionentheorie).

Definition 4.6   Eine Folge (a_n) heißt *Cauchyfolge*, wenn es zu jedem $\varepsilon > 0$ ein $n_\varepsilon \in \mathbb{N}$ gibt, so dass

$$|a_m - a_n| < \varepsilon \quad \text{für alle } m, n > n_\varepsilon \text{ gilt.}$$

(Wenn also „späte Folgenglieder beliebig dicht beieinander liegen".)   ◇

Wenn man an das Schlauchbild denkt, ist es nicht überraschend, dass konvergente Folgen stets Cauchyfolgen sind: Für eine Folge (a_n) mit $a_n \to a$ wähle man zu $\varepsilon > 0$ ein n_ε so dass $|a_n - a| < \frac{\varepsilon}{2}$ für alle $n > n_\varepsilon$ gilt. Dann folgt mit der Dreiecksungleichung für alle $m, n > n_\varepsilon$

$$|a_m - a_n| = |a_m - a + a - a_n| \leqslant |a_m - a| + |a_n - a| < \frac{\varepsilon}{2} + \frac{\varepsilon}{2} = \varepsilon.$$

Viel wichtiger ist jedoch, dass in $\mathbb{R}$ auch die Umkehrung obiger Erkenntnis gilt.

Satz 4.4   (*Konvergenzkriterium von Cauchy*)

Eine (reelle) Folge konvergiert genau dann, wenn sie eine Cauchyfolge ist.

Beweis: „$\Rightarrow$" wurde gerade eben gezeigt.
„$\Leftarrow$" beweisen wir nicht. Es sei nur so viel gesagt, dass man das *Auswahlprinzip von Bolzano*[5]*-Weierstraß* verwendet, welches maßgeblich die Vollständigkeit von $\mathbb{R}$ benutzt (siehe [KÖN]).   ⊟

Tatsächlich kann man dieses Kriterium dazu verwenden, um die Vollständigkeit eines (Zahlen-)Körpers $\mathbb{K}$ (allgemeine Definition in Kapitel 9) zu beschreiben: $\mathbb{K}$ ist vollständig, wenn alle Cauchyfolgen $(a_n) \subseteq \mathbb{K}$ konvergieren, also einen Grenzwert in $\mathbb{K}$ besitzen. Dies ergibt natürlich nur Sinn, wenn auf $\mathbb{K}$ überhaupt ein Konvergenzbegriff vorhanden ist.

In Beispiel 4.16 wurde eine Folge $(a_n) \subseteq \mathbb{Q}$ konstruiert, die zwar eine Cauchyfolge ist (Nachweis wie oben), aber nicht in $\mathbb{Q}$ konvergiert, da ihr Grenzwert $\sqrt{2}$ nicht in $\mathbb{Q}$ liegt. Also ist $\mathbb{Q}$ kein vollständiger Körper.

4.1.5   Monotone Folgen

Nun lernen wir ein Konvergenzkriterium kennen, welches mit dem Monotonieverhalten einer Folge zu tun hat.

Definition 4.7   Eine Folge (a_n) heißt *monoton wachsend*, wenn $a_{n+1} \geqslant a_n$ für alle $n \in \mathbb{N}$ gilt. Gilt sogar $>$ anstelle von $\geqslant$, so heißt die Folge *streng monoton wachsend*. Entsprechend ist (streng) *monoton fallend* definiert.
Eine Folge heißt (streng) *monoton*, wenn sie (streng) monoton wachsend oder (streng) monoton fallend ist.   ◇

---

[5]Bernhard BOLZANO (1781–1848); böhmischer Priester und Hobbymathematiker, der als geistiger Vorläufer von Weierstraß und Cantor gelten kann.

Beispiel 4.17   a) $\left(\frac{1}{n}\right)$ ist streng monoton fallend, da $\frac{1}{n+1} < \frac{1}{n}$ für alle $n \in \mathbb{N}$.

b) Die Folge (a_n) mit $a_n = \frac{n}{4n+2}$ ist streng monoton wachsend. Dies ist nicht offensichtlich und anstelle von $a_{n+1} > a_n$ weist man besser $a_{n+1} - a_n > 0$ für alle $n \in \mathbb{N}$ nach.

$$a_{n+1} - a_n = \frac{n+1}{4(n+1)+2} - \frac{n}{4n+2} = \frac{n+1}{4n+6} - \frac{n}{4n+2}$$

$$= \frac{(n+1)(4n+2) - n(4n+6)}{(4n+6)(4n+2)} = \frac{4n^2 + 6n + 2 - 4n^2 - 6n}{(4n+6)(4n+2)}$$

$$= \frac{2}{(4n+6)(4n+2)} > 0 \qquad \text{für alle } n \in \mathbb{N}.$$

Satz 4.5   (*Monotonieprinzip*)

Jede beschränkte, monotone Folge konvergiert. Genauer:

a) Ist (a_n) nach oben beschränkt und monoton wachsend, so konvergiert a_n gegen $\sup a_n$, wobei $\sup a_n$ kurz für $\sup \{ a_n \mid n \in \mathbb{N} \}$ steht.

b) Ist (a_n) nach unten beschränkt und monoton fallend, so gilt $a_n \to \inf a_n$.

Beweis: a) Ist (a_n) eine beschränkte Folge, so ist die Menge A aller Folgenglieder, $A = \{ a_n \mid n \in \mathbb{N} \}$, nach oben beschränkt. Aufgrund der Vollständigkeit von $\mathbb{R}$ existiert daher $S := \sup A$ (Satz 4.3). Aus der Charakterisierung des Supremums folgt nun direkt, dass S der Grenzwert von (a_n) ist: Ist nämlich $\varepsilon > 0$ vorgegeben, so muss es ein a_{n_ε} geben mit $a_{n_\varepsilon} > S - \varepsilon$ (ansonsten wäre $S - \varepsilon$ eine kleinere obere Schranke aller Folgenglieder). Aufgrund der Monotonie gilt dann $a_n \geqslant a_{n_\varepsilon} > S - \varepsilon$ für alle $n > n_\varepsilon$, und da sowieso $a_n \leqslant S$ gilt, liegen fast alle a_n in $U_\varepsilon(S)$.
b) geht vollkommen analog (siehe Aufgabe 4.19). $\qquad\qquad\boxminus$

Abbildung 4.6 veranschaulicht die streng monotone Konvergenz der Folge $\left(2 - \frac{2}{n}\right)$ gegen ihr Supremum $S = 2$. (Für $\varepsilon = 0{,}4$ sind ab $n_\varepsilon = 6$ alle a_n größer als $S - \varepsilon$.)

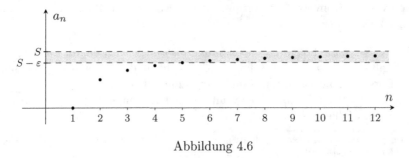

Abbildung 4.6

Und was bringt einem dieser Satz für die Praxis? Ihn für explizit gegebene Folgen wie z.B. $\left(\frac{n}{4n+2}\right)$ anzuwenden, ist meist eher umständlich – man müsste Beschränktheit und Monotonie nachweisen und den Grenzwert, nämlich das Supremum, kennt man immer noch nicht: Hier sieht man viel schneller mit Hilfe der Grenzwertsätze, dass die Folge konvergiert, und den Grenzwert, hier also $\frac{1}{4}$, erhält man gleich mit. Die Nützlichkeit des Monotonieprinzips wird sich erst im nächsten Abschnitt offenbaren, denn rekursiven Folgen sieht man oftmals gar nicht an, ob sie überhaupt konvergieren.

Aufgabe 4.17   Untersuche die Folgen (a_n) auf Monotonie:

a) $a_n = \dfrac{2n-1}{2n+1}$,   b) $a_n = \dfrac{2-n^2}{n^2+4}$.

Aufgabe 4.18   Die Folgenglieder einer „Würfelfolge" entstehen dadurch, dass man würfelt und die auftretende Augenzahl als n-te Nachkommastelle des Folgenglieds a_n einträgt. Eine solche Folge könnte also z.B. so aussehen: $a_1 = 0{,}1$; $a_2 = 0{,}16$; $a_3 = 0{,}163$; $a_4 = 0{,}1633$; ... Was lässt sich über die Konvergenz einer Würfelfolge aussagen?

Aufgabe 4.19   Beweise Teil b) des Monotonieprinzips.

Aufgabe 4.20   Richtig oder falsch? Begründung bzw. (Gegen-)Beispiel verlangt!

A: Jede beschränkte Folge ist konvergent.

B: Es gibt monotone Folgen, die nicht konvergent sind.

C: Es gibt Folgen, die nach oben beschränkt, aber divergent sind.

D: Jede konvergente Folge ist beschränkt.

E: Jede konvergente Folge ist monoton.

F: Jede monoton wachsende, nach oben beschränkte Folge ist konvergent.

4.1.6 Rekursive Folgen

Bisher haben wir ausschließlich mit Folgen gearbeitet, deren Folgenglieder a_n explizit gegeben waren. Nun lernen wir *rekursiv* definierte Folgen kennen. Diese sind durch Vorgabe ihres ersten Elements a_1 sowie einer *Rekursionsvorschrift* bestimmt, die angibt, wie man das Folgenglied a_{n+1} aus dem vorhergehenden Folgenglied a_n berechnet.

(Es gibt auch Rekursionsvorschriften, die auf mehrere vorhergehende Folgenglieder zurückgreifen; siehe Aufgabe 4.25.)

Beispiel 4.18   Eine rekursive Folge werde beschrieben durch $a_1 = 1$ und die Rekursionsvorschrift $a_{n+1} = 2a_n + 3$ für alle $n \in \mathbb{N}$.

Dann lauten die ersten Folgenglieder: $a_1 = 1$; $a_2 = 2 \cdot 1 + 3 = 5$; $a_3 = 2 \cdot 5 + 3 = 13$.

Beispiel 4.19 $s_1 = 1$ und $s_{n+1} = s_n + \dfrac{1}{(n+1)^2}$, $n \in \mathbb{N}$, liefert

$$s_1 = 1; \quad s_2 = s_1 + \frac{1}{2^2} = \frac{5}{4}; \quad s_3 = s_2 + \frac{1}{3^2} = 1 + \frac{1}{4} + \frac{1}{9} = \frac{49}{36}; \quad \dots$$

Wie man von einer expliziten auf eine rekursive Vorschrift kommt und umgekehrt kommen kann, wird in Aufgabe 4.21 behandelt.

Wir wenden uns nun der Konvergenz rekursiver Folgen zu.

Beispiel 4.20   Bestimme den Limes a der rekursiven Folge mit

$$a_1 = 1, \quad a_{n+1} = \frac{1}{4} a_n^2 + 1, \quad n \in \mathbb{N}.$$

Lassen wir (zunächst ohne genauer darüber nachzudenken) in der Rekursionsvorschrift n gegen ∞ gehen, so erhalten wir

$$\lim_{n \to \infty} a_{n+1} = \lim_{n \to \infty} \left(\frac{1}{4} a_n^2 + 1 \right).$$

Nun beachten wir, dass aus $a_n \to a$ auch $a_{n+1} \to a$ folgt (klar!). Also wird obige Gleichung unter Anwendung der Grenzwertsätze zu

$$a = \lim_{n \to \infty} a_{n+1} = \lim_{n \to \infty} \left(\frac{1}{4} a_n^2 + 1 \right) \overset{(G_{1,2})}{=} \frac{1}{4} \left(\lim_{n \to \infty} a_n \right)^2 + 1 = \frac{1}{4} a^2 + 1.$$

Dies führt auf $a^2 - 4a + 4 = (a-2)^2 = 0$, also ist $a = 2$.

Beispiel 4.21   Dasselbe für die Folge aus Beispiel 4.18.

Beidseitige Limesbildung bei $a_{n+1} = 2a_n + 3$ liefert

$$\lim_{n \to \infty} a_{n+1} = \lim_{n \to \infty} (2a_n + 3) \overset{(G_{1,2})}{=} 2 \lim_{n \to \infty} a_n + 3, \qquad \text{d.h.} \quad a = 2a + 3.$$

Somit wäre der Grenzwert $a = -3$, was natürlich t o t a l e r U n s i n n ist, da die Folge unbeschränkt ist und damit divergiert – und ganz abgesehen davon nur positive Glieder besitzt, also niemals einen negativen Grenzwert haben kann.

Warnung: Das eben beschriebene Verfahren der beidseitigen Limesbildung darf n u r dann angewendet werden, wenn man schon weiß, dass die rekursive Folge konvergiert! Außerdem ist sonst das Anwenden der Grenzwertsätze gar nicht legitim.

Beispiel 4.20 (reloaded) Wir haben bisher nur Folgendes herausgefunden: W e n n die rekursive Folge konvergiert, d a n n ist $a = 2$ ihr Grenzwert, da in diesem Falle obige Vorgehensweise erlaubt ist. O b sie überhaupt konvergiert, ist noch unklar. Jetzt kommt uns das Monotonieprinzip 4.5 zu Gute, denn es lässt sich hier relativ leicht zeigen, dass (a_n) monoton wachsend und beschränkt – also konvergent – ist.

(1) Monotonie: Es gilt für alle $n \in \mathbb{N}$

$$a_{n+1} - a_n = \frac{1}{4} a_n^2 + 1 - a_n = \frac{1}{4} \left(a_n^2 - 4a_n + 4 \right) = \frac{1}{4} (a_n - 2)^2 \geqslant 0.$$

(2) Beschränktheit nach oben: Wir weisen $a_n \leqslant 2$ für alle $n \in \mathbb{N}$ nach, indem wir vollständige Induktion anwenden.
Induktionsanfang (IA): $a_1 = 1 \leqslant 2$. Induktionsvoraussetzung (IV): Es gelte $a_n \leqslant 2$ für ein $n \in \mathbb{N}$. Im Induktionsschritt (IS) müssen wir unter Verwendung von (IV) zeigen, dass diese Aussage dann auch für $n + 1$ gilt.

$$a_{n+1} = \frac{1}{4} a_n^2 + 1 \overset{(IV)}{\leqslant} \frac{1}{4} 2^2 + 1 = 2.$$

Erst jetzt können wir aus dem Monotonieprinzip die Existenz des Limes a folgern. Aber aufgrund vorheriger Rechnung wissen wir immerhin, dass sein Wert 2 beträgt.

Beispiel 4.22   Betrachte die rekursive Folge $a_1 = 1;\ a_{n+1} = \frac{1}{2} \left(a_n + \frac{2}{a_n} \right).$

Die ersten Folgenglieder lauten (auf fünf Nachkommastellen gerundet) $a_1 = 1;$
$a_2 = 1{,}5;\ a_3 = 1{,}41667;\ a_4 = 1{,}41422;\ a_5 = 1{,}41421;\ \dots$
Die Folge scheint ab $n = 2$ streng monoton fallend zu sein und gegen $\sqrt{2}$ zu konvergieren, was wir nun beweisen wollen. Es handelt sich hierbei um das sogenannte HERON-Verfahren[6] zur näherungsweisen Bestimmung von $\sqrt{2}$.
Für monoton fallend müssen wir $a_{n+1} - a_n \leqslant 0$ für alle $n \geqslant 2$ nachweisen. Es ist

$$a_{n+1} - a_n = \frac{1}{2} \left(a_n + \frac{2}{a_n} \right) - a_n = -\frac{a_n}{2} + \frac{1}{a_n} = \frac{2 - a_n^2}{2a_n}.$$

Wie wir gleich zeigen werden, ist der Nenner $2a_n$ positiv, also wird dieser Ausdruck $\leqslant 0$, falls $2 - a_n^2 \leqslant 0$ (für alle $n \geqslant 2$) gilt.

(1) Nachweis von $a_n > 0$ für alle $n \in \mathbb{N}$. (IA): $a_1 = 1 > 0$. (IS): Gilt $a_n > 0$ für ein n (IV), so folgt $a_{n+1} = \frac{1}{2} \left(a_n + \frac{2}{a_n} \right) > 0$, da die Klammer positiv ist. Insbesondere ist a_n nach unten durch 0 beschränkt.

(2) Unter Beachtung der binomischen Formeln ergibt sich für alle $n \geqslant 2$

$$2 - a_n^2 = 2 - \left(\frac{1}{2} \left(a_{n-1} + \frac{2}{a_{n-1}} \right) \right)^2$$

$$= 2 - \frac{1}{4} \left(a_{n-1}^2 + 2a_{n-1} \cdot \frac{2}{a_{n-1}} + \frac{4}{a_{n-1}^2} \right)$$

$$= -\frac{1}{4} a_{n-1}^2 + 1 - \frac{1}{a_{n-1}^2} = -\frac{1}{4} \left(a_{n-1}^2 - 4 + \frac{4}{a_{n-1}^2} \right)$$

$$= -\frac{1}{4} \left(a_{n-1} - \frac{2}{a_{n-1}} \right)^2 = -\frac{1}{4} \heartsuit^2 \leqslant 0.$$

---

[6]Das Verfahren war wohl schon den Babyloniern bekannt, wird aber dem genialen Ingenieur und Mathematiker HERON von Alexandria (20–70 (?) n.Chr.) zugeschrieben.

Nach obiger Vorüberlegung ist also (a_n) monoton fallend ab $n = 2$.

(3) Nach dem Monotonieprinzip konvergiert die Heron-Folge gegen einen Grenzwert a. Beidseitiger Grenzübergang $n \to \infty$ überführt die Rekursionsvorschrift in

$$a = \frac{1}{2}\left(a + \frac{2}{a}\right),$$

was nach Multiplikation mit $2a$ zu $2a^2 = a^2 + 2$ bzw. $a^2 = 2$ wird. Somit ist $a = \pm\sqrt{2}$ und wegen $a > 0$ folgt $a = \sqrt{2}$.   □

Das letzte Beispiel lässt sich leicht verallgemeinern.

Satz 4.6   Für jedes $c > 0$ konvergiert die rekursive Folge

$$a_1 = 1; \quad a_{n+1} = \frac{1}{2}\left(a_n + \frac{c}{a_n}\right) \qquad \text{gegen} \quad \sqrt{c}.$$

Beweis: Ersetze in Beispiel 4.22 die 2 in der Klammer durch c.   ⊟

So schön das Verfahren der beidseitigen Limesbildung auch ist, es muss nicht immer zielführend sein. In Beispiel 4.19 passiert hierbei nämlich Folgendes:

$$\lim_{n\to\infty} s_{n+1} = \lim_{n\to\infty} \left(s_n + \frac{1}{(n+1)^2}\right) \overset{(G_1)}{=} \lim_{n\to\infty} s_n + 0, \qquad \text{also} \quad s = s,$$

was natürlich wenig hilfreich ist. Dass der Grenzwert s überhaupt existiert, werden wir erst später nachweisen. Berechnen können wir ihn auf diese Weise jedenfalls nicht.

Aufgabe 4.21

a) Gib auf zwei verschiedene Arten eine rekursive Folge an, deren vier erste Glieder mit den Zahlen $a_1 = 6$; $a_2 = 18$; $a_3 = 54$; $a_4 = 162$ übereinstimmen.

b) Finde eine explizite Darstellung für die rekursive Folge $a_1 = 2$; $a_{n+1} = a_n - \frac{1}{n(n+1)}$. Stelle anhand der ersten Folgenglieder zunächst eine Vermutung auf und beweise diese dann durch vollständige Induktion.

Aufgabe 4.22

a) Betrachte die rekursive Folge $a_1 = q$, $a_{n+1} = q \cdot a_n$ für $0 < q < 1$.
Zeige, dass diese Folge durch 0 nach unten beschränkt und streng monoton fallend ist und berechne dann ihren Grenzwert. (Natürlich sieht man auf einen Blick, dass es sich um die Folge (q^n) handelt. Belasse sie dennoch in rekursiver Form, um die typische Vorgehensweise bei rekursiven Folgen einzuüben).

b) Verfahre ähnlich für die rekursive Folge $\quad a_1 = 3\,; a_{n+1} = 2 + \dfrac{a_n}{2}\ (n \in \mathbb{N})$.

Aufgabe 4.23   Zeige mittels vollständiger Induktion, dass die rekursive Folge

$$a_1 = 1; \quad a_{n+1} = \sqrt{1 + a_n} \quad (n \in \mathbb{N})$$

streng monoton wachsend und durch 2 nach oben beschränkt ist (die Monotonie der Wurzelfunktion darf vorausgesetzt werden). Berechne ihren Grenzwert, den man sich als die „Kettenwurzel"

$$\sqrt{1 + \sqrt{1 + \sqrt{1 + \dots}}}$$

vorstellen kann. Siehe auch Aufgaben 4.25 und 4.26.

Aufgabe 4.24   Berechne die ersten Folgenglieder der durch $a_1 = \frac{1}{6}$; $a_{n+1} = 2a_n - 3a_n^2\ (n \in \mathbb{N})$ definierten Folge.

Zeige dann allgemein: Für jedes $c > 0$ konvergiert die rekursive Folge

$$a_1 = \frac{1}{2c}\,; \quad a_{n+1} = 2a_n - ca_n^2 \qquad \text{gegen} \qquad \frac{1}{c}\,. \qquad \text{☠}$$

Anleitung: (1) Zeige $a_{n+1} \leqslant \frac{1}{c}$ für alle n, indem du quadratisch ergänzt.

(2) Zeige $a_n > 0$ für alle n mittels vollständiger Induktion und (1), und folgere $-ca_n^2 \geqslant -a_n$ für alle n.

(3) Mit (2) lässt sich nun leicht zeigen, dass (a_n) monoton wachsend ist.

Aufgabe 4.25   Die Kaninchenaufgabe von FIBONACCI[7]

Ein neugeborenes Kaninchenpaar (Männchen & Weibchen) wird in einem Feld ausgesetzt. Kaninchen sind nach einem Monat zeugungsfähig, so dass das Weibchen am Ende ihres zweiten Monats gebären kann. Annahme: Jedes Weibchen bringt ab ihrem zweiten Monat jeden Monat immer ein weiteres Paar (M & W) zur Welt, und keines der Kaninchen stirbt. Wie viele Paare werden es nach einem Jahr sein?

a) Löse diese Aufgabe, indem du eine Rekursionsformel für f_n, die Anzahl der Kaninchenpaare zu Beginn des n-ten Monats, aufstellst. (Es ist also $f_1 = f_2 = 1$, da das Weibchen erst am Ende des zweiten Monats gebärt.)
Die Folge (f_n) heißt *Fibonacci-Folge* und ihre Glieder *Fibonacci-Zahlen*[8].

---

[7]FIBONACCI (LEONARDO VON PISA) (ca. 1170–1240): Kaufmann und Rechenmeister in Pisa. Er brachte von seinen Reisen die indische Rechenkunst nach Europa.

[8]Diese Zahlen tauchen an vielen unerwarteten Stellen in der Mathematik und den Naturwissenschaften auf. Es gibt eine eigene Zeitschrift, „The Fibonacci Quarterly", die seit 1963 vierteljährlich erscheint und sich ausschließlich dem Studium dieser Zahlen widmet!

b) Bestimme die ersten Folgenglieder der Fibonacci-Quotientenfolge (q_n) mit $q_n = \frac{f_{n+1}}{f_n}$. Zeige, dass sie die Rekursionsvorschrift

$$q_1 = 1; \quad q_{n+1} = 1 + \frac{1}{q_n} \quad (\star) \qquad \text{erfüllt.}$$

c) Zeige, dass die Folge (q_n) gegen den *goldenen Schnitt* Φ konvergiert[9]. Dieser ist die positive Lösung der Gleichung $x^2 - x - 1 = 0$, also

$$\Phi = \frac{1 + \sqrt{5}}{2} \ .$$

Dass die Folge (q_n) einen Grenzwert besitzt, zeigt, dass sich auf lange Sicht die Vermehrungsquote $\frac{f_{n+1}}{f_n}$ auf einen konstanten Wert einpendelt.

Anleitung: (1) Weise mittels Induktion zunächst $q_n \geqslant 1$ nach.

(2) Zeige $|q_{n+1} - \Phi| \leqslant \dfrac{|q_n - \Phi|}{\Phi}$, indem du die Rekursionsvorschrift $(\star)$, die Beziehung $\Phi = 1 + \frac{1}{\Phi}$ (die aus $\Phi^2 - \Phi - 1 = 0$ folgt) und (1) verwendest.

(3) Wende (2) wiederholt an, um auf $|q_{n+1} - \Phi| \leqslant \frac{1}{\Phi^{n+1}}$ zu kommen.

Wegen $(\star)$ lässt sich $\Phi = \lim\limits_{n \to \infty} q_n$ übrigens auch als folgender Kettenbruch darstellen:

$$\Phi = 1 + \cfrac{1}{1 + \cfrac{1}{1 + \cfrac{1}{1 + \cdots}}} \ .$$

Aufgabe 4.26   Beweise erneut, dass die Kettenwurzel-Folge (a_n) aus Aufgabe 4.23 gegen den goldenen Schnitt Φ konvergiert, indem du die Differenz $|a_n - \Phi|$ gemäß folgender Anleitung direkt abschätzt.

Anleitung: Zeige zunächst, dass $(a_n - \Phi)(a_n + \Phi) = a_{n-1} - \Phi$ gilt, und gehe dann ähnlich wie in Aufgabe 4.25 c) vor. Verwende dabei stets die definierende Gleichung $\Phi^2 = \Phi + 1$ des goldenen Schnittes.

---

[9]Das Φ ehrt den griechischen Künstler und Baumeister Phidias, der z.B. beim Bau der Akropolis den goldenen Schnitt als ein „dem Auge wohlgefälliges" Längenverhältnis verwendete.

4.2 Reihen

4.2.1 Reihen als spezielle Folgen

Definition 4.8   Für eine Folge (a_n) definieren wir

$$s_1 = a_1\,,$$
$$s_2 = a_1 + a_2\,,$$
$$s_3 = a_1 + a_2 + a_3\,,$$
$$\vdots$$
$$s_n = a_1 + a_2 + \ldots + a_n = \sum_{k=1}^{n} a_k\,,$$
$$\vdots$$

und ordnen so der Folge (a_n) eine neue Folge (s_n) zu, welche man (unendliche) *Reihe* nennt. Die Zahlen a_1, a_2, ... heißen *Glieder* der Reihe; das n-te Folgenglied der Reihe $s_n = \sum_{k=1}^{n} a_k$ heißt n-te *Partialsumme* der Reihe.   ◇

Konvergiert die Folge (s_n), so nennt man ihren Grenzwert s den *Wert* der Reihe und schreibt

$$s = \lim_{n \to \infty} s_n = \sum_{k=1}^{\infty} a_k = a_1 + a_2 + a_3 + \ldots$$

Die Pünktchenschreibweise ist dabei allerdings mit Vorsicht zu genießen. So bedeuten die Pünktchen nicht etwa eine „Summe unendlich vieler Zahlen" (was sollte das überhaupt sein?).
Oftmals wird das Symbol $\sum_{k=1}^{\infty} a_k$ nicht nur für den Grenzwert (falls er überhaupt existiert), sondern auch als Kurzschreibweise für die Reihe an sich, d.h. die Folge (s_n) der Partialsummen verwendet, egal ob diese konvergiert oder nicht.

Beispiel 4.23   Es ist $\dfrac{1}{1 \cdot 2} + \dfrac{1}{2 \cdot 3} + \dfrac{1}{3 \cdot 4} + \ldots = \sum_{k=1}^{\infty} \dfrac{1}{k(k+1)} = 1.$

Um einige Folgenglieder numerisch zu bestimmen, drücken wir die Partialsummen dieser Reihe durch die Rekursionsvorschrift

$$s_1 = \frac{1}{1 \cdot 2} = \frac{1}{2}, \quad s_n = s_{n-1} + \frac{1}{n(n+1)} \quad \text{für } n \in \mathbb{N}_{\geqslant 2}$$

aus. So wird

$$s_2 = \frac{1}{1 \cdot 2} + \frac{1}{2 \cdot 3}\,; \quad s_3 = s_2 + \frac{1}{3 \cdot 4} = \frac{1}{1 \cdot 2} + \frac{1}{2 \cdot 3} + \frac{1}{3 \cdot 4} = \sum_{k=1}^{3} \frac{1}{k(k+1)}\,;$$

usw. Füttert man einen programmierbaren Taschenrechner mit dieser Rekursionsvorschrift, so erhält man (auf vier Stellen nach dem Komma)

$$s_{10} = 0{,}9091; \quad s_{100} = 0{,}9901; \quad s_{1000} = 0{,}9990; \quad \dots,$$

so dass sich die Vermutung $s_n \to 1$ aufdrängt. Diese lässt sich auch leicht beweisen, wenn man die Reihenglieder folgendermaßen umschreibt („Hauptnenner
rückwärts"):

$$\frac{1}{1 \cdot 2} = \frac{1}{1} - \frac{1}{2}; \quad \frac{1}{2 \cdot 3} = \frac{1}{2} - \frac{1}{3}; \quad \dots \quad \frac{1}{k \cdot (k+1)} = \frac{(k+1) - k}{k \cdot (k+1)} = \frac{1}{k} - \frac{1}{k+1}.$$

Damit vereinfacht sich die n-te Partialsumme zu

$$s_n = \sum_{k=1}^{n} \frac{1}{k(k+1)} = \sum_{k=1}^{n} \left(\frac{1}{k} - \frac{1}{k+1} \right) \overset{!}{=} 1 - \frac{1}{n+1},$$

denn es handelt sich um eine *Teleskopsumme*, die beim Summieren „zusammen-
schrumpft":

$$\sum_{k=1}^{n} \left(\frac{1}{k} - \frac{1}{k+1} \right) = \frac{1}{1} - \frac{1}{2} + \frac{1}{2} - \frac{1}{3} + \dots - \frac{1}{n} + \frac{1}{n} - \frac{1}{n+1} = 1 - \frac{1}{n+1}.$$

Es folgt nun sofort

$$\sum_{k=1}^{\infty} \frac{1}{k(k+1)} = \lim_{n \to \infty} s_n = \lim_{n \to \infty} \left(1 - \frac{1}{n+1} \right) = 1.$$

Beispiel 4.24   Es gilt $\dfrac{1}{3} + \dfrac{1}{8} + \dfrac{1}{15} + \dfrac{1}{24} + \dots = \displaystyle\sum_{k=2}^{\infty} \frac{1}{k^2 - 1} = \frac{3}{4}.$

Eine ähnliche Zerlegung wie im Beispiel eben hilft auch hier weiter. Es ist

$$\frac{1}{k^2 - 1} = \frac{1}{2(k-1)} - \frac{1}{2(k+1)},$$

wie man leicht nachrechnet. (Das Verfahren der *Partialbruchzerlegung* führt einen
auf solche Darstellungen; siehe Kapitel 8.) Damit werden die Partialsummen zu
Teleskopsummen (sei $n \geqslant 7$):

$$s_n = \sum_{k=2}^{n} \frac{1}{k^2 - 1} = \frac{1}{2} \sum_{k=2}^{n} \left(\frac{1}{k-1} - \frac{1}{k+1} \right)$$

$$= \frac{1}{2} \left(1 - \frac{1}{3} + \frac{1}{2} - \frac{1}{4} + \frac{1}{3} - \frac{1}{5} + \dots + \frac{1}{n-2} - \frac{1}{n} + \frac{1}{n-1} - \frac{1}{n+1} \right)$$

$$= \frac{1}{2} \left(1 + \frac{1}{2} - \frac{1}{n} - \frac{1}{n+1} \right) = \frac{3}{4} - \frac{1}{2n} - \frac{1}{2(n+1)}.$$

(Wer den vorletzten Schritt nicht glaubt, kann die angegebene Formel für s_n auch leicht durch Induktion beweisen.) Für den Grenzwert der Reihe folgt damit

$$\sum_{k=2}^{\infty} \frac{1}{k^2 - 1} = \lim_{n \to \infty} s_n = \lim_{n \to \infty} \left(\frac{3}{4} - \frac{1}{2n} - \frac{1}{2(n+1)} \right) = \frac{3}{4}.$$

Eine notwendige Bedingung für die Konvergenz einer Reihe ist, dass „das was dazu kommt" gegen Null geht:

Satz 4.7 $\displaystyle\sum_{k=1}^{\infty} a_k$ kann nur dann konvergieren, wenn (a_n) eine Nullfolge ist.

Beweis: Es besteht folgender Zusammenhang zwischen den Gliedern a_n der Reihe und deren Partialsummen s_n:

$$s_n - s_{n-1} = \sum_{k=1}^{n} a_k - \sum_{k=1}^{n-1} a_k = a_1 + \ldots + a_n - (a_1 + \ldots + a_{n-1}) = a_n.$$

Aus der Existenz von $s = \lim\limits_{n \to \infty} s_n$ folgt damit sofort

$$\lim_{n \to \infty} a_n = \lim_{n \to \infty} (s_n - s_{n-1}) = s - s = 0. \qquad \square$$

Dass dies allerdings noch lang keine hinreichende Bedingung ist, zeigt das nächste Beispiel der prominentesten divergenten Reihe.

Beispiel 4.25 Die *harmonische Reihe* $\displaystyle\sum_{k=1}^{\infty} \frac{1}{k}$ wächst unbeschränkt. Kurz:

$$1 + \frac{1}{2} + \frac{1}{3} + \ldots = \sum_{k=1}^{\infty} \frac{1}{k} = \infty.$$

Die Beweisidee basiert auf Gruppieren der Glieder in 2er-, 4er-, 8er-Päckchen etc.:

$$s_8 = 1 + \frac{1}{2} + \left(\frac{1}{3} + \frac{1}{4} \right) + \left(\frac{1}{5} + \frac{1}{6} + \frac{1}{7} + \frac{1}{8} \right)$$

$$> 1 + \frac{1}{2} + \left(\frac{1}{4} + \frac{1}{4} \right) + \left(\frac{1}{8} + \frac{1}{8} + \frac{1}{8} + \frac{1}{8} \right)$$

$$= 1 + \frac{1}{2} + 2 \cdot \frac{1}{4} + 4 \cdot \frac{1}{8} = 1 + 3 \cdot \frac{1}{2}.$$

Ebenso sieht man $s_{16} > 1 + 4 \cdot \frac{1}{2}$, $s_{32} > 1 + 5 \cdot \frac{1}{2}$ und allgemein

$$s_{2^\ell} > 1 + \ell \cdot \frac{1}{2} \quad \text{für jedes } \ell \in \mathbb{N}_{\geqslant 2}.$$

Somit wächst s_n über jede Schranke. Folglich divergiert die harmonische Reihe – und das obwohl $(\frac{1}{n})$ eine Nullfolge ist.

Aufgabe 4.27   a) $\displaystyle\sum_{k=1}^{\infty} \frac{1-\frac{1}{\pi}}{\pi^k} = \frac{1}{\pi}$ b) $\displaystyle\sum_{k=1}^{\infty} \frac{1}{4k^2-1} = \frac{1}{2}$

(Forme die Glieder so lange um, bis du Teleskopsummen erkennen kannst.)

Aufgabe 4.28 $\displaystyle\sum_{k=1}^{\infty} \frac{1}{\sqrt{k}} = \infty$ (Vergleiche mit der harmonischen Reihe.)

Die nächste Reihe ist von so großer Bedeutung für die Analysis, dass wir ihr einen eigenen Abschnitt widmen.

4.2.2 Die geometrische Reihe

Die *geometrische Reihe* ist die zur geometrischen Folge (q^n) gehörige Reihe (der Trivialfall $q = 0$ sei dabei stets ausgeschlossen), also

$$\sum_{k=0}^{\infty} q^k = 1 + q + q^2 + q^3 + \ldots$$

Beachte, dass wir hier bei $k = 0$ zu zählen beginnen. Das Konvergenzverhalten dieser Reihe klärt der nächste

Satz 4.8   a) Für die Partialsummen der geometrischen Reihe gilt für $q \neq 1$

$$1 + q + q^2 + \ldots + q^n = \sum_{k=0}^{n} q^k = \frac{1-q^{n+1}}{1-q} \quad \textit{(geometr. Summenformel)}.$$

b) Die geometrische Reihe ist nur für $|q| < 1$ konvergent und es gilt

$$\lim_{n \to \infty} s_n = \sum_{k=0}^{\infty} q^k = \frac{1}{1-q}.$$

Beweis: a) Beweis durch Induktion siehe Aufgabe 2.14. Ohne Induktion: Ausmultiplizieren führt auf eine Teleskopsumme

$$s_n \cdot (1-q) = (1 + q + q^2 + \ldots + q^n) \cdot (1-q)$$
$$= 1 + q + q^2 + \ldots + q^n$$
$$- q - q^2 - \ldots - q^n - q^{n+1} = 1 - q^{n+1},$$

also liefert teilen durch $1 - q \neq 0$ die Behauptung. Aus der geometrischen Summenformel folgt nun sofort b), wenn man die Grenzwertsätze zu Hilfe zieht und sich erinnert (Beispiel 4.5), dass (q^{n+1}) für $|q| < 1$ eine Nullfolge ist:

$$\sum_{k=0}^{\infty} q^k = \lim_{n \to \infty} s_n = \lim_{n \to \infty} \frac{1 - q^{n+1}}{1 - q} = \frac{1 - 0}{1 - q} = \frac{1}{1 - q}.$$

Für $|q| \geqslant 1$ ist $|q^n - 0| = |q^n| = |q|^n \geqslant 1$. Somit bilden die Glieder der Reihe in diesem Fall keine Nullfolge, und nach Satz 4.7 kann sie nicht konvergieren. $\qquad \square$

Beispiel 4.26   Bestimme den Wert der Reihe $1 - \dfrac{1}{2} + \dfrac{1}{4} - \dfrac{1}{8} + \dfrac{1}{16} - \ldots$

Es handelt sich um eine geometrische Reihe mit den Gliedern $(-1)^k \left(\frac{1}{2}\right)^k = \left(-\frac{1}{2}\right)^k$:

$$1 - \frac{1}{2} + \frac{1}{4} - \frac{1}{8} + \frac{1}{16} - \ldots = \sum_{k=0}^{\infty} \left(-\frac{1}{2}\right)^k = \frac{1}{1 - \left(-\frac{1}{2}\right)} = \frac{2}{3}.$$

Eine nette kleine Anwendung der geometrischen Reihe ist das Umwandeln periodischer Dezimalzahlen in Brüche.

Beispiel 4.27   Umwandeln der periodischen Dezimalzahl $0{,}\overline{34}$ in einen Bruch:

$$0{,}\overline{34} = 0{,}343434\ldots = 0{,}34 + \frac{0{,}34}{100} + \frac{0{,}34}{10000} + \ldots$$

$$= 0{,}34 \cdot \left(1 + \frac{1}{100} + \left(\frac{1}{100}\right)^2 + \ldots\right)$$

$$= 0{,}34 \cdot \sum_{k=0}^{\infty} \left(\frac{1}{100}\right)^k = 0{,}34 \cdot \frac{1}{1 - \frac{1}{100}} = \frac{34}{100} \cdot \frac{100}{99} = \frac{34}{99}.$$

Beispiel 4.28   „Quadratpflanze"

Die Bilderfolge[10] in Abbildung 4.7 beginnt mit einem Quadrat der Fläche $A_0 = 1$. Im ersten Schritt wird jede Seite des Quadrats gedrittelt und an das mittlere Drittel ein neues Quadrat angefügt. So entsteht für $n = 1$ eine Figur mit Flächeninhalt A_1. Mit jedem der vier neu angefügten Quadrate wiederholt man Schritt 1 wobei es hier jeweils nur noch drei freie Seiten gibt, die man dritteln kann.

Wir bestimmen die Folge $(A_n)_{n \in \mathbb{N}_0}$, welche die Flächeninhalte der Figuren beschreibt, und untersuchen, ob sie einen Grenzwert besitzt.

---

[10]Besten Dank an Stefan Kottwitz für den TikZ-code! `tex.stackexchange.com`

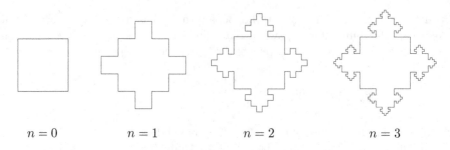

$$n = 0 \qquad\qquad n = 1 \qquad\qquad n = 2 \qquad\qquad n = 3$$

Abbildung 4.7

A_1: Es entstehen 4 neue Quadrate der Fläche $\frac{1}{3} \cdot \frac{1}{3} = \frac{1}{9}$. Die Gesamtfläche beträgt somit $A_1 = A_0 + 4 \cdot \frac{1}{9} = 1 + 4 \cdot \frac{1}{9}$.

A_2: An den $4 \cdot 3 = 12$ freien Seiten entstehen 12 neue Quadrate der Fläche $\frac{1}{9} \cdot \frac{1}{9} = \left(\frac{1}{9}\right)^2$. Also ist $A_2 = A_1 + 4 \cdot 3 \cdot \left(\frac{1}{9}\right)^2 = 1 + 4 \cdot \frac{1}{9} + 4 \cdot 3 \cdot \left(\frac{1}{9}\right)^2$.

A_3: An den $12 \cdot 3 = 36$ freien Seiten entstehen 36 neue Quadrate der Fläche $\frac{1}{27} \cdot \frac{1}{27} = \left(\frac{1}{9}\right)^3$, d.h. $A_3 = A_2 + 4 \cdot 3^2 \cdot \left(\frac{1}{9}\right)^3 = 1 + 4 \cdot \frac{1}{9} + 4 \cdot 3 \cdot \left(\frac{1}{9}\right)^2 + 4 \cdot 3^2 \cdot \left(\frac{1}{9}\right)^3$.

Allgemein ist die Gesamtfläche der n-ten Figur ($n \geqslant 4$) gegeben durch

$$A_n = 1 + 4 \cdot \frac{1}{9} + 4 \cdot 3 \cdot \left(\frac{1}{9}\right)^2 + 4 \cdot 3^2 \cdot \left(\frac{1}{9}\right)^3 + \ldots + 4 \cdot 3^{n-1} \cdot \left(\frac{1}{9}\right)^n$$

$$= 1 + \frac{4}{9} \cdot \left(1 + 3 \cdot \frac{1}{9} + 3^2 \cdot \left(\frac{1}{9}\right)^2 + \ldots + 3^{n-1} \cdot \left(\frac{1}{9}\right)^{n-1}\right)$$

$$= 1 + \frac{4}{9} \cdot \left(1 + \frac{1}{3} + \left(\frac{1}{3}\right)^2 + \ldots + \left(\frac{1}{3}\right)^{n-1}\right) = 1 + \frac{4}{9} \cdot \sum_{k=0}^{n-1} \left(\frac{1}{3}\right)^k.$$

Mit Hilfe der geometrischen Reihe ergibt sich damit für den „Grenz-Flächeninhalt"

$$A_\infty = \lim_{n \to \infty} A_n = 1 + \frac{4}{9} \cdot \sum_{k=0}^{\infty} \left(\frac{1}{3}\right)^k = 1 + \frac{4}{9} \cdot \frac{1}{1 - \frac{1}{3}} = 1 + \frac{4}{9} \cdot \frac{3}{2} = \frac{5}{3}.$$

Somit nähert sich die Figurenfolge einer „Grenzfigur", deren Inhalt endlich ist (was man auch anhand der Grafiken vermuten würde) und $\frac{5}{3}$ beträgt. Interessanterweise wächst aber der Umfang der Figuren über alle Grenzen! Man kann sich leicht überlegen, dass der Umfang der n-ten Figur durch $U_n = 4 + \frac{8}{3}n$ gegeben ist. Damit geht $U_n \to \infty$ für $n \to \infty$.

Anmerkung: Die „Grenzfigur" ist ein sogenanntes *Fraktal*, worauf wir hier nicht weiter eingehen können. Aber es sei noch angedeutet, dass es so stark „verwinkelt" ist, dass seine „*Hausdorff-Dimension*" keine ganze Zahl mehr ist, sondern zwischen 1 (Linie) und 2 (Fläche) liegt.

Abbildung 4.8: Frühe (nicht-fraktale) Grenzfiguren

Eine wichtige Eigenschaft der geometrischen Reihe ist, dass sich durch einen Vergleich mit ihr oft die Konvergenz bzw. Divergenz anderer Reihen erkennen lässt. Dies wird in Abschnitt 4.2.4 allgemein diskutiert, hier soll ein Beispiel genügen.

Beispiel 4.29 $\quad 1 + \dfrac{1}{4} + \dfrac{1}{9} + \dfrac{1}{16} + \ldots = \displaystyle\sum_{k=1}^{\infty} \dfrac{1}{k^2} \quad$ konvergiert.

Durch geschicktes Gruppieren erkennt man z.B. für die siebte Partialsumme:

$$s_7 = 1 + \left(\frac{1}{2^2} + \frac{1}{3^2} \right) + \left(\frac{1}{4^2} + \frac{1}{5^2} + \frac{1}{6^2} + \frac{1}{7^2} \right) < 1 + 2 \cdot \frac{1}{2^2} + 4 \cdot \frac{1}{4^2}$$

$$= 1 + \frac{1}{2} + \frac{1}{4} = 1 + \frac{1}{2} + \left(\frac{1}{2} \right)^2 \overset{4.8\,\text{a})}{=} \frac{1 - \left(\frac{1}{2} \right)^3}{1 - \frac{1}{2}} < \frac{1}{1 - \frac{1}{2}} = 2.$$

So lässt sich auch allgemein erkennen, dass für die n-te Partialsumme mit $n \leqslant 2^{\ell} - 1$

$$s_n \leqslant s_{2^{\ell}-1} < \frac{1 - \left(\frac{1}{2} \right)^{\ell}}{1 - \frac{1}{2}} < \frac{1}{1 - \frac{1}{2}} = 2$$

für jedes $\ell \in \mathbb{N}$ gilt. Dass die Folge (s_n) der Partialsummen streng monoton wächst, ist offensichtlich, da alle Glieder der Reihe positiv sind. Da wir eben 2 als obere Schranke gefunden haben, muss (s_n) nach dem Monotonieprinzip konvergieren.

Anmerkung: Dass der Grenzwert der Reihe $\frac{\pi^2}{6}$ beträgt, können wir im Rahmen dieses Buches leider nicht beweisen. Als erster fand dies 1735 der geniale Euler heraus, der uns noch häufiger begegnen wird.

Aufgabe 4.29   Bestimme den Wert der Reihe $-\frac{1}{2} + \frac{1}{6} - \frac{1}{18} + \frac{1}{54} - \frac{1}{162} + \ldots$

Aufgabe 4.30   Wandle die periodischen Dezimalzahlen in Brüche um.

a) $0,0\overline{48}$ b) $3,1\overline{48}$ (verwende a))   c) $0,\overline{1234}$

Aufgabe 4.31   (Zenons Paradoxon)
Ein alter Grieche namens Zenon von Elea stieß um 450 v.Chr. auf folgendes Problem (in heutige Sprache übersetzt; damals gab es noch keinen Geschwindigkeitsbegriff):

> Ein Läufer, der sich mit konstanter Geschwindigkeit bewegt, kann niemals in endlicher Zeit das Ende einer Bahn erreichen. Denn zuerst muss er die Hälfte der Bahn durchlaufen, dann die Hälfte der verbleibenden Hälfte (also ein Viertel), dann wieder die Hälfte des verbleibenden Viertels (also ein Achtel) usw. – so dass er niemals sein Ziel erreichen kann.

Wo liegt Zenons Denkfehler? Widerlege sein Argument auch durch direkte Berechnung der benötigten Gesamtzeit (unter Verwendung der geometrischen Reihe), wenn der Läufer für die erste Hälfte eine Minute braucht.

Aufgabe 4.32   Die Ausgangsfigur in Abbildung 4.9 ist ein gleichseitiges Dreieck der Seitenlänge 1. In jedem Schritt werden alle Kanten der Figur gedrittelt und „mittig" mit neuen gleichseitigen Dreiecken bestückt.

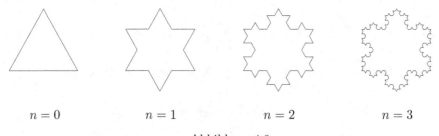

$n = 0$ $n = 1$ $n = 2$ $n = 3$

Abbildung 4.9

Bestimme die Folge $(A_n)_{n \in \mathbb{N}_0}$, welche die Flächeninhalte dieser Figuren beschreibt. Bestimme anschließend A_∞, den Grenzwert der Folge A_n, welchen man als Flächeninhalt der „Grenzfigur" – einem Fraktal namens *Koch'sche Schneeflocke* – auffassen kann.
Dasselbe für die Folge $(U_n)_{n \in \mathbb{N}_0}$, wobei U_n der Umfang der n-ten Figur ist.

4.2.3 Die eulersche Zahl

Als Krönung unserer bisherigen Bemühungen zu Folgen und Reihen können wir nun die *eulersche Zahl* e einführen, die eine der wichtigsten Zahlen der Analysis überhaupt ist. Die folgenden Überlegungen gehen im Wesentlichen auf Euler[11] zurück (allerdings gab es zu seiner Zeit noch keinen rigorosen Grenzwertbegriff und es wurde viel sorgloser mit Folgen und Reihen umgegangen).

Wir erinnern zunächst an die Definition der Fakultät: $k! = k \cdot (k-1) \cdot \ldots \cdot 2 \cdot 1$ für $k \in \mathbb{N}$ (sowie $0! := 1$) und führen gleich noch eine nützliche Kurzschreibweise für Produkte ein, die im folgenden Beweis die Übersichtlichkeit erhöht. Analog zum Summenzeichen $\sum$ definieren wir das Produktzeichen $\prod$ als

$$\prod_{\ell=1}^{n} a_\ell := a_1 \cdot a_2 \cdot \ldots \cdot a_n.$$

Damit lässt sich die Fakultät knapper darstellen als $\quad k! = \prod_{\ell=1}^{k} \ell.$

Ferner benötigen wir die Binomialkoeffizienten und den binomischen Lehrsatz von Seite 35.

Satz 4.9 Betrachte die Reihe (s_n) mit den Partialsummen

$$s_n = 1 + \frac{1}{1!} + \frac{1}{2!} + \ldots + \frac{1}{n!} = \sum_{k=0}^{n} \frac{1}{k!}$$

sowie die Folge (a_n) mit $a_n = \left(1 + \frac{1}{n}\right)^n.$

(1) Die Reihe (s_n) ist monoton wachsend und beschränkt, also konvergent. Ihr Grenzwert wird mit e bezeichnet und heißt *eulersche Zahl*:

$$\mathrm{e} := \lim_{n \to \infty} s_n = \sum_{k=0}^{\infty} \frac{1}{k!} = 1 + \frac{1}{1!} + \frac{1}{2!} + \frac{1}{3!} + \ldots.$$

(2) Die Folge (a_n) ist ebenfalls monoton wachsend und beschränkt, also besitzt auch sie einen Grenzwert, den wir zunächst $\tilde{\mathrm{e}}$ nennen:

$$\tilde{\mathrm{e}} := \lim_{n \to \infty} \left(1 + \frac{1}{n}\right)^n.$$

---

[11]Leonhard Euler (1707 – 1783). Mit 866 Veröffentlichungen einer der produktivsten Mathematiker aller Zeiten, der große Beiträge zur reinen Mathematik (Analysis, Zahlentheorie, Algebra) wie auch zur Physik (Mechanik, Hydrodynamik, Optik) leistete. Obwohl er die letzten 13 Jahre seines Lebens blind war, entstand in dieser Zeit die Hälfte seines Gesamtwerkes: Er rechnete einfach vor seinem geistigen Auge und diktierte alles seinem Diener. Dies führte zum Zitat „Euler rechnet, wie andere atmen."

(3) Es gilt $\tilde{e} = e$, d.h. zwei verschiedene Darstellungen der eulerschen Zahl sind:

$$\lim_{n \to \infty} \left(1 + \frac{1}{n}\right)^n = e = \sum_{k=0}^{\infty} \frac{1}{k!}.$$

Beweis: (1): Die Monotonie ergibt sich sofort aus $s_{n+1} = s_n + \frac{1}{(n+1)!} > s_n$ für alle $n \in \mathbb{N}$. Zum Nachweis der Beschränktheit schätzen wir gegen die geometrische Reihe ab: Zunächst gilt für alle $k \geqslant 2$

$$k! = \prod_{\ell=1}^{k} \ell = 1 \cdot \prod_{\ell=2}^{k} \ell \geqslant \prod_{\ell=2}^{k} 2 = 2^{k-1}$$

(im dritten Schritt wurde einfach $\ell \geqslant 2$ eingesetzt). Durch Kehrbruchbildung ergibt sich $\frac{1}{k!} \leqslant \frac{1}{2^{k-1}} = \left(\frac{1}{2}\right)^{k-1}$ für alle $k \in \mathbb{N}$ (für $k = 1$ klar). Damit ist

$$s_n = \sum_{k=0}^{n} \frac{1}{k!} = 1 + \sum_{k=1}^{n} \frac{1}{k!} \leqslant 1 + \sum_{k=1}^{n} \left(\frac{1}{2}\right)^{k-1} = 1 + \sum_{k=0}^{n-1} \left(\frac{1}{2}\right)^k,$$

wobei wir im letzten Schritt einen Indexshift durchgeführt haben. Da die Reihe auf der rechten Seite nicht größer als ihr Grenzwert $\sum_{k=0}^{\infty} \left(\frac{1}{2}\right)^k = \frac{1}{1 - 1/2} = 2$ wird, ist s_n durch $1 + 2 = 3$ beschränkt. Nach dem Monotonieprinzip konvergiert (s_n).

(2): Wir entwickeln $\left(1 + \frac{1}{n}\right)^n$ nach dem binomischen Lehrsatz:

$$\left(1 + \frac{1}{n}\right)^n = \sum_{k=0}^{n} \binom{n}{k} 1^{n-k} \left(\frac{1}{n}\right)^k = \sum_{k=0}^{n} \frac{n!}{k!(n-k)!} \cdot \frac{1}{n^k},$$

und schreiben die Binomialkoeffizienten um:

$$\frac{n!}{k!(n-k)!} = \frac{1}{k!} \cdot \frac{n \cdot \ldots \cdot (n - (k-1)) \cdot (n-k) \cdot \ldots \cdot 1}{(n-k) \cdot \ldots \cdot 1} = \frac{1}{k!} \prod_{\ell=0}^{k-1} (n - \ell).$$

Beachte, dass für $k = 0$ ein Produkt der Form „$\prod_{\ell=0}^{-1}$" dasteht, welches wir als 1 definieren (leeres Produkt). In der ursprünglichen Summe steht noch $\frac{1}{n^k} = \frac{1}{n} \cdot \ldots \cdot \frac{1}{n}$, und diese k Faktoren ziehen wir nun mit den k Faktoren des Produkts $\prod_{\ell=0}^{k-1} (n - \ell)$ zusammen gemäß $(n - \ell) \cdot \frac{1}{n} = \left(1 - \frac{\ell}{n}\right)$. Insgesamt haben wir nun

$$a_n = \left(1 + \frac{1}{n}\right)^n = \sum_{k=0}^{n} \frac{1}{k!} \prod_{\ell=0}^{k-1} \left(1 - \frac{\ell}{n}\right). \tag{$\star$}$$

Nun ist $\frac{\ell}{n+1} < \frac{\ell}{n}$, woraus $1 - \frac{\ell}{n+1} > 1 - \frac{\ell}{n}$ folgt. Somit ist jedes der Produkte

$\prod_{\ell=0}^{k-1}\left(1 - \frac{\ell}{n+1}\right)$ größer als $\prod_{\ell=0}^{k-1}\left(1 - \frac{\ell}{n}\right)$, und wir können abschätzen:

$$a_{n+1} = \sum_{k=0}^{n+1} \frac{1}{k!} \cdot \prod_{\ell=0}^{k-1}\left(1 - \frac{\ell}{n+1}\right) > \sum_{k=0}^{n} \frac{1}{k!} \cdot \prod_{\ell=0}^{k-1}\left(1 - \frac{\ell}{n+1}\right)$$

$$> \sum_{k=0}^{n} \frac{1}{k!} \cdot \prod_{\ell=0}^{k-1}\left(1 - \frac{\ell}{n}\right) = a_n,$$

wobei wir im zweiten Schritt einen positiven Summanden weggelassen haben, wodurch die Summe kleiner wird. Damit haben wir die Monotonie der Folge (a_n) nachgewiesen.

Zur Beschränktheit zeigen wir $a_n \leqslant s_n$ für alle $n \in \mathbb{N}$ – da die s_n (durch 3 bzw. e) beschränkt sind, genügt das. Dazu müssen wir nur bemerken, dass $\prod_{\ell=0}^{k-1}\left(1 - \frac{\ell}{n}\right) \leqslant 1$ ist, da jeder Faktor $1 - \frac{\ell}{n} \leqslant 1$ ist. Dann ergibt sich mit einem Schlag aus $(\star)$

$$a_n = \sum_{k=0}^{n} \frac{1}{k!} \cdot \prod_{\ell=0}^{k-1}\left(1 - \frac{\ell}{n}\right) \leqslant \sum_{k=0}^{n} \frac{1}{k!} \cdot 1 = s_n.$$

Wieder nach dem Monotonieprinzip folgt die Konvergenz von (a_n).

(3): In (2) haben wir bereits gezeigt, dass $a_n \leqslant s_n$ für alle $n \in \mathbb{N}$ gilt. Übergang zum Grenzwert (erlaubt, da beide Folgen konvergieren) liefert damit

$$\tilde{\mathrm{e}} = \lim_{n \to \infty} a_n \leqslant \lim_{n \to \infty} s_n = \mathrm{e}.$$

Um umgekehrt $\mathrm{e} \leqslant \tilde{\mathrm{e}}$ nachzuweisen, gehen wir wieder von $(\star)$ aus und schreiben für $m \geqslant n$

$$a_m = \sum_{k=0}^{m} \frac{1}{k!} \cdot \prod_{\ell=0}^{k-1}\left(1 - \frac{\ell}{m}\right) \geqslant \sum_{k=0}^{n} \frac{1}{k!} \cdot \prod_{\ell=0}^{k-1}\left(1 - \frac{\ell}{m}\right),$$

wobei hier einfach nur $m - n$ positive Summanden weggelassen wurden. Gewonnen haben wir dadurch, dass im letzten Ausdruck die Zahl der Summanden nicht mehr von m abhängt, und m nur noch in den endlich vielen Summanden vorkommt. Jetzt kommt's: Wegen $1 - \frac{\ell}{m} \to 1$ für $m \to \infty$ erhält man durch Grenzübergang aus der vorigen Abschätzung

$$\tilde{\mathrm{e}} = \lim_{m \to \infty} a_m \geqslant \lim_{m \to \infty} \sum_{k=0}^{n} \frac{1}{k!} \cdot \prod_{\ell=0}^{k-1}\left(1 - \frac{\ell}{m}\right) = \sum_{k=0}^{n} \frac{1}{k!} \cdot \prod_{\ell=0}^{k-1} 1 = \sum_{k=0}^{n} \frac{1}{k!} = s_n,$$

wobei auf der rechten Seite die Grenzwertsätze eingingen. Da dies für alle $n \in \mathbb{N}$ gilt, folgt $\tilde{\mathrm{e}} \geqslant \lim_{n \to \infty} s_n = \mathrm{e}$ durch erneuten Grenzübergang (diesmal $n \to \infty$). Insgesamt haben wir also $\mathrm{e} = \tilde{\mathrm{e}}$ bewiesen. $\qquad\square$

Wenn du jeden Schritt nachvollziehen konntest, darfst du dir zwei- bis dreimal heftig auf die Schulter klopfen.

Als Zahlenwert ergibt sich für die eulersche Zahl ungefähr

$$e \approx 2{,}71828.$$

Mit einem Taschenrechner sieht man, dass bereits $s_8 = 1 + \frac{1}{1!} + \frac{1}{2!} + \ldots + \frac{1}{8!} \approx 2{,}71828$ ist und damit die ersten fünf Nachkommastellen der eulerschen Zahl korrekt wiedergibt. (Will man sicher sein, dass sich an den fünf Nachkommastellen in den weiteren Schritten nichts mehr ändert, müsste man eigentlich noch das „Restglied" $\sum_{k=n+1}^{\infty} \frac{1}{k!}$ abschätzen; macht man das wie oben mit der (groben) Abschätzung durch die geometrische Reihe, müsste man ca. bis zu s_{20} gehen, um sich fünf korrekter Nachkommastellen gewiss zu sein.) Die Folge (a_n) konvergiert sehr viel langsamer als (s_n): z.B. ist a_{60} erst $\approx 2{,}696$.

Die eulersche Zahl ist irrational (siehe Aufgabe 4.33), d.h. ihre Dezimaldarstellung bricht nicht ab und wird nicht periodisch. Es gilt noch mehr: e ist sogar *transzendent*, was bedeutet, dass es *kein* rationales Polynom $f(x) = a_n x^n + \ldots + a_1 x + a_0$, $a_i \in \mathbb{Q}$, $n \in \mathbb{N}$ gibt, welches e als Nullstelle besitzt. Dies ist eine viel stärkere Bedingung als Irrationalität: $\sqrt{2}$ z.B. ist irrational, aber nicht transzendent, denn es ist Nullstelle von $f(x) = x^2 - 2$. Während der Irrationalitäts-Beweis von e elementar ist (wenn auch trickreich), ist die Transzendenz von e sehr schwer zu zeigen.

Aufgabe 4.33   Beweis der Irrationalität von e nach Fourier[12]:

Angenommen, e wäre rational, dann wäre e als Bruch $\frac{m}{n}$ mit $m, n \in \mathbb{N}$ darstellbar. Der Trick besteht nun darin, die Zahl

$$N := n! \left(e - \sum_{k=0}^{n} \frac{1}{k!} \right)$$

zu betrachten. Begründe die folgenden Beweisschritte.

(1) Es ist $N \in \mathbb{N}$, d.h. $N \in \mathbb{Z}$ mit $N > 0$. (Anleitung: Ziehe $n!$ in die Klammer und das Summenzeichen hinein und begründe, warum dann nur noch natürliche Zahlen stehen bleiben. Für $N > 0$ verwende $e = \sum_{k=0}^{\infty} \frac{1}{k!}$.)

(2) Es gilt $N < \frac{1}{n}$. (Anleitung: Schreibe N als Reihe mit nur einem Σ-Zeichen und schreibe die ersten Glieder explizit hin. Versuche diese so abzuschätzen, dass eine geometrische Reihe entsteht.) ☠

(3) Warum folgt aus (1) und (2) die Behauptung?

[12] J. B. Joseph Fourier (1768 – 1830); berühmter französischer Mathematiker und Physiker.

4.2.4 Konvergenzkriterien für Reihen

Wir führen Kriterien auf, mit Hilfe derer man entscheiden kann, ob eine Reihe konvergiert oder nicht. Für den Beweis des folgenden Kriteriums siehe [KÖN].

Satz 4.10 (*Leibnizkriterium*)

Ist (b_k) eine monoton fallende Nullfolge, dann konvergiert die Reihe mit den Gliedern $a_k = (-1)^k b_k$, d.h. der Grenzwert $\sum_{k=1}^{\infty}(-1)^k b_k$ existiert. ⊟

Beispiel 4.30 (Alternierende harmonische Reihe)
Die Folge (b_k) mit $b_k = \frac{1}{k}$ ist das Beispiel einer monoton fallenden Nullfolge schlechthin. Nach dem Leibnizkriterium konvergiert somit

$$\sum_{k=1}^{\infty} \frac{(-1)^k}{k} = -1 + \frac{1}{2} - \frac{1}{3} + \frac{1}{4} - \frac{1}{5} + \dots$$

Den Grenzwert tatsächlich zu bestimmen, ist nochmals eine ganz andere Geschichte. Hier beträgt er $-\ln 2 \approx -0{,}693$, was man ohne weitere Hilfsmittel aus der Analysis nicht einsehen kann (vgl. Aufgabe 5.6 auf Seite 153).

Selbst wenn man den Grenzwert nicht immer explizit bestimmen kann, ist es in der Mathematik oft schon nützlich zu wissen, dass eine Reihe überhaupt konvergiert. Will man den Bezug auf den Grenzwert vermeiden, muss man oft – wie zum Beispiel im nächsten Satz – mit dem Cauchy'schen Konvergenzkriterium arbeiten (Satz 4.4).

Satz 4.11 (*Majorantenkriterium*)

Sei $\sum_{k=1}^{\infty} b_k$ konvergent und $|a_k| \leqslant b_k$ für fast alle $k \in \mathbb{N}$. Dann konvergiert auch die Reihe $\sum_{k=1}^{\infty} a_k$ sowie die Reihe der Absolutbeträge $\sum_{k=1}^{\infty} |a_k|$.

Beweis: Wir wenden Satz 4.4 auf die Partialsummen-Folgen (s_n), $(\tilde{s}_n)$ und (t_n) mit den Gliedern $s_n := \sum_{k=1}^{n} a_k$, $\tilde{s}_n := \sum_{k=1}^{n} |a_k|$ und $t_n := \sum_{k=1}^{n} b_k$ an.
Nach Voraussetzung ist $\sum_{k=1}^{\infty} b_k$ konvergent, d.h. (t_n) ist nach Satz 4.4 eine Cauchyfolge. Zu jedem $\varepsilon > 0$ gibt es daher ein $n_\varepsilon \in \mathbb{N}$, so dass

$$|t_m - t_n| < \varepsilon \quad \text{für alle } m, n > n_\varepsilon \text{ gilt.}$$

Dabei sei n_ε gleichzeitig so groß gewählt, dass die für alle bis auf endlich viele k vorausgesetzte Majorisierung $|a_k| \leqslant b_k$ für alle $k > n_\varepsilon$ erfüllt ist. Wir behaupten nun, dass für dasselbe n_ε ebenfalls

$$|s_m - s_n| < \varepsilon \quad \text{und} \quad |\tilde{s}_m - \tilde{s}_n| < \varepsilon \quad \text{für alle } m, n > n_\varepsilon$$

gilt. Ist dies gezeigt, so wissen wir, dass auch (s_n) und $(\tilde{s}_n)$ Cauchyfolgen sind, und mit Satz 4.4 (die „harte" Implikation) folgt ihre Konvergenz, sprich die Konvergenz der Reihen $\sum_{k=1}^{\infty} a_k$ und $\sum_{k=1}^{\infty} |a_k|$. Wir gehen von $m > n > n_\varepsilon$ aus (der Fall

$m > n$ genügt wegen $|s_m - s_n| = |s_n - s_m|$) und schreiben zunächst die Beträge der Partialsummen-Differenzen um als

$$|s_m - s_n| = \left| \sum_{k=1}^{m} a_k - \sum_{k=1}^{n} a_k \right| \overset{m \geq n}{=} \left| \sum_{k=n+1}^{m} a_k \right| \; ;$$

analog für $\tilde{s}_n$ bzw. t_n. Die aus (induktiver) Anwendung der Dreiecksungleichung und Majorisierung $|a_k| \leqslant b_k$ für alle $k > n_\varepsilon$ gewonnene Abschätzung

$$\left| \sum_{k=n+1}^{m} a_k \right| \leqslant \sum_{k=n+1}^{m} |a_k| \leqslant \sum_{k=n+1}^{m} b_k$$

kann somit auch geschrieben werden als $|s_m - s_n| \leqslant |\tilde{s}_m - \tilde{s}_n| \leqslant |t_m - t_n|$. Da $|t_m - t_n| < \varepsilon$ für alle $m > n > n_\varepsilon$ wird, sind wir fertig. $\qquad \square$

Man nennt die Reihe $\sum_{k=1}^{\infty} b_k$ eine *Majorante* für $\sum_{k=1}^{\infty} a_k$. Außerdem heißt $\sum_{k=1}^{\infty} a_k$ *absolut konvergent*, wenn die Reihe der Absolutbeträge $\sum_{k=1}^{\infty} |a_k|$ konvergiert. Aus absoluter Konvergenz folgt stets die gewöhnliche Konvergenz der Reihe, was obiger Satz für den Fall $b_k = |a_k|$ beinhaltet.
Die Umkehrung gilt nicht, was die alternierende harmonische Reihe zeigt: Nach obigem Beispiel konvergiert diese, aber die Reihe der Absolutbeträge hingegen ist die harmonische Reihe, welche divergent ist (siehe Beispiel 4.25).

Beispiel 4.31   Nach Beispiel 4.29 konvergiert die Reihe $\sum_{k=1}^{\infty} \frac{1}{k^2}$. Da offenbar $\left| \frac{1}{k^n} \right| = \frac{1}{k^n} \leqslant \frac{1}{k^2}$ für alle $n \in \mathbb{N}$ mit $n \geqslant 2$ gilt, liefert das Majorantenkriterium die Konvergenz der Reihen $\sum_{k=1}^{\infty} \frac{1}{k^n}$ für $n \geqslant 2$.
Die Grenzwerte zu bestimmen ist eine hochkomplizierte Angelegenheit: Etwa für $n = 4$ und $n = 6$ gelten die von Euler entdeckten faszinierenden Formeln

$$\sum_{k=1}^{\infty} \frac{1}{k^4} = \frac{\pi^4}{90} \quad \text{und} \quad \sum_{k=1}^{\infty} \frac{1}{k^6} = \frac{\pi^6}{945} \, ,$$

aber schon für $n = 3$ kennt man keine ähnlich einfache Darstellung des Grenzwerts.

Als Folgerungen aus dem Majorantenkriterium beweisen wir nun zwei weitere, in der Praxis besonders nützliche Konvergenzkriterien (für absolute Konvergenz) bzw. Divergenzkriterien. Hier zeigt sich erneut die Stärke der geometrischen Reihe.

Satz 4.12   (*Quotientenkriterium*)

Sei $\sum_{k=1}^{\infty} a_k$ gegeben mit $a_k \neq 0$ für alle k und es existiere $q := \lim\limits_{k \to \infty} \left| \dfrac{a_{k+1}}{a_k} \right|$.

(i) Falls $q < 1$, dann konvergiert $\sum_{k=1}^{\infty} a_k$ absolut.

(ii) Falls $q > 1$, dann divergiert $\sum_{k=1}^{\infty} a_k$.

Beweis: Nach Voraussetzung ist $a_k \neq 0$, d.h. $q_k := \left|\frac{a_{k+1}}{a_k}\right|$ ist definiert.

(i) Im Fall, dass $\lim_{k \to \infty} q_k = q < 1$ ist, ist $\varepsilon = \frac{1-q}{2} > 0$, und nach Definition des Grenzwerts liegen fast alle q_k in der ε-Umgebung $U_\varepsilon(q) = (q - \varepsilon, q + \varepsilon)$. Somit gilt $q_k < q + \varepsilon =: q'$ für fast alle q_k, d.h. für alle Indizes $k \geqslant K$ mit einem bestimmten $K \in \mathbb{N}$. Beachte, dass nach Wahl von $\varepsilon = \frac{1-q}{2}$ auch $q' = q + \varepsilon < 1$ ist. Es gilt damit $q_K = \left|\frac{a_{K+1}}{a_K}\right| < q'$, d.h. $|a_{K+1}| < q'|a_K|$. Setzt man dies für $q_{K+1} < q'$ und $q_{K+2} < q'$ fort, so folgt

$$|a_{K+2}| < q'|a_{K+1}| < (q')^2|a_K| \quad \text{und} \quad |a_{K+3}| < q'|a_{K+2}| < (q')^3|a_K|.$$

Induktiv ergibt sich $|a_k| < (q')^{k-K}|a_K| =: b_k$ für alle $k > K$. Die geometrische Reihe mit den Gliedern $b_k = (q')^{k-K}|a_K| = |a_K|(q')^{-K} \cdot (q')^k =: c \cdot (q')^k$ konvergiert aufgrund von $q' < 1$:

$$\sum_{k=1}^{\infty} b_k = \sum_{k=1}^{\infty} c \cdot (q')^k = c \cdot \sum_{k=1}^{\infty} (q')^k < c \cdot \sum_{k=0}^{\infty} (q')^k = c \cdot \frac{1}{1-q'}.$$

Da $|a_k| < b_k$ für alle $k > K$, also für fast alle k gilt, folgt die absolute Konvergenz von $\sum_{k=1}^{\infty} a_k$ aus dem Majorantenkriterium.

(ii) Für $q > 1$ findet man analog zum ersten Fall ein $q' > 1$ und einen Index $K \in \mathbb{N}$, so dass $q_k > q' > 1$ für alle $k \geqslant K$ gilt. Wenn aber $q_k = \left|\frac{a_{k+1}}{a_k}\right| > q' > 1$ für $k \geqslant K$ ist, so bedeutet dies $|a_{k+1}| > |a_k|$ für alle $k \geqslant K$. Somit ist die positive Folge $(|a_k|)$ ab dem Index K monoton wachsend, und kann also keine Nullfolge sein. Damit ist auch (a_k) keine Nullfolge und nach Satz 4.7 divergiert $\sum_{k=1}^{\infty} a_k$.   □

Für $q = 1$ ist mit Hilfe des Quotientenkriteriums keine Aussage möglich: Für die harmonische Reihe mit $a_k = \frac{1}{k}$ gilt $q_k = \frac{k}{k+1}$, was gegen 1 konvergiert, während die harmonische Reihe bekanntermaßen divergiert. In Beispiel 4.29 ist $a_k = \frac{1}{k^2}$, d.h. $q_k = \frac{k^2}{(k+1)^2}$, was ebenfalls gegen 1 konvergiert; hier ist die Reihe allerdings konvergent.

Beispiel 4.32   Nach Satz 4.9 konvergiert die Reihe $\sum_{k=1}^{\infty} \frac{1}{k!}$. Dies sieht man viel schneller durch Anwenden des Quotientenkriteriums, denn es ist

$$q_k = \left|\frac{a_{k+1}}{a_k}\right| = \frac{\frac{1}{(k+1)!}}{\frac{1}{k!}} = \frac{k!}{(k+1)!} = \frac{k!}{(k+1) \cdot k!} = \frac{1}{k+1} \to 0 = q < 1.$$

Satz 4.13   (*Wurzelkriterium*)

Sei $\sum_{k=1}^{\infty} a_k$ gegeben und es existiere der Grenzwert $q := \lim\limits_{k \to \infty} \sqrt[k]{|a_k|}$.

   (i) Falls $q < 1$, dann konvergiert $\sum_{k=1}^{\infty} a_k$ absolut.

   (ii) Falls $q > 1$, dann divergiert $\sum_{k=1}^{\infty} a_k$.

Beweis: (i) Wie im Beweis zu 4.12 findet man im Fall $q < 1$ ein $q' < 1$ und $K \in \mathbb{N}$, so dass $\sqrt[k]{|a_k|} < q' < 1$ für alle $k \geqslant K$ ist. Damit gilt $|a_k|^k < (q')^k =: b_k$ für $k > K$, womit wir eine konvergente Majorante (eine geometrische Reihe, nämlich $\sum_{k=1}^{\infty} b_k$) gefunden haben.

(ii) Analog folgt im Fall $q > 1$ aus $|a_k|^k > (q')^k > 1$ für fast alle k, dass (a_k) keine Nullfolge sein kann, und somit die zugehörige Reihe divergieren muss. $\square$

Übrigens ist die Existenz des Grenzwerts hier nicht nötig: Man könnte in obigem Satz den Limes q durch den größten Häufungswert („Limes superior") der Folge $(\sqrt[k]{|a_k|})$ ersetzen. Das werden wir allerdings nicht brauchen.

Beispiel 4.33   Als triviale Anwendung untersuchen wir die geometrische Reihe $\sum_{k=0}^{\infty} q^k$ selbst (ob man bei $k = 0$ oder 1 startet, spielt für die Konvergenz natürlich keine Rolle). Es gilt $\sqrt[k]{|q^k|} = \sqrt[k]{|q|^k} = |q|$, so dass die Reihe nach Satz 4.13 konvergiert, wenn $|q| < 1$ ist. Hier gilt sogar „genau dann wenn", da für $|q| = 1$ die Reihenglieder keine Nullfolge sind.

Aufgabe 4.34   Untersuche die folgenden Reihen auf Konvergenz.

a) $\displaystyle\sum_{k=1}^{\infty} \left(\frac{2{,}7 \cdot k + \pi}{e \cdot k + 5} \right)^k$ b) $\displaystyle\sum_{k=1}^{\infty} \frac{(-1)^k}{k(k+1)}$ c) $\displaystyle\sum_{k=1}^{\infty} \frac{k!}{k^k} \cdot x^k$

In c) ist die Konvergenz der Reihe in Abhängigkeit vom Parameter $x \in \mathbb{R}$ zu klären – beachte hierbei Satz 4.9.   ☠

4.2.5   Ausblick: Potenzreihen

Nun lernen wir eine für die Analysis sehr wichtige Klasse von Funktionen kennen, die sogenannten Potenzreihen. Zur Motivation: Funktionen, die eine besonders einfache Struktur haben, sind die Polynome $p_n(x) = a_0 + a_1 x + a_2 x^2 + \ldots + a_n x^n$. Diese sind durch ihre $n+1$ Koeffizienten schon eindeutig bestimmt und lassen sich einfach ableiten sowie integrieren. Ein Ziel wäre, kompliziertere Funktionen wie z.B. $\sin x$ oder $\cos x$ durch Polynome möglichst gut anzunähern – oder sie gleich ganz als eine Art verallgemeinertes Polynom darzustellen. Mit dem Ansatz $p_n(x) = \sin x$ wird man kein Glück haben, da ein Polynom n-ten Grades ($n \geqslant 1$) maximal n und nicht wie der Sinus unendlich viele Nullstellen besitzt; zudem sind Polynome vom Grad $\geqslant 1$ auch niemals beschränkt, der Sinus aber schon (durch 1 bzw. -1). Probieren wir doch einmal, was passiert, wenn wir ein „Polynom unendlichen Grades" $p_\infty(x)$ betrachten, d.h.

$$p_\infty(x) = a_0 + a_1 x + a_2 x^2 + \ldots = \sum_{k=0}^{\infty} a_k x^k.$$

Diesem formalen Ausdruck Sinn einzuhauchen, ist Gegenstand dieses Abschnitts. In Abschnitt 5.4 ernten wir dann die Früchte dieser Arbeit und bekommen insbesondere die gewünschte Darstellung von Sinus und Cosinus.

Definition 4.9   Eine (reelle) *Potenzreihe* $P(x)$ ist ein Ausdruck der Gestalt

$$P(x) = \sum_{k=0}^{\infty} a_k x^k = a_0 + a_1 x + a_2 x^2 + a_3 x^3 + \ldots,$$

wobei die Koeffizienten a_k reelle Zahlen sind und x eine reelle Variable.   ◇

Konvergiert die Reihe $P(x)$ für bestimmte $x \in \mathbb{R}$, so ist die Zuordnung $P\colon x \mapsto P(x)$ eine Funktionsvorschrift. Die große Frage ist nun, für welche $x \in \mathbb{R}$ diese Reihe konvergiert, d.h. welchen Definitionsbereich D_P die Funktion P hat.

Beispiel 4.34   Für $a_k = 1$ für alle k erhalten wir die Potenzreihe $P(x) = \sum_{k=0}^{\infty} x^k$. Diese ist für jedes feste x eine geometrische Reihe und konvergiert somit genau dann, wenn $|x| < 1$ ist. D.h. als Funktion in x gesehen, konvergiert P auf dem offenen Invervall $D_P = (-1, 1)$ und divergiert außerhalb. Dank der geometrischen Summenformel wissen wir sogar, welche Funktion $P(x)$ auf D_P darstellt, nämlich

$$P(x) = \sum_{k=0}^{\infty} x^k = \frac{1}{1-x}.$$

In der Tat ist der Definitionsbereich einer jeden Potenzreihe ein offenes Intervall, das symmetrisch um den Ursprung liegt (und auch $\mathbb{R} = (-\infty, \infty)$ sein kann, bzw. nur $\{0\}$, was wir hier zwecks Notationsvereinfachung als $\{0\} = (-0, 0)$ schreiben).

Satz 4.14   (*Konvergenzradius*)

Der maximale Definitionsbereich jeder Potenzreihe $P(x) = \sum_{k=0}^{\infty} a_k x^k$ ist von der Gestalt $D_P = (-R, R)$. Die Intervallgrenze R heißt *Konvergenzradius* der Potenzreihe (im Falle $D_P = \mathbb{R}$ schreiben wir $R = \infty$). Das heißt:

  (i) Für jedes x mit $|x| < R$ konvergiert die Reihe $\sum_{k=0}^{\infty} a_k x^k$ (sogar absolut),

  (ii) für jedes x mit $|x| > R$ divergiert die Reihe $\sum_{k=0}^{\infty} a_k x^k$.

Beweis: Wenn $P(x_0) = \sum_{k=0}^{\infty} a_k x_0^k$ für ein $0 \neq x_0 \in \mathbb{R}$ konvergiert, so behaupten wir, dass für alle betragsmäßig kleineren Zahlen $x_1 \in \mathbb{R}$ mit $|x_1| < |x_0|$

die Reihe $P(x_1)$ absolut konvergiert. Zunächst ist nämlich aufgrund der vorausgesetzten Konvergenz der Reihe $P(x_0)$ die Folge ihrer Glieder $(a_k x_0^k)$ nach Satz 4.7 eine Nullfolge und als solche nach Satz 4.1 beschränkt, d.h. es gibt ein $c > 0$ mit $|a_k x_0^k| \leqslant c$ für alle $k \in \mathbb{N}_0$. Einfügen einer „nahrhaften Eins" liefert

$$\left| a_k x_1^k \right| = \left| a_k x_0^k \cdot \frac{x_1^k}{x_0^k} \right| = \left| a_k x_0^k \right| \cdot \left| \frac{x_1}{x_0} \right|^k \leqslant c \cdot q^k,$$

mit $q := \left| \frac{x_1}{x_0} \right|$. Da nach Voraussetzung $|x_1| < |x_0|$ ist, gilt $q < 1$, und das Majorantenkriterium 4.11 liefert die absolute Konvergenz von $P(x_1)$.

Wir nutzen nun diese Vorüberlegung, um zu zeigen, dass die Definition

$$R := \sup \left\{ |x| \mid P(x) \text{ konvergiert} \right\} \in [\, 0\, , \infty \,]$$

die geforderten zwei Eigenschaften (i) und (ii) des Konvergenzradius besitzt.

(i): Da R als Supremum der Menge $M = \{\, |x| \mid P(x) \text{ konvergiert} \,\}$ definiert wurde, muss es zu $|x_1| < R$ ein $|x_0| \in M$ mit $|x_1| < |x_0| \leqslant R$ geben, so dass also $P(x_0)$ konvergiert. (Wähle $\varepsilon = R - |x_1| > 0$, dann muss ein $|x_0| \in M$ mit $|x_0| > R - \varepsilon = |x_1|$ existieren, da sonst R nicht die kleinste obere Schranke wäre.) Nach der Vorüberlegung konvergiert dann $P(x_1) = \sum_{k=0}^{\infty} a_k x_1^k$ sogar absolut.

(ii): Ist nun $|x_2| > R$, dann muss $P(x_2)$ divergieren, weil sonst $|x_2| \in M$ und R keine obere Schranke von M wäre. $\qquad\square$

Nun wissen wir zwar, dass es immer ein symmetrisches „Konvergenzintervall" gibt, allerdings liefert die abstrakte Supremumsdefinition von R keine praktische Möglichkeit zur Berechnung des Konvergenzradius. Durch Anwendung der Konvergenzkriterien für Reihen aus dem vorigen Abschnitt wollen wir nun noch explizite Formeln für R herleiten. Hierbei verwenden wir die Konventionen $\frac{1}{0} := \infty$ und $\frac{1}{\infty} := 0$.

Satz 4.15   (*Euler-Formel für den Konvergenzradius*)

Wenn für die Potenzreihe $P(x) = \sum_{k=0}^{\infty} a_k x^k$ gilt, dass $a_k \neq 0$ für alle $k \in \mathbb{N}_0$ und $q := \lim_{k \to \infty} \left| \frac{a_{k+1}}{a_k} \right|$ existiert (oder $= \infty$ ist), dann ist der Konvergenzradius R gegeben durch $R = \frac{1}{q}$, d.h.

$$R = \frac{1}{\displaystyle\lim_{k \to \infty} \left| \frac{a_{k+1}}{a_k} \right|} = \lim_{k \to \infty} \left| \frac{a_k}{a_{k+1}} \right|.$$

Beweis: Wir können aufgrund der analogen Voraussetzungen ($k = 0$ kehren wir unter den Teppich) das Quotientenkriterium 4.12 auf $P(x)$, $x \neq 0$, anwenden und schreiben dazu

$$\left| \frac{a_{k+1} x^{k+1}}{a_k x^k} \right| = \left| \frac{a_{k+1}}{a_k} \right| \cdot |x|.$$

Dies konvergiert nach Voraussetzung (und Grenzwertsatz (G$_2$)) gegen $q \cdot |x|$. Nach Satz 4.12 konvergiert $P(x)$ falls $q \cdot |x| < 1$ ist, und divergiert falls $q \cdot |x| > 1$ ist.

Somit erhalten wir Konvergenz für $|x| < \frac{1}{q}$ und Divergenz für $|x| > \frac{1}{q}$. Folglich ist $\frac{1}{q}$ der Konvergenzradius der Potenzreihe. □

Wenn die „Quotientenformel" nicht greift, kann der folgende Satz weiterhelfen.

Satz 4.16 (*Hadamard[13]-Formel für den Konvergenzradius*)
Wenn für die Potenzreihe $P(x) = \sum_{k=0}^{\infty} a_k x^k$ der Limes $\lim_{k \to \infty} \sqrt[k]{|a_k|}$ existiert (oder $= \infty$ ist), dann ist der Konvergenzradius R gegeben durch

$$R = \frac{1}{\lim\limits_{k \to \infty} \sqrt[k]{|a_k|}}.$$

Der Beweis verläuft vollkommen analog zum vorigen Beweis, unter Verwendung des Wurzelkriteriums anstelle des Quotientenkriteriums. Schreibe ihn selbst auf, am besten ohne oben zu spicken.

Beachte, dass es sich hierbei nur um eine abgeschwächte Form der Hadamard-Formel handelt, da wir ohne „Limes superior" arbeiten (siehe Bemerkung auf Seite 108) und statt dessen die Existenz des Limes voraussetzen mussten.

Beispiel 4.35

a) Die Potenzreihe $\sum_{k=0}^{\infty} x^k$ (aus dem vorigen Beispiel) hat Konvergenzradius $R = 1/\left(\lim_{k \to \infty} \sqrt[k]{1}\right) = \frac{1}{1} = 1$ (was wir natürlich schon längst wissen). Sowohl für $x = 1$ als auch $x = -1$ divergiert sie.

b) Die Potenzreihe $\sum_{k=0}^{\infty} \frac{1}{(k+1)^2} x^k$ hat ebenso $R = 1$, denn es gilt mit der Quotientenformel

$$R = \lim_{k \to \infty} \left| \frac{\frac{1}{(k+1)^2}}{\frac{1}{(k+2)^2}} \right| = \lim_{k \to \infty} \left(\frac{k+2}{k+1} \right)^2 = 1^2 = 1.$$

In den Randpunkten x mit $|x| = 1$ haben wir absolute Konvergenz der Potenzreihe, denn nach Beispiel 4.29 konvergiert $\sum_{k=0}^{\infty} \frac{1}{(k+1)^2} 1^k = \sum_{k=1}^{\infty} \frac{1}{k^2}$.

c) Analog zu b) berechnet man den Konvergenzradius von $\sum_{k=0}^{\infty} \frac{1}{k+1} x^k$ zu $R = 1$ – hier gilt aber Divergenz in $x = 1$ (harmonische Reihe) und Konvergenz in $x = -1$ (alternierende harmonische Reihe).

---

[13] Jacques Hadamard (1865 – 1963); französischer Mathematiker.

4.2.6 Ausblick: e-Funktion und natürlicher Logarithmus

In diesem letzten Abschnitt lernen wir eine besonders wichtige Potenzreihe mit unendlichem Konvergenzradius kennen.

Beispiel 4.36   Die Reihe $E(x) = \sum_{k=0}^{\infty} \frac{1}{k!} x^k$ besitzt nach der Quotientenformel den Konvergenzradius

$$R = \lim_{k \to \infty} \left| \frac{\frac{1}{k!}}{\frac{1}{(k+1)!}} \right| = \lim_{k \to \infty} (k+1) = \infty.$$

Somit ist $E \colon \mathbb{R} \to \mathbb{R}$ eine auf ganz $\mathbb{R}$ definierte Funktion. Nach Satz 4.9 gilt

$$E(1) = \sum_{k=0}^{\infty} \frac{1}{k!} = \lim_{n \to \infty} \left(1 + \frac{1}{n} \right)^n = e = e^1.$$

Man kann sogar mit denselben Beweisideen wie im Beweis von Satz 4.9 zeigen, dass

$$E(x) = \sum_{k=0}^{\infty} \frac{1}{k!} x^k = \lim_{n \to \infty} \left(1 + \frac{x}{n} \right)^n$$

für alle $x \in \mathbb{R}$ gilt. Mittels der rechten Seite lässt sich das *Additionstheorem* nachweisen, welches besagt, dass

$$E(x + y) = E(x) \cdot E(y) \quad \text{für alle } x, y \in \mathbb{R}.$$

Damit folgt dann $E(2) = E(1 + 1) = E(1) \cdot E(1) = E(1)^2 = e^2$ etc. und allgemein $E(n) = e^n$ für alle $n \in \mathbb{N}$. Dies lässt sich leicht auf $E(r) = e^r$ für rationales $r = \frac{m}{n} \in \mathbb{Q}$ erweitern. Was schließlich die Potenz e^x für $x \in \mathbb{R} \backslash \mathbb{Q}$ überhaupt sein soll, definiert man durch $e^x := E(x)$ und erhält so eine auf ganz $\mathbb{R}$ erklärte Exponentialfunktion, die man zu Ehren Eulers e-*Funktion* nennt:

$$\exp \colon \mathbb{R} \to \mathbb{R}, \quad x \mapsto e^x := E(x) = \sum_{k=0}^{\infty} \frac{1}{k!} x^k.$$

Das Additionstheorem lässt sich nun in der Form

$$e^{x+y} = e^x \cdot e^y \quad \text{für alle } x, y \in \mathbb{R}$$

schreiben.

Die für die Analysis bedeutendste Eigenschaft der e-Funktion ist, dass sie sich beim Ableiten nicht verändert (mehr dazu in Kapitel 5).
Außerdem wird uns im Kapitel 9 die Erweiterung der e-Funktion auf komplexe Zahlen und das zugehörige Additionstheorem von unschätzbarem Wert sein.
Wir wollen an dieser Stelle noch wichtige Eigenschaften der e-Funktion aus ihrer Reihendarstellung (in Zusammenhang mit dem Additionstheorem) herauskitzeln.

Satz 4.17   Die e-Funktion

$$\exp\colon \mathbb{R} \to \mathbb{R}^+ = (\,0\,,\infty\,), \quad x \mapsto e^x = \sum_{k=0}^{\infty} \frac{1}{k!}\, x^k \qquad \text{ist bijektiv.}$$

Beweis: Dass der Bildbereich im (exp) wirklich in $\mathbb{R}^+$ liegt, sieht man mittels des Additionstheorems: Zunächst ist

$$e^x = e^{\frac{x}{2}+\frac{x}{2}} = e^{\frac{x}{2}} \cdot e^{\frac{x}{2}} = \left(e^{\frac{x}{2}}\right)^2 \geqslant 0.$$

Ferner gilt $e^0 = 1$, wie man durch Einsetzen von 0 in die Exponentialreihe sieht. Somit folgt (wieder mit dem Additionstheorem) aus

$$1 = e^0 = e^{x+(-x)} = e^x \cdot e^{-x},$$

dass $e^x \neq 0$ für alle $x \in \mathbb{R}$ sein muss (sonst wäre obiges Produkt nicht 1, sondern 0). Folglich ist im (exp) $\subseteq \mathbb{R}^+$.

Zur Injektivität der e-Funktion: Für $y > 0$ sind alle Summanden der Reihe $e^y = \sum_{k=0}^{\infty} \frac{1}{k!}\, y^k = 1 + y + \frac{1}{2}\, y^2 + \frac{1}{3!}\, y^3 + \ldots$ positiv, so dass beim Weglassen der höheren Potenzen die Abschätzung

$$e^y > 1 + y > 1 \qquad \text{für alle } y > 0$$

entsteht. Sei nun $x \neq y$, also etwa $x < y$ (der Fall $y < x$ läuft vollkommen analog). Mit dem Additionstheorem folgt $e^y = e^{(y-x)+x} = e^{y-x} \cdot e^x$, und wegen $y - x > 0$ gilt $e^{y-x} > 1$ nach der eben gezeigten Abschätzung. Da ferner e^x stets positiv ist, haben wir $e^y = e^{y-x} \cdot e^x > 1 \cdot e^x = e^x$ (d.h. exp ist streng monoton wachsend). Insbesondere gilt $e^x \neq e^y$, was die Injektivität zeigt.

Zur Surjektivität verwenden wir einerseits wieder $e^x > 1 + x$ für alle $x > 0$, da dies zeigt, dass $e^x \to \infty$ für $x \to \infty$ strebt. Andererseits haben wir $e^x = \frac{1}{e^{-x}}$ (siehe oben), und für $x \to -\infty$ geht der Nenner wie eben gezeigt gegen ∞. Somit haben wir $0 < e^x \to 0$ für $x \to -\infty$. Nun brauchen wir, dass die e-Funktion alle Werte zwischen je zwei Funktionswerten, also im Intervall $[\,e^x\,,e^y\,]$ für beliebige $x < y$, auch tatsächlich annimmt, d.h.

$$\text{für jedes } b \in [\,e^x\,,e^y\,] \text{ gibt es ein } a \in \mathbb{R} \text{ mit } e^a = b. \qquad (\star)$$

Da nach dem eben Bewiesenen e^x beliebig klein (für $x \to -\infty$) und e^y beliebig groß (für $y \to \infty$) werden kann, folgt, dass exp sogar alle Werte in $(\,0\,,\infty\,)$ annimmt und somit surjektiv ist.

Dass $(\star)$ für die e-Funktion gilt, können wir an dieser Stelle nicht beweisen. Dies folgt aus dem sogenannten Zwischenwertsatz (siehe [KÖN]), der insbesondere auf Potenzreihen anwendbar ist (siehe Kapitel 5). $\boxminus$

Anmerkungen:

(1) In obigem Beweis wurde sorglos mit Aussagen wie „$\mathrm{e}^x \to 0$ für $x \to -\infty$" hantiert, ohne dass wir bisher exakt definiert hätten, was ein solcher Grenzwert einer Funktion sein soll – wir wissen bisher ja nur, was Konvergenz einer Zahlenfolge bedeutet. Wem das zu intuitiv ist, den können wir auf Definition 5.1 vertrösten, wo wir zumindest $\lim_{x \to 0} g(x)$ genauer definieren werden.

(2) Durch eine ähnliche Abschätzung wie in obigem Beweis erhalten wir noch eine interessante Eigenschaft, und zwar dass die e-Funktion schneller als jede Potenzfunktion x^n (mit der Normalparabel n-ter Ordnung als Schaubild) wächst, d.h.

$$\frac{\mathrm{e}^x}{x^n} \to \infty \quad \text{für } x \to \infty \quad \text{(für jedes } n \in \mathbb{N}\text{)}.$$

Für $x > 0$ sind nämlich alle Summanden der Reihe $\mathrm{e}^x = \sum_{k=0}^{\infty} \frac{1}{k!} x^k$ positiv, so dass beim Weglassen aller Glieder bis auf das $(n+2)$-te die Abschätzung

$$\mathrm{e}^x > \frac{1}{(n+1)!} x^{n+1} = \frac{x}{(n+1)!} \cdot x^n \quad \text{für alle } x > 0$$

entsteht, so dass $\frac{\mathrm{e}^x}{x^n}$ größer als die linear wachsende Funktion $\frac{x}{(n+1)!}$ ist, welche für $x \to \infty$ über alle Schranken wächst.

Da nach Satz 4.17 exp bijektiv ist, besitzt sie eine Umkehrfunktion

$$\ln \colon \mathbb{R}^+ \to \mathbb{R}, \quad x \mapsto \ln x,$$

welche *natürliche Logarithmusfunktion* heißt. Nach Definition der Umkehrfunktion gelten die beiden Beziehungen $\exp \circ \ln = \mathrm{id}_{\mathbb{R}^+}$ und $\ln \circ \exp = \mathrm{id}_{\mathbb{R}}$. Ausführlicher geschrieben bedeutet das

$$\mathrm{e}^{\ln x} = x \quad \text{für alle } x \in \mathbb{R}^+, \text{ sowie} \quad \ln \mathrm{e}^x = x \quad \text{für alle } x \in \mathbb{R}.$$

In Abbildung 4.10 sind die Schaubilder beider Funktionen dargestellt. Da sie jeweils Umkehrfunktionen voneinander sind, gehen ihre Schaubilder durch Spiegelung an der ersten Winkelhalbierenden ineinander über (d.h. durch Vertauschen der Rollen von x- und y-Wert). Am Schaubild kannst du auch nochmals sehen, wie die vorhin bewiesenen Eigenschaften der e-Funktion zu Eigenschaften des ln werden: Dieser hat an der Stelle 1 eine Nullstelle (da $\mathrm{e}^0 = 1$, ist $\ln 1 = 0$), ist ebenfalls streng monoton wachsend, und es gilt $\ln x \to -\infty$ für $x \to 0$ sowie $\ln x \to \infty$ für $x \to \infty$.

Das Logarithmusgesetz

$$\ln(x \cdot y) = \ln x + \ln y \quad \text{für alle } x, y > 0$$

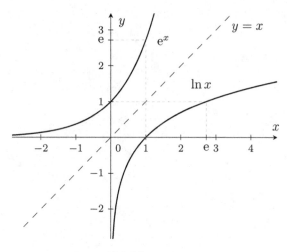

Abbildung 4.10

folgt unmittelbar aus dem Additionstheorem der e-Funktion, wenn man $x = e^a$ und $y = e^b$ schreibt für gewisse, nach Satz 4.17 existierende $a, b \in \mathbb{R}$:

$$\ln(x \cdot y) = \ln\left(e^a \cdot e^b\right) = \ln e^{a+b} = a + b = \ln e^a + \ln e^b = \ln x + \ln y.$$

Für $n \in \mathbb{N}$ folgert man daraus sofort (wer mag auch durch Induktion):

$$\ln(x^n) = \ln(x \cdot \ldots \cdot x) = \ln x + \ldots + \ln x = n \cdot \ln x.$$

Zum Abschluss merken wir uns also

$$\ln(x^n) = n \cdot \ln x \qquad \text{für } n \in \mathbb{N}.$$

Literatur zu Kapitel 4

[Beh] Behrends, E.: *Analysis Band 1*. Springer Spektrum, 6. Aufl. (2015)

[Ebb] Ebbinghaus, H.-D., et al.: *Zahlen*. Springer, 3. verb. Aufl. (1992)

[Heu] Heuser, H.: *Lehrbuch der Analysis 1*. Vieweg+Teubner, 17. Aufl. (2009)

[Kön] Königsberger, K.: *Analysis 1*. Springer, 6. Aufl. (2004)

5 Grundwissen Differenzialrechnung

In diesem Kapitel konzentrieren wir uns auf das, was in der Schule oftmals etwas zu
kurz kommt: Eine präzise Einführung des Begriffes der „Ableitung einer Funktion".
Zusammen mit dem Integralbegriff ist dies wohl die bedeutsamste Anwendung des
Grenzwert-Konzepts in der Mathematik schlechthin.
Auf Dinge wie z.B. Berechnung von Extrem- und Wendepunkten gehen wir hier
nicht näher ein – dies wird im Matheunterricht ja auch bis zum Umfallen eingeübt.
Allerdings stellen wir ausführlich die Ableitungsregeln bereit, die wir in Kapitel 8
benötigen werden.

5.1 Die Ableitung

5.1.1 Die Steigung einer Kurve

Wir stellen uns eine ganz elementare Frage: Wie
kann man die Steigung einer Kurve zahlenmäßig
erfassen? Schau dir die Kurve K_f in Abbildung
5.1 an, die zu einer Funktion $f(x)$ gehört. Wie
könnte man dem Punkt $P(x_0 \,|\, f(x_0)) \in K_f$ ei-
ne Zahl zuordnen, die ausdrückt, wie steil K_f
in P verläuft, d.h. wie groß die Steigung des
Schaubilds in diesem Punkt ist?
Im Punkt $(0\,|\,f(0))$ scheint K_f parallel zur x-
Achse zu verlaufen, dort würde man der Kurve
sinnigerweise die Steigung Null zuordnen. Anschließend wird K_f offensichtlich immer steiler,
aber wie groß ist die Steigung in P nun genau:
$\frac{1}{3}$ oder vielleicht $\frac{1}{2}$? Und wie soll die Steigung
einer Kurve denn überhaupt definiert sein?

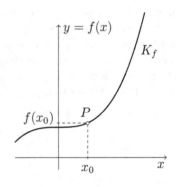

Abbildung 5.1

Da wir die Steigung von etwas „Krummem" noch nicht berechnen können, greifen
wir auf etwas zurück, was wir bereits seit langem können: Nämlich die Steigung
von Geraden anhand eines Steigungsdreiecks bestimmen.
Wie in Abbildung 5.2 dargestellt, wählen wir einen weiteren Punkt Q auf dem
Schaubild und zeichnen die Verbindungsgerade g_{PQ} ein, welche man als *Sekante*
bezeichnet. Die Steigung dieser Sekante beträgt

$$m_s = \frac{\Delta y}{\Delta x},$$

und lässt sich leicht berechnen: Wir müssen für Δy nur die y-Werte der Punkte Q
und P voneinander abziehen, d.h. $\Delta y = f(x_0 + \Delta x) - f(x_0)$, und Δx ist ja gerade
die Differenz der x-Werte beider Punkte. Somit folgt

$$m_s = \frac{\Delta y}{\Delta x} = \frac{f(x_0 + \Delta x) - f(x_0)}{\Delta x}.$$

© Springer Fachmedien Wiesbaden GmbH, ein Teil von Springer Nature 2019
T. Glosauer, *(Hoch)Schulmathematik*, https://doi.org/10.1007/978-3-658-24574-0_5

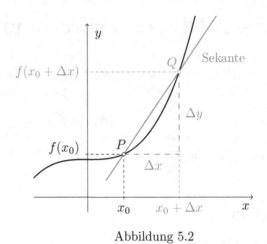

Abbildung 5.2

Nun hat aber diese Steigung noch wenig mit der Steigung der Kurve in P zu tun, denn m_s ist für dieses Δx offensichtlich noch viel zu groß. Jetzt kommt die entscheidende Idee: Wir lassen den Punkt Q, der bisher noch zu weit weg liegt, immer näher an P heranwandern, d.h. Δx schrumpfen. Die folgende Abbildung 5.3 zeigt, was mit den von Δx abhängigen Sekantensteigungen $m_s = m_s(\Delta x)$ passiert, wenn die Punktfolge $Q_1, Q_2, Q_3, \dots$ immer näher an P heranrückt.

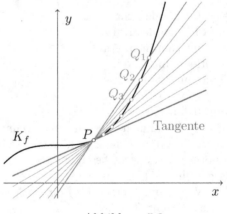

Abbildung 5.3

Die Sekanten scheinen sich immer mehr einer Geraden anzunähern, welche sich an die Kurve K_f „anschmiegt“. Diese „Grenz-Gerade“ nennen wir *Tangente* (wobei der Begriff „Grenz-Gerade“ natürlich noch präzisiert werden muss).

Gleich eine Warnung vorneweg: Es gibt k e i n e einfache geometrische Definition der Tangente; insbesondere kann man sie nicht dadurch charakterisieren, dass sie das Schaubild nur in einem Punkt berührt – so wie sie es bei einem Kreis tut. Bei linearen Funktionen z.B. ist die Tangente des Schaubilds die Gerade selbst und berührt somit das Schaubild in unendlich vielen Punkten (in jeder noch so kleinen Umgebung von P). Andere Schaubilder „mit Ecken" besitzen in manchen Punkten gar keine Tangente. Das scheinbar intuitiv-geometrisch so klare Objekt „Tangente" lässt sich also nicht so leicht fassen. Tatsächlich müssen wir erst ein neues Rechenverfahren, das sogenannte *Ableiten*, entwickeln, um die Tangente wasserdicht definieren und ihre Steigung berechnen zu können. Die hierbei zu Grunde liegende Idee ist, den Grenzwert der Sekantensteigungen mathematisch korrekt zu bilden. Wenn wir das geschafft haben, dann können wir die eingangs gestellte Frage so beantworten:

> Die Steigung einer Kurve in einem Punkt P ist definiert als Steigung der Kurven-Tangente in diesem Punkt.

Berechnet man als Grenz-Steigung der grauen Sekanten in Abbildung 5.3 z.B. 0,45, dann *definiert* man die Steigung der Kurve K_f in P einfach als die Zahl 0,45.

5.1.2 Der Grenzwert der Sekantensteigungen

Jetzt müssen wir das alles entscheidende Problem lösen, nämlich das schwammige Konzept der Tangente als „Grenz-Gerade" der Sekanten auf ein solides Fundament zu stellen. Dass hierbei etwas Sonderbares passiert, zeigt die folgende Überlegung: Wenn die Punkte $Q_1, Q_2, Q_3, \ldots$ sich P immer weiter nähern, werden die Seitenlängen Δx und Δy des Steigungsdreiecks der Sekante offenbar immer kleiner, und wenn im Falle der Tangente schließlich „$P = Q_\infty$" wäre, dann hätten wir ja $\Delta x = 0$ und $\Delta y = 0$, d.h. die Tangentensteigung wäre der sinnlose Ausdruck „$m_t = \frac{0}{0}$".

Auch geometrisch ist $h = 0$ nicht sinnvoll, denn dann würde der Sekantenpunkt Q_h ganz einfach mit P zusammenfallen und wie soll die Sekante durch die Punkte P und P denn bitteschön definiert sein? Das Magische ist jedoch, dass bei dem rechnerischen Prozess eben doch eine „normale" Zahl herauskommt, d.h. dass man dem dubiosen $\frac{0}{0}$-Ausdruck am Ende einen Sinn geben kann. Dabei kommt das mächtige Instrument des Grenzwerts aus dem vorigen Kapitel zum vollen Einsatz.

Wir motivieren die Grenzwertbildung der Sekantensteigungen zunächst durch ein konkretes Beispiel.

Damit wir nicht immer das lästige Δ mitschleppen müssen, kürzen wir ab sofort Δx mit h ab und bezeichnen die uns interessierenden Sekantensteigungen

$$m_s(h) = \frac{f(x_0 + h) - f(x_0)}{h}$$

fortan als *Differenzenquotienten* von f an der Stelle x_0 (der Name rührt von den Differenzen der f- bzw. x-Werte in Zähler und Nenner des Quotienten her).

Beispiel 5.1 Wir berechnen die (Tangenten-)Steigung der zu $f(x) = \frac{1}{4}x^2$ gehörigen Parabel in $P\left(1 \mid \frac{1}{4}\right)$ (siehe Abbildung 5.4).

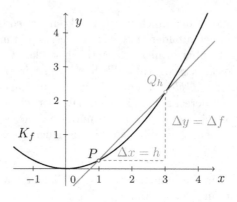

Abbildung 5.4

In Abbildung 5.4 ist $h = 2$ gewählt, d.h. der Punkt Q_h hat die Koordinaten $(3 \mid \frac{9}{4})$. Für die Steigung der grauen Sekante folgt somit

$$m_s = \frac{\Delta y}{\Delta x} = \frac{\Delta f}{h} = \frac{f(3) - f(1)}{h} = \frac{\frac{9}{4} - \frac{1}{4}}{2} = 1.$$

Die Sekantensteigung (Differenzenquotient) für beliebiges $h \neq 0$ lautet

$$m_s(h) = \frac{f(1 + h) - f(1)}{h} = \frac{\frac{1}{4}(1 + h)^2 - \frac{1}{4} \cdot 1^2}{h} = \frac{\frac{1}{4}(1 + h)^2 - \frac{1}{4}}{h}.$$

Nun lassen wir h immer kleiner werden. Was dabei geschieht, zeigt Tabelle 5.1:

h	0,1	0,01	0,001	0,0001
$m_s(h)$	0,525	0,5025	0,50025	0,500025

Tabelle 5.1

Die Differenzenquotienten m_s scheinen sich für $h \to 0$ der Zahl 0,5 anzunähern, was man auch anhand Abbildung 5.5 vermuten würde: Je näher die Punkte Q_h an P heranrücken, desto mehr nähern sich die grauen Sekanten der dunkelgrauen Geraden mit der Steigung 0,5 an.

Doch halt: Bisher haben wir uns nur von rechts dem Punkt P genähert, da wir oben $h > 0$ gewählt hatten. Vielleicht kommt ja eine andere Grenzsteigung heraus, wenn wir uns von links an P heranschleichen? Probieren wir es doch aus:

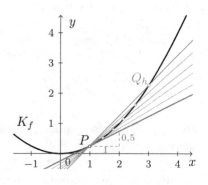

Abbildung 5.5

h	$-0,1$	$-0,01$	$-0,001$	$-0,0001$
$m_s(h)$	0,475	0,4975	0,49975	0,499975

Tabelle 5.2

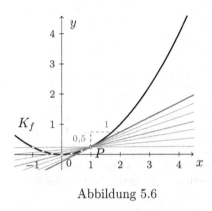

Abbildung 5.6

Scheint zu passen, was auch Abbildung 5.6 suggeriert. Die Differenzenquotienten $m_s(h)$ nähern sich wieder der Zahl 0,5 an, nur eben jetzt von unten her. Der Schein könnte allerdings auch trügen: Die endlich vielen Tabellenwerte geben uns keinerlei Gewissheit darüber, was passiert, wenn wir noch kleinere h wählen. So könnte auch 0,5000000314159 die Grenzsteigung der Sekanten sein, oder diese könnte gar nicht existieren (falls die Steigungen z.B. ständig zwischen Werten nahe bei 0,5 hin- und hersprängen). All diese Zweifel lassen sich weder mit Hilfe eines Taschenrechners noch zeichnerisch-geometrisch ausräumen. Wir müssen deshalb das Verhalten der Differenzenquotienten für h gegen 0 genauer analysieren. Dazu stützen wir uns auf folgende Definition, die auf dem Grenzwertbegriff für Folgen basiert.

Definition 5.1   Sei $g(h)$ eine reelle Funktion, die für jedes $h \in (-\delta, \delta) \setminus \{0\} =: D$ für ein $\delta > 0$ definiert ist. Dann bedeutet

$$\lim_{h \to 0} g(h) = b \quad \text{bzw.} \quad g(h) \to b \quad \text{für } h \to 0$$

für ein $b \in \mathbb{R}$, dass für jede Folge $(h_n) \subset D$ mit $h_n \to 0$ auch die Bildfolgen $(g(h_n))$ konvergieren, und zwar stets gegen denselben Grenzwert b. Anders ausgedrückt:

$$\lim_{n \to \infty} g(h_n) = b \quad \text{für jede beliebige Nullfolge } (h_n) \subset D. \qquad \diamond$$

Setzen wir $g(h) := m_s(h)$ (beachte, dass der Differenzenquotient in 0 nicht definiert ist, was die Definition bereits berücksichtigt), so führt uns die Frage nach Existenz und Berechnung des Grenzwerts der Sekantensteigungen auf die Untersuchung des Grenzwerts $\lim_{h \to 0} m_s(h)$ in obigem Sinne, was wir nun für Beispiel 5.1 explizit durchführen.

Beispiel 5.1 (fortgesetzt)   Nehmen wir also für $f(x) = \frac{1}{4}x^2$ die Differenzenquotienten im Punkt $P\left(1 \mid \frac{1}{4}\right)$ genauer unter die Lupe:

$$m_s(h) = \frac{f(1+h) - f(1)}{h} = \frac{1}{4} \frac{(1+h)^2 - 1}{h}.$$

Wenn wir jetzt direkt nach obiger Definition $m_s(h_n)$ für eine Nullfolge $0 \neq h_n \to 0$ betrachten, nähern sich Zähler und Nenner ärgerlicherweise wieder einfach der Null, denn $(1 + h_n)^2$ wird für $n \to \infty$ nach den Grenzwertsätzen immer näher an $1^2 = 1$ heranrücken. Hier hilft verblüffenderweise eine simple algebraische Umformung des Zählers weiter: Es ist

$$(1 + h)^2 - 1 = 1 + 2h + h^2 - 1 = 2h + h^2 \,,$$

und damit wird der Differenzenquotient zu

$$m_s(h) = \frac{1}{4} \frac{(1 + h)^2 - 1}{h} = \frac{1}{4} \frac{2h + h^2}{h} = \frac{1}{4} \frac{h(2 + h)}{h} = \frac{1}{4}(2 + h) \,.$$

Der letzte Ausdruck macht nun überhaupt keine Probleme mehr, wenn wir (h_n) einsetzen: Die Grenzwertsätze liefern $\frac{1}{4}(2 + h_n) \to \frac{1}{4} \cdot 2 = 0{,}5$ für $n \to \infty$. D.h. die Bildfolgen $(m_s(h_n))$ konvergieren für jede Nullfolge $(h_n) \subset \mathbb{R}\backslash\{0\}$ gegen denselben Grenzwert, nämlich $0{,}5$. Somit haben wir bewiesen, dass der Grenzwert der Sekantensteigungen für $h \to 0$ existiert. Damit können wir guten Gewissens die *Tangentensteigung* m_t der Kurve K_f im Punkt $P(1 \mid \frac{1}{4})$ definieren als

$$m_t := \lim_{h \to 0} m_s(h) = 0{,}5 \,.$$

Anmerkung:　Oftmals bleiben nach Umformung des Differenzenquotienten Ausdrücke wie z.B. $5 + h$ übrig. Hier wird man dann nicht jedes Mal so ausführlich wie im vorigen Beispiel auf die Definition mit den beliebigen Nullfolgen (h_n) zurückgreifen, sondern einfach guten Gewissens $5 + h \to 5$ für $h \to 0$ schreiben. Vergessen sollte man dabei aber nicht, dass $\lim_{h \to 0}$ nur eine abkürzende Schreibweise ist, und man eigentlich auf den Grenzwert von Folgen zurückgreifen müsste.

Durch diesen Rückgriff auf (h_n) erkennt man dann übrigens auch ganz leicht, dass sich die für Folgen gültigen Grenzwertsätze (G_1)–(G_3) unmittelbar auf Ausdrücke mit $\lim_{h \to 0}$ übertragen. Zum Beispiel geht $h^2 + \frac{2}{2-h}$ für $h \to 0$ gegen $0 \cdot 0 + \frac{2}{2-0} = 1$.

Der Grenzwert der Sekantensteigungen bekommt einen eigenen Namen und ist einer der bedeutsamsten Begriffe der Analysis überhaupt:

Definition 5.2　Sei $f \colon D_f \to \mathbb{R}$ eine reelle Funktion und $x_0 \in D_f$, so dass auch $(x_0 - \delta, x_0 + \delta) \subset D_f$ für ein $\delta > 0$ gilt. Weiter seien $m_s(h) := \frac{f(x_0+h)-f(x_0)}{h}$ die zu f und x_0 gehörigen Differenzenquotienten (für $0 \neq h \in (-\delta, \delta)$; vergleiche mit Definition 5.1). Im Existenzfall heißt der Grenzwert

$$\lim_{h \to 0} \frac{f(x_0 + h) - f(x_0)}{h} =: f'(x_0)$$

Differenzialquotient oder *Ableitung* der Funktion $f(x)$ an der Stelle x_0 (lies $f'(x_0)$ als „f Strich von x_0"). 　　　　　　　　　　　　　　　　　　　　$\diamond$

In Beispiel 5.1 haben wir also herausgefunden, dass die Ableitung der Funktion $f(x) = \frac{1}{4}x^2$ an der Stelle $x_0 = 1$ die Zahl 0,5 ist, kurz: $f'(1) = 0{,}5$.

Weil die Ableitung einer Funktion also nichts anderes als der Grenzwert der Sekantensteigungen, also die Tangentensteigung der zugehörigen Kurve ist, lässt sich die Antwort auf die ganz zu Beginn des Kapitels gestellte Frage nun endgültig so umformulieren:

> Die Steigung der Kurve K_f in $P(x_0 \mid f(x_0))$ ist die Ableitung $f'(x_0)$ der Funktion $f(x)$ an der Stelle x_0.

Die Kurve in Beispiel 5.1 hat also in $x_0 = 1$ die Steigung 0,5.

Aufgabe 5.1   Bestimme die Ableitung der folgenden Funktionen an der gegebenen Stelle x_0 durch Bildung des Grenzwerts der Differenzenquotienten (forme zunächst die Differenzenquotienten so weit um, dass erkenntlich wird, was für $h \to 0$ geschieht).

   a) $f(x) = x^3$; $x_0 = 1$ b) $f(x) = x^2 - 2x + 3$; $x_0 = 2$ c) $f(x) = \frac{1}{x}$; $x_0 = -1$

5.1.3 Die Tangentengleichung

Nachdem wir gelernt haben, was die Ableitung einer Funktion an einer Stelle x_0 ist, können wir – nun zum ersten Mal exakt und nicht nur anschaulich – definieren, was die Tangente an ein Schaubild denn überhaupt sein soll.

Definition 5.3   Es sei $f \colon D_f \to \mathbb{R}$ eine reelle Funktion, deren Ableitung $f'(x_0)$ an der Stelle $x_0 \in D_f$ existiere. Dann ist die *Tangente* an das Schaubild K_f von f im Punkt $P(x_0 \mid f(x_0))$ definiert als die Gerade mit Steigung $m_t := f'(x_0)$, die durch P verläuft. $\diamond$

Dass diese Definition mit der geometrischen Tangentendefinition am Kreis übereinstimmt, zeigt Aufgabe 5.5 auf Seite 147.

Beispiel 5.2   Wir bestimmen die Gleichung der Tangente an das Schaubild von $f(x) = \frac{1}{4}x^2$ für $x_0 = 1$ (siehe Beispiel 5.1).
Da die Tangente eine Gerade ist, ist ihre Funktionsgleichung von der Form $t(x) = m_t x + c$, wobei

$$m_t = f'(x_0) = f'(1) = 0{,}5$$

gilt. Also haben wir $t(x) = 0{,}5\,x + c$, und den y-Achsenabschnitt c erhält man mit Hilfe einer Punktprobe, da die Tangente durch den Punkt $P\left(1\mid\frac{1}{4}\right) \in K_f$ verlaufen muss: Aus $t(1) = \frac{1}{4}$ folgt $0{,}5 \cdot 1 + c = \frac{1}{4}$, also $c = \frac{1}{4} - \frac{1}{2} = -\frac{1}{4}$. Somit ist

$$t(x) = \frac{1}{2}\,x - \frac{1}{4}$$

die gesuchte Tangentengleichung. Vergleiche diese mit der dunkelgrauen Geraden in Abbildung 5.5.

Nun wollen wir eine allgemeine Funktionsgleichung $t(x)$ für die Tangente finden.

Satz 5.1   Sei f eine reelle Funktion, deren Ableitung $f'(x_0)$ existiere. Dann lautet die Gleichung der Tangente an das Schaubild K_f im Punkt $P\left(\,x_0\mid f(x_0)\,\right)$

$$t(x) = f'(x_0) \cdot (x - x_0) + f(x_0).$$

Beweis: Sei K_t die zu $t(x)$ gehörige Gerade. Dann hat K_t nach Definition 5.2 die Steigung $m_t = f'(x_0)$ und wegen

$$t(x_0) = f'(x_0) \cdot (x_0 - x_0) + f(x_0) = 0 + f(x_0) = f(x_0)$$

verläuft K_t durch P. Somit ist K_t die Tangente an K_f in P.   □

Wie aber kommt man auf diese allgemeine Formel? Ganz einfach: Man führt die Punktprobe aus obigem Beispiel allgemein durch.

Viel besser ist es jedoch, wenn man sich merkt, was geometrisch hinter dieser Gleichung steckt – siehe Abbildung 5.7. Beginnen wir mit der Geraden K_{t_1}, deren Gleichung

$$t_1(x) = f'(x_0) \cdot x$$

lautet. Diese hat zwar schon die korrekte Tangentensteigung, verläuft aber noch nicht durch P (außer P ist zufällig der Ursprung). Deshalb verschieben wir K_{t_1} zunächst um x_0 in x-Richtung:

$$t_2(x) = t_1(x - x_0) = f'(x_0) \cdot (x - x_0),$$

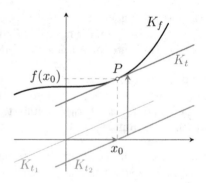

Abbildung 5.7

und die entstehende Gerade K_{t_2} anschließend noch um $f(x_0)$ in y-Richtung. Dadurch erhalten wir schließlich die Tangente K_t mit der Gleichung

$$t(x) = t_2(x) + f(x_0) = f'(x_0) \cdot (x - x_0) + f(x_0).$$

5.1.4   Lineare Approximation

Wir betrachten den Differenzialquotienten im Hinblick auf die Tangente aus einem etwas anderen Blickwinkel. Wir vergleichen hierbei, wie gut die Funktionswerte einer Funktion f nahe bei x_0 mit den Funktionswerten der Tangente t an K_f in x_0 übereinstimmen. In Abbildung 5.8 sind die Schaubilder K_f und K_t dargestellt, und man kann erkennen, dass $f(x_0 + h) \approx t(x_0 + h)$ für kleine h gilt.

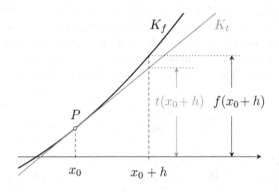

Abbildung 5.8

Um dies zu präzisieren, schreiben wir die Tangentengleichung als $t(x) = f(x_0) + f'(x_0) \cdot (x - x_0)$ und betrachten die Differenz

$$f(x) - t(x) = f(x) - f(x_0) - f'(x_0) \cdot (x - x_0) = (x - x_0) \cdot \left(\frac{f(x) - f(x_0)}{x - x_0} - f'(x_0) \right).$$

Nun setzen wir wie gewohnt $x = x_0 + h$, um zu sehen, was für kleines h, d.h. x-Werte nahe bei x_0, mit der Differenz passiert:

$$d(h) := f(x_0 + h) - t(x_0 + h) = h \cdot \left(\frac{f(x_0 + h) - f(x_0)}{h} - f'(x_0) \right).$$

Potzblitz, der erste Klammerterm ist ja der Differenzenquotient. Lassen wir also h gegen 0 streben, so geht der Klammerterm gegen $f'(x_0) - f'(x_0) = 0$, und mit dem h davor gilt erst recht $d(h) \to 0$ für $h \to 0$. Diese „schnelle" Konvergenz wird noch deutlicher, wenn man schreibt

$$\lim_{h \to 0} \frac{d(h)}{h} = \lim_{h \to 0} \frac{f(x_0 + h) - f(x_0)}{h} - f'(x_0) = 0,$$

d.h. die Differenz $d(h)$ zwischen Funktion und Tangente geht so schnell gegen 0, dass sie selbst nach Division durch h, das sich ja ebenfalls 0 nähert, immer noch gegen 0 konvergiert.
Anders ausgedrückt: Mit $d(h) = f(x) - t(x)$ können wir f darstellen als

$$f(x) = t(x) + d(h) = f(x_0) + f'(x_0) \cdot (x - x_0) + d(h),$$

und es gilt

$$f(x) \approx f(x_0) + f'(x_0) \cdot (x - x_0) \quad \text{für } x \text{ nahe bei } x_0,$$

wobei der Fehler d für $h \to 0$ (sprich $x = x_0 + h \to x_0$) sehr schnell sehr klein wird. Man kann also f nahe x_0 durch die Tangentenfunktion, die linear und damit besonders einfach zu handhaben ist, approximieren.

Eine simple Anwendung dieser „linearen Approximation" bringt Aufgabe 5.2.

Die volle Tragweite der Approximation einer Abbildung durch etwas (in allgemeinerem Sinne) Lineares können wir hier leider nicht diskutieren – aber es sei so viel gesagt, dass dieses Konzept in der mehrdimensionalen Analysis und der sogenannten Differenzialgeometrie (Studium „verallgemeinerter Flächen") von grundlegender Bedeutung ist.

Aufgabe 5.2   Stelle die Tangentengleichungen zu den in Aufgabe 5.1 a) – c) gegebenen Funktionen an der Stelle x_0 auf. Zeichne Schaubild mitsamt Tangente.

Berechne (ohne Taschenrechner) mit Hilfe der oben erklärten linearen Approximation näherungsweise $1{,}04^3$ bzw. $\frac{1}{-1{,}08}$ und vergleiche mit den tatsächlichen Funktionswerten (mit Taschenrechner).

5.1.5   Differenzierbarkeit

Nachdem wir das Bestimmen der Ableitung an einer Stelle x_0 nun geübt haben, sind wir bereit für den nächsten Schritt. Möchte man z.B. die Ableitung der Funktion aus Beispiel 5.1 nicht bei $x_0 = 1$, sondern etwa an der Stelle $x_0 = \sqrt{2}$ berechnen, so wäre es natürlich extrem lästig, wenn man dieselbe mühsame Rechnung nochmal – nur eben mit anderen Zahlen – durchführen müsste.

Deshalb bestimmen wir die Ableitung jetzt allgemein, d.h. anstatt eine spezielle Zahl x_0 in den obigen Rechnungen einzusetzen, rechnen wir gleich mit einem beliebigen x.

Definition 5.4   Sei $f\colon D_f \to \mathbb{R}$ eine Funktion mit Definitionsbereich D_f. Existiert die Ableitung $f'(x_0)$ für ein $x_0 \in D_f$, so heißt f *differenzierbar in* x_0. Ist f für alle $x_0 \in D_f$ differenzierbar, so sagt man kurz, dass f *differenzierbar* ist.

Für eine Funktion f heißt die Funktion $f'\colon D_{f'} \to \mathbb{R}$, $x \mapsto f'(x)$, die also jedem x den Wert der Ableitung von f an dieser Stelle zuordnet, die *Ableitungsfunktion von* f. Dabei besteht $D_{f'}$ genau aus den $x \in D_f$, für die das möglich ist, d.h. in denen f differenzierbar ist. $\diamond$

Beachte, dass nur für differenzierbare Funktionen $D_f = D_{f'}$ gilt. Es gibt durchaus Funktionen, die nicht an allen Stellen ihres Definitionsbereichs differenzierbar sind, für die also die Definitionsmenge $D_{f'}$ der Ableitungsfunktion f' echt kleiner als D_f ist (siehe Beispiele 5.4 und 5.5).

Beispiel 5.3 Wir bestimmen die Ableitungsfunktion unseres Standard-Beispiels $f(x) = \frac{1}{4}x^2$. Sei also x eine beliebige Stelle (um Schreibaufwand zu sparen, lassen wir den Index $_0$ weg). Mit denselben Umformungen wie in der Fortsetzung zu Beispiel 5.1 ergibt sich als Differenzenquotient an der Stelle x (statt 1)

$$m_s(h) = \frac{1}{h}\left(f(x+h) - f(x)\right) = \frac{1}{4h}\left((x+h)^2 - x^2\right) = \frac{1}{4h}\left(2xh + h^2\right) = \frac{1}{4}\left(2x + h\right).$$

Durch Grenzübergang $h \to 0$ erhalten wir als Ableitung

$$f'(x) = \lim_{h \to 0} \frac{1}{4}\left(2x + h\right) = \frac{1}{2}x.$$

Diese Rechnung und Grenzwertbetrachtung ist für jedes $x \in D_f = \mathbb{R}$ gültig, d.h. die Ableitungsfunktion $f \colon \mathbb{R} \to \mathbb{R}$, $x \mapsto \frac{1}{2}x$, hat denselben Definitionsbereich wie die Funktion f selbst.

Beispiel 5.4 Die Betragsfunktion $|\cdot| \colon \mathbb{R} \to \mathbb{R}$, $x \mapsto |x| := \begin{cases} x & \text{falls } x \geqslant 0, \\ -x & \text{falls } x < 0, \end{cases}$

besitzt das in Abbildung 5.9 dargestellte Schaubild. Da dieses in 0 einen „Knick" besitzt, wird es dort vermutlich keine Ableitung bzw. Tangente geben, was wir nun auch formal begründen wollen. Hier ergeben sich unterschiedliche Grenzwerte der Differenzenquotienten, je nachdem ob wir uns von rechts oder links nähern: Betrachten wir eine negative Nullfolge (h_n), so gilt $|h_n| = -h_n$ für alle n, und es folgt

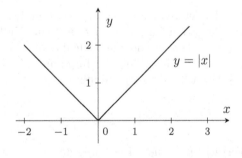

Abbildung 5.9

$$m_s^-(h_n) = \frac{1}{h_n}\left(|0 + h_n| - |0|\right) = \frac{1}{h_n}\cdot(-h_n) = -1.$$

Der „linksseitige Grenzwert" der Differenzenquotienten ist also stets -1 (was natürlich nicht überrascht, wenn man sdas Schaubild betrachtet). Nähern wir uns mit einer positiven Nullfolge von rechts der 0, so ist hingegen

$$m_s^+(h_n) = \frac{1}{h_n}\left(|0 + h_n| - |0|\right) = \frac{1}{h_n}\cdot(h_n) = 1.$$

Die Existenz von $\lim_{h\to 0} m_s(h)$ bedeutet aber, dass für *jede* Nullfolge (h_n) (mit $h_n \neq 0$) die Folge $(m_s(h_n))$ denselben Grenzwert besitzt. Da dies hier nicht der Fall ist, ist die Betragsfunktion in 0 nicht differenzierbar. Für $x > 0$ bzw. $x < 0$ existiert die Ableitung selbstverständlich und ist 1 für $x > 0$ bzw. -1 für $x < 0$ (mit derselben Rechnung wie eben).

Dieses Beispiel zeigt also unter anderem, dass die Ableitungsfunktion einen echt kleineren Definitionsbereich als die Funktion selbst besitzen kann: $D_{f'} = \mathbb{R}\setminus\{0\}$, während $D_f = \mathbb{R}$ ist.

Beispiel 5.5   Wir berechnen die Ableitungsfunktion von $f(x) = \sqrt{x}$ für ein beliebiges $x > 0$. Der Differenzenquotient besitzt hier die Gestalt

$$m_s(h) = \frac{1}{h}\left(f(x+h) - f(x)\right) = \frac{1}{h}\left(\sqrt{x+h} - \sqrt{x}\right),$$

wobei h schon so klein sein soll, dass $x + h \geqslant 0$ gilt, weil sonst die Wurzel nicht definiert ist. Auf den ersten Blick können wir dies nicht mehr weiter vereinfachen (grottenfalsch wäre, die Klammer als $\sqrt{x+h-x}$ umzuschreiben). Nun kommt der immer gleiche miese Trick, nämlich geschickt erweitern und die dritte binomische Formel wirken lassen:

$$m_s(h) = \frac{1}{h}\left(\sqrt{x+h} - \sqrt{x}\right) \cdot \frac{\sqrt{x+h} + \sqrt{x}}{\sqrt{x+h} + \sqrt{x}} = \frac{1}{h} \cdot \frac{\sqrt{x+h}^2 - \sqrt{x}^2}{\sqrt{x+h} + \sqrt{x}}$$

$$= \frac{1}{h} \cdot \frac{x+h-x}{\sqrt{x+h} + \sqrt{x}} = \frac{1}{h} \cdot \frac{h}{\sqrt{x+h} + \sqrt{x}} = \frac{1}{\sqrt{x+h} + \sqrt{x}}.$$

Um den letzten Ausdruck für $h \to 0$ in den Griff zu bekommen, greifen wir explizit auf Definition 5.1 zurück: Ist (h_n) eine Nullfolge (mit $h_n \neq 0$), so strebt natürlich $x + h_n$ gegen x, und mit Aufgabe 4.6 auf Seite 78 lässt sich die Konvergenz von $\sqrt{x + h_n}$ gegen $\sqrt{x}$ folgern. Insgesamt ergibt sich mit Hilfe der Grenzwertsätze für die Ableitung der Wurzelfunktion

$$f'(x) = \left(\sqrt{x}\right)' = \lim_{h\to 0} \frac{1}{\sqrt{x+h} + \sqrt{x}} = \frac{1}{\sqrt{x} + \sqrt{x}} = \frac{1}{2\sqrt{x}}.$$

Versucht man diese Rechnung auch für $x = 0$ durchzuführen, bleibt am Ende der Ausdruck $\frac{1}{\sqrt{h}}$ stehen, der für $h \to 0$ keinen (rechtsseitigen) Grenzwert besitzt, da er über alle Schranken wächst (d.h. gegen $+\infty$ strebt). Es steht das Wörtchen „rechtsseitig" vor dem Grenzwert, da wir uns aufgrund der Wurzel nur für $h > 0$, also von rechts her, der 0 nähern können.

Wenn überhaupt, dann könnte die Wurzelfunktion nur eine „rechtsseitige" Ableitung in 0 besitzen, was sie nach dem eben Gesagten nicht tut. Der geometrische Grund hierfür ist, dass das Schaubild in 0 unendliche Steigung besitzt (wenn man hier von Tangente sprechen will, so wäre es die y-Achse), siehe Abbildung 5.10. Auch hier ist also $D_{f'} = (0, \infty)$ kleiner als $D_f = [0, \infty)$ (wobei für den Randpunkt 0 ohnehin keine „richtige", d.h. beidseitige Differenzierbarkeit in Frage kam).

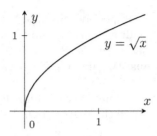

Abbildung 5.10

Wir notieren noch eine besonders erfreuliche Eigenschaft differenzierbarer Funktionen, nämlich ihre wie folgt definierte *Stetigkeit*.

Definition 5.5 Sei $f\colon D_f \to \mathbb{R}$ eine Funktion und $x \in D_f$. Gilt für jede Folge $(x_n) \subset D_f$ mit $x_n \to x$, dass auch die Bildfolge $(f(x_n))$ konvergiert, und zwar gegen $f(x)$, d.h.

$$\lim_{n\to\infty} f(x_n) = f\left(\lim_{n\to\infty} x_n\right) = f(x),$$

dann heißt f *stetig an der Stelle* x. Ist f an allen Stellen $x \in D_f$ stetig, so nennt man f *stetig*. $\diamond$

Beispiel 5.6 Mit Hilfe der Grenzwertsätze sieht man leicht ein, dass alle polynomialen Funktionen wie z.B. $f(x) = x^4 - 2x^2 + 1$ oder sogar gebrochenrationale Funktionen wie z.B. $g(x) = \frac{x^3 - 2x}{x^2 + 1}$ auf ihrem gesamten Definitionsbereich stetig sind. Führen wir den Nachweis für $g(x)$: Ist $x \in D_g = \mathbb{R}$ beliebig und (x_n) eine gegen x konvergente Folge, so konvergiert nach (G_1)–(G_3) die Bildfolge $g(x_n) = \frac{x_n^3 - 2x_n}{x_n^2 + 1}$ gegen $\frac{x^3 - 2x}{x^2 + 1} = g(x)$.

Der folgende Satz hilft, aus bekannten stetigen Funktionen neue zu bilden.

Satz 5.2 Sind $f\colon D_f \to \mathbb{R}$ und $g\colon D_g \to \mathbb{R}$ stetige Funktionen, so ist auch $f \circ g\colon D_g \to \mathbb{R}$, $x \mapsto f(g(x))$ stetig. (Damit die Verkettung sinnvoll ist, muss natürlich $W_g \subseteq D_f$ sein.) Kurz: Die Verkettung stetiger Funktionen ist wieder stetig.

Beweis: Es sei $x \in D_g$ beliebig und $(x_n) \subset D_g$ eine gegen x konvergente Folge. Dann konvergiert $g(x_n) \to g(x)$ aufgrund der Stetigkeit von g. Weil nun aber $(y_n) := (g(x_n)) \subset D_f$ eine gegen $y := g(x)$ konvergente Folge ist, folgt $f(y_n) \to f(y)$, da auch f stetig ist. Also gilt insgesamt $f(g(x_n)) \to f(g(x))$, was die Stetigkeit der Verkettung $f \circ g$ beweist. $\square$

Beispiel 5.7 Die Betragsfunktion $x \mapsto |x|$ ist stetig.

Es ist nämlich $\sqrt{x^2} = |x|$ (und nicht etwa $\sqrt{x^2} = x$, was für negative x falsch

ist, da die Wurzel definitionsgemäß positiv sein muss), also lässt sich die Betragsfunktion als Verkettung von Quadratfunktion q und Wurzelfunktion w schreiben:
$|x| = w(q(x))$. Nach vorigem Beispiel ist $q(x) = x^2$ stetig, und die Stetigkeit der
Wurzelfunktion w ergibt sich aus Aufgabe 4.6. Nach Satz 5.2 folgt die Stetigkeit
der Betragsfunktion.

Die Stetigkeit lässt sich auch direkt unter Verwendung der „umgekehrten Dreiecks-
ungleichung" $\big| |x| - |y| \big| \leqslant |x - y|$ nachweisen (Übung).

Beispiel 5.8   Unstetige Funktionen kann man sich leicht künstlich konstruieren:
So ist die „Sprungfunktion" $f(x) := 0$ für alle $x \neq 0$ und $f(0) := 1$ unstetig in
0, denn für jede Nullfolge (x_n) mit $x_n \neq 0$ für alle n ist stets $f(x_n) = 0$, also
konvergiert die Bildfolge $(f(x_n))$ nie gegen $1 = f(0)$.

In Abbildung 5.11 ist dies nochmals grafisch
für eine etwas interessanter aussehende Sprungfunktion dargestellt. Ihre Sprungstelle liegt bei
$x_0 = 2$, und es ist $f(2) = 2$ (Bedeutung von
Boppel über Kringel[1] wie auf Seite 60).

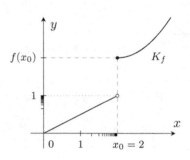

Betrachtet man nun eine streng monoton wachsende Folge (x_n), die gegen $x_0 = 2$ konvergiert,
so erkennt man, dass die Bildfolge $(f(x_n))$ gegen
1, und *nicht* gegen

$$f\left(\lim_{n \to \infty} x_n\right) = f(2) = 2$$

Abbildung 5.11

strebt. Somit ist f in $x_0 = 2$ unstetig.

Der nächste Satz sagt uns, dass die Eigenschaft der Differenzierbarkeit stärker ist
als die Stetigkeit.

Satz 5.3   Ist f eine an der Stelle x differenzierbare Funktion, so ist f automatisch auch stetig in x. Ist also f differenzierbar, so ist f stetig.

Beweis: Dass f differenzierbar in x ist, bedeutet, dass der Grenzwert $\frac{f(x+h_n)-f(x)}{h_n}$
für jede Nullfolge (mit $h_n \neq 0$) existiert und die Ableitung $f'(x)$ ist. Ist nun (x_n)
eine gegen x konvergente Folge, so definiert $h_n := x_n - x$ eine Nullfolge (wir betrachten hier nur den interessanten Fall, dass $x_n \neq x$ für fast alle n ist), das heißt

$$q_n := \frac{f(x_n) - f(x)}{x_n - x} = \frac{f(x + h_n) - f(x)}{h_n} \to f'(x) \quad \text{für } n \to \infty.$$

Da jede konvergente Folge nach Satz 4.1 beschränkt ist, gibt es ein $S \in \mathbb{R}$ mit
$|q_n| \leqslant S$ für alle $n \in \mathbb{N}$, und durch Multiplikation mit $|x_n - x|$ erhalten wir

$$|f(x_n) - f(x)| = |q_n| \cdot |x_n - x| \leqslant S \cdot |x_n - x| \quad \text{für alle } n \in \mathbb{N}.$$

---

[1]In den anderen Abbildungen dieses Kapitels wurde der helle Kringel der besseren Erkennbar-
keit halber gewählt und bedeutet *nicht*, dass der Punkt nicht auf dem Schaubild liegt. Dies gilt
nur, wenn sich über oder unter ihm ein schwarzer Boppel befindet.

Da die rechte Seite gegen 0 geht, folgt auch $|f(x_n) - f(x)| \to 0$, d.h. $f(x_n) \to f(x)$ für $n \to \infty$, was die Stetigkeit von f beweist. $\qquad\square$

Dass aus Stetigkeit allerdings noch lange nicht die Differenzierbarkeit folgt, zeigt die Betragsfunktion. Sie ist zwar auf ganz $\mathbb{R}$ stetig (siehe Beispiel 5.7), aber in 0 nicht differenzierbar, wie wir in Beispiel 5.4 gesehen haben.

Historisches. Die *Differenzialrechnung*, also die mathematische Disziplin, die auf dem Begriff der Ableitung basiert, wurde Ende des 17. Jahrhunderts unabhängig von zwei Genies entwickelt: Dem Physiker Sir Isaac Newton[2] und dem deutschen Universalgelehrten Leibniz[3].

Newton entwickelte die Ableitung, um seine physikalischen Ideen präziser formulieren zu können. Seine Bezeichnung $\dot{f}(t_0)$ (lies: „f Punkt von t_0") ist bis heute üblich, wenn man nach der Zeit t ableitet.

Leibniz hingegen näherte sich der Ableitung aus geometrischer Sicht, indem er versuchte, die Tangente einer Kurve zu bestimmen. Auf ihn geht die Notation

$$\lim_{\Delta x \to 0} \frac{\Delta f}{\Delta x} =: \frac{\mathrm{d}f}{\mathrm{d}x}(x_0)$$

(lies: „$\mathrm{d}f$ nach $\mathrm{d}x$ an der Stelle x_0") für die Ableitung zurück. Das d soll andeuten, dass beim Grenzübergang $\Delta x \to 0$ aus den endlichen Differenzen Δ nun „unendlich kleine" Zahlen, sogenannte „Differenziale" werden. Obwohl das Differenzial-Kalkül wunderbare Resultate lieferte, sorgte der Umgang mit diesen „unendlich kleinen Zahlen" (die aber doch irgendwie von Null verschieden sind) lange Zeit für große Verwirrung und Kontroversen. Eine logisch befriedigende Präzisierung des Ableitungs-Konzeptes, u.a. durch Cauchy und Weierstraß, erfolgte erst später, da dafür ein rigoroser Grenzwertbegriff notwendig war.

Aufgabe 5.3 Zeige, dass die folgenden Funktionen auf ihrem maximalen Definitionsbereich differenzierbar sind, indem du explizit die Ableitungsfunktion mit der h-Methode bestimmst.

a) $f(x) = x$ \qquad b) $f(x) = \dfrac{1}{x}$ \qquad c) $f(x) = x^3$

---

[2] Jeder weiß, wer Newton war!

[3] Gottfried Wilhelm Leibniz (1646–1716); bedeutender Mathematiker, Philosoph, Physiker, Politiker u.v.m., der laut eigener Aussage „beim Erwachen schon so viele Einfälle hatte, dass der Tag nicht ausreichte, um sie niederzuschreiben".

5.2 Ableitungsregeln

Es wäre natürlich sehr unerfreulich, wenn man jedes Mal beim Ableiten die umständlichen Umformungen der h-Methode aus dem letzten Abschnitt anwenden müsste. Deshalb werden wir nun allgemeine Regeln aufstellen, mit denen sich Ableitungen vieler der uns bekannten Funktionen mühelos bestimmen lassen.

5.2.1 Faktor- und Summenregel

Satz 5.4   (*Faktor- und Summenregel*)

Es seien f und g differenzierbare Funktionen und $c \in \mathbb{R}$ eine Konstante. Dann sind $c \cdot f$ und $f + g$ ebenfalls differenzierbar und für ihre Ableitungen gilt:

$$\big(c \cdot f(x)\big)' = c \cdot f'(x) \qquad \text{und} \qquad \big(f(x) + g(x)\big)' = f'(x) + g'(x),$$

wobei die zweite Regel natürlich nur für $x \in D_f \cap D_g$, also auf dem gemeinsamen Definitionsbereich, gelten kann.

In Worten: Ein konstanter Vorfaktor bleibt beim Ableiten einfach stehen und Summen von Funktionen werden summandenweise abgeleitet.

Beweis: Für den Differenzenquotienten von $k(x) := c \cdot f(x)$ gilt

$$\frac{1}{h}\big(k(x+h) - k(x)\big) = \frac{1}{h}\big(c \cdot f(x+h) - c \cdot f(x)\big) = c \cdot \frac{1}{h}\big(f(x+h) - f(x)\big),$$

und da der letzte Ausdruck für $h \to 0$ nach Grenzwertsatz (G$_2$) gegen $c \cdot f'(x)$ geht, folgt die erste Behauptung, nämlich dass $k(x) = c \cdot f(x)$ die Ableitungsfunktion $c \cdot f'(x)$ besitzt.

Für den Differenzenquotienten der Summenfunktion $s(x) := f(x) + g(x)$ gilt

$$\frac{1}{h}\big(s(x+h) - s(x)\big) = \frac{1}{h}\Big(f(x+h) + g(x+h) - \big(f(x) + g(x)\big)\Big)$$
$$= \frac{1}{h}\big(f(x+h) - f(x)\big) + \frac{1}{h}\big(g(x+h) - g(x)\big).$$

Für $h \to 0$ geht diese Summe nach Grenzwertsatz (G$_1$) gegen die Summe der Differenzialquotienten, also gegen $f'(x) + g'(x)$, was zu zeigen war. $\square$

Anmerkung: Natürlich gilt die Summenregel auch für 3 oder mehr Summanden, wie man durch Klammern und mehrfaches Anwenden der Summenregel sieht:

$$(f + g + h)' = \big(f + (g + h)\big)' = f' + (g + h)' = f' + g' + h'.$$

Außerdem gilt für Differenzen $\big(f(x) - g(x)\big)' = f'(x) - g'(x)$. Dies sieht man, indem man $f - g$ als $f + (-1) \cdot g$ schreibt, und Summen- plus Faktorregel anwendet.

Beispiel 5.9 Für die Ableitung von $f(x) = 2\sqrt{x} + \frac{1}{3}x^3 - \frac{\pi}{x}$ folgt (für $x > 0$) unter Verwendung der beiden Regeln und der Ableitungs-Ergebnisse der letzten Abschnitte (inklusive Aufgabe 5.3):

$$f'(x) = 2 \cdot \frac{1}{2\sqrt{x}} + \frac{1}{3} \cdot (3x^2) - \pi \cdot \frac{-1}{x^2} = \frac{1}{\sqrt{x}} + x^2 + \frac{\pi}{x^2}.$$

5.2.2 Die Potenzregel

Funktionen wie z.B. x, x^2, x^3 ... lassen sich besonders einfach ableiten. Die zugehörige Regel hast du vielleicht bereits anhand Aufgabe 5.3 erahnt.

Satz 5.5 (*Potenzregel*)

Für jedes $n \in \mathbb{N}$ gilt für die Ableitung der Potenzfunktion x^n

$$\left(x^n\right)' = n\,x^{n-1}.$$

Beweis: Der Differenzenquotient lautet $\frac{1}{h}\big((x+h)^n - x^n\big)$, und um ihn weiter umformen zu können, müssen wir erst den $(x+h)^n$-Ausdruck in den Griff bekommen. Dazu rufen wir uns den allgemeinen binomischen Lehrsatz in Erinnerung (siehe Seite 35):

$$(x+h)^n = \sum_{k=0}^{n} \binom{n}{k} x^k h^{n-k} = x^n + n\,x^{n-1}h + R(h^2),$$

wobei wir $\binom{n}{n} = 1$ und $\binom{n}{n-1} = n$ verwendet haben und der „Restterm" $R(h^2)$ ausschließlich Summanden enthält, in denen ein h^2 oder noch höhere Potenzen von h auftreten. Damit folgt

$$\frac{1}{h}\left((x+h)^n - x^n\right) = \frac{1}{h}\left(\cancel{x^n} + n\,x^{n-1}h + R(h^2) - \cancel{x^n}\right) = n\,x^{n-1} + \frac{R(h^2)}{h}.$$

Alle Summanden von $R(h^2)$ enthalten auch nach Division durch h immer noch mindestens ein h und verschwinden somit im Grenzübergang $h \to 0$:

$$\left(x^n\right)' = \lim_{h \to 0} \frac{1}{h}\left((x+h)^n - x^n\right) = \lim_{h \to 0}\left(n\,x^{n-1} + \underbrace{\frac{R(h^2)}{h}}_{\to 0}\right) = n\,x^{n-1}. \qquad \square$$

Beispiel 5.10 $\left(x^{42}\right)' = 42 \cdot x^{41}.$

Anmerkung: Die Potenzregel gilt sogar für alle *reellen* Hochzahlen $r \in \mathbb{R}$:

$$\left(x^r\right)' = r\,x^{r-1}.$$

Was x^r für rationales oder gar irrationales r überhaupt sein soll, und wie man diese Regel dann beweist, sehen wir erst auf Seite 145 mit Hilfe der e-Funktion. Wenden wir diese Regel für $r = -1$ und $r = \frac{1}{2}$ an, so ergibt sich:

$$\left(\frac{1}{x}\right)' = \left(x^{-1}\right)' = (-1) \cdot x^{-1-1} = -x^{-2} = -\frac{1}{x^2}$$

und

$$\left(\sqrt{x}\right)' = \left(x^{\frac{1}{2}}\right)' = \frac{1}{2}\,x^{\frac{1}{2}-1} = \frac{1}{2}\,x^{-\frac{1}{2}} = \frac{1}{2}\,\frac{1}{x^{\frac{1}{2}}} = \frac{1}{2\sqrt{x}}\,,$$

was tatsächlich mit unseren früheren Ergebnissen aus Abschnitt 5.1.5 übereinstimmt, wo wir diese Ableitungen mit der h-Methode mühsam bestimmt haben.

5.2.3   Die Ableitung von Sinus und Cosinus

Wir beweisen nun die Ableitungsregeln für die Sinus- und Cosinusfunktion, deren Definition am Einheitskreis wir aus der Schule als bekannt voraussetzen. Während der Beweis übelst trickreich ist, sind die Regeln selbst erfreulich einfach.

Satz 5.6   Für die Ableitung von Sinus und Cosinus gilt (wenn x im *Bogenmaß* gemessen wird!)

$$\sin'(x) = \cos x \qquad \text{und} \qquad \cos'(x) = -\sin x.$$

(Normalerweise sparen wir uns die Klammer um das x im Argument von sin oder cos; weil $\sin' x$ oder $\sin' 0$ aber etwas komisch aussieht, setzen wir sie hier.)

Dass beim Ableiten von Cosinus ein Minus auftritt, kann man sich daran merken, dass die Cosinuskurve für $x > 0$ zunächst fällt, also erstmal negative Steigung besitzt.

Beweis: In **Schritt 1** bestimmen wir die Ableitung des Sinus an der Stelle $x_0 = 0$. Interessanterweise lässt sich der allgemeine Fall auf diesen Spezialfall zurückführen (siehe Schritt 2). Es ist

$$\lim_{h \to 0} \frac{1}{h}\big(\sin(0 + h) - \sin 0\big) = \lim_{h \to 0} \frac{1}{h}\big(\sin(h) - 0\big) = \lim_{h \to 0} \frac{\sin h}{h}\,.$$

Um den Grenzwert formal korrekt zu bestimmen, müssen wir etwas tiefer in die Trickkiste greifen (durch Einsetzen kleiner h mit dem Taschenrechner kommt man zur Vermutung, dass er 1 sein wird).

Betrachte den in Abbildung 5.12 dargestellten Einheitskreis-Ausschnitt. Es sei h das Bogenmaß des Winkels α_h, also die Länge des Kreisbogens DC. Nach Definition von Sinus und Cosinus am Einheitskreis ist $\overline{AB} = \cos h$ und $\overline{BC} = \sin h$. Zudem gilt $\tan h = \frac{\overline{DE}}{1}$, d.h. die Länge der Strecke DE auf der Kreistangente ist $\tan h$ (daher stammt die Bezeichnung Tangens).

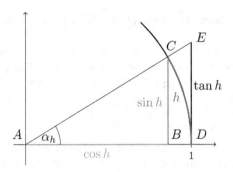

Abbildung 5.12

Nun betrachten wir das Dreieck ABC (Flächeninhalt A_1), welches im Kreissektor ADC (Flächeninhalt A_s) enthalten ist, welcher selbst wiederum innerhalb des Dreiecks ADE (Flächeninhalt A_2) liegt. Offenbar gilt die Beziehung

$$A_1 \leqslant A_s \leqslant A_2. \qquad (*)$$

Die Flächeninhalte der rechtwinkligen Dreiecke sind

$$A_1 = \frac{1}{2} \cdot \cos h \cdot \sin h \quad \text{und} \quad A_2 = \frac{1}{2} \cdot 1 \cdot \tan h.$$

Für den Kreissektor gilt $A_s = \frac{h}{2\pi} \cdot \pi\, 1^2 = \frac{h}{2}$, und eingesetzt in $(*)$ ergibt dies

$$\frac{1}{2} \cdot \cos h \cdot \sin h \leqslant \frac{h}{2} \leqslant \frac{1}{2} \tan h.$$

Multiplizieren mit 2 und teilen durch $\sin h > 0$ (für $0 < h < \pi$) liefert unter Beachtung von $\tan h = \frac{\sin h}{\cos h}$

$$\cos h \leqslant \frac{h}{\sin h} \leqslant \frac{\tan h}{\sin h} = \frac{1}{\cos h} \quad \text{bzw.} \quad \frac{1}{\cos h} \geqslant \frac{\sin h}{h} \geqslant \cos h.$$

Nun geht für $h \to 0$ aber sowohl $\cos h \to \cos 0 = 1$ (anschaulich klar am Einheitskreis[4]), als auch $\frac{1}{\cos h} \to \frac{1}{1} = 1$, und weil der interessierende Bruch zwischen diesen beiden Ausdrücken eingequetscht ist, folgt im Grenzübergang $h \to 0$

$$1 \geqslant \lim_{h \to 0} \frac{\sin h}{h} \geqslant 1,$$

was dem mittleren Grenzwert keine andere Wahl lässt, als selbst auch 1 zu sein. Damit haben wir mühsam bewiesen, dass die Ableitung des Sinus in 0 existiert und

$$\sin'(0) = \lim_{h \to 0} \frac{\sin h}{h} = 1$$

---

[4]Eigentlich brauchen wir hier die Stetigkeit des Cosinus. Da wir aber nur die anschauliche Definition der Cosinusfunktion verwenden, können wir ihre Stetigkeit auch nicht streng beweisen.

gilt. Weil $\cos 0 = 1$ ist, stimmt die Behauptung $\sin'(x) = \cos x$ zumindest für $x = 0$.

Schritt 2: Wir bestimmen die Ableitung des Sinus für ein beliebiges x. Um den Differenzenquotienten des Sinus für ein solches x vereinfachen zu können, müssen wir uns eines miesen Tricks bedienen. Für die Differenz zweier Sinuswerte gilt

$$\sin\alpha - \sin\beta = 2\cos\left(\frac{\alpha+\beta}{2}\right)\sin\left(\frac{\alpha-\beta}{2}\right).$$

(Setze in Aufgabe 9.24 c) auf Seite 270 $\varphi = \alpha$ und $\theta = -\beta$ ein und beachte $\sin(-\beta) = -\sin\beta$.) Wenden wir dies für $\alpha = x + h$ und $\beta = x$ an, so ergibt sich

$$\frac{1}{h}\big(\sin(x+h) - \sin x\big) = \frac{1}{h}\,2\cos(\frac{x+h+x}{2})\,\sin(\frac{x+h-x}{2})$$

$$= \frac{2}{h}\cos\left(\frac{2x+h}{2}\right)\sin\left(\frac{h}{2}\right) = \cos\left(\frac{2x+h}{2}\right)\frac{\sin\left(\frac{h}{2}\right)}{\frac{h}{2}}.$$

Der Grund für die seltsame letzte Umformung ($\frac{h}{2}$ in den Nenner) sollte im Hinblick auf Schritt 1 nicht mehr ganz so überraschend wirken. Für $h \to 0$ geht der erste Faktor gegen $\cos\left(\frac{2x+0}{2}\right) = \cos x$ (siehe obige Fußnote). Beim zweiten Faktor setzen wir $\frac{h}{2} = u$ und beachten, dass mit $h \to 0$ dann auch $u \to 0$ geht. Geschickterweise wissen wir bereits aus Schritt 1, dass $\lim_{u\to 0}\frac{\sin u}{u} = 1$ ist, d.h. der zweite Faktor im Differenzenquotient geht gegen 1 für $h \to 0$. Somit folgt

$$\sin'(x) = \lim_{h\to 0}\frac{1}{h}\big(\sin(x+h) - \sin x\big) = \lim_{h\to 0}\left(\underbrace{\cos\left(\frac{2x+h}{2}\right)}_{\to\,\cos x} \cdot \underbrace{\frac{\sin\left(\frac{h}{2}\right)}{\frac{h}{2}}}_{\to 1}\right) = \cos x.$$

Die Ableitungsregel für den Cosinus beweist man völlig analog zu Schritt 2 mit Hilfe der Beziehung

$$\cos\alpha - \cos\beta = -2\sin\left(\frac{\alpha+\beta}{2}\right)\sin\left(\frac{\alpha-\beta}{2}\right). \qquad\qquad \Box$$

Anmerkung: Dass x im Bogenmaß angegeben wird, geht nur an einer Stelle ganz subtil in den Beweis ein. Will man die Funktion $\sin\alpha$ ableiten, wobei α ein Winkel im Gradmaß ist, so ergibt sich für die Fläche des Kreissektors aus dem obigen Beweis $A_s = \frac{\alpha_h}{360°}\pi$ anstelle von $A_s = \frac{h}{2}$. Dadurch lautet die Ungleichung (∗) im Gradmaß

$$\frac{1}{2}\cos\alpha_h\sin\alpha_h \leqslant \frac{\pi}{360°}\alpha_h \leqslant \frac{1}{2}\tan\alpha_h\,,$$

und nach Umformen folgt $\frac{\pi}{180°}\frac{1}{\cos\alpha_h} \geqslant \frac{\sin\alpha_h}{\alpha_h} \geqslant \frac{\pi}{180°}\cos\alpha_h$. Durch Grenzwertbildung $\alpha_h \to 0$ ergibt sich schließlich

$$\lim_{\alpha_h\to 0}\frac{\sin\alpha_h}{\alpha_h} = \frac{\pi}{180°} \qquad \text{und damit} \qquad \sin'(\alpha) = \frac{\pi}{180°}\cos\alpha\,.$$

Um den störenden Vorfaktor $\frac{\pi}{180°}$ zu vermeiden, wird beim Ableiten von Sinus oder Cosinus stets mit dem Bogenmaß gearbeitet.

5.2.4 Die Produktregel

Wie wir in 5.2.1 gelernt haben, leitet man Summen von Funktionen wie $u(x)+v(x)$ ganz einfach summandenweise ab, d.h. $(u(x) + v(x))' = u'(x) + v'(x)$. Schön wäre es, wenn eine so einfache Regel auch für Produkte von Funktionen $u(x) \cdot v(x)$ gälte, also $(u(x) \cdot v(x))' \overset{?}{=} u'(x) \cdot v'(x)$. Dass dies nicht stimmen kann, zeigt bereits das simple Beispiel $u(x) = v(x) = x$: Hier ist nämlich $(u(x) \cdot v(x))' = (x^2)' = 2x$, was nicht dasselbe wie $u'(x) \cdot v'(x) = 1 \cdot 1 = 1$ ist. Wie man Produkte richtig ableitet, zeigt der nächste Satz.

Satz 5.7 (*Produktregel oder Leibniz-Regel*)

Sind $u(x), v(x)$ differenzierbare Funktionen, so ist auch ihr Produkt $p(x) = u(x) \cdot v(x)$ differenzierbar, und für die Ableitung des Produktes gilt

$$p'(x) = (u(x) \cdot v(x))' = u'(x) \cdot v(x) + u(x) \cdot v'(x),$$

was man kürzer auch als $(u \cdot v)' = u' \cdot v + u \cdot v'$ schreiben kann.

Beweis: Wir greifen zurück auf die Definition der Ableitung als Differenzialquotient. Zunächst formen wir den Differenzenquotient durch Einfügen einer „nahrhaften Null" geeignet um:

$$\frac{1}{h} \left(p(x+h) - p(x) \right) = \frac{1}{h} \left(u(x+h) \cdot v(x+h) - u(x) \cdot v(x) \right)$$

$$= \frac{1}{h} \left(u(x+h) \cdot v(x+h) - u(x) \cdot v(x+h) + u(x) \cdot v(x+h) - u(x) \cdot v(x) \right)$$

$$= \frac{1}{h} \left((u(x+h) - u(x)) \cdot v(x+h) + u(x) \cdot (v(x+h) - v(x)) \right)$$

$$= \frac{u(x+h) - u(x)}{h} \cdot v(x+h) + u(x) \cdot \frac{v(x+h) - v(x)}{h} .$$

Gewonnen haben wir dadurch, dass die jeweiligen Differenzenquotienten von u bzw. v isoliert auftreten. Für jeden dieser Terme wissen wir, dass der Limes für $h \to 0$ existiert: Die beiden Brüche konvergieren aufgrund der vorausgesetzten Differenzierbarkeit gegen $u'(x)$ bzw. $v'(x)$, der Faktor $v(x + h)$ strebt aufgrund der Stetigkeit von v (siehe Satz 5.3) einfach gegen $v(x)$, und $u(x)$ ist lediglich ein konstanter Vorfaktor. Insgesamt erhalten wir mit Hilfe der Grenzwertsätze die Konvergenz des gesamten Ausdrucks, und zwar gegen

$$p'(x) = \lim_{h \to 0} \frac{1}{h} \left(p(x+h) - p(x) \right)$$

$$= \lim_{h \to 0} \frac{u(x+h) - u(x)}{h} \cdot \lim_{h \to 0} v(x+h) + u(x) \cdot \lim_{h \to 0} \frac{v(x+h) - v(x)}{h}$$

$$= u'(x) \cdot v(x) + u(x) \cdot v'(x),$$

was wir beweisen wollten. $\qquad\square$

Beispiel 5.11   Wir bringen ein paar einfache Anwendungen dieser neuen Regel.

a) Für $f(x) = x^2 \cdot \sin x$ folgt, wenn wir $u(x) = x^2$ und $v(x) = \sin x$ setzen, mit der Leibniz-Regel

$$f'(x) = 2x \cdot \sin x + x^2 \cdot \cos x.$$

b) Die Funktion $g(x) = \frac{x^2+1}{x}$ können wir in dieser Gestalt nicht ableiten, da wir noch keine Regel für das Ableiten von Quotienten haben (auf gar keinen Fall darf man Zähler und Nenner einzeln ableiten!). Schreiben wir jedoch $g(x) = (x^2 + 1) \cdot \frac{1}{x}$, so liefert die Produktregel unter Beachtung von $\left(\frac{1}{x}\right)' = -\frac{1}{x^2}$

$$g'(x) = 2x \cdot \frac{1}{x} - (x^2 + 1) \cdot \frac{1}{x^2} = 2 - 1 - \frac{1}{x^2} = 1 - \frac{1}{x^2}.$$

Auf dieses Ergebnis kommt man natürlich viel schneller, wenn man $g(x) = \frac{x^2}{x} + \frac{1}{x} = x + \frac{1}{x}$ beachtet. Wenn man die Möglichkeit hat, ein Produkt in eine Summe umformen zu können, kann dies beim Ableiten oft schneller zum Ziel führen.

c) Wir leiten das mehrfache Produkt $h(x) = x \cdot \sin x \cdot \cos x$ ab. Weil wir die Produktregel nur für zwei Faktoren haben, müssen wir zunächst $u(x) = x \cdot \sin x$ und $v(x) = \cos x$ setzen. Sukzessives Anwenden der Leibniz-Regel ergibt

$$h'(x) = (x \cdot \sin x)' \cdot \cos x + (x \cdot \sin x) \cdot (-\sin x)$$

$$= (1 \cdot \sin x + x \cdot \cos x) \cdot \cos x - x \cdot \sin^2 x$$

$$= \sin x \cdot \cos x + x(\cos^2 x - \sin^2 x).$$

Durch dasselbe Vorgehen kannst du dir leicht die folgende allgemeine Formel herleiten:

$$(u \cdot v \cdot w)' = u' \cdot v \cdot w + u \cdot v' \cdot w + u \cdot v \cdot w'.$$

Beispiel 5.12   Mit Hilfe der Produktregel erhalten wir eine weitere, besonders elegante Methode, die Potenzregel $(x^n)' = nx^{n-1}$ für natürliche Hochzahlen n zu beweisen, indem wir nämlich vollständige Induktion über n führen.
Der Induktionsanfang $x' = 1 = 1 \cdot x^0$ wurde bereits früher mit Hilfe des Differenzenquotienten gezeigt. Es gelte also $(x^n)' = nx^{n-1}$ für ein $n \in \mathbb{N}$ (IV). Dann liefert die Leibniz-Regel mit $u(x) = x^n$ und $v(x) = x$

$$\left(x^{n+1}\right)' = \left(x^n \cdot x\right)' \overset{(IV)+(IA)}{=} nx^{n-1} \cdot x + x^n \cdot 1 = (n+1)x^n = (n+1)x^{(n+1)-1},$$

womit der Induktionsschritt erbracht ist.   □

Für weitere Übungsaufgaben verweisen wir auf Abschnitt 5.2.8.

5.2.5 Die Kettenregel

Der zunächst etwas seltsam anmutende Name „Kettenregel" bezieht sich darauf, dass Verkettungen von Funktionen abgeleitet werden. Das allgemeine Konzept der Verkettung von Abbildungen haben wir bereits in Kapitel 3 kennen gelernt. Hier beschränken wir uns auf das Verketten reellwertiger Funktionen $f: D_f \subset \mathbb{R} \to \mathbb{R}$, worauf wir im folgenden Beispiel nochmals näher eingehen.

Beispiel 5.13 Betrachte $f(x) = \sqrt{2x - 4}$ mit Definitionsbereich $D_f = [\,2\,,\infty\,)$. Wollen wir einen Funktionswert von f, wie etwa $f(10)$, berechnen, so setzen wir zuerst $x = 10$ im Radikanden (also dem Ausdruck unter der Wurzel) ein, und ziehen anschließend die Wurzel. Als Ergebnis erhalten wir $f(10) = \sqrt{2 \cdot 10 - 4} = \sqrt{16} = 4$. Abstrakter gesprochen, wenden wir zuerst die „*innere Funktion*" $v(x) = 2x - 4$ auf $x = 10$ an, und setzen das Ergebnis $v(10)$ dann in die „*äußere Funktion*" $u(\heartsuit) = \sqrt{\heartsuit}$ ein:

$$f(10) = \sqrt{v(10)} = u(v(10)) = (u \circ v)(10).$$

Allgemeiner können wir also f darstellen als:

$$f(x) = \sqrt{v(x)} = u(v(x)) = (u \circ v)(x)$$

für alle $x \in \mathbb{R}$, für welche der Ausdruck $(u \circ v)(x)$ existiert. In diesem Fall muss also $v(x) \in D_u = [\,0\,,\infty\,)$ liegen (Radikand einer Wurzel darf nicht negativ sein), was wegen $v(x) = 2x - 4$ gleichbedeutend mit $x \in [\,2\,,\infty\,)$ ist. Im Folgenden werden wir die Definitionsbereichsfrage meist ignorieren.

Wie in Kapitel 3 bereits gesagt, spielt die Reihenfolge der Verkettung eine wichtige Rolle. In diesem Beispiel erkennt man sofort, dass $u \circ v$ und $v \circ u$ verschiedene Funktionen sind (selbst wenn sie dieselben Definitionsbereiche hätten), denn es gilt $(v \circ u)(x) = v(u(x)) = 2\sqrt{x} - 4$, und somit ist zum Beispiel $(v \circ u)(10) = 2\sqrt{10} - 4 \neq 4 = (u \circ v)(10)$.

Ob und wie man solche verketteten Funktionen differenzieren kann, lehrt die *Kettenregel*, welche zusammen mit der Produktregel zu den wichtigsten Gesetzen der Analysis überhaupt zählt.

Satz 5.8 (*Kettenregel*)

Sind u und v differenzierbare Funktionen, dann ist auch ihre Verkettung $u \circ v$ (auf passendem Definitionsbereich) differenzierbar und für ihre Ableitung gilt

$$(u \circ v)'(x) = u'\big(v(x)\big) \cdot v'(x).$$

In Worten: Die Ableitung einer Verkettung $u \circ v$ an der Stelle x erhält man, indem man die „*äußere Ableitung*" $u'\big(v(x)\big)$ (wichtig: an der Stelle $v(x)$ und nicht x) mit der „*inneren Ableitung*" $v'(x)$ multipliziert.

Mit der etwas schwammigen Formulierung „auf passendem Definitionsbereich" meinen wir genauer Folgendes: Ist u auf D_u differenzierbar und v auf D_v differenzierbar, so ist $u \circ v$ auf dem Definitionsbereich $v^{-1}(D_u)$ differenzierbar.

Beweis: Wir müssen für jedes beliebige $x \in v^{-1}(D_u)$ und für jede nach Definition 5.1 erlaubte Nullfolge (h_n) zeigen, dass

$$\lim_{n \to \infty} \frac{u(v(x+h_n)) - u(v(x))}{h_n} = u'\big(v(x)\big) \cdot v'(x)$$

gilt. Um die Differenzierbarkeit von u an der Stelle $v(x)$ nutzen zu können, setzen wir $\widetilde{h}_n := v(x+h_n) - v(x)$ und schreiben die Klammer um zu

$$u(v(x+h_n)) - u(v(x)) = u(v(x) + \widetilde{h}_n) - u(v(x)).$$

Bei $(\widetilde{h}_n)$ handelt es sich aufgrund der Stetigkeit von v (siehe Satz 5.3) jedenfalls um eine Nullfolge. Da nach Definition 5.1 aber nur Folgen mit $\widetilde{h}_n \neq 0$ erlaubt sind, betrachten wir als Fall 1 zunächst nur Folgen (h_n) mit der zusätzlichen Eigenschaft

$$\widetilde{h}_n = v(x+h_n) - v(x) \neq 0 \quad \text{für fast alle } n \in \mathbb{N}. \tag{$\star$}$$

Ab einem gewissen N gilt dann $\widetilde{h}_n \neq 0$ für alle $n \geqslant N$, so dass wir für diese n in obigem Differenzenquotienten folgende „nahrhafte Eins" einfügen können:

$$\frac{u(v(x+h_n)) - u(v(x))}{h_n} \cdot \frac{\widetilde{h}_n}{\widetilde{h}_n} = \frac{u(v(x) + \widetilde{h}_n) - u(v(x))}{h_n} \cdot \frac{v(x+h_n) - v(x)}{\widetilde{h}_n}$$

$$= \frac{u(v(x) + \widetilde{h}_n) - u(v(x))}{\widetilde{h}_n} \cdot \frac{v(x+h_n) - v(x)}{h_n}.$$

Für $n \to \infty$ strebt der erste Faktor gegen $u'(v(x))$ (da u in $v(x) \in D_u$ differenzierbar ist), und der zweite konvergiert gegen $v'(x)$ (aufgrund der Differenzierbarkeit von v in x). Das Produkt besitzt nach Grenzwertsatz (G_2) somit $u'\big(v(x)\big) \cdot v'(x)$ als Limes, was die Behauptung für Folgen (h_n) mit $(\star)$ zeigt.

Fall 2: Was passiert bei Folgen (h_n), bei denen $v(x+h_m) = v(x)$ für unendlich viele m gilt, die $(\star)$ also nicht erfüllen? Sei $q_n := \frac{1}{h_n}(v(x+h_n) - v(x))$. In diesem Fall gilt $q_n = 0$ für unendlich viele $n\ (=m)$, d.h. 0 ist Häufungswert von (q_n). Da aber wegen der Differenzierbarkeit von v in x gleichzeitig der Limes von (q_n) existiert, muss dieser 0 sein, sprich $v'(x) = 0$. Somit lautet die Behauptung hier $\frac{1}{h_n}(u(v(x+h_n)) - u(v(x))) =: Q_n \to u'\big(v(x)\big) \cdot v'(x) = 0$ für $n \to \infty$.
Für die Folgenglieder Q_m, bei denen $v(x+h_m) = v(x)$ ist, gilt jedoch bereits $Q_m = 0$ (da $u(v(x)) - u(v(x)) = 0$), d.h. diese Differenzenquotienten Q_m stimmen schon mit dem behaupteten Limes 0 überein. Falls nach Wegstreichen dieser Q_m noch unendlich viele $Q_{n'}$ mit $v(x+h_{n'}) \neq v(x)$ stehen bleiben, betrachten wir die Teilfolge $(Q_{n'})$. Diese erfüllt $(\star)$, also sind wir in Fall 1, weshalb sie gegen $u'(v(x)) \cdot v'(x) = 0$ konvergiert. Nach der Grenzwertdefinition folgt die Konvergenz der gesamten Folge (Q_n) gegen den behaupteten Grenzwert Null. $\square$

Nicht schlimm, wenn du nicht alle Feinheiten im Beweis verstanden hast. Viel wichtiger ist, dass du die Kettenregel mit verbundenen Augen anwenden kannst.

Beispiel 5.14 Wir leiten die Funktion $f(x) = \sqrt{2x-4}$ aus obigem Beispiel gaaanz langsam und ausführlich mit Hilfe der Kettenregel ab. Die äußere Funktion $u(\heartsuit) = \sqrt{\heartsuit}$ ist differenzierbar auf $D_u = (0, \infty)$, und die innere Funktion $v(x) = 2x - 4$ ist auf ganz $\mathbb{R} = D_v$ differenzierbar. Der passende Definitionsbereich für die Ableitung der Verkettung $f = u \circ v$ ist $v^{-1}(D_u) = (2, \infty)$.

Nach der Kettenregel müssen wir zur Berechnung von f' zunächst die äußere Ableitung bestimmen. Diese ist $u'(\heartsuit) = \frac{1}{2}\heartsuit^{-\frac{1}{2}} = \frac{1}{2\sqrt{\heartsuit}}$ für $\heartsuit \in (0, \infty)$. Werten wir dies an der Stelle $\heartsuit = v(x)$ aus (für $x > 2$), so erhalten wir als äußere Ableitung

$$u'(v(x)) = \frac{1}{2\sqrt{v(x)}} = \frac{1}{2\sqrt{2x-4}}.$$

Die innere Ableitung ist erfreulich einfach: $v'(x) = (2x - 4)' = 2$. Insgesamt folgt nach der Kettenregel für die Ableitung von $f = u \circ v$ auf $(2, \infty)$

$$f'(x) = (u \circ v)'(x) = u'(v(x)) \cdot v'(x) = \frac{1}{2\sqrt{2x-4}} \cdot 2 = \frac{1}{\sqrt{2x-4}}.$$

Die ersten 5-10 Übungen schreibt man sich am besten so ausführlich auf (jedoch ohne sich mit den Definitionsbereichen so lange aufzuhalten). Mit etwas mehr Übung sollte es dir allerdings gelingen, die Ableitung wie in der letzten Zeile direkt aufzuschreiben.

Beispiel 5.15 Wir bringen weitere, nun etwas knapper gehaltenere Beispiele.

a) Für $f(x) = (2x^2 + 1)^3$ ist $u(\heartsuit) = \heartsuit^3$ die äußere Funktion mit Ableitung $u'(\heartsuit) = 3\heartsuit^2$, sowie $v(x) = 2x^2 + 1$ die innere Funktion mit Ableitung $v'(x) = 4x$. Die Kettenregel liefert

$$f'(x) = 3(2x^2 + 1)^2 \cdot 4x = 12x \cdot (2x^2 + 1)^2.$$

Beachte: Um $f(x) = (2x^2 + 1)^3$ ohne Kettenregel (oder Produktregel) abzuleiten, müsste man $f(x)$ nach dem binomischen Lehrsatz zunächst als Summe schreiben. Tue dies und überzeuge dich, dass auch auf diesem Wege dasselbe f' herauskommt. Vergleiche den Aufwand und freue dich ab jetzt jeden Tag über die Kettenregel.

b) Es sei $g(x) = \frac{1}{\sin x}$, was sich als $g = u \circ v$ mit $u(\heartsuit) = \frac{1}{\heartsuit}$ und $v(x) = \sin x$ schreiben lässt. Mit der Kettenregel folgt

$$g'(x) = u'(v(x)) \cdot v'(x) = -\frac{1}{(\sin x)^2} \cdot \cos x = -\frac{\cos x}{\sin^2 x}.$$

Der maximale Definitionsbereich ist hier $\mathbb{R} \backslash \pi\mathbb{Z}$.

c) Bei $h(x) = e^{\cos\sqrt{x}}$ handelt es sich sogar um eine doppelte Verkettung, was aber nicht weiter schlimm ist. Wir schreiben zunächst $h = u \circ v$ mit $u(\heartsuit) = e^\heartsuit$ und $v(x) = \cos\sqrt{x}$. Wir verwenden im Vorgriff auf Seite 148, dass die e-Funktion sich selbst als Ableitung hat. Somit lautet die äußere Ableitung $u'(\heartsuit) = e^\heartsuit$. Erstes Anwenden der Kettenregel liefert

$$h'(x) = u'(v(x)) \cdot v'(x) = e^{v(x)} \cdot \left(\cos\sqrt{x}\right)'.$$

Um die Ableitung des zweiten Faktors zu bestimmen, müssen wir erneut die Kettenregel bemühen: Dazu schreiben wir $\cos\sqrt{x} = c(w(x))$ mit $c(\heartsuit) = \cos\heartsuit$ und $w(x) = \sqrt{x}$. Zweites Anwenden der Kettenregel ergibt

$$\left(\cos\sqrt{x}\right)' = c'(r(x)) \cdot w'(x) = -\sin\sqrt{x} \cdot \frac{1}{2\sqrt{x}},$$

und wir erhalten insgesamt

$$h'(x) = e^{v(x)} \cdot \left(\cos\sqrt{x}\right)' = -e^{\cos\sqrt{x}} \cdot \frac{\sin\sqrt{x}}{2\sqrt{x}}.$$

In 5.2.8 findest du auch zur Kettenregel reichlich Übungsmaterial.

Beispiel 5.16   Als theoretisches Beispiel zeigen wir, dass die Produktregel aus der mächtigen Kettenregel (zusammen mit der Summenregel) folgt.
Zur Vorbereitung überlegen wir uns, was die Ableitung von $f(x) := g(x)^2$ für eine beliebige differenzierbare Funktion g ist. Die äußere Funktion ist hier die Quadratfunktion, d.h. $f = q \circ g$ mit $q(\heartsuit) = \heartsuit^2$. Die äußere Ableitung lautet somit $q'(\heartsuit) = 2\heartsuit$, und die innere Ableitung ist $g'(x)$. Nach der Kettenregel ist demnach

$$f'(x) = (q \circ g)'(x) = q'(g(x)) \cdot g'(x) = 2g(x) \cdot g'(x). \qquad (\star)$$

Dies schreiben wir im Folgenden abgekürzt als $f' = 2g \cdot g'$. Nun seien u und v differenzierbare Funktionen, und wir leiten die Hilfsfunktion $h(x) := (u(x) + v(x))^2$, die wir ebenfalls kürzer als $h = (u + v)^2$ notieren, auf zwei Arten ab (die Differenzierbarkeit von h folgt aus Summen- und Kettenregel). Zuerst direkt mit der Ketten- und Summenregel

$$h' \overset{(\star)}{=} 2(u + v) \cdot (u + v)' = 2(u + v) \cdot (u' + v')$$

$$= 2u \cdot u' + 2\left(u \cdot v' + v \cdot u'\right) + 2v \cdot v'.$$

Andererseits kann man auch h zunächst auf ausmultiplizierte Form bringen, d.h. $h = u^2 + 2u \cdot v + v^2$, und danach ableiten. Dass dabei $u \cdot v = \frac{1}{2}(h - u^2 - v^2)$ überhaupt differenzierbar ist, folgt aus Faktor-, Summen- und Kettenregel (für u^2 und v^2) zusammen mit der vorher begründeten Differenzierbarkeit von h. Hier ist

$$h' \overset{(\star)}{=} 2u \cdot u' + 2\left(u \cdot v\right)' + 2v \cdot v'.$$

Beachte, dass wir den Ausdruck $(u \cdot v)'$ absichtlich so haben stehen lassen – die Produktregel wollen wir ja gerade erst (erneut) beweisen. Da $h' = h'$ gelten muss, erhalten wir nach Wegstreichen der beidseitig auftretenden Summanden

$$2 \left(u \cdot v' + v \cdot u' \right) = 2 \left(u \cdot v \right)',$$

und Teilen durch 2 ergibt die Produktregel.

Anmerkung: Vor allem bei Physikern ist die folgende Schreibweise der Kettenregel in Leibniz-Notation sehr beliebt: Für die Ableitung von $u(v(x))$ schreibt der Physiker

$$\frac{\mathrm{d}u}{\mathrm{d}x} = \frac{\mathrm{d}u}{\mathrm{d}v} \cdot \frac{\mathrm{d}v}{\mathrm{d}x},$$

d.h. um auf die Kettenregel zu kommen, muss man lediglich formal mit $\mathrm{d}v$ erweitern. Wir raten dem Anfänger von einer (unbedachten) Anwendung dieses Formalismus dringend ab, werden allerdings im Kapitel 8 erfolgreich Gebrauch vom skrupellosen Rechnen in Leibniz-Notation machen.

5.2.6 Ableitung der Umkehrfunktion

Mit Hilfe der Kettenregel lässt sich oftmals elegant die Ableitung der Umkehrfunktion einer bijektiven, differenzierbaren Funktion bestimmen (falls man die Ableitung der Funktion selbst kennt). Wir demonstrieren das rechnerische Vorgehen an zwei Beispielen.

Beispiel 5.17 Die Wurzelfunktion $w \colon \mathbb{R}_0^+ \to \mathbb{R}_0^+$, $x \mapsto \sqrt{x}$ ist die Umkehrfunktion der Quadratfunktion $q \colon \mathbb{R}_0^+ \to \mathbb{R}_0^+$, $x \mapsto x^2$, denn bekanntlich gilt $q \circ w = \mathrm{id}_{\mathbb{R}_0^+}$ und $w \circ q = \mathrm{id}_{\mathbb{R}_0^+}$, oder ausführlicher

$$q(w(x)) = x \qquad \text{und} \qquad w(q(x)) = x \qquad \text{für alle } x \in \mathbb{R}_0^+.$$

Wir tun nun so, als würden wir die Ableitung der Wurzelfunktion $w'(x)$ noch nicht kennen. Beidseitiges Ableiten von $q(w(x)) = x$ ergibt nach der Kettenregel

$$q'(w(x)) \cdot w'(x) = x' = 1, \qquad \text{d.h.} \qquad w'(x) = \frac{1}{q'(w(x))} = \frac{1}{2w(x)} = \frac{1}{2\sqrt{x}},$$

und schon steht sie da, die gesuchte Ableitung $w'(x)$. Das Teilen durch $q'(w(x))$ ist aber natürlich nur erlaubt, wenn $q'(w(x)) \neq 0$ gilt, also müssen wir allein schon aus diesem Grund $x = 0$ ausschließen, da $q'(w(0)) = 2 \cdot \sqrt{0} = 0$ ist.

Beispiel 5.18 Durch dasselbe Vorgehen bestimmen wir die Ableitung der natürlichen Logarithmusfunktion

$$\ln \colon \mathbb{R}^+ \to \mathbb{R}, \quad x \mapsto \ln x,$$

also der Umkehrfunktion der e-Funktion $\exp\colon \mathbb{R} \to \mathbb{R}^+$, $x \mapsto \exp(x) = e^x$. Wir setzen wieder $\exp'(x) = \exp(x)$ voraus (siehe Seite 148) und erhalten durch Differenzieren der Beziehung $\exp(\ln x) = x$ (für $x \in \mathbb{R}^+$)

$$\exp'(\ln x) \cdot (\ln x)' = 1 \qquad \text{also} \qquad (\ln x)' = \frac{1}{\exp'(\ln x)} = \frac{1}{\exp(\ln x)} = \frac{1}{x}\,.$$

Die Division durch $\exp'(\heartsuit) = \exp(\heartsuit) > 0$ ist hier stets erlaubt. Diese Rechnung gilt auch für $\ln(-x)$, wenn $x < 0$ ist, denn laut Kettenregel ist

$$\big(\ln(-x)\big)' = \ln'(-x) \cdot (-x)' = \frac{1}{-x} \cdot (-1) = \frac{1}{x}\,,$$

so dass wir uns insgesamt merken können:

$$\big(\ln|x|\big)' = \frac{1}{x} \qquad \text{für alle } x \neq 0.$$

Achtung: Wir haben hier keinesfalls bewiesen, *dass* die Wurzel- oder ln-Funktion differenzierbar sind, sondern wir haben nur gezeigt, dass *wenn* sie es sind, ihre Ableitungen durch obige Formeln gegeben sind. Die Anwendung der Kettenregel erfordert ja bereits die Differenzierbarkeit beider verketteter Funktionen!

Die Vorgehensweise der Beispiele zeigt jedoch allgemein: Ist die Umkehrfunktion $g = f^{-1}$ von f differenzierbar, so kann die Ableitung von f nirgends verschwinden, denn sonst wäre $g'(f(x)) \cdot f'(x) = 0 \neq 1$. Dass diese notwendige Bedingung $f' \neq 0$ (unter gewissen Voraussetzungen an D_f) bereits hinreichend für die Differenzierbarkeit der Umkehrfunktion ist, zeigt der folgende Satz.

Satz 5.9   Ist die auf einem Intervall D_f definierte Funktion f differenzierbar mit $f'(x) \neq 0$ für alle $x \in D_f$ und besitzt sie eine Umkehrfunktion $g = f^{-1}\colon f(D_f) \to D_f$, so ist diese ebenfalls differenzierbar, und für ihre Ableitung gilt

$$g'(y) = \frac{1}{f'(g(y))}\,.$$

Beweis: Wegen $g = f^{-1}$ gilt $y = \mathrm{id}(y) = (f \circ g)(y) = f(g(y))$ für jedes $y \in f(D_f) = D_g$. Der Differenzenquotient von g lässt sich daher umschreiben als

$$q(h) := \frac{g(y+h) - g(y)}{h} = \frac{g(y+h) - g(y)}{(y+h) - y} = \frac{g(y+h) - g(y)}{f(g(y+h)) - f(g(y))}\,.$$

Setzt man $\widetilde{h} := g(y+h) - g(y)$, was wegen $h \neq 0$ aufgrund der Bijektivität von g ebenfalls $\neq 0$ ist, so nimmt dies die folgende Gestalt an:

$$q(h) = \frac{g(y+h) - g(y)}{f(g(y+h)) - f(g(y))} = \frac{\widetilde{h}}{f(g(y) + \widetilde{h}) - f(g(y))} = \frac{1}{\frac{f(g(y)+\widetilde{h}) - f(g(y))}{\widetilde{h}}}\,,$$

wird also zum Kehrbruch der Differenzenquotienten von f in $g(y) \in D_f$. Nun vollziehen wir den Grenzübergang $h \to 0$, betrachten also $q(h_n)$ mit von 0 verschiedenen Nullfolgen $h_n \to 0$. Wir brauchen jetzt noch zusätzlich, dass die Umkehrfunktion g stetig ist. Dies ist zwar nicht für jede stetige umkehrbare Funktion f richtig, wohl aber für jede solche Funktion, die auf einem Intervall definiert ist (siehe [KÖN] 7.2, Regel III). In unserer Situation ist $g = f^{-1}$ demnach stetig, weshalb aus $y + h_n \to y$ auch $g(y + h_n) \to g(y)$ folgt. Für die Folge $(\widetilde{h}_n)$ bedeutet dies $0 \neq \widetilde{h}_n = g(y + h_n) - g(y) \to 0$, und aus der vorausgesetzten Differenzierbarkeit von f in $g(y) \in D_f$ ergibt sich die Existenz von $g'(y)$:

$$\lim_{h \to 0} \frac{g(y + h) - g(y)}{h} = \lim_{n \to \infty} \frac{1}{\frac{f(g(y) + \widetilde{h}_n) - f(g(y))}{\widetilde{h}_n}} = \frac{1}{f'(g(y))} \, .$$

Im letzten Schritt geht Grenzwertsatz (G₃) ein, der wegen $f'(g(y)) \neq 0$ angewendet werden darf. $\qquad\square$

Anmerkung: Ist die Ableitung von f sogar selbst wieder stetig, muss man die Existenz der Umkehrfunktion nicht mehr extra fordern. Aus $f'(x) \neq 0$ folgt dann nämlich, dass auf dem ganzen Intervall D_f entweder $f'(x) > 0$ oder $f'(x) < 0$ gilt (nach dem Zwischenwertsatz, siehe [KÖN]), woraus man auf die strenge Monotonie von f schließen kann. Insbesondere ist f injektiv, also bijektiv auf das Bild $f(D_f)$, d.h. $g = f^{-1}$ existiert hier automatisch.

Beispiel 5.19 Für natürliche Zahlen n folgt aus $\exp \circ \ln = \mathrm{id}_{\mathbb{R}^+}$ zusammen mit dem Logarithmusgesetz $\ln(x^n) = n \ln x$ (siehe Seite 115)

$$x^n = \mathrm{e}^{\ln(x^n)} = \mathrm{e}^{n \ln x} \qquad \text{für alle } x \in \mathbb{R}^+.$$

Die rechte Seite dieser Beziehung ergibt sogar für beliebige reelle Zahlen $n = r \in \mathbb{R}$ Sinn, so dass man die *allgemeine Potenzfunktion* definiert als

$$x^r := \mathrm{e}^{r \ln x} \qquad \text{für } x \in \mathbb{R}^+.$$

Für die Ableitung von x^r liefert die Kettenregel (wieder werden die Differenzierbarkeit und Ableitungsregeln von exp und ln vorausgesetzt)

$$(x^r)' = \left(\mathrm{e}^{r \ln x}\right)' = \mathrm{e}^{r \ln x} \cdot (r \ln x)' = \mathrm{e}^{r \ln x} \cdot \frac{r}{x} \, .$$

Beachtet man nun noch $\frac{1}{x} = x^{-1} = \mathrm{e}^{-\ln x}$, so folgt mit dem Additionstheorem der e-Funktion

$$(x^r)' = r \cdot \mathrm{e}^{r \ln x} \cdot \mathrm{e}^{-\ln x} = r \cdot \mathrm{e}^{r \ln x - \ln x} = r \cdot \mathrm{e}^{(r-1) \ln x} = r \cdot x^{r-1}.$$

Somit gilt die Potenzregel $(x^r)' = r \cdot x^{r-1}$ tatsächlich für alle Exponenten $r \in \mathbb{R}$.

5.2.7   Die Quotientenregel

Als Folgerung aus Produkt- und Kettenregel ergibt sich:

Satz 5.10   (*Quotientenregel*)

Sind f und g differenzierbare Funktionen und ist $g \neq 0$, so ist auch deren Quotient $\frac{f}{g}$ differenzierbar (auf dem gemeinsamen Definitionsbereich von f und g) mit Ableitung

$$\left(\frac{f(x)}{g(x)}\right)' = \frac{f'(x)g(x) - f(x)g'(x)}{g(x)^2}.$$

Beweis: Wir schreiben den Quotienten als $\frac{f(x)}{g(x)} = f(x) \cdot (g(x))^{-1}$. Nach der Kettenregel ist der zweite Faktor differenzierbar mit Ableitung

$$\left((g(x))^{-1}\right)' = (-1) \cdot (g(x))^{-2} \cdot g'(x) = -\frac{g'(x)}{g(x)^2}.$$

Die Produktregel liefert die Differenzierbarkeit von $f(x) \cdot (g(x))^{-1}$ und für die gesuchte Ableitung folgt (wir sparen uns das x):

$$\left(\frac{f}{g}\right)' = (f \cdot g^{-1})' = f' \cdot g^{-1} + f \cdot (g^{-1})' = f' \cdot g^{-1} + f \cdot \left(-\frac{g'}{g^2}\right) = \frac{f'}{g} - \frac{fg'}{g^2}.$$

Bringt man nun noch den ersten Bruch durch Erweitern mit g auf den Nenner g^2, so steht die gewünschte Formel auch schon da.   □

Beispiel 5.20   Für die Ableitung des Tangens, $\tan x = \dfrac{\sin x}{\cos x}$, $x \notin \frac{\pi}{2} + \pi\mathbb{Z}$, folgt

$$\tan'(x) = \left(\frac{\sin x}{\cos x}\right)' = \frac{\sin'(x) \cdot \cos x - \sin x \cdot \cos'(x)}{\cos^2 x}$$

$$= \frac{\cos x \cdot \cos x - \sin x \cdot (-\sin x)}{\cos^2 x} = \frac{\cos^2 x + \sin^2 x}{\cos^2 x} = \frac{1}{\cos^2 x},$$

wobei der „trigonometrische Pythagoras" $\sin^2 x + \cos^2 x = 1$ einging. Oftmals ist jedoch folgende Darstellung nützlicher:

$$\tan'(x) = \frac{\cos^2 x + \sin^2 x}{\cos^2 x} = \frac{\cos^2 x}{\cos^2 x} + \frac{\sin^2 x}{\cos^2 x} = 1 + \left(\frac{\sin x}{\cos x}\right)^2 = 1 + \tan^2 x.$$

Wir merken uns

$$\tan'(x) = \frac{1}{\cos^2 x} = 1 + \tan^2 x.$$

5.2.8 Vermischte Übungen

Aufgabe 5.4   Bestimme die erste Ableitung der folgenden Funktionen (abgeleitet wird immer nach der Variablen in der Funktionsklammer), und vereinfache die Ergebnisse so weit wie möglich. Um die Definitionsbereiche machen wir uns keine Sorgen.

$$a(x) = \frac{1}{\pi}x^\pi + e^{\sqrt{2}} \qquad b(x) = 2\sqrt{x} - \cos x \qquad c(t) = \frac{1}{t^4} + \frac{3t^2}{\sqrt[3]{t^4}}$$

$$d(x) = t\,x^2 + t^2\,x \qquad e(t) = t\,x^2 + t^2\,x \qquad f(x) = x \cdot \sqrt{x+1}$$

$$g(x) = x^2 \cdot e^{2x} \qquad h(z) = z^n \cdot \ln(3z) \qquad i(x) = \sin(x^2) + \sin^2 x$$

$$j(x) = \left(e^{-x^2}\right)^n \qquad k(x) = \frac{1}{\sqrt{\ln(4x)}} \qquad l(t) = \cos^4(\tan t)$$

$$m(x) = \frac{x}{x^2 - 1} \qquad n(x) = \frac{40x^2 - 90}{2x + 3} \qquad o(t) = \frac{x^3 \cdot \ln(\tan e^x)}{\sqrt{x^2 + 1}}$$

Aufgabe 5.5   Abbildung 5.13 zeigt einen Ausschnitt eines Kreises vom Radius r und einen Punkt $P\,(x_0 | y_0)$ (mit $y_0 > 0$), der auf ihm liegt.

Die folgenden Teilaufgaben werden zeigen, dass der geometrische Tangentenbegriff am Kreis mit unserem analytischen (d.h. über die Ableitung definierten) Tangentenbegriff übereinstimmt.

a) Geometrisch ist die Kreis-Tangente t_{geo} in P definiert als die Gerade, die durch P verläuft und senkrecht zum Radius OP steht. Wie lautet demnach ihre Gleichung $t_{\text{geo}}(x)$?
(Tipp: Die Steigungen orthogonaler Geraden erfüllen $m_1 \cdot m_2 = -1$.)

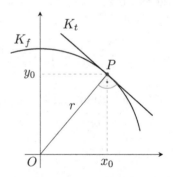

Abbildung 5.13

b) Zeige, dass das Schaubild K_f der Funktion

$$f(x) = \sqrt{r^2 - x^2}$$

mit $D_f = [-r, r]$ gerade die obere Kreishälfte ist. Stelle die Tangentengleichung $t(x)$ mit Hilfe der Ableitung $f'(x_0)$ auf und überzeuge dich, dass tatsächlich $t(x) = t_{\text{geo}}(x)$ ist.

5.3   Ausblick: Ableiten von Potenzreihen

In Abschnitt 4.2.5 haben wir Potenzreihen als reellwertige Funktionen auf ihren Konvergenzintervallen eingeführt. Eine der schönsten Eigenschaften von Potenzreihen ist, dass man sie – wie Polynome – ganz einfach gliedweise ableiten kann.

Satz 5.11   Sei $P(x) = \sum_{k=0}^{\infty} a_k x^k$ eine reelle Potenzreihe mit Konvergenzradius R, d.h. P ist eine Funktion $P \colon (-R, R) \to \mathbb{R}$. Dann ist diese Funktion auf ganz $(-R, R)$ differenzierbar, und ihre Ableitung erhält man durch gliedweises Differenzieren:

$$P'(x) = \sum_{k=0}^{\infty} \left(a_k x^k\right)' = \sum_{k=1}^{\infty} k a_k x^{k-1}.$$

Zudem besitzt die Potenzreihe P' denselben Konvergenzradius R.   ⊟

Die grundlegende Beweisidee ist zwar einfach (leite die Partialsummen $P_n(x)$ ab, die ja Polynome sind), tückisch ist die Begründung, dass der Grenzwert der P'_n tatsächlich die Ableitung von P ist, worauf wir uns hier nicht einlassen wollen.

Als Folgerung halten wir jedoch noch fest, dass Potenzreihen automatisch unendlich oft differenzierbar sind: P' ist ja selbst wieder eine Potenzreihe, auf die man wieder den Satz anwenden kann, um P'' in der Form einer Potenzreihe zu erhalten, usw.

Die für uns wichtigste Anwendung des Satzes kommt in folgendem Beispiel.

Beispiel 5.21   Für die Ableitung der in 4.2.6 eingeführten e-Funktion ergibt sich für jedes $x \in \mathbb{R}$:

$$(\mathrm{e}^x)' = \sum_{k=0}^{\infty} \left(\frac{1}{k!} x^k\right)' = \sum_{k=1}^{\infty} \frac{k}{k!} x^{k-1} = \sum_{k=1}^{\infty} \frac{k}{k \cdot (k-1)!} x^{k-1} = \sum_{k=1}^{\infty} \frac{1}{(k-1)!} x^{k-1},$$

und der Indexshift von $k-1$ nach k liefert

$$(\mathrm{e}^x)' = \sum_{k=0}^{\infty} \frac{1}{k!} x^k = \mathrm{e}^x.$$

Die e-Funktion hat also die beachtliche Eigenschaft, mit ihrer eigenen Ableitung übereinzustimmen! Darin begründet sich ihre herausragende Bedeutung für die Analysis, vor allem in Anwendungen wie z.B. dem Lösen sogenannter Differenzialgleichungen, die in Physik und Technik eine zentrale Rolle spielen.

Beispiel 5.22   Als lustige kleine Anwendung bestimmen wir den Grenzwert der Reihe

$$1 + 2 \cdot \frac{1}{2} + 3 \cdot \frac{1}{4} + 4 \cdot \frac{1}{8} + 5 \cdot \frac{1}{16} + \dots .$$

Schreiben wir die Reihe geschlossen als $\sum_{k=1}^{\infty} k\left(\frac{1}{2}\right)^{k-1}$, so fällt nach obigem Satz ins Auge, dass dies $G'(\frac{1}{2})$ der „geometrischen Potenzreihe" $G(x) := \sum_{k=0}^{\infty} x^k$ ist. Da wir wissen, dass $G(x) = \frac{1}{1-x}$ gilt (geometrische Summenformel), können wir dies auch direkt mit der Kettenregel ableiten und erhalten damit

$$\frac{1}{(1-x)^2} = G'(x) = \sum_{k=1}^{\infty} kx^{k-1}.$$

Setzen wir hier nun $x = \frac{1}{2}$ ein, so ergibt sich für den gesuchten Grenzwert der Reihe

$$\sum_{k=1}^{\infty} k\left(\frac{1}{2}\right)^{k-1} = \frac{1}{\left(1-\frac{1}{2}\right)^2} = 4.$$

Das war natürlich ein ganz hinterhältiger Trick, allerdings lassen sich Grenzwerte von Reihen oft nur auf Umwegen bestimmen.

5.4 Ausblick: Taylorreihen

Potenzreihen definieren auf gewissen Intervallen reellwertige, nach Satz 5.11 unendlich oft differenzierbare Funktionen. Nun wollen wir umgekehrt, ausgehend von bekannten reellwertigen, beliebig oft differenzierbaren Funktionen f versuchen, diese als Potenzreihen $f(x) = \sum_{k=0}^{\infty} a_k x^k$ auf einem gewissen Intervall um 0 darzustellen. Einen Ansatz für die richtige Wahl der Koeffizienten a_k in Abhängigkeit von f liefert das folgende Beispiel.

Beispiel 5.23 Sei $f(x) = a_0 + a_1 x + a_2 x^2 + a_3 x^3 + a_4 x^4$ ein Polynom vierten Grades, d.h. f ist schon eine (abbrechende) Potenzreihe. Die Ableitungen von f sind gegeben durch

$$f'(x) = \left(a_0 + a_1 x + a_2 x^2 + a_3 x^3 + a_4 x^4\right)' = a_1 + 2a_2 x + 3a_3 x^2 + 4a_4 x^3,$$

$$f''(x) = \left(a_1 + 2a_2 x + 3a_3 x^2 + 4a_4 x^3\right)' = 2a_2 + 3 \cdot 2a_3 x + 4 \cdot 3a_4 x^2,$$

$$f^{(3)}(x) = \left(2a_2 + 3 \cdot 2a_3 x + 4 \cdot 3a_4 x^2\right)' = 3 \cdot 2 \cdot 1a_3 + 4 \cdot 3 \cdot 2a_4 x,$$

$$f^{(4)}(x) = \left(3 \cdot 2 \cdot 1a_3 + 4 \cdot 3 \cdot 2a_4 x\right)' = 4 \cdot 3 \cdot 2 \cdot 1a_4.$$

Es fällt auf, dass bei der k-ten Ableitung $f^{(k)}$ (wobei $f^{(0)} := f$ sei) der konstante Term mit a_k den Vorfaktor $k!$ hat: So ist zum Beispiel $3! \, a_3$ der konstante Term von $f^{(3)}(x)$ und $4! \, a_4$ der konstante Term von $f^{(4)}(x)$. Wertet man die Ableitungen in 0 aus, so fallen die nichtkonstanten Terme weg, und man erhält $f^{(k)}(0) = k! \, a_k$. Umgeschrieben gilt $a_k = \frac{f^{(k)}(0)}{k!}$, d.h. die Koeffizienten des Polynoms lassen sich aus den Ableitungen (in 0) rekonstruieren. In diesem Fall lässt sich die Funktion also auch darstellen als

$$f(x) = \frac{f(0)}{0!} + \frac{f'(0)}{1!} x + \frac{f''(0)}{2!} x^2 + \frac{f^{(3)}(0)}{3!} x^3 + \frac{f^{(4)}(0)}{4!} x^4 = \sum_{k=0}^{4} \frac{f^{(k)}(0)}{k!} x^k.$$

Dass wir dies nur für fünf Summanden und nicht gleich für beliebige Potenzreihen gemacht haben (wie wir es nach dem vorigen Abschnitt hätten tun können), dient nur der Übersichtlichkeit. Das Muster lässt sich ja auch bereits so erkennen. Die hier auftretende Form der Vorfaktoren motiviert nämlich die folgende Definition für allgemeines f.

Definition 5.6   Es sei $f \colon I \to \mathbb{R}$ eine auf dem Intervall I (mit $0 \in I$) unendlich oft differenzierbare Funktion. Der Ausdruck

$$T_f(x) := \sum_{k=0}^{\infty} \frac{f^{(k)}(0)}{k!}\, x^k$$

heißt *Taylorreihe von f* (im Entwicklungspunkt 0). Die Partialsummen dieser Reihe

$$T_{f,n}(x) := \sum_{k=0}^{n} \frac{f^{(k)}(0)}{k!}\, x^k$$

nennt man *Taylorpolynom n-ten Grades von f*. $\Diamond$

Man kann die Reihe $T_f(x)$ zwar als Symbol immer hinschreiben, ihre Konvergenz ist aber ein anderes Thema. Dass wir uns hier stets auf den Entwicklungspunkt 0 beschränken, dient hauptsächlich der Notationsvereinfachung: Zur Entwicklung um ein beliebiges $a \in \mathbb{R}$ betrachtet man Reihen der Gestalt $\sum_{k=0}^{\infty} \frac{f^{(k)}(a)}{k!}\,(x-a)^k$. Nun aber zu konkreten Beispielen.

Beispiel 5.24   Schauen wir doch mal, welche Taylorreihe wir für die e-Funktion $\exp \colon \mathbb{R} \to \mathbb{R}$, $x \mapsto e^x$, erhalten: Das Aufstellen ist hier besonders angenehm, denn es gilt $\exp^{(k)}(x) = \exp(x)$, da die e-Funktion sich nach Beispiel 5.21 beim Ableiten nie ändert. Somit ist $\frac{\exp^{(k)}(0)}{k!} = \frac{1}{k!}$ für alle $k \in \mathbb{N}_0$, und wir erhalten

$$T_{\exp}(x) = \sum_{k=0}^{\infty} \frac{1}{k!}\, x^k = \exp(x),$$

d.h. die Taylorreihe ist nichts anderes als die Potenzreihe selbst, über die exp definiert wurde. Verallgemeinert man Beispiel 5.23 mittels Satz 5.11 auf beliebige konvergente Potenzreihen, so stellt man fest, dass sie immer mit ihren Taylorreihen übereinstimmen.

Jetzt kommen zwei wichtige Funktionen, die bei uns nicht über Potenzreihen definiert wurden.

Beispiel 5.25   Wir bestimmen als erstes die Taylorreihe des Cosinus (im Entwicklungspunkt 0). Dazu benötigen wir zunächst all seine Ableitungen in 0. Es ist

$\cos'(x) = -\sin x$, $\cos''(x) = -\cos x$, $\cos^{(3)}(x) = \sin x$, $\cos^{(4)}(x) = \cos x$, womit wir wieder bei der Ausgangsfunktion angekommen sind. Allgemein gilt:

$$\cos^{(k)}(0) = \begin{cases} \cos 0 = & 1 & \text{für } k \in 4\mathbb{N}_0 \\ -\sin 0 = & 0 & \text{für } k \in 1 + 4\mathbb{N}_0 \\ -\cos 0 = & -1 & \text{für } k \in 2 + 4\mathbb{N}_0 \\ \sin 0 = & 0 & \text{für } k \in 3 + 4\mathbb{N}_0 \end{cases}$$

(dabei bedeutet die Schreibweise $k \in 1 + 4\mathbb{N}_0$, dass $k = 1 + 4n$ für ein $n \in \mathbb{N}_0$ ist). Somit lautet die Taylorreihe

$$T_{\cos}(x) = 1 + 0 \cdot x + \frac{-1}{2!}x^2 + 0 \cdot x^3 + \frac{1}{4!}x^4 + 0 \cdot x^5 + \frac{-1}{6!}x^6 + \dots .$$

Hieraus gewinnt man eine geschlossene Darstellung, wenn man beachtet, dass nur geradzahlige Potenzen der Form x^{2k} auftreten, deren Vorzeichen durch den Faktor $(-1)^k$ bestimmt wird:

$$T_{\cos}(x) = \sum_{k=0}^{\infty} \frac{(-1)^k}{(2k)!}x^{2k} .$$

In Abbildung 5.14 sind die ersten Taylorpolynome von cos (in 0) dargestellt (wir geben nur die geradzahligen an, da $T_{\cos, 2k+1} = T_{\cos, 2k}$ gilt). Man erkennt, dass bereits

$$T_{\cos, 6}(x) = 1 - \frac{1}{2}x^2 + \frac{1}{24}x^4 - \frac{1}{720}x^6$$

für $-2 \leqslant x \leqslant 2$ eine sehr gute Näherung des Cosinus darstellt. Allerdings sieht man auch, dass z.B. für $x = 5$ noch deutlich mehr Summanden nötig sein werden, um eine brauchbare Näherung des Cosinus zu liefern.

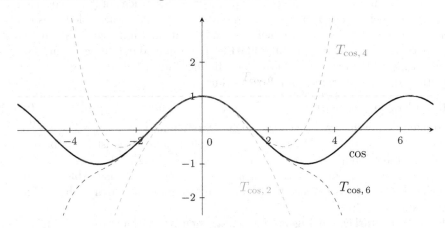

Abbildung 5.14

Tatsächlich kann man zeigen, dass es zu jedem $x \in \mathbb{R}$ und jeder Fehlertoleranz $\varepsilon > 0$ ein $n_\varepsilon = n_\varepsilon(x) \in \mathbb{N}$ gibt mit

$$|\cos x - T_{\cos, n}(x)| < \varepsilon \quad \text{für alle } n > n_\varepsilon.$$

Mit anderen Worten: Die Folge der Taylorpolynome konvergiert auf ganz $\mathbb{R}$ gegen cos, und somit ist cos als Taylorreihe darstellbar:

$$\cos x = T_{\cos}(x) = \sum_{k=0}^{\infty} \frac{(-1)^k}{(2k)!} x^{2k} \quad \text{für alle } x \in \mathbb{R}.$$

Analoge Aussagen gelten auch für die Sinusfunktion. Rechne selbst nach, dass

$$T_{\sin}(x) = 0 + 1 \cdot x + 0 \cdot x^2 + \frac{-1}{3!} x^3 + 0 \cdot x^4 + \frac{1}{5!} x^5 + \ldots = \sum_{k=0}^{\infty} \frac{(-1)^k}{(2k+1)!} x^{2k+1}$$

gilt. Auch hier konvergiert die Folge der Taylorpolynome auf ganz $\mathbb{R}$ gegen sin, d.h. auch sin besitzt eine Darstellung als Taylorreihe:

$$\sin x = T_{\sin}(x) = \sum_{k=0}^{\infty} \frac{(-1)^k}{(2k+1)!} x^{2k+1} \quad \text{für alle } x \in \mathbb{R}.$$

Besitzt man die Reihendarstellungen, so lassen sich leicht die Ableitungsregeln von sin und cos reproduzieren. Gliedweises Differenzieren (nach Satz 5.11) liefert

$$\cos'(x) = T'_{\cos}(x) = \sum_{k=1}^{\infty} \frac{(-1)^k}{(2k)!} 2k x^{2k-1} = \sum_{k=1}^{\infty} \frac{(-1)^k}{(2k-1)!} x^{2k-1}$$

$$\overset{\text{Shift}}{=} \sum_{k=0}^{\infty} \frac{(-1)^{k+1}}{(2(k+1)-1)!} x^{2(k+1)-1} = (-1) \cdot \sum_{k=0}^{\infty} \frac{(-1)^k}{(2k+1)!} x^{2k+1} = -\sin x.$$

Überzeuge dich mit derselben Methode noch davon, dass auch $\sin'(x) = \cos x$ folgt. Man darf hierbei natürlich nicht vergessen, dass wir eben diese Ableitungsregeln essentiell zum Aufstellen der Reihen verwendet haben. Führt man jedoch (ganz ungeometrisch) Sinus und Cosinus mit Hilfe der Reihendarstellungen ein, so fallen einem die Ableitungsregeln in den Schoß, allerdings ist dann die geometrische Bedeutung dieser Funktionen zunächst obskur.

In diesen letzten Beispielen haben wir die Fragestellung $f = T_f$ positiv beantworten können. Wünschenswert ist eine solche Darstellung von f als $\sum_{k=0}^{\infty} \frac{f^{(k)}(0)}{k!} x^k$ einerseits deshalb, weil mit Potenzreihen angenehm zu arbeiten ist (etwa beim Ableiten oder Integrieren). Andererseits ist diese Darstellung höchst bemerkenswert, denn sie besagt, dass eine so lokale Eigenschaft wie der Wert aller Ableitungen an nur einer Stelle (der 0) bereits die gesamte Information über den globalen Funktionsverlauf beinhaltet!

Leider gilt: Je stärker die Eigenschaft, desto weniger darf man hoffen, dass alle Funktionen sie erfüllen, was das folgende warnende Gegenbeispiel zeigt.

Beispiel 5.26   Die „Plattfußfunktion" $f(x) := \begin{cases} e^{-\frac{1}{x}} & \text{für } x > 0 \\ 0 & \text{für } x \leqslant 0, \end{cases}$

deren Schaubild in Abbildung 5.15 dargestellt ist, läuft dermaßen butterweich
in den Ursprung, dass dort all ihre
(rechtsseitigen) Ableitungen verschwin-
den: $f^{(k)}(0^+) = 0$ für alle $k \in \mathbb{N}_0$ (auf den
Beweis verzichten wir). Da die linksseiti-
gen Ableitungen natürlich ebenfalls alle 0
sind, ist f in 0 unendlich oft differenzierbar, und für die Taylor-Koeffizienten gilt
$a_k = f^{(k)}(0)/k! = 0$ für alle $k \in \mathbb{N}_0$. Damit

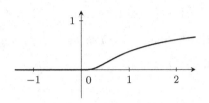

Abbildung 5.15

ist die Taylorreihe $T_f = 0$ die Nullfunktion und konvergiert trivialerweise auf ganz
$\mathbb{R}$ – aber auf keinem noch so kleinen Intervall um 0 stimmt sie mit f überein, da
$f(x) > 0$ für $x > 0$ ist!

Allgemein gibt es für jede unendlich oft differenzierbare Funktion und jedes $n \in \mathbb{N}$
eine Darstellung $f = T_{f,n} + R_{f,n}$ mit einer Fehler-Funktion $R_{f,n}$, auch Restglied
genannt, für die es verschiedene Darstellungen gibt. Wie gut $T_{f,n}$ die Funktion
f annähert und ob gar $T_{f,n}$ gegen f konvergiert und es somit eine Taylorreihendarstellung gibt (siehe obige Positiv- und Negativbeispiele), hängt dann von der
Abschätzung des Restglieds ab. Für die Details verweisen wir z.B. auf [KÖN].

Wer wirklich verstehen will, warum manche Funktionen wie exp, sin und cos eine
globale Taylorreihendarstellung besitzen, andere Funktionen hingegen nicht, oder
nur auf einem Teilintervall ihres Definitionsbereichs (wie z.B. $f(x) = \frac{1}{1+x^2}$ nur auf
$(-1,1) \subset D_f = \mathbb{R}$), der muss den Schritt ins Komplexe wagen und die sogenannte
„Funktionentheorie" lernen (siehe z.B. [FRB]).

Aufgabe 5.6   Bestimme die Taylorreihe von $f(x) := \ln(x + 1)$ (da wir um 0
entwickeln, betrachten wir $\ln(x + 1)$ anstelle von $\ln x$). Für welche $x \in \mathbb{R}$ konvergiert die Reihe? Vergleiche mit dem maximalen Definitionsbereich von f. Wir
teilen (ohne Beweis) mit, dass $f = T_f$ auf dem Konvergenzintervall gilt. Welche
Reihendarstellung erhält man damit für $\ln 2$?

Literatur zu Kapitel 5

[BEH]   Behrends, E.: *Analysis Band 1*. Springer Spektrum, 6. Aufl. (2015)

[FRB]   Freitag, E., Busam, R.: *Funktionentheorie 1*. Springer, 4. Aufl. (2006)

[HEU]   Heuser, H.: *Lehrbuch der Analysis 1*. Vieweg+Teubner, 17. Aufl. (2009)

[KÖN]   Königsberger, K.: *Analysis 1*. Springer, 6. Aufl. (2004)

6 Grundwissen Integralrechnung

Wir stellen hier die Grundlagen für Kapitel 8 bereit, nämlich den Begriff der Stammfunktion sowie elementare Integrationsregeln. Anschließend feiern wir einen weiteren Siegeszug der Grenzwert-Idee, indem wir das bestimmte Integral als Grenzwert gewisser Summen einführen.

6.1 Stammfunktionen

Im letzten Kapitel haben wir gelernt, wie man Funktionen ableitet. Nun lernen wir – zunächst ohne zu verstehen wozu – die Umkehrrechenart kennen, also „*aufleiten*", was man vornehmer als *integrieren* bezeichnet. Zu einer gegebenen reellen Funktion $f(x)$ suchen wir also eine Funktion $F(x)$, deren Ableitung $f(x)$ ist.
Für $f(x) = x^3 - 4x + 1$ wäre z.B. $F(x) = \frac{1}{4}x^4 - 2x^2 + x$ eine mögliche „Aufleitung".

Definition 6.1 Es sei $f : I \to \mathbb{R}$ eine Funktion auf dem offenen Intervall $I = (\,a\,,b\,)$. Eine *Stammfunktion* von f auf I ist eine auf I differenzierbare Funktion F, deren Ableitungsfunktion f ist:

$$F'(x) = f(x) \qquad \text{für alle } x \in I. \hspace{3cm} \diamond$$

Eine Grundaufgabe der Integralrechnung ist es, Stammfunktionen zu finden.

Beispiel 6.1 Finde (alle) Stammfunktionen von $f(x) = x^2$ auf $I = \mathbb{R}$.

Eine Stammfunktion von f ist $F(x) = \frac{1}{3}x^3$, denn $F'(x) = x^2 = f(x)$ (für alle $x \in \mathbb{R}$). Aber auch $G(x) = \frac{1}{3}x^3 + 1$ besitzt x^2 als Ableitung, ebenso wie $H(x) = \frac{1}{3}x^3 - \sqrt{2}$. Wir können also unendlich viele Stammfunktionen von f angeben:

$$F_c(x) = \frac{1}{3}\,x^3 + c \quad \text{für alle } c \in \mathbb{R}.$$

Dass dies wirklich *alle* Stammfunktionen von f sind, dass es also keine weiteren gibt, wird erst Satz 6.3 zeigen. Für die Gesamtheit aller Stammfunktionen verwenden wir die folgende Schreibweise[1]:

$$\int x^2 \, \mathrm{d}x = \frac{1}{3}\,x^3 + c\,, \quad c \in \mathbb{R}.$$

Lies: „(unbestimmtes) *Integral* über $x^2 \, \mathrm{d}x$". Die Funktion unter dem Integral heißt *Integrand*. Den Zusatz $c \in \mathbb{R}$ lassen wir ab sofort weg.

Beispiel 6.2 Integriere $f(x) = \dfrac{1}{\sqrt{x}}$ auf $I = (\,0\,,\infty\,)$.

---

[1]Da es sich um eine Menge handelt, müssten wir eigentlich $\{\,F(x) + c \mid c \in \mathbb{R}\,\}$ schreiben, was aber niemand tut.

© Springer Fachmedien Wiesbaden GmbH, ein Teil von Springer Nature 2019
T. Glosauer, *(Hoch)Schulmathematik*, https://doi.org/10.1007/978-3-658-24574-0_6

Zunächst schreiben wir f um als $f(x) = x^{-\frac{1}{2}}$. Um beim Ableiten von $F(x)$ die Hochzahl $-\frac{1}{2}$ zu bekommen, muss die Hochzahl von F eins höher sein, also $-\frac{1}{2}+1 = \frac{1}{2}$. Da beim Ableiten von $x^{\frac{1}{2}}$ der Faktor $\frac{1}{2}$ entsteht, müssen wir beim Integrieren durch diesen Faktor teilen. Damit ergibt sich als eine mögliche Stammfunktion

$$F(x) = \frac{1}{\frac{1}{2}}\, x^{\frac{1}{2}} = 2\sqrt{x}\,.$$

Unbestimmtes Integral: $\displaystyle\int \frac{1}{\sqrt{x}}\,\mathrm{d}x = 2\sqrt{x} + c.$

Durch dieses Vorgehen erkennt man eine ganz einfache allgemeine Regel für das Integrieren von Potenzfunktionen.

Satz 6.1   Beim Integrieren von $f(x) = x^r$, $r \in \mathbb{R}\backslash\{-1\}$, erhöht man die Hochzahl r um 1 und teilt anschließend durch die neue Hochzahl $r + 1$.

$$\int x^r\, dx = \frac{1}{r+1}\, x^{r+1} + c$$

Beweis: Nach der Potenzregel der Differenzialrechnung (siehe Beispiel 5.19) ist $F(x) = \frac{1}{r+1}\, x^{r+1} + c$ für jedes $c \in \mathbb{R}$ eine Stammfunktion von $f(x) = x^r$, denn

$$F'(x) = \left(\frac{1}{r+1}\, x^{r+1} + c \right)' = (r+1) \cdot \frac{1}{r+1}\, x^{r+1-1} = x^r = f(x). \qquad \square$$

Anmerkung: Beachte, dass man den Fall $r = -1$ ausschließen muss, denn für $f(x) = \frac{1}{x} = x^{-1}$ wäre nach obiger Regel $F(x) = \frac{1}{-1+1}\, x^{-1+1} = \frac{1}{0} x^0$, was wegen der Division durch Null unsinnig ist. Interessanterweise besitzt $\frac{1}{x}$ keine „elementare" Stammfunktion, sondern die natürliche Logarithmusfunktion, da wir auf Seite 143 bewiesen haben, dass $(\ln x)' = \frac{1}{x}$ ist (bzw. $(\ln|x|)' = \frac{1}{x}$, falls man auch negative x zulassen will).

Aus der Umkehrung der Ableitungsregeln (es sei $k \in \mathbb{R}$ eine Konstante)

$$(k \cdot F(x))' = k \cdot F'(x) \quad \text{und} \quad (F(x) + G(x))' = F'(x) + G'(x)$$

folgen zwei wichtige Eigenschaften des unbestimmten Integrals (seine sogenannte „Linearität"):

$$\int k \cdot f(x)\, \mathrm{d}x = k \cdot \int f(x)\, \mathrm{d}x, \quad \int (f(x) + g(x))\, \mathrm{d}x = \int f(x)\, \mathrm{d}x + \int g(x)\, \mathrm{d}x.$$

Konstante Faktoren darf man also vor das Integralzeichen ziehen und eine Summe von Funktionen darf summandenweise integriert werden.

Beispiel 6.3   Bestimme $\displaystyle\int (\pi \cos x + 8x^3)\, \mathrm{d}x$.

$$\int (\pi \cos x + 8x^3)\, \mathrm{d}x = \int \pi \cos x\, \mathrm{d}x + \int 8x^3\, \mathrm{d}x = \pi \int \cos x\, \mathrm{d}x + 8 \int x^3\, \mathrm{d}x$$

$$= \pi \sin x + 8 \cdot \frac{1}{4} x^4 + c = \pi \sin x + 2x^4 + c$$

Durch Ableiten des Ergebnisses kannst du übrigens stets die Probe machen, ob du richtig integriert hast. Führe dies hier durch.

Beispiel 6.4   Auch das Integrieren von verketteten Funktionen wie z.B. $f(x) = (\frac{1}{3}x - 1)^5$, deren innere Funktion wie hier $v(x) = \frac{1}{3}x - 1$ linear ist, geht leicht unter Verwendung obiger Regel, allerdings darf man die innere Ableitung nicht vergessen. Würde man nur die äußere Funktion $u(\heartsuit) = \heartsuit^5$ aufleiten, so käme man auf $\widetilde{F}(x) = \frac{1}{6}(\frac{1}{3}x - 1)^6$. Dass dies nicht die korrekte Stammfunktion ist, sieht man beim Kontroll-Ableiten mit Hilfe der Kettenregel: „Äußere Ableitung mal innere Ableitung" $(v'(x) = \frac{1}{3})$ ergibt nämlich

$$\widetilde{F}'(x) = 6 \cdot \frac{1}{6}\left(\frac{1}{3}x - 1\right)^5 \cdot \frac{1}{3} = f(x) \cdot \frac{1}{3} \neq f(x)\,.$$

Um den störenden Vorfaktor $\frac{1}{3} = v'(x)$ zu beseitigen, muss man zusätzlich zum Aufleiten der äußeren Funktion noch durch die innere Ableitung teilen, d.h. die korrekte Stammfunktion lautet

$$F(x) = \int \left(\frac{1}{3}x - 1\right)^5 \mathrm{d}x = \frac{1}{\frac{1}{3}} \cdot \frac{1}{6}\left(\frac{1}{3}x - 1\right)^6 + c = \frac{1}{2}\left(\frac{1}{3}x - 1\right)^6 + c\,.$$

Warnung: Sobald die innere Funktion nicht mehr linear ist, geht diese Aufleitungsregel komplett in die Hose! So ist die Stammfunktion von $g(x) = (x^2 - 1)^5$ n i e u n d   n i m m e r $G(x) = \frac{1}{2x} \cdot \frac{1}{6}(x^2 - 1)^6$, denn beim Ableiten von G ist neben der Ketten- unbedingt die Produktregel zu beachten. Überprüf doch mal selbst, dass $G'(x) \neq g(x)$ ist. Wie man kompliziertere Verkettungen integrieren kann, lernen wir erst in Kapitel 8. Für den Moment halten wir nur den Spezialfall bei linearer innerer Funktion fest.

Satz 6.2   (*Integration bei linearer Verkettung*)

Ist F eine Stammfunktion von f, so gilt (für $a \neq 0$)

$$\int f(ax + b)\, \mathrm{d}x = \frac{1}{a} F(ax + b) + c.$$

In Worten: Um $f(ax + b)$ zu integrieren, leitet man $f(\heartsuit)$ wie gewohnt auf (setzt aber als Argument $\heartsuit = ax + b$ ein) und teilt noch durch die innere Ableitung a.

Beweis: Dies folgt sofort aus der Kettenregel, denn

$$\left(\frac{1}{a}F(ax+b)\right)' = \frac{1}{a}F'(ax+b)\cdot(ax+b)' = \frac{1}{a}f(ax+b)\cdot a = f(ax+b),$$

also ist $\frac{1}{a}F(ax+b)$ eine Stammfunktion von $f(ax+b)$.   □

Beispiel 6.5   Es ist $\displaystyle\int e^{\frac{1}{2}x}\,dx = \frac{1}{\frac{1}{2}}e^{\frac{1}{2}x} + c = 2e^{\frac{1}{2}x} + c.$

Beispiel 6.6   Berechne $\displaystyle\int \frac{1}{(2-\frac{1}{4}x)^3}\,dx.$

Wir schreiben den Integranden zunächst (in Gedanken) als $(2-\frac{1}{4}x)^{-3}$ um. Die Aufleitung der äußeren Funktion $\heartsuit^{-3}$ ist somit $\frac{1}{-2}\heartsuit^{-2}$, und da die innere Ableitung $-\frac{1}{4}$ ist, ergibt sich insgesamt (Probe durch Ableiten wieder selber):

$$\int \frac{1}{(2-\frac{1}{4}x)^3}\,dx = \frac{1}{-\frac{1}{4}}\cdot\frac{1}{-2}(2-\tfrac{1}{4}x)^{-2} + c = \frac{2}{(2-\frac{1}{4}x)^2} + c.$$

Aufgabe 6.1   Berechne die unbestimmten Integrale. Die Parameter a, n, m sind als Konstanten zu betrachten. Es seien dabei $n \in \mathbb{N}\setminus\{1\}$ und $a, m \in \mathbb{R}\setminus\{0\}$.

a) $\displaystyle\int (2x + 3x^2 + 4x^3)\,dx$ b) $\displaystyle\int \left(\sin x - \frac{2}{\sqrt{x}}\right)\,dx$ c) $\displaystyle\int \frac{n-1}{x^n}\,dx$

d) $\displaystyle\int \left(\frac{1}{2\sqrt{2x+2}} + 2\right)\,dx$ e) $\displaystyle\int \pi^2\cdot\sin(\pi x)\,dx$ f) $\displaystyle\int \frac{a}{\sqrt[3]{ax}}\,dx$

g) $\displaystyle\int \left(\frac{1}{2x+2} + e^{2x}\right)\,dx$ h) $\displaystyle\int \frac{1}{(1-mx)^2}\,dx$ i) $\displaystyle\int \frac{x^4-2}{x^2}\,dx$

Satz 6.3   Sind F und G beides Stammfunktionen der Funktion f auf dem Intervall I, dann gibt es ein $c \in \mathbb{R}$, so dass

$$G(x) = F(x) + c \qquad \text{für alle } x \in I.$$

Kennt man also *eine* Stammfunktion (einer Funktion auf einem Intervall), so kennt man bereits *alle* Stammfunktionen – was die Schreibweise $\int f(x)\,dx = F(x) + c$ rechtfertigt.

Beweis: Betrachte die Differenzfunktion $\delta(x) = G(x) - F(x)$. Sie besitzt auf I die Ableitung

$$\delta'(x) = \bigl(G(x) - F(x)\bigr)' = G'(x) - F'(x) = f(x) - f(x) = 0\,,$$

also (!) handelt es sich bei δ um eine konstante Funktion, d.h. $\delta(x) = c$ für ein $c \in \mathbb{R}$. Damit ist $G(x) - F(x) = c$, bzw. $G(x) = F(x) + c$ wie behauptet. ⊟

Das Ausrufezeichen (!) weist darauf hin, dass an dieser Stelle etwas fehlt, da die (geometrisch so klare) Aussage „$\delta' = 0 \implies \delta = $ konstant auf I" sich erst mit Hilfe des *Mittelwertsatzes der Differenzialrechnung* streng beweisen lässt; siehe [KÖN].

Obiger Satz ist falsch, wenn der Definitionsbereich J kein Intervall mehr ist. Ist z.B. $J = I_1 \cup I_2$ die Vereinigung der offenen Intervalle $I_1 = (0, 1)$ und $I_2 = (2, 3)$, so gehören die beiden in Abbildung 6.1 dargestellten Schaubilder zu auf J differenzierbaren Funktionen F und G. Beides sind offensichtlich Stammfunktionen der Nullfunktion $f(x) = 0$, da sie $F'(x) = G'(x) = 0$ für jedes $x \in J$ erfüllen, aber es gibt keine Konstante c, so dass $G(x) = F(x) + c$ auf ganz J gilt. (Auf I_1 müsste $c = 1$ sein, während man $c = 2$ auf J_2 bräuchte.)

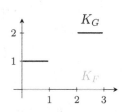

Abbildung 6.1

Eine Frage drängt sich nun aber so langsam auf: Was bringt einem das Integrieren, bzw. wozu sind Stammfunktionen nütze? Während die Ableitungsfunktion Aussagen über die *Steigung* von Schaubildern macht, lernen wir jetzt, dass sich mit Hilfe einer Stammfunktion *Flächeninhalte* unter Schaubildern berechnen lassen.

6.2 Das bestimmte Integral

6.2.1 Die Streifenmethode

Wie könnte man wohl den Inhalt A der in Abbildung 6.2 dargestellten, „krummlinig begrenzten" Fläche berechnen, also derjenigen Fläche, die vom Schaubild K_f einer Funktion f und der x-Achse zwischen a und b eingeschlossen wird?

Idee: Wir nähern die Fläche durch eine Treppenfigur aus Rechtecken an, da wir deren Inhalt über „Höhe mal Breite" leicht berechnen können. Lassen wir jetzt die Anzahl der Rechtecke gegen unendlich streben (so, dass die Breite aller Rechtecke immer kleiner wird), dann wird die Approximation der gesuchten Fläche immer genauer.

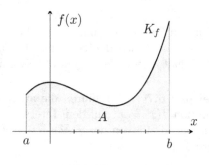

Abbildung 6.2

Diese geniale *Streifenmethode* wurde bereits von ARCHIMEDES[2] verwendet. In Abbildung 6.3 ist eine Näherung der Fläche „von unten her" dargestellt; erst durch
$n = 6$, dann durch $n = 12$ Rechtecke. Man erkennt, dass die Approximation der
gesuchten Fläche um so genauer wird, je mehr Rechtecke man auf $[\,a\,,b\,]$ wählt. Im
nächsten Abschnitt wird dieses Vorgehen präzisiert.

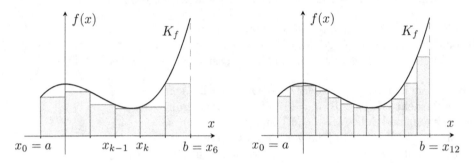

Abbildung 6.3

Weil diese „Unter-Näherung" der gesuchten Fläche evtl. nicht nah genug kommen
könnte, nähern wir uns in Abbildung 6.4 ebenfalls „von oben her" an.

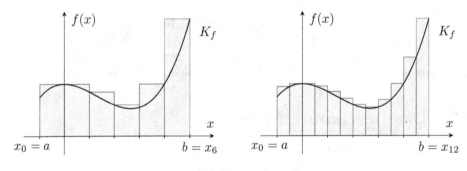

Abbildung 6.4

Wenn im Grenzübergang $n \to \infty$ bei beiden Approximationen dieselbe Zahl rauskommt, haben wir den gesuchten Flächeninhalt A gefunden – bzw. wir *definieren*
den Inhalt dieser Fläche dann einfach als diese Zahl.

Beispiel 6.7   Wir führen die archimedische Streifenmethode für die Quadratfunktion $f(x) = x^2$ auf dem Intervall $[\,0\,,b\,]$ explizit durch, um den Flächeninhalt
der Fläche, die von der x-Achse und der Normalparabel auf $[\,0\,,b\,]$ eingeschlossen
wird, exakt zu bestimmen.

---

[2]ARCHIMEDES von Syrakus (287–212 v.Chr.); griechischer Mathematiker, Physiker und Ingenieur. Neben Euklid einer der bedeutendsten Mathematiker der Antike.

Zunächst unterteilen wir das Intervall $[0,b]$ wie in Abbildung 6.5 gezeigt in n gleich lange Stücke der Länge $\Delta x = \frac{b-0}{n} = \frac{b}{n}$, d.h. die Unterteilungsstellen x_k der Treppenfigur sind demnach von der Form $x_k = k \cdot \frac{b}{n}$, d.h. $x_0 = 0$, $x_1 = \frac{b}{n}$, $x_2 = 2 \cdot \frac{b}{n}$, ... $x_{n-1} = (n-1) \cdot \frac{b}{n}$ und schließlich $x_n = b$.

Die Rechtecke haben alle dieselbe Breite $\Delta x = \frac{b}{n}$, und die Höhe des $(k+1)$-ten Rechtecks ist $f(x_k)$ (siehe Abbildung 6.5), also ist ihr Flächeninhalt $f(x_k) \cdot \Delta x$. So erhält man die *Untersumme*

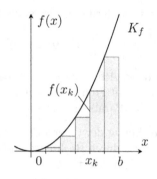

Abbildung 6.5

$$\mathcal{U}_n = f(x_0) \cdot \Delta x + f(x_1) \cdot \Delta x + \ldots + f(x_{n-1}) \cdot \Delta x = \sum_{k=0}^{n-1} f(x_k) \cdot \Delta x$$

als untere Näherung für den Flächeninhalt A unter K_f: $\mathcal{U}_n < A$ für alle $n \in \mathbb{N}$. Entsprechend ist die *Obersumme*[3] (stelle dir die zugehörigen Rechtecksflächen im Schaubild selber vor)

$$\mathcal{O}_n = f(x_1) \cdot \Delta x + f(x_2) \cdot \Delta x + \ldots + f(x_n) \cdot \Delta x = \sum_{k=1}^{n} f(x_k) \cdot \Delta x$$

eine obere Schranke für den Flächeninhalt: $\mathcal{O}_n > A$ für alle $n \in \mathbb{N}$. Wir bestimmen nun explizite Ausdrücke für $\mathcal{U}_n$ und $\mathcal{O}_n$, was ein klein wenig anstrengend wird.

(1) Berechnung der Untersumme $\mathcal{U}_n$:

$$\mathcal{U}_n = \sum_{k=0}^{n-1} f(x_k) \cdot \Delta x = \sum_{k=0}^{n-1} f\left(k \cdot \frac{b}{n}\right) \cdot \frac{b}{n} = \sum_{k=0}^{n-1} \left(k \cdot \frac{b}{n}\right)^2 \cdot \frac{b}{n} = \sum_{k=0}^{n-1} k^2 \cdot \left(\frac{b}{n}\right)^3$$

$$= \frac{b^3}{n^3} \cdot \sum_{k=0}^{n-1} k^2 \overset{!}{=} \frac{b^3}{n^3} \cdot \frac{1}{6} (n-1) n (2n-1) = \frac{1}{6} \frac{n-1}{n} \cdot \frac{n}{n} \cdot \frac{2n-1}{n} \cdot b^3,$$

wobei die Summenformel $\sum_{k=1}^{n} k^2 = \frac{1}{6} n(n+1)(2n+1)$ aus Aufgabe 2.13 einging (der erste Summand oben ist Null und kann entfallen), nur dass hier n durch $n-1$ ersetzt wurde. Kürzen von n bringt die Untersumme schließlich auf die Gestalt

$$\mathcal{U}_n = \frac{1}{6} \left(1 - \frac{1}{n}\right) \left(2 - \frac{1}{n}\right) \cdot b^3,$$

---

[3]Beachte: Dass die linken Intervallgrenzen x_0, ..., x_{n-1} zur Untersumme und die rechten Intervallgrenzen x_1, ..., x_n zur Obersumme gehören, klappt nur deswegen, weil die Parabel auf $[0,b]$ monoton wachsend ist.

und mit Hilfe der Grenzwertsätze folgt nun unmittelbar

$$\lim_{n \to \infty} \mathcal{U}_n = \frac{1}{6}\,(1-0)(2-0)\cdot b^3 = \frac{1}{3}\,b^3.$$

Wegen $\mathcal{U}_n < A$ für alle n gilt $\lim_{n \to \infty} \mathcal{U}_n = \frac{1}{3}b^3 \leqslant A$ (beim Grenzübergang kann Gleichheit auftreten), d.h. wir haben eine untere Schranke für den Flächeninhalt A unter der Parabel gefunden.

(2) Berechnung der Obersumme $\mathcal{O}_n$: Bei der Obersummenfolge approximieren wir die Fläche A durch Rechtecke, die allesamt etwas zu groß sind. Fast dieselbe Rechnung wie eben liefert

$$\mathcal{O}_n = \sum_{k=1}^{n} f(x_k)\cdot \Delta x = \sum_{k=1}^{n} f\Big(k\cdot \frac{b}{n}\Big)\cdot \frac{b}{n} = \sum_{k=1}^{n} k^2 \cdot \Big(\frac{b}{n}\Big)^3$$

$$= \frac{b^3}{n^3}\cdot \sum_{k=1}^{n} k^2 = \frac{b^3}{n^3}\cdot \frac{1}{6}\,n\,(n+1)\,(2n+1) = \frac{1}{6}\,\Big(1+\frac{1}{n}\Big)\Big(2+\frac{1}{n}\Big)\cdot b^3.$$

Für den Grenzwert der Obersummenfolge ergibt sich somit ebenfalls

$$\lim_{n \to \infty} \mathcal{O}_n = \frac{1}{6}\,(1+0)(2+0)\cdot b^3 = \frac{1}{3}\,b^3.$$

Wegen $\mathcal{O}_n > A$ gilt $\frac{1}{3}b^3 \geqslant A$ (beim Grenzübergang kann wieder Gleichheit auftreten), d.h. wir haben eine obere Schranke für A gefunden.

Insgesamt ist $\mathcal{U}_n < A < \mathcal{O}_n$ für alle n, also folgt $\lim_{n \to \infty} \mathcal{U}_n \leqslant A \leqslant \lim_{n \to \infty} \mathcal{O}_n$, d.h. es gilt $\frac{1}{3}b^3 \leqslant A \leqslant \frac{1}{3}b^3$. Dies kann natürlich nur sein, wenn $A = \frac{1}{3}b^3$ ist.

Damit haben wir bewiesen, dass die Fläche, die über dem Intervall $[\,0\,,b\,]$ von der Normalparabel und der x-Achse eingeschlossen wird, den Inhalt

$$A = \frac{1}{3}\,b^3$$

besitzt. Ab sofort verwenden wir für Flächen dieser Art die Integralschreibweise (lies: „*bestimmtes Integral* über $x^2 \, \mathrm{d}x$ von 0 bis b")

$$A = \int_0^b x^2 \,\mathrm{d}x.$$

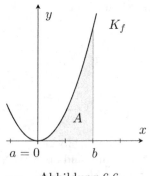

Abbildung 6.6

Das Integralzeichen soll dabei an ein langgezogenes S (für *S*umme) erinnern und das $\mathrm{d}x$ an die Breite Δx der approximierenden Rechtecke (die für wachsendes n immer kleiner wird).

Was das bestimmte Integral mit dem früher eingeführten unbestimmten Integral zu tun hat, ist im Moment allerdings noch vollkommen unklar!

Beispiel 6.8 (*Volumen von Rotationskörpern*)

Wir bringen hier noch eine nette kleine Anwendung der Streifenmethode; allerdings präsentieren wir nur die Grundidee und beweisen nichts formal. Das Schaubild K_f einer stetigen Funktion f über dem Intervall $[a, b]$ schließe mit der x-Achse eine Fläche ein. Lässt man diese Fläche um die x-Achse rotieren, so entsteht dabei ein *Rotationskörper*. In Abbildung 6.7 ist dies für $f(x) = \sqrt{x}$ auf $[0, b]$ dargestellt.

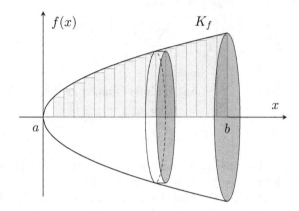

Abbildung 6.7

Um eine Formel für das Volumen des Rotationskörpers plausibel zu machen, nähern wir die Fläche durch eine Treppenfigur an. Deren Rechtecke haben die Breite Δx und die Höhe $f(x_k)$. Rotiert ein solches Rechteck um die x-Achse, so entsteht ein Zylinder mit Radius $r_k = f(x_k)$ und Höhe $h = \Delta x$. Das Volumen des Zylinders ist somit $V_k = \pi r_k^2 h = \pi f(x_k)^2 \Delta x$.

Summiert man all diese Zylindervolumina auf, so erhält man eine Näherung für das Volumen V des Rotationskörpers:

$$V \approx V_0 + V_1 + \ldots + V_{n-1} = \sum_{k=0}^{n-1} V_k = \sum_{k=0}^{n-1} \pi f(x_k)^2 \Delta x = \pi \sum_{k=0}^{n-1} f(x_k)^2 \Delta x.$$

Lässt man nun n immer größer werden, so wird die Treppenfigur immer feiner und obige Näherung für V immer besser. (Man kann zeigen, dass für stetiges f sich Ober- und Untersumme demselben Wert nähern.) Im Grenzübergang $n \to \infty$ wird aus der Summe das Integral über $f(x)^2$, und wir erhalten für das Volumen eines Rotationskörpers

$$V = \lim_{n \to \infty} \pi \sum_{k=0}^{n-1} f(x_k)^2 \Delta x = \pi \int_a^b f(x)^2 \, \mathrm{d}x.$$

Für eine praktische Berechnung solcher Volumina verweisen wir auf Seite 179.

Aufgabe 6.2　　Berechne mit Hilfe der Streifenmethode (für $b > 0$):

a)　$\displaystyle\int_0^b x \, \mathrm{d}x$,　　　　b)　$\displaystyle\int_0^b x^3 \, \mathrm{d}x$.

Es genügt, wenn du jeweils die Obersummen berechnest. Dazu brauchst du die Summenformeln (vergleiche Kapitel 2)

$$\sum_{k=1}^{n} k = \frac{1}{2}\, n(n+1) \quad \text{und} \quad \sum_{k=1}^{n} k^3 = \frac{1}{4}\, n^2(n+1)^2.$$

c)　$\displaystyle\int_0^b \left(2 - \frac{1}{2}x\right) \mathrm{d}x$　　　　$(0 < b < 4;$ Untersummen genügen$)$.

„Muss ich nun jedes Mal eine solch grauenvolle Rechnung durchführen, um die Fläche unter einer Kurve zu bestimmen?" wird man sich an dieser Stelle besorgt fragen. Die Antwort ist glücklicherweise NEIN; der wundervolle *Hauptsatz der Differenzial- und Integralrechnung* wird uns auf Seite 176 eine verblüffend einfache Formel in die Hand geben, mit welcher sich bestimmte Integrale bzw. Flächen unter Kurven mühelos berechnen lassen.

Zunächst definieren wir jedoch ganz allgemein und abstrakter als bisher, wann eine Funktion für uns integrierbar heißen soll.

6.2.2　Das Darboux-Integral

In diesem und dem nächsten Abschnitt stellen wir den Integralbegriff auf ein solideres Fundament. Zunächst folgen wir dem Vorgehen von DARBOUX[4], da es am natürlichsten die archimedische Streifenmethode verallgemeinert.

Es sei $\mathcal{Z} = \{\, x_0 = a, x_1, \dots, x_{n-1}, x_n = b \,\}$ eine beliebige *Zerlegung* des Intervalls $I = [\,a, b\,]$ mit $x_0 < x_1 < \dots < x_n$ und den Teilintervallen $I_k = [\,x_{k-1}, x_k\,]$, deren Längen $\Delta x_k := x_k - x_{k-1}$ nun nicht mehr gleich sein müssen.

Weiter sei f eine auf dem Intervall $I = [\,a, b\,]$ *beschränkte* Funktion, d.h. für f existiert eine Schranke $S \in \mathbb{R}$, so dass $|f(x)| \leqslant S$ für alle $x \in I$ gilt. Die Gesamtheit aller auf I beschränkten Funktionen bezeichnen wir mit $\mathscr{B}[\,a, b\,]$. Für ein solches f sind die Mengen $f(I_k) = \{\, f(x) \mid x \in I_k \,\} \subset \mathbb{R}$ dann natürlich ebenfalls beschränkt und nicht leer. Aufgrund der Vollständigkeit von $\mathbb{R}$ (Satz 4.3 und Aufgabe 4.14) existieren daher die Zahlen

$$i_k := \inf f(I_k) \qquad \text{und} \qquad s_k := \sup f(I_k).$$

---

[4]Jean Gaston DARBOUX (1842–1917); französischer Mathematiker. Spezialist für Differenzialgeometrie von Kurven und Flächen.

Es wäre falsch anzunehmen, i_k und s_k wären das Minimum und Maximum von f auf I_k. Als Beispiel betrachten wir die Funktion $f \in \mathscr{B}[0,3]$ mit dem in Abbildung 6.8 gezeigten Schaubild und setzen $I_1 = [0,2]$. Dann gilt zwar

$$s_1 = \sup f(I_1) = 2,$$

aber einen größten Funktionswert, also das Maximum von f auf I_1 gibt es gar nicht, da man kein $x \in I_1$ findet, für das $f(x) = 2$ wäre. (Man kommt für $x \nearrow 2$ „von links" zwar beliebig nahe an $y = 2$ heran, aber man erreicht es nie.)

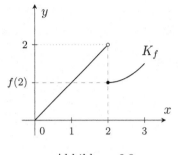

Abbildung 6.8

Mit den so festgelegten Zahlen können wir nun die zur Zerlegung $\mathcal{Z}$ gehörige *Unter-* und *Obersumme* der Funktion f definieren als

$$\mathcal{U}_{\mathcal{Z}}(f) := \sum_{k=1}^{n} i_k \Delta x_k \qquad \text{und} \qquad \mathcal{O}_{\mathcal{Z}}(f) := \sum_{k=1}^{n} s_k \Delta x_k.$$

Gleich zur Beruhigung vorneweg: Für unsere Zwecke genügt es fast immer, *stetige* Funktionen auf dem Intervall $[a,b]$ zu betrachten, deren Gesamtheit wir ab sofort mit $\mathscr{C}[a,b]$ abkürzen (das $\mathscr{C}$ steht für „continuous"). Diese haben die folgende schöne Eigenschaft (für einen Beweis siehe [KöN]):

Satz 6.4   (*Satz vom Maximum und Minimum*)

Jede stetige Funktion $f \colon [a,b] \to \mathbb{R}$ besitzt auf dem Intervall $[a,b]$ ein Maximum und Minimum, d.h. es gibt Zahlen $x_{\min}, x_{\max} \in [a,b]$, so dass für alle $x \in [a,b]$ gilt: $f(x_{\min}) \leqslant f(x) \leqslant f(x_{\max})$.
Insbesondere ist also jede auf $[a,b]$ stetige Funktion dort auch beschränkt, d.h. es ist $\mathscr{C}[a,b] \subset \mathscr{B}[a,b]$.   ⊟

Dieser Satz garantiert, dass die oben erklärten Infima und Suprema für jedes $f \in \mathscr{C}[a,b]$ tatsächlich auch angenommen werden, d.h. für jedes $k = 1,\ldots,n$ gibt es Zahlen $x_{\min,k}, x_{\max,k} \in I_k$, so dass gilt

$$i_k = \min f(I_k) = f(x_{\min,k}) \qquad \text{und} \qquad s_k = \max f(I_k) = f(x_{\max,k}).$$

Somit nehmen die Unter- und Obersumme einer stetigen Funktion f die folgende Gestalt an:

$$\mathcal{U}_{\mathcal{Z}}(f) = \sum_{k=1}^{n} f(x_{\min,k}) \Delta x_k \qquad \text{und} \qquad \mathcal{O}_{\mathcal{Z}}(f) = \sum_{k=1}^{n} f(x_{\max,k}) \Delta x_k.$$

Die geometrische Bedeutung der Untersumme $\mathcal{U}_{\mathcal{Z}}$ (für $f \geqslant 0$) ist der Abbildung 6.9 zu entnehmen: Es ist (wie in 6.2.1) einfach der Flächeninhalt aller grauen Rechtecke. Analoges gilt für die Obersumme.

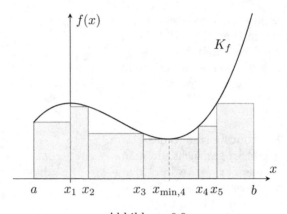

Abbildung 6.9

Für ein $f \in \mathscr{B}[a,b]$ ist die folgende Teilmenge von $\mathbb{R}$

$$\mathcal{U}(f) := \{ \mathcal{U}_{\mathcal{Z}}(f) \mid \mathcal{Z} \text{ ist Zerlegung von } I = [a,b] \}$$

nicht leer und nach oben beschränkt durch $\sup f(I) \cdot (b-a)$ (mache dir das an einer Skizze klar – auch für $f < 0$). Für $f \in \mathscr{C}[a,b]$ ist $f(x_{\max}) \cdot (b-a)$ eine Schranke. Somit existiert – wieder nach Satz 4.3 – das Supremum dieser Menge, welches man das *untere Darboux-Integral* nennt:

$$\underline{\int_a^b} f(x) \, \mathrm{d}x := \sup \, \mathcal{U}(f).$$

Entsprechend ist das *obere Darboux-Integral* definiert als

$$\overline{\int_a^b} f(x) \, \mathrm{d}x := \inf \, \mathcal{O}(f) = \inf \{ \, \mathcal{O}_{\mathcal{Z}}(f) \mid \mathcal{Z} \text{ ist Zerlegung von } [a,b] \, \}.$$

Es ist nicht schwer zu zeigen, dass

$$\mathcal{U}_{\mathcal{Z}}(f) \leqslant \mathcal{O}_{\mathcal{Z}'}(f) \quad \text{für zwei beliebige Zerlegungen } \mathcal{Z} \text{ und } \mathcal{Z}' \qquad (\star)$$

gilt, was für $\mathcal{Z} = \mathcal{Z}'$ offensichtlich und sonst etwas technisch ist (siehe [ROC] oder [HEU]). Also folgt nach Definition des Supremums $\sup \mathcal{U}(f) \leqslant \mathcal{O}_{\mathcal{Z}'}(f)$ und damit nach Definition des Infimums auch $\sup \mathcal{U}(f) \leqslant \inf \mathcal{O}(f)$, d.h. es ist stets

$$\underline{\int_a^b} f(x) \, \mathrm{d}x \leqslant \overline{\int_a^b} f(x) \, \mathrm{d}x.$$

Definition 6.2   Eine Funktion $f \in \mathscr{B}[a,b]$ heißt *Darboux-integrierbar*, falls

$$\underline{\int_a^b} f(x) \, \mathrm{d}x = \overline{\int_a^b} f(x) \, \mathrm{d}x$$

gilt, d.h. falls ihr oberes und unteres Darboux-Integral übereinstimmen. Der gemeinsame Wert wird mit $\mathscr{D}\text{-}\int_a^b f(x)\,\mathrm{d}x$ bezeichnet. ◇

Schön und gut; zur praktischen Berechenbarkeit taugt dies aber rein gar nichts – wie sollte man das Supremum der riesigen Menge $\mathcal{U}(f)$ denn auch berechnen? Warum es bei der Streifenmethode genügte, nur *eine* spezielle Folge von Zerlegungen zu betrachten, zeigt der folgende Satz, für dessen Beweis wir wieder auf [HEU] oder [ROC] verweisen (hier geht abermals (⋆) ein, und der Rest folgt problemlos aus den Eigenschaften von inf und sup).

Satz 6.5 Ein $f \in \mathscr{B}[a,b]$ ist genau dann Darboux-integrierbar, wenn es zu jedem $\varepsilon > 0$ eine Zerlegung $\mathcal{Z}$ mit $\mathcal{O}_\mathcal{Z}(f) - \mathcal{U}_\mathcal{Z}(f) < \varepsilon$ gibt. ⊟

In Beispiel 6.7 hatten wir für $f(x) = x^2$ eine Folge von äquidistanten Zerlegungen $\mathcal{Z}_n$ des Intervalls $[0,b]$ gewählt und gezeigt, dass die zugehörigen Unter- und Obersummenfolgen $\mathcal{U}_n = \mathcal{U}_{\mathcal{Z}_n}(f)$ bzw. $\mathcal{O}_n = \mathcal{U}_{\mathcal{Z}_n}(f)$ gegen dieselbe Zahl $A\ (= \frac{1}{3}b^3)$ konvergieren. Das bedeutet aber, dass es zu jedem $\varepsilon > 0$ ein (gemeinsames) $N \in \mathbb{N}$ gibt, so dass sowohl $|\mathcal{U}_n - A| = A - \mathcal{U}_n < \frac{\varepsilon}{2}$ als auch $|\mathcal{O}_n - A| = \mathcal{O}_n - A < \frac{\varepsilon}{2}$ für alle $n > N$ ist. Insbesondere gilt dann

$$\mathcal{O}_{\mathcal{Z}_N}(f) - \mathcal{U}_{\mathcal{Z}_N}(f) = \mathcal{O}_N - \mathcal{U}_N = \mathcal{O}_N - A + A - \mathcal{U}_N < \frac{\varepsilon}{2} + \frac{\varepsilon}{2} = \varepsilon.$$

Also folgt nach Satz 6.5 die Darboux-Integrierbarkeit von $f(x) = x^2$ auf $[0,b]$, und unser früheres Ergebnis lautet nun

$$\mathscr{D}\text{-}\int_0^b x^2\,\mathrm{d}x = \frac{1}{3}b^3.$$

Zur expliziten Berechnung von Darboux-Integralen genügt es also, *eine* Zerlegungsfolge zu finden, so dass die zugehörigen Unter- und Obersummenfolgen gegen denselben Grenzwert konvergieren.

Bevor wir im nächsten Abschnitt klären, welche Funktionen denn nun tatsächlich Darboux-integrierbar sind (die stetigen gehören dazu, so viel sei schon mal verraten), bringen wir noch ein Negativ-Beispiel.

Beispiel 6.9 Betrachte die „höchst unstetige" DIRICHLET[5]-Sprungfunktion

$$\chi(x) = \begin{cases} 1 & \text{für } x \in \mathbb{Q} \cap [0,1] \\ 0 & \text{für } x \in \mathbb{R} \backslash \mathbb{Q} \cap [0,1]. \end{cases}$$

Offenbar ist $\chi \in \mathscr{B}[0,1]$, aber χ ist auf $[0,1]$ nicht Darboux-integrierbar. Denn in jedem – noch so kleinen – Intervall $[x_{k-1}, x_k]$ liegen stets rationale und irrationale

---

[5]Peter Gustav Lejeune DIRICHLET (1805–1859); deutscher Zahlentheoretiker.

Zahlen (ohne Beweis), d.h. für χ gilt $i_k = 0$ und $s_k = 1$ für jedes k. Folglich ist für jede beliebige Zerlegung $\mathcal{Z}$ von $[0,1]$

$$\mathcal{U}_{\mathcal{Z}}(\chi) = \sum_{k=1}^{n} i_k \Delta x_k = 0, \quad \text{d.h. auch} \quad \underline{\int_0^1} \chi(x)\,\mathrm{d}x = 0,$$

während für die Obersumme gilt:

$$\mathcal{O}_{\mathcal{Z}}(\chi) = \sum_{k=1}^{n} s_k \Delta x_k = \sum_{k=1}^{n} \Delta x_k = 1, \quad \text{d.h. auch} \quad \overline{\int_0^1} \chi(x)\,\mathrm{d}x = 1.$$

6.2.3   Das Riemann-Integral

Es sei $f\colon [a,b] \to \mathbb{R}$ eine Funktion und $\mathcal{Z} = \{x_0 = a, x_1, \ldots, x_n = b\}$ eine beliebige Zerlegung von $[a,b]$ mit der *Feinheit* $|\mathcal{Z}| := \max_{k=1}^{n} \Delta x_k$, wobei die $\Delta x_k := x_k - x_{k-1}$ wieder die Längen der Zerlegungsintervalle sind. Darboux hätte (die Beschränktheit von f gefordert und) die speziellen Stützstellen $x_{\min,k}$, $x_{\max,k}$ betrachtet bzw. wäre bei deren Nichtexistenz auf Infimum bzw. Supremum der Funktionswerte ausgewichen (ohne konkrete Stützstellen).

RIEMANN[6] hingegen lässt *beliebige* Stützstellen $\xi_k \in [x_{k-1}, x_k]$ zu (ξ spricht man als „Xi"), und betrachtet für diese freien Stützstellen Summen der Gestalt

$$\mathcal{R}_{\mathcal{Z},\xi}(f) := \sum_{k=1}^{n} f(\xi_k)\Delta x_k,$$

welche ihm zu Ehren *Riemann-Summen* heißen. Die Notation $\mathcal{R}_{\mathcal{Z},\xi}$ beinhaltet, dass die Summe nicht nur von $\mathcal{Z}$, sondern auch von der Wahl der Stützstellenmenge $\xi = \{\xi_1, \ldots, \xi_n\}$ abhängt.

Definition 6.3   Eine Funktion $f\colon [a,b] \to \mathbb{R}$ heißt *Riemann-integrierbar*, wenn jede Folge von Riemann-Summen $(\mathcal{R}_n) := (\mathcal{R}_{\mathcal{Z}_n, \xi^{(n)}}(f))$, deren Zerlegungs-Feinheit $|\mathcal{Z}_n|$ gegen Null strebt, stets konvergiert, und zwar gegen denselben Grenzwert. In diesem Fall schreibt man

$$\mathscr{R}\text{-}\int_a^b f(x)\,\mathrm{d}x := \lim_{n\to\infty} \mathcal{R}_n = \lim_{n\to\infty} \sum_{k=1}^{n} f(\xi_k^{(n)})\Delta x_k^{(n)}$$

und nennt dies das *Riemann-Integral* von f. Mit $\mathscr{R}[a,b]$ bezeichnen wir die Menge aller Riemann-integrierbaren Funktionen auf $[a,b]$.   ◇

---

[6]Bernhard RIEMANN (1826–1866); einer der genialsten und produktivsten Mathematiker des 19. Jahrhunderts. Begründete u.a. die abstrakte Differenzialgeometrie und stellte die berühmte Riemann-Vermutung in der Zahlentheorie auf.

Die etwas überladene Notation $\xi_k^{(n)}$ und $\Delta x_k^{(n)}$ soll andeuten, dass es sich um die Stützstellen und Längen der Intervalle der n-ten Zerlegung $\mathcal{Z}_n$ handelt. In Zukunft lassen wir das „$^{(n)}$" weg, aber man sollte immer im Hinterkopf behalten, dass die Summanden einer n-ten Riemann-Summe stets auch von n abhängen.

Der direkte Nachweis von $\mathscr{R}$–Integrierbarkeit ist noch schwieriger als der direkte Nachweis von $\mathscr{D}$–Integrierbarkeit, weil zu allen möglichen Zerlegungen $\mathcal{Z}$ jetzt auch alle möglichen Stützstellenmengen ξ zu berücksichtigen sind. Ist jedoch bekannt, dass f Riemann-integrierbar ist (siehe z.B. Sätze 6.7 und 6.8), so besitzt jede Folge von Riemann-Summen per Definition denselben Grenzwert, also genügt eine, z.B. äquidistante Riemann-Summenfolge, wie etwa die Obersummenfolge aus Beispiel 6.7 mit Stützstellen $\xi_k := x_{\max,k}$.

Beispiel 6.10   Wir überzeugen uns unter direktem Rückgriff auf die Definition davon, dass konstante Funktionen stets $\mathscr{R}$–integrierbar sind. Sei also $f(x) = c$ für alle $x \in [\,a\,,b\,]$, wobei $c \in \mathbb{R}$ eine beliebige Konstante ist. Dann gilt bereits für jede einzelne Riemann-Summe

$$\mathscr{R}_n = \sum_{k=1}^{n} f(\xi_k)\Delta x_k = \sum_{k=1}^{n} c \cdot \Delta x_k = c \cdot \sum_{k=1}^{n} \Delta x_k = c \cdot (b-a),$$

da die Intervall-Längen Δx_k sich stets zur Gesamtlänge des Intervalls $[\,a\,,b\,]$ aufaddieren. Da das Ergebnis gar nicht mehr von n abhängt, existiert natürlich auch der Limes, d.h. wir erhalten für jede Riemann-Summenfolge

$$\lim_{n \to \infty} \mathscr{R}_n = c \cdot (b-a) = \mathscr{R}\text{-}\int_a^b c \, \mathrm{d}x.$$

Wir erhalten also den Inhalt der Rechtecksfläche (mit Vorzeichen, falls $c < 0$) zwischen K_f und x-Achse – wäre schlimm, wenn es anders wäre.
Mit ein klein wenig mehr technischem Aufwand kann man auch zeigen, dass allgemeiner alle auf $[\,a\,,b\,]$ *stückweise konstanten* Funktionen (sogenannte „*Treppenfunktionen*"; siehe Abbildung 6.10) Riemann-integrierbar sind und als $\mathscr{R}$–Integral die Summe der Rechtecksflächen (mit Vorzeichen) herauskommt.

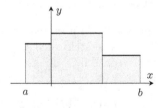

Abbildung 6.10

Die Äquivalenz unserer beiden Integralbegriffe beinhaltet der folgende Satz (siehe [Roc] oder [Heu] für den aufwändigen Beweis), der es uns erlaubt, ab sofort die unschöne $\mathscr{R}$– bzw. $\mathscr{D}$–Vorsilbe wegzulassen und unter dem bestimmten Integral stets das Riemann-Integral zu verstehen.

Satz 6.6   Eine Funktion $f \colon [\, a\, , b\,] \to \mathbb{R}$ ist genau dann Riemann-integrierbar, wenn sie Darboux-integrierbar ist, und in diesem Fall gilt

$$\mathscr{R}\!\!-\!\!\int_a^b f(x)\,\mathrm{d}x = \mathscr{D}\!\!-\!\!\int_a^b f(x)\,\mathrm{d}x. \qquad \qquad \boxminus$$

(Beachte: Man kann zeigen, dass allein aus der Riemann-Integrierbarkeit bereits die Beschränktheit von f folgt (siehe [Roc]), die ja eine notwendige Voraussetzung für die Darboux-Integrierbarkeit ist.)

Nun mag man sich fragen, wozu wir (neben der historischen Bedeutung) zwei konkurrierende Begriffe eingeführt haben, die sich letztlich als äquivalent entpuppt haben. Darboux war näher an der anschaulichen Streifenmethode aus 6.2.1, während die Riemann-Definition oftmals das Beweisen erleichtert. So lässt sich mit ihr z.B. relativ mühelos[7] die folgende, für Abschnitt 6.3 bedeutsamste Aussage gewinnen.

Satz 6.7   Jede auf $[\, a\, , b\,]$ stetige Funktion ist Riemann-integrierbar. $\boxminus$

Noch kürzer lässt sich dieser Satz als $\mathscr{C}\,[\, a\, , b\,] \subset \mathscr{R}\,[\, a\, , b\,]$ formulieren. Dass es sich hierbei um eine echte Teilmenge handelt, zeigt die viel stärkere Aussage des nächsten Satzes (siehe [Heu]; der Beweis dieser Tatsache zieht natürlich insbesondere die Gültigkeit von Satz 6.7 nach sich).

Satz 6.8   Jede Funktion $f \in \mathscr{B}\,[\, a\, , b\,]$, die nur an höchstens abzählbar vielen Stellen unstetig ist, liegt in $\mathscr{R}\,[\, a\, , b\,]$. $\boxminus$

Ein weiterer Vorzug der Riemann-Summen ist, dass sich damit bestimmte (Un)-Gleichungen für Summen elegant auf Integrale übertragen lassen, was wir nun an zwei Beispielen vorführen wollen.

Satz 6.9   Für integrierbare Funktionen $f, g \in \mathscr{R}\,[\, a\, , b\,]$ und Konstanten $\lambda, \mu \in \mathbb{R}$ ist stets auch $\lambda \cdot f(x) + \mu \cdot g(x) \in \mathscr{R}\,[\, a\, , b\,]$, und das bestimmte Integral ist *linear*, d.h.

$$\int_a^b \big(\lambda \cdot f(x) + \mu \cdot g(x) \big)\,\mathrm{d}x = \lambda \cdot \int_a^b f(x)\,\mathrm{d}x + \mu \cdot \int_a^b g(x)\,\mathrm{d}x$$

(hier wurden die beiden Regeln von Seite 156 zu einer zusammengefasst).

Beweis: Die für endliche Summen gültigen Rechenregeln wie das Distributivgesetz werden mittels eines Grenzprozesses auf Integrale übertragen.
Es seien $(\mathscr{Z}_n)$ eine beliebige Folge von Zerlegungen von $[\, a\, , b\,]$, deren Feinheit gegen Null strebt, $(\xi^{(n)})$ eine Wahl von Stützstellen sowie $(\mathscr{R}_n(f))$ und $(\mathscr{R}_n(g))$ die

---

[7]Dass wir dennoch auf den Beweis verzichten, liegt nur daran, dass wir dazu einen stärkeren Stetigkeitsbegriff – die sogenannte „gleichmäßige Stetigkeit" – benötigen würden, den wir nicht eingeführt haben.

zugehörigen Folgen von Riemann-Summen von f bzw. g. Da f und g Riemann-integrierbar sind, konvergieren diese Folgen gegen das bestimmte Integral von f bzw. g, d.h.

$$\int_a^b f(x)\,\mathrm{d}x = \lim_{n\to\infty} \mathcal{R}_n(f) = \lim_{n\to\infty} \sum_{k=1}^n f(\xi_k)\Delta x_k$$

und analog für g. Wir definieren $s(x) := \lambda \cdot f(x) + \mu \cdot g(x)$ und betrachten nun für ein beliebiges $n \in \mathbb{N}$ die folgende Summe:

$$\lambda \cdot \mathcal{R}_n(f) + \mu \cdot \mathcal{R}_n(g) = \lambda \cdot \sum_{k=1}^n f(\xi_k)\Delta x_k + \mu \cdot \sum_{k=1}^n g(\xi_k)\Delta x_k$$

$$= \sum_{k=1}^n \big(\lambda \cdot f(\xi_k) + \mu \cdot g(\xi_k)\big)\Delta x_k = \sum_{k=1}^n s(\xi_k)\Delta x_k,$$

wobei im vorletzten Schritt das Distributivgesetz einging (die Faktoren λ und μ wurden in die Summen gezogen und das Δx_k ausgeklammert) und beide Summen unter dasselbe Summenzeichen geschrieben wurden. Der letzte Schritt soll verdeutlichen, dass am Ende nichts anderes da steht als eine Riemann-Summe $\mathcal{R}_n(s) = \sum_{k=1}^n s(\xi_k)\Delta x_k$ der Summen-Funktion s. Die Grenzwertsätze liefern die Existenz des Grenzwerts von $(\mathcal{R}_n(s))$:

$$\lim_{n\to\infty} \mathcal{R}_n(s) = \lim_{n\to\infty} \big(\lambda \cdot \mathcal{R}_n(f) + \mu \cdot \mathcal{R}_n(g)\big) = \lambda \cdot \lim_{n\to\infty} \mathcal{R}_n(f) + \mu \cdot \lim_{n\to\infty} \mathcal{R}_n(g).$$

Die rechte Seite hängt nicht von der konkreten Wahl der Zerlegungs- und Stütz-stellenfolge ab (da $f, g \in \mathcal{R}\,[\,a\,,b\,]$). Da $(\mathcal{Z}_n)$ und $(\xi^{(n)})$ beliebig waren, folgt nach Definition 6.3, dass $s = \lambda \cdot f + \mu \cdot g$ $\mathcal{R}$–integrierbar ist. Obige Gleichung bedeutet ebenfalls nach Definition 6.3 nichts anderes als

$$\int_a^b s(x)\,\mathrm{d}x = \lambda \cdot \int_a^b f(x)\,\mathrm{d}x + \mu \cdot \int_a^b g(x)\,\mathrm{d}x. \qquad \square$$

Satz 6.10 (*Dreiecksungleichung für Integrale*)

Für jedes $f \in \mathscr{C}\,[\,a\,,b\,]$ ist $|f| \in \mathscr{R}\,[\,a\,,b\,]$ und es gilt

$$\left| \int_a^b f(x)\,\mathrm{d}x \right| \leqslant \int_a^b |f(x)|\,\mathrm{d}x.$$

Beweis: Nach Satz 5.2 ist $|f|$ als Verkettung der stetigen Betragsfunktion mit dem stetigen f selbst wieder stetig. Satz 6.7 liefert daher $|f| \in \mathscr{R}\,[\,a\,,b\,]$. Die gewöhnliche Dreiecksungleichung $|x_1 + x_2| \leqslant |x_1| + |x_2|$ lässt sich durch vollständige Induktion leicht auf $\left|\sum_{k=1}^{n} x_k\right| \leqslant \sum_{k=1}^{n} |x_k|$, d.h. auf beliebige endliche Summen ausdehnen. Ist nun $(\mathcal{R}_n)$ eine Folge von Riemann-Summen, die gegen das Integral von f konvergiert, so gilt für jedes n

$$|\mathcal{R}_n| = \left|\sum_{k=1}^{n} f(\xi_k)\Delta x_k\right| \leqslant \sum_{k=1}^{n} |f(\xi_k)\Delta x_k| = \sum_{k=1}^{n} |f(\xi_k)|\Delta x_k.$$

Rechts steht jetzt eine Riemann-Summe von $|f|$, so dass sich im Grenzübergang

$$\lim_{n\to\infty} |\mathcal{R}_n| \leqslant \lim_{n\to\infty} \sum_{k=1}^{n} |f(\xi_k)|\Delta x_k = \int_a^b |f(x)|\,\mathrm{d}x$$

ergibt. Dass der Grenzwert auf der linken Seite überhaupt existiert, folgt aus der Konvergenz der $\mathcal{R}_n$ sowie der Stetigkeit des Betrags:

$$\lim_{n\to\infty} |\mathcal{R}_n| = \left|\lim_{n\to\infty} \mathcal{R}_n\right| = \left|\int_a^b f(x)\,\mathrm{d}x\right|. \qquad \square$$

Abschließend seien noch ein paar Formeln erwähnt, die oft (stillschweigend) verwendet werden. Sie sind anschaulich so klar, dass wir auf einen formalen Beweis verzichten wollen. Zunächst ist natürlich $\int_a^a f(x)\,\mathrm{d}x = 0$.
Ferner gilt die *Intervall-Additivität* des Integrals:

$$\int_a^b f(x)\,\mathrm{d}x = \int_a^c f(x)\,\mathrm{d}x + \int_c^b f(x)\,\mathrm{d}x \qquad \text{für } c \in [\,a\,,b\,].$$

Legt man noch fest, dass $\int_b^a f(x)\,\mathrm{d}x := -\int_a^b f(x)\,\mathrm{d}x$ sein soll, dann gilt die Additivität des Integrals auch für $c \notin [\,a\,,b\,]$.

Aufgabe 6.3   Gehe ähnlich vor wie im Beweis von Satz 6.10, um die *Monotonie* des bestimmten Integrals zu beweisen:

$$\text{Gilt } f(x) \leqslant g(x) \text{ für alle } x \in [\,a\,,b\,], \text{ so folgt} \qquad \int_a^b f(x)\,\mathrm{d}x \leqslant \int_a^b g(x)\,\mathrm{d}x$$

(für $f, g \in \mathcal{R}\,[\,a\,,b\,]$ versteht sich). Folgere daraus für $f \in \mathscr{C}\,[\,a\,,b\,]$

$$\int_a^b f(x)\,\mathrm{d}x \leqslant m \cdot (b-a) \qquad \text{mit} \quad m := \max\{\, f(x) \mid x \in [\,a\,,b\,]\,\}.$$

Uff ... das war schweeere Kost und viel Theorie auf einmal. Ist aber auch gar nicht schlimm, wenn du nicht alle Details verdauen konntest. Falls du allerdings den Beweis des Hauptsatzes (Seite 176) verstehen willst, solltest du zumindest die Aussagen der letzten drei Sätze im Hinterkopf haben.

Zur Versöhnung destillieren wir an dieser Stelle ein paar Essenzen unserer bisherigen Überlegungen heraus:

○ Das unbestimmte Integral einer Funktion (siehe 6.1) ist selbst wieder eine Funktion (genauer: Menge von Funktionen), die sogenannte Stammfunktion, und kann durch bestimmte „Aufleitungsregeln" berechnet werden.

○ Das bestimmte Integral einer Funktion (6.2.2 und 6.2.3) hingegen ist eine reelle Zahl, die kompliziert definiert ist, nämlich als Grenzwert einer Folge von Riemann-Summen.

○ Manchmal lässt sich für ein bestimmtes Integral mittels der Streifenmethode ein geschlossener Ausdruck bestimmen (als gemeinsamer Grenzwert einer Unter-/Obersummenfolge), allerdings ist dies äußerst mühsam (siehe 6.2.1).

Bevor wir in 6.3 eine Beziehung zwischen bestimmten Integralen und Stammfunktionen kennenlernen, beleuchten wir noch kurz den Zusammenhang zwischen bestimmten Integralen und dem Flächeninhalt unter dem zugehörigen Schaubild.

6.2.4 Integral und Fläche

In 6.2.1 haben wir mit der Streifenmethode nur Flächeninhalte unter einem Schaubild berechnet, das oberhalb der x-Achse verlaufen ist. Nun betrachten wir in Abbildung 6.11 eine Funktion $f \in \mathscr{R}[a,b]$, die auch negative Werte annimmt.

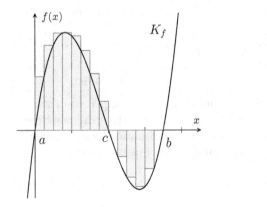 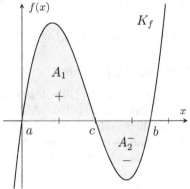

Abbildung 6.11

Zwischen a und c ist wie vorhin $f > 0$, entsprechend ist dort der Grenzwert einer Folge von Riemann-Summen, also das bestimmte Integral, positiv, und wir *definieren* den Inhalt der gesuchten Fläche unter dem Schaubild als

$$A_1 := \int_a^c f(x)\,\mathrm{d}x > 0.$$

Zwischen c und b hingegen ist $f < 0$, d.h. für die Summanden einer jeden Riemann-Summe mit $c < \xi_k < b$ gilt $f(\xi_k)\Delta x_k < 0$, und damit ist auch der Grenzwert einer solchen Folge von Riemann-Summen, sprich das bestimmte Integral, negativ. Für den *vorzeichenbehafteten Flächeninhalt A_2^-* gilt

$$A_2^- := \int_c^b f(x)\,\mathrm{d}x < 0.$$

Würden wir den Inhalt der gesamten grauen Fläche durch $A = A_1 + A_2^-$ ausrechnen, so würde eine Zahl kleiner als A_1 herauskommen, was natürlich nicht sein darf. Deshalb müssen wir zur Flächenberechnung das Vorzeichen von A_2^- umdrehen: $A_2 = |A_2^-|$ bzw.

$$A_2 = -A_2^- = -\int_c^b f(x)\,\mathrm{d}x > 0.$$

Dann ist $A = A_1 + A_2$ eine sinnvolle Definition des gesamten Flächeninhalts. Man muss hier also gründlich unterscheiden: Zum einen gibt es das bestimmte Integral

$$I = \int_a^b f(x)\,\mathrm{d}x = \int_a^c f(x)\,\mathrm{d}x + \int_c^b f(x)\,\mathrm{d}x = A_1 + A_2^-,$$

welches die Vorzeichen von f „spürt". $\int_a^b f(x)\,\mathrm{d}x$ ist dann der gesamte vorzeichenbehaftete Flächeninhalt, der auch 0 oder sogar negativ sein kann. Zum anderen gibt es die Fläche, die von K_f und der x-Achse eingeschlossen wird. Diese besteht hier aus zwei Teilflächen, deren Inhalte A_1 und A_2 stets positiv sein müssen, d.h.

$$A = A_1 + A_2 = A_1 + |A_2^-| = \int_a^c f(x)\,\mathrm{d}x - \int_c^b f(x)\,\mathrm{d}x.$$

Im Allgemeinen gilt immer $I \leqslant A$ und $I = A$ nur dann, wenn $f \geqslant 0$ ist.

Dies alles lässt sich mit Hilfe des Betrags der Funktion etwas knapper ausdrücken. Beim Schaubild von $|f(x)|$ in Abbildung 6.12 sind nämlich einfach die negativen Teile nach oben geklappt, wobei sich der Flächeninhalt aber natürlich nicht ändert. Für den Inhalt der Fläche zwischen dem Schaubild einer Funktion $f(x)$ und der x-Achse auf $[a, b]$ gilt also stets

$$A = \int_a^b |f(x)|\,\mathrm{d}x.$$

Zur Flächenberechnung „von Hand" eignet sich obige Formel allerdings leider nicht, da man zum Integrieren den Betrag erst durch Fallunterscheidung(en) auflösen *muss*.

Ein Blick auf Abbildung 6.12 sollte dir nun übrigens sofort die geometrische Bedeutung von Satz 6.10 eröffnen (tut es das?).

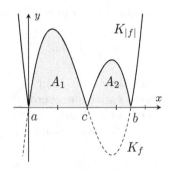

Oftmals sehr nützlich sind die folgenden *Symmetrieregeln* für Integrale, da sie einem bei der Flächenberechnung viel Arbeit ersparen können.

Abbildung 6.12

$$\int_{-a}^{a} f(x)\,\mathrm{d}x = 0\,, \quad \text{falls } K_f \text{ punktsymmetrisch zum Ursprung ist.}$$

$$\int_{-a}^{a} f(x)\,\mathrm{d}x = 2\int_{0}^{a} f(x)\,\mathrm{d}x\,, \quad \text{falls } K_f \text{ symmetrisch zur } y\text{-Achse ist.}$$

So weit, so gut. Allerdings haben wir immer noch keine elegante Methode zur Berechnung von bestimmten Integralen an der Hand (ohne Ober-/Untersummen-Massaker). Diesen bedauernswerten Umstand gilt es nun schleunigst zu ändern!

6.3   Der Hauptsatz der Differenzial- und Integralrechnung

Beispiel 6.11   Betrachte die Quadratfunktion $f(t) = t^2$ (warum die Variable jetzt nicht mehr x heißt, wird gleich ersichtlich).

Zu einem $x > 0$ wählen wir ein a mit $0 < a < x$. Den Inhalt der Fläche, den K_f über $[a, x]$ mit der x-Achse einschließt, erhält man als Differenz der Flächeninhalte über $[0, x]$ und $[0, a]$ (siehe Abbildung 6.13). Nach dem Ergebnis von Seite 162 erhalten wir somit

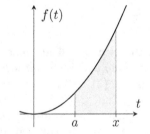

$$\int_{a}^{x} t^2\,\mathrm{d}t = \int_{0}^{x} t^2\,\mathrm{d}t - \int_{0}^{a} t^2\,\mathrm{d}t = \frac{1}{3}x^3 - \frac{1}{3}a^3.$$

Jetzt kommt die entscheidende Erkenntnis: Leitet man diese Beziehung nach x ab, so erhält man gerade x^2 ($\frac{1}{3}a^3$ fällt weg), d.h. den Integranden des bestimmten Integrals an der Stelle x.

Abbildung 6.13

Dieser glückliche Umstand wird es uns ermöglichen, bestimmte Integrale ab sofort viel müheloser zu berechnen!

Definition 6.4   Für eine stetige Funktion $f\colon [c,d] \to \mathbb{R}$ und $a \in [c,d]$ heißt

$$I_a(x) = \int_a^x f(t)\,\mathrm{d}t$$

Integralfunktion von f zur Grenze a. Da die Variable x bereits in der oberen Integralgrenze vorkommt, wurde die Integrationsvariable in t umbenannt.
Geometrisch: I_a ordnet jedem $x \in [c,d]$ den (vorzeichenbehafteten) Inhalt der Fläche zu, die das Schaubild K_f zwischen a und x mit der x-Achse einschließt. $\Diamond$

Der nächste Satz ist von eminenter Wichtigkeit; Trommelwirbel . . .

Theorem 6.1   (*Hauptsatz der Differenzial- und Integralrechnung*)
Für eine stetige Funktion $f\colon [c,d] \to \mathbb{R}$ gelten die folgenden Aussagen.

(1) Für jedes $a \in [c,d]$ gilt

$$I_a'(x) = \left(\int_a^x f(t)\,\mathrm{d}t \right)' = f(x) \qquad \text{für alle } x \in (c,d).$$

Insbesondere besitzt jedes stetige f eine Stammfunktion.

(2) Ist F eine beliebige Stammfunktion von f, so gilt (für $a,b \in [c,d]$)

$$\int_a^b f(x)\,\mathrm{d}x = F(b) - F(a) =: \Big[F(x) \Big]_a^b.$$

(3) Ist f differenzierbar mit stetiger Ableitung f', so kann man f durch bestimmte Integration aus seiner Ableitung f' rekonstruieren[8]:

$$f(x) = f(a) + \int_a^x f'(t)\,\mathrm{d}t.$$

Anmerkung: Die Aussagen (1) und (3) kann man in Kürze so zusammenfassen: *Ableitung und bestimmtes Integral heben sich gegenseitig auf.*
Aussage (2) ist für die Berechnung bestimmter Integrale unentbehrlich. Die Formel besagt, dass sich das komplizierte Objekt auf der linken Seite ganz einfach berechnen lässt: Man muss lediglich die Grenzen b und a in eine Stammfunktion F einsetzen und die Differenz der Ergebnisse bilden. Dazu muss man F aber natürlich erst mal explizit kennen. Der Hauptsatz sagt uns leider nicht, wie wir eine geschlossene (integralfreie) Darstellung der Integralfunktion finden, bzw. ob dies überhaupt möglich ist; so gibt es z.B. für $f(x) = \mathrm{e}^{-x^2}$ keine geschlossene Formel für die Stammfunktion.

---

[8]Das lateinische Wort „integrare" bedeutet „wiederherstellen".

Beweis: Zunächst einmal existiert die Integralfunktion $I_a(x)$, weil f als stetig vorausgesetzt wurde (siehe Satz 6.7).

(1) Um $I_a'(x) = f(x)$ nachzuweisen, zeigen wir, dass

$$\left| \frac{I_a(x+h) - I_a(x)}{h} - f(x) \right| \to 0 \quad \text{für } h \to 0$$

strebt, denn das bedeutet $I_a'(x) = \lim\limits_{h \to 0} \dfrac{I_a(x+h) - I_a(x)}{h} = f(x)$.

Schreiben wir zunächst den Differenzenquotienten von I_a unter Verwendung der Intervall-Additivität von Seite 172 um (es sei stets $h > 0$, den anderen Fall behandelt man analog):

$$I_a(x+h) - I_a(x) = \int_a^{x+h} f(t)\,\mathrm{d}t - \int_a^x f(t)\,\mathrm{d}t$$

$$= \left(\int_a^x f(t)\,\mathrm{d}t + \int_x^{x+h} f(t)\,\mathrm{d}t \right) - \int_a^x f(t)\,\mathrm{d}t = \int_x^{x+h} f(t)\,\mathrm{d}t.$$

Um $f(x)$ auf eine ähnliche Gestalt zu bringen (was für die folgenden Abschätzungen nützlich ist), wenden wir einen Trick an: Integriert man nach t, so ist $f(x)$ eine Konstante und nach Beispiel 6.10 gilt

$$\int_x^{x+h} f(x)\,\mathrm{d}t = f(x) \cdot \int_x^{x+h} 1\,\mathrm{d}t = f(x) \cdot 1 \cdot (x+h-x) = f(x) \cdot h,$$

weshalb man $f(x)$ zu $\frac{1}{h} \int_x^{x+h} f(x)\,\mathrm{d}t$ umschreiben kann. Der Nutzen dieser scheinbar unsinnigen Umformung wird nun gleich offenbar, denn es folgt

$$\left| \frac{I_a(x+h) - I_a(x)}{h} - f(x) \right| = \left| \frac{1}{h} \int_x^{x+h} f(t)\,\mathrm{d}t - \frac{1}{h} \int_x^{x+h} f(x)\,\mathrm{d}t \right|$$

$$= \frac{1}{h} \left| \int_x^{x+h} \big(f(t) - f(x) \big)\,\mathrm{d}t \right|,$$

wobei im zweiten Schritt die Linearität des bestimmten Integrals (siehe Satz 6.9) eingeht. Mit Hilfe der Dreiecksungleichung für Integrale (Satz 6.10) erhalten wir

$$\frac{1}{h} \left| \int_x^{x+h} \big(f(t) - f(x) \big)\,\mathrm{d}t \right| \leqslant \frac{1}{h} \int_x^{x+h} \big| f(t) - f(x) \big|\,\mathrm{d}t.$$

Weil $f(t)$ stetig ist, folgt die Stetigkeit von $|f(t) - f(x)| =: d(t)$, und somit existiert nach Satz 6.4 für diese Funktion auf dem Intervall $[\,x\,,x+h\,]$ ihr Maximum

$$m := \max \{\, d(t) \mid t \in [\,x\,,x+h\,] \,\}.$$

Aus $d(t) \leqslant m$ folgt aufgrund der Monotonie des Integrals (siehe Aufgabe 6.3)

$$\int_x^{x+h} d(t)\,\mathrm{d}t \leqslant \int_x^{x+h} m\,\mathrm{d}t = m \cdot (x+h-x) = m \cdot h.$$

Setzen wir all dies zusammen, so erhalten wir folgende Abschätzung:

$$\left| \frac{I_a(x+h) - I_a(x)}{h} - f(x) \right| \leqslant \frac{1}{h} \int_x^{x+h} |f(t) - f(x)| \, dt \leqslant \frac{1}{h} m \cdot h = m.$$

Aufgrund der Stetigkeit von f wird $|f(t) - f(x)|$ für $t \in [\,x\,,x+h\,]$ beliebig klein, wenn nur h klein genug gewählt wird[9]. Somit geht die Funktion $m = m(h) = \max\{\,|f(t) - f(x)| \mid t \in [\,x\,,x+h\,]\,\}$ gegen 0 für $h \to 0$, und es bleibt der linken Seite in obiger Abschätzung nichts anderes übrig als gleichfalls gegen 0 zu gehen. Hurra! Denn genau das wollten wir zeigen.

(2) Nach der Knochenarbeit in (1) fällt uns der Rest nun in den Schoß. Da $I_a(x)$ laut (1) eine Stammfunktion von f ist, kann sie sich nach Satz 6.3 nur durch eine Konstante k von jeder anderen Stammfunktion $F(x)$ unterscheiden. Folglich ist $I_a(x) - F(x) = k$ für alle $x \in [\,c,d\,]$, und Einsetzen von a liefert aufgrund von $I_a(a) = \int_a^a f(t) \, dt = 0$, dass $0 - F(a) = k$, also $I_a(x) = F(x) + k = F(x) - F(a)$ ist. Insbesondere folgt für $x = b$ die Behauptung:

$$I_a(b) = F(b) - F(a) \qquad \text{sprich} \qquad \int_a^b f(x) \, dx = F(b) - F(a).$$

(3) Da f eine Stammfunktion von f' ist, liefert (2): $\int_a^x f'(t) \, dt = f(x) - f(a).$ $\square$

Beispiel 6.12 $F(x) = \frac{1}{4}x^4$ ist eine Stammfunktion von $f(x) = x^3$, also liefert der Hauptsatz (ganz ohne mühevollen Ober-/Untersummenkalkül)

$$\int_{-1}^2 x^3 \, dx = \left[\frac{1}{4}x^4 \right]_{-1}^2 = F(2) - F(-1) = \frac{1}{4} \cdot 2^4 - \frac{1}{4} \cdot (-1)^4 = \frac{15}{4} = 3{,}75.$$

Beispiel 6.13   Wir berechnen den Inhalt A der getönten Fläche in Abbildung 6.14 mit dem Hauptsatz.

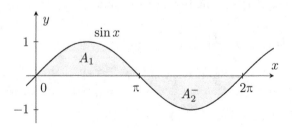

Abbildung 6.14

---

[9]Hier verwenden wir streng genommen Stetigkeit in einer anderen Formulierung (sogenannte ε-δ-Stetigkeit) als der von uns definierten Folgenstetigkeit.

Da $-\cos x$ eine Stammfunktion von $\sin x$ ist und $\cos x$ eine Stammfunktion von $-\sin x$, ergibt sich für den Flächeninhalt

$$A = \int_0^{2\pi} |\sin x|\, \mathrm{d}x = \int_0^{\pi} \sin x\, \mathrm{d}x + \int_{\pi}^{2\pi} (-\sin x)\, \mathrm{d}x = \big[-\cos x\big]_0^{\pi} + \big[\cos x\big]_{\pi}^{2\pi}$$

$$= -\cos \pi - (-\cos 0) + \cos 2\pi - \cos \pi = -(-1) + 1 + 1 - (-1) = 4 \in \mathbb{Z}\ (!).$$

Beachte, dass das Integral von 0 bis 2π hingegen Null ergibt:

$$\int_0^{2\pi} \sin x\, \mathrm{d}x = \big[-\cos x\big]_0^{2\pi} = -\cos 2\pi + \cos 0 = 0,$$

was aufgrund der Symmetrie der Sinuskurve klar ist (es ist $A_2^- = -A_1$).

Für umfangreichere Beispiele zur Flächenberechnung verweisen wir auf die Schule und auf die paar Leckerli in Kapitel 8.

Beispiel 6.14   Zum Abschluss berechnen wir noch das Volumen des Rotationskörpers aus Abbildung 6.7 (Seite 163):

$$V = \pi \int_0^b \sqrt{x}^{\,2}\, \mathrm{d}x = \pi \int_0^b x\, \mathrm{d}x = \pi \left[\frac{x^2}{2}\right]_0^b = \frac{\pi}{2} b^2.$$

Aufgabe 6.4   Berechne den Wert der folgenden bestimmten Integrale.

a) $\displaystyle\int_1^4 \left(\frac{1}{\sqrt{x}} - 3x^2\right) \mathrm{d}x$ b) $\displaystyle\int_{\frac{\pi}{2}}^{\pi} \left(\pi \cos x - \frac{\pi^2}{x^2}\right) \mathrm{d}x$ c) $\displaystyle\int_1^{\frac{3}{2}} \frac{4}{(1-2x)^2}\, \mathrm{d}x$

d) $\displaystyle\int_0^{12} \sqrt{\tfrac{2}{3}x + 1}\, \mathrm{d}x$ e) $\displaystyle\int_{\frac{\pi}{\omega}}^{\frac{2\pi}{\omega}} \frac{\omega}{2} \sin(\omega t - \pi)\, \mathrm{d}t$ f) $\displaystyle\int_{-6}^{1} \frac{1}{(\sqrt[3]{2-x})^2}\, \mathrm{d}x$

Aufgabe 6.5   Leite eine Formel für das Volumen der folgenden Körper her, indem du sie als Rotationskörper geeigneter Schaubilder K_f auffasst.

a) Kegel mit Höhe h und Radius r.

b) Kugel mit Radius r.

6.4   Uneigentliche Integrale

In diesem letzten Abschnitt wollen wir untersuchen, ob es Sinn macht, Flächen zu berechnen, bei denen „Unendlichkeiten" auftreten: Sei es dadurch, dass das Integrationsintervall sich ins Unendliche erstreckt, oder der Integrand einen Pol besitzt (also unbeschränkt wird).

Beispiel 6.15   Wir betrachten die Funktion $f(x) = \frac{1}{x^2}$ auf $(0, \infty)$ und fragen uns, ob die ins Unendliche reichende Fläche aus Abbildung 6.15, die das Schaubild K_f mit der x-Achse für $x \geqslant 1$ einschließt, einen endlichen Inhalt besitzt.

Dazu integrieren wir f zunächst auf dem endlichen Intervall $[1, z]$ mit $z > 1$:

$$A(z) = \int_1^z \frac{1}{x^2}\, dx = \left[-\frac{1}{x}\right]_1^z = 1 - \frac{1}{z}.$$

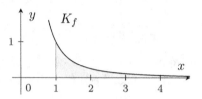

Wir erkennen, dass $A(z)$ für $z \to \infty$ gegen 1 strebt (siehe folgende Anmerkung); man schreibt dafür

Abbildung 6.15

$$\int_1^\infty \frac{1}{x^2}\, dx := \lim_{z\to\infty} A(z) = \lim_{z\to\infty} \int_1^z \frac{1}{x^2}\, dx = \lim_{z\to\infty}\left(1 - \frac{1}{z}\right) = 1,$$

und nennt diesen Grenzwert das *uneigentliche Integral* von f über $[1, \infty)$. Obwohl die Fläche unter dem Schaubild sich ins Unendliche erstreckt, besitzt sie einen endlichen Inhalt!

Anmerkung: Wir betrachten den Grenzwert $\lim_{z\to\infty} A(z)$ auf intuitiver Basis. Wer eine strenge Definition möchte, kann $\lim_{z\to\infty} A(z)$ als $\lim_{h\to 0+} A(\frac{1}{h})$ im Sinne von Definition 5.1 auf Seite 121 auffassen. „$h \to 0+$" bedeutet dabei, dass wir uns von rechts der 0 nähern, also nur Nullfolgen mit positiven Gliedern betrachten.

Beispiel 6.16   Betrachte die Funktion $f(x) = \frac{1}{\sqrt{x}}$ auf $(0, 1]$.

Die vom Schaubild und der x-Achse zwischen 0 und 1 eingeschlossene Fläche reicht wieder ins Unendliche; dieses Mal, weil der Integrand bei $x = 0$ einen Pol besitzt ($\frac{1}{\sqrt{x}} \to +\infty$ für $x \to 0+$). Um zu sehen, ob sie einen endlichen Inhalt besitzt, gehen wir wie eben vor. Wir integrieren f zunächst auf dem Intervall $[z, 1]$ ($0 < z < 1$):

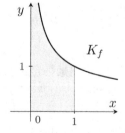

$$A(z) = \int_z^1 \frac{1}{\sqrt{x}}\, dx = \left[2\sqrt{x}\right]_z^1 = 2 - 2\sqrt{z},$$

und vollziehen anschließend den Grenzübergang $z \to 0+$ (im Sinne von Definition 5.1):

Abbildung 6.16

$$\int_0^1 \frac{1}{\sqrt{x}}\, dx := \lim_{z\to 0+} A(z) = \lim_{z\to 0+} \int_z^1 \frac{1}{\sqrt{x}}\, dx = \lim_{z\to 0+}\left(2 - 2\sqrt{z}\right) = 2.$$

Auch diesen Grenzwert nennt man uneigentliches Integral (zweiter Art: Integrationsbereich beschränkt, aber Integrand unbeschränkt an einer Grenze des Integrationsbereiches).

Aufgabe 6.6   Untersuche, ob diese uneigentlichen Integrale existieren:

a) $\int_1^\infty \frac{1}{\sqrt{x}}\,\mathrm{d}x$
b) $\int_0^1 \frac{1}{x^2}\,\mathrm{d}x$
c) $\int_{-\infty}^{-2} \frac{x-1}{x^3}\,\mathrm{d}x.$

Aufgabe 6.7   Das Schaubild der Funktion $f(x) = \frac{1}{x}$ rotiert auf dem Intervall $[1,\infty)$ um die x-Achse. Untersuche, ob der so entstehende Rotationskörper ein endliches Volumen besitzt. Was gilt für die eingeschlossene Fläche?

Literatur zu Kapitel 6

[HEU] Heuser, H.: *Lehrbuch der Analysis 1.* Vieweg+Teubner, 17. Aufl. (2009)

[KÖN] Königsberger, K.: *Analysis 1.* Springer, 6. Aufl. (2004)

[ROC] Roch, S.: *Vorlesung Analysis II (SS 2013)*
http://www3.mathematik.tu-darmstadt.de/fileadmin/home/users/186/
Skripte_Roch/analysis_II_ss13.pdf

Teil III

Rechenfertigkeiten

7 Lösen von (Un)Gleichungen

Nachdem wir uns bis jetzt mit vielen abstrakten und theoretisch anspruchsvollen Konzepten auseinander gesetzt haben, kommt nun ein Kapitel, in dem endlich mal wieder „ganz normal" gerechnet werden darf. Einige der hier vorgestellten Lösungsmethoden werden dir aus der Schule noch in guter Erinnerung sein, aber bereits bei Bruch-, Wurzel-, oder gar Betragsgleichungen (von den zugehörigen Ungleichungen ganz zu schweigen) bist du vielleicht schon nicht mehr ganz so sattelfest. Siehe auch [Glo1] für eine noch elementarere Darstellung dieser Thematik.

7.1 Polynom(un)gleichungen

Eine *reelle Polynomgleichung* ist eine Gleichung, die man auf die Form $f(x) = 0$ mit einem Polynom $f(x) = a_n x^n + a_{n-1} x^{n-1} + \ldots + a_1 x + a_0$ mit reellen Koeffzienten $a_i \in \mathbb{R}$ für $i = 0, \ldots, n$, $a_n \neq 0$, bringen kann. Dabei heißt n *Grad der Gleichung*. Eine reelle Zahl x heißt *Lösung der Gleichung*, wenn $f(x) = 0$ zu einer wahren Aussage wird, d.h. wenn x eine Nullstelle des Polynoms f ist.

7.1.1 Lineare und quadratische Gleichungen

Die Fälle $n = 1$ (wie z.B. $\frac{3}{7}x + 0{,}25 = \frac{1}{8}$) und $n = 2$ (wie z.B. $3x^2 - 5x + 2 = 0$) sollten dir wohlbekannt sein. Sie lassen sich durch Äquivalenzumformungen bzw. mit der Lösungsformel für quadratische Gleichungen („Mitternachtsformel") lösen. Teste zum Warmwerden dein Grundwissen an den Beispielen in Klammern.

Bei quadratischen Gleichungen $ax^2 + bx + c = 0$ gibt es jedoch manchmal schnellere Vorgehensweisen als Anwenden der Lösungsformel.

(1) Ist $c = 0$, so ergibt sich durch Ausklammern $x \cdot (ax + b) = 0$ und nach dem *Satz vom Nullprodukt* („Ein Produkt $\heartsuit \cdot \Delta$ ist genau dann Null, wenn mindestens einer der beiden Faktoren Null ist, d.h. $\heartsuit = 0$ oder $\Delta = 0$.") sind die Lösungen $x_1 = 0$ und $x_2 = -\frac{b}{a}$ für $a \neq 0$. Kleine Übung: Leite dies auch mit der Lösungsformel her.

(2) Der *Satz von* VIETA[1] für Gleichungen der Form $x^2 + px + q = 0$: Findet man (durch geschicktes Probieren) zwei Zahlen x_1 und x_2, für die

$$x_1 + x_2 = -p \quad \text{und} \quad x_1 \cdot x_2 = q$$

gilt, so sind dies die Lösungen der quadratischen Gleichung. Denn erfüllen x_1 und x_2 diese Bedingungen, so gilt

$$(x - x_1)(x - x_2) = x^2 - (x_1 + x_2)x + x_1 x_2 = x^2 + px + q,$$

und die linke Seite besitzt offenbar die Nullstellen x_1 und x_2.

---

[1]François VIÈTE (1540–1603); französischer Mathematiker. Auch als „Vater der Algebra" bekannt, da er das Rechnen mit Buchstaben als Variablen einführte.

© Springer Fachmedien Wiesbaden GmbH, ein Teil von Springer Nature 2019
T. Glosauer, *(Hoch)Schulmathematik*, https://doi.org/10.1007/978-3-658-24574-0_7

Division durch a überführt jede quadratische Gleichung $ax^2 + bx + c = 0$ in die *normierte* Form $x^2 + px + q = 0$ mit Leitkoeffizient 1.

Beispiel 7.1   Löse auf zwei Arten (zuerst ohne Lösungsformel).

a) $3x^2 + 3x - 18 = 0$ b) $x^2 - 2x + \frac{3}{4} = 0$

a) Normieren mittels Division durch 3 liefert $x^2 + x - 6 = 0$. Um den Satz von Vieta anwenden zu können, müssen wir zwei Zahlen x_1 und x_2 finden, die

$$x_1 + x_2 = -1 \quad \text{und} \quad x_1 \cdot x_2 = -6$$

erfüllen. Nach kurzem Überlegen erkennt man $x_1 = 2$ und $x_2 = -3$ als Lösungen. Die Lösungsformel bestätigt dies:

$$x_{1,2} = \frac{-1 \pm \sqrt{1^2 - 4 \cdot 1 \cdot (-6)}}{2} = \frac{-1 \pm \sqrt{25}}{2} = \begin{cases} 2 \\ -3. \end{cases}$$

b) Wir suchen Zahlen x_1, x_2 mit

$$x_1 + x_2 = 2 \quad \text{und} \quad x_1 \cdot x_2 = \frac{3}{4},$$

also $x_1 = \frac{3}{2}$ und $x_2 = \frac{1}{2}$. Die Lösungsformel bestätigt dies wieder:

$$x_{1,2} = \frac{-(-2) \pm \sqrt{(-2)^2 - 4 \cdot 1 \cdot \frac{3}{4}}}{2} = \frac{2 \pm \sqrt{1}}{2} = \begin{cases} \frac{3}{2} \\ \frac{1}{2}. \end{cases}$$

7.1.2   Gleichungen höheren Grades

Allgemeingültige Formeln zur Lösung von Polynomgleichungen gibt es leider nur noch für $n = 3$ und $n = 4$, und selbst in diesen Fällen sind die sogenannten cardanischen Formeln eher abschreckend (siehe Seite 277 für $n = 3$).
Wir werden uns daher nur auf einige Spezialfälle beschränken.

a) Ausklammern

Wie oben kann man im Fall $a_0 = 0$ mindestens eine Potenz von x ausklammern (ohne dass negative Potenzen von x in der Klammer entstehen).

Beispiel 7.2 $5x^4 + 3x^3 + 6x^2 = 0$ wird zu $x^2 \cdot (5x^2 + 3x + 6) = 0$. Mit dem Satz vom Nullprodukt bleiben die Gleichungen $x^2 = 0$ und $5x^2 + 3x + 6 = 0$ zu lösen. Da die zweite quadratische Gleichung keine Lösungen besitzt (negative Diskriminante $3^2 - 4 \cdot 5 \cdot 6$ unter der Wurzel), erhalten wir $L = \{\, 0 \,\}$.

Achtung: Division der Gleichung durch x^2 ist nur für $x \neq 0$ erlaubt. Der Fall $x = 0$ muss dann gesondert betrachtet werden, was man oft vergisst und dadurch die Lösung $x = 0$ „verliert". Ausklammern und Nullproduktsatz anwenden ist also stets der Division durch (Potenzen von) x vorzuziehen.

b) Raten und Polynomdivision

Beispiel 7.3 Will man die Gleichung $x^3 + x^2 - 17x + 15 = 0$ ohne cardanische Formeln lösen, geht dies nur, wenn man zumindest eine Lösung erraten kann. Hier wird man in der Regel aber nur Glück haben, wenn die Gleichung ganzzahlige Lösungen besitzt. Probieren wir doch mal ... $x_1 = 1$: Wie der Zufall so will, ist in der Tat $1^3 + 1^2 - 17 \cdot 1 + 15 = 0$.

Jetzt folgt eine *Polynomdivision* (siehe Seite 209, wenn dir diese aus der Schule nicht bekannt ist) durch den Faktor $x - x_1 = x - 1$:

$$
\begin{array}{l}
(x^3 + x^2 - 17x + 15) : (x - 1) = x^2 + 2x - 15. \\
\underline{-(x^3 - x^2)} \\
\quad 2x^2 \\
\quad \underline{-(2x^2 - 2x)} \\
\qquad -15x \\
\qquad \underline{-(-15x + 15)} \\
\qquad\quad 0
\end{array}
$$

Also gilt $x^3 + x^2 - 17x + 15 = (x - 1) \cdot (x^2 + 2x - 15)$, und mit dem Satz vom Nullprodukt bleibt noch die reduzierte Gleichung $x^2 + 2x - 15 = 0$ zu lösen. Der Satz von Vieta liefert $x_2 = 3$ und $x_3 = -5$. Insgesamt ergibt sich die Lösungsmenge $L = \{-5, 1, 3\}$.

Alternative: Es geht auch ohne Polynomdivision! Wir suchen ein Polynom zweiten Grades $ax^2 + bx + c$, welches

$$(x - 1) \cdot (ax^2 + bx + c) = x^3 + x^2 - 17x + 15$$

erfüllt. Ausmultiplizieren und Ordnen ergibt

$$ax^3 + (b - a)x^2 + (c - b)x - c = x^3 + x^2 - 17x + 15.$$

Koeffizientenvergleich liefert sofort $a = 1$ und $c = -15$, woraus mit $b - a = 1$ (oder mit $c - b = -17$) sogleich $b = 2$ folgt. Somit erhalten wir die reduzierte Gleichung $x^2 + 2x - 15 = 0$.

Äußerst nützlich beim Aufspüren ganzzahliger Nullstellen ist das folgende

Lemma 7.1 Sind alle Koeffizienten der Gleichung

$$a_n x^n + a_{n-1} x^{n-1} + \ldots + a_1 x + a_0 = 0$$

ganzzahlig, so ist jede ganzzahlige Lösung (falls es überhaupt eine solche gibt) ein Teiler des letzten Summanden a_0.

Beweis: Sei $z \in \mathbb{Z}$ eine ganzzahlige Lösung obiger Gleichung. Dann ist

$$a_n z^n + a_{n-1} z^{n-1} + \ldots + a_1 z + a_0 = 0$$

$$\implies \quad (a_n z^{n-1} + a_{n-1} z^{n-2} + \ldots + a_1) \cdot z = -a_0$$

$$\implies \quad k \cdot z = a_0 \quad \text{mit} \quad k = -(a_n z^{n-1} + a_{n-1} z^{n-2} + \ldots + a_1).$$

Aufgrund der Voraussetzung $a_i \in \mathbb{Z}$ für alle i ist k eine ganze Zahl, sprich $z \,|\, a_0$. (Wir erweitern unseren früheren Teilbarkeitsbegriff auf $\mathbb{Z}$, indem wir in $a_0 = k \cdot z$ auch negative k zulassen.)   □

Beispiel 7.4   Löse die Gleichung $x^3 - 37x^2 + x - 37 = 0$.

Laut obigem Lemma sind die einzigen Kandidaten für ganzzahlige Lösungen ± 1 und ± 37, da 37 eine Primzahl ist. (Ohne dieses Wissen würde man vermutlich mit ± 1, ± 2, ... beginnen und irgendwann frustriert aufgeben.) Mit $x_1 = 37$ klappt's, und die Polynomdivision liefert

$$
\begin{array}{l}
(x^3 - 37x^2 + x - 37) : (x - 37) = x^2 + 1. \\
\underline{-(x^3 - 37x^2)} \\
\qquad\quad 0 + x - 37 \\
\qquad\quad \underline{-(x - 37)} \\
\qquad\qquad\qquad 0
\end{array}
$$

Die reduzierte Gleichung $x^2 + 1 = 0$ besitzt keine reellen Lösungen mehr, so dass über $\mathbb{R}$ die Lösungsmenge $L = \{\, 37 \,\}$ ist.

c) Substitution

Manchmal lässt sich eine Gleichung höheren Grades durch eine Ersetzung der Form $u = x^k$ in eine mit obigen Methoden lösbare Gleichung geringeren Grades überführen.

Beispiel 7.5   Löse die Gleichung $x^4 - \frac{3}{2}x^2 - 1 = 0$.

Substituiere x^2 durch u. Dann ist $x^4 = (x^2)^2 = u^2$, und wir erhalten die quadratische Gleichung $u^2 - \frac{3}{2}u - 1 = 0$, welche laut Vieta die Lösungen $u_1 = -\frac{1}{2}$ und $u_2 = 2$ besitzt.
Rücksubstitution ergibt $x^2 = -\frac{1}{2}$, was in $\mathbb{R}$ nicht möglich ist, oder $x^2 = 2$, so dass die reelle Lösungsmenge $L = \{\, \pm\sqrt{2} \,\}$ ist.

Weitere Beispiele zur Substitution findest du in den Aufgaben und in den folgenden Abschnitten.

Aufgabe 7.1 Löse folgende Gleichungen mittels Polynomdivision und dem alternativen Verfahren aus Beispiel 7.3.

a) $x^3 - 4x^2 + x + 6 = 0$ b) $x^3 - 2x^2 + x - 2 = 0$ c) $x^3 - 7x - 6 = 0$

Aufgabe 7.2 Löse folgende Gleichungen mittels Substitution.
Tipp: Im Aufgabenteil c) musst du nach der Substitution noch eine Polynomdivision durchführen.

a) $4x^4 - 12x^2 + 9 = 0$ b) $x^5 + \frac{1}{4}x^3 - \frac{3}{8}x = 0$ c) $14x^6 - 67x^4 + 81 = 0$

7.1.3 Polynomungleichungen

Eine *reelle Polynomungleichung n-ten Grades* ist eine Ungleichung, die man auf die Form $f(x) \geqslant 0$ oder $f(x) > 0$ mit einem reellen Polynom vom Grad n bringen kann. (Die Fälle $\leqslant 0$ und < 0 erhält man durch Betrachtung von $-f$.)
Eine reelle Zahl x heißt *Lösung der Gleichung*, wenn die Ungleichung bei der Einsetzung von x in eine wahre Aussage übergeht.

Wir beschränken uns im Folgenden auf die Betrachtung linearer, quadratischer und einfacher kubischer Ungleichungen. Die Methode, die hier für quadratische Ungleichungen vorgestellt wird, lässt sich aber auch auf Ungleichungen höheren Grades übertragen, da die Schwierigkeit im Bestimmen der Lösungen der zugehörigen Gleichung besteht und nicht darin, dass eine Ungleichung vorliegt.

Im linearen Fall löst man eine Ungleichung durch Äquivalenzumformungen. Dabei ist zu beachten, dass bei der Multiplikation (Division) der Ungleichung mit einer negativen Zahl das Ungleichheitszeichen umgedreht werden muss[2].

Beispiel 7.6 Teste dein Grundwissen an den folgenden Ungleichungen.

a) $12x - 2 < 6$ b) $8(3x - 5) - 25x \geqslant 5$

a) Addieren von 2 ergibt $12x < 8$, und Teilen durch $12 > 0$ liefert $x < \frac{8}{12} = \frac{2}{3}$, also ist die Lösungsmenge $L = \{ x \in \mathbb{R} \mid x < \frac{2}{3} \} = (-\infty, \frac{2}{3})$.

b) Auf der linken Seite steht $24x - 40 - 25x = -x - 40$, was auf $-x \geqslant 45$ führt. Multiplikation mit -1 dreht das $\geqslant$-Zeichen um, d.h. $x \leqslant -45$. Somit ist $L = \{ x \in \mathbb{R} \mid x \leqslant -45 \} = (-\infty, -45]$.

---

[2]Anschaulich bedeutet $b > a$, dass b auf dem Zahlenstrahl weiter rechts liegt als a, was bei Streckung mit $m > 0$ erhalten bleibt, d.h. es ist auch $mb > ma$. Ein Minuszeichen spiegelt an der 0, kehrt also die Lage um, so dass $-mb < -ma$ folgt. Für eine formale Begründung braucht man die Anordnungsaxiome, siehe Seite 257.

Wie man bei quadratischen Ungleichungen vorgeht, zeigt das nächste Beispiel.

Beispiel 7.7   Wir lösen die quadratische Ungleichung $x^2 - 2x - 3 > 0$.

Die Lösungen der zugehörigen Gleichung $f(x) = x^2 - 2x - 3 = 0$ sind nach Vieta (oder der Lösungsformel) $x_1 = -1$ und $x_2 = 3$. Deshalb lässt sich die linke Seite der Ungleichung faktorisieren als

$$x^2 - 2x - 3 = (x - x_1) \cdot (x - x_2) = (x + 1) \cdot (x - 3).$$

Soll nun $f(x) > 0$ gelten, so müssen die beiden Faktoren $x + 1$ und $x - 3$ dasselbe Vorzeichen besitzen.

Fall 1: $x + 1 > 0$ und $x - 3 > 0$, d.h. $x > -1$ und $x > 3$, also zusammen $x > 3$.

Fall 2: $x + 1 < 0$ und $x - 3 < 0$, d.h. $x < -1$ und $x < 3$, also zusammen $x < -1$.

Insgesamt ergibt sich $L = (-\infty, -1) \cup (3, \infty)$ als Lösungsmenge der Ungleichung. Dies wird noch klarer, wenn man sich das Schaubild K_f als nach oben geöffnete Parabel mit den Nullstellen -1 und 3 vorstellt (siehe Abbildung 7.1).

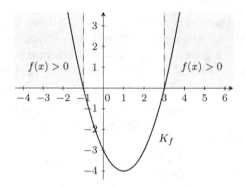

Abbildung 7.1

Bei Ungleichungen höheren Grades können die vielen Fallunterscheidungen bei dieser Vorgehensweise etwas mühsam werden. Deshalb präsentieren wir noch einen weiteren Lösungsweg, der zwar keinen geringeren Aufwand erfordert, bei dem man dafür aber fast nichts denken muss.

Er basiert auf folgender Beobachtung: Sind $x_1 < x_2$ benachbarte Nullstellen eines Polynoms $f(x)$, und gilt $f(x_0) > 0$ für *ein* $x_0 \in (x_1, x_2) = I$, so gilt bereits $f(x) > 0$ für *alle* $x \in I$. Das liegt daran, dass Polynome stetig sind, und somit auf I kein weiterer Vorzeichenwechsel stattfinden kann, denn zwischen x_1 und x_2 liegt ja keine weitere Nullstelle von f. Kurz: „K_f macht keine Sprünge mit Vorzeichenwechsel". (Eine formale Begründung benötigt den Zwischenwertsatz.)

Wir führen dieses Vorgehen am Beispiel quadratischer Ungleichungen vor: Zunächst bringt man die Ungleichung mittels Äquivalenzumformungen auf die Form

$$ax^2 + bx + c \geqslant 0 \tag{$\star$}$$

(statt $\geqslant$ kann auch $>$, $\leqslant$ oder $<$ stehen), und bestimmt wieder die Lösungen der zugehörigen quadratischen Gleichung $ax^2 + bx + c = 0$.

1. Findet man keine Lösung, hat die linke Seite für jede reelle Zahl dasselbe Vorzeichen. Einsetzen von beispielsweise $x = 0$ liefert für $(\star)$ die Aussage $c \geqslant 0$. Ist diese wahr, so ist die Ungleichung für jedes $x \in \mathbb{R}$ erfüllt, d.h. $L = \mathbb{R}$. Ist sie falsch, so gilt $L = \varnothing$.

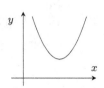

2. Hat die quadratische Gleichung genau eine Lösung x_0, so prüft man für ein $x \neq x_0$, ob die Ungleichung erfüllt ist. Falls ja (nein), ist sie automatisch für alle (kein) x erfüllt, da kein weiterer Vorzeichenwechsel erfolgen kann. (Bei Ungleichungen höheren Grades müssen die Fälle $x < x_0$ und $x > x_0$ untersucht werden.) Ob x_0 selbst zur Lösungsmenge gehört, liegt an der Art des Ungleichheitszeichens ($\geqslant$ oder $>$).

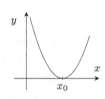

3. Sind $x_1 < x_2$ zwei verschiedene Lösungen der quadratischen Gleichung, überprüft man die Ungleichung für je ein x aus den Intervallen $(-\infty, x_1)$, (x_1, x_2) und (x_2, ∞). (Eigentlich genügt bereits ein Intervall; siehe Schaubild.) Ob x_1 und x_2 selbst zur Lösungsmenge gehören, liegt auch hier wieder an der Art des Ungleichheitszeichens.

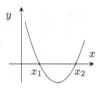

Die Idee, durch das Auffinden der Lösungen der zugehörigen Gleichung die reellen Zahlen in Teilbereiche zu zerlegen, in denen die Ungleichung erfüllt oder nicht erfüllt ist, überträgt sich analog auf Ungleichungen höheren Grades.

Beispiel 7.8   Löse die folgenden Ungleichungen.

a) $2x^2 + 4x - 6 \geqslant 0$ b) $x^3 + x^2 - 17x < -15$ c) $x^3 + 2x^2 > 0$

a) Division durch 2 ergibt $x^2 + 2x - 3 \geqslant 0$, und die zugehörige quadratische Gleichung lautet $x^2 + 2x - 3 = 0$. Mit Vieta folgt $x_1 = -3$ und $x_2 = 1$. Aufgrund des $\geqslant$-Zeichens gehören x_1 und x_2 auch zur Lösungsmenge L der Ungleichung.

  ◦ Überprüfen der Ungleichung für z.B. $-4 < x_1$ ergibt $2 \cdot 16 - 16 - 6 \geqslant 0$, also eine wahre Aussage. Somit ist $(-\infty, -3] \subseteq L$

  ◦ Im Bereich $x_1 < x < x_2$ wählt man natürlich $x = 0$ und erhält $-6 \geqslant 0$, was eine falsche Aussage ist.

  ◦ Für $2 > x_2$ ergibt sich wiederum die wahre Aussage $2 \cdot 4 + 8 - 6 \geqslant 0$, folglich gilt $[1, \infty) \subseteq L$.

Insgesamt erhalten wir als Lösungsmenge

$$L = \{ x \in \mathbb{R} \mid x \leqslant -3 \lor x \geqslant 1 \} = (-\infty, -3] \cup [1, \infty).$$

b) Addition von 15 liefert ($\star$): $x^3 + x^2 - 17x + 15 < 0$, und nach Beispiel 7.3 besitzt die zugehörige Gleichung die Lösungen $x_1 = -5$, $x_2 = 1$ und $x_3 = 3$.

    ◦ Für $x = -6 < x_1$ wird ($\star$) zur wahren Aussage $-63 < 0$.

    ◦ Für $x = 0 \in (\,x_1\,,x_2\,)$ folgt $15 < 0$, was falsch ist.

    ◦ $x = 2 \in (\,x_2\,,x_3\,)$ liefert $-7 < 0$; wahr.

    ◦ $x = 4 > x_3$ in ($\star$) eingesetzt liefert $27 < 0$, eine falsche Aussage.

Die Lösungsmenge ist also

$$L = \{\,x \in \mathbb{R} \mid x < -5 \ \lor \ 1 < x < 3\,\} = (-\infty\,,-5\,)\cup(\,1\,,3\,).$$

c) Durch Ausklammern erhält man die zugehörige Gleichung $x^2(x+2) = 0$. Der Satz vom Nullprodukt liefert die Lösungen $x_1 = -2$ und $x_2 = 0$.

    ◦ Einsetzen von $x = -3 < x_1$ ergibt die falsche Aussage $-27 + 18 > 0$.

    ◦ Für $x = -1 \in (\,x_1\,,x_2\,)$ folgt $-1 + 2 > 0$, was stimmt.

    ◦ Auch für $x = 1 > x_2$ ergibt sich die wahre Aussage $1 + 2 > 0$.

Somit ist $L = (-2\,,\infty)\backslash\{0\}$. Beachte, dass die Null aufgrund des $>$–Zeichens nicht zur Lösungsmenge gehört. Siehe auch Abbildung 7.2.

Bei dieser Ungleichung führt eine Vorzeichenuntersuchung der Faktoren in $x^2 \cdot (x+2) > 0$ wie in Beispiel 7.7 natürlich wesentlich schneller zum Ziel.

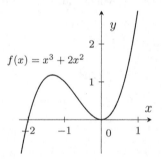

$$f(x) = x^3 + 2x^2$$

Abbildung 7.2

Aufgabe 7.3　　Löse die folgenden Ungleichungen.

a) $-x^2 + 4x < 0$ b) $x^4 + \frac{3}{8}x^2 - \frac{1}{16} \leqslant 0$ c) $3x^3 + 6x^2 > x^3 + 36x + 80$

7.2 Bruch(un)gleichungen

7.2.1 Bruchgleichungen

Gleichungen wie z.B.

$$\frac{x}{2} = \frac{7}{4} + \frac{1}{x} \qquad \text{oder} \qquad \frac{1}{x-1} + \frac{2}{x+1} + \frac{1}{x^2-1} = \frac{5}{8},$$

in denen x in irgendeiner Form im Nenner vorkommt, heißen *Bruchgleichungen*. Im Unterschied zu Polynomgleichungen kann es bei Bruchgleichungen Definitionslücken geben, nämlich immer dann, wenn ein Nenner Null wird.

Typische Vorgehensweise beim Lösen von Bruchgleichungen: NENNER BESEITIGEN! Dies erreicht man durch Multiplikation der gesamten Gleichung mit dem kleinsten gemeinsamen Vielfachen aller Nenner (lies dazu auch die Anmerkung).

Beispiel 7.9   Löse die beiden obigen Bruchgleichungen (jeweils auf ihrem maximalen Definitionsbereich $D \subset \mathbb{R}$)

a) $\dfrac{x}{2} = \dfrac{7}{4} + \dfrac{1}{x}$,   b) $\dfrac{1}{x-1} + \dfrac{2}{x+1} + \dfrac{1}{x^2-1} = \dfrac{5}{8}$.

a) Ein gemeinsamer Nenner ist offensichtlich $4x$. Multiplikation der Gleichung mit ebendiesem ergibt $2x^2 = 7x + 4$, was auf die quadratische Gleichung $2x^2 - 7x - 4 = 0$ führt. Die Lösungsformel oder Vieta liefern nun $x = 4$ und $x = -\frac{1}{2}$. Da beides im (maximalen) Definitionsbereich $D = \mathbb{R}\backslash\{\,0\,\}$ der ursprünglichen Gleichung liegt, gilt $L = \{-\frac{1}{2}, 4\}$.

b) Das kleinste gemeinsame Vielfache ist hier $8(x-1)(x+1)$, weil $x^2 - 1 = (x-1)(x+1)$ ist. Multiplikation damit liefert zunächst:

$$\frac{8(x-1)(x+1)}{x-1} + \frac{2\cdot 8(x-1)(x+1)}{x+1} + \frac{8(x-1)(x+1)}{x^2-1} = \frac{5\cdot 8(x-1)(x+1)}{8}, \text{ d.h.}$$

$$8(x+1) \quad + \quad 16(x-1) \quad + \quad 8 \quad = \quad 5(x^2-1).$$

Nach Zusammenfassen erhält man $5x^2 - 24x - 5 = 0$; eine quadratische Gleichung mit den Lösungen 5 und $-\frac{1}{5}$, welches auch Lösungen der ursprünglichen Bruchgleichung sind, da sie in deren Definitionsbereich $D' = \mathbb{R}\backslash\{\,\pm 1\,\}$ liegen.

Anmerkung: Beachten des Definitionsbereiches ist unerlässlich: Multipliziert man die zweite Gleichung ungünstigerweise nicht mit dem kleinsten gemeinsamen Vielfachen sondern mit $8(x-1)(x+1)(x^2-1)$, erhält man eine Gleichung vierten Grades, die neben obigen Werten 5 und $-\frac{1}{5}$ die *Scheinlösungen* 1 und -1 besitzt. Da diese aber nicht im Definitionsbereich der Bruchgleichung liegen, darf man nicht vergessen, sie am Ende wieder auszuschließen.

Aufgabe 7.4   Löse die Bruchgleichungen (auf maximalem $D \subset \mathbb{R}$)

a) $\dfrac{x}{x-3} + \dfrac{2x}{x+3} = \dfrac{1}{x-3} + \dfrac{x+3}{9-x^2}$,   b) $\dfrac{1}{x^2-x} - \dfrac{1}{x-1} = 1 - \dfrac{1}{2x}$.

7.2.2 Bruchungleichungen

Beim Lösen von Bruchungleichungen verfolgt man dieselbe Strategie wie bisher: Der Nenner muss weg. Man multipliziert die Ungleichung wieder mit dem kleinsten gemeinsamen Nenner. Allerdings muss man darauf achten, das Ungleichheitszeichen umzudrehen, sofern dieser Nenner negativ ist, was in der Regel auf Fallunterscheidungen führt.

Beispiel 7.10   Löse die Bruchungleichungen

a) $\dfrac{3}{x-1} \leqslant 1$ für $x \in \mathbb{R}\backslash\{1\}$,   b) $\dfrac{x}{2} \geqslant \dfrac{7}{4} + \dfrac{1}{x}$ für $x \in \mathbb{R}\backslash\{0\}$.

a) Wir multiplizieren die Ungleichung mit dem einzigen Nenner $x - 1$. Dabei müssen wir eine Fallunterscheidung machen:

Fall 1: Ist $x - 1 > 0$, also $\boldsymbol{x > 1}$, so bleibt das Ungleichheitszeichen erhalten und die Multiplikation mit $x - 1$ ergibt $3 \leqslant x - 1$ bzw. $x \geqslant 4$.

Fall 2: Ist $x - 1 < 0$, also $\boldsymbol{x < 1}$, so dreht sich bei der Multiplikation mit $x - 1$ das $\leqslant$-Zeichen um, also erhalten wir $3 \geqslant x - 1$ bzw. $x \leqslant 4$. Da wir uns im Fall $x < 1$ befinden, entfallen alle Lösungen mit $1 \leqslant x \leqslant 4$.

(Der Fall $x = 1$ wurde nicht vergessen, sondern ist sowieso ausgeschlossen, da 1 nicht im Definitionsbereich der Ungleichung liegt.)

Zusammen ergibt sich die Lösungsmenge $L = (-\infty, 1) \cup [4, \infty)$.

b) Der kleinste gemeinsame Nenner ist hier $4x$. Wir machen folgende Fallunterscheidung:

Fall 1: Ist $4x$ positiv, also $\boldsymbol{x > 0}$, liefert Multiplikation mit $4x$ die Ungleichung $2x^2 \geqslant 7x + 4$, was auf die quadratische Ungleichung $2x^2 - 7x - 4 \geqslant 0$ führt. Da die Lösungen der zugehörigen Gleichung $x = 4$ und $x = -\frac{1}{2}$ sind, lässt sich die Ungleichung auch als $2(x - 4)(x + \frac{1}{2}) \geqslant 0$ schreiben. Letztere ist erfüllt, wenn beide Klammern positiv (bzw. 0) oder beide negativ sind.

Fall 1.1: Damit beide Klammern positiv oder Null werden, muss $x \geqslant 4$ und $x \geqslant -\frac{1}{2}$ sein. Zusammengefasst also $x \geqslant 4$.

Fall 1.2: Damit beide Klammern negativ werden, muss $x < 4$ und $x < -\frac{1}{2}$ sein. Zusammengefasst also $x < -\frac{1}{2}$. Da im gesamten Fall 1 aber x positiv ist, führt Fall 1.2 auf keine Lösung.

Fall 2: Ist $4x$ negativ, also $\boldsymbol{x < 0}$, liefert Multiplikation mit $4x$ die Ungleichung $2x^2 \leqslant 7x + 4$, was diesmal auf die quadratische Ungleichung $2x^2 - 7x - 4 \leqslant 0$ führt. Wir spalten die Ungleichung wieder in einzelne Faktoren auf: $2(x-4)(x+\frac{1}{2}) \leqslant 0$. Diese ist jetzt erfüllt, wenn die Klammern unterschiedliche Vorzeichen haben.

Fall 2.1: Damit die erste Klammer positiv (oder 0) und die zweite negativ ist, müsste $x \geqslant 4$ und $x < -\frac{1}{2}$ gelten, was nicht geht.

Fall 2.2: Andersherum muss $x < 4$ und $x \geqslant -\frac{1}{2}$ sein, also zusammen $-\frac{1}{2} \leqslant x < 4$, was wegen der Voraussetzung $x < 0$ auf $-\frac{1}{2} \leqslant x < 0$ eingeschränkt wird.

Es ergibt sich schließlich $L = [\,-\frac{1}{2}, 0\,) \cup [\,4, \infty\,)$.

Anmerkung: Natürlich könnte man in Fall 1 und 2 auch wie in Beispiel 7.8 vorgehen und Zahlen einsetzen, um die Gültigkeit der äquivalenten Polynomungleichung $2x^2 - 7x - 4 \geqslant 0$ (bzw. $\leqslant 0$) zu prüfen, was vom Aufwand her vergleichbar ist. Im nächsten Beispiel thematisieren wir beides.

Beispiel 7.11   Löse $\dfrac{3}{2x-4} < \dfrac{1}{x} + \dfrac{3}{2x-2}$ für $x \in \mathbb{R} \backslash \{\, 0, 1, 2 \,\}$.

Der kleinste gemeinsame Nenner ist $N(x) = 2x(x-1)(x-2)$ (bei $2x-4$ und $2x-2$ kann man jeweils eine 2 rausziehen). Um dessen Vorzeichen zu untersuchen, legt man am besten eine Vorzeichentabelle an.

	x	$x-1$	$x-2$	$N(x)$
$x < 0$	$-$	$-$	$-$	$-$
$0 < x < 1$	$+$	$-$	$-$	$+$
$1 < x < 2$	$+$	$+$	$-$	$-$
$2 < x$	$+$	$+$	$+$	$+$

Tabelle 7.1

Fall 1: Ist $N(x)$ positiv, also $\boldsymbol{x \in (\,0, 1\,) \cup (\,2, \infty\,) = J_1}$, so bleibt bei Multiplikation der Ungleichung mit $N(x)$ das Ungleichheitszeichen erhalten:

$$3x(x-1) < 2(x-1)(x-2) + 3x(x-2).$$

Ausmultiplizieren, Zusammenfassen und Teilen durch 2 ergibt schließlich

$$p(x) := x^2 - \tfrac{9}{2}x + 2 > 0.$$

Die linke Seite lässt sich mittels Vieta als $p(x) = (x - \frac{1}{2})(x - 4)$ faktorisieren, und wegen $p(x) > 0$ müssen beide Klammern das gleiche Vorzeichen haben.

Fall 1.1: Beide Klammern positiv, d.h. $x > \frac{1}{2}$ und $x > 4$, zusammen also $x > 4$. Geschnitten mit J_1 bleibt es bei $x > 4$, dieser Fall steuert somit $(4, \infty)$ zur Lösungsmenge L bei.

Fall 1.2: Beide Klammern negativ, d.h. $x < \frac{1}{2}$ und $x < 4$, sprich $x < \frac{1}{2}$. Nach Schneiden mit J_1 bleibt $(0, \frac{1}{2}) \subset L$ übrig.

Fall 2: Ist $N(x)$ negativ, also $x \in (-\infty, 0) \cup (1, 2) = J_2$, so ändert sich bei Multiplikation der Ungleichung mit $N(x)$ das Ungleichheitszeichen, und man erhält nach den gleichen Umformungen wie oben $p(x) = (x - \frac{1}{2})(x - 4) < 0$. Die Klammern müssen jetzt also verschiedene Vorzeichen besitzen.

Fall 2.1: $x < \frac{1}{2}$ und $x > 4$ ist nicht erfüllbar. Dieser Fall liefert also keine weiteren Lösungen.

Fall 2.2: $x > \frac{1}{2}$ und $x < 4$ bedeutet $x \in (\frac{1}{2}, 4)$, was geschnitten mit J_2 auf $(1, 2) \subset L$ führt.

Insgesamt erhalten wir also die Lösungsmenge

$$L = (0, \tfrac{1}{2}) \cup (1, 2) \cup (4, \infty).$$

Nachdem man J_1, J_2 sowie $p(x)$ wie gerade eben bestimmt hat, kann man **alternativ** auch **mittels Einsetzen** fortfahren:
Die Lösungen der zugehörigen Gleichung $p(x) = x^2 - \frac{9}{2}x + 2 = 0$ sind $x_1 = \frac{1}{2}$ und $x_2 = 4$, also haben die „Test-Intervalle" die Gestalt

$$I_1 = (-\infty, \tfrac{1}{2}), \ I_2 = (\tfrac{1}{2}, 4) \text{ und } I_3 = (4, \infty).$$

In Fall 1, also für $x \in J_1$, ist die Polynomungleichung $p(x) > 0$ $(\star)$ zu untersuchen. Wann diese erfüllt ist, lässt sich nun durch Einsetzen dreier Testzahlen aus $I_1 \cap J_1$, $I_2 \cap J_1$ und $I_3 \cap J_1$ herausfinden. Analog verfährt man für $p(x) < 0$ $(*)$ in Fall 2, also auf J_2. Diese sture Vorgehensweise führen wir in den Lösungen zu Aufgabe 7.5 vor; hier wollen wir etwas eleganter argumentieren:
Für $x = 0 \in I_1$ ist $p(0) = 2 > 0$, d.h. es gilt $p(x) > 0$ auf ganz I_1. Stellt man sich die Parabel K_p vor, leuchtet sofort ein, dass $p(x) < 0$ auf I_2 und $p(x) > 0$ auf I_3 sein muss. Insgesamt ist also

$$p(x) > 0 \ \text{ für } x \in I_1 \cup I_3 \qquad \text{und} \qquad p(x) < 0 \ \text{ für } x \in I_2.$$

Folglich ist $(\star)$ aus Fall 1 auf $(I_1 \cup I_3) \cap J_1 = (0, \frac{1}{2}) \cup (4, \infty)$ erfüllt, während $(*)$ aus Fall 2 für alle $x \in I_2 \cap J_2 = (1, 2)$ gilt, so dass wir am Ende natürlich wieder auf die gleiche Lösungsmenge L kommen.

Welche Methode man wählt, ist Geschmackssache. Die zweite ist jedoch meist aufwändiger (vor allem, wenn man stur alle Test-Intervalle durchhechelt).

Beispiel 7.12   Wir demonstrieren am Beispiel der simplen Bruchungleichung

$$\frac{1}{x} + 1 > 0,$$

dass das Lösungsverfahren für Polynomungleichungen aus Beispiel 7.8 („Testen zwischen den Nullstellen") hier nicht direkt anwendbar ist. Dies liegt letztendlich daran, dass die zur Ungleichung gehörige Funktion $f(x) = \frac{1}{x} + 1$ bei $x = 0$ einen *Pol mit Vorzeichenwechsel* hat, was bei Polynomungleichungen nicht passieren kann.

Die zugehörige Gleichung lautet $\frac{1}{x} + 1 = 0$ und besitzt $x_0 = -1$ als einzige Lösung. Setzt man nun z.B. $x = -\frac{1}{2} > x_0$ in die Ungleichung ein, erhält man die falsche Aussage $-1 > 0$, aus der man hier allerdings *nicht* schließen darf, dass die Ungleichung für alle $x > x_0$ nicht erfüllt wäre. Da $f(x)$ für $x > 0$ wieder positiv ist, gehören tatsächlich alle $x > 0$ zur Lösungsmenge; siehe Abbildung 7.3.

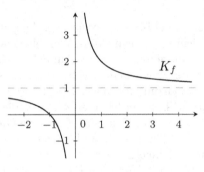

Abbildung 7.3

Korrekter Lösungsweg: Wir multiplizieren mit x und unterscheiden zwei Fälle.

Fall 1:   Für $x > 0$ ist die Ungleichung äquivalent zu $1 + x > 0$, also $x > -1$. Da wir in Fall 1 sind, muss insgesamt $x > 0$ sein.

Fall 2:   Für $x < 0$ geht die Ungleichung über in $1 + x < 0$, also $x < -1$.

Die komplette Lösungsmenge ist demnach $L = (-\infty, -1) \cup (0, \infty)$.

Aufgabe 7.5   Löse folgende Bruchungleichungen: a) $\dfrac{x+1}{x+2} \leqslant 0$,

b) $\dfrac{x^3}{x+1} + x + \dfrac{10}{x+1} \geqslant \dfrac{-2x}{x+1}$,   c) $\dfrac{1}{x-1} + \dfrac{2}{x+1} + \dfrac{1}{x^2-1} < \dfrac{5}{8}$.

7.3 Wurzel(un)gleichungen

7.3.1 Wurzelgleichungen

Gleichungen wie etwa

$$2 + \sqrt{20 - 4x} = x \qquad \text{oder} \qquad \sqrt{x - 1} + 1 = \sqrt{2x}$$

in denen x also in irgendeiner Form unter einer Wurzel vorkommt, heißen *Wurzelgleichungen*. Da im Reellen unter der Wurzel keine negativen Werte stehen dürfen, ist der Definitionsbereich von Wurzelgleichungen (d.h. die Menge aller x, für die alle Radikanden $\geqslant 0$ sind) im Allgemeinen nicht ganz $\mathbb{R}$.

Beim Lösen von Wurzelgleichungen empfiehlt sich folgendes Vorgehen: „ISOLIEREN, QUADRIEREN, PROBIEREN".
Genauer: Zuerst muss die Wurzel isoliert werden, anschließend wird die Gleichung quadriert. Enthält die Gleichung sogar mehrere Wurzelterme, müssen diese beiden Schritte eventuell mehrfach ausgeführt werden. Am Schluss ist eine Probe mit den erhaltenen Werten in der ursprünglichen Gleichung unerlässlich, da es sich beim Quadrieren um keine Äquivalenzumformung handelt!
Dies kann man an folgendem Beispiel leicht sehen: Aus der Gleichung $x^2 = -1$, die keine reelle Lösung besitzt, wird nach Quadrieren die Gleichung $x^4 = 1$, deren Lösungsmenge $L = \{\pm 1\}$ nicht leer ist. 1 und -1 sind aber nur Scheinlösungen, die man sich beim Quadrieren eingefangen hat.
Außerdem ersetzt die Probe eine gesonderte Betrachtung des Definitionsbereichs der Wurzelterme, weil spätestens beim Einsetzen der Lösungskandidaten auffällt, ob alle Terme definiert sind.

Beispiel 7.13   Löse   a) $2 + \sqrt{20 - 4x} = x$,   b) $\sqrt{x - 1} + 1 = \sqrt{2x}$.

a) Nach Isolieren der Wurzel bleibt die Gleichung $\sqrt{20 - 4x} = x - 2$ zu quadrieren. Anwendung der binomischen Formel liefert nun die Gleichung $20 - 4x = x^2 - 4x + 4$, was auf $x^2 = 16$ und damit $x = \pm 4$ führt.
Die Probe mit $x = 4$ ergibt links $2 + \sqrt{20 - 16} = 2 + 2 = 4$, was der rechten Seite entspricht. Für $x = -4$ steht links $2 + \sqrt{20 + 16} = 2 + 6 = 8$, was nicht mit -4 übereinstimmt.
Die Lösungsmenge ist also nur $L = \{4\}$.

An diesem Beispiel sieht man auch schnell, warum das Isolieren als erster Schritt notwendig ist. Sofortiges Quadrieren würde

$$4 + 4\sqrt{20 - 4x} + \sqrt{20 - 4x}^2 = x^2$$

liefern. Die hintere Wurzel verschwindet zwar, aber der mittlere Term enthält immer noch die Wurzel und man ist der Lösung keinen Schritt näher.

b) Da eine Wurzel bereits isoliert ist, quadriert man sofort.

$$\sqrt{x-1}^2 + 2\sqrt{x-1} + 1 = \sqrt{2x}^2$$

$$x - 1 + 2\sqrt{x-1} + 1 = 2x \qquad | \text{ Isolieren der Wurzel}$$

$$2\sqrt{x-1} = x \qquad | \text{ erneutes Quadrieren}$$

$$4(x-1) = x^2$$

$$x^2 - 4x + 4 = 0$$

Die letzte Gleichung lautet $(x-2)^2 = 0$ (Binom), und deshalb ist $x = 2$ der einzige Kandidat für eine Lösung. Die Probe zeigt, dass dies eine Lösung ist, da $\sqrt{1} + 1 = \sqrt{4}$. Die Lösungsmenge ist $L = \{2\}$.

Anmerkung: Die hier vorgestellte Vorgehensweise lässt sich genauso auf dritte, vierte, ..., n-te Wurzeln übertragen. Statt des Quadrierens muss dann aber mit dem entsprechenden n potenziert werden (siehe Aufgabe 7.7 c)).

Aufgabe 7.6 Finde je ein Beispiel einer Wurzelgleichung, bei der durch das Quadrieren die Lösungsmenge a) verändert, b) nicht verändert wird.

Aufgabe 7.7 Löse folgende Wurzelgleichungen.

a) $\sqrt{6x+37} = x+5$ b) $\sqrt{2x^2} = \sqrt{x^2-1} - 1$ c) $\sqrt[3]{5x+2} = x-2$

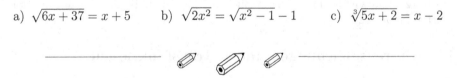

7.3.2 Wurzelungleichungen

Wie bei den Polynomungleichungen auch, lösen wir zuerst die zugehörige Wurzelgleichung. Achtung: Probe nicht vergessen! Anschließend testen wir auf den entstehenden Teilintervallen, ob die Ungleichung dort erfüllt ist[3]. Hierbei ist sicherzustellen, dass die Teilintervalle in der Definitionsmenge der Wurzelgleichung liegen, weshalb diese hier explizit bestimmt werden muss.

---

[3]Beachte hier jedoch wieder Beispiel 7.12. So besitzt etwa $f(x) = \sqrt[3]{x}/\sqrt{|x|}$ bei $x = 0$ einen Pol mit Vorzeichenwechsel.

Beispiel 7.14   Löse die Wurzelungleichung $2\sqrt{3x+1} + x \geqslant 5$.

Wir lösen zunächst die zugehörige Wurzelgleichung $2\sqrt{3x+1} + x = 5$. Isolieren und Quadrieren führt zunächst auf $12x + 4 = x^2 - 10x + 25$, was zu $x^2 - 22x + 21 = 0$ äquivalent ist und nach Vieta die Lösungen $x_1 = 1$ und $x_2 = 21$ besitzt. Die Probe zeigt, dass nur $x_1 = 1$ eine Lösung ist.

Da die Definitionsmenge $D = \{\, x \in \mathbb{R} \mid 3x + 1 \geqslant 0 \,\} = [-\frac{1}{3}, \infty)$ ist, sind die zu prüfenden Teilintervalle $I_1 = [-\frac{1}{3}, 1]$ und $I_2 = [1, \infty)$.

- Wir wählen $x = 0 \in I_1$ und erhalten $2\sqrt{1} + 0 \geqslant 5$, was falsch ist.

- Für die Wahl $x = 5 \in I_2$ folgt dagegen $2\sqrt{16} + 5 \geqslant 5$, eine wahre Aussage.

Somit ist $L = I_2 = [1, \infty)$ die Lösungsmenge der Wurzelungleichung.

Aufgabe 7.8   Löse folgende Wurzelungleichungen.

a) $\sqrt{16 + x^2} - x \leqslant 5$ b) $2\sqrt{x} - 2 \geqslant \sqrt{x-1}$ c) $\dfrac{1}{2\sqrt{x+2}} > \dfrac{1}{x-1}$

7.4   Betrags(un)gleichungen

Wiederhole als Grundlage für diesen Abschnitt, was der Betrag einer reellen Zahl ist (Seite 72), und wirf nochmals einen Blick auf das Schaubild der Betragsfunktion $x \mapsto |x|$ auf Seite 127.

7.4.1   Betragsgleichungen und Betragsfunktionen

Gleichungen wie z.B.

$$|x - 1| = 2 - 3|x| \qquad \text{oder} \qquad |1 - x^2| = \frac{2}{|x+1|}\,,$$

bei denen die gesuchte Größe x innerhalb von Betragsstrichen auftaucht, heißen *Betragsgleichungen*. Um sie zu lösen, kommt man in der Regel nicht ohne Fallunterscheidungen aus.

Beispiel 7.15   Um uns an den Betrag zu gewöhnen, schreiben wir den simplen Ausdruck $|x - 2|$ betragsfrei:

$$|x - 2| = \begin{cases} x - 2 & \text{falls } x - 2 \geqslant 0, \text{ also } x \geqslant 2, \\ -(x - 2) = -x + 2 & \text{falls } x - 2 < 0, \text{ also } x < 2. \end{cases}$$

Beispiel 7.16 Zeichne das Schaubild K_f der Funktion $f(x) = \big|\,|x| - 1\,\big|$.

Geometrische Lösung: Das Schaubild K_g von $g(x) = |x| - 1$ ist das um 1 in y-Richtung nach unten verschobene Schaubild der gewöhnlichen Betragsfunktion. Wegen $f(x) = |g(x)|$ wird die „negative Spitze" von K_g bei K_f einfach nach oben geklappt (siehe Abbildung 7.4).

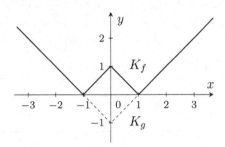

Abbildung 7.4

Algebraische Lösung: Zunächst lösen wir den äußeren Betrag auf (man könnte aber auch mit dem inneren anfangen):

$$f(x) = \big|\,|x| - 1\,\big| = \begin{cases} |x| - 1, & \text{falls } |x| \geqslant 1, \text{ also } x \leqslant -1 \text{ oder } x \geqslant 1, \\ -(|x| - 1) = 1 - |x|, & \text{falls } |x| < 1, \text{ also } -1 < x < 1. \end{cases}$$

Weiteres Auflösen des inneren Betrages führt auf insgesamt vier Fälle:

$$f(x) = \big|\,|x| - 1\,\big| = \begin{cases} x - 1, & \text{falls } x \geqslant 1, \\ -x - 1, & \text{falls } x \leqslant -1, \\ 1 - x, & \text{falls } 0 \leqslant x < 1, \\ 1 + x, & \text{falls } -1 < x < 0. \end{cases}$$

Nun kann man leicht die einzelnen Geradenstücke zeichnen.

Beispiel 7.17 Löse die folgenden Betragsgleichungen.

a) $|2x + 3| = 9$ b) $x^2 + |x| = |x - 1| + 1$

a) **Fall 1:** $2x + 3 \geqslant 0$, d.h. $x \geqslant -\frac{3}{2}$ oder anders geschrieben $x \in I_1 = [-\frac{3}{2}, \infty)$. In diesem Fall kann man die Betragsstriche einfach weglassen. Zu lösen ist also $2x + 3 = 9$, was auf $x = 3$ führt. Wegen $3 \in I_1$ ist dies eine Lösung.

Fall 2: $2x + 3 < 0$, d.h. $x < -\frac{3}{2}$ bzw. $x \in I_2 = (-\infty, -\frac{3}{2})$. In diesem Fall muss man ein negatives Vorzeichen setzen, um den Betrag aufzulösen. Dies führt auf die Gleichung $-(2x + 3) = 9$ für $x \in I_2$, was $x = -6$ ergibt. Wegen $-6 \in I_2$ ist auch dies eine Lösung.

Die Lösungsmenge der Betragsgleichung ist somit $L = \{-6, 3\}$.

Bei dieser simplen Gleichung kann man sich natürlich kürzer fassen: Nach Definition des Betrags muss $2x+3$ entweder 9 oder -9 sein, damit $|2x+3| = 9$ wird. Hieraus erhält man sofort $x_1 = 3$ und $x_2 = -6$.

b) Jetzt kommt eine typische Vorgehensweise, wenn eine Gleichung mehrere Beträge enthält. Zuerst macht man sich grafisch an der Zahlengeraden in Abbildung 7.5 klar, wo die Fallunterscheidungen der einzelnen Beträge liegen. (Dies ist eine grafische Variante der Vorzeichentabelle von Seite 195.)

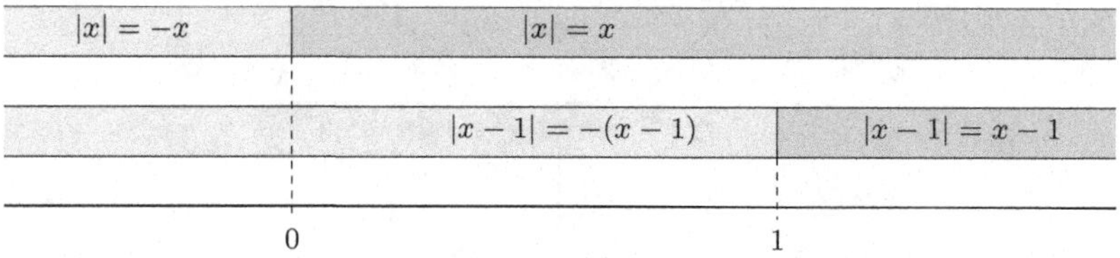

$|x| = -x$		$|x| = x$	
	$|x-1| = -(x-1)$		$|x-1| = x-1$
	0	1	

Abbildung 7.5

An diesem Bild erkennt man, dass man für die gesamte Gleichung drei Fallunterscheidung machen muss. Für $x \geqslant 1$ kann man beide Beträge einfach weglassen. Ist $0 \leqslant x < 1$, so gilt zwar $|x| = x$, aber um bei $|x-1|$ den Betrag wegzulassen braucht man das negative Vorzeichen. Dies muss man für $x < 0$ bei beiden Beträgen tun.

Fall 1: $x \geqslant 1$, also $|x| = x$ und $|x-1| = x-1$.
Die Gleichung geht über in $x^2 + x = x - 1 + 1$, d.h. $x^2 = 0$. Diese Gleichung besitzt zwar $x_1 = 0$ als Lösung, aber 0 liegt nicht im Definitionsbereich von Fall 1. Also gibt es hier keine Lösung der ursprünglichen Gleichung, wie man auch durch Einsetzen von 0 gemerkt hätte: $0^2 + |0| \neq |0-1| + 1$.

Fall 2: $0 \leqslant x < 1$, also $|x| = x$ und $|x-1| = -(x-1) = 1 - x$.
Hier ist $x^2 + x = 1 - x + 1$ bzw. $x^2 + 2x - 2 = 0$ zu lösen. Die Lösungsformel liefert die Lösungen $x_2 = -1 + \sqrt{3}$ und $x_3 = -1 - \sqrt{3}$, von denen aber nur x_2 im Definitionsbereich von Fall 2 liegt.

Fall 3: $x < 0$, also $|x| = -x$ und $|x-1| = -(x-1) = 1 - x$.
Diesmal erhalten wir $x^2 - x = 2 - x$ bzw. $x^2 = 2$, was auf $x_{4,5} = \pm\sqrt{2}$ führt. Nur $-\sqrt{2}$ liegt im Definitionsbereich von Fall 3.

Die Lösungsmenge ist $L = \{-\sqrt{2}, \sqrt{3} - 1\}$.

Beispiel 7.18   Schreibe $f(x) = \frac{1}{2}|x| + |x+2|$ betragsfrei und zeichne K_f.

Die gleiche Vorgehensweise wie in Beispiel 7.17b) führt auf folgende Fallunterscheidung. Mache dir dies an einer Zahlengeraden wie oben klar.

Fall 1: $x < -2$, also $|x| = -x$ und $|x+2| = -(x+2)$.
Die Funktionsvorschrift geht über in $f(x) = \frac{1}{2}(-x) - (x+2) = -\frac{3}{2}x - 2$.

Fall 2: $-2 \leqslant x < 0$, d.h. $|x| = -x$ und $|x+2| = x+2$.
  Hier gilt $f(x) = \frac{1}{2}(-x) + (x+2) = \frac{1}{2}x + 2$.

Fall 3: $x \geqslant 0$, und somit $|x| = x$ und $|x+2| = x+2$.
  In diesem Fall ist $f(x) = \frac{1}{2}x + (x+2) = \frac{3}{2}x + 2$.

Insgesamt ergibt sich

$$f(x) = \begin{cases} -\frac{3}{2}x - 2, & \text{falls } x < -2, \\ \frac{1}{2}x + 2, & \text{falls } -2 \leqslant x < 0, \\ \frac{3}{2}x + 2, & \text{falls } x \geqslant 0, \end{cases}$$

und das in Abbildung 7.6 dargestellte Schaubild K_f setzt sich aus drei Geradenstücken zusammen.

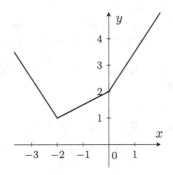

Abbildung 7.6

Aufgabe 7.9 Bestimme alle reellen Lösungen der folgenden Gleichungen.

a) $|x - 5| = 8$ b) $|x - 4| = |3x + 6|$ c) $\sqrt{|x + 6|} = x$

d) $\dfrac{|x+1|}{|x|} = x + 1$

Aufgabe 7.10 Zeichne die Schaubilder. Gib Definitions- und Wertebereich an.

a) $f(x) = \dfrac{x + |x|}{2}$ b) $f(x) = \dfrac{x}{|x|}(x - 2)$ c) $f(x) = |x - 2| + |x + 1|$

d) $f(x) = |x^2 - 2|$

7.4.2 Betragsungleichungen

Beispiel 7.19   Löse folgende Betragsungleichungen.

a) $|4x - 3| > 1$ b) $|x + 1| > x$ c) $|x - 1| + |3 - x| - x \leqslant 4$

a) Die Ungleichung ist nach Definition des Betrags genau dann erfüllt, wenn entweder $4x - 3 > 1$ oder $4x - 3 < -1$ ist. Also für $x > 1$ oder $x < \frac{1}{2}$. Die Lösungsmenge ist somit $L = (-\infty, \frac{1}{2}) \cup (1, \infty)$.

b) Für $x \geqslant -1$ geht die Ungleichung über in $x + 1 > x$, was auf die stets wahre Aussage $1 > 0$ führt. Somit sind alle x mit $x \geqslant -1$ Lösungen.

Im Fall $x < -1$ erhalten wir $-(x + 1) > x$, was äquivalent zu $2x < -1$ bzw. $x < -\frac{1}{2}$ ist. Da wir im Fall $x < -1$ sind, entfallen alle x mit $-1 \leqslant x < -\frac{1}{2}$. Insgesamt ist $L = (-\infty, -1) \cup [-1, \infty) = \mathbb{R}$. Mache dir dies auch klar, indem du dir die Schaubilder von x und $|x + 1|$ vorstellst.

c) Die Argumente der beiden Beträge wechseln ihr Vorzeichen bei 1 bzw. 3. Insgesamt sind drei Fälle zu betrachten.

Fall 1: $x < 1$, also $|x - 1| = -(x - 1)$ und $|3 - x| = 3 - x$. Die Ungleichung vereinfacht sich zu $-3x + 4 \leqslant 4$, d.h. $x \geqslant 0$. Somit ist $L_1 = [0, 1)$.

Fall 2: $1 \leqslant x \leqslant 3$, also $|x - 1| = x - 1$ und $|3 - x| = 3 - x$. Jetzt erhalten wir $-x + 2 \leqslant 4$, d.h. $x \geqslant -2$ und daher $L_2 = [1, 3]$.

Fall 3: $x > 3$, also $|x - 1| = x - 1$ und $|3 - x| = -(3 - x)$. In diesem letzten Fall geht die Ungleichung über in $x - 4 \leqslant 4$, d.h. $x \leqslant 8$ und $L_3 = (3, 8]$.

Für die gesamte Lösungsmenge erhalten wir

$$L = L_1 \cup L_2 \cup L_3 = [0, 8],$$

was auch Abbildung 7.7 zeigt. Dort wurde das Schaubild der Funktion $f(x) = |x - 1| + |3 - x| - x$ geplottet, welches zwischen 0 und 8 unterhalb von $y = 4$ verläuft.

Aufgabe 7.11   Löse folgende Betragsungleichungen.

a) $|x - 4| + |2 - x| > x + 1$ b) $|x^2 - 2| \geqslant \frac{1}{4}$ c) $|x^3 - 117x^2 + 42| < -\pi$

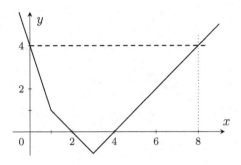

Abbildung 7.7

7.5 Exponential(un)gleichungen

7.5.1 Exponentialgleichungen

Exponentialgleichungen sind Gleichungen wie z.B.

$$3^x = 9, \qquad 5^{x+x^2} = 1 \qquad \text{oder} \qquad 3^{\sqrt{x}} = \pi^{\frac{1}{x}},$$

in denen die gesuchte Variable im Exponenten steht.

Um zu verstehen, was ein Ausdruck wie 3^x für beliebiges $x \in \mathbb{R}$ bedeuten soll, erinnern wir uns an Beispiel 5.19, wo wir x^r als $e^{r \ln x}$ für $x \in \mathbb{R}^+$ definiert haben. Dies verwenden wir auch hier – nur dass jetzt die Variable im Exponenten statt in der Basis steht – und erklären für $a > 0$ die *allgemeine Exponentialfunktion* durch

$$a^x := e^{x \ln a} \quad \text{für alle } x \in \mathbb{R}.$$

Beachtet man $(e^x)^s = e^{sx}$ für $s \in \mathbb{N}$, wie man leicht durch Induktion aus dem Additionstheorem der e-Funktion folgert, so ergibt sich für rationale Exponenten $x = \frac{r}{s} \in \mathbb{Q}$ $(s \in \mathbb{N})$

$$(a^x)^s = \left(e^{x \ln a}\right)^s = e^{s \cdot x \ln a} = e^{r \ln a} = a^r.$$

Dies passt zu der Festlegung $a^{\frac{r}{s}} := \sqrt[s]{a^r}$, die dir vielleicht noch aus der Schule bekannt ist.

Die allgemeine Exponentialfunktion $\exp_a \colon \mathbb{R} \to \mathbb{R}^+$, $x \mapsto a^x$, ist für $a \neq 1$ bijektiv, da sie die *allgemeine Logarithmusfunktion*

$$\log_a \colon \mathbb{R}^+ \to \mathbb{R}, \quad x \mapsto \log_a x := \frac{\ln x}{\ln a},$$

als Umkehrfunktion besitzt. In der Tat gilt

$$(\exp_a \circ \log_a)(x) = \exp_a(\log_a x) = \exp_a\left(\frac{\ln x}{\ln a}\right) = e^{\frac{\ln x}{\ln a} \cdot \ln a} = e^{\ln x} = x$$

für alle $x > 0$, d.h. es ist $\exp_a \circ \log_a = \mathrm{id}_{\mathbb{R}^+}$, und ebenso weist man $\log_a \circ \exp_a = \mathrm{id}_{\mathbb{R}}$ nach. Abbildung 7.8 zeigt die Schaubilder beider Funktionen für $a = 2$ und $a' = \frac{1}{2}$.

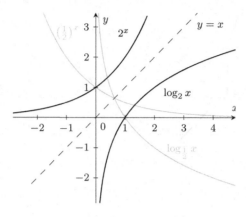

Abbildung 7.8

Nach diesem kleinen Theorie-Ausflug nun wieder zurück zu den Exponentialgleichungen: Alles, was du zu deren Lösung über den Logarithmus wissen musst, ist, dass er „die Hochzahl nach unten holt". Wie eben nachgewiesen, sind $\log_a(...)$ und $a^{(...)}$ (für $a > 0$) Umkehrrechenarten voneinander, d.h. es gilt

$$\log_a(a^\heartsuit) = \heartsuit \quad \text{und} \quad a^{\log_a \heartsuit} = \heartsuit. \qquad (\star)$$

Dabei darf in der ersten Gleichung $\heartsuit \in \mathbb{R}$ sein, während in der zweiten nur $\heartsuit \in \mathbb{R}^+$ zulässig ist, weil der Logarithmus eben nur für positive Zahlen definiert ist.

Desweiteren verwenden wir (oft stillschweigend) die folgenden Potenz- und Logarithmengesetze, um Exponentialgleichungen zu lösen.

(P_1)	$a^x \cdot a^y = a^{x+y}$	(L_1)	$\log_a(x \cdot y) = \log_a x + \log_a y$
(P_2)	$\frac{a^x}{a^y} = a^{x-y}$	(L_2)	$\log_a\left(\frac{x}{y}\right) = \log_a x - \log_a y$
(P_3)	$(a^x)^y = a^{x \cdot y}$	(L_3)	$\log_a(x^y) = y \log_a x$
(P_4)	$a^x \cdot b^x = (a \cdot b)^x$		
(P_5)	$\frac{a^x}{b^x} = \left(\frac{a}{b}\right)^x$		

Alle Variablen sollen hierbei so gewählt sein, dass jeweils beide Seiten definiert sind. Beweis dieser Regeln ist Aufgabe 7.13.

Beispiel 7.20   Löse die folgenden Exponentialgleichungen.

a) $6^{x+5} = 36^x$ b) $2^{3x-6} = 7^{-x}$ c) $4^{2x-1} + 16^{x+1} = 10$

d) $3^{2x} + 3^{x+1} = 10$ e) $\sqrt[x]{16} = 4^{x^2/32}$

a) Beidseitiges Anwenden des Logarithmus zur Basis 6 liefert

$$\log_6 6^{x+5} = \log_6 36^x.$$

Die linke Seite schrumpft wegen $(\star)$ auf $x+5$ zusammen, rechts bleibt wegen $36^x = (6^2)^x = 6^{2x}$ nur $2x$ stehen. Somit folgt $x+5 = 2x$, d.h. $L = \{\,5\,\}$.

Wenn es möglich ist, die Gleichung zuerst so umzuformen, dass auf beiden Seiten die gleiche Basis steht, also hier $6^{x+5} = 6^{2x}$, kann man die Lösung durch direktes Vergleichen der Exponenten erhalten: $x+5 = 2x$, also $x = 5$.

b) Anwenden des Logarithmus zur Basis 2 ergibt

$$\log_2 2^{3x-6} = \log_2 7^{-x}.$$

Unter Verwendung von $(\star)$ und $(\mathrm{L_3})$ erhält man zunächst $3x-6 = -x \cdot \log_2 7$, dann $(3 + \log_2 7)x = 6$ und schließlich $L = \{\,\frac{6}{3+\log_2 7}\,\}$.

Ebenso hätte man zu Beginn den Logarithmus zur Basis 7 anwenden können. Führe dies durch und überzeuge dich mit dem Taschenrechner von der Gleichheit der Lösungen.

c) Die Gleichung ist äquivalent zu

$$4^{2x} \cdot 4^{-1} + (4^2)^{x+1} = 10 \qquad \text{bzw.} \qquad 4^{2x}(4^{-1} + 4^2) = 10,$$

was auf $4^{2x} = 10 \cdot \frac{4}{65}$ führt. Anwenden von $\log_4$ ergibt $2x = \log_4 \frac{8}{13}$, d.h. $L = \{\,\frac{1}{2}\log_4 \frac{8}{13}\,\}$.

d) Anwenden des 3er-Logarithmus ergibt

$$\log_3 3^{2x} + \log_3 3^{x+1} = \log_3 10 \quad \dots \qquad \mathtt{epic\ fail\ !}$$

Man darf $\log_3$ nämlich *nicht* in die Summe reinziehen! Da der Logarithmus auf die komplette Summe links angewendet werden muss, erhält man so nur

$$\log_3 \big(3^{2x} + 3^{x+1} \big) = \log_3 10,$$

was sich aber mit keinem Logarithmusgesetz weiter vereinfachen lässt.

Die einzig sinnvolle Vorgehensweise ist hier die folgende: Mit $3^{2x} = (3^x)^2$ und $3^{x+1} = 3 \cdot 3^x$ nimmt die Gleichung die Gestalt

$$(3^x)^2 + 3 \cdot 3^x - 10 = 0$$

an. Die Substitution $u = 3^x$ liefert $u^2 + 3u - 10 = 0$, und mit dem Satz von Vieta findet man $u_1 = -5$ und $u_2 = 2$. Die Rücksubstitution führt auf $3^x = -5$, was keine Lösung besitzt, oder $3^x = 2$, also insgesamt $L = \{\,\log_3 2\,\}$.

e) Umschreiben der linken Seite als $\sqrt[x]{16} = (4^2)^{1/x} = 4^{2/x}$ und ein Vergleich des Exponenten bei nun gleicher Basis liefert

$$4^{2/x} = 4^{x^2/32}, \quad \text{also} \quad \tfrac{2}{x} = \tfrac{1}{32}x^2.$$

Daraus folgt $x^3 = 64$ und somit $L = \{\,4\,\}$.

Aufgabe 7.12　Löse die folgenden Exponentialgleichungen.

a) $3^{2x-5} = \frac{1}{27}$　　　b) $7^{\frac{3x}{2}} = 2^{-5x}$　　　c) $2^{6x-1} + 4^{3x+2} - 8^{2x} = 31$

d) $100^{2x} - 101 \cdot 100^x = -100$　　　　　e) $2^x + 2^{x+1} = 3^{x+2} + 3^{x+3}$

Aufgabe 7.13　Beweise einige der Potenz- und Logarithmengesetze, indem du auf die bekannten Eigenschaften von e- und ln-Funktion zurückgreifst.

7.5.2　Exponentialungleichungen

Beim Lösen von Exponentialungleichungen ist zu beachten, dass die Funktion $f(x) = \log_a x$ nur für $a > 1$ streng monoton steigend ist. Aus $x_1 < x_2$ folgt in diesem Fall also

$$\log_a x_1 < \log_a x_2,$$

so dass sich das Ungleichheitszeichen beim Anwenden des Logarithmus nicht umdreht (siehe Abbildung 7.9).

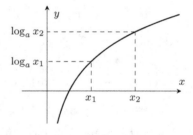

Abbildung 7.9

Ist aber $0 < a < 1$, so ist die Funktion $f(x) = \log_a x = \frac{\ln x}{\ln a}$ aufgrund von $\ln a < 0$ nun streng monoton fallend, so dass sich bei Anwendung von $\log_a$ das Ungleichheitszeichen umdreht. Um Probleme dieser Art zu vermeiden, wendet man am besten einfach immer gleich den $\ln = \log_e$ an.

Beispiel 7.21　Löse die Exponentialungleichung　$0{,}5^{x-1} < 3^x$.

Beidseitiges Anwenden des streng monoton steigenden ln führt auf

$$\ln 0{,}5^{x-1} < \ln 3^x \qquad \text{und mit (L}_3) \qquad (x-1)\ln 0{,}5 < x \ln 3.$$

Wir lösen nach x auf: $x \ln 0{,}5 - x \ln 3 < \ln 0{,}5$, und Ausklammern von x sowie Division durch den negativen Faktor $\ln 0{,}5 - \ln 3$ ergibt schließlich

$$x > \frac{\ln 0{,}5}{\ln 0{,}5 - \ln 3} \approx 0{,}387.$$

7.6 Anhang: Polynomdivison

Dieser [Glo2] entlehnte Abschnitt erklärt die Polynomdivision an Beispielen.

Beispiel 7.22 Wir teilen das Polynom $f(x) = x^3 + x^2 - 17x + 15$ durch $g(x) = x - 1$. Das geht ganz stur nach folgendem Schema:

$$(x^3 + x^2 - 17x + 15) : (x - 1) = x^2 + 2x - 15.$$

$$\underline{-(x^3 - x^2)} \longleftarrow (x - 1) \cdot$$
$$2x^2 - 17x + 15$$
$$\underline{-(2x^2 - 2x)} \longleftarrow (x - 1) \cdot$$
$$-15x + 15$$
$$\underline{-(-15x + 15)} \longleftarrow (x - 1) \cdot$$
$$0$$

(1) Die höchste x-Potenz von f, also x^3, wird durch die höchste x-Potenz von g, also x, geteilt (hätten beide einen Vorfaktor $\neq 1$, so wären diese Vorfaktoren auch durcheinander zu teilen): $\frac{x^3}{x} = x^2$. Dieses Ergebnis ist die höchste x-Potenz des Quotienten $\frac{f(x)}{g(x)}$ und wird hinter das Gleichzeichen geschrieben.

(2) Nun wird dieses x^2 komplett mit $g(x) = (x - 1)$ multipliziert (oben grau angedeutet), das Ergebnis wird unter $f(x)$ geschrieben und von $f(x)$ abgezogen. Beachte dabei, alle Vorzeichen umzudrehen. Die höchste x-Potenz muss hierbei wegfallen.

(1′) Nun geht's auch schon wieder von vorne los, nur dass man jetzt anstelle von $f(x)$ die Differenz $2x^2 - 17x + 15$ verwendet. Dies ergibt $\frac{2x^2}{x} = 2x$ als nächsten Term des Quotientenpolynoms.

(2′) Dieses $2x$ wird wieder komplett mit $g(x) = (x - 1)$ multipliziert (grau), das Ergebnis unter $2x^2 - 17x + 15$ geschrieben und davon abgezogen.

So verfährt man weiter, bis bei der Subtraktion entweder 0 rauskommt, oder ein Restterm $\neq 0$ stehen bleibt, dessen Grad kleiner als der von $g(x)$ ist (in obigem Beispiel ist $\text{Grad}(g) = 1$, also wäre nur Grad 0, d.h. eine Zahl, als Restterm möglich). Wie man bei einem Restterm $\neq 0$ verfährt, siehst du in den Beispielen 7.24 und 7.25: Bleibt am Ende unterm Strich der Restterm $r(x) \neq 0$ (mit $\text{Grad}(r) < \text{Grad}(g)$) stehen, so schreibt man ganz einfach $\frac{r(x)}{g(x)}$ als letzten Summanden des Ergebnisses der Polynomdivision auf.

Beispiel 7.23 Versuche alle Schritte der folgenden Polynomdivision selbst nachzuvollziehen; trage als Hilfe evtl. noch die grauen Pfeile mit ein (das macht man später dann nicht mehr).

$$(x^3 - 4x^2 + x + 6) : (x + 1) = x^2 - 5x + 6$$
$$\underline{-(x^3 +\; x^2)}$$
$$-5x^2 +\; x + 6$$
$$\underline{-(-5x^2 - 5x)}$$
$$6x + 6$$
$$\underline{-(6x + 6)}$$
$$0$$

Beispiel 7.24 Manchmal fehlt in $f(x)$ eine x-Potenz, wie z.B. das x^2 im Polynom $f(x) = x^3 - 7x - 7 = x^3 + 0x^2 - 7x - 7$. Hier empfiehlt es sich, bei der Polynomdivision eine Lücke frei zu lassen, damit man die Potenzen wie gewohnt untereinander schreiben kann. Die Lücke steht dann als Platzhalter für $0x^2$ (was man hinschreiben kann, wenn man möchte).

$$\left(\;\; x^3 \;\;\;\;\;\; - 7x - 7\right) : (x + 1) = x^2 - x - 6 + \frac{-1}{x + 1}$$
$$\underline{-\, x^3 - x^2}$$
$$-\, x^2 - 7x$$
$$\underline{x^2 \; + x}$$
$$-\, 6x - 7$$
$$\underline{6x + 6}$$
$$-\, 1$$

Achtung! Im ersten Schritt müsste eigentlich $-(x^3 + x^2)$ stehen, aber die Klammer wurde gleich aufgelöst zu $-x^3 - x^2$ und es wird dann $-x^3 - x^2$ *addiert*, anstatt $(x^3 + x^2)$ zu *subtrahieren*. Das würde ich dir bei der schriftlichen Durchführung der Polynomdivision *nicht* empfehlen! Behalte also lieber die Klammerschreibweise bei, ich lasse sie ab jetzt aus Bequemlichkeit jedoch immer weg[4].
Auch ob man die -7 bei $-x^2 - 7x$ schon dazuschreiben will, ist Geschmackssache.

Beispiel 7.25 Zum Schluss noch'n Beispiel, wo auch mal durch ein Polynom vom Grad 2 geteilt wird und ein Restterm vom Grad 1 übrig bleibt. Vollziehe auch hier jeden Schritt nach (beachte wieder die Minusklammer-Bemerkung von vorhin). Dass der x^3-Term wegfällt, ist hier übrigens Zufall.

$$\left(\;\; x^4 + 2x^3 - 3x^2 - 5x + 2\right) : \left(x^2 + 2x - 1\right) = x^2 - 2 + \frac{-x}{x^2 + 2x - 1}$$
$$\underline{-\, x^4 - 2x^3 \; + x^2}$$
$$-\, 2x^2 - 5x + 2$$
$$\underline{2x^2 + 4x - 2}$$
$$-\, x$$

---

[4]genauer gesagt: Das Polynomdivisions-Paket von LaTeX macht dies automatisch, und dieses zu verwenden hat den großen Vorteil, dass ich nicht alle Abstände von Hand hinpfriemeln muss so wie in den letzten beiden Beispielen . . .

Aufgabe 7.14   Führe die Polynomdivision aus.

a) $(x^2 - 2x + 1) : (x - 1)$

b) $(x^3 - 37x^2 + x - 37) : (x - 37)$

c) $(3x^3 - 6x^2 - 5x + 10) : (3x^2 - 5)$

d) $(x^3 + 5x^2 + x - 11) : (x^2 + x - 3)$

e) $(x^3 + 6x + 8) : (x^2 - x + 8)$

f) $(x^5 - 1) : (x - 1)$

Zusatz zu f): Hast du eine Vermutung für $(x^n - 1) : (x - 1)$?

Literatur zu Kapitel 7

[GLO1] Glosauer, T.: *Mathematik in der Kursstufe, Band 0: (Un)Gleichungen.*
CreateSpace (2018)

[GLO2] Glosauer, T.: *Mathematik in der Kursstufe, Band 1: Analysis.*
CreateSpace (2017)

[KEM] Kemnitz, A.: *Mathematik zum Studienbeginn.*
Springer Spektrum, 11. Aufl. (2014)

[KRE] Kreul, H., Ziebarth, H.: *Mathematik leicht gemacht.*
Harri Deutsch Verlag, 6. Aufl. (2006)

[WAL] Walz, G., Zeilfelder, F., Rießinger, Th.: *Brückenkurs Mathematik.*
Springer Spektrum, 4. Aufl. (2014)

8 Die Kunst des Integrierens

In diesem Kapitel lernst du, wie man komplizierteren Integralen zu Leibe rückt. Vorausgesetzt werden Grundkenntnisse in Integralrechnung (siehe Kapitel 6) sowie die Produkt- und Kettenregel (siehe Kapitel 5).

Vereinbarung: Alle Funktionen u, v, etc. in diesem Kapitel seien *stetig differenzierbar*, d.h. dass sie differenzierbar (also auch stetig) sind *und* dass ihre erste Ableitung ebenfalls stetig ist. Dadurch wird die Existenz aller auftretenden Integrale gesichert (siehe Theorem 6.1 und Satz 6.7).

8.1 Produktintegration

Bei dieser Integrationsmethode handelt es sich um die Umkehrung der Produktregel. Für Funktionen u, v gilt laut der Produktregel 5.7

$$\big(u(x) \cdot v(x)\big)' = u'(x) \cdot v(x) + u(x) \cdot v'(x).$$

Wenn wir auf beiden Seiten Stammfunktionen bilden, d.h. unbestimmt nach x integrieren, erhalten wir

$$\int \big(u(x) \cdot v(x)\big)' \, \mathrm{d}x = \int u'(x) \cdot v(x) \, \mathrm{d}x + \int u(x) \cdot v'(x) \, \mathrm{d}x,$$

wobei auf der rechten Seite das Integral gleich in die Summe gezogen wurde. Auf der linken Seite steht nach Definition des unbestimmten Integrals aber nichts anderes als $u(x) \cdot v(x)$ (genauer: $u(x) \cdot v(x) + c$, aber die Integrationskonstante c unterschlagen wir zunächst). Bringen wir noch eines der Integrale auf die andere Seite der Gleichung, so erhalten wir das folgende Resultat.

> **Satz 8.1** (*Produktintegration bzw. partielle Integration*)
>
> $$\int u(x) \cdot v'(x) \, \mathrm{d}x = u(x) \cdot v(x) - \int u'(x) \cdot v(x) \, \mathrm{d}x$$

Die erste Reaktion auf diese Gleichung ist vermutlich: „Wie um Himmels Willen soll mir das helfen, Integrale zu berechnen?"

Der Witz hierbei ist, dass bei geschickter Wahl von u und v' das Integral auf der rechten Seite (über $u' \cdot v$) leichter zu lösen ist, als das ursprüngliche Integral (über $u \cdot v'$) auf der linken Seite. Mehrere Beispiele werden dies gleich verständlich machen.

© Springer Fachmedien Wiesbaden GmbH, ein Teil von Springer Nature 2019
T. Glosauer, *(Hoch)Schulmathematik*, https://doi.org/10.1007/978-3-658-24574-0_8

Beispiel 8.1   Bestimme das Integral $\displaystyle\int x \cdot \sin x \, \mathrm{d}x$.

Setzen wir $u(x) = x$ und $v'(x) = \sin x$, dann ist $u'(x) = 1$ sowie $v(x) = -\cos x$ und

$$\int u(x) \cdot v'(x) \, \mathrm{d}x = u(x) \cdot v(x) - \int u'(x) \cdot v(x) \, \mathrm{d}x$$

nimmt folgende Gestalt an:

$$\int \overset{u}{x} \cdot \overset{v'}{\sin x} \, \mathrm{d}x = \overset{u}{x} \cdot \overset{v}{(-\cos x)} - \int \overset{u'}{1} \cdot \overset{v}{(-\cos x)} \, \mathrm{d}x.$$

Oho! Nun ist das Integral auf der rechten Seite tatsächlich einfacher zu lösen, und wir erhalten

$$\int x \cdot \sin x \, \mathrm{d}x = -x \cdot \cos x + \int \cos x \, \mathrm{d}x = -x \cdot \cos x + \sin x + c.$$

Mache selbst die Probe, ob die Ableitung dieser Funktion tatsächlich $x \cdot \sin x$ ist.

Beachte: Hätten wir u und v' umgekehrt gewählt, also $u(x) = \sin x$ und $v'(x) = x$, so hätte die Produktintegration auf

$$\int \overset{v'}{x} \cdot \overset{u}{\sin x} \, \mathrm{d}x = \overset{u}{\sin x} \cdot \overset{v}{\tfrac{1}{2} x^2} - \int \overset{u'}{\cos x} \cdot \overset{v}{\tfrac{1}{2} x^2} \, \mathrm{d}x$$

geführt, was keinerlei Gewinn bringt, da das rechte Integral nun noch schlimmer als das ursprüngliche aussieht. Es ist also entscheidend, die richtige Wahl für u und v' zu treffen, was einem mit etwas Übung meist schnell gelingt. Als grobe Merkregel kann man sagen, dass u sich beim Ableiten vereinfachen sollte, und dass man v' integrieren können muss, um auf v zu kommen.

Beispiel 8.2   Bestimme das Integral $\displaystyle\int x \cdot \mathrm{e}^x \, \mathrm{d}x$.

Hier sollte klar sein, dass wir $u(x) = x$ und $v'(x) = \mathrm{e}^x$ setzen. Dann ist $u'(x) = 1$ und $v(x) = \mathrm{e}^x$, da die e-Funktion sich beim Auf- und Ableiten nicht verändert, und mit Produktintegration folgt (Probe am Ende wieder selbst durchführen)

$$\int \overset{u}{x} \cdot \overset{v'}{\mathrm{e}^x} \, \mathrm{d}x = \overset{u}{x} \cdot \overset{v}{\mathrm{e}^x} - \int \overset{u'}{1} \cdot \overset{v}{\mathrm{e}^x} \, \mathrm{d}x = x \cdot \mathrm{e}^x - \mathrm{e}^x + c = \mathrm{e}^x \cdot (x - 1) + c.$$

Beispiel 8.3   Bestimme das Integral $\displaystyle\int x \cdot \ln x \, \mathrm{d}x$.

Da wir $\ln x$ noch nicht integrieren können, bleibt uns nichts anderes übrig, als $u(x) = \ln x$ und $v'(x) = x$ zu wählen. Dann ist $u'(x) = \frac{1}{x}$ (siehe Seite 143) und

$v(x) = \frac{1}{2}x^2$. Partiell integrieren:

$$\int \overset{v'}{x} \cdot \overset{u}{\ln x}\, \mathrm{d}x = \overset{u}{(\ln x)} \cdot \overset{v}{\frac{1}{2}x^2} - \int \overset{u'}{\frac{1}{x}} \cdot \overset{v}{\frac{1}{2}x^2}\, \mathrm{d}x = \frac{1}{2}x^2 \cdot \ln x - \int \frac{1}{2}x\, \mathrm{d}x$$

$$= \frac{1}{2}x^2 \cdot \ln x - \frac{1}{4}x^2 + c = \frac{1}{4}x^2(2\ln x - 1) + c.$$

Aufgabe 8.1   Löse folgende Integrale mit Hilfe partieller Integration.

a) $\int x \cdot \mathrm{e}^{-x}\, \mathrm{d}x$ b) $\int x^2 \cdot \mathrm{e}^{-x}\, \mathrm{d}x$ c) $\int x^n \cdot \ln x\, \mathrm{d}x$ $(n \in \mathbb{N})$

Tipp zu b): Zweimal partiell integrieren oder a) verwenden.

Als nächstes führen wir noch Integrationsgrenzen ein, betrachten also bestimmte Integrale. Man kann hier zunächst die Stammfunktion bestimmen, und die Grenzen erst am Schluss einsetzen.

Beispiel 8.4   Berechne $\int_1^{\mathrm{e}} \ln x\, \mathrm{d}x$.

Wir bestimmen zunächst die Stammfunktion (ohne Grenzen). Aber nanu, hier steht ja gar kein Produkt unter dem Integralzeichen? Jetzt kommt ein ganz frecher Trick: Wir schreiben $\ln x = \ln x \cdot 1$ und setzen $u(x) = \ln x$ und $v'(x) = 1$. Damit können wir partiell integrieren und erhalten:

$$\int \ln x\, \mathrm{d}x = \int \overset{u}{\ln x} \cdot \overset{v'}{1}\, \mathrm{d}x = \overset{u}{(\ln x)} \cdot \overset{v}{x} - \int \overset{u'}{\frac{1}{x}} \cdot \overset{v}{x}\, \mathrm{d}x = x \cdot \ln x - \int 1\, \mathrm{d}x$$

$$= x \cdot \ln x - x + c = x \cdot (\ln x - 1) + c.$$

Die Stammfunktion des ln sollte man sich gut einprägen:

$$\int \ln x\, \mathrm{d}x = x \cdot (\ln x - 1) + c.$$

Dabei ist in der Klammer $\ln(x) - 1$ und nicht etwa $\ln(x - 1)$ gemeint. Nun setzen wir die Grenzen ein (das $+c$ kann entfallen, weil es sich am Ende sowieso weghebt) und erhalten für das bestimmte Integral

$$\int_1^{\mathrm{e}} \ln x\, \mathrm{d}x = \Big[x \cdot (\ln x - 1) \Big]_1^{\mathrm{e}} = \mathrm{e} \cdot (\ln \mathrm{e} - 1) - 1 \cdot (\ln 1 - 1) = 1,$$

wobei im letzten Schritt $\ln \mathrm{e} = 1$ und $\ln 1 = 0$ einging.

Wer die Grenzen lieber von Anfang an dabei hat, verwendet den folgenden

Satz 8.2   (*Produktintegration bei bestimmten Integralen*)

$$\int_a^b u(x) \cdot v'(x)\,\mathrm{d}x = \Big[\, u(x) \cdot v(x)\,\Big]_a^b - \int_a^b u'(x) \cdot v(x)\,\mathrm{d}x$$

Beweis: Die zu beweisende Formel ist äquivalent zu

$$\int_a^b u(x) \cdot v'(x)\,\mathrm{d}x + \int_a^b u'(x) \cdot v(x)\,\mathrm{d}x = \Big[\, u(x) \cdot v(x)\,\Big]_a^b .$$

Links steht aufgrund der Linearität des bestimmten Integrals nichts anderes als $\int_a^b (u(x) \cdot v'(x) + u'(x) \cdot v(x))\,\mathrm{d}x$ (siehe Satz 6.9). Da $u(x) \cdot v(x)$ nach der Produktregel eine Stammfunktion des Integranden ist, folgt mit Aussage (2) des Hauptsatzes der Differenzial- und Integralrechnung (Theorem 6.1)

$$\int_a^b (u(x) \cdot v'(x) + u'(x) \cdot v(x))\,\mathrm{d}x = \int_a^b (u(x) \cdot v(x))'\,\mathrm{d}x = \Big[\, u(x) \cdot v(x)\,\Big]_a^b ,$$

und das ist die rechte Seite der (umgestellten) Formel.   □

Unter Anwendung dieses Satzes erhält man in Beispiel 8.4

$$\int_1^e \ln x\,\mathrm{d}x = \int_1^e \ln x \cdot 1\,\mathrm{d}x = \Big[\, (\ln x) \cdot x\,\Big]_1^e - \int_1^e \frac{1}{x} \cdot x\,\mathrm{d}x$$

$$= \Big[\, x \cdot \ln x\,\Big]_1^e - \Big[\, x\,\Big]_1^e = e \cdot \ln e - 1 \cdot \ln 1 - (e - 1) = 1.$$

Beispiel 8.5   Berechne den Wert des bestimmten Integrals $\displaystyle\int_0^\pi \cos^2 x\,\mathrm{d}x.$

Weil wir die Stammfunktion von $\cos^2 x$ später brauchen, integrieren wir auch hier zunächst ohne Grenzen. Beim Integranden $\cos^2 x = \cos x \cdot \cos x$ fällt die Wahl für u und v' leicht, und wir erhalten:

$$\int \cos^2 x\,\mathrm{d}x = \int \overset{u}{\cos x} \cdot \overset{v'}{\cos x}\,\mathrm{d}x = \overset{u}{\cos x} \cdot \overset{v}{\sin x} - \int \overset{u'}{-\sin x} \cdot \overset{v}{\sin x}\,\mathrm{d}x$$

$$= \cos x \cdot \sin x + \int \sin^2 x\,\mathrm{d}x.$$

Nun scheinen wir in eine Sackgasse gelaufen zu sein, denn $\sin^2 x$ können wir bisher genauso wenig integrieren wie $\cos^2 x$.

Doch der trigonometrische Pythagoras rettet uns: Wegen $\sin^2 x + \cos^2 x = 1$ folgt

$$\int \cos^2 x \, dx = \cos x \cdot \sin x + \int (1 - \cos^2 x) \, dx = \cos x \cdot \sin x + \int 1 \, dx - \int \cos^2 x \, dx.$$

Addieren wir das $\cos^2$-Integral auf beiden Seiten, so fällt es rechts weg und steht links zweimal, d.h.

$$2 \int \cos^2 x \, dx = \cos x \cdot \sin x + \int 1 \, dx = \cos x \cdot \sin x + x + c,$$

und wir erhalten schließlich

$$\int \cos^2 x \, dx = \frac{1}{2} \left(x + \cos x \cdot \sin x \right) + c.$$

Auf diese Tricks wird man beim ersten Mal vermutlich nur schwer selbst kommen, aber mit ein wenig Übung bekommt man ein besseres Händchen dafür. Einsetzen der Grenzen ergibt

$$\int_0^\pi \cos^2 x \, dx = \left[\frac{1}{2} \left(x + \cos x \cdot \sin x \right) \right]_0^\pi = \ldots = \frac{\pi}{2}.$$

(Bei den Pünktchen geht ein, dass der Ausdruck $\cos x \cdot \sin x$ sowohl für $x = \pi$ als auch $x = 0$ verschwindet, da $\sin \pi = \sin 0 = 0$ ist.)

Anmerkung: Mit Hilfe der trigonometrischen Identität $\cos^2 x = \frac{1}{2}(1 + \cos 2x)$ lässt sich dieses Integral ganz ohne Produktintegration lösen. Übung: Führe dies durch und versuche überdies, die verwendete Identität aus Aufgabe 9.23 a) auf Seite 270 zu folgern. Damit die Stammfunktion dieselbe Gestalt wie oben besitzt, musst du noch $\sin 2x = 2 \cdot \sin x \cdot \cos x$ verwenden (siehe ebenfalls Seite 270).

Aufgabe 8.2 Bestimme die folgenden Integrale.

a) $\displaystyle\int_0^\pi \left(-\frac{x}{2} \right) \cdot \cos x \, dx$ b) $\displaystyle\int_{-\sqrt[5]{e}}^{-1} x^4 \cdot \ln |x| \, dx$ c) $\displaystyle\int_{-\infty}^0 e^{2x} \cdot \cos x \, dx$

Tipp zu c): Zweifache partielle Integration (zunächst ohne Grenzen). Gehe danach wie am Ende von Beispiel 8.5 vor. Beim Einsetzen der Grenzen ist zu beachten, dass $e^{2x} \to 0$ für $x \to -\infty$ strebt und $\cos x$ bzw. $\sin x$ beschränkt sind. (Und natürlich kann man $-\infty$ nicht wie eine Zahl einsetzen, sondern man schreibt dieses uneigentliche Integral wie in 6.4 als Grenzwert auf.)

8.2   Integration durch Substitution

8.2.1   Die Substitutionsregel

Nachdem wir eben die Umkehrung der Produktregel verwendet haben, hilft uns nun die Kettenregel beim Lösen von Integralen der Form

$$\int f\big(u(x)\big) \cdot u'(x)\, \mathrm{d}x,$$

die eine Funktion u und ihre Ableitung u' in dieser Art enthalten. Ist nämlich F eine Stammfunktion von f, so liefert die Kettenregel für die Ableitung von $F \circ u$

$$(F \circ u)'(x) = F'\big(u(x)\big) \cdot u'(x) = f\big(u(x)\big) \cdot u'(x).$$

Obiges Integral löst sich damit in Wohlgefallen auf, da wir die Ableitung $(F \circ u)'(x)$ integrieren.

Satz 8.3   (*Substitutionsregel*)

$$\int f\big(u(x)\big) \cdot u'(x)\, \mathrm{d}x = \int (F \circ u)'(x)\, \mathrm{d}x = F\big(u(x)\big) + c$$

Wie schon bei der Produktintegration bringt einem diese Formel auf den ersten Blick wenig Gewinn, also schnell ein paar Beispiele.

Beispiel 8.6   Bestimme das Integral $\int \sin(x^2) \cdot 2x\, \mathrm{d}x$.

Hier ist klar erkennbar, dass $f(\heartsuit) = \sin(\heartsuit)$ die äußere Funktion ist, und dass die Ableitung der inneren Funktion $u(x) = x^2$ als Faktor $2x$ auftritt. Mit $F(\heartsuit) = -\cos(\heartsuit)$ ergibt sich

$$\sin(x^2) \cdot 2x = \big(-\cos(x^2)\big)' \qquad \text{(„Kettenregel rückwärts"), d.h.}$$

$$\int \sin(x^2) \cdot 2x\, \mathrm{d}x = \int \big(-\cos(x^2)\big)'\, \mathrm{d}x = -\cos(x^2) + c.$$

Beispiel 8.7   Bestimme das Integral $\int \cos(2x^3) \cdot x^2\, \mathrm{d}x$.

Hier ist offenbar $f(\heartsuit) = \cos(\heartsuit)$ die äußere Funktion mit Stammfunktion $F(\heartsuit) = \sin(\heartsuit)$. Da die innere Ableitung $6x^2$ beträgt, müssen wir die 6 noch künstlich erzeugen, indem wir $\frac{1}{6} \cdot 6$ einfügen:

$$\int \cos(2x^3) \cdot x^2\, \mathrm{d}x = \int \cos(2x^3) \cdot \frac{1}{6} \cdot 6x^2\, \mathrm{d}x = \frac{1}{6} \int \cos(2x^3) \cdot 6x^2\, \mathrm{d}x$$

$$= \frac{1}{6} \int \big(\sin(2x^3)\big)'\, \mathrm{d}x = \frac{1}{6} \sin(2x^3) + c.$$

Um nicht jedes Mal so umständlich die Kettenregel rückwärts aufschreiben zu müssen, gewöhnen wir uns folgendes Vorgehen an (welches dieser Integrationsmethode überhaupt den Namen „Substitutionsregel" verleiht). Wir substituieren $u = 2x^3$ für die innere Funktion und rechnen im „Physiker-Style":

$$u'(x) = \frac{\mathrm{d}u}{\mathrm{d}x} = 6x^2 \quad \Longrightarrow \quad \mathrm{d}x = \frac{\mathrm{d}u}{6x^2}.$$

Dabei ist $\frac{\mathrm{d}u}{\mathrm{d}x}$ (lies: „$\mathrm{d}u$ nach $\mathrm{d}x$") die *Leibniz-Notation* für die Ableitung, also den Differenzialquotienten:

$$u'(x) = \lim_{\Delta x \to 0} \frac{u(x + \Delta x) - u(x)}{\Delta x} = \lim_{\Delta x \to 0} \frac{\Delta u}{\Delta x} =: \frac{\mathrm{d}u}{\mathrm{d}x}.$$

Wir tun dabei ganz frech so, als wären die „infinitesimal kleinen Differenziale" $\mathrm{d}x$ und $\mathrm{d}u$ Variablen, mit denen wir normal rechnen dürfen. Auch wenn das fragwürdig erscheinen mag, führt substituieren und einsetzen von $\mathrm{d}x = \frac{\mathrm{d}u}{6x^2}$ schnell zum Ziel:

$$\int \cos(2x^3) \cdot x^2 \, \mathrm{d}x = \int \cos u \cdot x^2 \, \frac{\mathrm{d}u}{6x^2} = \int \frac{\cos u}{6} \, \mathrm{d}u = \frac{1}{6} \sin u + c.$$

Rücksubstitution liefert die Stammfunktion $\frac{1}{6} \sin(2x^3) + c$.

Allgemein ist in Leibniz-Notation[1] „$\mathrm{d}u = u'(x) \, \mathrm{d}x$" und der Ausdruck unter dem Integralzeichen in Satz 8.3, $f\big(u(x)\big) \cdot u'(x) \, \mathrm{d}x$, vereinfacht sich zu $f(u) \, \mathrm{d}u$.

Beispiel 8.8 Bestimme das Integral $\displaystyle\int \frac{x}{x^2 + 1} \, \mathrm{d}x$.

Hier steht im Zähler fast die Ableitung des Nenners (bis auf den Faktor 2).

Substitution: $u = x^2 + 1$; Differenziale: $u'(x) = \dfrac{\mathrm{d}u}{\mathrm{d}x} = 2x \implies \mathrm{d}x = \dfrac{\mathrm{d}u}{2x}$

$$\int \frac{x}{x^2 + 1} \, \mathrm{d}x = \int \frac{x}{u} \frac{\mathrm{d}u}{2x} = \frac{1}{2} \int \frac{1}{u} \, \mathrm{d}u = \frac{1}{2} \ln|u| + c = \frac{1}{2} \ln|x^2 + 1| + c$$

(Den Betrag kann man sich wegen $x^2 + 1 > 0$ hier auch sparen.)

Beispiel 8.9 Bestimme das Integral $\displaystyle\int \frac{\ln x}{x} \, \mathrm{d}x \quad (x > 0)$.

Substitution: $u = \ln x$; Differenziale: $u'(x) = \dfrac{\mathrm{d}u}{\mathrm{d}x} = \dfrac{1}{x} \implies \mathrm{d}x = x \, \mathrm{d}u$

$$\int \frac{\ln x}{x} \, \mathrm{d}x = \int \frac{u}{x} \, x \, \mathrm{d}u = \int u \, \mathrm{d}u = \frac{1}{2} u^2 + c = \frac{1}{2} (\ln x)^2 + c$$

---

[1] Fasst man $\mathrm{d}x$ und $\mathrm{d}u$ als sogenannte *Differenzialformen* auf, kann man dieser Notation auch formal korrekt Sinn einhauchen. Das würde hier aber wesentlich zu weit führen.

Satz 8.4   (*Substitutionsregel für bestimmte Integrale*)

$$\int_a^b f\big(u(x)\big) \cdot u'(x)\, \mathrm{d}x = \int_{u(a)}^{u(b)} f(u)\, \mathrm{d}u$$

Beweis: Ist F eine Stammfunktion von f, so gilt nach dem Hauptsatz 6.1 (2)

$$\int_a^b f\big(u(x)\big) \cdot u'(x)\, \mathrm{d}x = \int_a^b (F \circ u)'(x)\, \mathrm{d}x = \Big[F\big(u(x)\big) \Big]_a^b = F\big(u(b)\big) - F\big(u(a)\big),$$

was mit rechter Seite obiger Formel übereinstimmt, denn wieder nach dem Hauptsatz ist

$$\int_{u(a)}^{u(b)} f(u)\, \mathrm{d}u = \Big[F(u) \Big]_{u(a)}^{u(b)} = F\big(u(b)\big) - F\big(u(a)\big). \qquad \square$$

Beispiel 8.10   Berechne den Wert des bestimmten Integrals $\displaystyle \int_0^2 \frac{8x^3}{\sqrt{x^4+9}}\, \mathrm{d}x$.

Wir setzen $u(x) = x^4 + 9$. Mit $\mathrm{d}u = 4x^3\, \mathrm{d}x$ folgt

$$\int_0^2 \frac{8x^3}{\sqrt{x^4+9}}\, \mathrm{d}x = \int_{u(0)}^{u(2)} \frac{8x^3}{\sqrt{u}}\, \frac{\mathrm{d}u}{4x^3} = \int_9^{25} 2u^{-\frac{1}{2}}\, \mathrm{d}u$$

$$= \Big[4\sqrt{u} \Big]_9^{25} = 4\sqrt{25} - 4\sqrt{9} = 8.$$

Will man sich das Umrechnen der Grenzen sparen, darf man natürlich auch wie gewohnt zunächst die Stammfunktion ohne Grenzen bestimmen,

$$\int \frac{8x^3}{\sqrt{x^4+9}}\, \mathrm{d}x = \ldots = 4\sqrt{x^4+9} + c,$$

und dann die ursprünglichen Grenzen einsetzen:

$$\int_0^2 \frac{8x^3}{\sqrt{x^4+9}}\, \mathrm{d}x = \Big[4\sqrt{x^4+9} \Big]_0^2 = 4\sqrt{25} - 4\sqrt{9} = 8.$$

Aufgabe 8.3   Bestimme das Integral $\displaystyle \int (3x+2)^4\, \mathrm{d}x$.   Zeige dann allgemein durch Substitution, dass

$$\int f(ax + b)\, \mathrm{d}x = \frac{1}{a} F(ax + b) + c$$

gilt, wenn F eine Stammfunktion von f ist (siehe Satz 6.2). Warum geht „F durch innere Ableitung" schief, wenn die innere Funktion nicht mehr linear ist?

Aufgabe 8.4   Bestimme die folgenden Integrale.

a) $\displaystyle\int 9x^2\sqrt{x^3+2}\,\mathrm{d}x$ b) $\displaystyle\int_0^\infty xe^{-x^2}\,\mathrm{d}x$ c) $\displaystyle\int \frac{-2x}{3-x^2}\,\mathrm{d}x$ d) $\displaystyle\int_e^{e^2}\frac{1}{x\ln x}\,\mathrm{d}x$

Aufgabe 8.5   Zeige, dass

$$\int \frac{f'(x)}{f(x)}\,\mathrm{d}x = \ln|f(x)| + c \qquad \text{gilt (für } f(x)\neq 0\text{).}$$

In welchen Aufgaben wäre diese Formel nützlich gewesen?

8.2.2 Trigonometrische Substitution

Im Folgenden werden wir die Substitutionsregel „rückwärts" anwenden, indem wir

$$\text{statt}\quad \int f(x)\,\mathrm{d}x \quad \text{das Integral}\quad \int f(x(t))\cdot x'(t)\,\mathrm{d}t$$

betrachten, also die gewöhnliche Integrationsvariable x durch eine selbst gewählte Funktion $x(t)$ ersetzen. Im Unterschied zur gewohnten Substitutionsregel, wo der Integrand bereits die Substitutionsfunktion $u(x)$ enthielt, müssen wir nun kreativ sein, und ein geeignetes $x(t)$ finden. Der Witz liegt darin, dass – bei geschickter Wahl von $x(t)$ – der neue Integrand $f(x(t))\cdot x'(t)$, der zunächst komplizierter zu sein scheint, nach einigen Umformungen leichter zu integrieren sein wird als $f(x)$ selbst. Eine Sache gilt es dabei jedoch unbedingt zu beachten: Weil wir nun nach t integrieren, wird das Ergebnis eine Funktion $F(t)$ in der neuen Integrationsvariablen t sein. Um diese wieder als Funktion von x auszudrücken, müssen wir die Substitutionsfunktion $x(t)$ nach t auflösen (also deren Umkehrfunktion bestimmen), und dies in $F(t)$ einsetzen (Rücksubstitution). Damit das überhaupt möglich ist, muss bei Substitutionen dieser Art stets darauf geachtet werden, dass $x(t)$ *umkehrbar*, also bijektiv ist!

Bevor wir also trigonometrische Substitutionen wie etwa $x(t) = \sin t$ oder $\tan t$ zum Lösen von Integralen verwenden können, müssen wir uns im Lichte obiger Erklärung zunächst darum kümmern, wo diese Funktionen umkehrbar sind und wie ihre Umkehrungen, die sogenannten *Arcusfunktionen*, aussehen.

a) Die Umkehrfunktionen von Sinus, Cosinus und Tangens

1) Es gilt (Mitteilungen ohne Beweise): Die Einschränkung des Sinus auf das Intervall $I = [-\frac{\pi}{2}, \frac{\pi}{2}]$ ist streng monoton steigend und somit injektiv. Weiter ist $\sin(I) = [-1, 1]$, d.h.

$$\sin\colon \left[-\tfrac{\pi}{2}, \tfrac{\pi}{2}\right] \to [-1, 1]$$

ist nach Definition des Bildbereichs surjektiv, insgesamt also bijektiv und damit umkehrbar. Die Umkehrfunktion

$$\arcsin\colon [-1, 1] \to \left[-\tfrac{\pi}{2}, \tfrac{\pi}{2}\right]$$

heißt *Arcussinus*. Nach Definition der Umkehrfunktion gilt

$$\sin \circ \arcsin = \mathrm{id}_{[-1,1]} \qquad \text{und} \qquad \arcsin \circ \sin = \mathrm{id}_{[-\frac{\pi}{2}, \frac{\pi}{2}]}.$$

So gilt z.B. $\arcsin 1 = \frac{\pi}{2}$, denn aus $1 = \sin\frac{\pi}{2}$ folgt durch Anwenden von arcsin, dass $\arcsin 1 = \arcsin(\sin\frac{\pi}{2}) = \frac{\pi}{2}$ ist. Das Schaubild des Arcussinus entsteht dementsprechend durch Spiegelung der Sinuskurve an der ersten Winkelhalbierenden (Vertauschen von x- und y-Werten) und ist in Abbildung 8.1 dargestellt.

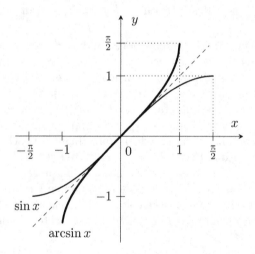

Abbildung 8.1

2) Verfahre analog für die Cosinusfunktion auf $I = [0, \pi]$. Überzeuge dich anhand der Schaubilder von der Gültigkeit des Zusammenhangs

$$\arccos x = -\arcsin x + \frac{\pi}{2}.$$

3) Die eingeschränkte Tangensfunktion $\tan\colon \left(-\frac{\pi}{2}, \frac{\pi}{2}\right) \to \mathbb{R}$ ist bijektiv und ihre Umkehrfunktion

$$\arctan\colon \mathbb{R} \to \left(-\tfrac{\pi}{2}, \tfrac{\pi}{2}\right) \quad \text{heißt } \textit{Arcustangens}.$$

Weil die Tangenskurve bei $x = \pm\frac{\pi}{2}$ Pole besitzt, sind die Geraden $y = \pm\frac{\pi}{2}$ waagerechte Asymptoten des Arcustangens-Schaubilds (siehe Abbildung 8.2).

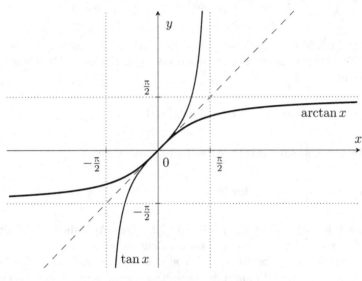

Abbildung 8.2

b) Integranden, die $\sqrt{1-x^2}$ enthalten

Beispiel 8.11 Bestimme das Integral $\displaystyle \int \frac{1}{\sqrt{1-x^2}}\,\mathrm{d}x$ (für $|x| < 1$).

Da nirgendwo die innere Ableitung von $1-x^2$ in Sicht ist, hilft eine Substitution der Form $u = 1-x^2$ hier nichts. Stattdessen führen wir eine neue Integrationsvariable t ein, indem wir

$$x(t) := \sin t$$

setzen, wobei sich t in einem Bijektivitäts-Intervall des Sinus befinden muss, also z.B. in $I := \left(-\frac{\pi}{2}, \frac{\pi}{2}\right)$ (die Ränder $\pm\frac{\pi}{2}$ entfallen wegen der Forderung $|x| < 1$). Der Sinn dieser Definition erschließt sich, wenn man sich an den trigonometrischen Pythagoras erinnert:

$$\sin^2 t + \cos^2 t = 1, \quad \text{woraus} \quad \sqrt{1-\sin^2 t} = \sqrt{\cos^2 t} = |\cos t| \overset{t \in I}{=} \cos t$$

folgt. Der Betrag entfällt, da $\cos t > 0$ für $t \in I$. Somit verschwindet die unange-
nehme Wurzel des Integranden und die Umrechnung der Differenziale liefert

$$x'(t) = \frac{\mathrm{d}x}{\mathrm{d}t} = \cos t \quad \Longrightarrow \quad \mathrm{d}x = \cos t \, \mathrm{d}t.$$

Insgesamt ergibt sich

$$\int \frac{1}{\sqrt{1-x^2}} \, \mathrm{d}x = \int \frac{1}{\sqrt{1-\sin^2 t}} \cos t \, \mathrm{d}t = \int \frac{1}{\cos t} \cos t \, \mathrm{d}t = \int 1 \, \mathrm{d}t = t + c.$$

Um die Stammfunktion als Funktion von x zu erhalten, beachten wir, dass $x(t) = \sin t$ für $t \in I$ umkehrbar ist und dort $t = \arcsin x$ gilt. Somit erhalten wir ein sehr wichtiges Resultat:

$$\int \frac{1}{\sqrt{1-x^2}} \, \mathrm{d}x = \arcsin x + c \qquad \text{für } |x| < 1.$$

Daraus ergibt sich nebenbei für die Ableitung des Arcussinus

$$\arcsin'(x) = \frac{1}{\sqrt{1-x^2}} \qquad \text{für } |x| < 1,$$

was man natürlich auch viel direkter mit Satz 5.9 (siehe Aufgabe 8.7) erhält, aber hier geht es ja darum, Integrationstechniken zu entwickeln.

Beachte, dass $\arcsin'(x) \to \infty$ für $|x| \to 1$ gilt, was man auch am Schaubild 8.1 erkennt, wenn man sich den Rändern des Definitionsbereichs des Arcussinus nähert.

Beispiel 8.12   Wir berechnen durch Integration die Fläche des in Abbildung 8.3 dargestellten Kreissektors (zunächst im Fall $0 \leqslant x < 1$).

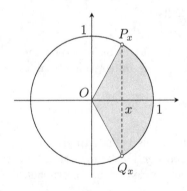

Abbildung 8.3

Für die y-Koordinate des Punktes P_x gilt $y = \sqrt{1-x^2}$, da der Einheitskreis durch die Gleichung $x^2 + y^2 = 1$ beschrieben wird. Somit beträgt die Fläche des Dreiecks $P_x O Q_x$

$$\frac{1}{2} \cdot x \cdot 2y = x \cdot y = x \cdot \sqrt{1-x^2}.$$

Bleibt der Flächeninhalt der „Kreiskappe" rechts von x zu bestimmen. Da ihre obere Hälfte die Fläche unter dem Kreis mit der Funktionsgleichung $f(x) = \sqrt{1-x^2}$ zwischen x und 1 ist, gilt für ihren Inhalt

$$2\int_x^1 f(\xi) \, \mathrm{d}\xi = 2\int_x^1 \sqrt{1-\xi^2} \, \mathrm{d}\xi.$$

(Da die Variable x bereits als untere Grenze auftritt, haben wir die Integrations-variable in ξ umbenannt. Viel Spaß beim Schreiben.)

Dem Integral rücken wir wie oben mit der Substitution $\xi(t) = \sin t$, d.h. $d\xi = \cos t \, dt$, $t \in I = \left[-\frac{\pi}{2}, \frac{\pi}{2} \right]$, zu Leibe:

$$\int \sqrt{1 - \xi^2} \, d\xi = \int \sqrt{1 - \sin^2 t} \, \cos t \, dt = \int \cos^2 t \, dt = \frac{1}{2} \left(\sin t \cdot \cos t + t \right) + c.$$

Die Stammfunktion von $\cos^2 t$ lässt sich dabei mit Hilfe von Produktintegration bestimmen, was wir bereits in Beispiel 8.5 getan haben. Mit $\sin t = \xi$, also $t = \arcsin \xi$, ergibt sich unter Beachtung von $\cos t = \sqrt{1 - \sin^2 t}$ (Betrag entfällt, da $\cos t \geqslant 0$ für $t \in I$)

$$\int \sqrt{1 - \xi^2} \, d\xi = \frac{1}{2} \left(\sin t \cdot \sqrt{1 - \sin^2 t} + t \right) + c = \frac{1}{2} \left(\xi \cdot \sqrt{1 - \xi^2} + \arcsin \xi \right) + c.$$

Für den Flächeninhalt des gesamten Kreissektors erhalten wir somit

$$A(x) = x \sqrt{1 - x^2} + 2 \int_x^1 \sqrt{1 - \xi^2} \, d\xi$$

$$= x \sqrt{1 - x^2} + 2 \left[\frac{1}{2} \left(\xi \sqrt{1 - \xi^2} + \arcsin \xi \right) \right]_x^1$$

$$= x \sqrt{1 - x^2} + 1 \sqrt{1 - 1^2} + \arcsin 1 - \left(x \sqrt{1 - x^2} + \arcsin x \right)$$

$$= \arcsin 1 - \arcsin x = \frac{\pi}{2} - \arcsin x = \arccos x \quad \text{(nach Seite 222).}$$

Dieser Ansatz stimmt übrigens auch für $-1 < x < 0$. Dann ist zwar $x \sqrt{1 - x^2} < 0$, was aber dazu passt, dass die Dreiecksfläche für $x < 0$ von der durch Integration über $\sqrt{1 - \xi^2}$ berechneten Fläche abgezogen werden muss (erstelle dir eine Skizze). Insgesamt erhalten wir für alle $x \in [-1, 1]$ ein verblüffend einfaches Ergebnis, nämlich

$$A(x) = \arccos x.$$

Als kleines Schmankerl: Für $x = -1$ ist der Kreissektor der gesamte Einheitskreis, dessen Flächeninhalt folglich

$$\arccos(-1) = \pi \, (= \pi \cdot 1^2)$$

beträgt. Setzt man hier umgekehrt die πr^2-Formel für die Kreisfläche voraus, so ist die Aufgabe natürlich schnell ganz ohne Integration gelöst: Bezeichnet φ den halben Öffnungswinkel des Kreissektors, so ist $\cos \varphi = \frac{x}{1} = x$ und es folgt

$$A(x) = \frac{2\varphi}{2\pi} \cdot A_{\text{Kreis}} = \frac{2 \arccos x}{2\pi} \cdot \pi 1^2 = \arccos x.$$

c) Integranden der Form $\dfrac{1}{1+x^2}$

Zunächst erinnern wir uns, dass $\tan'(x) = 1 + \tan^2 x$ die Ableitung der Tangensfunktion ist (siehe Seite 146).

Beispiel 8.13   Bestimme das Integral $\displaystyle\int \frac{1}{1+x^2}\, dx$.

Substituieren wir $x(t) = \tan t$, $t \in \left(-\frac{\pi}{2}, \frac{\pi}{2}\right)$, so ist $\frac{dx}{dt} = 1 + \tan^2 t$, d.h.

$$dx = (1 + \tan^2 t)\, dt = (1 + x^2)\, dt.$$

Setzen wir dies ein, so lässt sich der Nenner kürzen, und wir erhalten

$$\int \frac{1}{1+x^2}\, dx = \int \frac{1}{1+x^2}\,(1 + x^2)\, dt = \int dt = t + c = \arctan x + c.$$

Wir merken uns

$$\int \frac{1}{1+x^2}\, dx = \arctan x + c \qquad \text{bzw.} \qquad \arctan'(x) = \frac{1}{1+x^2}\,.$$

Beispiel 8.14   Wir bestimmen das Integral $\displaystyle\int \frac{1}{9x^2+4}\, dx$.

Dazu bringen wir den Integranden auf die Form $\frac{1}{1+u^2}$, um das eben gewonnene Grundintegral anwenden zu können. Es ist

$$\frac{1}{9x^2+4} = \frac{1}{4\left(1+\frac{9}{4}x^2\right)} = \frac{1}{4\left(1+\left(\frac{3}{2}x\right)^2\right)}.$$

Substituieren wir $u = \frac{3}{2}x$, so ist $du = \frac{3}{2}\, dx$ und

$$\int \frac{1}{9x^2+4}\, dx = \int \frac{1}{4(1+u^2)}\,\frac{2}{3}\, du = \frac{1}{6}\int \frac{1}{1+u^2}\, du = \frac{1}{6}(\arctan u + c),$$

und Rücksubstitution liefert $\frac{1}{6}\left(\arctan\left(\frac{3}{2}x\right) + c\right)$ als Stammfunktion.

Beispiel 8.15   Wir berechnen das uneigentliche Integral $\displaystyle\int_1^\infty \frac{1}{x^2-2x+7}\, dx$.

Zunächst bringen wir den Nenner durch *quadratische Ergänzung* und Substitution auf die Form $1 + u^2$.

$$x^2 - 2x + 7 = x^2 - 2x + 1 - 1 + 7 = (x-1)^2 + 6$$

$$= 6\left(\frac{(x-1)^2}{6} + 1\right) = 6\left(1 + \left(\frac{x-1}{\sqrt{6}}\right)^2\right)$$

Wir setzen $u = \frac{x-1}{\sqrt{6}} = \frac{1}{\sqrt{6}} x - \frac{1}{\sqrt{6}}$, also $\frac{du}{dx} = \frac{1}{\sqrt{6}}$ und rechnen erst ohne Grenzen:

$$\int \frac{1}{x^2 - 2x + 7}\, dx = \int \frac{1}{6(1 + u^2)} \sqrt{6}\, du = \frac{1}{\sqrt{6}} \arctan u + c.$$

Rücksubstitution und Einsetzen der Grenzen 1 und $z > 1$ ergibt

$$\int_1^z \frac{1}{x^2 - 2x + 7}\, dx = \left[\frac{1}{\sqrt{6}} \arctan \left(\frac{x-1}{\sqrt{6}} \right) \right]_1^z = \frac{1}{\sqrt{6}} \arctan \left(\frac{z-1}{\sqrt{6}} \right),$$

wobei $\arctan 0 = 0$ einging. Beachtet man noch $\arctan \heartsuit \to \frac{\pi}{2}$ für $\heartsuit \to \infty$ (vergleiche Abbildung 8.2), so folgt für den Wert des uneigentlichen Integrals

$$\int_1^\infty \frac{1}{x^2 - 2x + 7}\, dx = \lim_{z \to \infty} \frac{1}{\sqrt{6}} \arctan \left(\frac{z-1}{\sqrt{6}} \right) = \frac{\pi}{2\sqrt{6}}.$$

Aufgabe 8.6 Setze $x(t) = \cos t$, um die Stammfunktion in Beispiel 8.11 zu bestimmen. Warum widerspricht das Ergebnis nicht dem Ergebnis des Beispiels?

Aufgabe 8.7 Bestimme $\arcsin'(x)$, indem du $\sin(\arcsin x) = x$ (für $|x| < 1$) beidseitig ableitest, bzw. direkt Satz 5.9 anwendest, der überhaupt erst garantiert, dass $\arcsin$ für $|x| < 1$ differenzierbar ist. Ebenso für den Arcustangens.

Aufgabe 8.8 Integriere! Tipp zu b): quadratisch ergänzen.

a) $\displaystyle\int \frac{1}{\sqrt{3 - x^2}}\, dx$ 　　 b) $\displaystyle\int_{-\frac{1}{2}}^{-\frac{1}{4}} \frac{1}{\sqrt{-4(x^2 + x)}}\, dx$ 　　 c) $\displaystyle\int_0^\infty \frac{1}{4 + 25x^2}\, dx$

Aufgabe 8.9 Zeige durch Integration, dass $A_{\text{Kreis}} = \pi r^2$ gilt. ☠

Aufgabe 8.10 In Abbildung 8.4 ist eine *Ellipse* dargestellt.
Die Punkte $(x \mid y)$ auf der Ellipse genügen der Gleichung

$$\frac{x^2}{a^2} + \frac{y^2}{b^2} = 1,$$

wobei a und b die sogenannten *Halbachsen* der Ellipse sind. Zeige (in Verallgemeinerung von Aufgabe 8.9), dass die grau schattierte Ellipsenfläche

$$A = \pi a b$$

als Inhalt besitzt.

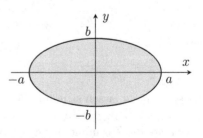

Abbildung 8.4

Aufgabe 8.11   Lässt man die Ellipse aus voriger Aufgabe um die x-Achse rotieren, so entsteht ein *Ellipsoid*. Berechne das Volumen (siehe Seite 163) dieses Ellipsoids und spezialisiere das Ergebnis auf das Volumen einer Kugel.

Aufgabe 8.12   Integration rationaler Funktionen in $\sin \varphi$ und $\cos \varphi$.   ☠☠

Ein Ausdruck wie z.B. $3 \sin^2 \varphi \cos \varphi - \sqrt{2} \cos^3 \varphi + 2$ heißt *Polynom in $\sin \varphi$ und $\cos \varphi$*. Er entsteht, indem man in der ganzrationalen Funktion zweier Variablen $f(x,y) = 3x^2 y - \sqrt{2} y^3 + 2$ die Ersetzungen $x = \sin \varphi$ und $y = \cos \varphi$ vornimmt. Der Quotient zweier solcher Polynome, wie z.B.

$$\frac{\cos^2 \varphi \sin \varphi}{2 \sin \varphi - 5 \cos \varphi}$$

heißt *rationale Funktion in $\sin \varphi$ und $\cos \varphi$*. In Spezialfällen wie etwa

$$\int \sin^2 \varphi \, \mathrm{d}\varphi \qquad \text{oder} \qquad \int \frac{\sin \varphi}{\cos^2 \varphi + 1} \, \mathrm{d}\varphi$$

können wir solche Ausdrücke bereits integrieren. (Welche Methode würdest du anwenden?)

In der folgenden Anleitung lernst du ein Verfahren kennen, mit dem sich beliebige solche Integrale stets in Integrale über „gewöhnliche" rationale Funktionen (die keine sin- oder cos-Ausdrücke mehr enthalten) umschreiben lassen. Um letztere zu lösen benötigt man allerdings oft eine Partialbruchzerlegung (siehe Abschnitt 8.3).

Die folgende trickreiche Substitution basiert auf dem rechtwinkligen Dreieck aus Abbildung 8.5. Die Länge dessen Hypotenuse ist nach Pythagoras $\sqrt{1 + u^2}$ und es ist

$$\tan \frac{\varphi}{2} = \frac{u}{1} = u \,,$$

(besser gesagt definiert man u bei gegebenem Winkel φ als $\tan \frac{\varphi}{2}$), sowie

$$\cos \frac{\varphi}{2} = \frac{1}{\sqrt{1 + u^2}}$$

und

$$\sin \frac{\varphi}{2} = \frac{u}{\sqrt{1 + u^2}} \,.$$

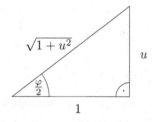

Abbildung 8.5

(Diese Formeln lassen sich auf alle $\varphi \neq (2k+1)\pi$, $k \in \mathbb{Z}$, verallgemeinern.)

a) Leite die Zusammenhänge $\cos \varphi = \dfrac{1 - u^2}{1 + u^2}$ und $\sin \varphi = \dfrac{2u}{1 + u^2}$ her.

Tipp: Wende die beiden Doppelwinkelformeln $\cos 2\alpha = \cos^2 \alpha - \sin^2 \alpha$ und $\sin 2\alpha = 2 \sin \alpha \cos \alpha$ (siehe Aufgabe 9.23) auf $2\alpha = \varphi$ an.

b) Rechne nach, dass $\dfrac{du}{d\varphi} = \dfrac{1}{2}(1 + u^2)$ gilt.

Somit führt $u = \tan\frac{\varphi}{2}$ insgesamt zu

$$\cos\varphi = \frac{1 - u^2}{1 + u^2}, \qquad \sin\varphi = \frac{2u}{1 + u^2} \qquad \text{und} \qquad d\varphi = \frac{2du}{1 + u^2},$$

und diese Substitution verwandelt jedes Integral über eine rationale Funktion in $\sin\varphi$ und $\cos\varphi$ in ein Integral über eine rationale Funktion in u. (Dieses kann unter Umständen aber noch unangenehmer zu lösen sein als das ursprüngliche.)

c) Integriere mit Hilfe obiger Substitution.

(i) $\displaystyle\int \frac{1}{1 + \cos\varphi}\, d\varphi$
(ii) $\displaystyle\int \frac{1}{\sin\varphi}\, d\varphi$
(iii) $\displaystyle\int \frac{1 + \sin\varphi}{1 + \cos\varphi}\, d\varphi$

8.2.3 Hyperbolische Substitution

In vielen mathematischen und naturwissenschaftlichen Anwendungen sind die beiden folgenden Kombinationen zweier e-Funktionen so wichtig, dass sie einen eigenen Namen bekommen:

$$\sinh x := \frac{1}{2}\left(e^x - e^{-x}\right) \qquad \text{heißt } \textit{Sinus hyperbolicus,}$$

$$\cosh x := \frac{1}{2}\left(e^x + e^{-x}\right) \qquad \text{heißt } \textit{Cosinus hyperbolicus.}$$

Aufgabe 8.13 Eigenschaften von sinh und cosh.

a) Zeichne Schaubilder von sinh und cosh und begründe ihre Symmetrie sowie ihren Verlauf für $x \to \infty$.

b) Weise nach, dass für alle $x \in \mathbb{R}$ die folgende Beziehung gilt:

$$\cosh^2 x - \sinh^2 x = 1.$$

c) Zeige weiter die Gültigkeit der folgenden Identitäten:

(i) $\cosh^2 x + \sinh^2 x = \cosh 2x$
(ii) $\sinh^2 x = \frac{1}{2}\left(\cosh(2x) - 1\right)$

(iii) $\cosh^2 x = \frac{1}{2}\left(\cosh(2x) + 1\right)$
(iv) $\sinh(2x) = 2\sinh x \cosh x.$

d) Bestimme die Ableitung von sinh und cosh.

e) Zeige, dass die Funktion sinh: $\mathbb{R} \to \mathbb{R}$ die Umkehrfunktion

$$\text{arsinh} : \mathbb{R} \to \mathbb{R}, \quad x \mapsto \ln\left(x + \sqrt{x^2 + 1}\right)$$

besitzt, den sogenannten *Areasinus hyperbolicus*.
Zeige ebenso, dass cosh: $[0, \infty) \to [1, \infty)$ den *Areacosinus hyperbolicus*,

$$\text{arcosh} : [1, \infty) \to [0, \infty), \quad x \mapsto \ln\left(x + \sqrt{x^2 - 1}\right),$$

als Umkehrfunktion besitzt (Namensgebung: siehe Aufgabe 8.19).

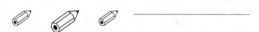

Anmerkung: Eigenschaft b) verleiht sinh und cosh ihren Namen. Aus der Definition des gewöhnlichen Sinus und Cosinus am Einheitskreis folgt $\cos^2 t + \sin^2 t = 1$, d.h. der Einheitskreis $x^2 + y^2 = 1$ lässt sich auch beschreiben als Menge aller Punkte $(\cos t \mid \sin t)$ mit $t \in [0, 2\pi)$.
In Abbildung 8.6 ist eine *Hyperbel* dargestellt, deren Punkte die Gleichung

$$x^2 - y^2 = 1$$

erfüllen. Aufgrund von $\cosh^2 t - \sinh^2 t = 1$ lässt sich nun der rechte Ast ($x \geqslant 1$) einer solchen Hyperbel als Menge aller Punkte $(\cosh t \mid \sinh t)$ mit $t \in \mathbb{R}$ beschreiben (siehe Aufgabe 8.14).

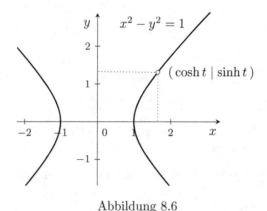

Abbildung 8.6

Beispiel 8.16   Bestimme das Integral $\displaystyle\int \frac{1}{\sqrt{1 + x^2}} \, dx$.

Der kleine aber entscheidende Unterschied zu Beispiel 8.11 ist das Plus- anstelle des

Minuszeichens unter der Wurzel. Deshalb substituieren wir hier nicht $x(t) = \sin t$, sondern $x(t) = \sinh t$, $t \in \mathbb{R}$. Mit Aufgabe 8.13 folgt dann

$$\frac{\mathrm{d}x}{\mathrm{d}t} = \cosh t \quad \text{und} \quad \sqrt{1 + x(t)^2} = \sqrt{1 + \sinh^2 t} = \sqrt{\cosh^2 t} = \cosh t$$

(beachte $|\cosh t| = \cosh t$ für alle $t \in \mathbb{R}$), d.h. es ist

$$\int \frac{1}{\sqrt{1 + x^2}} \, \mathrm{d}x = \int \frac{1}{\cosh t} \cosh t \, \mathrm{d}t = \int 1 \, \mathrm{d}t = t + c.$$

Machen wir die Substitution $x(t) = \sinh t$ rückgängig (Aufgabe 8.13 e)), so folgt

$$\int \frac{1}{\sqrt{1 + x^2}} \, \mathrm{d}x = \operatorname{arsinh} x + c = \ln\left(x + \sqrt{x^2 + 1}\right) + c \qquad \text{für } x \in \mathbb{R}.$$

Die restlichen Integrationstricks haben wir bereits im vorigen Abschnitt behandelt, weshalb sie gleich in die Aufgaben verlagert werden.

Aufgabe 8.14 Beweise die Gleichheit der Mengen

$$\mathcal{H} = \left\{ (x \mid y) \in \mathbb{R}^2 \mid x^2 - y^2 = 1 \right\} \quad \text{und} \quad \widetilde{\mathcal{H}} = \left\{ (\pm \cosh t \mid \sinh t) \in \mathbb{R}^2 \mid t \in \mathbb{R} \right\},$$

wobei das $+$ für den rechten und das $-$ für den linken Hyperbelast zu wählen ist.

Aufgabe 8.15 Bestimme das Integral $\displaystyle\int \frac{1}{\sqrt{x^2 - 1}} \, \mathrm{d}x$ für $x > 1$.

Aufgabe 8.16 Verfahre wie in Aufgabe 8.7, um mit Hilfe der Kettenregel die Ableitungen von $\operatorname{arsinh} x$ und $\operatorname{arcosh} x$ zu bestimmen.

Aufgabe 8.17 Integriere!

a) $\displaystyle\int \frac{88}{\sqrt{484 + 121x^2}} \, \mathrm{d}x$ \qquad b) $\displaystyle\int_{-1}^{2} \frac{1}{\sqrt{x^2 + 4x + 3}} \, \mathrm{d}x$

Aufgabe 8.18 Knacke die folgenden Integrale (für $a > 0$).

a) $\displaystyle\int \frac{x^2}{\sqrt{a^2 + x^2}} \, \mathrm{d}x$ \qquad b) $\displaystyle\int \frac{1}{1 - x^2} \, \mathrm{d}x$ \qquad c) $\displaystyle\int \frac{1}{x^2 \sqrt{x^2 - a^2}} \, \mathrm{d}x$

In b) gilt dabei $|x| < 1$ und in c) $|x| > a$.

Tipp zu a): Produktintegration / hyperbolische Substitution. Außerdem wirst du Identitäten aus Aufgabe 8.13 c) brauchen.

Tipp zu b) und c): Arbeite mit dem *Tangens hyperbolicus* $\tanh x = \dfrac{\sinh x}{\cosh x}$ und zeige zunächst, dass

$$\tanh'(x) = \frac{1}{\cosh^2 x}\,.$$

Aufgabe 8.19   Betrachte die Figur in Abbildung 8.7.

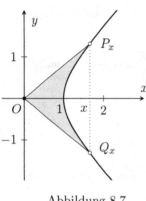

Diese wird begrenzt vom rechten Ast der Hyperbel $x^2 - y^2 = 1$ sowie den Strecken OP_x und OQ_x. Zeige, dass ihr Flächeninhalt A durch

$$A(x) = \operatorname{arcosh} x$$

gegeben ist. (Tipp: Gehe ähnlich vor wie in Beispiel 8.12.)

Daher kommt die Bezeichnung *Area*cosinus hyperbolicus für die Umkehrfunktion von cosh. Die Umkehrfunktionen von Sinus und Cosinus tragen die Vorsilbe Arcus, da sie keinen Flächeninhalt, sondern die Länge eines Bogens (Arcus) auf dem Einheitskreis beschreiben.

Abbildung 8.7

8.3   Integration durch Partialbruchzerlegung

Abschließend lernen wir ein Verfahren zur Integration *gebrochenrationaler Funktionen*

$$\frac{f(x)}{g(x)} \quad \text{mit reellen Polynomen } f \text{ und } g, \text{ wie z.B.} \quad \frac{x^3 - 8x^2 + 13x + 17}{x^2 - 9x + 20}$$

kennen, wobei wir uns auf den Spezialfall eines quadratischen Nennerpolynoms beschränken. Hat man hier die Vorgehensweise einmal verstanden, kommt man auch mit Nennerpolynomen höheren Grades zurecht; allerdings sind hier die Ansätze im Falle mehrfacher oder komplexer Nullstellen etwas komplizierter (siehe z.B. [Kre]).

Beginnen wir mit $f(x) = 1$ und einem Nenner der Gestalt $g(x) = x^2 + px + q$ (einen

Vorfaktor a vor dem x^2 klammert man aus und zieht ihn vor das Integral), also Integralen der Form

$$\int \frac{1}{x^2 + px + q} \, \mathrm{d}x.$$

Hier können drei Fälle auftreten:

Fall 1: $g(x)$ besitzt keine reelle Nullstelle. Dann lässt sich $g(x)$ durch quadratische Ergänzung und geeignete Substitution stets auf die Form $k \cdot (u^2 + 1)$ bringen, und ein Arcustangens ist die Stammfunktion (siehe Beispiele 8.14 und 8.15).

Fall 2: $g(x)$ besitzt eine doppelte Nullstelle $x_0 \in \mathbb{R}$. Hier ist $g(x) = (x - x_0)^2$ und es folgt

$$\int \frac{1}{x^2 + px + q} \, \mathrm{d}x = \int \frac{1}{(x - x_0)^2} \, \mathrm{d}x = -\frac{1}{x - x_0} + c.$$

Fall 3: $g(x)$ besitzt zwei verschiedene Nullstellen $x_1, x_2 \in \mathbb{R}$. Dies ist der Fall, der uns tatsächlich etwas Neues bringt. Hier lässt sich der Integrand in eine Summe von zwei *Partialbrüchen* zerlegen, d.h. man findet Konstanten $A, B \in \mathbb{R}$, so dass

$$\frac{1}{x^2 + px + q} = \frac{A}{x - x_1} + \frac{B}{x - x_2}$$

gilt. Nun kann man die rechte Seite mit Hilfe der natürlichen Logarithmusfunktion mühelos integrieren. Die Existenz obiger *Partialbruchzerlegung* (PBZ) lässt sich allgemein beweisen (Aufgabe 8.21), aber es ist instruktiver, sie explizit an einigen Beispielen durchzuführen.

Beispiel 8.17   Integriere mit Hilfe einer PBZ $\displaystyle\int \frac{1}{x^2 - 1} \, \mathrm{d}x$.

Die Nullstellen des Nenners sind $x_1 = -1$ und $x_2 = 1$, d.h. wir machen den Ansatz

$$\frac{1}{x^2 - 1} = \frac{A}{x + 1} + \frac{B}{x - 1}$$

für die Partialbruchzerlegung des Nenners. Beidseitiges Multiplizieren mit dem gemeinsamen Nenner $x^2 - 1 = (x + 1)(x - 1)$ führt auf

$$1 = A(x - 1) + B(x + 1). \tag{$\star$}$$

Nun kann man die rechte Seite nach Potenzen von x sortieren: $A(x-1)+B(x+1) = (A + B)x + B - A$, und ein Koeffizientenvergleich mit der linken Seite $1 = 0x + 1$ führt auf das lineare Gleichungssystem

$$A + B = 0 \quad \text{und} \quad B - A = 1 \quad \text{mit den Lösungen } A = -\tfrac{1}{2} \text{ und } B = \tfrac{1}{2}.$$

Noch schneller führt das *Einsetzungsverfahren* zum Ziel: Setzt man $x = 1$ in $(\star)$ ein, so folgt sofort $1 = A \cdot 0 + B \cdot 2$, d.h. $B = \frac{1}{2}$. Für $x = -1$ wird $(\star)$ zu $1 = A \cdot (-2) + B \cdot 0$, also $A = -\frac{1}{2}$.

Somit lautet die Partialbruchzerlegung des Integranden

$$\frac{1}{x^2 - 1} = \frac{-\frac{1}{2}}{x + 1} + \frac{\frac{1}{2}}{x - 1} = \frac{1}{2}\left(\frac{1}{x - 1} - \frac{1}{x + 1}\right),$$

und für das gesuchte Integral ergibt sich

$$\int \frac{1}{x^2 - 1}\, \mathrm{d}x = \frac{1}{2}\int\left(\frac{1}{x - 1} - \frac{1}{x + 1}\right)\mathrm{d}x = \frac{1}{2}(\ln|x - 1| - \ln|x + 1|) + c.$$

Mit den Logarithmengesetzen lässt sich die Stammfunktion kompakter schreiben:

$$\frac{1}{2}(\ln|x - 1| - \ln|x + 1|) = \frac{1}{2}\ln\frac{|x - 1|}{|x + 1|} = \ln\left|\frac{x - 1}{x + 1}\right|^{\frac{1}{2}} = \ln\sqrt{\left|\frac{x - 1}{x + 1}\right|}.$$

Wenn das Zählerpolynom des Integranden nicht konstant, sondern linear ist, ändert sich an der Vorgehensweise fast nichts, wie das nächste Beispiel zeigt.

Beispiel 8.18   Löse das Integral $\displaystyle\int \frac{x + 4}{x^2 - x - 2}\, \mathrm{d}x.$

Die Faktorisierung des Nenners lautet $x^2 - x - 2 = (x + 1)(x - 2)$. Hier lässt man im Ansatz für die PBZ des Integranden den Zähler ganz einfach stehen:

$$\frac{x + 4}{x^2 - x - 2} = \frac{A}{x + 1} + \frac{B}{x - 2} \implies x + 4 = A(x - 2) + B(x + 1).$$

Für $x = 2$ ergibt sich $6 = 3B$ und für $x = -1$ folgt $3 = -3A$. Also ist $A = -1$ und $B = 2$, d.h.

$$\int \frac{x + 4}{x^2 - x - 2}\, \mathrm{d}x = \int\left(\frac{-1}{x + 1} + \frac{2}{x - 2}\right)\mathrm{d}x$$

$$= -\ln|x + 1| + 2\ln|x - 2| + c = \ln\frac{(x - 2)^2}{|x + 1|} + c.$$

Das letzte Beispiel zeigt, wie man bei „Zählergrad $\geqslant$ Nennergrad" vorgeht.

Beispiel 8.19   Bestimme das Integral $\displaystyle\int \frac{x^3 - 8x^2 + 13x + 17}{x^2 - 9x + 20}\, \mathrm{d}x.$

Der Integrand sieht wenig einladend aus, aber da der Zählergrad größer als der Nennergrad ist, können wir ihn zunächst durch Polynomdivision vereinfachen.

$$(x^3 - 8x^2 + 13x + 17) : (x^2 - 9x + 20) = x + 1 + \text{ Restterm}$$
$$\underline{-(x^3 - 9x^2 + 20x)}$$
$$x^2 - 7x$$
$$\underline{-(x^2 - 9x + 20)}$$
$$2x - 3$$

Weil $2x - 3$ als Rest übrig bleibt, beträgt der Restterm $\dfrac{2x - 3}{x^2 - 9x + 20}$. Somit ist

$$\int \frac{x^3 - 8x^2 + 13x + 17}{x^2 - 9x + 20}\, \mathrm{d}x = \int \left(x + 1 + \frac{2x - 3}{x^2 - 9x + 20} \right) \mathrm{d}x.$$

Die ersten beiden Summanden können wir bequem integrieren und dem letzten rücken wir mit PBZ zu Leibe. Die Nullstellen des Nenners sind $x_1 = 4$ und $x_2 = 5$, d.h. es ist $x^2 - 9x + 20 = (x - 4)(x - 5)$ und wir können somit ansetzen

$$\frac{2x - 3}{x^2 - 9x + 20} = \frac{A}{x - 4} + \frac{B}{x - 5} \quad \Longrightarrow \quad 2x - 3 = A(x - 5) + B(x - 4).$$

Einsetzen von $x = 5$ liefert $7 = B$ und für $x = 4$ spuckt obige Gleichung $5 = -A$ aus. Insgesamt ist

$$\int \left(x + 1 + \frac{2x - 3}{x^2 - 9x + 20} \right) \mathrm{d}x = \frac{1}{2} x^2 + x + \int \left(\frac{-5}{x - 4} + \frac{7}{x - 5} \right) \mathrm{d}x$$

$$= \frac{1}{2} x^2 + x - 5 \ln|x - 4| + 7 \ln|x - 5| + c = \frac{1}{2} x^2 + x + \ln \left| \frac{(x - 5)^7}{(x - 4)^5} \right| + c.$$

Aufgabe 8.20   Berechne mit Hilfe einer PBZ die folgenden Integrale.

a) $\displaystyle \int \frac{5}{x^2 - x - 6}\, \mathrm{d}x$ \qquad b) $\displaystyle \int \frac{3x - 2\pi}{x^2 - \pi x}\, \mathrm{d}x$ \qquad c) $\displaystyle \int \frac{x^2 - x + 3}{x^2 - 3x + 2}\, \mathrm{d}x$

Aufgabe 8.21   Zeige mit Hilfe einer allgemeinen PBZ, dass

$$\int \frac{1}{x^2 + px + q}\, \mathrm{d}x = \frac{1}{k} \ln \left| \frac{2x + p - k}{2x + p + k} \right| \qquad \text{mit } k = \sqrt{p^2 - 4q}$$

gilt, falls $p^2 > 4q$ ist, d.h. falls das Nennerpolynom zwei verschiedene Nullstellen besitzt (weil in diesem Fall die Diskriminante in der Lösungsformel positiv ist).

8.4   Vermischte Übungen

Aufgabe 8.22   Knacke die folgenden Integrale mit einem geeigneten Verfahren.

a) $\displaystyle\int \sin x \cdot \cos x \; \mathrm{d}x$

b) $\displaystyle\int \frac{z^8}{z^9 - 1} \; \mathrm{d}z$

c) $\displaystyle\int x e^{2x} \; \mathrm{d}x$

d) $\displaystyle\int \frac{t^2}{t - 1} \; \mathrm{d}t$

e) $\displaystyle\int \frac{\cos x}{\sqrt{1 - \sin x}} \; \mathrm{d}x$

f) $\displaystyle\int \frac{e^{\tan x}}{\cos^2 x} \; \mathrm{d}x$

g) $\displaystyle\int \frac{x - 1}{e^x} \; \mathrm{d}x$

h) $\displaystyle\int \frac{e^x}{a + b e^x} \; \mathrm{d}x$

i) $\displaystyle\int \frac{(\arctan x)^5}{x^2 + 1} \; \mathrm{d}x$

j) $\displaystyle\int x \sqrt{1 + 2x} \; \mathrm{d}x$

k) $\displaystyle\int (\ln x)^2 \; \mathrm{d}x$

l) $\displaystyle\int \arcsin x \; \mathrm{d}x$

m) $\displaystyle\int \frac{1}{x^2 + 2x + 5} \; \mathrm{d}x$

n) $\displaystyle\int \frac{1}{\sqrt{4 - x^2}} \; \mathrm{d}x$

o) $\displaystyle\int \frac{x}{\sqrt{1 - x}} \; \mathrm{d}x$

p) $\displaystyle\int e^x \sin x \; \mathrm{d}x$

q) $\displaystyle\int \frac{1}{x^2 + 2x + 1} \; \mathrm{d}x$

r) $\displaystyle\int e^x \sqrt{e^x + 1} \; \mathrm{d}x$

s) $\displaystyle\int \frac{x}{1 + x^4} \; \mathrm{d}x$

t) $\displaystyle\int x \ln(3x) \; \mathrm{d}x$

u) $\displaystyle\int \frac{\sinh(\sqrt{x})}{\sqrt{x}} \; \mathrm{d}x$

v) $\displaystyle\int \frac{\ln(x^2)}{x} \; \mathrm{d}x$

w) $\displaystyle\int \frac{x - 4}{x^2 - 4} \; \mathrm{d}x$

x) $\displaystyle\int \sinh^3 x \; \mathrm{d}x$

y) $\displaystyle\int \frac{1 + \ln x}{x - x \ln x} \; \mathrm{d}x$ ☠

z) $\displaystyle\int \frac{e^x + e^{-x}}{1 + e^x} \; \mathrm{d}x$ ☠☠

Literatur zu Kapitel 8

[HEU] Heuser, H.: *Lehrbuch der Analysis 1*. Vieweg+Teubner, 17. Aufl. (2009)

[KÖN] Königsberger, K.: *Analysis 1*. Springer, 6. Aufl. (2004)

[KRE] Kreul, H., Kreul, M.: *Mathematik in Beispielen, Band 4: Integralrechnung*. Fachbuchverlag Leipzig (1991)

Teil IV

Abstrakte Algebra

9 Komplexe Zahlen

Dieses und das nächste Kapitel sollen dir einen kleinen Einblick in die wunderbare Welt der *Algebra* vermitteln.

Algebra ist hier nicht wie du es aus der Schule gewohnt bist das „Rechnen mit Buchstaben", sondern es geht vielmehr darum, die *Struktur gewisser Objekte* (wie z.B. sogenannter Gruppen, Ringe, Körper, Vektorräume, Moduln etc.) zu studieren und die Eigenschaften von *strukturerhaltenden Abbildungen* (sogenannter *Homomorphismen*) zwischen diesen Strukturen zu verstehen.

Einigen dieser abstrakten Konzepte wollen wir nun anhand zahlreicher Beispiele Leben einhauchen. Bei den komplexen Zahlen beginnen wir ganz moderat und rechnen viele konkrete Zahlenbeispiele durch, allerdings geben wir auch hier schon einen kleinen Einblick in die *axiomatische Methode* der Algebra, indem wir uns mit den sogenannten Körperaxiomen auseinandersetzen.

9.1 Überblick über die bekannten Zahlbereiche

In den *natürlichen Zahlen* $\mathbb{N} = \{\, 1, 2, \dots \,\}$ können die Rechenoperationen $+$ und $\cdot$ ausgeführt werden, ohne aus $\mathbb{N}$ „herauszufallen", d.h. für $a, b \in \mathbb{N}$ gilt $a + b \in \mathbb{N}$ und $a \cdot b \in \mathbb{N}$. Man sagt: $\mathbb{N}$ ist *abgeschlossen* bezüglich der Rechenoperationen $+$ und $\cdot$. Doch bereits eine einfache Subtraktion wie z.B. $3 - 7$ führt aus $\mathbb{N}$ heraus. Anders ausgedrückt: Eine Gleichung der Form

$(\star)\ x + a = b\,, \quad a, b \in \mathbb{N}, \qquad$ ist in $\mathbb{N}$ im Allgemeinen nicht lösbar,

da $x = b - a$ keine natürliche Zahl zu sein braucht. Um dieses Defizit zu beheben, erweitern wir $\mathbb{N}$ durch Hinzunahme der negativen Zahlen zu den *ganzen Zahlen* $\mathbb{Z} = \{\, 0, \pm 1, \pm 2, \dots \,\}$. Nun ist Gleichung $(\star)$ sogar für alle $a, b \in \mathbb{Z}$ lösbar durch $x = b - a \in \mathbb{Z}$. Die Zahlenmenge $\mathbb{Z}$ ist zwar bezüglich der Rechenoperationen $+$, $-$ und $\cdot$ abgeschlossen, nicht jedoch bezüglich der Division. Eine Gleichung der Form

$x \cdot a = b\,, \quad a, b \in \mathbb{Z}, a \neq 0, \qquad$ ist in $\mathbb{Z}$ nicht immer lösbar,

da $x = \frac{b}{a}$ im Allgemeinen keine ganze Zahl ist. Dieses Problem beseitigt man durch Hinzunahme von Brüchen, also durch die Erweiterung von $\mathbb{Z}$ zu den *rationalen Zahlen* $\mathbb{Q} = \{\, \frac{a}{b} \mid a, b \in \mathbb{Z},\ b \neq 0 \,\}$. Dieser Zahlbereich ist vom algebraischen Standpunkt aus schon recht befriedigend, da er bezüglich der Grundrechenarten $\pm$, $\cdot$ und $:$ abgeschlossen ist ($\mathbb{Q}$ ist ein sogenannter *Körper*; Details in 9.3). Doch auch $\mathbb{Q}$ ist noch „unvollständig", denn bereits eine so einfache Gleichung wie

$x^2 = 2 \qquad$ besitzt keine rationale Lösung,

da $(\pm)\ \sqrt{2}$ irrational ist (siehe Seite 28). Nehmen wir zu den rationalen alle (überabzählbar unendlich vielen) irrationalen Zahlen hinzu, so gelangen wir zu den *reellen Zahlen* $\mathbb{R}$ (die ebenfalls ein Körper sind). Für uns besteht $\mathbb{R}$ aus allen Dezimalzahlen; die rationalen Zahlen besitzen dabei eine abbrechende oder periodische

Dezimaldarstellung, während die irrationalen Zahlen dadurch charakterisiert sind, dass ihre Dezimaldarstellung weder abbricht noch periodisch wird. Eine abstrakte Konstruktion der reellen Zahlen (z.B. als Äquivalenzklassen von Cauchyfolgen) geht über den Rahmen dieses Buches hinaus; siehe z.B. [EBB].

Algebraisch gesehen können wir uns jedoch mit $\mathbb{R}$ immer noch nicht wirklich zufrieden geben, denn die simple Gleichung

$$x^2 = -1 \qquad \text{ist in } \mathbb{R} \text{ unlösbar,}$$

was ganz einfach daran liegt, dass das Quadrat $x^2 = x \cdot x$ einer reellen Zahl x niemals negativ sein kann. Anders formuliert: Es gibt reelle Polynome wie z.B. $f(x) = x^2 + 1$, die keine reellen Nullstellen besitzen, da „$\sqrt{-1}$" in $\mathbb{R}$ keinen Sinn ergibt. Um dieses Manko zu beheben, kümmern wir uns nun um die Konstruktion der *komplexen Zahlen* $\mathbb{C}$.

Diese sind nicht nur in der reinen Mathematik unverzichtbar geworden (Funktionentheorie, analytische Zahlentheorie, komplexe Mannigfaltigkeiten, etc.), sondern auch aus Naturwissenschaft und Technik nicht mehr wegzudenken. So beruht z.B. der gesamte mathematische Formalismus der Quantenphysik auf der Verwendung komplexer Zahlen; aber auch jeder Elektroingenieur verwendet komplexe Zahlen, um z.B. in Wechselstromkreisen möglichst effizient zu rechnen.

9.2   Einführung der komplexen Zahlen $\mathbb{C}$

9.2.1   Konstruktion von $\mathbb{C}$

Da es auf der reellen Zahlengeraden $\mathbb{R}$ keine Zahl gibt, deren Quadrat -1 ist, fügen wir eine weitere Achse hinzu und begeben uns in den $\mathbb{R}^2 = \mathbb{R} \times \mathbb{R}$. Anstatt geordneter Zahlenpaare (a, b) schreiben wir die Elemente von $\mathbb{R}^2$ als Vektoren (wie wir es aus der Schulgeometrie gewohnt sind):

$$\mathbb{R}^2 = \left\{ \begin{pmatrix} a \\ b \end{pmatrix} \;\middle|\; a, b \in \mathbb{R} \right\}.$$

Die Kunst besteht nun darin, auf dieser Menge von Vektoren eine Addition $+$ und vor allem eine Multiplikation $\cdot$ einzuführen, die denselben Rechenregeln wie in $\mathbb{Q}$ oder $\mathbb{R}$ genügen. Formal korrekt gelang dies erstmals dem genialen irischen Mathematiker und Physiker HAMILTON[1] im Jahre 1835.

Die Addition auf $\mathbb{R}^2$ ist nichts weiter als die bekannte Addition von Vektoren. Die Vorschrift, wie man Vektoren des $\mathbb{R}^2$ zu multiplizieren hat, lassen wir zunächst ganz unvermittelt vom Himmel fallen und klären erst später, wie man auf eine solch seltsam anmutende Verknüpfung überhaupt kommen kann.

---

[1] Sir William Rowan HAMILTON (1805–1865). Ein Wunderkind, das im Alter von 5 Jahren Latein, Griechisch und Hebräisch konnte; mit 12 beherrschte er bereits zwölf Sprachen (u.a. Arabisch und Sanskrit). Berühmt wurde er durch seine wichtigen Beiträge zur theoretischen Mechanik und durch die Erfindung der *Quaternionen* $\mathbb{H}$, welche die komplexen Zahlen erweitern (siehe 9.3.3).

Definition 9.1 Auf $\mathbb{R}^2$ erklären wir eine Addition und eine Multiplikation durch

$$\begin{pmatrix} a \\ b \end{pmatrix} \oplus \begin{pmatrix} c \\ d \end{pmatrix} := \begin{pmatrix} a+c \\ b+d \end{pmatrix} \quad \text{und} \quad \begin{pmatrix} a \\ b \end{pmatrix} \odot \begin{pmatrix} c \\ d \end{pmatrix} := \begin{pmatrix} a \cdot c - b \cdot d \\ a \cdot d + b \cdot c \end{pmatrix}.$$

Die Menge $\mathbb{R}^2$ zusammen mit diesen beiden Verknüpfungen, kurz $(\mathbb{R}^2, \oplus, \odot)$, nennt man die *komplexen Zahlen* $\mathbb{C}$. $\diamond$

Anmerkung: Wir verwenden zunächst absichtlich die seltsamen Zeichen $\oplus$ und $\odot$, um die beiden neuen Rechenoperationen auf $\mathbb{C} = \mathbb{R}^2$ von der Addition und Multiplikation in $\mathbb{R}$ zu unterscheiden. Sobald wir uns daran gewöhnt haben, kehren wir zu den gewöhnlichen Zeichen $+$ und $\cdot$ zurück.

Aufgabe 9.1 Gewöhne dich an diese Rechenvorschriften, indem du die Summe und das Produkt der beiden komplexen Zahlen $z = \begin{pmatrix} 1 \\ 1 \end{pmatrix}$ und $w = \begin{pmatrix} 0 \\ 2 \end{pmatrix}$ berechnest. Stelle z, w, $z \oplus w$ sowie $z \odot w$ zeichnerisch als Pfeile dar und formuliere in Worten, was die Addition komplexer Zahlen geometrisch bedeutet. Kannst du auch erkennen, was bei der Multiplikation geometrisch passiert? Wo liegt der Pfeil von $w^2 = w \odot w$?

Mit der Multiplikation komplexer Zahlen wollen wir uns nun genauer beschäftigen. Die erste wichtige Erkenntnis ist, dass $\mathbb{C}$ eine *Erweiterung* von $\mathbb{R}$ ist, denn für komplexe Zahlen, deren zweite Komponente 0 ist, gilt

$$\begin{pmatrix} a \\ 0 \end{pmatrix} \oplus \begin{pmatrix} c \\ 0 \end{pmatrix} = \begin{pmatrix} a+c \\ 0 \end{pmatrix} \quad \text{und} \quad \begin{pmatrix} a \\ 0 \end{pmatrix} \odot \begin{pmatrix} c \\ 0 \end{pmatrix} = \begin{pmatrix} a \cdot c - 0 \cdot 0 \\ a \cdot 0 + 0 \cdot c \end{pmatrix} = \begin{pmatrix} ac \\ 0 \end{pmatrix},$$

d.h. diese komplexen Zahlen kann man wie gewöhnliche reelle Zahlen addieren und multiplizieren. Abstrakter ausgedrückt stellt die Abbildung ι (lies: „Iota")

$$\iota \colon \mathbb{R} \to \mathbb{C}, \quad a \mapsto \begin{pmatrix} a \\ 0 \end{pmatrix}$$

eine sogenannte *Einbettung* der reellen in die komplexen Zahlen dar. Dies bedeutet, dass ι injektiv ist (klar!) und die Bedingungen

$$\iota(a) \oplus \iota(c) = \iota(a + c) \quad \text{sowie} \quad \iota(a) \odot \iota(c) = \iota(a \cdot c)$$

erfüllt (was genau der Inhalt obiger Rechnung ist). Die reellen Zahlen liegen also als $\iota(\mathbb{R})$ „in $\mathbb{C}$ drin" und in $\iota(\mathbb{R})$ gelten die gewohnten Rechenregeln von $\mathbb{R}$.

Transportiert man die reelle 1 mittels ι nach $\mathbb{C}$, so erhalten wir die komplexe Eins, sprich eine komplexe Zahl, die bei Multiplikation nichts verändert. Denn

$$1_{\mathbb{C}} := \iota(1) = \begin{pmatrix} 1 \\ 0 \end{pmatrix}$$

erfüllt für alle $z \in \mathbb{C}$

$$z \cdot 1_{\mathbb{C}} = \begin{pmatrix} a \\ b \end{pmatrix} \odot \begin{pmatrix} 1 \\ 0 \end{pmatrix} = \begin{pmatrix} a \cdot 1 - b \cdot 0 \\ b \cdot 1 + a \cdot 0 \end{pmatrix} = \begin{pmatrix} a \\ b \end{pmatrix} = z.$$

In $\mathbb{C}$ können wir nun unser ursprüngliches Problem, nämlich die Unlösbarkeit der Gleichung $x^2 = -1$ in $\mathbb{R}$, mit Leichtigkeit lösen. Dazu müssen wir nicht etwa so obskure Ausdrücke wie $\sqrt{-1}$ hinschreiben, sondern wir geben ganz unmystisch eine komplexe Zahl – also einen Vektor des $\mathbb{R}^2$ – an, die mit sich selbst multipliziert $-1_{\mathbb{C}}$ ergibt.

Definition 9.2   Die *imaginäre Einheit* ist die komplexe Zahl

$$i := \begin{pmatrix} 0 \\ 1 \end{pmatrix}.$$

$\diamond$

Satz 9.1   In den komplexen Zahlen $\mathbb{C}$ ist die Gleichung $z^2 = -1_{\mathbb{C}}$ lösbar.

Beweis: Für $z = i$ gilt

$$z^2 = i^2 = i \odot i = \begin{pmatrix} 0 \\ 1 \end{pmatrix} \cdot \begin{pmatrix} 0 \\ 1 \end{pmatrix} = \begin{pmatrix} 0 \cdot 0 - 1 \cdot 1 \\ 0 \cdot 1 + 1 \cdot 0 \end{pmatrix} = \begin{pmatrix} -1 \\ 0 \end{pmatrix} = -1_{\mathbb{C}}.$$

Analog gilt für $-i = \begin{pmatrix} 0 \\ -1 \end{pmatrix}$

$$(-i)^2 = \begin{pmatrix} 0 \\ -1 \end{pmatrix} \odot \begin{pmatrix} 0 \\ -1 \end{pmatrix} = \begin{pmatrix} 0 \cdot 0 - (-1) \cdot (-1) \\ 0 \cdot (-1) + (-1) \cdot 0 \end{pmatrix} = \begin{pmatrix} -1 \\ 0 \end{pmatrix} = -1_{\mathbb{C}}.$$

(Achtung: Es ist nicht automatisch klar, dass $(-i)^2 = i^2$ gilt; siehe dazu Aufgabe 9.14.) Somit besitzt die Gleichung $z^2 = -1$ in $\mathbb{C}$ (mindestens) zwei Lösungen, nämlich i und $-i$. $\square$

Vereinbarung: Ab sofort lassen wir den Index $_{\mathbb{C}}$ bei der 1 weg und identifizieren $1_{\mathbb{C}}$ mit der reellen 1 (nach der oben besprochenen Einbettung ι). Durch die Einführung von i gelangen wir auch zu einer gebräuchlicheren Darstellung komplexer Zahlen. Es ist nämlich

$$z = \begin{pmatrix} a \\ b \end{pmatrix} = \begin{pmatrix} a \\ 0 \end{pmatrix} \oplus \begin{pmatrix} 0 \\ b \end{pmatrix} = \begin{pmatrix} a \\ 0 \end{pmatrix} \oplus \left[\begin{pmatrix} b \\ 0 \end{pmatrix} \odot \begin{pmatrix} 0 \\ 1 \end{pmatrix} \right] = \iota(a) \oplus (\iota(b) \odot i).$$

Identifizieren wir nun noch die Einbettungen $\iota(a)$ und $\iota(b)$ mit ihren reellen Pendants a und b, und schreiben ab sofort $+$ und $\cdot$ auch für die Addition und Multiplikation in $\mathbb{C}$, so erhalten wir komplexe Zahlen in handlicher Gestalt als

$$z = \iota(a) \oplus \big(\iota(b) \odot \mathrm{i}\big) = a + b \cdot \mathrm{i} = a + b\,\mathrm{i}.$$

Halten wir also fest:

$$\mathbb{C} = \{\, z = a + b\,\mathrm{i} \mid a, b \in \mathbb{R} \,\}.$$

Mit Hilfe dieser Darstellung wird auch sofort ersichtlich, wie man auf die seltsame Multiplikationsregel für komplexe Zahlen kommen kann. Setzen wir die Gültigkeit des Distributivgesetzes sowie die Kommutativität der Addition in $\mathbb{C}$ voraus (Nachweis erst in 9.3.1), so erhalten wir für das Produkt zweier komplexer Zahlen

$$(a + b\,\mathrm{i}) \cdot (c + d\,\mathrm{i}) = ac + bc\,\mathrm{i} + ad\,\mathrm{i} + bd\,\mathrm{i}^2 = (ac - bd) + (ad + bc)\,\mathrm{i},$$

wobei im letzten Schritt $\mathrm{i}^2 = -1$ eingeht. Hier steht nun aber nichts anderes als unsere ursprüngliche Definition 9.1 der Multiplikation – nur eben jetzt nicht mehr vektoriell, sondern in der $a + b\,\mathrm{i}$ -Schreibweise. Man muss sich Definition 9.1 also gar nicht merken, sondern man bildet einfach das Produkt komplexer Zahlen durch ganz intuitives „Ausmultiplizieren" unter Beachtung von $\mathrm{i}^2 = -1$.

Definition 9.3   Für eine komplexe Zahl $z = a + b\,\mathrm{i}$ mit $a, b \in \mathbb{R}$ heißen die reellen Zahlen $\operatorname{Re} z := a$ *Realteil* von z und $\operatorname{Im} z := b$ *Imaginärteil* von z.
Eine komplexe Zahl $z \neq 0$ heißt *rein imaginär*, falls $z = b\,\mathrm{i}$ mit $b \in \mathbb{R}\backslash\{0\}$ ist. $\diamond$

Beispiel 9.1

a) Für $z = 2 - 5\,\mathrm{i}$ ist $\operatorname{Re} z = 2$ und $\operatorname{Im} z = -5$ (und *nicht* $-5\,\mathrm{i}$).

b) Für die imaginäre Einheit $\mathrm{i} = 0 + 1\,\mathrm{i}$ gilt $\operatorname{Re} \mathrm{i} = 0$ und $\operatorname{Im} \mathrm{i} = 1$.

Abbildung 9.1 veranschaulicht nochmals alle Zusammenhänge in der komplexen Zahlenebene, die zu Ehren von Gauß auch *gaußsche Zahlenebene* genannt wird.

Man beachte den Unterschied zwischen den schwarzen und grauen Symbolen: So bezeichnet z.B. i den Pfeil, der zur imaginären Einheit gehört, während die 1 auf der imaginären Achse der Imaginärteil von i (also eine reelle Größe) ist.

Historisches. Bereits Mitte des 16. Jahrhunderts, also ca. 300 Jahre vor Hamilton beschäftigte sich Cardano[2] mit dem Lösen von Gleichungen 3. und 4. Grades (siehe Seite 277) und rechnete dabei mit Wurzeln aus negativen Zahlen – allerdings „unter Überwindung geistiger Qualen". Ausdrücke wie „$\sqrt{-1}$" blieben den Mathematikern noch lange Zeit suspekt, und das Rechnen mit diesen „imaginären" (also eingebildeten) Größen wurde zunächst als bloße Spielerei angesehen. Dies änderte sich spätestens, als der großartige Euler um 1770 komplexe Zahlen erfolgreich in der Analysis verwendete – von ihm

---

[2]Gerolamo Cardano (1501 – 1576). Arzt, Mathematiker, Mystiker und Wüstling.

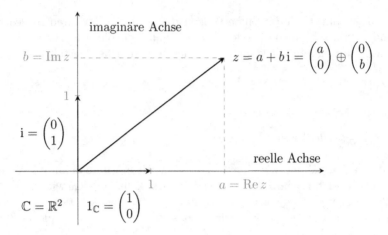

Abbildung 9.1

stammt übrigens das Symbol i. Und als schließlich auch Gauß, der „Fürst der Mathematik", um 1830 mit komplexen Zahlen arbeitete (zunächst in geometrischer Gestalt), fanden sie allgemeine Anerkennung.

Um es zum Schluss noch einmal hervorzuheben: Das Geniale an Hamiltons Konstruktion von $\mathbb{C}$ ist, dass wir keine ominösen Ausdrücke wie „$i = \sqrt{-1}$" hineinstecken müssen, sondern lediglich mit Paaren reeller Zahlen hantieren. Ist $\mathbb{C}$ auf diese Weise erst einmal konstruiert, kann man $\sqrt{-1}$ tatsächlich Sinn geben – nämlich als Lösung(en) der Gleichung $z^2 = -1$. Solche Ausdrücke jedoch bereits in die Definition von $\mathbb{C}$ einzubauen, ist unsauber.

9.2.2   Rechnen mit komplexen Zahlen

Nach all diesen abstrakten Konstruktionen wird es höchste Zeit für ein paar Zahlenbeispiele. Hier geht es zunächst nur um „naives" Rechnen mit komplexen Zahlen. Die Rechtfertigung aller verwendeter Rechenregeln erfolgt erst in Abschnitt 9.3.1. Beachte, dass man die Ergebnisse immer in der Standarddarstellung $a + b\,i$ mit reellen Zahlen a, b angibt. So weiß man auch sofort, wie der zugehörige Pfeil in der gaußschen Ebene aussieht.

Beispiel 9.2   Wir bilden die Summe von $z = 2 + 5\,i$ und $w = 4 - 2\,i$:

$$z + w = 2 + 5\,i + 4 - 2\,i = 2 + 4 + (5 - 2)\,i = 6 + 3\,i.$$

Man muss also lediglich die Real- und Imaginärteile beider Zahlen addieren. Ebenso leicht ist das Subtrahieren, denn $z - w$ bedeutet nichts weiter als das Negative von w zu z zu addieren: $z - w = z + (-w)$, wobei $-w = -(4 - 2\,i) = -4 + 2\,i$ ist. Die

Differenz ist also

$$z - w = 2 + 5\,\mathrm{i} - (4 - 2\,\mathrm{i}) = 2 - 4 + (5 + 2)\,\mathrm{i} = -2 + 7\,\mathrm{i}.$$

Beispiel 9.3 Wir berechnen Produkt $z \cdot w$ und Quotient $\frac{z}{w}$ für obige Zahlen. Das Produkt bilden ist leicht, wir multiplizieren dazu einfach aus:

$$(2 + 5\,\mathrm{i}) \cdot (4 - 2\,\mathrm{i}) = 2 \cdot 4 - 2 \cdot 2\,\mathrm{i} + 5\,\mathrm{i} \cdot 4 - 5\,\mathrm{i} \cdot 2\,\mathrm{i}$$

$$= 8 - 10\,\mathrm{i}^2 + (-4 + 20)\,\mathrm{i} = 18 + 16\,\mathrm{i},$$

wobei im letzten Schritt wie immer $\mathrm{i}^2 = -1$ zu beachten ist.
Wie aber soll man den Quotienten $\frac{z}{w} = \frac{2+5\,\mathrm{i}}{4-2\,\mathrm{i}}$ in Standardform bringen? Offensichtlich stört der komplexe Nenner. Um ihn zu beseitigen, verwenden wir einen ähnlichen Trick wie beim „Rationalmachen des Nenners". Durch Erweitern mit $4 + 2\,\mathrm{i}$ verschwindet aufgrund der dritten binomischen Formel (die auch in ℂ gilt) das i im Nenner, d.h. wir haben „den Nenner reell gemacht":

$$\frac{z}{w} = \frac{2 + 5\,\mathrm{i}}{4 - 2\,\mathrm{i}} \cdot \frac{4 + 2\,\mathrm{i}}{4 + 2\,\mathrm{i}} = \frac{(2 + 5\,\mathrm{i}) \cdot (4 + 2\,\mathrm{i})}{4^2 - (2\,\mathrm{i})^2} = \frac{8 + 10\,\mathrm{i}^2 + 4\,\mathrm{i} + 20\,\mathrm{i}}{16 - 4\,\mathrm{i}^2}$$

$$= \frac{-2 + 24\,\mathrm{i}}{16 - 4 \cdot (-1)} = \frac{-2 + 24\,\mathrm{i}}{20} = -\frac{1}{10} + \frac{6}{5}\,\mathrm{i} = -0{,}1 + 1{,}2\,\mathrm{i}.$$

Beispiel 9.4 Wir bestimmen $(1 + \mathrm{i})^{-1}$, das sogenannte *multiplikative Inverse* von $1 + \mathrm{i}$, indem wir denselben Trick wie eben anwenden, um den Nenner reell zu machen:

$$(1 + \mathrm{i})^{-1} = \frac{1}{1 + \mathrm{i}} = \frac{1}{1 + \mathrm{i}} \cdot \frac{1 - \mathrm{i}}{1 - \mathrm{i}} = \frac{1 - \mathrm{i}}{1^2 - \mathrm{i}^2} = \frac{1 - \mathrm{i}}{2} = \frac{1}{2} - \frac{1}{2}\,\mathrm{i}.$$

Zur Kontrolle kann man nachrechnen, dass tatsächlich $(\frac{1}{2} - \frac{1}{2}\,\mathrm{i}) \cdot (1 + \mathrm{i}) = 1$ ist.

Den Trick der letzten beiden Beispiele müssen wir unbedingt allgemein festhalten.

Satz 9.2 Jedes $z = a + b\,\mathrm{i} \in \mathbb{C} \setminus \{0\}$ besitzt ein multiplikatives Inverses z^{-1}:

$$(a + b\,\mathrm{i})^{-1} = \frac{a - b\,\mathrm{i}}{a^2 + b^2} = \frac{a}{a^2 + b^2} - \frac{b}{a^2 + b^2}\,\mathrm{i}.$$

Beweis: Es muss lediglich $(a + b\,\mathrm{i}) \cdot (a + b\,\mathrm{i})^{-1} = 1$ nachgewiesen werden (vergleiche 9.3.1), wenn für das Inverse die behauptete obige Formel eingesetzt wird. Direkte Rechnung bestätigt dies:

$$(a + b\,\mathrm{i}) \cdot \frac{a - b\,\mathrm{i}}{a^2 + b^2} = \frac{(a + b\,\mathrm{i}) \cdot (a - b\,\mathrm{i})}{a^2 + b^2} = \frac{a^2 - b^2\,\mathrm{i}^2}{a^2 + b^2} = \frac{a^2 + b^2}{a^2 + b^2} = 1\,. \qquad \square$$

Beachte: Teilen durch $a^2 + b^2$ ist erlaubt, da dieser Ausdruck für $z \neq 0$ nie 0 wird.

Wie aber kommt man auf diese Formel für das Inverse? Ganz einfach: Wieder durch „Nenner reell machen", d.h. Erweitern von $\frac{1}{a+b\,\mathrm{i}}$ mit $a - b\,\mathrm{i}$:

$$\frac{1}{a+b\,\mathrm{i}} = \frac{1}{a+b\,\mathrm{i}} \cdot \frac{a-b\,\mathrm{i}}{a-b\,\mathrm{i}} = \frac{a-b\,\mathrm{i}}{a^2 - b^2\,\mathrm{i}^2} = \frac{a-b\,\mathrm{i}}{a^2 + b^2}.$$

Wenn man nicht auf diesen Trick kommt, muss man wesentlich mehr Mühe investieren, um die Formel für das Inverse zu erhalten (siehe Aufgabe 9.6).

Aufgabe 9.2   Bringe die folgenden Ausdrücke in die Form $a + b\,\mathrm{i}$ mit $a, b \in \mathbb{R}$.

a) $(2 + 3\,\mathrm{i}) - (1 - \mathrm{i})$ b) $(5 - 3\,\mathrm{i}) \cdot (4 - \mathrm{i})$ c) $(8 + 6\,\mathrm{i})^2$ d) $\dfrac{1}{\mathrm{i}}$

e) $\dfrac{8 + 5\,\mathrm{i}}{2 - \mathrm{i}}$ f) $\dfrac{1}{\mathrm{i}} + \dfrac{3}{1 + \mathrm{i}}$ g) $\dfrac{\sqrt{2}}{\sqrt{2} - \mathrm{i}}$ h) $(1 + \mathrm{i})^{10}$ i) $\left(\dfrac{1 + \mathrm{i}}{1 - \mathrm{i}}\right)^{201}$

Aufgabe 9.3   Stelle $\mathcal{M}$ zeichnerisch in der gaußschen Zahlenebene dar:

$$\mathcal{M} = \{\, z \in \mathbb{C} \mid \operatorname{Re} z \geqslant 2 \wedge \operatorname{Im} z < 1 \,\}.$$

Aufgabe 9.4   Bestimme $\operatorname{Re} w$ und $\operatorname{Im} w$ für $w = \dfrac{1}{z^2}$ $(z \in \mathbb{C} \setminus \{0\})$.

Aufgabe 9.5   Untersuche auf Injektivität, Surjektivität, Bijektivität.

a) $r \colon \mathbb{C} \to \mathbb{R}, \quad z \mapsto \operatorname{Re} z$ b) $e \colon \mathbb{R} \to \mathbb{C}, \quad a \mapsto a + a\,\mathrm{i}$

c) $k \colon \mathbb{C} \setminus \{0\} \to \mathbb{C} \setminus \{0\}, \quad z \mapsto \dfrac{1}{z}$ d) $g \colon \mathbb{C} \to \mathbb{C}, \quad z \mapsto z + i$

e) $m \colon \mathbb{C} \to \mathbb{C}, \quad z \mapsto z \cdot (1 + \mathrm{i})$

Aufgabe 9.6   (brute-force-Ansatz für das Inverse)
Bestimme das Inverse von $z = a + b\,\mathrm{i} \neq 0$, indem du den allgemeinen Ansatz $z^{-1} = c + d\,\mathrm{i}$ in die Gleichung $z \cdot z^{-1} = 1$ einsetzt und Real- und Imaginärteil beider Seiten vergleichst. (Zwei komplexe Zahlen sind offenbar genau dann gleich, wenn ihre Real- und Imaginärteile übereinstimmen.) Dies führt auf ein 2×2–LGS, welches du nach den gesuchten Größen c und d auflösen kannst.

9.2.3 Komplexe Konjugation und Betrag

Eine simple Rechenoperation, Konjugation genannt, erleichtert die Notation im Umgang mit komplexen Zahlen und macht dadurch Rechnungen übersichtlicher.

Definition 9.4 Die *konjugiert komplexe Zahl* von $z = a + b\,\mathrm{i} \in \mathbb{C}$ $(a, b \in \mathbb{R})$ ist

$$\overline{z} := a - b\,\mathrm{i}$$

(lies: „z quer"), d.h. wir ersetzen den Imaginärteil von z einfach durch sein Negatives. In der gaußschen Zahlenebene wird dabei der zu z gehörige Pfeil an der reellen Achse gespiegelt. ◇

Beispiel 9.5 a) Es ist $\overline{\sqrt{3} + 2\,\mathrm{i}} = \sqrt{3} - 2\,\mathrm{i}$.

b) Für reelles z gilt $\overline{z} = z$ und für rein imaginäres z gilt $\overline{z} = -z$, z.B. $\overline{\mathrm{i}} = -\,\mathrm{i}$.

Satz 9.3 Für alle $z, w \in \mathbb{C}$ $(z = a + b\,\mathrm{i}$ mit $a, b \in \mathbb{R})$ gilt:

(1) $\overline{z + w} = \overline{z} + \overline{w}$ und $\overline{z \cdot w} = \overline{z} \cdot \overline{w}$,

(2) $\operatorname{Re} z = \dfrac{1}{2}(z + \overline{z})$ und $\operatorname{Im} z = \dfrac{1}{2\,\mathrm{i}}(z - \overline{z})$,

(3) $z \cdot \overline{z} = a^2 + b^2$, d.h. $z \cdot \overline{z}$ ist reell und nicht-negativ (kurz: $z \cdot \overline{z} \in \mathbb{R}_0^+$).

Aufgabe 9.7 Beweise Satz 9.3, indem du $z = a + b\,\mathrm{i}$ und $w = c + d\,\mathrm{i}$ (mit $a, b, c, d \in \mathbb{R}$) in obige Formeln einsetzt und explizit deren Gültigkeit nachrechnest. Interpretiere (2) auch geometrisch, indem du dir die Lage der Pfeile von $z + \overline{z}$ und $z - \overline{z}$ genau anschaust.

Im Hinblick auf (3) können wir nun Folgendes definieren.

Definition 9.5 Der *Betrag einer komplexen Zahl* $z = a + b\,\mathrm{i}$ (mit $a, b \in \mathbb{R}$) ist

$$|z| = \sqrt{z \cdot \overline{z}} = \sqrt{a^2 + b^2} \in \mathbb{R}_0^+.$$

◇

Nach dem Satz des Pythagoras ist $|z|$ nichts anderes als die *Länge des Pfeils*, der z in der gaußschen Zahlenebene repräsentiert. Zudem stimmt $|z|$ für reelles z mit dem gewöhnlichen Betrag überein, denn für $z = a \in \mathbb{R}$ ist $|z| = \sqrt{a \cdot \overline{a}} = \sqrt{a^2} = |a|$.

Direkt aus der Definition von $|z|$ ergibt sich eine Darstellung für das Betragsquadrat einer komplexen Zahl, die oft extrem hilfreich ist:

$$|z|^2 = z \cdot \overline{z}.$$

Mit Hilfe von Betrag und Konjugation sind wir nun in der Lage, die Formel für das Inverse wesentlich knapper aufzuschreiben, denn offenbar ist (siehe Satz 9.2)

$$z^{-1} = \frac{a - b\,\mathrm{i}}{a^2 + b^2} = \frac{\overline{z}}{|z|^2}.$$

Auch der Nachweis dieser Formel gelingt nun noch schneller:

$$z \cdot z^{-1} = z \cdot \frac{\overline{z}}{|z|^2} = \frac{z \cdot \overline{z}}{|z|^2} = \frac{|z|^2}{|z|^2} = 1.$$

Beispiel 9.6   Der Betrag von $z = 3 + 4\,\mathrm{i}$ ist $|z| = |3 + 4\,\mathrm{i}| = \sqrt{3^2 + 4^2} = 5$. Für das Inverse von z folgt somit

$$(3 + 4\,\mathrm{i})^{-1} = \frac{\overline{z}}{|z|^2} = \frac{3 - 4\,\mathrm{i}}{5^2} = \frac{3}{25} - \frac{4}{25}\,\mathrm{i}.$$

An dieser Stelle beweisen wir noch ein paar Rechenregeln für den Betrag.

Satz 9.4   Für alle $z, w \in \mathbb{C}$ gilt

(1) $|z| > 0$ für $z \neq 0$ und $|\overline{z}| = |z|$.

(2) $|z \cdot w| = |z| \cdot |w|$,   d.h. der Betrag ist multiplikativ.

(3) $|z + w| \leqslant |z| + |w|$ (*Dreiecksungleichung*).

Beweis: (1) Ist klar.

(2) Wir wenden die nützliche Beziehung $|\heartsuit|^2 = \heartsuit \cdot \overline{\heartsuit}$ auf $\heartsuit = z \cdot w$ an:

$$|zw|^2 = zw \cdot \overline{zw} = zw \cdot \overline{z} \cdot \overline{w} = z\overline{z} \cdot w\overline{w} = |z|^2 \cdot |w|^2.$$

Wurzelziehen liefert die Behauptung.

(3) Geometrisch ist die Dreiecksungleichung sofort einsichtig: Beachtet man, dass der Addition von komplexen Zahlen in der gaußschen Zahlenebene einfach die Addition von Vektoren nach der Parallelogrammregel entspricht, so verbirgt sich hinter $|z + w| \leqslant |z| + |w|$ lediglich die Aussage, dass eine Seitenlänge in einem Dreieck nie größer als die Summe der beiden anderen Seitenlängen sein kann (siehe Abbildung 9.2).

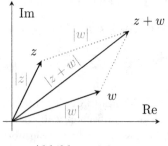

Abbildung 9.2

Rechnerischer Beweis (beachte Satz 9.3!):

$$|z+w|^2 = (z+w) \cdot \overline{(z+w)} = (z+w) \cdot (\overline{z}+\overline{w})$$

$$= z\overline{z} + z\overline{w} + w\overline{z} + w\overline{w} = |z|^2 + z\overline{w} + \overline{z\overline{w}} + |w|^2$$

$$= |z|^2 + 2\operatorname{Re}(z\overline{w}) + |w|^2 \leqslant |z|^2 + 2|z\overline{w}| + |w|^2$$

$$= |z|^2 + 2|z| \cdot |\overline{w}| + |w|^2 = (|z| + |w|)^2,$$

und Wurzelziehen liefert die Behauptung. Beim $\leqslant$-Schritt wurde $\operatorname{Re}\heartsuit \leqslant |\heartsuit|$ (klar!) verwendet. Zudem wurde in der zweiten Zeile der Trick $\overline{\overline{w}} = w$, also auch $w \cdot \overline{z} = \overline{\overline{w}} \cdot \overline{z} = \overline{\overline{w} \cdot z} = \overline{z \cdot \overline{w}}$, verwendet, sowie am Ende $|\overline{w}| = |w|$. $\qquad\square$

Abschließend betreiben wir mit Hilfe des komplexen Betrags noch ein wenig Geometrie in der gaußschen Zahlenebene.

Beispiel 9.7 Welche komplexen Zahlen z erfüllen die Gleichung

$$|z+1| = |z - (1+2\,\mathrm{i})|,$$

und wie sieht die Lösungsmenge in der gaußschen Zahlenebene aus?

Algebraischer Lösungsweg: Wir schreiben die gesuchten z als $z = x + y\,\mathrm{i}$ mit $x, y \in \mathbb{R}$. Dann ist

$$z + 1 = x + y\,\mathrm{i} + 1 = (x+1) + y\,\mathrm{i} \qquad \text{sowie} \qquad z - (1+2\,\mathrm{i}) = x - 1 + (y-2)\,\mathrm{i}$$

und aufgrund der Definition des komplexen Betrags geht die Gleichung $|z+1| = |z - (1+2\,\mathrm{i})|$ damit über in

$$\sqrt{(x+1)^2 + y^2} = \sqrt{(x-1)^2 + (y-2)^2}.$$

Quadrieren[3] und umformen liefert

$$(x+1)^2 + y^2 = (x-1)^2 + (y-2)^2$$

$$\Longleftrightarrow \quad x^2 + 2x + 1 + y^2 = x^2 - 2x + 1 + y^2 - 4y + 4$$

$$\Longleftrightarrow \quad y = -x + 1.$$

Die Lösungsmenge lautet somit

$$\mathcal{L} = \{\, z = x + y\,\mathrm{i} \mid y = -x+1; \; x, y \in \mathbb{R} \,\},$$

was nichts anderes als eine Gerade in der gaußschen Zahlenebene beschreibt, genauer: Die um 1 nach oben verschobene zweite Winkelhalbierende. Was diese allerdings mit dem $+1$ bzw. $-(1+2\,\mathrm{i})$ der ursprünglichen Gleichung zu tun hat, tritt bei dieser Lösung nicht zu Tage. Wesentlich erkenntnisreicher und eleganter ist hier die

---

[3]Da beide Seiten der Gleichung als Wurzeln nicht negativ sind, ist Quadrieren hier eine zulässige Äquivalenzumformung!

Geometrische Lösung: Es sei $w = 1 + 2\,\mathrm{i}$. Dann ist $z - w$ $(= -w + z)$ nichts anderes als der Verbindungsvektor von w nach z, wie man in Abbildung 9.3 erkennt (dort wurde der Anfangspunkt des Gegenvektors $-w$ an die Spitze von w verschoben). Somit ist $|z - (1 + 2\,\mathrm{i})| = |z - w|$ der Abstand zwischen den Punkten $Z\,(x\,|\,y)$ und $W\,(1\,|\,2)$ in der gaußschen Zahlenebene, die den komplexen Zahlen $z = x + y\,\mathrm{i}$ und $w = 1 + 2\,\mathrm{i}$ entsprechen. Ebenso ist $|z + 1| = |z - (-1)|$ der Abstand zwischen den Punkten $Z\,(x\,|\,y)$ und $W'\,(-1\,|\,0)$. Die Bedingung $|z + 1| = |z - (1 + 2\,\mathrm{i})|$ beschreibt demnach alle

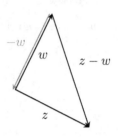

Abbildung 9.3

Punkte $Z\,(x\,|\,y)$, die von W' und W denselben Abstand haben. Diese bilden aber bekanntlich genau die *Mittelsenkrechte* beider Punkte, welche in diesem Beispiel durch die Gerade $y = -x + 1$ beschrieben wird.

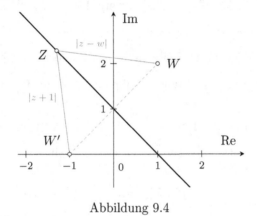

Abbildung 9.4

Beispiel 9.8   Welche geometrische Figur in der gaußschen Zahlenebene beschreiben alle komplexen Zahlen z mit

$$|z - (1 + 2\,\mathrm{i})| = 2\,?$$

Algebraischer Lösungsweg: Schreiben wir die gesuchten Zahlen als $z = x + y\,\mathrm{i}$ mit $x, y \in \mathbb{R}$, so wird die Bedingung $|z - (1 + 2\,\mathrm{i})| = 2$ wie im vorigen Beispiel zu

$$|z - 1 - 2\,\mathrm{i}| = \sqrt{(x - 1)^2 + (y - 2)^2} \overset{!}{=} 2.$$

Alle Paare $(x\,|\,y)$, die diese Gleichung erfüllen, liegen auf einem Kreis vom Radius 2 mit Mittelpunkt $W\,(1\,|\,2)$, welcher der komplexen Zahl $w = 1 + 2\,\mathrm{i}$ entspricht. Wenn dir die Kreisgleichung unbekannt sein sollte, so betrachte das gestrichelte Hilfsdreieck in Abbildung 9.5: Die Kathetenlängen betragen $|x - 1|$ und $|2 - y| = |y - 2|$, und seine Hypotenusenlänge ist $|WZ| = 2$, also gilt nach dem Satz des Pythagoras $(x - 1)^2 + (y - 2)^2 = 2^2$ (Beträge entfallen beim Quadrieren).

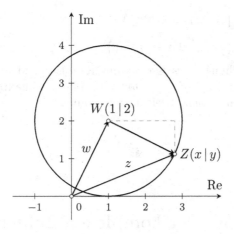

Abbildung 9.5

Allgemein kann man also festhalten, dass $|z - w| = r$ eine kompakte Schreibweise für eine Kreisgleichung in der gaußschen Zahlenebene ist. Der Mittelpunkt W dieses Kreises vom Radius r liegt dabei am Endpunkt des w-Pfeils.

Geometrische Lösung: Gesucht sind alle komplexe Zahlen z, für die $|z - w| = 2$ gilt, wobei $w = 1 + 2\,\mathrm{i}$ ist. Wieder wie im vorigen Beispiel ist $z - w$ der Verbindungsvektor von $W(1\,|\,2)$ zu $Z(x\,|\,y)$. Die Bedingung $|z - w| = 2$ erfasst alle solchen Vektoren mit Länge 2, weshalb die zugehörigen Punkte Z einen Kreis vom Radius 2 mit Mittelpunkt W beschreiben.

Aufgabe 9.8 Berechne: $50 \cdot \mathrm{Im}\,\overline{(2 - 4\,\mathrm{i})^{-1}} + \mathrm{Re}\,(|6 + 8\,\mathrm{i}|)$.

Aufgabe 9.9 Beweise das sogenannte *Parallelogrammgesetz*

$$|z + w|^2 + |z - w|^2 = 2\,|z|^2 + 2\,|w|^2 \quad \text{und interpretiere es geometrisch.}$$

Aufgabe 9.10 Untersuche auf Injektivität, Surjektivität und Bijektivität:

$$\kappa \colon \mathbb{C} \to \mathbb{C}, \quad z \mapsto \overline{z}; \qquad b \colon \mathbb{C} \to \mathbb{C}, \quad z \mapsto |z|; \qquad \tilde{b} \colon \mathbb{C} \to \mathbb{R}_0^+, \quad z \mapsto |z|.$$

Aufgabe 9.11 Stelle folgende Punktmengen zeichnerisch in der gaußschen Zahlenebene dar und begründe deine Zeichnung.

a) $\mathfrak{M}_1 = \{\, z \in \mathbb{C} \mid |z| = 1 \,\}$ bzw. $\mathfrak{M}_1' = \{\, z \in \mathbb{C} \mid |z| \leqslant 1 \,\}$

b) $\mathfrak{M}_2 = \{\, z \in \mathbb{C} \mid |z - \mathrm{i}| = 1 \,\}$

c) $\mathfrak{M}_3 = \{\, z \in \mathbb{C} \mid \tfrac{1}{2} \leqslant |z - \mathrm{i}| < 1 \,\}$

d) $\mathcal{M}_4 = \{\, z \in \mathbb{C} \mid |z - 1| = |z + 1| \,\}$

*e) $\mathcal{M}_5 = \{\, z \in \mathbb{C} \mid |z|^2 - 2(z + \overline{z}) = 0 \,\}$

(Tipp: Die Gleichung eines Kreises mit Radius r und Mittelpunkt $(a \mid b)$ lautet bekanntlich $(x - a)^2 + (y - b)^2 = r^2$. Benutze quadratische Ergänzung, um bei $\mathcal{M}_5$ auf eine solche Gleichung zu kommen.)

9.3   Der Körper der komplexen Zahlen

9.3.1   Was ist ein Körper?

In diesem Abschnitt werden wir die Struktur der komplexen Zahlen von einem abstrakteren Standpunkt aus betrachten und nachweisen, dass sie einen sogenannten Körper bilden. Das heißt letztendlich, dass man in $\mathbb{C}$ so rechnen kann, wie man es von den rationalen oder reellen Zahlen her kennt.

Definition 9.6   Ein *Körper* ist eine Menge $\mathbb{K}$ mit zwei Verknüpfungen

$$+: \mathbb{K} \times \mathbb{K} \to \mathbb{K}, \quad (a, b) \mapsto a + b \quad \text{(Addition) und}$$

$$\cdot : \mathbb{K} \times \mathbb{K} \to \mathbb{K}, \quad (a, b) \mapsto a \cdot b \quad \text{(Multiplikation)},$$

so dass folgende neun Bedingungen, die sogenannten *Körperaxiome*, erfüllt sind.

(A$_1$) $(a + b) + c = a + (b + c)$ für alle $a, b, c \in \mathbb{K}$ (Assoziativität der Addition)

(A$_2$) Es gibt ein $0 \in \mathbb{K}$ mit $a + 0 = a$ für alle $a \in \mathbb{K}$ (Neutralelement bzgl. $+$)

(A$_3$) Zu jedem $a \in \mathbb{K}$ gibt es ein $b \in \mathbb{K}$ mit $a + b = 0$ (additives Inverses)

(A$_4$) Für alle $a, b \in \mathbb{K}$ gilt $a + b = b + a$ (Kommutativität der Addition)

(M$_1$) $(a \cdot b) \cdot c = a \cdot (b \cdot c)$ für alle $a, b, c \in \mathbb{K}$ (Assoziativität der Multiplikation)

(M$_2$) Es gibt ein $1 \in \mathbb{K} \setminus \{0\}$ mit $a \cdot 1 = a$ für alle $a \in \mathbb{K}$ (Neutralelement bzgl. $\cdot$)

(M$_3$) Zu jedem $a \in \mathbb{K} \setminus \{0\}$ gibt es ein $b \in \mathbb{K}$ mit $a \cdot b = 1$ (multiplikatives Inverses)

(M$_4$) Für alle $a, b \in \mathbb{K}$ gilt $a \cdot b = b \cdot a$ (Kommutativität der Multiplikation)

(D) $a \cdot (b + c) = a \cdot b + a \cdot c$ für alle $a, b, c \in \mathbb{K}$ (Distributivgesetz) $\Diamond$

Anmerkungen:

1. Das additive Inverse von a bezeichnen wir mit $-a$, das multiplikative Inverse mit a^{-1}. „Das" Inverse darf man strenggenommen nur dann sagen, wenn es eindeutig bestimmt ist. Dies sowie die Eindeutigkeit der Neutralelemente wird in Aufgabe 9.13 aus den Axiomen gefolgert.

2. Axiom (A_2) fordert nur die Existenz eines „Rechtsneutralelements" 0, welches aufgrund der Kommutativität (A_4) aber automatisch auch linksneutral ist. Analoges gilt für (A_3), (M_2) und (M_3).

3. Das „Rechtsdistributivgesetz" folgt aufgrund der Kommutativität der Multiplikation aus dem „Linksdistributivgesetz" (D):

$$(a+b) \cdot c \overset{(M_4)}{=} c \cdot (a+b) \overset{(D)}{=} c \cdot a + c \cdot b \overset{(M_4)}{=} a \cdot c + b \cdot c \,.$$

4. In (M_2) wird $1 \in \mathbb{K} \setminus \{0\}$ gefordert, d.h. $1 \neq 0$, um den unerwünschten Spezialfall $\mathbb{K} = \{0\}$ auszuschließen. $\mathbb{K} \setminus \{0\}$ wird oft als $\mathbb{K}^*$ abgekürzt.

Dir bereits wohlbekannte Beispiele von Körpern sind die rationalen Zahlen $\mathbb{Q}$ sowie die reellen Zahlen $\mathbb{R}$. Natürlich wurden die Körperaxiome in der Schule stets nur als Rechenregeln mitgeteilt, deren Gültigkeit ohne Beweis akzeptiert wurde.

Dass die komplexen Zahlen $\mathbb{C}$ tatsächlich ein Körper sind, wollen wir nun explizit beweisen. Allerdings stützen wir uns dabei auf die Gültigkeit der Körperaxiome in $\mathbb{R}$ – und deren Beweis bzw. überhaupt eine saubere Konstruktion von $\mathbb{R}$ ist wie bereits früher angedeutet eine komplizierte Geschichte, auf die wir nicht näher eingehen.

Satz 9.5   Die Menge $\mathbb{C} = \mathbb{R}^2$ ist mit den in 9.2.1 definierten Verknüpfungen

$$\binom{a}{b} \oplus \binom{c}{d} = \binom{a+c}{b+d} \quad \text{und} \quad \binom{a}{b} \odot \binom{c}{d} = \binom{ac-bd}{ad+bc}$$

ein Körper, der *Körper der komplexen Zahlen*.

Es wird hier übrigens absichtlich die Vektorschreibweise verwendet, weil wir uns an das intuitive Rechnen mit der $a + b\,$i-Schreibweise bereits zu sehr gewöhnt haben.

Beweis: Die Addition $\oplus$ definiert jedenfalls eine Verknüpfung auf $\mathbb{C} = \mathbb{R}^2$, da die Summe $z \oplus w$ zweier Vektoren offenbar wieder ein Vektor aus $\mathbb{R}^2$ ist. Zudem ist sie assoziativ, denn es gilt

$$\left[\binom{a}{b} + \binom{c}{d}\right] \oplus \binom{e}{f} = \binom{a+c}{b+d} \oplus \binom{e}{f} = \binom{(a+c)+e}{(b+d)+f}$$

$$\overset{(\star)}{=} \binom{a+(c+e)}{b+(d+f)} = \binom{a}{b} \oplus \left[\binom{c}{d} \oplus \binom{e}{f}\right].$$

Uff... eine solch offensichtliche aber mühsame Rechnung will man nur einmal in seinem Leben ausführlich aufschreiben. Wenn man genau hinschaut, ist $(\star)$ der einzige interessante Schritt, und hier wird lediglich ausgenutzt, dass die gewöhnliche Addition in $\mathbb{R}$ assoziativ ist. Wir können also auch einfach sagen, dass sich die Assoziativität von $\oplus$ komponentenweise auf die Assoziativität der Addition in $\mathbb{R}$ zurückführen lässt.

Die Gültigkeit der restlichen Körperaxiome (A_2)–(A_4) für die Addition ist leicht zu verifizieren: Das Neutralelement der Addition ist

$$0_\mathbb{C} := \begin{pmatrix} 0 \\ 0 \end{pmatrix}, \quad \text{da} \quad z \oplus 0_\mathbb{C} = \begin{pmatrix} a \\ b \end{pmatrix} \oplus \begin{pmatrix} 0 \\ 0 \end{pmatrix} = \begin{pmatrix} a+0 \\ b+0 \end{pmatrix} = \begin{pmatrix} a \\ b \end{pmatrix} = z$$

für alle $z \in \mathbb{C}$ gilt. (A_3): Definiert man $-\begin{pmatrix} a \\ b \end{pmatrix} := \begin{pmatrix} -a \\ -b \end{pmatrix}$, so ist

$$\begin{pmatrix} a \\ b \end{pmatrix} \oplus \begin{pmatrix} -a \\ -b \end{pmatrix} = \begin{pmatrix} a-a \\ b-b \end{pmatrix} = \begin{pmatrix} 0 \\ 0 \end{pmatrix} = 0_\mathbb{C},$$

d.h. jedes $z \in \mathbb{C}$ besitzt ein additives Inverses. Schließlich ist die Addition $\oplus$ kommutativ, weil die gewöhnliche Addition in $\mathbb{R}$ dies ist:

$$\begin{pmatrix} a \\ b \end{pmatrix} \oplus \begin{pmatrix} c \\ d \end{pmatrix} = \begin{pmatrix} a+c \\ b+d \end{pmatrix} = \begin{pmatrix} c+a \\ d+b \end{pmatrix} = \begin{pmatrix} c \\ d \end{pmatrix} \oplus \begin{pmatrix} a \\ b \end{pmatrix},$$

d.h. es gilt $z \oplus w = w \oplus z$ für beliebige $z, w \in \mathbb{C}$.

Schon weniger offensichtlich ist der Nachweis der Körperaxiome für die Multiplikation. Auch hier ist zunächst klar, dass es sich bei $\odot$ um eine Verknüpfung handelt, die aus zwei komplexen Zahlen wieder eine komplexe Zahl macht. Etwas mühsam ist wieder die Assoziativität (M_1); man rechnet

$$\left[\begin{pmatrix} a \\ b \end{pmatrix} \odot \begin{pmatrix} c \\ d \end{pmatrix} \right] \odot \begin{pmatrix} e \\ f \end{pmatrix} = \begin{pmatrix} ac-bd \\ ad+bc \end{pmatrix} \odot \begin{pmatrix} e \\ f \end{pmatrix} = \begin{pmatrix} (ac-bd)e - (ad+bc)f \\ (ac-bd)f + (ad+bc)e \end{pmatrix} \quad \text{und}$$

$$\begin{pmatrix} a \\ b \end{pmatrix} \odot \left[\begin{pmatrix} c \\ d \end{pmatrix} \odot \begin{pmatrix} e \\ f \end{pmatrix} \right] = \begin{pmatrix} a \\ b \end{pmatrix} \odot \begin{pmatrix} ce-df \\ cf+de \end{pmatrix} = \begin{pmatrix} a(ce-df) - b(cf+de) \\ a(cf+de) + b(ce-df) \end{pmatrix}.$$

Durch Ausmultiplizieren in beiden Komponenten, also Anwenden des Distributivgesetzes in $\mathbb{R}$, erkennt man, dass das Ergebnis beider Rechnungen gleich ist. Weiterhin wissen wir bereits aus 9.2.1 und 9.2.2, dass

$$1_\mathbb{C} := \begin{pmatrix} 1 \\ 0 \end{pmatrix} \quad \text{das Neutralelement bezüglich } \odot \text{ ist, und dass}$$

$$\begin{pmatrix} a \\ b \end{pmatrix}^{-1} := \begin{pmatrix} \frac{a}{a^2+b^2} \\ \frac{-b}{a^2+b^2} \end{pmatrix} \quad \text{invers zu} \quad \begin{pmatrix} a \\ b \end{pmatrix} \neq 0_\mathbb{C} \quad \text{ist.}$$

Schließlich ist die Multiplikation kommutativ, denn

$$\begin{pmatrix} a \\ b \end{pmatrix} \odot \begin{pmatrix} c \\ d \end{pmatrix} = \begin{pmatrix} ac-bd \\ ad+bc \end{pmatrix} = \begin{pmatrix} ca-db \\ da+cb \end{pmatrix} = \begin{pmatrix} c \\ d \end{pmatrix} \odot \begin{pmatrix} a \\ b \end{pmatrix},$$

wobei die Kommutativität der gewöhnlichen Multiplikation in $\mathbb{R}$ eingeht. Zu guter Letzt muss noch das Distributivgesetz nachgerechnet werden. Packen wir's an:

$$\begin{pmatrix} a \\ b \end{pmatrix} \odot \left[\begin{pmatrix} c \\ d \end{pmatrix} \oplus \begin{pmatrix} e \\ f \end{pmatrix} \right] = \begin{pmatrix} a \\ b \end{pmatrix} \odot \begin{pmatrix} c+e \\ d+f \end{pmatrix} = \begin{pmatrix} a(c+e) - b(d+f) \\ a(d+f) + b(c+e) \end{pmatrix}$$

$$= \begin{pmatrix} ac + ae - bd - bf \\ ad + af + bc + be \end{pmatrix} = \begin{pmatrix} ac - bd + ae - bf \\ ad + bc + af + be \end{pmatrix}$$

$$= \begin{pmatrix} ac - bd \\ ad + bc \end{pmatrix} \oplus \begin{pmatrix} ae - bf \\ af + be \end{pmatrix} = \left[\begin{pmatrix} a \\ b \end{pmatrix} \odot \begin{pmatrix} c \\ d \end{pmatrix} \right] \oplus \left[\begin{pmatrix} a \\ b \end{pmatrix} \odot \begin{pmatrix} e \\ f \end{pmatrix} \right].$$

Auf das geschickte Umsortieren in der zweiten Zeile kommt man natürlich nur, wenn man sich vor Augen hält, wie das Endergebnis aussehen soll. $\square$

Hurra, geschafft! $\mathbb{C}$ ist also erwiesenermaßen ein Körper, was bedeutet, dass wir die aus $\mathbb{Q}$ oder $\mathbb{R}$ gewohnten Rechengesetze ab jetzt guten Gewissens auch in $\mathbb{C}$ anwenden dürfen.

Es folgen nun ein paar abstraktere Aufgaben, in denen du dich an den Umgang mit den Körperaxiomen gewöhnen sollst.

Aufgabe 9.12   Versuch einer alternativen Körpermultiplikation auf $\mathbb{R}^2$.

Anstelle der seltsamen Multiplikation aus Definition 9.1 wäre das Produkt auf $\mathbb{R}^2$

$$\begin{pmatrix} a \\ b \end{pmatrix} * \begin{pmatrix} c \\ d \end{pmatrix} := \begin{pmatrix} ac \\ bd \end{pmatrix}$$

doch eine viel natürlichere Wahl. Du sollst nun zeigen, dass $(\mathbb{R}^2, \oplus, *)$ mit der so definierten Multiplikation $*$ *kein* Körper ist.

a) Überlege, wie das multiplikative Neutralelement $\mathbf{1}_* \in \mathbb{R}^2$ aussehen muss.

b) Gib Elemente $\begin{pmatrix} a \\ b \end{pmatrix} \neq \begin{pmatrix} 0 \\ 0 \end{pmatrix} =: \mathbf{0}$ an, die kein multiplikatives Inverses bezüglich $*$ besitzen. Da die Existenz solcher Elemente mit dem Körperaxiom (M_3) unvereinbar ist, kann $*$ also keine Körpermultiplikation auf $\mathbb{R}^2$ definieren.

c) Finde von Null verschiedene Elemente $\mathbf{n}, \mathbf{m} \in \mathbb{R}^2$, für die $\mathbf{n} * \mathbf{m} = \mathbf{0}$ gilt (sogenannte *Nullteiler*). Begründe anschließend, warum es in einem Körper keine Nullteiler geben kann (Tipp: Multiplikation mit dem Inversen). Dies beweist erneut, dass $*$ keine Körpermultiplikation auf $\mathbb{R}^2$ sein kann.

Aufgabe 9.13   Eindeutigkeit von Neutralelementen und Inversen.

a) Dass die Null, also das Neutralelement der Addition eines Körpers $\mathbb{K}$ eindeutig bestimmt ist, beweist man wie folgt: Angenommen $\widetilde{0}$ ist ein weiteres Neutralelement der Addition. Dann folgt sofort $0 = 0 + \widetilde{0} = \widetilde{0}$, wobei im ersten Schritt die Eigenschaft von $\widetilde{0}$ als (Rechts-)Neutralelement eingeht und beim zweiten Gleichheitszeichen die (Links-)Neutralität der 0. Somit gilt $\widetilde{0} = 0$ und die Eindeutigkeit ist bewiesen.
Beweise analog, dass die Eins eines Körpers eindeutig bestimmt ist.

b) Die Eindeutigkeit von additiven Inversen zu beweisen, ist etwas trickreicher. Seien b und $\widetilde{b}$ zwei additive Inverse von $a \in \mathbb{K}$. Dann ist $a + b = 0$ sowie $a + \widetilde{b} = 0$, und es folgt

$$\widetilde{b} = \widetilde{b} + 0 = \widetilde{b} + (a + b) = (\widetilde{b} + a) + b = (a + \widetilde{b}) + b = 0 + b = b,$$

wobei Assoziativität und Kommutativität der Addition verwendet wurden. Beweise analog die Eindeutigkeit von multiplikativen Inversen in Körpern.

Aufgabe 9.14   Rechnen in Körpern. (**Warnung:** Wutausbrüche möglich!)
Wir ziehen ein paar ganz harmlose Folgerungen aus den Körperaxiomen. Aussagen wie z.B. a) oder d) erscheinen einem dabei dermaßen klar, dass man zunächst die Beweisnotwendigkeit gar nicht einsieht. Beim Versuch eines Beweises scheitert man allerdings oft kläglich, wenn man nicht den richtigen (miesen) Beweistrick erkennt. Entscheidend ist, dass alle Aussagen einzig und allein mit Hilfe der Körperaxiome bewiesen werden dürfen. Du musst also in jedem Schritt höllisch aufpassen, dass du nicht unerlaubterweise Dinge verwendest, die dir „klar" zu sein scheinen.

a) „Ebbes[4] mal Null bleibt Null." Zeige, dass für jedes Element a eines Körpers $\mathbb{K}$ stets $a \cdot 0 = 0$ gilt. Probiere das zunächst ein Weilchen selber; sobald die Verärgerung zu groß wird, folge der Anleitung: Schreibe die Null in $a \cdot 0$ als $0 + 0$ und wende das Distributivgesetz an. Subtrahiere dann auf beiden Seiten der entstehenden Gleichung $a \cdot 0$. (Dies ist möglich, weil das Körperelement $a \cdot 0$ ein additives Inverses besitzt.)

b) Zeige, dass $(-1) \cdot (-1) = 1$ gilt. Tipp (erst schauen, wenn du selber nicht weiter kommst): Beginne mit dem Ausdruck $(-1) \cdot (-1) + (-1)$ und wende das Distributivgesetz rückwärts an.

c) Weise $(-1) \cdot a = -a$ für jedes $a \in \mathbb{K}$ nach, d.h. dass $(-1) \cdot a$ das additive Inverse von a ist (welches nach Aufgabe 9.13 ja eindeutig bestimmt ist).

d) „Minus mal Minus ergibt Plus." Zeige, dass $(-a) \cdot (-b) = a \cdot b$ für alle $a, b \in \mathbb{K}$ gilt. Tipp: Verwende dazu b) und c).

9.3.2 Unmöglichkeit der Anordnung von $\mathbb{C}$

In diesem kurzen Abschnitt werden wir sehen, dass es – obwohl $\mathbb{R}$ und $\mathbb{C}$ beides Körper sind – auf $\mathbb{K} = \mathbb{R}$ eine *Anordnung* gibt, die sich nicht auf die komplexen Zahlen übertragen lässt. Gemeint ist die wohlbekannte „$>$"-Relation, die wir hier etwas abstrakter beschreiben wollen.

Wir setzen voraus, dass es auf $\mathbb{K} = \mathbb{R}$ einen *Positivitätsbegriff* gibt, der die folgenden beiden *Anordnungsaxiome* erfüllt.

(P$_1$) Für jedes $a \in \mathbb{K}$ gilt genau eine der drei Relationen:

$$a > 0, \quad a = 0, \quad -a > 0.$$

(P$_2$) Sind $a > 0$ und $b > 0$, so folgt $a + b > 0$ und $ab > 0$.

Eine Zahl $a \in \mathbb{R}$ heißt *positiv*, wenn $a > 0$ gilt (anschaulich: wenn sie „rechts von der Null auf der Zahlengeraden liegt"). Ist $-a$ positiv, so nennen wir a *negativ*. Mit Hilfe des Positivitätsbegriffes lässt sich nun leicht eine „größer als"-Relation einführen, indem man definiert:

$$a > b \;:\Longleftrightarrow\; a - b > 0.$$

Wir werden nun gleich zeigen, dass ein solcher Größenvergleich komplexer Zahlen nicht möglich ist, was letztendlich daran liegt, dass die Gleichung $z^2 + 1 = 0$ in $\mathbb{C}$ Lösungen besitzt.

Dazu brauchen wir eine wichtige Folgerung aus den Anordnungsaxiomen, nämlich dass stets $a^2 > 0$ für jedes $a \neq 0$ gilt. Für $a > 0$ folgt dies sofort aus (P$_2$), indem man dort $b = a$ setzt. Ist $-a > 0$, so folgt wegen $(-1)^2 = 1$ (siehe Aufgabe 9.14) und (P$_2$), dass $a^2 = (-a)^2 > 0$ ist.

> **Satz 9.6** Es ist unmöglich, auf $\mathbb{K} = \mathbb{C}$ einen Positivitätsbegriff zu definieren, der (P$_1$) und (P$_2$) erfüllt.

Da wir gar nicht wissen, welche und wie viele Möglichkeiten es geben kann, auf $\mathbb{C}$ einen Positivitätsbegriff einzuführen, können wir sicher nicht all diese Möglichkeiten durchprobieren und feststellen, dass sie immer (P$_1$) oder (P$_2$) verletzen. Deshalb bietet sich hier ein Widerspruchsbeweis an. Zur Erinnerung: Hierbei nehmen wir an, die Aussage des Satzes sei falsch, und zeigen, dass diese Annahme stets zu einem Widerspruch führt. Folglich muss die Aussage des Satzes richtig gewesen sein.

Beweis: Angenommen es gäbe einen Positivitätsbegriff auf $\mathbb{C}$, der (P$_1$) und (P$_2$) erfüllt. Wie wir eben gesehen haben, gilt dann aufgrund von (P$_2$) stets $z^2 > 0$ für jedes $z \in \mathbb{C} \setminus \{0\}$. Insbesondere folgt $1 = 1^2 > 0$ *und* $-1 = i^2 > 0$, was (P$_1$) widerspricht. Somit muss die Annahme falsch gewesen sein, und der Satz ist bewiesen. $\qquad\square$

9.3.3   Ausblick: Der Quaternionenschiefkörper

In 9.2.1 gelang es uns, auf $\mathbb{R}^2$, der Menge aller Paare reeller Zahlen, eine Addition und Multiplikation zu definieren, die $\mathbb{R}^2$ zum Körper der komplexen Zahlen machten. Hmmm, vielleicht gelingt das dann auch mit Paaren komplexer Zahlen?

Dies ist in der Tat (fast) so; das Ergebnis sind die berühmten *hamiltonschen Quaternionen* $\mathbb{H}$, die manchmal auch als *hyperkomplexe Zahlen* bezeichnet werden. Allerdings ist $\mathbb{H}$ kein kommutativer Körper mehr[5], sondern nur noch ein *Schiefkörper*. Hier gelten alle Körperaxiome bis auf die Kommutativität der Multiplikation, die in $\mathbb{H}$ verloren geht.

Wir skizzieren nun eine Konstruktion des Quaternionenschiefkörpers, die sich an das Vorgehen von 9.2.1 anlehnt. Wir schreiben hier aber von Anfang an $+$ und $\cdot$ anstelle von $\oplus$ und $\odot$.

Definition 9.7   Auf $\mathbb{H} := \mathbb{C}^2 = \left\{ \begin{pmatrix} u \\ v \end{pmatrix} \mid u, v \in \mathbb{C} \right\}$ legt man die Addition und Multiplikation folgendermaßen fest:

$$\begin{pmatrix} u \\ v \end{pmatrix} + \begin{pmatrix} w \\ z \end{pmatrix} := \begin{pmatrix} u + w \\ v + z \end{pmatrix} \quad \text{und} \quad \begin{pmatrix} u \\ v \end{pmatrix} \cdot \begin{pmatrix} w \\ z \end{pmatrix} := \begin{pmatrix} uw - v\bar{z} \\ uz + v\bar{w} \end{pmatrix},$$

wobei $uw = u \cdot w$ das gewöhnliche Produkt komplexer Zahlen ist und $\bar{z}$ die komplexe Konjugation bezeichnet. (In folgendem Beweis wird ersichtlich, warum das Konjugieren an den vorgegebenen Stellen nötig ist.)

Man nennt $(\mathbb{H}, +, \cdot)$ die *hamiltonschen Quaternionen*. $\diamond$

Die beiden folgenden Aufgaben eignen sich z.B. als Grundlage einer Hausarbeit über die Quaternionen. Dementsprechend gibt es hierzu keine Lösungen.

Aufgabe 9.15   Beweise, dass die Quaternionen ein Schiefkörper sind. Anleitung:

a) Überprüfe die Körperaxiome für die Addition (siehe Beweis von Satz 9.5).

b) Schwieriger ist der Nachweis der Axiome für die Multiplikation.

  (M_1): Stures Nachrechnen (unangenehm, da viel Schreibarbeit).

  (M_2): Gib die $\mathbf{1}$ an und verifiziere $\mathbf{1} \cdot q = q = q \cdot \mathbf{1}$ für alle $q \in \mathbb{H}$.

  (M_3): Um das multiplikative Inverse eines Quaternions $q \in \mathbb{H} \setminus \{\mathbf{0}\}$ elegant angeben zu können, bedienen wir uns desselben Kunstgriffes wie in $\mathbb{C}$.

  Wir definieren das zu $q = \begin{pmatrix} u \\ v \end{pmatrix}$ *konjugierte Quaternion* als $\bar{q} := \begin{pmatrix} \bar{u} \\ -v \end{pmatrix}$.

---

[5]Dass dies so sein muss, lernt man in der Körpertheorie. Da $\mathbb{C}$ algebraisch abgeschlossen ist (siehe 9.5.3), kann es keinen echten (algebraischen) Erweiterungskörper von $\mathbb{C}$ geben.

Rechne nach, dass $\quad q \cdot \overline{q} = \overline{q} \cdot q = \begin{pmatrix} |u|^2 + |v|^2 \\ 0 \end{pmatrix} \quad$ gilt.

Weiter definieren wir in Anlehnung an $\mathbb{C}$ den (reellen) Ausdruck $|u|^2 + |v|^2$ als Betragsquadrat $|q|^2$ des Quaternions. Zeige, dass durch

$$q^{-1} := \frac{\overline{q}}{|q|^2}$$

das (Rechts- und Links-) Inverse eines jeden $q \in \mathbb{H} \backslash \{0\}$ gegeben ist. (Der Faktor $\frac{1}{|q|^2}$ ist dabei so zu verstehen, dass er mit den beiden Einträgen von $\overline{q}$ zu multiplizieren ist.)

Zeige explizit, dass das Kommutativgesetz (M_4) in $\mathbb{H}$ nicht mehr gilt. Finde dazu zwei (möglichst einfache) Quaternionen q und r mit $q \cdot r \neq r \cdot q$.

c) Aufgrund der Nichtkommutativität der Multiplikation in $\mathbb{H}$ bleibt die Gültigkeit *beider* Distributivgesetze zu überprüfen. Wer sich allerdings durch den Nachweis von

$$q \cdot (r + s) = q \cdot r + q \cdot s \qquad \text{(Linksdistributivgesetz)}$$

gekämpft hat, darf sich guten Gewissens den Nachweis des Rechtsdistributivgesetzes $(q + r) \cdot s = q \cdot s + r \cdot s$ sparen. Es gilt ebenfalls; versprochen!

Aufgabe 9.16 Um die Struktur der Quaternionen noch besser zu verstehen, lohnt es sich, zu einer anderen Darstellungsform überzugehen. Ebenso wie wir durch Einführen der imaginären Einheit i zur $a + b\,i$-Darstellung komplexer Zahlen gelangten, führen wir in $\mathbb{H}$ nun *drei imaginäre Einheiten* $\mathbf{i}$, $\mathbf{j}$ und $\mathbf{k}$ ein. Wir setzen

$$\mathbf{1} := \begin{pmatrix} 1 \\ 0 \end{pmatrix}, \qquad \mathbf{i} := \begin{pmatrix} i \\ 0 \end{pmatrix}, \qquad \mathbf{j} := \begin{pmatrix} 0 \\ 1 \end{pmatrix}, \qquad \mathbf{k} := \begin{pmatrix} 0 \\ i \end{pmatrix}.$$

Achtung: Das fettgedruckte $\mathbf{i}$ ist ein Element von $\mathbb{H} = \mathbb{C}^2$, während $i \in \mathbb{C}$ die „normale" komplexe imaginäre Einheit bezeichnet.

a) Zeige, dass sich jedes Quaternion $q \in \mathbb{H}$ damit als

$$q = a\mathbf{1} + b\,\mathbf{i} + c\,\mathbf{j} + d\,\mathbf{k} \quad \text{mit } a, b, c, d \in \mathbb{R} \text{ darstellen lässt.}$$

b) Verifiziere die folgenden Rechenregeln (von deren Entdeckung Hamilton so begeistert war, dass er sie mit einem Messer auf einem Stein der Brougham Bridge in Dublin einritzte):

$$\mathbf{i}^2 = \mathbf{j}^2 = \mathbf{k}^2 = \mathbf{i} \cdot \mathbf{j} \cdot \mathbf{k} = -\mathbf{1} \quad \text{und} \quad \mathbf{i} \cdot \mathbf{j} = \mathbf{k} = -\mathbf{j} \cdot \mathbf{i}.$$

Die zweite Regel zeigt explizit, dass $\mathbb{H}$ nicht kommutativ ist.

c) Wer viel Geduld hat, überprüfe die Produktformel für zwei Quaternionen $q = a\mathbf{1} + b\,\mathbf{i} + c\,\mathbf{j} + d\,\mathbf{k}$ und $q' = \alpha\mathbf{1} + \beta\,\mathbf{i} + \gamma\,\mathbf{j} + \delta\,\mathbf{k}$:

$$q \cdot q' = (a\alpha - b\beta - c\gamma - d\delta)\mathbf{1} + (a\beta + b\alpha + c\delta - d\gamma)\,\mathbf{i}$$
$$+ (a\gamma - b\delta + c\alpha + d\beta)\,\mathbf{j} + (a\delta + b\gamma - c\beta + d\alpha)\,\mathbf{k}.$$

d) Zu guter Letzt überzeuge man sich von der Richtigkeit der Darstellung des Inversen eines $q = a\mathbf{1} + b\,\mathbf{i} + c\,\mathbf{j} + d\,\mathbf{k} \in \mathbb{H}\backslash\{\mathbf{0}\}$:

$$q^{-1} = \frac{1}{|q|^2}\,(a\mathbf{1} - b\,\mathbf{i} - c\,\mathbf{j} - d\,\mathbf{k}),$$

wobei der quaternionische Betrag durch $|q|^2 = a^2 + b^2 + c^2 + d^2$ gegeben ist.

Wer mehr über die Geschichte und die Eigenschaften von $\mathbb{H}$ erfahren möchte, dem sei wärmstens [Ebb] empfohlen.

9.4 Polarform komplexer Zahlen

Dies ist ein für viele Anwendungen komplexer Zahlen besonders bedeutsamer Abschnitt. Wir lernen hier eine alternative Darstellung komplexer Zahlen kennen, die uns ein geometrisches Verständnis der Multiplikation in $\mathbb{C}$ eröffnet, was uns wiederum eine simple Formel für n-te komplexe Wurzeln liefern wird.

9.4.1 Polarkoordinaten

Einen Pfeil z in der gaußschen Zahlenebene kann man nicht nur durch die x- und y-Koordinaten seines Endpunktes charakterisieren. Man kann die Lage eines $z \neq 0$ ebenso eindeutig durch seine *Länge* $r = |z|$ sowie den *Winkel* $\varphi \in [\,0\,, 2\pi)$, den der z-Pfeil mit der reellen Achse einschließt, beschreiben; siehe Abbildung 9.6. Der Winkel φ wird oft auch als *Argument* von z bezeichnet.

Das Paar (r, φ) nennt man die *Polarkoordinaten* von $z \in \mathbb{C}\backslash\{0\}$. Der Null kann man offenbar keinen eindeutigen Winkel zuordnen.

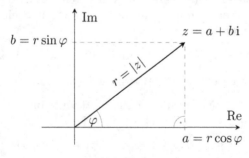

Abbildung 9.6

Der Zusammenhang zwischen der Polardarstellung und der bisherigen Form $z = a + b\,\mathrm{i}$ ist Abbildung 9.6 leicht zu entnehmen, denn für den Realteil a und den Imaginärteil b gilt

$$a = r\cos\varphi \qquad \text{und} \qquad b = r\sin\varphi\,.$$

Beachte: Dies gilt auch für $\varphi > \frac{\pi}{2}$, d.h. wenn der Pfeil nicht im ersten Quadranten liegt. Sinus oder Cosinus sind dann gegebenenfalls eben negativ. Ob man den Winkel φ im Grad- oder Bogenmaß angibt, ist Geschmackssache. Wir werden meistens das Bogenmaß verwenden. Aus obiger Darstellung folgt für jede komplexe Zahl

$$z = a + b\,\mathrm{i} = r(\cos\varphi + \mathrm{i}\,\sin\varphi).$$

Weil „$\sin\varphi\,\mathrm{i}$" komisch aussieht (und man hier eigentlich Klammern um das φ machen müsste), schreiben wir in der Polarform das i stets vor den Sinus.

Beispiel 9.9   Die Polarkoordinaten $(2, \frac{\pi}{3})$ gehören zu

$$z = 2\Big(\cos\frac{\pi}{3} + \mathrm{i}\,\sin\frac{\pi}{3}\Big) = 2\Big(\frac{1}{2} + \frac{\sqrt{3}}{2}\,\mathrm{i}\Big) = 1 + \sqrt{3}\,\mathrm{i}.$$

Beispiel 9.10   Wir wandeln $z = \sqrt{2} + \sqrt{2}\,\mathrm{i}$ in Polarform um.

Zunächst ist $r = |z| = \sqrt{\sqrt{2}^{\,2} + \sqrt{2}^{\,2}} = 2$. Um den Winkel φ zu bestimmen, beachten wir

$$\tan\varphi = \frac{\mathrm{Im}\,z}{\mathrm{Re}\,z} = \frac{b}{a}\,.$$

Hier ist $\tan\varphi = \frac{\sqrt{2}}{\sqrt{2}} = 1$, was $\varphi_0 = \frac{\pi}{4}$ ($45°$) liefert. Aber auch $\varphi_1 = \frac{\pi}{4} + \pi = \frac{5\pi}{4}$ ist eine Lösung von $\tan\varphi = 1$, die in $[\,0, 2\pi)$ liegt, da der Tangens eine Periode von π besitzt. Nun erkennt man an der Darstellung $z = \sqrt{2} + \sqrt{2}\,\mathrm{i}$ allerdings sofort, dass z im ersten Quadranten liegt (wegen $\mathrm{Re}\,z > 0$ und $\mathrm{Im}\,z > 0$), also ist $\varphi_0 = \frac{\pi}{4}$ der gesuchte Winkel. Somit gilt

$$z = \sqrt{2} + \sqrt{2}\,\mathrm{i} = 2\Big(\cos\frac{\pi}{4} + \mathrm{i}\,\sin\frac{\pi}{4}\Big).$$

Beispiel 9.11   Dasselbe für $z = 3 - \sqrt{3}\,\mathrm{i}$.

Der Betrag von z ist $r = |z| = \sqrt{3^2 + (-\sqrt{3})^2} = \sqrt{12} = 2\sqrt{3}$. Für das Argument von z gilt $\tan\varphi = \frac{b}{a} = \frac{-\sqrt{3}}{3}$, also $\varphi_k = \tan^{-1}\big(-\frac{\sqrt{3}}{3}\big) = -\frac{\pi}{6} + k\cdot\pi$ mit $k \in \mathbb{Z}$. Wegen $\varphi_0 \notin [\,0, 2\pi)$ betrachten wir $\varphi_1 = \varphi_0 + \pi = \frac{5\pi}{6}$ und $\varphi_2 = \varphi_0 + 2\pi = \frac{11\pi}{6}$. Wegen $\mathrm{Re}\,z > 0$ und $\mathrm{Im}\,z < 0$ liegt der Pfeil von z im 4. Quadranten, d.h. φ_2 ist der korrekte Winkel. Somit ist

$$z = 3 - \sqrt{3}\,\mathrm{i} = 2\sqrt{3}\Big(\cos\frac{11\pi}{6} + \mathrm{i}\,\sin\frac{11\pi}{6}\Big).$$

Was aber bringt das Ganze? Die Polarform sieht doch ehrlich gesagt viel umständlicher aus als die $a + b\,\mathrm{i}$-Darstellung. Die alles entscheidende Einsicht bringt uns mal wieder der große Euler.

9.4.2   Eulers Identität

Zur Vorbereitung auf den folgenden Satz solltest du dir nochmals anschauen, wie die Exponentialfunktion $\exp(x) = \mathrm{e}^x$ in 4.2.6 definiert wurde. Außerdem brauchen wir die Taylorreihen von Sinus und Cosinus auf Seite 152.

Hier benötigen wir nun die Erweiterung von exp auf komplexe Zahlen: Durch

$$\exp\colon \mathbb{C} \to \mathbb{C}, \quad z \mapsto \mathrm{e}^z := \sum_{k=0}^{\infty} \frac{1}{k!}\, z^k$$

wird eine komplexwertige Funktion auf ganz $\mathbb{C}$ definiert.

Moment mal: Hier steht ja der Grenzwert einer komplexen Folge von Partialsummen, ohne dass wir jemals über Konvergenz komplexer Zahlenfolgen geredet haben. Die gute Nachricht ist: Fast alle Definitionen und Konzepte aus Kapitel 4 übertragen sich wortwörtlich auf $\mathbb{C}$, wobei wir einfach den Betrag komplexer Zahlen als Erweiterung des reellen Betrags verwenden. (Da $\mathbb{C}$ keine Anordnung besitzt, lassen sich jedoch die Begriffe, die von der Ordnungsrelation auf $\mathbb{R}$ abhängen, wie z.B. Monotonie oder Supremum, nicht auf $\mathbb{C}$ übertragen.)

Zumindest die Grenzwertdefinition wollen wir kurz elaborieren, weil wir dies im folgenden Beweis benötigen: Eine Folge komplexer Zahlen $(z_n) \subset \mathbb{C}$ konvergiert gegen den Grenzwert $z \in \mathbb{C}$, wenn es für jedes $\varepsilon > 0$ eine Zahl $n_\varepsilon \in \mathbb{N}$ gibt, so dass $|z_n - z| < \varepsilon$ (dies ist nun der komplexe Betrag) für alle $n > n_\varepsilon$ gilt. Haben wir $z_n \to z$ in $\mathbb{C}$, so folgt aus

$$|\operatorname{Re} z_n - \operatorname{Re} z| = |\operatorname{Re}(z_n - z)| \leqslant |z_n - z| \quad \text{und}$$

$$|\operatorname{Im} z_n - \operatorname{Im} z| = |\operatorname{Im}(z_n - z)| \leqslant |z_n - z|,$$

dass auch die Ausdrücke $|\operatorname{Re} z_n - \operatorname{Re} z|$ und $|\operatorname{Im} z_n - \operatorname{Im} z|$ kleiner als jedes beliebige $\varepsilon > 0$ werden. Somit zieht die komplexe Konvergenz $z_n \to z$ automatisch die Konvergenz der reellen Folgen $(\operatorname{Re} z_n)$ und $(\operatorname{Im} z_n)$ nach sich, und zwar gegen die Grenzwerte $\operatorname{Re} z$ bzw. $\operatorname{Im} z$.

Nun aber zurück zur komplexen e-Funktion selbst: Wir teilen mit, dass die sie definierende komplexe Reihe für jedes $z \in \mathbb{C}$ konvergiert, und dass zudem das extrem nützliche Additionstheorem

$$\mathrm{e}^u \cdot \mathrm{e}^v = \mathrm{e}^{u+v} \quad \text{auch für alle } u, v \in \mathbb{C},$$

gilt (ohne Beweis; siehe jedoch Aufgabe 9.25 für den uns nur interessierenden Spezialfall rein imaginärer u und v).

Euler hat entdeckt, dass etwas sehr Bemerkenswertes passiert, wenn man in die e-Funktion rein imaginäre Zahlen $z = \varphi\,\mathrm{i}$ einsetzt.

Satz 9.7   Für alle $\varphi \in \mathbb{R}$ gilt die berühmte *eulersche Identität*

$$e^{\varphi i} = \cos \varphi + i \sin \varphi.$$

Beweis: Füttert man die Potenzreihe der komplexen e-Funktion mit $z = \varphi i$, $\varphi \in \mathbb{R}$, so nimmt diese folgende Gestalt an:

$$e^{\varphi i} = \sum_{k=0}^{\infty} \frac{1}{k!} \, (\varphi i)^k = \sum_{k=0}^{\infty} \frac{1}{k!} \, \varphi^k \, i^k.$$

Da wir die Konvergenz der exp-Reihe für jedes $z \in \mathbb{C}$ voraussetzen, konvergiert insbesondere die Folge (s_n) der komplexen Partialsummen $s_n = \sum_{k=0}^{n} \frac{1}{k!} \, \varphi^k i^k$. Nach der Vorbemerkung konvergieren daher auch deren Real- und Imaginärteilsfolgen $(\operatorname{Re} s_n)$ bzw. $(\operatorname{Im} s_n)$ gegen Real- bzw. Imaginärteil des Grenzwerts $e^{\varphi i}$. Da die reellen Folgen $(\operatorname{Re} s_n)$ bzw. $(\operatorname{Im} s_n)$ nichts anderes als die Partialsummen der Reihen $\sum_{k=0}^{\infty} \frac{1}{k!} \, \varphi^k \operatorname{Re}(i^k)$ bzw. $\sum_{k=0}^{\infty} \frac{1}{k!} \, \varphi^k \operatorname{Im}(i^k)$ sind, erhalten wir

$$e^{\varphi i} = \operatorname{Re}(e^{\varphi i}) + i \operatorname{Im}(e^{\varphi i}) = \sum_{k=0}^{\infty} \frac{1}{k!} \, \varphi^k \operatorname{Re}(i^k) + i \sum_{k=0}^{\infty} \frac{1}{k!} \, \varphi^k \operatorname{Im}(i^k).$$

Für gerade bzw. ungerade Hochzahlen (geschrieben als $k = 2m$ mit $m \in \mathbb{N}_0$ bzw. $k = 2m + 1$ mit $m \in \mathbb{N}_0$) gilt für die Potenzen von i

$$i^k = i^{2m} = (i^2)^m = (-1)^m \qquad \text{bzw.} \qquad i^k = i^{2m+1} = i^{2m} \cdot i = (-1)^m \, i.$$

Folglich ist $\operatorname{Re}(i^{2m}) = (-1)^m = \operatorname{Im}(i^{2m+1})$, sowie $\operatorname{Re}(i^{2m+1}) = 0 = \operatorname{Im}(i^{2m})$ für alle $m \in \mathbb{N}_0$, und obige Reihen verwandeln sich in

$$e^{\varphi i} = \sum_{k \text{ gerade}} \frac{1}{k!} \, \varphi^k \operatorname{Re}(i^k) + i \sum_{k \text{ ungerade}} \frac{1}{k!} \, \varphi^k \operatorname{Im}(i^k)$$

$$= \sum_{m=0}^{\infty} \frac{1}{(2m)!} \, \varphi^{2m}(-1)^m + i \sum_{m=0}^{\infty} \frac{1}{(2m+1)!} \, \varphi^{2m+1}(-1)^m$$

$$= \sum_{m=0}^{\infty} \frac{(-1)^m}{(2m)!} \, \varphi^{2m} + i \sum_{m=0}^{\infty} \frac{(-1)^m}{(2m+1)!} \, \varphi^{2m+1}.$$

Hoppla, da stehen ja plötzlich die Taylorreihen von Cosinus und Sinus, d.h. wir haben $e^{\varphi i} = \cos \varphi + i \sin \varphi$ bewiesen. $\square$

Für $\varphi = \pi$ liefert Satz 9.7 ein besonderes Schmankerl, nämlich

$$e^{\pi i} = \cos \pi + i \sin \pi = -1 + 0i = -1.$$

Drei der wichtigsten Zahlen der Mathematik, nämlich e, π und i (die ersten beiden sind irrational, ja sogar transzendent und die dritte ist gar nicht mehr reell) hängen also auf verblüffend einfache Weise zusammen:

$$\mathrm{e}^{\pi \mathrm{i}} = -1.$$

9.4.3 Multiplikation in Polarform

Mit Hilfe der eulerschen Identität lässt sich die Polarform komplexer Zahlen auf eine äußerst kompakte und leicht handhabbare Gestalt bringen:

$$r\,(\cos\varphi + \mathrm{i}\,\sin\varphi) = r\,\mathrm{e}^{\varphi\mathrm{i}}.$$

So ist die Polarform von $\sqrt{2} + \sqrt{2}\,\mathrm{i}$ ganz einfach $2\,\mathrm{e}^{\frac{\pi}{4}\mathrm{i}}$ (vergleiche Beispiel 9.10).

Mit Hilfe dieser neuen Darstellung der Polarform eröffnet sich mit einem Schlag eine anschauliche geometrische Deutung der komplexen Multiplikation.

Seien $z = r\,\mathrm{e}^{\varphi\mathrm{i}}$ und $w = s\,\mathrm{e}^{\theta\mathrm{i}}$ komplexe Zahlen mit $r, s \in \mathbb{R}_0^+$ und $\varphi, \theta \in [\,0\,,2\pi)$. Aufgrund des oben mitgeteilten Additionstheorems der komplexen e-Funktion, $\mathrm{e}^u \cdot \mathrm{e}^v = \mathrm{e}^{u+v}$, folgt

$$z \cdot w = r\,\mathrm{e}^{\varphi\mathrm{i}} \cdot s\,\mathrm{e}^{\theta\mathrm{i}} = rs\,\mathrm{e}^{\varphi\mathrm{i}} \cdot \mathrm{e}^{\theta\mathrm{i}} = rs\,\mathrm{e}^{\varphi\mathrm{i}+\theta\mathrm{i}} = rs\,\mathrm{e}^{(\varphi+\theta)\mathrm{i}}.$$

(Falls $\varphi + \theta$ nicht in $[\,0\,,2\pi)$ liegt, muss man noch 2π abziehen, um auf die eindeutige Polardarstellung zu kommen.)

Komplexe Zahlen werden also multipliziert, indem man ihre *Beträge multipliziert* und ihre *Winkel addiert* (siehe Abbildung 9.7).

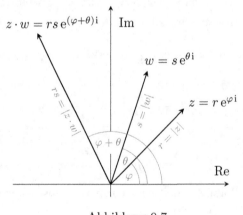

Abbildung 9.7

Beispiel 9.12 $\sqrt{2}\,\mathrm{e}^{\pi\mathrm{i}} \cdot \sqrt{8}\,\mathrm{e}^{\frac{3\pi}{2}\mathrm{i}} = \sqrt{16}\,\mathrm{e}^{\frac{5\pi}{2}\mathrm{i}} = 4\,\mathrm{e}^{\frac{\pi}{2}\mathrm{i}}$

Beispiel 9.13   Welche geometrische Bedeutung besitzt die Abbildung

$$\mu_\mathrm{i}\colon \mathbb{C} \to \mathbb{C}, \quad z \mapsto z \cdot \mathrm{i}, \qquad \text{also Multiplikation mit i?}$$

Da das Argument von i offenbar $\frac{\pi}{2}$ (90°) ist, und $|i| = \sqrt{0^2 + 1^2} = 1$ gilt, lautet die Polarform von i einfach $e^{\frac{\pi}{2}i}$. Für jedes $z = r\,e^{\varphi i}$ ist dann

$$\mu_i(z) = z \cdot i = r\,e^{\varphi i} \cdot e^{\frac{\pi}{2}i} = r\,e^{(\varphi + \frac{\pi}{2})i}.$$

Die Multiplikation mit i dreht einen komplexen Pfeil also um 90° im Gegenuhrzeigersinn, ohne aber seine Länge zu verändern.

9.4.4   Komplexe Quadratwurzeln

Im Folgenden werden wir dem Ausdruck „$\sqrt{z}$" für alle komplexen Zahlen z einen Sinn geben. Insbesondere werden wir die Wurzel aus i ziehen, was auf den ersten Blick gewagt erscheinen mag, da zu Schulzeiten noch nicht einmal etwas Negatives, geschweige denn etwas Imaginäres unter dem Wurzelzeichen geduldet wurde.

Definition 9.8   Die Lösungen der Gleichung $w^2 = z$ für $z \in \mathbb{C}$ heißen *komplexe Quadratwurzeln von z* (kurz: *Wurzeln von z*).   ◇

Beispiel 9.14   Gibt es komplexe Quadratwurzeln von -1?

Natürlich, denn so haben wir die imaginäre Einheit i ja gerade definiert und in Satz 9.1 nachgerechnet, dass $(\pm i)^2 = -1$ gilt. Damit sind i und $-i$ zwei komplexe Quadratwurzeln von -1. Mit der Schreibweise $\sqrt{-1}$ sind wir allerdings noch vorsichtig (siehe unten).

Anmerkungen:

(1) Mit w ist automatisch auch $-w$ eine Quadratwurzel von z. Dies folgt ganz einfach aus $(-w)^2 = (-1)^2 w^2 = w^2$.

(2) Dass eine komplexe Zahl höchstens zwei Quadratwurzeln besitzen kann, wird anhand der geometrischen Interpretation des Wurzelziehens in Kürze klar werden; siehe auch Satz 9.8 (oder Abschnitt 9.5.3).

Beispiel 9.15   Was sind die komplexen Quadratwurzeln von i?

Wir wollen $w^2 = i$ lösen. Dazu kann man auf zwei Weisen vorgehen.

Variante 1:   Wir müssen $x, y \in \mathbb{R}$ finden, so dass $w = x + y\,i$ die Gleichung $w^2 = (x + y\,i)^2 = i$ erfüllt. Ausführen des Quadrats liefert

$$x^2 + 2xy\,i + (y\,i)^2 = x^2 - y^2 + 2xy\,i \overset{!}{=} i = 0 + 1\,i.$$

Vergleichen von Real- und Imaginärteil führt auf das reelle Gleichungspaar

(1) $x^2 - y^2 = 0$ und   (2) $2xy = 1$.

Aus (1) folgt $x = \pm y$. Um (2) zu erfüllen, müssen x und y dasselbe Vorzeichen haben, also

$$x = y, \qquad \text{und in (2) eingesetzt} \qquad 2x^2 = 1.$$

Somit gilt für den gesuchten Real- und Imaginärteil $x = y = \pm\sqrt{\frac{1}{2}} = \pm\frac{1}{\sqrt{2}}$, und wir erhalten (endlich) als Quadratwurzeln von i

$$w_{1,2} = \pm\left(\frac{1}{\sqrt{2}} + \frac{1}{\sqrt{2}}\,i\right) = \pm\frac{1+i}{\sqrt{2}}.$$

Da wir nicht nur Äquivalenzumformungen durchgeführt haben, muss man zur Kontrolle nachrechnen, dass tatsächlich $(w_{1,2})^2 = i$ gilt (tue dies!).

Variante 2:   Die Polarform erspart uns diese bittere Arbeit. Schreiben wir die gesuchten Wurzeln in der Form $w = r\,e^{\varphi i}$, dann folgt nach 9.4.3

$$w^2 = (r\,e^{\varphi i})^2 = r^2\,e^{2\varphi i}.$$

Damit lautet die Gleichung $w^2 = i$ in Polarform

$$r^2\,e^{2\varphi i} = i = 1\,e^{\frac{\pi}{2}i}.$$

Dies ist erfüllt für $r^2 = 1$ und $2\varphi = \frac{\pi}{2}$, also $r = 1$ (da $r > 0$) und $\varphi = \frac{\pi}{4}$. Somit ist

$$w_1 = e^{\frac{\pi}{4}i}$$

eine Quadratwurzel von i, die zweite ist $w_2 = -w_1$. Übung: Weise mit Eulers Identität nach, dass es sich um dieselben w wie in Variante 1 handelt.

Wenn man sich vorstellt, was geometrisch beim Quadrieren einer komplexen Zahl passiert, wird das Vorgehen von Variante 2 noch klarer. Wegen $(r\,e^{\varphi i})^2 = r^2\,e^{2\varphi i}$ wird die Länge des Pfeils quadriert und sein Winkel (zur reellen Achse) verdoppelt. Will man die Wurzel eines Pfeils ziehen, muss man folglich die *Wurzel aus seiner Länge* nehmen und seinen *Winkel halbieren*!
Auch das negative Vorzeichen der zweiten Wurzel bekommt aufgrund von $-1 = e^{\pi i}$ eine geometrische Bedeutung: Ist $w_1 = s\,e^{\theta i}$ die Wurzel einer Zahl z, dann ist

$$w_2 = -w_1 = (-1)\cdot w_1 = e^{\pi i}\cdot s\,e^{\theta i} = s\,e^{(\theta+\pi)i}.$$

Somit ist der Pfeil von w_2 um π, d.h. 180° weiter gedreht als der von w_1. Beim Quadrieren wird aus diesen 180° aber 360°, weshalb die „Quadratpfeile" von w_1 und w_2 identisch sind (da man einem Pfeil eine Drehung um 360° nicht ansieht).

Die eben gewonnenen Erkenntnisse wollen wir nun allgemein festhalten.

Satz 9.8   Jedes $z = r\,e^{\varphi i} \in \mathbb{C}\backslash\{0\}$ besitzt genau zwei komplexe Quadratwurzeln:

$$w_1 = \sqrt{r}\,e^{\frac{\varphi}{2}i} \quad \text{und} \quad w_2 = -w_1 = \sqrt{r}\,e^{(\frac{\varphi}{2}+\pi)i}.$$

Beweis: Es ist $w_1^2 = \left(\sqrt{r}\,\mathrm{e}^{\frac{\varphi}{2}\mathrm{i}}\right)^2 = \sqrt{r}^2\,\mathrm{e}^{2\cdot\frac{\varphi}{2}\mathrm{i}} = r\,\mathrm{e}^{\varphi\mathrm{i}} = z$, also ist w_1 eine Quadratwurzel von z. Dass $-w_1$ die angegebene Polardarstellung besitzt, folgt wie oben aus $-1 = \mathrm{e}^{\pi\mathrm{i}}$ und $w_2^2 = z$ ist wegen $w_2 = -w_1$ klar.

Dass es keine weiteren Quadratwurzeln geben kann, sieht man so: Ist $w = s\,\mathrm{e}^{\theta\mathrm{i}}$ eine komplexe Zahl mit der Eigenschaft $w^2 = z$, so folgt $\frac{w^2}{z} = 1$, d.h.

$$\frac{s^2\,\mathrm{e}^{2\theta\mathrm{i}}}{r\,\mathrm{e}^{\varphi\mathrm{i}}} = \frac{s^2}{r}\,\mathrm{e}^{(2\theta-\varphi)\mathrm{i}} \stackrel{!}{=} 1.$$

Dies erzwingt $s^2 = r$, sprich $s = \sqrt{r}$ (da $s > 0$) und $\mathrm{e}^{(2\theta-\varphi)\mathrm{i}} = 1$. Nach Eulers Identität ist $\mathrm{e}^{(2\theta-\varphi)\mathrm{i}} = \cos(2\theta - \varphi) + \mathrm{i}\sin(2\theta - \varphi)$, also muss $\cos(2\theta - \varphi) = 1$ und $\sin(2\theta - \varphi) = 0$ sein. Die einzigen Argumente, für die beides erfüllt ist, sind $k \cdot 2\pi$ mit $k \in \mathbb{Z}$ (siehe Anmerkung). $2\theta_1 - \varphi = 0$ ergibt $\theta_1 = \frac{\varphi}{2}$ und gehört somit zu w_1, während $2\theta_2 - \varphi = \pm 2\pi$ auf $\theta_2 = \frac{\varphi}{2} \pm \pi$ führt und damit zu w_2 gehört. ($2\theta - \varphi = \pm 4\pi, \pm 6\pi$ etc. liefert keine $\theta \in [0, 2\pi)$ mehr.) $\qquad\square$

Anmerkung: Wir akzeptieren hier ohne Beweis, dass genau die Zahlen $n\pi$, $n \in \mathbb{Z}$, die Nullstellen der Sinusfunktion sind (und der Cosinus dort 1 wird). Tatsächlich steckt dahinter eine Möglichkeit, die Zahl π „ungeometrisch" zu definieren, nämlich als kleinste positive Nullstelle der über die Potenzreihe auf Seite 150 erklärten Sinusfunktion. Dann bleibt allerdings noch nachzuweisen, dass $\sin x$ periodisch mit Periode 2π ist.

Nun müssen wir noch über die Mehrdeutigkeit der Quadratwurzel reden. Im Reellen definiert man $\sqrt{x}$ als *positive* Lösung der Gleichung $w^2 = x$. In $\mathbb{C}$ machen wir es so ähnlich (nur dass es hier den Begriff „positiv" nicht mehr gibt, siehe 9.3.2).

Definition 9.9 $\quad \sqrt{z}$ ist die Lösung der Gleichung $w^2 = z$, deren Argument in $[0, \pi)$ liegt. $\qquad\qquad\qquad\qquad\qquad\qquad\qquad\qquad\qquad\qquad\qquad\Diamond$

Somit ist also $\sqrt{\mathrm{i}} = \mathrm{e}^{\frac{\pi}{4}\mathrm{i}}$ und nicht $\mathrm{e}^{(\frac{\pi}{4}+\pi)\mathrm{i}} = \mathrm{e}^{\frac{5\pi}{4}\mathrm{i}}$. Ebenso ist $\sqrt{-1} = \mathrm{i} = \mathrm{e}^{\frac{\pi}{2}\mathrm{i}}$ und nicht $-\mathrm{i} = \mathrm{e}^{\frac{3\pi}{2}\mathrm{i}}$.

Diese Festlegung wird noch verständlicher, wenn man sich die Geometrie der komplexen Quadratfunktion in Abbildung 9.8 anschaut. Dort sind die Bilder der Pfeile von 1, $u = \mathrm{e}^{\frac{\pi}{4}\mathrm{i}}$, $v = \mathrm{i}$ und $w = \mathrm{e}^{\frac{3\pi}{4}\mathrm{i}}$ unter der Funktion $z \mapsto z^2$ eingezeichnet.

Die Quadratfunktion $q(z) = z^2$ bildet die *geschlitzte obere Halbebene*

$$\mathcal{H}^- = \{\, r\,\mathrm{e}^{\varphi\mathrm{i}} \mid r \geqslant 0,\, \varphi \in [0, \pi)\,\} = \{\, z \in \mathbb{C} \mid \mathrm{Im}\, z \geqslant 0\,\} \setminus \mathbb{R}^-$$

bijektiv auf ganz $\mathbb{C}$ ab. Die Injektivität von q wird durch das Herausnehmen der unteren komplexen Halbebene $\{\, z \in \mathbb{C} \mid \mathrm{Im}\, z < 0\,\}$ inklusive der negativen reellen Achse garantiert, denn dadurch verschwindet die Doppeldeutigkeit der Urbilder unter q (vergleiche Satz 9.8). Die Surjektivität folgt ebenfalls aus Satz 9.8, da jede komplexe Zahl eine Wurzel, also ein Urbild unter q besitzt.

Kurz gesagt ist

$$q\colon \mathcal{H}^- \to \mathbb{C},\ z \mapsto z^2,$$

eine bijektive Abbildung mit Umkehrfunktion $z \mapsto \sqrt{z}$.

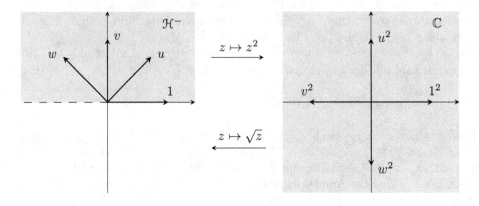

Abbildung 9.8

Aufgabe 9.17   Berechne und schreibe das Ergebnis auch in der Form $a + b\,\mathrm{i}$.

a) $\sqrt{-4}$ b) $\sqrt{-a}$ $(a \in \mathbb{R})$ c) $\sqrt{16\,\mathrm{e}^{3\pi\mathrm{i}}}$ d) $\sqrt{5 + 12\,\mathrm{i}}$ e) $\sqrt{3 - 4\,\mathrm{i}}$

Aufgabe 9.18   Belege durch ein Zahlenbeispiel, dass im Allgemeinen

$$\sqrt{z \cdot w} \neq \sqrt{z} \cdot \sqrt{w} \quad \text{und} \quad \sqrt{\frac{z}{w}} \neq \frac{\sqrt{z}}{\sqrt{w}}$$

ist. Im Gegensatz zur reellen Wurzel ist die komplexe Wurzel also nicht multiplikativ. Begründe, dass aber zumindest $\sqrt{z \cdot w} = \sqrt{z} \cdot \sqrt{w}$ oder $\sqrt{z \cdot w} = -\sqrt{z} \cdot \sqrt{w}$ gelten muss (analog für „geteilt durch", was wegen $\frac{z}{w} = z \cdot \frac{1}{w}$ sowieso klar ist).

Aufgabe 9.19   Zeige, dass gilt:
a) $\sqrt{z}$ ist genau dann reell (und nicht negativ), wenn $z \in \mathbb{R}_0^+$ ist.
b) $\sqrt{z}$ ist genau dann rein imaginär, wenn $z \in \mathbb{R}^-$ ist.

Aufgabe 9.20   Wer das Umwandeln in Polarform zum Wurzelziehen umständlich findet, kann auch mit der folgenden äußerst nützlichen Formel arbeiten, die gar nicht so schlimm ist, wie sie auf den ersten Blick vielleicht wirkt.
Für die Quadratwurzel von $z = a + b\,\mathrm{i}$ (mit $a, b \in \mathbb{R}$) gilt

$$\sqrt{z} = (\pm)\left(\sqrt{\frac{|z| + a}{2}} + \operatorname{sgn}(b)\sqrt{\frac{|z| - a}{2}}\,\mathrm{i} \right),$$

wobei das Vorzeichen ($\pm$) so zu wählen ist, dass das Ergebnis für $\sqrt{z}$ in $\mathcal{H}^-$ liegt. Hierbei ist sgn die Vorzeichenfunktion (Signum):

$$\operatorname{sgn}(b) = \begin{cases} -1, & \text{falls } b < 0, \\ 1, & \text{falls } b \geqslant 0. \end{cases}$$

(Die Festlegung $\operatorname{sgn}(0) = 1$ garantiert hier, dass die Formel auch für $b = 0$ das korrekte Ergebnis liefert. Überzeuge dich in den beiden Fällen $a \geqslant 0$ und $a < 0$ hiervon.) Beachte, dass auf der rechten Seite obiger Formel jeweils gewöhnliche reelle Wurzeln stehen, weil die Radikanden aufgrund von $|z| \geqslant |a|$, d.h. $|z| \pm a \geqslant 0$, reell und nicht-negativ sind.

Bestimme damit erneut die Wurzeln aus Aufgabe 9.17 a), d) und e).
Für die Hartgesottenen: Versuche diese Formel herzuleiten, indem du das Vorgehen von Variante 1 aus Beispiel 9.15 verallgemeinerst.

9.4.5 Exkurs: Beweis trigonometrischer Identitäten

In den folgenden Aufgaben wird gezeigt, wie man mit Hilfe der Euler-Identität mühelos trigonometrische Identitäten beweisen kann, für deren Beweis man im Reellen viel tiefer in die Trickkiste greifen müsste.

Aufgabe 9.21   Beweise mittels Eulers Identität die Formel von DE MOIVRE[6].

$$(\cos \varphi + \mathrm{i} \sin \varphi)^n = \cos n\varphi + \mathrm{i} \sin n\varphi \quad (\varphi \in \mathbb{R},\, n \in \mathbb{N})$$

Aufgabe 9.22   Komplexe Darstellung von Sinus und Cosinus.

a) Beweise mit Eulers Identität, dass $\overline{\mathrm{e}^{\varphi \mathrm{i}}} = \mathrm{e}^{-\varphi \mathrm{i}}$ gilt. (Tipp: Was ist $\cos(-\varphi)$ bzw. $\sin(-\varphi)$?) Geometrische Deutung?

b) Zeige (am elegantesten unter Verwendung von a) und Satz 9.3), dass gilt

$$\cos \varphi = \frac{1}{2} \left(\mathrm{e}^{\varphi \mathrm{i}} + \mathrm{e}^{-\varphi \mathrm{i}} \right) \qquad \text{und} \qquad \sin \varphi = \frac{1}{2\mathrm{i}} \left(\mathrm{e}^{\varphi \mathrm{i}} - \mathrm{e}^{-\varphi \mathrm{i}} \right).$$

---

[6]Abraham DE MOIVRE (1667–1754); französischer Mathematiker.

Aufgabe 9.23   a) Beweise die *Doppelwinkelformeln* für Sinus und Cosinus,

$$\sin 2\varphi = 2\cos\varphi\sin\varphi \qquad \text{und} \qquad \cos 2\varphi = \cos^2\varphi - \sin^2\varphi,$$

(i) indem du in der Formel von de Moivre $n = 2$ setzt, und dann auf beiden Seiten Real- und Imaginärteil vergleichst. Oder:

(ii) Indem du auf der rechten Seite obiger Gleichungen die Formeln für Sinus und Cosinus aus Aufgabe 9.22 b) einsetzt und dann so lange umformst, bis die linke Seite da steht.

b) Zeige (am schnellsten mit Methode (i)):

$$\sin 3\varphi = -\sin^3\varphi + 3\cos^2\varphi\sin\varphi \quad \text{und} \quad \cos 3\varphi = \cos^3\varphi - 3\cos\varphi\sin^2\varphi.$$

Aufgabe 9.24   Beweise die folgenden *Additionstheoreme* mit Methode (ii).

a) $\sin(\varphi + \theta) = \cos\varphi \cdot \sin\theta + \sin\varphi \cdot \cos\theta$

b) $\cos(\varphi + \theta) = \cos\varphi \cdot \cos\theta - \sin\varphi \cdot \sin\theta$

c) $\sin\varphi + \sin\theta = 2\sin\frac{\varphi+\theta}{2}\cos\frac{\varphi-\theta}{2}$

Aufgabe 9.25   Beweis von $e^u \cdot e^v = e^{u+v}$ für $u, v \in \mathbb{R}\,i$.

Bestätige unter Verwendung von Aufgabe 9.24[7] die Gültigkeit der Gleichung

$$(\cos\varphi + i\sin\varphi) \cdot (\cos\theta + i\sin\theta) = \cos(\varphi + \theta) + i\sin(\varphi + \theta)$$

und wende dann auf beiden Seiten dieser Gleichung die eulersche Identität an.

9.5   Algebraische Gleichungen in $\mathbb{C}$

9.5.1   Quadratische Gleichungen

Die Existenz der komplexen Quadratwurzel versetzt uns nicht nur in die Lage, die rein quadratische Gleichung $w^2 = z$ lösen zu können, sondern *jede* quadratische Gleichung über $\mathbb{C}$. Beginnen wir zunächst mit einer quadratischen Gleichung mit reellen Koeffizienten (die man wegen $\mathbb{R} \subset \mathbb{C}$ auch als komplex auffassen kann), die über $\mathbb{R}$ keine Lösungen besitzt.

---

[7]Von der Beweislogik her beißt sich die Katze jetzt in den Schwanz („Zirkelschluss"), da zum Nachweis der Additionstheoreme in Aufgabe 9.24 bereits die hier zu beweisende Eigenschaft der e-Funktion verwendet wurde. Beweist man jedoch die Additionstheoreme reell (mit geeigneten Dreiecken), dann ist dieser Beweis logisch einwandfrei.

Beispiel 9.16   Löse die Gleichung $x^2 - 2x + 2 = 0$ über $\mathbb{C}$.

Wir wenden die gewohnte Lösungsformel („Mitternachtsformel") für quadratische Gleichungen an:

$$x_{1,2} = \frac{2 \pm \sqrt{(-2)^2 - 4 \cdot 2}}{2} = \frac{2 \pm \sqrt{-4}}{2} \, .$$

Aufgrund des negativen Radikanden wäre die Lösungsmenge über $\mathbb{R}$ leer, aber über $\mathbb{C}$ erhalten wir wegen $\sqrt{-4} = 2\,\mathrm{i}$ die zwei Lösungen

$$x_{1,2} = \frac{2 \pm 2\,\mathrm{i}}{2} = 1 \pm \mathrm{i}.$$

Diese Lösungsformel gilt auch für nicht-reelle Koeffizienten.

Satz 9.9   Die quadratische Gleichung $az^2 + bz + c = 0$ mit $a, b, c \in \mathbb{C}$ besitzt genau die Lösungen

$$z_{1,2} = \frac{-b \pm \sqrt{b^2 - 4ac}}{2a} \, .$$

Beweis: Entweder verifiziert man direkt durch Einsetzen, dass $z_{1,2}$ Lösungen der quadratischen Gleichung sind (Übung), oder man leitet diese Formel her. Letzteres bietet den Vorteil, dass es gleichzeitig auch die Einzigkeit obiger Lösungen beweist. Die Herleitung funktioniert wortwörtlich wie in $\mathbb{R}$ durch quadratisches Ergänzen:

$$az^2 + bz + c = a\left(z^2 + \frac{b}{a}\,z\right) + c = a\left(z^2 + \frac{b}{a}\,z + \left(\frac{b}{2a}\right)^2 - \left(\frac{b}{2a}\right)^2\right) + c$$

$$= a\left(\left(z + \frac{b}{2a}\right)^2 - \frac{b^2}{4a^2}\right) + c = a\left(z + \frac{b}{2a}\right)^2 - \frac{b^2}{4a} + c \, .$$

Damit verwandelt sich die Gleichung $az^2 + bz + c = 0$ in

$$a\left(z + \frac{b}{2a}\right)^2 = \frac{b^2}{4a} - c \qquad \text{bzw.} \qquad w^2 = \frac{b^2 - 4ac}{4a^2} \, ,$$

wobei $w = z + \frac{b}{2a}$ substituiert wurde. Diese Gleichung besitzt nach 9.4.4 immer genau folgende Lösungen

$$w_{1,2} = \pm\sqrt{\frac{b^2 - 4ac}{4a^2}} = \pm\frac{\sqrt{b^2 - 4ac}}{2a} \, .$$

(Beachte, dass wir im zweiten Schritt das in Aufgabe 9.18 beschriebene Problem vermeiden, da bereits ein $\pm$-Zeichen davor steht.)

Die Rücksubstitution $z = w - \frac{b}{2a}$ liefert wie behauptet $z_{1,2} = \frac{-b \pm \sqrt{b^2 - 4ac}}{2a}$. $\square$

Beispiel 9.17   Löse $z^2 - 2z - 2 + 4\,\mathrm{i} = 0$.

Wir wenden die eben gefundene Lösungsformel an:

$$z_{1,2} = \frac{2 \pm \sqrt{(-2)^2 - 4(-2 + 4\,\mathrm{i})}}{2} = \frac{2 \pm \sqrt{12 - 16\,\mathrm{i}}}{2}\,.$$

Mit $\sqrt{12 - 16\,\mathrm{i}} = 2\sqrt{3 - 4\,\mathrm{i}} = -4 + 2\,\mathrm{i}$ (siehe Aufgabe 9.17) ergibt sich

$$z_{1,2} = \frac{2 \pm (-4 + 2\,\mathrm{i})}{2} = 1 \pm (-2 + \mathrm{i})\,, \quad \text{also} \quad L = \{\,3 - \mathrm{i}, \, -1 + \mathrm{i}\,\}.$$

Aufgabe 9.26   Löse die folgenden quadratischen Gleichungen über $\mathbb{C}$.

  a) $z^2 - 4z + 5 = 0$ b) $5z^2 - (5 + 10\,\mathrm{i})z - 5 + 5\,\mathrm{i} = 0$

Aufgabe 9.27   Gib eine quadratische Gleichung mit der Lösungsmenge $L = \{\,1 - \mathrm{i}, 4 + 3\,\mathrm{i}\,\}$ an. Kontrolliere dein Ergebnis.

9.5.2   Die Kreisteilungsgleichung

In diesem Abschnitt lernen wir die Gleichung $z^n = 1$ für jedes $n \in \mathbb{N}$ zu lösen, und danach allgemeiner $z^n = c$ für beliebiges $c \in \mathbb{C}$. Wir ziehen also die *n-ten Wurzeln* aus einer komplexen Zahl.

Beispiel 9.18   Beginnen wir mit der Gleichung $z^3 = 1$, d.h. mit dem Finden aller dritten Wurzeln der Zahl 1 in $\mathbb{C}$. Natürlich ist 1 eine solche Zahl, aber im Unterschied zu $\mathbb{R}$ gibt es noch weitere. Ist $z = r\,\mathrm{e}^{\varphi\mathrm{i}}$, dann gilt

$$z^3 = (r\,\mathrm{e}^{\varphi\mathrm{i}})^3 = r^3\,\mathrm{e}^{3\varphi\mathrm{i}},$$

d.h. beim Potenzieren mit 3 wird der Winkel von z verdreifacht. Wenn das Ergebnis nun $1 = \mathrm{e}^{2\pi\mathrm{i}}$ sein soll, dann folgt $r = \sqrt[3]{1} = 1$ und z.B. $\varphi_1 = \frac{2\pi}{3} = 120°$.
Aber auch für $\varphi_2 = \frac{4\pi}{3} = 240°$ erhält man eine komplexe Zahl, deren Winkel nach Potenzieren mit 3 den Wert $3 \cdot 240° = 720°$ hat und deren Pfeil somit auf der reellen Achse landet (da $720° = 2 \cdot 360°$ ist). Damit haben wir drei verschiedene Lösungen von $z^3 = 1$ gefunden:

$$\zeta_1 = \mathrm{e}^{\frac{2\pi}{3}\mathrm{i}}, \quad \zeta_2 = \mathrm{e}^{\frac{4\pi}{3}\mathrm{i}}, \quad \zeta_3 = 1 = \mathrm{e}^{2\pi\mathrm{i}} = \mathrm{e}^{\frac{6\pi}{3}\mathrm{i}}$$

(der komische Buchstabe ist ein kleines griechisches „Zeta"), welche man als *dritte Einheitswurzeln* bezeichnet. Beachte: $\zeta_2 = \zeta_1^2$ und $\zeta_3 = \zeta_1^3 = 1$.

Da die Argumente der dritten Einheitswurzeln sich jeweils um 120° unterscheiden, bilden sie die Eckpunkte eines regelmäßigen, d.h. gleichseitigen Dreiecks (siehe Abbildung 9.9). Mit Hilfe der simplen Gleichung

$$z^3 = 1$$

lässt sich also ein gleichseitiges Dreieck mit Eckpunkten auf dem Einheitskreis in der komplexen Zahlenebene beschreiben. Daher auch der Name *Kreisteilungsgleichung*.

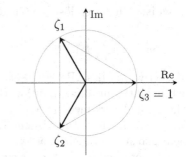

Abbildung 9.9

Diese Erkenntnisse können wir nun leicht auf jedes $n \in \mathbb{N}$ erweitern.

Satz 9.10   Die Gleichung $z^n = 1$, $n \in \mathbb{N}$, besitzt in ℂ genau die n Lösungen

$$\zeta_k = e^{k\frac{2\pi}{n}i} = \cos\left(k\,\frac{2\pi}{n}\right) + i\sin\left(k\,\frac{2\pi}{n}\right), \quad k \in \{1, \ldots, n\}.$$

Man nennt sie die *n-ten Einheitswurzeln*. Es gilt $\zeta_k = \zeta_1^k$, d.h. die Potenzen von ζ_1 liefern alle n-ten Einheitswurzeln, weshalb man ζ_1 auch als *primitive* Einheitswurzel bezeichnet. In der komplexen Zahlenebene bilden die ζ_k daher die Eckpunkte eines *regelmäßigen n-Ecks*.

Ein regelmäßiges n-Eck besitzt n gleich lange Seiten und n gleich große Innenwinkel (nur für $n = 3$ ist „regelmäßig" und „gleichseitig" äquivalent; so ist z.B. jede Raute ein gleichseitiges Viereck, aber nur ein Quadrat ist auch regelmäßig).

Abbildung 9.10: Primitives Wurzelziehen

Beweis: Jedes ζ_k löst die Gleichung $z^n = 1$, denn für alle $k \in \{1, \dots, n\}$ gilt

$$\zeta_k^n = \left(e^{k\frac{2\pi}{n}i}\right)^n = e^{n \cdot k\frac{2\pi}{n}i} = e^{k2\pi i} = \left(e^{2\pi i}\right)^k = 1^k = 1.$$

Hierbei wurde das „Potenzgesetz" $(e^z)^m = e^{m \cdot z}$ ($m \in \mathbb{N}$, $z \in \mathbb{C}$) verwendet, das sich induktiv aus dem Additionstheorem der komplexen e-Funktion ableiten lässt. Alle ζ_k sind verschieden, denn jedes besitzt einen anderen Winkel $k\frac{2\pi}{n} \in [0, 2\pi)$. Somit haben wir n verschiedene Lösungen von $z^n = 1$ gefunden, und dass es nicht mehr geben kann, sieht man wie im Beweis von Satz 9.8. (Siehe auch Seite 277 für eine weitere Begründung, die sich nicht auf die Sinus- und Cosinusfunktion stützt.) Abschließend ist

$$\zeta_1^k = \left(e^{\frac{2\pi}{n}i}\right)^k = e^{k\frac{2\pi}{n}i} = \zeta_k.$$

Daher entsteht $\zeta_2 = \zeta_1^2$ durch Multiplikation von ζ_1 mit sich selbst, was geometrisch der Drehung von ζ_1 um $\varphi = \frac{2\pi}{n}$ entspricht; $\zeta_3 = \zeta_1^3$ wiederum entsteht aus ζ_1 durch Rotation um 2φ usw. Also bilden die n-ten Einheitswurzeln die Eckpunkte eines regelmäßigen n-Ecks. $\square$

Nun schauen wir uns an, was passiert, wenn auf der rechten Seite der Kreisteilungsgleichung nicht die 1, sondern eine beliebige komplexe Zahl steht.

Beispiel 9.19   Finde alle Lösungen der Gleichung

$$z^4 = -i.$$

Eine Lösung der Gleichung $z^4 = -i = e^{\frac{3\pi}{2}i}$ ist $w = e^{\frac{3\pi}{8}i}$, denn es gilt

$$\left(e^{\frac{3\pi}{8}i}\right)^4 = e^{\frac{3\pi}{2}i} = -i.$$

Um alle vier Lösungen zu erhalten, muss man lediglich noch w mit den vierten Einheitswurzeln $\zeta_k = e^{k\frac{2\pi}{4}i}$, $k \in \{1, \dots, 4\}$, multiplizieren, denn dann ist

$$(\zeta_k w)^4 = \zeta_k^4 \cdot w^4 = 1 \cdot w^4 = -i.$$

In Abbildung 9.11 ist die Geometrie der Lösungsmenge dargestellt. Durch Multiplikation mit $w = e^{\frac{3\pi}{8}i}$ wird das regelmäßige Viereck (also das Quadrat) der vierten Einheitswurzeln $\zeta_1, \dots, \zeta_4$ um $\frac{3\pi}{8} = 67{,}5°$ im Gegenuhrzeigersinn gedreht. Wegen $|w| = 1$ bleiben seine Seitenlängen aber erhalten.

Ausgeschrieben lauten alle Lösungen obiger Gleichung

$$z_1 = \zeta_1 w = e^{\frac{2\pi}{4}i} \cdot e^{\frac{3\pi}{8}i} = e^{\frac{7\pi}{8}i} = \cos\frac{7\pi}{8} + i\sin\frac{7\pi}{8}$$

$$z_2 = \zeta_2 w = e^{\frac{4\pi}{4}i} \cdot e^{\frac{3\pi}{8}i} = e^{\frac{11\pi}{8}i} = \cos\frac{11\pi}{8} + i\sin\frac{11\pi}{8}$$

$$z_3 = \zeta_3 w = e^{\frac{6\pi}{4}i} \cdot e^{\frac{3\pi}{8}i} = e^{\frac{15\pi}{8}i} = \cos\frac{15\pi}{8} + i\sin\frac{15\pi}{8}$$

$$z_4 = \zeta_4 w = 1 \cdot w = e^{\frac{3\pi}{8}i} = \cos\frac{3\pi}{8} + i\sin\frac{3\pi}{8}.$$

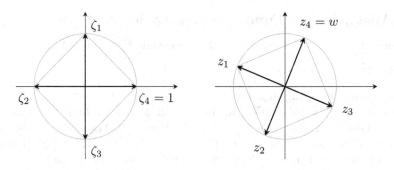

Abbildung 9.11

Das Vorgehen des letzten Beispiels halten wir noch allgemein fest.

Satz 9.11 $z^n = c$ besitzt für jedes $c \in \mathbb{C} \setminus \{0\}$ genau n Lösungen.

Beweis: Wir geben die n verschiedenen Lösungen explizit an. Für $c = r\,\mathrm{e}^{\varphi \mathrm{i}}$ ist

$$w = \sqrt[n]{r}\,\mathrm{e}^{\frac{\varphi}{n}\mathrm{i}}$$

sicher eine Lösung obiger Gleichung, denn $w^n = \sqrt[n]{r}^n\,\mathrm{e}^{n \cdot \frac{\varphi}{n}\mathrm{i}} = r\,\mathrm{e}^{\varphi \mathrm{i}} = c$. Um *alle* Lösungen zu erhalten, multiplizieren wir dieses w mit den n-ten Einheitswurzeln ζ_k, $k \in \{1, \dots, n\}$. Wegen $(\zeta_k w)^n = \zeta_k^n \cdot w^n = 1 \cdot w^n = c$ sind damit

$$z_k = \zeta_k w = \mathrm{e}^{k\frac{2\pi}{n}\mathrm{i}} \cdot \sqrt[n]{r}\,\mathrm{e}^{\frac{\varphi}{n}\mathrm{i}} = \sqrt[n]{r}\,\mathrm{e}^{\frac{\varphi + 2k\pi}{n}\mathrm{i}}, \quad k \in \{1, \dots, n\},$$

n verschiedene Lösungen der Gleichung $z^n = c$, und mehr als diese n kann es nicht geben (verallgemeinere wieder das Argument im Beweis von Satz 9.8 bzw. siehe Seite 277). $\qquad\square$

Jedes $c = r\,\mathrm{e}^{\varphi \mathrm{i}} \neq 0$ besitzt in $\mathbb{C}$ somit genau n verschiedene n-te Wurzeln. Mit Eulers Identität erhalten diese übrigens die Gestalt

$$z_k = \sqrt[n]{r}\left(\cos\!\left(\frac{\varphi + 2k\pi}{n}\right) + \mathrm{i}\sin\!\left(\frac{\varphi + 2k\pi}{n}\right)\right), \quad k \in \{1, \dots, n\}.$$

In der komplexen Zahlenebene bilden diese z_k ein regelmäßiges n-Eck, das im Vergleich zum Einheitswurzel-n-Eck um $\frac{\varphi}{n}$ rotiert und mit dem Faktor $\sqrt[n]{r}$ gestreckt bzw. gestaucht wurde.

Aufgabe 9.28 Gib die fünften Einheitswurzeln an und zeichne sie.

Aufgabe 9.29 Finde alle Lösungen von $z^6 = -32 + 32\sqrt{3}\,\mathrm{i}$ und zeichne sie.

9.5.3   Ausblick: Der Fundamentalsatz der Algebra

Das Polynom $f(z) = z^2 + 1$ besitzt in $\mathbb{C}$ die zwei Nullstellen $\pm\,\mathrm{i}$ und

$$f(z) = z^2 + 1 = (z - \mathrm{i}) \cdot (z + \mathrm{i})$$

ist demnach seine Zerlegung in komplexe *Linearfaktoren*. Dies ist sogar für jedes komplexe Polynom 2. Grades möglich, was darauf zurückzuführen ist, dass jede quadratische Gleichung über $\mathbb{C}$ lösbar ist (siehe Satz 9.9). Wie steht es aber mit komplizierteren Polynomen wie z.B. $f(z) = \mathrm{i}\,z^5 - 2z^3 + (2 - \mathrm{i})z^2 + \sqrt{2}$? Besitzen vielleicht auch sie stets komplexe Nullstellen? Die Antwort lautet: Ja!

Der Körper $\mathbb{C}$ hat die wunderbare Eigenschaft, *algebraisch abgeschlossen* zu sein, was bedeutet, dass *jedes komplexe Polynom (mindestens) eine Nullstelle in $\mathbb{C}$ besitzt*. Dies ist der Inhalt des folgenden berühmten Theorems, dessen Beweis leider außerhalb unserer Reichweite liegt (siehe z.B. [KÖN] oder [EBB]).

Theorem 9.1   (*Fundamentalsatz der Algebra*)

Jede Gleichung der Form

$$a_n z^n + a_{n-1} z^{n-1} + \ldots + a_1 z + a_0 = 0 \qquad (a_k \in \mathbb{C})$$

besitzt in $\mathbb{C}$ mindestens eine Lösung.   ⊟

Als unmittelbare Folgerung ergibt sich:

Korollar 9.1   Jedes komplexe Polynom zerfällt über $\mathbb{C}$ in Linearfaktoren.

Beweis des Korollars: Sei $f(z) = z^n + a_{n-1}z^{n-1} + \ldots + a_1 z + a_0$ (es genügt, den Fall $a_n = 1$ zu betrachten; ansonsten teilt man f einfach durch a_n). Nach dem Fundamentalsatz gibt es eine Lösung z_1 der Gleichung $f(z) = 0$, d.h. eine Nullstelle von f. Durch Polynomdivison (die wortwörtlich wie bei reellen Polynomen funktioniert) erhält man die Darstellung

$$f(z) = g(z) \cdot (z - z_1) + r(z),$$

wobei g ein Polynom vom Grad $n - 1$ ist, und r der Rest, der ein Polynom vom Grad 0 sein muss (da wir durch ein Polynom ersten Grades geteilt haben), also einfach eine komplexe Zahl $r(z) = r$. Setzt man auf beiden Seiten die Nullstelle z_1 ein, so folgt $0 = f(z_1) = g(z_1) \cdot (z_1 - z_1) + r = g(z_1) \cdot 0 + r = 0$, d.h. es gibt hier gar keinen Rest und wir erhalten

$$f(z) = g(z) \cdot (z - z_1).$$

Das Polynom g besitzt (für $n \geqslant 2$) nach dem Fundamentalsatz selbst wieder eine Nullstelle z_2. Erneute Polynomdivision (wieder mit Rest 0) liefert für g die Darstellung $g(z) = (z - z_2) \cdot h(z)$ mit $\mathrm{grad}(h) = n - 2$, d.h.

$$f(z) = (z - z_1) \cdot (z - z_2) \cdot h(z).$$

Dieses Verfahren lässt sich genau n-mal anwenden, da f ein Polynom vom Grad n ist. Am Ende erhält man die behauptete Linearfaktorzerlegung

$$f(z) = (z - z_1) \cdot (z - z_2) \cdot \ldots \cdot (z - z_n),$$

in welcher die z_i natürlich nicht notwendigerweise verschieden sein müssen. $\quad\square$

An der Darstellung $f(z) = (z - z_1) \cdot \ldots \cdot (z - z_n)$ erkennt man sofort, dass ein Polynom n-ten Grades höchstens n verschiedene Nullstellen besitzen kann: Da ein Produkt genau dann Null wird, wenn einer der Faktoren Null ist, kann $f(z)$ nur für $z \in \{\, z_1, \ldots, z_n \,\}$ Null werden.

Das lässt sich aber auch ohne Fundamentalsatz begründen: Wäre $f(z)$ ein Polynom n-ten Grades mit $n + 1$ verschiedenen Nullstellen $z_1, \ldots, z_{n+1}$, dann würde das Verfahren aus obigem Beweis die Faktorisierung $f(z) = (z - z_1) \cdot \ldots \cdot (z - z_{n+1})$ liefern (es sei wieder $a_n = 1$). Rechts stünde dann nach Ausmultiplizieren ein Polynom vom Grad $n + 1$, im Widerspruch zu $\operatorname{grad}(f) = n$.

Dies zeigt insbesondere, dass die Gleichungen

$$z^n - 1 = 0 \quad \text{bzw.} \quad z^n - c = 0$$

maximal n verschiedene Lösungen besitzen können, also dass es maximal n verschiedene komplexe n-te Wurzeln geben kann (vergleiche mit den Sätzen 9.8, 9.10 und 9.11).

Historisches. Viele große Mathematiker des 18. Jahrhunderts versuchten sich an Beweisen des Fundamentalsatzes, doch fehlerfreie Beweise gelangen erstmals Laplace[8] (1795) und Gauß (1799). Heutzutage gibt es eine Vielzahl verschiedener Beweise des Fundamentalsatzes.

Beachte: Der Fundamentalsatz ist ein reiner *Existenzsatz*, d.h. er sagt uns nicht, *wie* die Nullstellen konkret aussehen, z.B. durch eine allgemeine Lösungsformel wie in Satz 9.9 für $n = 2$, sondern nur *dass* es stets welche gibt. Oftmals ist aber bereits diese Existenz ein großer Gewinn.

Im Fall $n = 3$ und $n = 4$ gibt es noch geschlossene Lösungsformeln, die (im Wesentlichen) Cardano bereits 1545 entdeckt hatte. Die Lösungen der kubischen Gleichung

$$z^3 + pz + q = 0 \quad \text{mit } p, q \in \mathbb{C}$$

(Cardano konnte zeigen, dass sich jede Gleichung dritten Grades durch eine geeignete Substitution auf obige Gestalt bringen lässt) sind durch die *cardanischen Formeln*

$$z_1 = u + v, \qquad z_2 = \zeta^2 u + \zeta v, \qquad z_3 = \zeta u + \zeta^2 v$$

---

[8]Pierre-Simon de Laplace (1749 – 1827); französischer Mathematiker, Physiker und Astronom.

gegeben, wobei $\zeta = e^{\frac{2\pi}{3}i}$ ist und u und v durch

$$u = \sqrt[3]{-\frac{q}{2} + \sqrt{\left(\frac{p}{3}\right)^3 + \left(\frac{q}{2}\right)^2}} \quad \text{und} \quad v = \sqrt[3]{-\frac{q}{2} - \sqrt{\left(\frac{p}{3}\right)^3 + \left(\frac{q}{2}\right)^2}}$$

zu bestimmen sind. Die (für komplexe Radikanden) mehrdeutigen dritten Wurzeln müssen dabei der Nebenbedingung $u \cdot v = -\frac{p}{3}$ genügen. Die cardanischen Formeln für $n = 4$ sind noch aufwändiger aufzuschreiben (siehe [Bos]).

1824 bewies ABEL[9], dass es solche Lösungsformeln im Fall $n \geqslant 5$ überhaupt nicht mehr geben kann (siehe wieder [Bos])! Für $n \geqslant 5$ ist es also gar nicht mehr möglich, den Fundamentalsatz „explizit", d.h. durch konkrete Angabe der Lösungen zu beweisen.

Literatur zu Kapitel 9

[Bos]　Bosch, S.: *Algebra*. Springer Spektrum, 8. korr. Aufl. (2013)

[Ebb]　Ebbinghaus, H.-D., et al.: *Zahlen*. Springer, 3. verb. Aufl. (1992)

[Kön]　Königsberger, K.: *Analysis 1*. Springer, 6. Aufl. (2004)

---

[9]Niels Henrik ABEL (1802–1829). Norwegischer Mathematiker und einer der Begründer der sogenannten Gruppentheorie.

10 Grundzüge der Linearen Algebra

Dieses letzte Kapitel bietet dir eine Einführung in das Teilgebiet der Algebra, das als *Lineare Algebra* bekannt ist. Die Bedeutung des Wortes „linear" wird dabei erst im Laufe des Kapitels klarer werden. Wir lernen hier, uns in Vektorräumen wohl zu fühlen und mit Abbildungen zwischen diesen Objekten zu hantieren.

Gleich als Trost oder Warnung vorneweg: Zu Beginn können einem die vielen neuen Begriffe und Strukturen etwas auf den Magen schlagen, und man verliert möglicherweise den Überblick. Gibt man seinem Gehirn aber ein wenig Zeit, dies alles zu verdauen und sich setzen zu lassen, dann lichtet sich plötzlich der Nebel und alles wird wunderschön!

10.1 Vektorräume

Die Objekte, die man in der linearen Algebra studiert, sind die sogenannten *Vektorräume* (oder *linearen Räume*). Bevor wir die auf den ersten Blick etwas abschreckende Definition eines Vektorraums hinknallen, betrachten wir zwei ganz simple Beispiele, an denen man bereits alle wichtigen Ideen verstehen kann.

10.1.1 Zwei nur auf den ersten Blick verschiedene Beispiele

Beispiel 10.1 Mit $\mathbb{R}^3$ bezeichnen wir die aus der Schulgeometrie bekannte Menge aller Vektoren mit drei Komponenten, also

$$\mathbb{R}^3 = \left\{ \vec{x} = \begin{pmatrix} a \\ b \\ c \end{pmatrix} \,\middle|\, a, b, c \in \mathbb{R} \right\}.$$

Es seien z.B. die Vektoren $\vec{p} = (1, 3, 2)^t$ und $\vec{q} = (-2, 2, 1)^t$ gegeben; aus Platzgründen schreiben wir sie als Zeilenvektoren (das t steht für „transponiert" und deutet an, dass man die Zeile in Gedanken um 90° zu drehen hat). Man kann diese Vektoren *addieren*:

$$\vec{p} + \vec{q} = \begin{pmatrix} 1 \\ 3 \\ 2 \end{pmatrix} + \begin{pmatrix} -2 \\ 2 \\ 1 \end{pmatrix} = \begin{pmatrix} -1 \\ 5 \\ 3 \end{pmatrix}$$

und erhält dabei wieder einen Vektor des $\mathbb{R}^3$. Ebenso kann man einen Vektor mit einem *Skalar*, also einer reellen Zahl wie z.B. $\lambda = 2 \in \mathbb{R}$, *multiplizieren*:

$$\lambda \cdot \vec{p} = 2 \cdot \begin{pmatrix} 1 \\ 3 \\ 2 \end{pmatrix} = \begin{pmatrix} 2 \\ 6 \\ 4 \end{pmatrix}$$

und erhält auch hierbei wieder ein Element des $\mathbb{R}^3$. Geschwollen drückt man dies so aus: Der $\mathbb{R}^3$ ist *abgeschlossen* bezüglich der Addition und Skalarmultipikation.

© Springer Fachmedien Wiesbaden GmbH, ein Teil von Springer Nature 2019
T. Glosauer, *(Hoch)Schulmathematik*, https://doi.org/10.1007/978-3-658-24574-0_10

Man kann sich die Addition und Skalarmultipikation in diesem Beispiel auch geometrisch veranschaulichen: Bei der Addition werden die Vektorpfeile nach der Parallelogrammregel zusammen gesetzt, bei der Skalarmultipikation wird der Vektorpfeil gestreckt bzw. gestaucht (je nachdem ob $|\lambda| > 1$ oder < 1 ist) und eventuell noch gespiegelt (falls $\lambda < 0$). Diese Veranschaulichung wollen wir ab jetzt bewusst *nicht mehr* durchführen, da man sich sonst zu sehr an die Vorstellung klammert, Vektoren müssten immer Pfeilchen sein. Der Clou kommt nämlich jetzt.

Beispiel 10.2   Es sei $\mathcal{P}_3$ die Menge aller reellen Polynome vom Grad < 3, wie z.B. $f(x) = 2x^2 - 5x + \frac{8}{3}$ oder $g(x) = -\frac{1}{2}x + \pi$. Allgemein:

$$\mathcal{P}_3 = \left\{\, f(x) = ax^2 + bx + c \mid a, b, c \in \mathbb{R} \,\right\}.$$

Hier kann man dieselben Spielchen treiben wie im $\mathbb{R}^3$, nämlich addieren und mit Skalaren multiplizieren. Sind z.B. die Polynome $p(x) = x^2 + 3x + 2$ und $q(x) = -2x^2 + 2x + 1$ gegeben, so ist ihre Summe wieder ein Polynom, und zwar:

$$p(x) + q(x) = (x^2 + 3x + 2) + (-2x^2 + 2x + 1) = -x^2 + 5x + 3.$$

Ebenso leicht erhält man das 2-fache von $p(x)$, indem man ausmultipliziert:

$$\lambda \cdot p(x) = 2 \cdot (x^2 + 3x + 2) = 2x^2 + 6x + 4.$$

Und jetzt frage ich dich: Wo liegt der Unterschied zu Beispiel 10.1? E s   g i b t k e i n e n, natürlich abgesehen von der unterschiedlichen Schreibweise. Laut Definition von $\mathcal{P}_3$ steht a für den Vorfaktor von x^2, b für den von x und c für das konstante Glied, d.h. wir können

$$f(x) = ax^2 + bx + c \quad \text{abgekürzt auch als} \quad f = (a, b, c)^t$$

aufschreiben, und nun ist der Unterschied zum $\mathbb{R}^3$ komplett verschwunden. Unsere beiden Polynome werden dann zu

$$p = (1, 3, 2)^t \quad \text{und} \quad q = (-2, 2, 1)^t$$

und wenn wir sie addieren bzw. mit einem Skalar multiplizieren, tun wir g e n a u d a s   G l e i c h e, wie wenn wir dies mit den entsprechenden Vektoren $\vec{p}$ und $\vec{q}$ des $\mathbb{R}^3$ durchführen:

$$p + q = (1 - 2, 3 + 2, 2 + 1)^t = (-1, 5, 3)^t \quad \text{und} \quad \lambda \cdot p = 2 \cdot (1, 3, 2)^t = (2, 6, 4)^t.$$

Wir addieren einfach die Komponenten bzw. multiplizieren sie mit einem Skalar. Obwohl ihre Elemente ganz unterschiedlich aussehen, sind die Mengen $\mathcal{P}_3$ und der $\mathbb{R}^3$ also doch irgendwie „gleich", in dem Sinne, dass die Rechenoperationen der Addition und der Skalarmultipikation vollkommen analog durchzuführen sind. Wenn dir das einleuchtet, hast du bereits eine ganze Menge über Vektorräume verstanden.

10.1.2   Die Vektorraumaxiome

Wir lösen uns jetzt endgültig von der Pfeilchen-Idee und definieren ganz allgemein, was unter einem Vektorraum zu verstehen sein soll. Wenn dich das auf den ersten Blick erschreckt, dann denke einfach an das Standard-Beispiel des $\mathbb{R}^3$ (oder $\mathcal{P}_3$) und mache dir die Inhalte der Axiome dort an Beispielen klar.

Abbildung 10.1: Abschied vom frühen Pfeil-Begriff

Definition 10.1   Es seien $\mathbb{K}$ ein Körper und V eine Menge, auf der es zwei Verknüpfungen gibt:

(A) Addition: $\oplus\colon V \times V \to V, \quad (v, w) \mapsto v \oplus w$

   (Diese ordnet je zwei Vektoren einen neuen Vektor zu, den Summenvektor.)

(S) Skalarmultipikation: $*\colon \mathbb{K} \times V \to V, \quad (\lambda, w) \mapsto \lambda * w$

   (Diese ordnet einem „*Skalar*" – was nur ein anderer Name für „Körperele-ment" ist – und einem Vektor einen neuen Vektor zu, das „λ-fache" von v.)

Man nennt $(V, \oplus, *)$ einen $\mathbb{K}$-*Vektorraum* (ausführlicher: Vektorraum über dem Körper $\mathbb{K}$), wenn die folgenden Axiome erfüllt sind.

(A$_1$) Die Addition $\oplus$ ist assoziativ, d.h.

$$\forall\, u, v, w \in V: \quad (u \oplus v) \oplus w = u \oplus (v \oplus w).$$

(A$_2$) Es gibt ein neutrales Element der Addition, *Nullvektor* genannt, d.h.

$$\exists\, 0_V \in V \quad \forall\, v \in V: \quad v \oplus 0_V = v \quad (= 0_V \oplus v).$$

(A$_3$) Jeder Vektor besitzt ein inverses Element bezüglich der Addition (manchmal *Gegenvektor* genannt), d.h.

$$\forall\, v \in V \quad \exists\, v' \in V: \quad v \oplus v' = 0_V \quad (= v' \oplus v).$$

v' bezeichnet man stets als $-v$.

(A$_4$) Die Addition ist kommutativ, d.h.

$$\forall\, v, w \in V: \quad v \oplus w = w \oplus v.$$

(S$_1$) Die Eins des Körpers verändert bei Skalarmultiplikation nichts, d.h.

$$\forall\, v \in V: \quad 1_{\mathbb{K}} * v = v.$$

Die restlichen Axiome legen fest, wie die Skalarmultiplikation sich mit der Addition in V bzw. der Körperaddition und -multiplikation verträgt (Distributivität und Assoziativität).

(S$_2$) $\qquad \forall\, \lambda \in \mathbb{K} \quad \forall\, v, w \in V: \quad \lambda * (v \oplus w) = (\lambda * v) \oplus (\lambda * w)$

(S$_3$) $\qquad \forall\, \lambda, \mu \in \mathbb{K} \quad \forall\, v \in V: \quad (\lambda + \mu) * v = (\lambda * v) \oplus (\mu * v)$

(S$_4$) $\qquad \forall\, \lambda, \mu \in \mathbb{K} \quad \forall\, v \in V: \quad (\lambda \cdot \mu) * v = \lambda * (\mu * v)$ $\qquad\qquad \Diamond$

Anmerkungen:

(1) Die klobigen Symbole $\oplus$ und $*$ verwenden wir nur ganz am Anfang, damit der Unterschied zwischen den Verknüpfungen in V bzw. $\mathbb{K}$ deutlicher zutage tritt; siehe z.B. (S$_3$) und (S$_4$). Sobald wir uns etwas mehr an die Vektorraumstruktur gewöhnt haben, schreiben wir nur noch $+$ und $\cdot$ (bzw. lassen den Malpunkt der Skalarmultiplikation ganz weg).

(2) Die Axiome (A$_1$) – (A$_4$) sollten dir bekannt vorkommen, wenn du dich an die Körperaxiome erinnerst. Eine Menge V mit einer Addition $\oplus$, welche diese vier Axiome erfüllt, nennt der Mathematiker eine *kommutative Gruppe* oder *abelsche Gruppe*. Das Studium von Gruppen, die sogenannte Gruppentheorie, ist ein eigenständiges Teilgebiet der Algebra; siehe [Glo3] für eine elementare Einführung.

Mit Hilfe des Gruppenbegriffs kann man die Vektorraumaxiome so zusammenfassen: *Ein Vektorraum V ist eine abelsche Gruppe, auf der ein Körper $\mathbb{K}$ wirkt* (mit „wirken" meinen wir hier die Gültigkeit der Skalarmultiplikationsaxiome (S$_1$) – (S$_4$)).

(3) Wir verzichten hier bewusst auf die Vektorpfeile über den Elementen von V; man muss jeweils aus dem Kontext erkennen, ob es sich um einen Vektor oder einen Skalar aus dem Körper handelt (letztere werden wir aber fast immer mit griechischen Buchstaben bezeichnen). Die schlauste Antwort auf die Frage „Was ist ein Vektor?" lautet übrigens „Ein Element eines Vektorraums".

(4) Die lange Liste von Axiomen stellt offenbar viele Forderungen an die Struktur eines Vektorraums, zumal der Skalar-Körper $\mathbb{K}$ selbst schon eine reichhaltige Struktur besitzt (siehe Körperaxiome). Dies hat zur Folge, dass Vektorräume recht „starre" Objekte sind, und es deswegen gar nicht so viele verschiedene (endlich-dimensionale) Vektorräume gibt. Vergleiche dazu Theorem 10.2.

10.1.3   Beispiele für Vektorräume

Nun kommen zahlreiche Beispiele, um dieses neue Konzept zu illustrieren.

Beispiel 10.3   (*Körper als Vektorräume über sich selbst*)

So komisch es klingt: Jeder Körper $\mathbb{K}$ ist automatisch ein Vektorraum über sich selbst. Setzen wir $V = \mathbb{K}$ und nehmen als Addition in V die gewöhnliche Körperaddition $+$

$$\oplus \colon V \times V \to V, \quad (x,y) \mapsto x \oplus y := x + y,$$

und als Skalarmultiplikation die gewöhnliche Körpermultiplikation

$$* \colon \mathbb{K} \times V \to V, \quad (\lambda, x) \mapsto \lambda * x := \lambda \cdot x,$$

so garantieren die Körperaxiome von $\mathbb{K}$, dass die Vektorraumaxiome für $V = \mathbb{K}$ erfüllt sind. In Aufgabe 10.1 sollst du dies gründlich überprüfen durch Vergleich beider Axiomen-Listen.

Damit sind die rationalen Zahlen $\mathbb{Q}$ ein $\mathbb{Q}$-Vektorraum, die reellen Zahlen $\mathbb{R}$ ein $\mathbb{R}$-Vektorraum und die komplexen Zahlen $\mathbb{C}$ ein $\mathbb{C}$-Vektorraum. Das ist doch schon mal ein Anfang.

Beispiel 10.4   (*Körper als Vektorräume über Teilkörpern*)

Wir betrachten wieder $V = \mathbb{R}$ mit der gewöhnlichen Körperaddition. Aufgrund von $\mathbb{Q} \subset \mathbb{R}$ ergibt auch die folgende Skalarmultiplikation Sinn:

$$* \colon \mathbb{Q} \times V \to V, \quad (r,x) \mapsto r * x := r \cdot x,$$

denn für jedes rationale r und reelle x ist natürlich auch $r \cdot x$ wieder reell, also ein Element von $V = \mathbb{R}$. Die Axiome $(S_1) - (S_4)$ gelten selbstverständlich weiterhin (sie gelten ja sogar für alle reellen Skalare $r \in \mathbb{R}$), d.h. $\mathbb{R}$ ist ein $\mathbb{Q}$-Vektorraum. Ebenso wird $V = \mathbb{C}$ zu einem Vektorraum über $\mathbb{R} \subset \mathbb{C}$, wenn die Skalarmultiplikation durch

$$* \colon \mathbb{R} \times V \to V, \quad (\lambda, z) \mapsto \lambda * z := \lambda \cdot z,$$

erklärt wird. Und natürlich kann man $\mathbb{C}$ auch als $\mathbb{Q}$-Vektorraum betrachten.

Beispiel 10.5   (*Der Standard-Vektorraum* $\mathbb{K}^n$)

Wir beschränken uns auf den Fall $n = 2$, die Verallgemeinerung auf $n > 2$ sollte dir leicht selbst gelingen, indem du dir Pünktchen zwischen x_1 und x_n eingefügt denkst. Auf

$$V = \mathbb{K}^2 = \left\{ \begin{pmatrix} x_1 \\ x_2 \end{pmatrix} \ \middle| \ x_1, x_2 \in \mathbb{K} \right\}$$

definieren wir in bekannter Manier – nämlich komponentenweise – Addition und Skalarmultiplikation durch

$$\oplus \colon V \times V \to V, \quad (x, y) \mapsto x \oplus y = \begin{pmatrix} x_1 \\ x_2 \end{pmatrix} \oplus \begin{pmatrix} y_1 \\ y_2 \end{pmatrix} := \begin{pmatrix} x_1 + y_1 \\ x_2 + y_2 \end{pmatrix},$$

$$\ast \colon \mathbb{K} \times V \to V, \quad (\lambda, x) \mapsto \lambda \ast x = \lambda \ast \begin{pmatrix} x_1 \\ x_2 \end{pmatrix} := \begin{pmatrix} \lambda x_1 \\ \lambda x_2 \end{pmatrix}.$$

Jetzt könnte ich sagen: „Offensichtlich wird V damit zu einem $\mathbb{K}$-Vektorraum". Da ja aber die Leserschaft motiviert und nicht frustriert werden soll, sind wir mal ganz ehrlich: Den meisten Neulingen wird dies keineswegs offensichtlich sein, und schon gar nicht, wie man den Nachweis der Vektorraumaxiome korrekt aufschreibt. Deshalb solltest du dies nun in aller Ruhe und Ausführlichkeit versuchen und bei Problemen gründlich die Lösung zu Aufgabe 10.2 studieren. Und zwar jetzt gleich, noch bevor du weiterliest!

Die Bezeichnung „Standard-Vektorraum" wird übrigens erst später verständlich werden (siehe Theorem 10.2).

Liest du etwa doch gleich weiter? Falls ja, schäm dich und bearbeite gefälligst zuerst Aufgabe 10.2, versprochen?

Beispiel 10.6   (*Der Folgenraum* „$\mathbb{K}^\infty$")

Wir setzen im letzten Beispiel formal $n = \infty$. Da wir natürlich keine Spaltenvektoren mit unendlich vielen Einträgen aufschreiben können, betrachten wir das Ganze aus einem etwas anderen Blickwinkel. Vektoren mit (abzählbar) unendlich vielen Komponenten sind nämlich nichts anderes als Abbildungen $a \colon \mathbb{N} \to \mathbb{K}$, denn jeder natürlichen Zahl n wird ein Körperelement $a(n) = a_n \in \mathbb{K}$ zugeordnet. Diese Abbildungen haben wir bereits früher unter dem Namen „Folgen" ausführlich studiert (wobei dort stets $\mathbb{K} = \mathbb{R}$ war). Wie damals schreiben wir $(a_n)_{n \in \mathbb{N}}$ oder einfach (a_n) für die Abbildung a. Der Menge

$$\mathcal{S}_\mathbb{K} = \mathrm{Abb}(\mathbb{N}, \mathbb{K}) = \{ (a_n) \mid a_n \in \mathbb{K} \text{ für alle } n \in \mathbb{N} \}$$

aller $\mathbb{K}$-wertigen Folgen (das $\mathcal{S}$ steht dabei für „sequence", englisch für Folge; den Buchstaben $\mathcal{F}$ brauchen wir weiter unten) können wir eine Vektorraum-Struktur verpassen, indem wir

$$(a_n) \oplus (b_n) := (a_n + b_n) \qquad \text{und} \qquad \lambda \ast (a_n) := (\lambda a_n)$$

setzen, d.h. Addition und Skalarmultiplikation geschieht einfach wieder komponen-tenweise. Wer Aufgabe 10.2 gründlich bearbeitet hat, dem sollte inzwischen klar sein, dass $(S_{\mathbb{K}}, \oplus, *)$ tatsächlich die $\mathbb{K}$-Vektorraumaxiome erfüllt; denn wir machen ja nichts anderes, als in jeder Komponente in $\mathbb{K}$ zu addieren und zu multiplizie-ren. Der Nullvektor ist die konstante Folge (0) (d.h. $a_n = 0$ für alle n) und der Gegenvektor zu (a_n) ist die Folge $(-a_n)$.

Beispiel 10.7   (*Ein Funktionenraum*)

Ähnlich wie im vorigen Beispiel 10.6 betrachten wir nun alle Funktionen $f\colon \mathbb{K} \to \mathbb{K}$, die von einem Körper $\mathbb{K}$ wieder in ihn selbst abbilden. Auf der Menge all die-ser Funktionen $\mathcal{F}_{\mathbb{K}} = \mathrm{Abb}(\mathbb{K}, \mathbb{K})$ definieren wir Addition und Skalarmultiplikation *punktweise*. Das bedeutet folgendes: Um die Summenfunktion $f \oplus g$ zweier Funk-tionen $f, g \in \mathcal{F}_{\mathbb{K}}$ zu definieren, müssen wir angeben, wohin diese Funktion $f \oplus g$ eine beliebige Zahl $x \in \mathbb{K}$ abbilden soll. In naheliegender Weise setzen wir

$$(f \oplus g)(x) := f(x) + g(x) \quad \text{für alle } x \in \mathbb{K}, \tag{$\star$}$$

wobei auf der rechten Seite nun die gewöhnliche Summe der Zahlen $f(x)$ und $g(x)$ steht. Ebenso erklären wir das skalare Vielfache $\lambda * f$ für $\lambda \in \mathbb{K}$ durch

$$(\lambda * f)(x) := \lambda \cdot f(x) \quad \text{für alle } x \in \mathbb{K}, \tag{$\star\star$}$$

wobei rechts das gewöhnliche Produkt von Zahlen steht.

Auf diese Weise wird $\mathcal{F}_{\mathbb{K}}$ ein $\mathbb{K}$-Vektorraum. Hierbei spielt es übrigens gar keine Rolle, dass der Definitionsbereich der Abbildungen $\mathbb{K}$ selbst ist; allgemeiner ist $\mathrm{Abb}(X, \mathbb{K})$ für jede x-beliebige Menge X (Hammer-Wortspiel!) unter obigen Ver-knüpfungen ein $\mathbb{K}$-Vektorraum.

Kurz gesagt gelten die Vektorraumaxiome in $\mathcal{F}_{\mathbb{K}}$, weil wir punktweise im Körper bzw. $\mathbb{K}$-Vektorraum $\mathbb{K}$ rechnen. Weil aber die Verknüpfung von Funktionen der Anfängerin / dem Anfänger erfahrungsgemäß Probleme bereitet, wollen wir hier die Vektorraumaxiome ganz ausführlich aus-x-en.

Eine grundlegende Beobachtung vorneweg: Zwei Funktionen $f, g \in \mathcal{F}_{\mathbb{K}}$ sind genau dann gleich, wenn sie für jedes $x \in \mathbb{K}$ denselben Funktionswert ausspucken, also $f(x) = g(x)$ für alle $x \in \mathbb{K}$ erfüllen. Kurz:

$$f = g \; :\Longleftrightarrow \; f(x) = g(x) \quad \text{für alle } x \in \mathbb{K}.$$

Unter Verwendung dieser Tatsache werden wir nun die Gültigkeit der Vektorrau-maxiome nachweisen.

(A$_1$) Assoziativität von $\oplus$ bedeutet, dass für beliebige Funktionen $f, g, h \in \mathcal{F}_{\mathbb{K}}$

$$(f \oplus g) \oplus h = f \oplus (g \oplus h)$$

gelten muss. Um die Gleichheit dieser beiden Funktionen in $\mathcal{F}_{\mathbb{K}}$ nachzuweisen, müssen wir

$$\big((f \oplus g) \oplus h\big)(x) = \big(f \oplus (g \oplus h)\big)(x) \quad \text{für alle } x \in \mathbb{K}$$

zeigen (siehe Vorbemerkung). Sei dazu $x \in \mathbb{K}$ beliebig; sukzessives, stures Anwenden der Definition $(\star)$ sowie der Assoziativität (Asso) der gewöhnlichen Addition von $\mathbb{K}$ liefert

$$\big((f \oplus g) \oplus h\big)(x) \overset{(\star)}{=} (f \oplus g)(x) + h(x) \overset{(\star)}{=} \big(f(x) + g(x)\big) + h(x)$$

$$\overset{(\text{Asso})}{=} f(x) + \big(g(x) + h(x)\big) \overset{(\star)}{=} f(x) + (g \oplus h)(x)$$

$$\overset{(\star)}{=} \big(f \oplus (g \oplus h)\big)(x).$$

(A$_2$) Da in Axiom (A$_2$) die Existenz eines Neutralelements gefordert wird, müssen wir explizit eines angeben. Das Neutralelement der Addition, also der Nullvektor von $\mathcal{F}_{\mathbb{K}}$, ist die *Nullfunktion n*, die durch $n(x) := 0$ für alle $x \in \mathbb{K}$ definiert ist. Denn n erfüllt $f \oplus n = f$ für jedes $f \in \mathcal{F}_{\mathbb{K}}$, da

$$(f \oplus n)(x) \overset{(\star)}{=} f(x) + n(x) = f(x) + 0 = f(x) \quad \text{für alle } x \in \mathbb{K} \text{ gilt.}$$

Das Schaubild von n ist im Falle $\mathbb{K} = \mathbb{R}$ einfach die x-Achse.

(A$_3$) Der Gegenvektor eines $f \in \mathcal{F}_{\mathbb{K}}$ ist die Funktion $\tilde{f}$, die durch

$$\tilde{f}(x) := -\big(f(x)\big) \quad \text{für alle } x \in \mathbb{K}$$

definiert wird. Um $f \oplus \tilde{f} = n$ nachzuweisen, müssen wir $(f \oplus \tilde{f})(x) = n(x)$ für alle x überprüfen, was schnell erledigt ist:

$$(f \oplus \tilde{f})(x) \overset{(\star)}{=} f(x) + \tilde{f}(x) = f(x) - f(x) = 0 = n(x).$$

Das Schaubild von $\tilde{f}$ entsteht für $\mathbb{K} = \mathbb{R}$ durch Spiegelung des Schaubilds von f an der x-Achse. Wir schreiben ab sofort natürlich $-f$ statt $\tilde{f}$.

(A$_4$) Um die Kommutativität nachzuweisen, müssen wir zeigen, dass $f \oplus g = g \oplus f$ für zwei beliebige $f, g \in \mathcal{F}_{\mathbb{K}}$ gilt, also $(f \oplus g)(x) = (g \oplus f)(x)$ für alle $x \in \mathbb{K}$. Dies folgt sofort aus der Kommutativität (K) der Addition in $\mathbb{K}$:

$$(f \oplus g)(x) \overset{(\star)}{=} f(x) + g(x) \overset{(\text{K})}{=} g(x) + f(x) \overset{(\star)}{=} (g \oplus f)(x).$$

(S$_1$) Wir müssen $1 * f = f$ für alle $f \in \mathcal{F}_{\mathbb{K}}$ überprüfen. Das ist simpel, denn für jedes $x \in \mathbb{K}$ gilt

$$(1 * f)(x) \overset{(\star\star)}{=} 1 \cdot f(x) = f(x).$$

(S$_2$) Es seien $\lambda \in \mathbb{K}$ und $f, g \in \mathcal{F}_{\mathbb{K}}$ beliebig. Für jedes $x \in \mathbb{K}$ gilt dann unter Verwendung des Distributivgesetzes (D) in $\mathbb{K}$ (überlege selbst, wo die Definitionen $(\star)$ und $(\star\star)$ eingehen):

$$\big(\lambda * (f \oplus g)\big)(x) = \lambda \cdot (f \oplus g)(x) = \lambda \cdot \big(f(x) + g(x)\big)$$

$$\overset{(\text{D})}{=} \lambda \cdot f(x) + \lambda \cdot g(x) = (\lambda * f)(x) + (\lambda * g)(x)$$

$$= \big((\lambda * f) \oplus (\lambda * g)\big)(x).$$

Dies zeigt $\lambda * (f \oplus g) = (\lambda * f) \oplus (\lambda * g)$, also ist Axiom (S$_2$) erfüllt.

(S$_3$) und (S$_4$) solltest du nun selbst hinbekommen. Gib dir allerdings Mühe beim Aufschreiben; sauberes Haushalten mit der Notation ist oftmals bereits die halbe Miete in der Algebra.

Beispiel 10.8   (*Polynomräume* $\mathcal{P}_{n,\mathbb{K}}$)

Es sei $p(x)$ ein Polynom vom Grad $< n$ mit Koeffizienten aus einem Körper $\mathbb{K}$, d.h. eine „formale Summe mit einer Unbestimmten x" der Gestalt

$$p(x) = a_{n-1}x^{n-1} + a_{n-2}x^{n-2} + \ldots + a_1 x^1 + a_0 x^0 = \sum_{k=0}^{n-1} a_k x^k,$$

mit $a_k \in \mathbb{K}$ für alle k. Bezeichnen wir mit $\mathcal{P}_{n,\mathbb{K}}$ die Menge all solcher Polynome, so können wir auf $V = \mathcal{P}_{n,\mathbb{K}}$ in naheliegender Weise durch

$$p(x) \oplus q(x) = \sum_{k=0}^{n-1} a_k x^k \oplus \sum_{k=0}^{n-1} b_k x^k := \sum_{k=0}^{n-1} (a_k + b_k) x^k$$

und

$$\lambda * p(x) := \sum_{k=0}^{n-1} \lambda a_k x^k$$

eine Addition und Skalarmultiplikation definieren. Auch hier weist man ohne Probleme nach, dass dadurch $\mathcal{P}_{n,\mathbb{K}}$ zu einem $\mathbb{K}$-Vektorraum wird. Die Idee aus Beispiel 10.2, ein Polynom $p(x)$ mit seinem Koeffizienten-Vektor

$$p = (a_{n-1}, \ldots, a_1, a_0)^t$$

zu identifizieren, zeigt, dass $\mathcal{P}_{n,\mathbb{K}}$ nichts anderes als ein verkleideter $\mathbb{K}^n$ ist. Verzichtet man auf Grad $< n$, erhält man den *Vektorraum aller Polynome* über $\mathbb{K}$:

$$\mathcal{P}_\mathbb{K} = \mathbb{K}[x] := \bigcup_{n \in \mathbb{N}} \mathcal{P}_{n,\mathbb{K}} = \left\{ p(x) = \sum_{k=0}^{n} a_k x^k \;\middle|\; a_k \in \mathbb{K}, n \in \mathbb{N} \right\}.$$

Anmerkung: Wir hätten das „formale" Polynom $p(x)$ auch gleich mit der zugehörigen *Polynomfunktion* $p \colon \mathbb{K} \to \mathbb{K}$, $x \mapsto \sum_k a_k x^k$, identifizieren können[1], die man erhält, wenn man für die „Unbekannte" x Zahlen aus dem Körper einsetzt. In diesem Sinne kann man $\mathcal{P}_\mathbb{K}$ als Teilmenge von $\mathcal{F}_\mathbb{K}$ auffassen und die Verknüpfungen aus Beispiel 10.7 verwenden (natürlich mit demselben Ergebnis, da unter besagter Identifikation $(p \oplus q)(x) = p(x) \oplus q(x)$ und $(\lambda * p)(x) = \lambda * p(x)$ gilt). Zur Abgrenzung schreibt der Algebraiker gerne $p(X)$ für formale Polynome, also X für die „Unbekannte" im Unterschied zu $x \in \mathbb{K}$. Wir tun dies nicht und verwenden ab sofort obige Identifikation, wann immer es uns passt. Wer Näheres wissen möchte, lese „Was ist eigentlich x?" in [BEU2].

---

[1]Dies ist für Körper mit unendlich vielen Elementen wie $\mathbb{Q}$, $\mathbb{R}$ oder $\mathbb{C}$ stets erlaubt.

Aufgabe 10.1   Überprüfe, dass aus Körperaxiomen tatsächlich folgt, dass jeder Körper $\mathbb{K}$ automatisch auch ein $\mathbb{K}$-Vektorraum ist (vergleiche Beispiel 10.3).

Aufgabe 10.2   Verifiziere die Gültigkeit der Vektorraumaxiome für den Standard-Vektorraum $\mathbb{K}^n$ (siehe Beispiel 10.5). Dabei genügt es, den Fall $n = 2$ zu betrachten.

Aufgabe 10.3   (*Folgerungen aus den Vektorraumaxiomen*)   ☠

In den folgenden Teilaufgaben musst du dieselben hinterhältigen Tricks anwenden, wie damals schon bei den Folgerungen aus Körperaxiomen (siehe Aufgabe 9.14). Bevor du verzweifelst, schau dort nach. Stets sei V ein $\mathbb{K}$-Vektorraum.

  a) Zeige, dass der Nullvektor $0_V \in V$ sowie der Gegenvektor $-v$ eines $v \in V$ eindeutig bestimmt sind. (Es kann also nicht zwei verschiedene Nullvektoren in V geben, bzw. keine zwei verschiedenen Vektoren $v' \neq v''$, die $v \oplus v' = 0_V = v \oplus v''$ erfüllen.)

  b) Zeige, dass $\lambda * 0_V = 0_V$ für alle $\lambda \in \mathbb{K}$ und $0_{\mathbb{K}} * v = 0_V$ für alle $v \in V$ gilt.

  c) Zeige, dass für alle $\lambda \in \mathbb{K}$ und alle $v \in V$ stets $(-\lambda) * v = \lambda * (-v) = -(\lambda * v)$ gilt. Insbesondere ist also $(-1) * v = -v$.

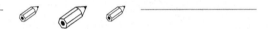

Vereinbarung: Wir schreiben ab jetzt $+$ statt $\oplus$ und $\cdot$ statt $*$. Ob es sich um Verknüpfung von Vektoren oder Skalaren handelt, wird aus dem Kontext klar.

10.1.4   Untervektorräume

Beispiel 10.9   Wir betrachten zwei Teilmengen des $\mathbb{R}^2$:

$$U_1 = \left\{ \begin{pmatrix} 2a \\ a \end{pmatrix} \;\middle|\; a \in \mathbb{R} \right\} \qquad \text{und} \qquad U_2 = \left\{ \begin{pmatrix} a \\ 2 \end{pmatrix} \;\middle|\; a \in \mathbb{R} \right\}.$$

Addiert man zwei Elemente $u, v \in U_1$, so erhält man wieder ein Element von U_1, denn es ist

$$u + v = \begin{pmatrix} 2a \\ a \end{pmatrix} + \begin{pmatrix} 2b \\ b \end{pmatrix} = \begin{pmatrix} 2a + 2b \\ a + b \end{pmatrix} = \begin{pmatrix} 2c \\ c \end{pmatrix} \in U_1$$

mit $c := a + b$. Ebenso gilt auch $\lambda \cdot u \in U_1$ für jedes beliebige $\lambda \in \mathbb{R}$ (mache dir das klar). Die Teilmenge U_1 ist somit *abgeschlossen* bezüglich Addition und Skalarmultiplikation, weshalb man U_1 als eigenständigen Vektorraum betrachten kann, der in dem größeren Vektorraum $\mathbb{R}^2$ liegt. U_2 hingegen besitzt diese nette Eigenschaft nicht, denn für $w, z \in U_2$ ist stets

$$w + z = \begin{pmatrix} a \\ 2 \end{pmatrix} + \begin{pmatrix} b \\ 2 \end{pmatrix} = \begin{pmatrix} a + b \\ 4 \end{pmatrix} \notin U_2, \qquad \text{sowie } \lambda \cdot w \notin U_2, \text{ außer für } \lambda = 1.$$

In Abbildung 10.2 ist dies veranschaulicht. Addiert man zwei Vektoren, die zu Punkten aus U_2 gehören, so verlässt man stets U_2 (stelle dir zwei solche Vektoren und deren Summe vor). Die Teilmenge U_1 hingegen wird durch eine Ursprungsgerade repräsentiert, weshalb die Summe und das skalare Vielfache von Vektoren, die zu Punkten aus U_1 gehören, stets wieder auf dieser Geraden liegen.

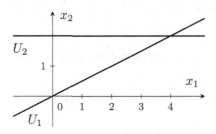

Abbildung 10.2

Definition 10.2   Ist V ein $\mathbb{K}$-Vektorraum und $\varnothing \neq U \subseteq V$ eine nicht leere Teilmenge von V, die selbst wieder ein $\mathbb{K}$-Vektorraum ist, so nennt man U einen $\mathbb{K}$-*Untervektorraum* von V oder kürzer *Unterraum* von V.   ◇

Wenn U in einem größeren Vektorraum V liegt, muss man nicht alle Vektorraumaxiome durchhecheln, um nachzuweisen, dass U ein Vektorraum ist. In der Tat genügen zwei Eigenschaften, wie der nächste Satz zeigt – dann „erbt" U die restlichen Vektorraum-Eigenschaften von V.

Satz 10.1   (*Unterraum-Kriterium*)

Um nachzuweisen, dass eine nicht leere Teilmenge $\varnothing \neq U \subseteq V$ eines $\mathbb{K}$-Vektorraums ein Unterraum von V ist, muss man nur prüfen, dass U abgeschlossen bezüglich Addition und Skalarmultiplikation ist. Es muss also gelten

(1) Mit $u, v \in U$ ist auch $u + v \in U$.

(2) Für $u \in U$ und $\lambda \in \mathbb{K}$ ist stets $\lambda \cdot u \in U$.

Beweis: Wir müssen nachweisen, dass U alle Vektorraumaxiome erfüllt, wenn (1) und (2) gelten. Zunächst garantieren diese Bedingungen, dass man nach Addition und Skalarmultiplikation von Elementen aus U auch wieder in U landet, d.h. dass diese Operationen überhaupt sinnvoll auf U erklärt sind.
(A$_1$) & (A$_4$): Die Addition ist assoziativ und kommutativ, weil sie es in V ist und $U \subseteq V$ gilt. (A$_2$): Wir müssen zeigen, dass U den Nullvektor 0_V ($= 0_U$!) enthält. Da $U \neq \varnothing$ ist, enthält U mindestens einen Vektor u. Wählt man $\lambda = 0_\mathbb{K}$, so folgt aus (2), dass $0_V = 0_\mathbb{K} \cdot u \in U$ gilt ($0_\mathbb{K} \cdot u = 0_V$ wurde in Aufgabe 10.3 nachgewiesen).
(A$_3$): Wieder nach Aufgabe 10.3 gilt $-u = (-1) \cdot u$, und (2) garantiert somit, dass zu jedem Vektor $u \in U$ auch sein Gegenvektor $-u$ in U liegt. (So folgt übrigens erneut (A$_2$), denn $0_V = u + (-u) \in U$ laut (1).)
Schließlich überträgt sich die Gültigkeit von (S$_1$)–(S$_4$) direkt von V auf U.   □

In den folgenden Aufgaben sollst du das Unterraum-Kriterium anwenden und lernst Beispiele für Unterräume kennen. Stets ist dabei $\mathbb{K}$ ein Körper und V ein $\mathbb{K}$-Vektorraum.

Aufgabe 10.4

a) Zeige: V besitzt stets die trivialen Unterräume $U_0 = \{0_V\}$ und sich selbst, also $U_1 = V$.

b) Ist $u \in V$ ein beliebiger Vektor, so ist der *Aufspann* von u definiert als

$$\langle u \rangle_{\mathbb{K}} = \mathbb{K} \cdot u := \{\, \lambda \cdot u \mid \lambda \in \mathbb{K} \,\}.$$

Zeige, dass $\langle u \rangle_{\mathbb{K}}$ stets ein Unterraum von V ist.

c) Wie lässt sich mit b) U_1 aus Beispiel 10.9 kürzer schreiben? Gib drei weitere (nicht-triviale, aber möglichst einfache) Unterräume von $\mathbb{K}^2$ an.

Aufgabe 10.5   Ist $\mathbb{R}$ ein Unterraum von $\mathbb{C}$? (Wieso ist dies unpräzise gefragt?)

Aufgabe 10.6   Zeige, dass die Menge $\mathcal{S}_{\mathbb{R},\,c}$ aller konvergenten reellwertigen Folgen ein Unterraum von $\mathcal{S}_{\mathbb{R}}$ ist. (Tipp: Grenzwertsätze.)

Aufgabe 10.7   Ist die Menge $\mathcal{D}_{\mathbb{R}}$ aller auf $\mathbb{R}$ differenzierbaren Funktionen ein Unterraum von $\mathcal{F}_{\mathbb{R}}$? Und wie steht es mit den auf $I = [\,a\,,b\,]$ Riemann-integrierbaren Funktionen (betrachtet als Teilmenge von $\mathcal{F}_I$)?

Aufgabe 10.8   Gib unendlich viele Unterräume von $\mathcal{P}_{\mathbb{K}} = \mathbb{K}[x]$ an.

Aufgabe 10.9   Eine Funktion $f \colon \mathbb{R} \to \mathbb{R}$ heißt *beschränkt*, wenn es ein $S \in \mathbb{R}$ gibt, so dass $|f(x)| \leqslant S$ für alle $x \in \mathbb{R}$ gilt. (Das Schaubild von f lässt sich also in einen Schlauch der Breite $2S$ um die x-Achse einsperren.) Zeige, dass die Menge $\mathcal{B}_{\mathbb{R}}$ aller beschränkten Funktionen ein Unterraum des Funktionenraums $\mathcal{F}_{\mathbb{R}}$ ist.

Aufgabe 10.10   Es seien U und U' zwei Unterräume von V.

a) Zeige, dass der Durchschnitt $U \cap U'$ stets wieder ein Unterraum ist.

b) Wann wird auch die Vereinigung $U \cup U'$ ein Unterraum?

10.1.5 Basis und Dimension

Nun kommen wir zu zwei ganz zentralen Konzepten der Linearen Algebra: „Basis"
und „Dimension" eines Vektorraums.

Die Grundlage für alles Weitere ist der Begriff der linearen Unabhängigkeit, den
du für Vektoren des $\mathbb{R}^3$ bereits aus der Schulgeometrie kennen solltest, wenn auch
vielleicht nicht in der folgenden Allgemeinheit.

Zuvor noch eine begriffliche Bemerkung: Wir sprechen im Folgenden nicht von einer
Menge von Vektoren, also nicht von $\{\,v_1, \ldots, v_n\,\}$, sondern von einem *System* von
Vektoren. Der Unterschied besteht darin, dass Mehrfachnennungen gewertet werden, d.h. das System v_1, v_1 besteht aus zwei gleichen Vektoren, während zwischen
den Mengen $\{\,v_1, v_1\,\}$ und $\{\,v_1\,\}$ kein Unterschied besteht. Ein weiterer Unterschied,
der etwas später von Bedeutung sein wird, ist, dass die Reihenfolge in der Mengenschreibweise keine Rolle spielt, d.h. $\{\,v_1, v_2\,\} = \{\,v_2, v_1\,\}$, während v_1, v_2 und v_2, v_1
zwei verschiedene Systeme sind. Wenn das wichtig wird, werden wir zur Betonung
der Reihenfolge eine runde Klammer um die Auflistung schreiben (siehe Seite 314).

Definition 10.3   Ein System $v_1, \ldots, v_n$ von Vektoren eines $\mathbb{K}$-Vektorraums V
heißt *linear unabhängig* (etwas laxer sagt man oft nur „die Vektoren $v_1, \ldots, v_n$ sind
linear unabhängig"), wenn gilt

$$\lambda_1 \cdot v_1 + \ldots + \lambda_n \cdot v_n = 0_V \quad (\text{mit } \lambda_i \in \mathbb{K}) \implies \lambda_1 = \ldots = \lambda_n = 0. \qquad (\star)$$

Andernfalls heißt das System *linear abhängig*. In diesem Fall existieren Skalare λ_1,
$\ldots, \lambda_n$, nicht alle 0, mit $\lambda_1 \cdot v_1 + \ldots + \lambda_n \cdot v_n = 0_V$. $\diamond$

Eine Summe der Form

$$\sum_{i=1}^{n} \lambda_i \cdot v_i = \lambda_1 \cdot v_1 + \ldots + \lambda_n \cdot v_n \quad \text{mit } \lambda_i \in \mathbb{K}$$

bezeichnet man als *Linearkombination* von $v_1, \ldots, v_n$. Damit kann man $(\star)$ auch
so umformulieren: Die Vektoren $v_1, \ldots, v_n$ sind linear unabhängig, wenn sich der
Nullvektor nur als *triviale Linearkombination* – d.h. alle $\lambda_i = 0$ – der Vektoren v_i
darstellen lässt.

Dieser abstrakten Definition der linearen Unabhängigkeit soll nun Leben einge-
haucht werden.

Beispiel 10.10

a) Schauen wir uns an, was die Definition für $n = 1$, also für einen Vektor v
   besagt: v ist linear unabhängig, wenn aus $\lambda \cdot v = 0_V$ stets $\lambda = 0$ folgt. Dies
   gilt aber für jeden Vektor $v \neq 0_V$. Denn ist $\lambda \cdot v = 0_V$ für ein $\lambda \neq 0$, so
   existiert λ^{-1} (da $\mathbb{K}$ ein Körper ist), und es folgt

$$v \overset{(S_1)}{=} 1 \cdot v = (\lambda^{-1}\lambda) \cdot v \overset{(S_4)}{=} \lambda^{-1} \cdot (\lambda \cdot v) = \lambda^{-1} \cdot 0_V \overset{A\,10.3}{=} 0_V.$$

   Somit ist jedes $v \neq 0$ linear unabhängig („von sich selbst"), und der Nullvektor ist linear abhängig, da $\lambda \cdot 0_V = 0_V$ sogar für jedes $\lambda \in \mathbb{K}$ erfüllt ist.

b) Interessanter wird die Sache für $n = 2$. Sind v_1 und v_2 linear abhängig, so gibt es Skalare λ_1 und λ_2, nicht beide 0, etwa $\lambda_1 \neq 0$, mit

$$\lambda_1 \cdot v_1 + \lambda_2 \cdot v_2 = 0_V \quad \Longrightarrow \quad v_1 = -\lambda_1^{-1}\lambda_2 \cdot v_2.$$

Somit gilt $v_1 = \mu \cdot v_2$ mit $\mu = -\frac{\lambda_2}{\lambda_1}$, d.h. v_1 ist ein skalares Vielfaches von v_2. Geometrisch bedeutet dies, z.B. in $V = \mathbb{R}^3$, dass die Pfeilchen zweier linear abhängiger Vektoren auf einer Geraden liegen. Zwei linear unabhängige Vektoren hingegen „zeigen in verschiedene Richtungen", in dem Sinne, dass ihre Pfeilchen nicht auf einer Geraden liegen. Aus der Schule sollte dir bekannt sein, dass die Menge

$$E = \{\, \lambda_1 \cdot v_1 + \lambda_2 \cdot v_2 \mid \lambda_1, \lambda_2 \in \mathbb{R} \,\} \subset \mathbb{R}^3$$

aller Linearkombination zweier linear unabhängiger Vektoren $v_1, v_2 \in \mathbb{R}^3$ eine Ebene beschreibt (die den Ursprung enthält).

c) Auch für $n \geqslant 3$ lässt sich leicht zeigen, dass sich bei einem linear abhängigen System von Vektoren $v_1, \ldots, v_n$ immer mindestens einer als Linearkombination der restlichen $n-1$ darstellen lässt. Siehe dazu Aufgabe 10.14. Wie man konkret untersucht, ob eine Menge von Vektoren linear unabhängig ist, zeigt Aufgabe 10.13 (für $n = 3$).

Beispiel 10.11   Wir untersuchen die zwei *Einheitsvektoren*

$$e_1 = \begin{pmatrix} 1 \\ 0 \end{pmatrix} \quad \text{und} \quad e_2 = \begin{pmatrix} 0 \\ 1 \end{pmatrix}$$

des $\mathbb{K}^2$ auf lineare Unabhängigkeit. Gilt

$$\lambda_1 \cdot e_1 + \lambda_2 \cdot e_2 = \lambda_1 \cdot \begin{pmatrix} 1 \\ 0 \end{pmatrix} + \lambda_2 \cdot \begin{pmatrix} 0 \\ 1 \end{pmatrix} = \begin{pmatrix} \lambda_1 \\ \lambda_2 \end{pmatrix} \overset{!}{=} 0_{\mathbb{K}^2} = \begin{pmatrix} 0 \\ 0 \end{pmatrix},$$

so folgt daraus sofort $\lambda_1 = \lambda_2 = 0$, d.h. e_1 und e_2 sind linear unabhängig. Entsprechend sind

$$e_1 = \begin{pmatrix} 1 \\ 0 \\ \vdots \\ 0 \end{pmatrix}, \quad e_2 = \begin{pmatrix} 0 \\ 1 \\ \vdots \\ 0 \end{pmatrix}, \quad \ldots, \quad e_n = \begin{pmatrix} 0 \\ 0 \\ \vdots \\ 1 \end{pmatrix}$$

n linear unabhängige Vektoren im $\mathbb{K}^n$.

Beispiel 10.12   Wir betrachten $v_1 = 1 \ (= 1_{\mathbb{C}})$ und $v_2 = \mathrm{i}$ als Elemente des $\mathbb{R}$-Vektorraums $\mathbb{C}$. Statt λ_1 und λ_2 nennen wir die reellen Skalare hier a und b. Aus

$$a \cdot 1 + b \cdot \mathrm{i} = 0_{\mathbb{C}} \quad \text{folgt sofort} \quad a = b = 0,$$

denn eine komplexe Zahl $a + b\,\mathrm{i}$ ist genau dann Null, wenn ihr Realteil a und ihr Imaginärteil b verschwinden. Somit sind die Vektoren 1 und i linear unabhängig über $\mathbb{R}$. Erinnert man sich an die Konstruktion von $\mathbb{C}$ als $\mathbb{R}^2$, so ist

$$1_\mathbb{C} = \begin{pmatrix} 1 \\ 0 \end{pmatrix} = e_1 \quad \text{und} \quad \mathrm{i} = \begin{pmatrix} 0 \\ 1 \end{pmatrix} = e_2,$$

d.h. wir sind wieder in Beispiel 10.11 gelandet, nur eben komplex formuliert. Allerdings demonstriert dieses Beispiel einen wichtigen Punkt: Betrachtet man $\mathbb{C}$ nicht als $\mathbb{R}$- sondern als $\mathbb{C}$-Vektorraum, so sind v_1 und v_2 plötzlich linear abhängig! Für die komplexen Skalare $\lambda_1 = 1$ und $\lambda_2 = \mathrm{i}$ gilt nämlich

$$\lambda_1 \cdot v_1 + \lambda_2 \cdot v_2 = 1 \cdot 1 + \mathrm{i} \cdot \mathrm{i} = 1 + (-1) = 0_\mathbb{C},$$

d.h. über $\mathbb{C}$ lässt sich der Nullvektor $0_\mathbb{C}$ als nicht-triviale Linearkombination von v_1 und v_2 darstellen. Bei linearer Abhängigkeit kommt es also entscheidend auf den Körper $\mathbb{K}$ an, aus dem die Skalare stammen.

Beispiel 10.13 Die „Monome" $1, x, x^2, \ldots, x^{n-1} \in \mathcal{P}_{n,\mathbb{K}} = V$ sind linear unabhängig. Wir betrachten dazu eine Linearkombination der Monome, die das Nullpolynom $0_V = 0\,x^0$ ergibt:

$$\sum_{k=1}^{n} \lambda_k x^{k-1} \overset{\text{Shift}}{=} \sum_{k=0}^{n-1} \lambda_{k+1} x^k \overset{!}{=} 0\,x^0 = \sum_{k=0}^{n-1} 0\,x^k.$$

Da zwei Polynome – als formale Summen in x – genau dann gleich sind, wenn all ihre Koeffizienten übereinstimmen, folgt hier sofort $\lambda_1 = \ldots = \lambda_n = 0$. D.h. die lineare Unabhängigkeit der Monome steckt bereits in der Definition von Polynomen als formale Ausdrücke $\sum_k a_k x^k$.

Betrachtet man Polynome als Polynomfunktionen z.B. für $\mathbb{K} = \mathbb{C}$ (siehe Anmerkung auf Seite 287), so muss man etwas subtiler argumentieren: Einsetzen von $x \in \mathbb{C}$ in obige Null-Linearkombination, die wir $p(x)$ nennen, führt auf

$$p(x) = \lambda_1 + \lambda_2 x + \lambda_3 x^2 + \ldots + \lambda_n x^{n-1} = 0 \quad \text{für alle } x \in \mathbb{C}.$$

Das bedeutet, dass p die Nullfunktion ist (als Abbildung von $\mathbb{C}$ nach $\mathbb{C}$ aufgefasst) und somit unendlich viele Nullstellen besitzt. Wäre nun $\lambda_k \neq 0$ für ein $k > 1$, so wäre p eine nicht-konstante Polynomfunktion von Grad $< n$ und könnte daher maximal $n - 1$ Nullstellen besitzen (siehe Seite 277). Also müssen $\lambda_2 = \ldots = \lambda_n = 0$ sein. Das verbleibende λ_1 muss auch 0 sein, da wir sonst gar keine Nullstellen hätten. Das zeigt, dass alle $\lambda_k = 0$ sind, und somit die lineare Unabhängigkeit der Monome.

Aufgabe 10.11 Warum ist die Aussage „die Vektoren $v_1, \ldots, v_n$ sind linear unabhängig" eigentlich unpräzise? (Vgl. Beispiel 10.10 a).)

Aufgabe 10.12 Zeige: Ein System von Vektoren $0_V, v_2 \ldots, v_n$, das den Nullvektor enthält, ist stets linear abhängig.

Aufgabe 10.13 Untersuche die drei Vektoren des $\mathbb{Q}^3$ auf lineare Unabhängigkeit:

$$v_1 = \begin{pmatrix} 1 \\ 3 \\ 5 \end{pmatrix}, \quad v_2 = \begin{pmatrix} 1/2 \\ 1/4 \\ 2 \end{pmatrix}, \quad v_3 = \begin{pmatrix} 1 \\ -2 \\ 3 \end{pmatrix}.$$

Stelle im Falle ihrer linearen Abhängigkeit einen der drei Vektoren als Linearkombination der zwei übrigen dar.

Aufgabe 10.14 Zeige, dass sich bei einem linear abhängigen System von Vektoren $v_1, \ldots, v_n$ immer mindestens einer als Linearkombination der restlichen $n-1$ darstellen lässt.

Aufgabe 10.15 Beweise, dass 1 und $\sqrt{2}$ linear unabhängig über $\mathbb{Q}$ sind.

Aufgabe 10.16 Gib in den Vektorräumen $\mathbb{R}[x]$, $\mathcal{S}_\mathbb{R}$ und $\mathcal{F}_\mathbb{R}$ jeweils ein System n linear unabhängiger Vektoren an, $n \in \mathbb{N}$ beliebig, und begründe die lineare Unabhängigkeit.

(Anleitung zu $\mathcal{F}_\mathbb{R}$: Betrachte die Funktionen χ_k, die außerhalb des Intervalls $I_k = (k-1, k]$ Null sind und auf I_k den Wert 1 haben. Zeichne z.B. die Linearkombination $\frac{1}{2} \cdot \chi_1 + \chi_2 - \chi_3$ und überlege danach allgemein, wieso $\lambda_1 \cdot \chi_1 + \ldots + \lambda_n \cdot \chi_n$ niemals die Nullfunktion ergeben kann, wenn nicht alle λ_i Null sind. Die χ_k (χ ist der griechische Kleinbuchstabe „chi") heißen übrigens charakteristische Funktionen des Intervalls I_k.) ☠

Definition 10.4 In Verallgemeinerung von Aufgabe 10.4 definieren wir für Vektoren $v_1, \ldots, v_n \in V$ eines $\mathbb{K}$-Vektorraums V den *Aufspann* (auch: *lineare Hülle*) als die Menge all ihrer Linearkombinationen:

$$\langle v_1, \ldots, v_n \rangle_\mathbb{K} := \left\{ \sum_{i=1}^{n} \lambda_i \cdot v_i \mid \lambda_1, \ldots, \lambda_n \in \mathbb{K} \right\}. \qquad \diamond$$

Anmerkung: $\langle v_1, \ldots, v_n \rangle_\mathbb{K}$ ist ein Unterraum von V, und zwar sogar der kleinste Unterraum, der alle Vektoren $v_1, \ldots, v_n$ enthält; Beweis als Aufgabe 10.17.

Beispiel 10.14 Es ist äußerst hilfreich, sich neue abstrakte Definitionen anhand des guten alten $\mathbb{R}^3$ zu veranschaulichen. Sind $e_1 = (1, 0, 0)^t$ und $e_2 = (0, 1, 0)^t$ die beiden Einheitsvektoren der x_{12}-Ebene, so ist ihr Aufspann gegeben durch

$$\langle e_1, e_2 \rangle_\mathbb{R} = \left\{ \lambda_1 \cdot e_1 + \lambda_2 \cdot e_2 \mid \lambda_1, \lambda_2 \in \mathbb{R} \right\} = \left\{ \begin{pmatrix} \lambda_1 \\ \lambda_2 \\ 0 \end{pmatrix} \mid \lambda_1, \lambda_2 \in \mathbb{R} \right\},$$

was nichts anderes als die x_{12}-Ebene im $\mathbb{R}^3$ ist; siehe Abbildung 10.3.

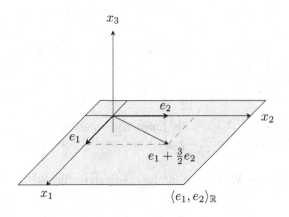

Abbildung 10.3

Es ist geometrisch instruktiv, obige Anmerkung anhand dieses Beispiels zu illustrieren. Wir suchen einen „möglichst kleinen" Unterraum E des $\mathbb{R}^3$, der e_1 und e_2 enthält. Die Menge $\{\,e_1, e_2\,\}$ ist sicherlich noch kein Unterraum, da bereits skalare Vielfache wie $2e_1$ oder $-\frac{1}{2}e_2$ nicht mehr in ihr enthalten sind. E muss also wenigstens die Aufspanne $\langle e_i \rangle_{\mathbb{R}} = \{\,\lambda \cdot e_i \mid \lambda \in \mathbb{R}\,\}$, $i = 1, 2$, enthalten. Aber auch $E' = \langle e_1 \rangle_{\mathbb{R}} \cup \langle e_2 \rangle_{\mathbb{R}}$, was die x_1- und x_2-Achse darstellt, ist noch kein Unterraum, da Linearkombinationen wie $e_1 + \frac{3}{2}e_2$ aus E' herausführen. Erst wenn E die gesamte x_{12}-Ebene ist, sprich aus allen möglichen Linearkombinationen von e_1 und e_2 besteht, d.h. $E = \langle e_1, e_2 \rangle_{\mathbb{R}}$, dann wird E abgeschlossen unter Skalarmultiplikation und Summenbildung, also nach Satz 10.1 ein Unterraum des $\mathbb{R}^3$.

Beispiel 10.15 Die Parameterdarstellung einer Ebene im $\mathbb{R}^3$ lautet bekanntlich

$$E \colon \vec{x} = \vec{p} + s \cdot \vec{u} + t \cdot \vec{v}; \quad s, t \in \mathbb{R}.$$

Dabei ist $\vec{p}$ der Stützvektor und $\vec{u}$ und $\vec{v}$ sind die Richtungs- oder Spannvektoren der Ebene. Mit unserer neuen Notation ist E nichts anderes als der um den Vektor $\vec{p}$ verschobene Aufspann $\langle \vec{u}, \vec{v} \rangle_{\mathbb{R}}$, kurz:

$$E = \vec{p} + \langle \vec{u}, \vec{v} \rangle_{\mathbb{R}}.$$

Dabei ist $\vec{p} + M$ die Kurzschreibweise für die Menge $\{\,\vec{p} + \vec{m} \mid \vec{m} \in M\,\}$.

Beispiel 10.16 Wir betrachten $\mathbb{R}$ als $\mathbb{Q}$-Vektorraum. Dann ist die lineare Hülle

$$\langle\, 1, \sqrt{2}\,\rangle_{\mathbb{Q}} = \{\,a \cdot 1 + b \cdot \sqrt{2} \mid a, b \in \mathbb{Q}\,\} =: \mathbb{Q}(\sqrt{2}\,)$$

der kleinste $\mathbb{Q}$-Unterraum von $\mathbb{R}$, der 1 und $\sqrt{2}$ enthält.
$\mathbb{Q}(\sqrt{2}\,)$ liest man als „$\mathbb{Q}$ adjungiert $\sqrt{2}$". Die Elemente von $\mathbb{Q}(\sqrt{2}\,)$ erinnern stark an komplexe Zahlen mit $\sqrt{2}$ anstelle von i. In der Tat kann man fast wörtlich wie bei $\mathbb{C}$ nachrechnen, dass auch $\mathbb{Q}(\sqrt{2}\,)$ ein Körper ist.

Nun kommt die entscheidende

Definition 10.5   Ein System von n Vektoren $v_1, \ldots, v_n$ heißt *Erzeugendensystem* des $\mathbb{K}$-Vektorraums V, wenn

$$\langle v_1, \ldots, v_n \rangle_{\mathbb{K}} = V$$

gilt, d.h. wenn jedes $v \in V$ sich als Linearkombination der Vektoren $v_1, \ldots, v_n$ darstellen lässt. Ein linear unabhängiges Erzeugendensystem heißt *Basis* von V. $\Diamond$

Beispiel 10.11′   Jeder Vektor $x \in \mathbb{K}^2$ lässt sich darstellen als

$$\begin{pmatrix} x_1 \\ x_2 \end{pmatrix} = \begin{pmatrix} x_1 \\ 0 \end{pmatrix} + \begin{pmatrix} 0 \\ x_2 \end{pmatrix} = x_1 \cdot \begin{pmatrix} 1 \\ 0 \end{pmatrix} + x_2 \cdot \begin{pmatrix} 0 \\ 1 \end{pmatrix} = x_1 \cdot e_1 + x_2 \cdot e_2,$$

d.h. es gilt $\langle e_1, e_2 \rangle_{\mathbb{K}} = \mathbb{K}^2$, also stellt e_1, e_2 ein Erzeugendensystem von $\mathbb{K}^2$ dar. Da diese beiden Vektoren nach Beispiel 10.11 linear unabhängig sind, bilden sie eine Basis des $\mathbb{K}^2$, die sogenannte *Standardbasis* (oft auch *kanonische Basis* genannt). Entsprechendes gilt für den $\mathbb{K}^n$ mit der Standardbasis $e_1, \ldots, e_n$.

Beispiel 10.12′   Eine $\mathbb{R}$-Basis von $\mathbb{C}$ ist $1, \mathrm{i}$, da sich jedes $z \in \mathbb{C}$ als $z = a \cdot 1 + b \cdot \mathrm{i}$ mit $a, b \in \mathbb{R}$ darstellen lässt und $1, \mathrm{i}$ linear unabhängig über $\mathbb{R}$ sind (Beispiel 10.12). Als $\mathbb{C}$-Basis von $\mathbb{C}$ genügt der Vektor 1, denn er ist linear unabhängig (da $\neq 0$) und es gilt trivialerweise $\langle 1 \rangle_{\mathbb{C}} = \{ \lambda \cdot 1 \mid \lambda \in \mathbb{C} \} = \mathbb{C}$.

Beispiel 10.13′   Die Monome $1, x, x^2, \ldots, x^{n-1}$ sind ein Erzeugendensystem von $\mathcal{P}_{n,\mathbb{K}}$, da definitionsgemäß jedes Element von $\mathcal{P}_{n,\mathbb{K}}$ die Gestalt $p(x) = \lambda_1 + \lambda_2 x + \lambda_3 x^2 + \ldots + \lambda_n x^{n-1}$ besitzt. Da sie nach Beispiel 10.13 linear unabhängig sind, bilden sie eine Basis von $\mathcal{P}_{n,\mathbb{K}}$.

Beispiel 10.16′   Nach Definition der linearen Hülle ist $1, \sqrt{2}$ ein Erzeugendensystem von $\mathbb{Q}(\sqrt{2}) = \langle 1, \sqrt{2} \rangle_{\mathbb{Q}}$. Da beide Zahlen nach Aufgabe 10.15 linear unabhängig über $\mathbb{Q}$ sind, bilden sie eine Basis des $\mathbb{Q}$-Vektorraums $\mathbb{Q}(\sqrt{2})$.

Satz 10.2   (*Eindeutige Basisdarstellung*)

Bilden die Vektoren $v_1, \ldots, v_n$ eine Basis $\mathcal{B}$ des $\mathbb{K}$-Vektorraums V, so lässt sich jeder Vektor $v \in V$ *eindeutig* als Linearkombination der v_i darstellen, d.h. die Koeffizienten $\lambda_i \in \mathbb{K}$ in

$$v = \lambda_1 \cdot v_1 + \ldots + \lambda_n \cdot v_n = \sum_{i=1}^{n} \lambda_i \cdot v_i$$

sind eindeutig durch v (in Bezug auf $\mathcal{B}$) bestimmt.

Beweis: Dass sich jeder Vektor aus V als Linearkombination der v_i darstellen lässt, folgt daraus, dass $\mathcal{B}$ ein Erzeugendensystem ist, d.h. dass $\langle v_1, \ldots, v_n \rangle_\mathbb{K} = V$ gilt. Zur Eindeutigkeit der Darstellung: Es seien

$$v = \sum_{i=1}^{n} \lambda_i \cdot v_i \quad \text{und} \quad v = \sum_{i=1}^{n} \mu_i \cdot v_i$$

zwei $\mathcal{B}$-Linearkombinationen des Vektors $v \in V$ ($\lambda_i, \mu_i \in \mathbb{K}$). Dann folgt

$$0_V = v - v = \sum_{i=1}^{n} \lambda_i \cdot v_i - \sum_{i=1}^{n} \mu_i \cdot v_i = \sum_{i=1}^{n} (\lambda_i - \mu_i) \cdot v_i =: \sum_{i=1}^{n} \alpha_i \cdot v_i,$$

und die lineare Unabhängigkeit der v_i erzwingt $\alpha_i = 0$, also $\lambda_i = \mu_i$, für alle i. $\square$

Definition 10.6   Ein $\mathbb{K}$-Vektorraum V heißt *endlich erzeugt*, wenn er ein Erzeugendensystem endlicher Länge besitzt, d.h. wenn es eine natürliche Zahl n und Vektoren $v_1, \ldots, v_n$ gibt mit $\langle v_1, \ldots, v_n \rangle_\mathbb{K} = V$. $\Diamond$

Achtung: „Endlich erzeugt" heißt keinesfalls, dass $|V|$ endlich ist, wie bereits das Beispiel $\mathbb{R} = \langle 1 \rangle_\mathbb{R}$ zeigt. Das Erzeugendensystem hat hier Länge 1, aber $V = \mathbb{R}$ besteht aus (überabzählbar) unendlich vielen Vektoren.

Nun kommt der Hauptsatz dieses Abschnitts, auf dessen recht technischen Beweis wir verzichten. Aber so viel sei gesagt: Man benötigt den sogenannten *Basisergänzungssatz* bzw. den damit verwandten *Austauschsatz* von Steinitz[2]. Der erste besagt, dass man jedes linear unabhängige System von Vektoren eines endlich erzeugten Vektorraums V durch Hinzunahme geeigneter Vektoren (aus einem gegebenen Erzeugendensystem von V) stets zu einer Basis von V ergänzen kann. Für Details konsultiere man z.B. [Jän] oder [Bos2].

Theorem 10.1   Jeder endlich erzeugte Vektorraum V besitzt eine Basis endlicher Länge. Die Länge n der Basis ist dabei eindeutig durch V bestimmt, d.h. es kann keine zwei Basen von V mit unterschiedlicher Länge geben. $\boxminus$

Definition 10.7   Es sei $\mathcal{B}$ eine $\mathbb{K}$-Basis des endlich erzeugten Vektorraums V. Die Länge n von $\mathcal{B}$ (also die Anzahl der Vektoren von $\mathcal{B}$) heißt *Dimension* von V:

$$\dim_\mathbb{K} V = n.$$

Nach Theorem 10.1 ist dies wohldefiniert, da alle Basen gleich lang sind. $\Diamond$

Beispiel 10.11″   Es ist $\dim_\mathbb{K} \mathbb{K}^n = n$,   insbesondere also $\dim_\mathbb{K} \mathbb{K} = 1$.

Beispiel 10.12″   Es ist $\dim_\mathbb{R} \mathbb{C} = 2$ und $\dim_\mathbb{C} \mathbb{C} = 1$.

Beispiel 10.13″   Es ist $\dim_\mathbb{K} \mathcal{P}_{n,\mathbb{K}} = n$.

Beispiel 10.16″   Und zu guter Letzt ist $\dim_\mathbb{Q} \mathbb{Q}(\sqrt{2}) = 2$.

---

[2]Ernst Steinitz (1871 – 1928); deutscher Algebraiker.

Beispiel 10.17   Nach Aufgabe 10.16 gibt es in den Vektorräumen $\mathbb{R}[x]$, $\mathcal{S}_\mathbb{R}$ und $\mathcal{F}_\mathbb{R}$ zu beliebig großem $n \in \mathbb{N}$ stets ein System n linear unabhängiger Vektoren. In endlich erzeugten Vektorräumen gilt nach dem oben genannten Basisergänzungssatz, dass jedes linear unabhängige System von Vektoren Teil einer Basis ist. Jede Basis ist nach Theorem 10.1 aber gleich lang, weshalb die Dimension $\dim_\mathbb{K} V$ eines endlich erzeugten Vektorraums V eine Obergrenze für die Länge linear unabhängiger Systeme von Vektoren in V ist. Wenn es in V also beliebig lange solcher Systeme gibt, kann V nicht endlich erzeugt sein und damit insbesondere keine Basis endlicher Länge besitzen (diese wäre ja sonst ein Erzeugendensystem endlicher Länge). Falls V keine Basis endlicher Länge besitzt[3], schreibt man $\dim_\mathbb{K} V = \infty$, es ist somit nach obigem Argument

$$\dim_\mathbb{R} \mathbb{R}[x] = \dim_\mathbb{R} \mathcal{S}_\mathbb{R} = \dim_\mathbb{R} \mathcal{F}_\mathbb{R} = \infty.$$

Zum Abschluss dieses Abschnitts ziehen wir noch eine wichtige Folgerung aus dem Basisergänzungssatz und Theorem 10.1.

Satz 10.3   Sei V ein endlich erzeugter Vektorraum. Dann ist jeder Untervektorraum U von V ebenfalls endlich erzeugt, mit $\dim_\mathbb{K} U \leqslant \dim_\mathbb{K} V$.
Zudem gilt der oft nützliche „Dimensionstest"

$$\dim_\mathbb{K} U = \dim_\mathbb{K} V \implies U = V. \tag{$*$}$$

Beweis: Nach Theorem 10.1 besitzt V eine Basis, deren Länge $\dim_\mathbb{K} V = n$ sei. Jedes linear unabhängige System der Länge s von Vektoren aus U ist natürlich auch linear unabhängig in V und lässt sich nach dem Basisergänzungssatz durch Hinzunahme von $n - s \geqslant 0$ Vektoren zu einer Basis von V ergänzen. Aus dieser Beobachtung folgt zweierlei:

(1) Aufgrund von $n - s \geqslant 0$, d.h. $s \leqslant n$, ist $n = \dim_\mathbb{K} V$ eine obere Schranke für die Länge linear unabhängiger Systeme in U. Folglich existiert ein linear unabhängiges System $\mathcal{B} \subset U$, dessen Länge $|\mathcal{B}| = r$ maximal ist (und ebenfalls $r \leqslant n$ erfüllt). Da linear unabhängige Systeme maximaler Länge stets eine Basis bilden (wie man leicht zeigen kann; siehe [JÄN]), ist $\mathcal{B}$ eine Basis – also insbesondere auch ein Erzeugendensystem – von U der Länge r. Somit ist U endlich erzeugt, und es gilt $\dim_\mathbb{K} U = r \leqslant n = \dim_\mathbb{K} V$.

(2) Die Zahl der Vektoren, die man für die Ergänzung von $\mathcal{B}$ zu einer Basis von V braucht, ist $n - r$, d.h. $\dim_\mathbb{K} V - \dim_\mathbb{K} U$. Im Falle $\dim_\mathbb{K} U = \dim_\mathbb{K} V$ sind somit keine zusätzlichen Vektoren mehr nötig, also ist die Basis $\mathcal{B}$ von U bereits eine Basis von ganz V. Insbesondere ist sie ein Erzeugendensystem von V, d.h. $U = \langle \mathcal{B} \rangle_\mathbb{K} = V$, womit der „Dimensionstest" bewiesen ist.   ⊟

---

[3]Das bedeutet nicht etwa, dass V gar keine Basis besäße. Man kann allgemein zeigen, dass jeder Vektorraum eine Basis besitzt! Siehe [Bos2], Seite 42.

Aufgabe 10.17 Es sei $M = \{ v_1, \dots, v_n \}$ (mit $n \in \mathbb{N}$) eine endliche Teilmenge eines $\mathbb{K}$-Vektorraums V.
Zeige, dass $\langle M \rangle_{\mathbb{K}} := \langle v_1, \dots, v_n \rangle_{\mathbb{K}}$ der kleinste Unterraum von V ist, der M enthält. Die Minimalität ist dabei in folgendem Sinne zu verstehen: Ist $U \leqslant V$ ein Unterraum, der M enthält, dann liegt bereits auch $\langle M \rangle_{\mathbb{K}}$ in U. ( )

Aufgabe 10.18 Formuliere und beweise die Umkehrung von Satz 10.2.

Aufgabe 10.19 Es sei $n = (n_1, n_2, n_3)^t \in \mathbb{K}^3$ ein Vektor $\neq 0_{\mathbb{K}^3}$. Zeige, dass

$$E = \{ (x_1, x_2, x_3)^t \in \mathbb{K}^3 \mid x_1 n_1 + x_2 n_2 + x_3 n_3 = 0 \}$$

ein Unterraum von $\mathbb{K}^3$ ist und weise $\dim_{\mathbb{K}} E = 2$ nach. (Für $\mathbb{K} = \mathbb{R}$ sollte dir E aus der Schulgeometrie sehr bekannt vorkommen ...)
Anleitung: Jedes $x \in E$ erfüllt $x_1 n_1 + x_2 n_2 + x_3 n_3 = 0$; das ist eine Gleichung für drei Unbekannte x_1, x_2, x_3. Wähle also zwei davon frei, etwa $x_1 = \lambda \in \mathbb{K}$ und $x_2 = \mu \in \mathbb{K}$ und drücke x_3 in Abhängigkeit von λ und μ aus (dazu musst du $n_3 \neq 0$ annehmen). Damit lässt sich jedes $x \in E$ als (λ, μ)-Linearkombination zweier Vektoren darstellen, die zudem leicht als linear unabhängig zu erkennen sind.

Aufgabe 10.20 Für eine dreielementige Menge $M = \{m_1, m_2, m_3\}$ sei $V = \mathrm{Abb}(M, \mathbb{R})$ der $\mathbb{R}$-Vektorraum aller Funktionen $f \colon M \to \mathbb{R}$. Die Verknüpfungen auf V sind dabei punktweise erklärt, siehe Beispiel 10.7. Zeige, dass $\dim_{\mathbb{R}} V = 3$ ist, indem du explizit eine Basis von V angibst. (Das ist nicht schwer, aber vielleicht zu abstrakt.) ☠
Tipp: Gehe ähnlich vor wie in der Anleitung zu Aufgabe 10.16, nur dass du die Intervalle dort durch einzelne Punkte m_i ersetzt.

10.2 Lineare Abbildungen

Nachdem wir jetzt die *Objekte* der linearen Algebra – die Vektorräume – etwas besser kennen gelernt haben, wird es Zeit, dass wir uns mit den Abbildungen zwischen ihnen beschäftigen. Nun ist ein Vektorraum weit mehr als eine schnöde Menge, da er mit einer reichhaltigen *Struktur* versehen ist: Man kann seine Elemente addieren und sie mit Skalaren multiplizieren. Daher ist es ganz natürlich, dass man sich für Abbildungen interessiert, die eben diese Struktur „respektieren". Solche *„strukturerhaltenden" Abbildungen* nennt man *Vektorraum-Homomorphismen* („homomorph" heißt grob übersetzt „von ähnlicher Form"). Wir beginnen mit einem ganz einfachen

Beispiel 10.18   Wir betrachten die Funktionen

$$f\colon \mathbb{R} \to \mathbb{R}, \quad x \mapsto 2x, \quad \text{und} \quad g\colon \mathbb{R} \to \mathbb{R}, \quad x \mapsto x^2,$$

wobei wir $\mathbb{R}$ als Vektorraum über sich selbst auffassen. Dann respektiert f die Vektorraumstruktur von $\mathbb{R}$ in folgendem Sinn: Für alle $u, v \in \mathbb{R}$ und alle $\lambda \in \mathbb{R}$ gilt

$$f(u + v) = f(u) + f(v) \quad \text{und} \quad f(\lambda \cdot v) = \lambda \cdot f(v),$$

wie man auf einen Blick sieht (rechne das im Kopf nach). Es macht also keinen Unterschied, ob man zuerst die Vektoren u und v addiert, und dann f anwendet, also $f(u+v)$ bildet, oder ob man dies in umgekehrter Reihenfolge tut, $f(u) + f(v)$; das Ergebnis ist stets dasselbe. Analoges gilt für die Skalarmultiplikation.

Die Funktion g hingegen hat diese Eigenschaft nicht. Bereits für $u = v = 1$ und $\lambda \neq 0$ oder 1 ist

$$g(1 + 1) = 2^2 \neq 1^2 + 1^2 = g(1) + g(1) \quad \text{und} \quad g(\lambda \cdot 1) = \lambda^2 \neq \lambda \cdot 1^2 = \lambda \cdot g(1).$$

Wie du bereits aus der Schule weißt, nennt man f eine *lineare Funktion* (beachte jedoch Aufgabe 10.24). Diesen Linearitäts-Begriff werden wir nun auf Abbildungen zwischen beliebigen Vektorräumen erweitern.

10.2.1   Definition und Beispiele linearer Abbildungen

Definition 10.8   Es seien V und W Vektorräume über dem Körper $\mathbb{K}$. Eine Abbildung[4] $\varphi\colon V \to W$ heißt *linear* (genauer: $\mathbb{K}$-linear) oder *Homomorphismus*, wenn für alle $u, v \in V$ und alle $\lambda \in \mathbb{K}$ gilt

$$\varphi(u + v) = \varphi(u) + \varphi(v) \quad \text{und} \quad \varphi(\lambda \cdot u) = \lambda \cdot \varphi(u). \qquad \diamond$$

Bevor wir Beispiele linearer Abbildungen bringen, ziehen wir eine einfache Konsequenz aus der Linearität.

Lemma 10.1   Jeder Homomorphismus $\varphi\colon V \to W$ bildet den Nullvektor auf den Nullvektor ab, d.h. $\varphi(0_V) = 0_W$.

Beweis: Es sei $\varphi\colon V \to W$ $\mathbb{K}$-linear. Dann gilt

$$\varphi(0_V) = \varphi(0_V + 0_V) = \varphi(0_V) + \varphi(0_V),$$

und beidseitiges Subtrahieren von $\varphi(0_V)$ liefert $0_W = \varphi(0_V)$. Oder noch schneller:

$$\varphi(0_V) = \varphi(0_{\mathbb{K}} \cdot 0_V) = 0_{\mathbb{K}} \cdot \varphi(0_V) = 0_W. \qquad \square$$

Beispiel 10.19   Die zwei einfachsten, aber auch langweiligsten linearen Abbildungen sind die *Nullabbildung* o und die *identische Abbildung* id_V mit

$$o\colon V \to W, \quad v \mapsto 0_W, \quad \text{und} \quad \mathrm{id}_V\colon V \to V, \quad v \mapsto v.$$

Hier sind die beiden Linearitätsbedingungen trivialerweise erfüllt (überzeuge dich davon).

---

[4]Der griechische Kleinbuchstabe φ wird als „Kleinvieh" gesprochen.

Beispiel 10.20 In Verallgemeinerung von Beispiel 10.18 ist die Abbildung „mal m nehmen"

$$\mu_m\colon \mathbb{K} \to \mathbb{K}, \quad x \mapsto \mu_m(x) = m \cdot x,$$

für jedes Körperelement $m \in \mathbb{K}$ ein $\mathbb{K}$-Homomorphismus. Denn aus der Distributivität bzw. Assoziativität und Kommutativität der Körpermultiplikation folgt sofort $(x, y, \lambda \in \mathbb{K})$

$$\mu_m(x + y) = m \cdot (x + y) = m \cdot x + m \cdot y = \mu_m(x) + \mu_m(y),$$

$$\mu_m(\lambda \cdot x) = m \cdot (\lambda \cdot x) = (m \cdot \lambda) \cdot x = (\lambda \cdot m) \cdot x = \lambda \cdot (m \cdot x) = \lambda \cdot \mu_m(x).$$

Beispiel 10.21 Nun kommt ein sehr instruktives Beispiel aus der ebenen Geometrie. Wir betrachten die Abbildung $\rho\colon \mathbb{R}^2 \to \mathbb{R}^2$, die jeden Vektor um 90° gegen den Uhrzeigersinn dreht; das griechische ρ (rho) soll dabei an „Rotation" erinnern. An den beiden Bildchen in Abbildung 10.4 lässt sich die Linearität von ρ ablesen, schau sie dir deshalb genau an.

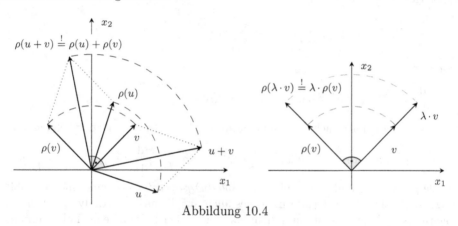

Abbildung 10.4

Aber auch formal lässt sich die Linearität von ρ leicht nachweisen. Es ist nämlich (mache dir das am Bild klar!)

$$\rho\colon \mathbb{R}^2 \to \mathbb{R}^2, \quad \begin{pmatrix} x_1 \\ x_2 \end{pmatrix} \mapsto \begin{pmatrix} -x_2 \\ x_1 \end{pmatrix},$$

und anhand dieser Darstellung kann man leicht nachrechnen, dass

$$\rho(u + v) = \rho(u) + \rho(v) \quad \text{und} \quad \rho(\lambda \cdot v) = \lambda \cdot \rho(v)$$

für alle $u, v \in \mathbb{R}^2$ und $\lambda \in \mathbb{R}$ gilt. Wir führen dies hier für die Additivität vor:

$$\rho(u + v) = \rho\left(\begin{pmatrix} u_1 + v_1 \\ u_2 + v_2 \end{pmatrix}\right) = \begin{pmatrix} -(u_2 + v_2) \\ u_1 + v_1 \end{pmatrix} = \begin{pmatrix} -u_2 \\ u_1 \end{pmatrix} + \begin{pmatrix} -v_2 \\ v_1 \end{pmatrix} = \rho(u) + \rho(v).$$

Überzeuge dich zur Übung selbst von der Skalar-Multiplikativität von ρ.

Beispiel 10.21 $_\mathbb{C}$ Noch eleganter wird es, wenn wir im letzten Beispiel einen Vektor $v = (a, b)^t \in \mathbb{R}^2$ mit der komplexen Zahl $z = a + b\,\mathrm{i} \in \mathbb{C}$ identifizieren. Weil $\mathrm{i} = \mathrm{e}^{\frac{\pi}{2}\mathrm{i}}$ ist, entspricht die Multiplikation mit i der Drehung des z-Zeigers um $90°$ im Gegenuhrzeigersinn. Somit ist

$$\mu_\mathrm{i} : \mathbb{C} \to \mathbb{C}, \quad z \mapsto \mathrm{i} \cdot z = \mathrm{i} \cdot (a + b\,\mathrm{i}) = a \cdot \mathrm{i} + b \cdot \mathrm{i}^2 = -b + a \cdot \mathrm{i}$$

die „komplexifizierte" Version der Abbildung ρ. Da μ_i nach Beispiel 10.20 sogar $\mathbb{C}$-linear ist, ist μ_i bzw. ρ natürlich auch $\mathbb{R}$-linear (die Additivität ist unabhängig vom Grundkörper erfüllt, und da $\mu_\mathrm{i}(\lambda \cdot z) = \lambda \cdot \mu_\mathrm{i}(z)$ für alle $\lambda \in \mathbb{C}$ gilt, ist es insbesondere auch für alle $\lambda \in \mathbb{R} \subset \mathbb{C}$ wahr).

An der komplexen Darstellung erkennt man übrigens auch sehr schön, dass μ_i bzw. ρ einfach nur den Realteil (die x_1-Koordinate) mit dem Imaginärteil (der x_2-Koordinate) vertauscht und ein Minus vor den neuen Realteil (die neue x_1-Koordinate) schreibt.

Beispiel 10.22   Wir definieren die *formale Ableitung* auf dem Vektorraum aller $\mathbb{K}$-wertigen Polynome durch

$$\frac{\mathrm{d}}{\mathrm{d}x} : \mathbb{K}[x] \to \mathbb{K}[x], \quad \sum_{k=0}^{n} a_k x^k \mapsto \sum_{k=1}^{n} k a_k x^{k-1},$$

oder ausführlicher geschrieben

$$\frac{\mathrm{d}}{\mathrm{d}x}(a_0 + a_1 x + a_2 x^2 + \ldots + a_n x^n) := a_1 + 2a_2 x + \ldots + n a_n x^{n-1}.$$

Dann ist es reine Formsache (verbunden mit Schreibaufwand) nachzurechnen, dass

$$\frac{\mathrm{d}}{\mathrm{d}x}(p(x) + q(x)) = \frac{\mathrm{d}}{\mathrm{d}x}p(x) + \frac{\mathrm{d}}{\mathrm{d}x}q(x) \quad \text{und} \quad \frac{\mathrm{d}}{\mathrm{d}x}(\lambda \cdot p(x)) = \lambda \cdot \frac{\mathrm{d}}{\mathrm{d}x}p(x)$$

für alle $p, q \in \mathbb{K}[x]$ und $\lambda \in \mathbb{K}$ gilt, der *Ableitungsoperator* also eine lineare Abbildung ist. (Im Fall $\mathbb{K} = \mathbb{R}$ kann man dies auch auf die aus der Analysis bekannten Ableitungsregeln zurückführen, indem man wie früher Polynome als Polynomfunktionen $\mathbb{R} \to \mathbb{R}$ betrachtet. Die formale Ableitung ergibt jedoch auch Sinn, wenn man in $\mathbb{K}$ keine Analysis betreiben kann.)

Beispiel 10.23   Das bestimmte Integral

$$\int_a^b : \mathscr{R}[a, b] \to \mathbb{R}, \quad f \mapsto \int_a^b f(x)\,\mathrm{d}x,$$

ist eine lineare Abbildung vom $\mathbb{R}$-Vektorraum der Riemann-integrierbaren Funktionen nach $\mathbb{R}$. Da in den Grundkörper $\mathbb{R}$ abgebildet wird, spricht man hier auch von einem *linearen Funktional*.

Nach Satz 6.9 gilt für Funktionen $f, g \in \mathscr{R}[a, b]$ und Skalare $\lambda, \mu \in \mathbb{R}$ nämlich

$$\int_a^b (\lambda \cdot f(x) + \mu \cdot g(x))\,\mathrm{d}x = \lambda \cdot \int_a^b f(x)\,\mathrm{d}x + \mu \cdot \int_a^b g(x)\,\mathrm{d}x.$$

(Siehe Aufgabe 10.22 für die hier benutzte, kompaktere Linearitätsbedingung.)

Aufgabe 10.21 Es sei $\varphi\colon V \to W$ ein Homomorphismus von Vektorräumen. Zeige auf zwei verschiedene Arten, dass $\varphi(-v) = -\varphi(v)$ für jedes $v \in V$ gilt.

Aufgabe 10.22 Zusammenfassen der beiden Linearitäts-Bedingungen aus Definition 10.8 (Bezeichnungen wie dort): Zeige, dass $\varphi\colon V \to W$ genau dann $\mathbb{K}$-linear ist, wenn für alle $u, v \in V$ und alle $\lambda, \mu \in \mathbb{K}$ gilt

$$\varphi(\lambda \cdot u + \mu \cdot v) = \lambda \cdot \varphi(u) + \mu \cdot \varphi(v).$$

Aufgabe 10.23 Verallgemeinere durch vollständige Induktion die Aussage der vorigen Aufgabe: Für n Vektoren $v_1, \ldots, v_n \in V$ und n Skalare $\lambda_1, \ldots, \lambda_n \in \mathbb{K}$, $n \in \mathbb{N}$ beliebig, gilt ebenfalls

$$\varphi(\lambda_1 \cdot v_1 + \ldots + \lambda_n \cdot v_n) = \lambda_1 \cdot \varphi(v_1) + \ldots + \lambda_n \cdot \varphi(v_n).$$

Jetzt ist übrigens ein guter Zeitpunkt, dich endgültig mit der Summenschreibweise anzufreunden, die wir im Folgenden sehr häufig gebrauchen werden. In dieser Notation lässt sich obige Gleichung viel kompakter schreiben als:

$$\varphi\left(\sum_{i=1}^{n} \lambda_i \cdot v_i\right) = \sum_{i=1}^{n} \lambda_i \cdot \varphi(v_i).$$

Aufgabe 10.24 Zeige, dass die in der Schule „linear" genannten Funktionen $f\colon \mathbb{R} \to \mathbb{R}$, $x \mapsto mx + c$, für $c \neq 0$ gar nicht linear im Sinne der linearen Algebra sind. (Man spricht hier allgemeiner von affin-linearen Abbildungen.)

Aufgabe 10.25 Betrachte die Abbildung $\sigma\colon \mathbb{R}^2 \to \mathbb{R}^2$, $\begin{pmatrix} x_1 \\ x_2 \end{pmatrix} \mapsto \begin{pmatrix} x_1 \\ -x_2 \end{pmatrix}$.

Zeige durch geometrische Überlegungen, aber auch durch formales Nachrechnen, dass σ linear ist. Was ist die „Komplexifizierung" von σ (siehe Beispiel 10.21 C)?

Aufgabe 10.26 Weise die $\mathbb{Q}$-Linearität der folgenden Abbildung nach.

$$\varphi\colon \mathbb{Q}^3 \to \mathbb{Q}^2, \quad \begin{pmatrix} q_1 \\ q_2 \\ q_3 \end{pmatrix} \mapsto \begin{pmatrix} 2q_1 + q_2 \\ \frac{1}{2}q_2 - q_3 \end{pmatrix}$$

Aufgabe 10.27 Betrachte $\mathcal{S}_{\mathbb{R},c}$, den Vektorraum aller konvergenten reellwertigen Folgen. Zeige, dass Limesbildung

$$\ell\colon \mathcal{S}_{\mathbb{R},c} \to \mathbb{R}, \quad (a_n) \mapsto \lim_{n \to \infty} a_n,$$

ein lineares Funktional ist.

Aufgabe 10.28   Es seien $\psi\colon U \to V$ und $\varphi\colon V \to W$ Homomorphismen von $\mathbb{K}$-Vektorräumen. Weise nach, dass auch deren Verknüpfung $\varphi \circ \psi$, also die Abbildung

$$\varphi \circ \psi\colon U \to W, \quad u \mapsto \varphi\left(\psi(u)\right),$$

ein $\mathbb{K}$-Homomorphismus ist. Das ist ganz simpel nachzurechnen, also nur Mut!

Aufgabe 10.29   Es seien V und W $\mathbb{K}$-Vektorräume und

$$\mathrm{Hom}_{\mathbb{K}}(V, W) := \{\, \varphi\colon V \to W \mid \varphi \text{ ist } \mathbb{K}\text{-linear} \,\}$$

die Menge aller Homomorphismen von V nach W. Zeige, dass $\mathrm{Hom}_{\mathbb{K}}(V, W)$ in „natürlicher Weise" selbst wieder zu einem $\mathbb{K}$-Vektorraum wird, indem du zunächst geeignete elementweise Verknüpfungen wie in Beispiel 10.7 definierst. Hier musst du zusätzlich noch nachweisen, dass $\varphi + \psi$ und $\lambda \cdot \varphi$ überhaupt wieder lineare Abbildungen sind.
(Dies ist eigentlich nicht schwer, aber aufwändig und für einen Anfänger sicherlich sehr abstrakt.)

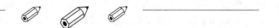

10.2.2   Kern und Bild einer linearen Abbildung

Nun ordnen wir einer linearen Abbildung zwei Unterräume zu, an denen bzw. an deren Dimension sich wichtige Eigenschaften der Abbildung ablesen lassen.

Definition 10.9   Bei einem Homomorphismus $\varphi\colon V \to W$ von $\mathbb{K}$-Vektorräumen sind *Kern* und *Bild* definiert als

$$\ker \varphi = \{\, v \in V \mid \varphi(v) = 0_W \,\} = \varphi^{-1}(0_W) \quad \text{und}$$

$$\mathrm{im}\, \varphi = \{\, \varphi(v) \mid v \in V \,\} = \varphi(V). \qquad \diamond$$

Um zu testen, wie weit dein mathematisches Denken inzwischen gereift ist, solltest du die mit ✎ gekennzeichneten Beweise unbedingt erst selbst probieren, bevor du sie durchliest.

Lemma 10.2   Kern und Bild einer linearen Abbildung sind Unterräume.

Beweis: ✎ Wir überprüfen das Unterraum-Kriterium 10.1 für $\ker \varphi$ und $\mathrm{im}\, \varphi$. Zunächst ist $\ker \varphi \neq \varnothing$, da nach Lemma 10.1 stets $0_V \in \ker \varphi$ gilt. Sind $u, v \in \ker \varphi$, so folgt aus der Linearität von φ

$$\varphi(u + v) = \varphi(u) + \varphi(v) = 0_W + 0_W = 0_W,$$

also liegt auch $u + v$ in $\ker \varphi$. Ebenso leicht sieht man $\lambda \cdot v \in \ker \varphi$ für $\lambda \in \mathbb{K}$, denn

$$\varphi(\lambda \cdot v) = \lambda \cdot \varphi(v) = \lambda \cdot 0_W = 0_W,$$

d.h. $\ker \varphi$ ist ein Unterraum von V.

Aufgrund von $V \neq \varnothing$ ist auch das Bild von φ nicht leer. Liegen w und w' in $\operatorname{im} \varphi$, dann gibt es nach Definition des Bildes Vektoren $v, v' \in V$ mit $w = \varphi(v)$ und $w' = \varphi(v')$ und es folgt wieder aufgrund der Linearität von φ

$$w + w' = \varphi(v) + \varphi(v') = \varphi(v + v') \in \operatorname{im} \varphi.$$

Für $\lambda \in \mathbb{K}$ ist $\lambda \cdot w = \lambda \cdot \varphi(v) = \varphi(\lambda \cdot v) \in \operatorname{im} \varphi$, weshalb $\operatorname{im} \varphi$ ein Unterraum von W ist. $\qquad\square$

Beispiel 10.24   Die Menge U_1 aus Beispiel 10.9 ist das Bild der offensichtlich (!) linearen Abbildung

$$\varphi \colon \mathbb{R} \to \mathbb{R}^2, \quad x \mapsto \begin{pmatrix} 2x \\ x \end{pmatrix}$$

und damit ein Unterraum von $\mathbb{R}^2$.

Bevor wir uns weitere Beispiele anschauen, kommt noch etwas mehr Terminologie und eine nützliche Charakterisierung von Injektivität bei linearen Abbildungen. An dieser Stelle möchtest du vielleicht in Kapitel 3 nochmal nachschlagen, was Injektivität, Surjektivität und Bijektivität bedeutet.

Definition 10.10   Ein Homomorphismus $\varphi \colon V \to W$ von $\mathbb{K}$-Vektorräumen heißt

- ○ *Monomorphismus*, falls φ injektiv ist.
- ○ *Epimorphismus*, falls φ surjektiv ist.
- ○ *Isomorphismus*, falls φ bijektiv ist. $\Diamond$

Lemma 10.3   Eine lineare Abbildung ist genau dann monomorph (injektiv), wenn ihr Kern trivial ist, d.h. wenn $\ker \varphi$ nur aus dem Nullvektor besteht.

Beweis: ✎   „$\Rightarrow$" Ist $\varphi \colon V \to W$ injektiv, dann können zwei verschiedene Vektoren $u, v \in V$ nicht dasselbe Bild unter φ haben. Somit kann kein Vektor $v \neq 0_V$ auf die Null in W abgebildet werden, denn es gilt ja bereits $\varphi(0_V) = 0_W$. Also ist $\ker \varphi = \{0_V\}$.

„$\Leftarrow$" Sei umgekehrt der Kern von φ trivial. Für die Injektivität von φ müssen wir zeigen, dass aus $\varphi(u) = \varphi(v)$ stets $u = v$ folgt. Aufgrund der Linearität von φ lässt sich $\varphi(u) = \varphi(v)$ umschreiben zu

$$0_W = \varphi(u) - \varphi(v) = \varphi(u - v), \quad \text{d.h.} \quad u - v \in \ker \varphi.$$

Weil aber $\ker \varphi = \{0_V\}$ ist, folgt $u - v = 0_V$, also $u = v$. Somit ist φ injektiv. $\qquad\square$

Beachte, dass dies bei nichtlinearen Abbildungen total falsch ist. So bildet etwa $f(x) = x^2$ zwar auch nur die 0 auf die 0 ab (d.h. es wäre $\ker f = \{0\}$, was man hier allerdings nicht so nennt), aber f ist keineswegs injektiv.

Beispiel 10.19′   Kern und Bild der Nullabbildung $o\colon V \to W$ sind: $\ker o = V$ und $\operatorname{im} o = \{0_W\}$. Man könnte sie auch als „maximal nicht-injektiv" bezeichnen, weil ihr Kern der gesamte Urbildraum ist, denn von ihr wird eben alles auf die Null geworfen.

Die Identität besitzt einen trivialen Kern, $\ker \operatorname{id} = \{0_V\}$, und ist demnach monomorph. Ihr Bild ist $\operatorname{im} \operatorname{id} = V$, also ist sie auch epimorph, insgesamt also ein Isomorphismus. Das sollte nicht weiter überraschen; sie ist ja gleichzeitig auch ihre eigene Umkehrabbildung.

Beispiel 10.20′   Wir betrachten für $m \neq 0$ den Multiplikations-Homomorphismus

$$\mu_m\colon \mathbb{K} \to \mathbb{K}, \quad x \mapsto m \cdot x.$$

(Für $m = 0$ ist μ_m einfach die Nullabbildung.) Er besitzt einen trivialen Kern, denn nur für $x = 0$ ist $\mu_m(x) = m \cdot x = 0$. Zudem ist er ein Epimorphismus, d.h. $\operatorname{im} \mu_m = \mathbb{K}$, denn jedes $x \in \mathbb{K}$ besitzt $m^{-1} \cdot x$ als Urbild unter μ_m:

$$\mu_m(m^{-1} \cdot x) = m \cdot (m^{-1} \cdot x) = 1 \cdot x = x.$$

Insgesamt ist μ_m also ein Isomorphismus mit Umkehrabbildung $(\mu_m)^{-1} = \mu_{m^{-1}}$. Es fällt auf, dass die Umkehrabbildung

$$\mu_{m^{-1}}\colon \mathbb{K} \to \mathbb{K}, \quad x \mapsto m^{-1} \cdot x,$$

selbst wieder linear ist. Dass dies kein Zufall ist, zeigt der nächste

> **Satz 10.4**   Ist $\varphi\colon V \to W$ ein Isomorphismus von $\mathbb{K}$-Vektorräumen, so ist die Umkehrabbildung $\varphi^{-1}\colon W \to V$ automatisch auch linear, also selbst wieder ein Isomorphismus.

Beweis: Seien $w, w' \in W$ und $\lambda, \mu \in \mathbb{K}$ beliebig. Um Schreibarbeit zu sparen, verwenden wir die Linearitätsbedingung aus Aufgabe 10.22. Wir nutzen aus, dass $\varphi^{-1} \circ \varphi = \operatorname{id}_V$ gilt und wenden diese Beziehung auf die Linearkombination $\lambda \cdot \varphi^{-1}(w) + \mu \cdot \varphi^{-1}(w')$ an:

$$\lambda \cdot \varphi^{-1}(w) + \mu \cdot \varphi^{-1}(w') = \operatorname{id}_V\left(\lambda \cdot \varphi^{-1}(w) + \mu \cdot \varphi^{-1}(w')\right)$$

$$= (\varphi^{-1} \circ \varphi)\left(\lambda \cdot \varphi^{-1}(w) + \mu \cdot \varphi^{-1}(w')\right)$$

$$= \varphi^{-1}\left(\varphi\left(\lambda \cdot \varphi^{-1}(w) + \mu \cdot \varphi^{-1}(w')\right)\right)$$

$$= \varphi^{-1}\left(\lambda \cdot \varphi(\varphi^{-1}(w)) + \mu \cdot \varphi(\varphi^{-1}(w'))\right) = \varphi^{-1}\left(\lambda \cdot w + \mu \cdot w'\right).$$

Im vorletzten Schritt ging die Linearität von φ ein und im letzten $\varphi \circ \varphi^{-1} = \mathrm{id}_W$. Ein Vergleich des letzten mit dem ersten Ausdruck zeigt, dass φ^{-1} tatsächlich eine lineare Abbildung ist. □

Nun aber weiter mit den Beispielen.

Beispiel 10.21′ Die Rotation ρ, welche Vektoren des $\mathbb{R}^2$ um 90° gegen den Uhrzeigersinn dreht, besitzt einen trivialen Kern, da kein Vektor $\neq 0$ beim Rotieren zum Nullvektor wird. Zudem ist sie epimorph, denn jeder Vektor kommt als Bildvektor unter ρ auf (das Urbild eines jeden Vektors ist einfach der um 90° im Uhrzeigersinn gedrehte Vektor).
Betrachtet man ρ komplex als $\mu_i \colon \mathbb{C} \to \mathbb{C}$, so ist $\mu_{i^{-1}}$ die Umkehrabbildung, was wegen $i^{-1} = \frac{1}{i} = -i = e^{-\frac{\pi}{2}i}$ der Rotation um 90° im Uhrzeigersinn entspricht.

Beispiel 10.22′ Der Kern der formalen Ableitung $\frac{\mathrm{d}}{\mathrm{d}x} \colon \mathbb{K}[x] \to \mathbb{K}[x]$ sind die konstanten Polynome, denn nach Definition von $\frac{\mathrm{d}}{\mathrm{d}x}$ werden genau die Polynome der Form a_0 beim Ableiten auf das Nullpolynom abgebildet. Die formale Ableitung ist somit nicht monomorph. Epimorph ist sie aber, denn jedes Polynom besitzt ein Urbild unter $\frac{\mathrm{d}}{\mathrm{d}x}$ (leite dazu $p(x)$ einfach formal auf; z.B. ist $\frac{1}{2}x^2$ das Urbild von x unter $\frac{\mathrm{d}}{\mathrm{d}x}$).

Beispiel 10.25 Eine lineare Abbildung, bei der Kern und Bild ins Auge springen, ist die *Projektion*

$$\pi_1 \colon \mathbb{R}^2 \to \mathbb{R}, \quad \begin{pmatrix} x_1 \\ x_2 \end{pmatrix} \mapsto x_1,$$

die jedem Vektor in $\mathbb{R}^2$ seine x_1-Koordinate zuordnet (dass π_1 linear ist, sollte offensichtlich sein).
Anschaulich: Man beleuchtet den Vektor x mit einem zur x_2-Achse parallelen Lichtbündel und betrachtet seinen Schattenwurf auf der x_1-Achse. (In der Abbildung 10.5 wurde x_1 mit dem Vektor $(x_1, 0)^t \in \mathbb{R}^2$ identifiziert.)

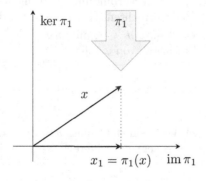

Abbildung 10.5

Hier ist klar, dass genau die Vektoren, die auf der x_2-Achse liegen, auf die Null projiziert werden, d.h.

$$\ker \pi_1 = \left\{ \begin{pmatrix} 0 \\ x_2 \end{pmatrix} \;\middle|\; x_2 \in \mathbb{R} \right\} = \langle e_2 \rangle_{\mathbb{R}}.$$

Als Bild von π_1 erhält man die gesamte x_1-Achse bzw. $\mathbb{R}$:

$$\operatorname{im} \pi_1 = \pi_1(\mathbb{R}^2) = \{\, x_1 \mid x_1 \in \mathbb{R} \,\} = \mathbb{R}.$$

Beachte, dass Kern und Bild eindimensionale $\mathbb{R}$-Vektorräume sind und daher

$$\dim_{\mathbb{R}} \ker \pi_1 + \dim_{\mathbb{R}} \operatorname{im} \pi_1 = 2 = \dim_{\mathbb{R}} \mathbb{R}^2$$

gilt. Diese extrem nützliche Beziehung gilt nicht nur hier, sondern für jede lineare Abbildung!

Satz 10.5   (*Dimensionsformel für lineare Abbildungen*)

Für jeden Homomorphismus $\varphi \colon V \to W$ von endlich-dimensionalen $\mathbb{K}$-Vektorräumen (es genügt bereits $\dim_{\mathbb{K}} V < \infty$) gilt

$$\dim_{\mathbb{K}} \ker \varphi + \dim_{\mathbb{K}} \operatorname{im} \varphi = \dim_{\mathbb{K}} V.$$

Die Dimensionen von Kern und Bild addieren sich also stets zur Dimension des Urbildraums. Insbesondere ist $\dim_{\mathbb{K}} \operatorname{im} \varphi \leqslant \dim_{\mathbb{K}} V$.

Beweis: Es sei $\dim \ker \varphi = k$, d.h. $\ker \varphi$ besitze eine Basis $v_1, \dots, v_k$ der Länge k. Weiter sei $\dim \operatorname{im} \varphi = l$, d.h. $\operatorname{im} \varphi$ besitze eine Basis $w_1, \dots, w_l$ der Länge l (zur Existenz der Basen beider Unterräume vergleiche Satz 10.3). Nach Definition des Bilds gibt es dann Vektoren $u_i \in V$ mit $w_i = \varphi(u_i)$ für alle $i = 1, \dots, l$. Wir werden nun zeigen, dass $\mathcal{B}$ bestehend aus $v_1, \dots, v_k, u_1, \dots, u_l$ eine Basis von V ist, was $\dim V = k + l$ bedeutet und somit die Aussage der Dimensionsformel ist.

(1) Nachweis, dass $\mathcal{B}$ ein Erzeugendensystem von V ist. Sei $v \in V$ beliebig; um es mit den $w_i = \varphi(u_i)$ in Verbindung zu bringen, bilden wir es doch einfach mal mit φ ab und betrachten $\varphi(v) \in \operatorname{im} \varphi$. Da die w_i eine Basis des Bilds darstellen, gibt es Skalare $\mu_i \in \mathbb{K}$ mit $\varphi(v) = \sum_{i=1}^{l} \mu_i \cdot w_i$, und wegen $w_i = \varphi(u_i)$ sowie der Linearität von φ folgt

$$\varphi(v) = \sum_{i=1}^{l} \mu_i \cdot w_i = \sum_{i=1}^{l} \mu_i \cdot \varphi(u_i) = \varphi\left(\sum_{i=1}^{l} \mu_i \cdot u_i \right).$$

Nun wieder zurück nach V: Oben steht, dass v und $u := \sum_{i=1}^{l} \mu_i \cdot u_i$ unter φ dasselbe Bild besitzen, also liegt die Differenz $v - u$ im Kern von φ:

$$0_V = \varphi(v) - \varphi(u) = \varphi(v) - \varphi\left(\sum_{i=1}^{l} \mu_i \cdot u_i \right) = \varphi\left(v - \sum_{i=1}^{l} \mu_i \cdot u_i \right).$$

Da die v_i eine Basis des Kerns sind, finden wir Skalare $\lambda_i \in \mathbb{K}$ mit

$$v - \sum_{i=1}^{l} \mu_i \cdot u_i = \sum_{i=1}^{k} \lambda_i \cdot v_i, \quad \text{also} \quad v = \sum_{i=1}^{l} \mu_i \cdot u_i + \sum_{i=1}^{k} \lambda_i \cdot v_i.$$

Somit ist jedes $v \in V$ eine $\mathcal{B}$-Linearkombination, d.h. $\langle \mathcal{B} \rangle_{\mathbb{K}} = V$.

(2) Zur linearen Unabhängigkeit von $\mathcal{B}$. Wir betrachten die Linearkombination

$$\sum_{i=1}^{k} \lambda_i \cdot v_i + \sum_{i=1}^{l} \mu_i \cdot u_i = 0_V$$

und müssen folgern, dass alle Skalare Null sind. Anwenden von φ und Ausnutzen der Linearität liefert

$$0_W = \varphi(0_V) = \varphi\Big(\sum_{i=1}^{k} \lambda_i \cdot v_i + \sum_{i=1}^{l} \mu_i \cdot u_i \Big) = \sum_{i=1}^{k} \lambda_i \cdot \varphi(v_i) + \sum_{i=1}^{l} \mu_i \cdot \varphi(u_i).$$

Wegen $v_i \in \ker \varphi$ ist $\varphi(v_i) = 0_W$, d.h. es bleibt nur $\sum_{i=1}^{l} \mu_i \cdot \varphi(u_i) = 0_W$ von obiger Summe übrig. Es folgt $\mu_1 = \ldots = \mu_l = 0$, da die Basisvektoren $\varphi(u_i) = w_i$ von $\operatorname{im} \varphi$ linear unabhängig sind. Von der ursprünglichen Linearkombination bleibt also nur noch $\sum_{i=1}^{k} \lambda_i \cdot v_i = 0_V$ stehen, woraus $\lambda_1 = \ldots = \lambda_k = 0$ folgt, da die v_i als Basis des Kerns linear unabhängig sind. Insgesamt haben wir nun die lineare Unabhängigkeit von $\mathcal{B}$ nachgewiesen.

Nach (1) und (2) ist $\mathcal{B}$ eine Basis von V der Länge $k + l$. $\qquad \square$

Wenn du jeden Schritt beim Durchlesen nachvollziehen konntest, kannst du stolz auf dich sein, denn das war kein trivialer Beweis. Hat man sich allerdings ein wenig an die linear-algebraische Argumentationsweise gewöhnt, so ist das Aufschreiben nur noch Formsache, wenn man einmal auf die Idee kommt, wie $\mathcal{B}$ geeignet zu wählen ist. Probier doch in 1–2 Semestern, den Beweis nochmal selbst zu führen! Einen noch schöneren Zugang zur Dimensionsformel liefert übrigens der sogenannte *Homomorphiesatz*. Siehe z.B. [Beu2] für einen schnellen und leicht verständlichen Zugang (wenn man sich dann mal an Quotientenvektorräume gewöhnt hat).

In den nächsten Aufgaben kann dir ab und zu der „Dimensionstest" $(*)$ aus Satz 10.3 weiterhelfen.

Aufgabe 10.30 Bestimme Kern und Bild der Homomorphismen aus den Aufgaben 10.25 – 10.27. (Tipp: Die Dimensionsformel erspart einem manchmal etwas Arbeit, da man z.B. von der Dimension des Kerns auf die Dimension des Bilds schließen und dann unter Umständen $(*)$ anwenden kann.)

Die folgende Aufgabe zeigt, dass sich Homomorphismen endlich-dimensionaler Vektorräume analog verhalten wie Abbildungen $f\colon M \to N$ zwischen endlichen Mengen, wenn es um In-, Sur- und Bijektivität geht. Mache dir das klar, indem du in
folgenden Aussagen $\dim_{\mathbb{K}} V$ durch $|M|$ etc. ersetzt.

Aufgabe 10.31   Es sei $\varphi\colon V \to W$ ein $\mathbb{K}$-Homomorphismus und $\dim_{\mathbb{K}} V < \infty$.
Zeige unter Verwendung der Dimensionsformel:

a) Falls $\dim_{\mathbb{K}} V > \dim_{\mathbb{K}} W$ ist, kann φ nicht injektiv sein.

b) Falls $\dim_{\mathbb{K}} V < \dim_{\mathbb{K}} W$ ist, kann φ nicht surjektiv sein.

c) Falls $\dim_{\mathbb{K}} V = \dim_{\mathbb{K}} W$ ist, sind folgende Aussagen äquivalent:

   (i) φ ist injektiv (also ein Monomorphismus)

   (ii) φ ist surjektiv (also ein Epimorphismus).

Somit ist in diesem Fall φ automatisch bijektiv (also ein Isomorphismus),
sobald nur seine Injektivität (oder Surjektivität) nachgewiesen wurde!
Zeige durch Gegenbeispiel(e), dass dies für $\dim_{\mathbb{K}} V = \infty$ nicht mehr stimmt.

10.2.3   Isomorphie

Nun kommen wir zu einer ganz zentralen Frage, nämlich wann Vektorräume vom
Standpunkt der linearen Algebra aus als „gleich" zu betrachten sind. Die Antwort
ist ganz einfach: Ist $\varphi\colon V \to W$ ein Isomorphismus, dann stehen aufgrund der Bijektivität von φ die Elemente von V in einer 1:1-Beziehung mit den Elementen von
W und, weil φ und φ^{-1} die lineare Struktur respektieren, ist es egal, ob Addition und Skalarmultiplikation in V oder in W ausgeführt wird. Präziser: Für alle
$w = \varphi(v), w' = \varphi(v') \in W$ und $\lambda, \lambda' \in \mathbb{K}$ ist

$$\lambda \cdot w + \lambda' \cdot w' = \lambda \cdot \varphi(v) + \lambda' \cdot \varphi(v') = \varphi(\lambda \cdot v + \lambda' \cdot v'),$$

d.h. man kann statt einer Linearkombination von Vektoren w, w' in W auch eine
Linearkombination ihrer (eindeutig bestimmten) Urbilder v, v' in V bilden und
diese dann mittels φ nach W schicken. Somit gibt es zwischen V und W keinen
Unterschied bis auf die evtl. verschiedene Bezeichnungsweise ihrer Vektoren.

Definition 10.11   Zwei $\mathbb{K}$-Vektorräume V und W heißen *isomorph*, in Zeichen
$V \cong W$, wenn es einen $\mathbb{K}$-Isomorphismus $\varphi\colon V \to W$ zwischen ihnen gibt. $\diamond$

In diesem Zusammenhang ist die folgende Erkenntnis extrem wichtig.

Satz 10.6 (*Hauptsatz über lineare Abbildungen*)

Ist $v_1, \ldots, v_n$ eine Basis des $\mathbb{K}$-Vektorraums V und sind $w_1, \ldots, w_n$ beliebige Vektoren eines weiteren $\mathbb{K}$-Vektorraums W, dann gibt es genau eine lineare Abbildung $\varphi \colon V \to W$ mit der Eigenschaft

$$\varphi(v_i) = w_i \qquad \text{für } i = 1, \ldots, n. \tag{$\star$}$$

Eine lineare Abbildung ist demnach durch ihr Verhalten auf einer Basis des Urbildraums bereits eindeutig festgelegt.

Beweis: Zunächst zeigen wir die Existenz einer linearen Abbildung mit Eigenschaft ($\star$). Dazu sei $v \in V$ ein beliebiger Vektor, den wir als Linearkombination der Basisvektoren v_i schreiben: $v = \sum_{i=1}^{n} \lambda_i \cdot v_i$ mit eindeutig bestimmten Skalaren $\lambda_i \in \mathbb{K}$ (siehe Satz 10.2). Wir legen fest, dass $\varphi(v_i) := w_i$ für $i = 1, \ldots, n$ sein soll, und setzen dies „linear auf ganz V fort", indem wir

$$\varphi(v) = \varphi\Big(\sum_{i=1}^{n} \lambda_i \cdot v_i \Big) := \sum_{i=1}^{n} \lambda_i \cdot \varphi(v_i) = \sum_{i=1}^{n} \lambda_i \cdot w_i$$

definieren, also das φ einfach „in die Summe reinziehen". Da die λ_i in eindeutiger Beziehung zu v stehen, ist diese Zuordnung wohldefiniert. Es ist ($\star$) nach Definition von φ erfüllt, und die Linearität von φ ergibt sich ebenfalls leicht: Sind $u = \sum_{i=1}^{n} \mu_i \cdot v_i$ und $v = \sum_{i=1}^{n} \lambda_i \cdot v_i$ zwei Vektoren aus V, so ist

$$u + v = \sum_{i=1}^{n} \mu_i \cdot v_i + \sum_{i=1}^{n} \lambda_i \cdot v_i = \sum_{i=1}^{n} (\mu_i + \lambda_i) \cdot v_i$$

die eindeutige Basisdarstellung von $u + v$ und nach Definition von φ folgt

$$\varphi(u + v) \overset{\text{def}}{=} \sum_{i=1}^{n} (\mu_i + \lambda_i) \cdot w_i = \sum_{i=1}^{n} \mu_i \cdot w_i + \sum_{i=1}^{n} \lambda_i \cdot w_i = \varphi(u) + \varphi(v).$$

(Im zweiten Schritt wurde die Summe unter Verwendung der Vektorraumaxiome in zwei Summen aufgesplittet.) Analog sieht man $\varphi(\lambda \cdot v) = \lambda \cdot \varphi(v)$, d.h. das oben definierte φ ist tatsächlich eine lineare Abbildung mit der Eigenschaft ($\star$).

Nun zur Eindeutigkeitsaussage. Ist $\psi \colon V \to W$ eine weitere lineare Abbildung, für die ($\star$) gilt, so ist für jeden Vektor $v = \sum_{i=1}^{n} \lambda_i \cdot v_i$

$$\psi(v) = \psi\Big(\sum_{i=1}^{n} \lambda_i \cdot v_i \Big) \overset{\psi \text{ linear}}{=} \sum_{i=1}^{n} \lambda_i \cdot \psi(v_i) \overset{(\star)}{=} \sum_{i=1}^{n} \lambda_i \cdot w_i \overset{\text{def}}{=} \varphi(v),$$

also $\psi = \varphi$. Somit ist φ die einzige lineare Abbildung, die ($\star$) erfüllt. $\qquad \square$

Als Krönung können wir nun den Hauptsatz über (endlich-dimensionale) Vektorräume beweisen. Dieser besagt, dass ein Vektorraum der Dimension n (über einem festen Körper $\mathbb{K}$) bereits durch diese eine läppische Zahl bis auf Isomorphie eindeutig charakterisiert wird. Es gibt also „gar nicht so viele" verschiedene endlich-dimensionale Vektorräume.

Theorem 10.2   (*Klassifikation endlich-dimensionaler Vektorräume*)

Zwei $\mathbb{K}$-Vektorräume derselben Dimension $n < \infty$ sind stets isomorph. Insbesondere gilt für jeden n-dimensionalen $\mathbb{K}$-Vektorraum V:

$$V \cong \mathbb{K}^n.$$

Bis auf Isomorphie ist der Standard-Vektorraum $\mathbb{K}^n$ also der einzige n-dimensionale $\mathbb{K}$-Vektorraum!

Beweis: Haben V und W beide Dimension n, so existieren $\mathbb{K}$-Basen $v_1, \ldots, v_n$ von V und $w_1, \ldots, w_n$ von W. Nach Satz 10.6 gibt es eine (eindeutig bestimmte) lineare Abbildung $\varphi \colon V \to W$ mit ($\star$): $\varphi(v_i) = w_i$ für $i = 1, \ldots, n$. Wir zeigen, dass dieses φ automatisch bijektiv und damit der gesuchte Isomorphismus ist.

Zur Injektivität: Liegt $v = \sum_{i=1}^{n} \lambda_i \cdot v_i$ im Kern von φ, so ist

$$0_W = \varphi(v) = \varphi\Big(\sum_{i=1}^{n} \lambda_i \cdot v_i \Big) = \sum_{i=1}^{n} \lambda_i \cdot \varphi(v_i) = \sum_{i=1}^{n} \lambda_i \cdot w_i,$$

und die lineare Unabhängigkeit der w_i erzwingt $\lambda_1 = \ldots = \lambda_n = 0$. Somit ist $v = 0_V$, der Kern von φ also trivial und φ injektiv.

Unter Verwendung der Dimensionsformel folgt nun sofort die Bijektivität von φ (siehe Aufgabe 10.31). Dennoch ist es instruktiv, auch die Surjektivität von φ direkt nachzuweisen. Sie folgt aus der Tatsache, dass W von den w_i erzeugt wird: Jedes $w \in W$ lässt sich als $w = \sum_{i=1}^{n} \mu_i \cdot w_i$ mit geeigneten $\mu_i \in \mathbb{K}$ darstellen und unter Verwendung von ($\star$) sowie der Linearität von φ folgt

$$w = \sum_{i=1}^{n} \mu_i \cdot w_i = \sum_{i=1}^{n} \mu_i \cdot \varphi(v_i) = \varphi\Big(\sum_{i=1}^{n} \mu_i \cdot v_i \Big).$$

Somit liegt w im Bild von φ, es ist also $\varphi(V) = W$, sprich φ ist surjektiv. Dass $V \cong \mathbb{K}^n$ gilt, ergibt sich direkt aus der Tatsache $\dim_{\mathbb{K}} \mathbb{K}^n = n$. $\square$

Es lohnt sich, eine Erkenntnis aus diesem Beweis nochmals separat in Worten zu formulieren:

„Schiebt ein Homomorphismus $\varphi \colon V \to W$ eine Basis von V auf eine Basis von W, so ist er bereits ein Isomorphismus."

Anmerkung: Die Umkehrung von Theorem 10.2 lautet:

Sind $V \cong W$ isomorphe $\mathbb{K}$-Vektorräume, so gilt $\dim_{\mathbb{K}} V = \dim_{\mathbb{K}} W$.

Zu ihrem Beweis sei $\varphi\colon V \to W$ ein Isomorphismus und $\mathcal{B}$ eine Basis von V. Dann ist $\varphi(\mathcal{B})$ eine Basis von W (verifiziere dies!), und es folgt

$$\dim_{\mathbb{K}} V = |\mathcal{B}| = |\varphi(\mathcal{B})| = \dim_{\mathbb{K}} W.$$

Oder durch Kontraposition: Ist $\dim_{\mathbb{K}} V \neq \dim_{\mathbb{K}} W$, so kann es laut Aufgabe 10.31 keinen bijektiven Homomorphismus von V nach W geben, d.h. $V \not\cong W$.

Somit wissen wir für zwei endlich-dimensionale Vektorräume V und W, dass folgende Äquivalenz gilt:

$$V \cong W \quad \Longleftrightarrow \quad \dim_{\mathbb{K}} V = \dim_{\mathbb{K}} W.$$

Beispiel 10.26   Sei V ein n-dimensionaler Vektorraum mit einer beliebigen Basis $\mathcal{B}$, die aus den Vektoren $v_1, \dots, v_n$ bestehe. Unter dem *kanonischen Isomorphismus* von V in den $\mathbb{K}^n$ versteht man die lineare Abbildung

$$\Phi_{\mathcal{B}}\colon V \xrightarrow{\sim} \mathbb{K}^n, \quad v_i \mapsto e_i, \quad i = 1, \dots, n,$$

welche die Basis von V auf die die Standardbasis $e_1, \dots, e_n$ des $\mathbb{K}^n$ schickt. Einem beliebigen Vektor $v = \sum_{i=1}^n \lambda_i \cdot v_i$ wird dabei sein *Koordinatenvektor bezüglich* $\mathcal{B}$ zugeordnet, den wir fortan mit $(v)_{\mathcal{B}}$ bezeichnen:

$$\Phi_{\mathcal{B}}(v) = \Phi_{\mathcal{B}}\Big(\sum_{i=1}^n \lambda_i \cdot v_i \Big) = \sum_{i=1}^n \lambda_i \cdot \Phi_{\mathcal{B}}(v_i) = \sum_{i=1}^n \lambda_i \cdot e_i = \begin{pmatrix} \lambda_1 \\ \vdots \\ \lambda_n \end{pmatrix} =: (v)_{\mathcal{B}}.$$

Wenn du dir im Lichte all dieser Erkenntnisse nun noch einmal Beispiel 10.2 auf Seite 280 zu Gemüte führst, so wirst du erkennen, dass wir bereits dort den Raum $\mathcal{P}_3$ aller Polynome vom Grad < 3 vermöge des kanonischen Isomorphismus

$$\Phi_{\mathcal{B}}\colon \mathcal{P}_3 \xrightarrow{\sim} \mathbb{R}^3, \quad x^2 \mapsto e_1, \quad x \mapsto e_2, \quad 1 \mapsto e_3,$$

mit dem $\mathbb{R}^3$ identifiziert haben. (Die Basis $\mathcal{B}$ wurde aus didaktischen Gründen in der Reihenfolge $(x^2, x, 1)$ anstatt $(1, x, x^2)$ geschrieben, weil man aus der Schule noch an die Schreibweise $ax^2 + bx + c$ für Polynome gewöhnt ist.) Die Polynome $p(x) = x^2 + 3x + 2$ und $q(x) = -2x^2 + 2x + 1$ wurden dort unter $\Phi_{\mathcal{B}}$ auf ihre Koordinatenvektoren

$$(p)_{\mathcal{B}} = 1 \cdot e_1 + 3 \cdot e_2 + 2 \cdot e_3 = \begin{pmatrix} 1 \\ 3 \\ 2 \end{pmatrix} \qquad \text{und} \qquad (q)_{\mathcal{B}} = \begin{pmatrix} -2 \\ 2 \\ 1 \end{pmatrix}$$

abgebildet. Abschließend listen wir noch die kanonischen Isomorphismen unserer bisherigen Standardbeispiele auf:

$$\mathbb{C} \cong \mathbb{R}^2 \qquad \text{via} \quad 1 \mapsto e_1, \quad i \mapsto e_2,$$

$$\mathbb{Q}(\sqrt{2}) \cong \mathbb{Q}^2 \quad \text{via} \quad 1 \mapsto e_1, \quad \sqrt{2} \mapsto e_2,$$

$$\mathcal{P}_{n,\mathbb{R}} \cong \mathbb{R}^n \qquad \text{via} \quad x^{i-1} \mapsto e_i, \quad i = 1, \dots, n.$$

10.3 Matrizen

In diesem Abschnitt lernen wir, wie man eine lineare Abbildung ganz konkret durch ein rechteckiges Zahlenschema, *Matrix* genannt, darstellen kann.

10.3.1 Die Matrix einer linearen Abbildung

Wir betrachten einen Homomorphismus $\varphi\colon V \to W$ zwischen $\mathbb{K}$-Vektorräumen der Dimensionen $\dim_{\mathbb{K}} V = n$ und $\dim_{\mathbb{K}} W = m$. Es seien $\mathcal{B} = (v_1, \ldots, v_n)$ eine geordnete Basis von V und $\mathcal{C} = (w_1, \ldots, w_m)$ eine geordnete Basis von W. Das Wort „geordnet" bezieht sich darauf, dass die Basisvektoren in einer festgelegten Reihenfolge aufgeschrieben werden: So ist z.B. $\mathcal{B} = (v_1, v_2)$ von $\mathcal{B}' = (v_2, v_1)$ zu unterscheiden. Um dies zu betonen, verwenden wir die Schreibweise $(v_1, \ldots, v_n)$ mit runden Klammern. Wir werden gleich sehen, dass die Reihenfolge wichtig ist. In Satz 10.6 haben wir gelernt, dass ein Homomorphismus durch die Bilder der Basisvektoren des Urbildraums bereits eindeutig festgelegt ist. Schauen wir uns deshalb die Bilder der $v_j \in \mathcal{B}$ unter φ einmal genauer an. Da z.B. der Bildvektor $\varphi(v_1)$ ein Element von W ist, können wir ihn bezüglich der Basis $\mathcal{C}$ darstellen, d.h. es gibt eindeutig bestimmte Skalare $\lambda_1, \ldots, \lambda_m \in \mathbb{K}$ mit

$$\varphi(v_1) = \lambda_1 w_1 + \lambda_2 w_2 + \ldots + \lambda_m w_m = \sum_{i=1}^{m} \lambda_i w_i.$$

Wir lassen nun übrigens meistens die Skalarmultiplikationspunkte weg, schreiben also λv anstelle von $\lambda \cdot v$; ein schon längst überfälliger Schritt. Weil wir dieselbe Entwicklung nun auch für die anderen v_j durchführen, ist es geschickter, durch einen weiteren Index anzudeuten, dass die λ_i zu v_1 gehören. Wir schreiben deshalb λ_i als a_{i1} und erhalten

$$\varphi(v_1) = a_{11} w_1 + a_{21} w_2 + \ldots + a_{m1} w_m = \sum_{i=1}^{m} a_{i1} w_i.$$

Entsprechend gilt für die $\varphi(v_j)$ mit $j \geqslant 2$:

$$\varphi(v_2) = a_{12} w_1 + a_{22} w_2 + \ldots + a_{m2} w_m = \sum_{i=1}^{m} a_{i2} w_i$$

$$\vdots$$

$$\varphi(v_n) = a_{1n} w_1 + a_{2n} w_2 + \ldots + a_{mn} w_m = \sum_{i=1}^{m} a_{in} w_i.$$

Insgesamt gibt es also $m \cdot n$ Skalare $a_{ij} \in \mathbb{K}$, welche das Aussehen der Bildvektoren der v_j unter φ festlegen. Mit der Bezeichnung aus Beispiel 10.26 für die Koordinatenvektoren bezüglich einer Basis können wir dies auch darstellen als

$$\big(\varphi(v_1)\big)_{\mathcal{C}} = \begin{pmatrix} a_{11} \\ a_{21} \\ \vdots \\ a_{m1} \end{pmatrix}, \quad \big(\varphi(v_2)\big)_{\mathcal{C}} = \begin{pmatrix} a_{12} \\ a_{22} \\ \vdots \\ a_{m2} \end{pmatrix}, \quad \ldots \quad , \big(\varphi(v_n)\big)_{\mathcal{C}} = \begin{pmatrix} a_{1n} \\ a_{2n} \\ \vdots \\ a_{mn} \end{pmatrix}.$$

Diese Spaltenvektoren schreiben wir nun (ohne „innere" Klammern) nebeneinander und erhalten ein rechteckiges $m \times n$–Schema von Skalaren

$$A_\varphi = \Big(\ (\varphi(v_1))_{\mathcal{C}} \ (\varphi(v_2))_{\mathcal{C}} \ \cdots \ (\varphi(v_n))_{\mathcal{C}} \ \Big) = \begin{pmatrix} a_{11} & a_{12} & \cdots & a_{1n} \\ a_{21} & a_{22} & \cdots & a_{2n} \\ \vdots & \vdots & \ddots & \vdots \\ a_{m1} & a_{m2} & \cdots & a_{mn} \end{pmatrix},$$

welches wir die *Matrix* A_φ von φ (vom Format $m \times n$) bezüglich der Basen $\mathcal{B}$ und $\mathcal{C}$ nennen. Manchmal schreiben wir nur A dafür, wenn klar ist, um welchen Homomorphismus es geht. Oftmals ist aber die noch präzisere Notation

$$A_\varphi = {}_{\mathcal{C}}(\varphi)_{\mathcal{B}}$$

hilfreich, welche die Urbildbasis (unten rechts) und die Bildbasis (unten links) enthält. Die Notation ist hier keineswegs einheitlich; üblich ist z.B. auch $\mathcal{M}_{\mathcal{B}}^{\mathcal{C}}(\varphi)$ oder $A_{\varphi,\,\mathcal{B},\,\mathcal{C}}$.

Uiuiui... das waren jetzt aber verwirrend viele Symbole und Indizes auf einmal. Bevor wir uns im Notationsgestrüpp verirren, bringen wir ein klärendes Beispiel, welches auch den Nutzen einer Matrix, der bis jetzt ja noch völlig obskur ist, ans Licht bringt. Zuvor halten wir jedoch in einem Satz fest, wie wir die Matrix von φ erhalten haben:

> In die Spalten der Matrix schreibt man
> die Koordinatenvektoren der Bilder der Basisvektoren.

Dies ist für das Matrixkalkül von kaum zu überschätzender Bedeutung. Lies obigen Satz so lange durch, bis du ihn verinnerlicht hast. (Echt jetzt!)

Beispiel 10.27 Wir betrachten die Rotation um 90° aus Beispiel 10.21:

$$\rho \colon \mathbb{R}^2 \to \mathbb{R}^2, \quad \begin{pmatrix} x_1 \\ x_2 \end{pmatrix} \mapsto \begin{pmatrix} -x_2 \\ x_1 \end{pmatrix}.$$

Da Urbild- und Bildraum gleich sind, $V = W = \mathbb{R}^2$, können wir in beiden dieselben Basen $\mathcal{B} = \mathcal{C}$ wählen und entscheiden uns natürlich erst einmal für die Standardbasis $\mathcal{B} = \mathcal{C} = (e_1, e_2)$.
Um die Einträge der Matrix $A_\rho = {}_{\mathcal{B}}(\rho)_{\mathcal{B}}$ zu bestimmen, müssen wir die Basisvektoren mit ρ abbilden und dann die Koordinaten der Bildvektoren bezüglich der Bildbasis $\mathcal{B}$ darstellen. Eine Gleichung sagt hier mehr als tausend Worte:

$$\rho(e_1) = \rho\left(\begin{pmatrix} 1 \\ 0 \end{pmatrix} \right) = \begin{pmatrix} -0 \\ 1 \end{pmatrix} = 0 \cdot e_1 + 1 \cdot e_2 \overset{!}{=} a_{11}e_1 + a_{21}e_2,$$

also ist $a_{11} = 0$ und $a_{21} = 1$. Entsprechend gehen wir für e_2 vor:

$$\rho(e_2) = \rho\left(\begin{pmatrix} 0 \\ 1 \end{pmatrix} \right) = \begin{pmatrix} -1 \\ 0 \end{pmatrix} = -1 \cdot e_1 + 0 \cdot e_2 \overset{!}{=} a_{12}e_1 + a_{22}e_2,$$

d.h. $a_{12} = -1$ und $a_{22} = 0$. Und schon können wir die Matrix von ρ bezüglich $\mathcal{B}$ hinschreiben:

$$A_\rho = {}_{\mathcal{B}}(\rho)_{\mathcal{B}} = \begin{pmatrix} a_{11} & a_{12} \\ a_{21} & a_{22} \end{pmatrix} = \begin{pmatrix} 0 & -1 \\ 1 & 0 \end{pmatrix}.$$

Man sieht hier nochmal sehr schön, dass die erste Spalte der Matrix aus dem Bildvektor von e_1 besteht – genauer: dessen Koordinatenvektor bezüglich $\mathcal{B}$ („$x = (x)_{\mathcal{B}}$" gilt nur, weil es sich bei $\mathcal{B}$ um die Standardbasis handelt!) – und die zweite Spalte der Matrix aus dem Koordinatenvektor des Bildes von e_2.

Das Entscheidende ist jedoch immer noch unklar: Was bringt einem das Aufstellen der Matrix überhaupt bzw. was hat die Matrix mit der Abbildung ρ zu tun? Die Antwort liefert die sogenannte „*Kippregel*".

Stell dir vor, ein Koordinatenvektor $x = (x)_{\mathcal{B}}$ schwebt wie in Abbildung 10.6 dargestellt rechts oberhalb der Matrix, und wir „kippen" ihn um 90°, so dass er auf die erste Zeile der Matrix fällt. Multiplizieren wir dann die Einträge, die übereinander liegen und addieren die Ergebnisse, so erhalten wir

$$0 \cdot x_1 + (-1) \cdot x_2 = -x_2.$$

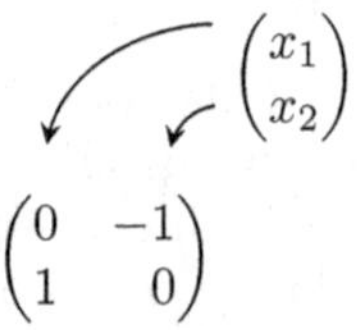

Wiederholen wir das Ganze mit der zweiten Zeile der Matrix, so ergibt sich

$$1 \cdot x_1 + 0 \cdot x_2 = x_1.$$

Abbildung 10.6

Schreiben wir die Ergebnisse dieser Kipprechnungen in einen neuen Vektor, so lautet dieser $\begin{pmatrix} -x_2 \\ x_1 \end{pmatrix}$ und ist somit genau der ($\mathcal{B}$-Koordinaten-)Bildvektor von $\begin{pmatrix} x_1 \\ x_2 \end{pmatrix}$ unter ρ. Mit Hilfe der Kippregel definieren wir das *Matrix-Vektor-Produkt* als

$$A_\rho \cdot x = \begin{pmatrix} 0 & -1 \\ 1 & 0 \end{pmatrix} \cdot \begin{pmatrix} x_1 \\ x_2 \end{pmatrix} := \begin{pmatrix} 0 \cdot x_1 + (-1) \cdot x_2 \\ 1 \cdot x_1 + 0 \cdot x_2 \end{pmatrix} = \begin{pmatrix} -x_2 \\ x_1 \end{pmatrix}.$$

Hat man also einmal die Matrix von ρ aufgestellt, so lassen sich die (Koordinaten der) Bildvektoren stets mit Hilfe eines Matrix-Vektor-Produkts berechnen.

Dass dies hier kein Zufall war, sondern ganz allgemein gilt, zeigt der nächste Satz. Um diesen formulieren zu können, müssen wir erst ganz allgemein das Matrix-Vektor-Produkt erklären. Für 2×2−Matrizen definieren wir:

$$\begin{pmatrix} a_{11} & a_{12} \\ a_{21} & a_{22} \end{pmatrix} \cdot \begin{pmatrix} x_1 \\ x_2 \end{pmatrix} := \begin{pmatrix} a_{11}x_1 + a_{12}x_2 \\ a_{21}x_1 + a_{22}x_2 \end{pmatrix} = \begin{pmatrix} \sum_j a_{1j}x_j \\ \sum_j a_{2j}x_j \end{pmatrix}.$$

Die Summenschreibweise ist hier zwar unnötig, da j nur von 1 bis 2 läuft, bereitet aber gleich den allgemeinen Fall vor.

Das Matrix-Vektor-Produkt für $m \times n-$Matrizen ist nämlich völlig analog definiert (führe in Gedanken die Kippregel aus, während du folgende Formel anstarrst):

$$\begin{pmatrix} a_{11} & a_{12} & \cdots & a_{1n} \\ a_{21} & a_{22} & \cdots & a_{2n} \\ \vdots & \vdots & \cdots & \vdots \\ a_{m1} & a_{12} & \cdots & a_{mn} \end{pmatrix} \cdot \begin{pmatrix} x_1 \\ x_2 \\ \vdots \\ x_n \end{pmatrix} := \begin{pmatrix} a_{11}x_1 + a_{12}x_2 + \ldots + a_{1n}x_n \\ a_{21}x_1 + a_{22}x_2 + \ldots + a_{2n}x_n \\ \vdots \\ a_{m1}x_1 + a_{m2}x_2 + \ldots + a_{mn}x_n \end{pmatrix} = \begin{pmatrix} \sum_j a_{1j}x_j \\ \sum_j a_{2j}x_j \\ \vdots \\ \sum_j a_{mj}x_j \end{pmatrix},$$

wobei j jeweils von 1 bis n läuft. Es ist eine reine Fleißaufgabe nachzuprüfen, dass die von einer $m \times n-$Matrix A induzierte Abbildung $\mathbb{K}^n \to \mathbb{K}^m$, $x \mapsto A \cdot x$, linear ist, also dass

$$A \cdot (\lambda x + \mu y) = \lambda (A \cdot x) + \mu (A \cdot y)$$

für alle $x, y \in \mathbb{K}^n$ und $\lambda, \mu \in \mathbb{K}$ gilt. Überzeuge dich davon zumindest im $2 \times 2-$Fall.

> **Satz 10.7**   Es seien $\varphi \colon V \to W$ ein Homomorphismus, $\mathcal{B} = (v_1, \ldots, v_n)$ und $\mathcal{C} = (w_1, \ldots, w_m)$ geordnete Basen von V bzw. W, und $A_\varphi = {}_{\mathcal{C}}(\varphi)_{\mathcal{B}}$ bezeichne die Matrix von φ bezüglich $\mathcal{B}$ und $\mathcal{C}$. Dann gilt für jedes $v \in V$
>
> $$\big(\varphi(v)\big)_{\mathcal{C}} = {}_{\mathcal{C}}(\varphi)_{\mathcal{B}} \cdot (v)_{\mathcal{B}} = A_\varphi \cdot (v)_{\mathcal{B}}.$$
>
> In Worten: Um den Koordinatenvektor des Bildvektors $\varphi(v)$ bezüglich der Bild-Basis $\mathcal{C}$ zu erhalten, muss man das eben erklärte Matrix-Vektor-Produkt von ${}_{\mathcal{C}}(\varphi)_{\mathcal{B}}$ mit dem Koordinatenvektor $(v)_{\mathcal{B}}$ bilden.
> (Jetzt ergibt auch die Notation ${}_{\mathcal{C}}(\varphi)_{\mathcal{B}}$ Sinn: Man schiebt „von rechts" $\mathcal{B}$-Koordinaten rein, und die Matrix spuckt „links" $\mathcal{C}$-Koordinaten aus.)

Anmerkung: In der Algebra formuliert man solche Sachverhalte gerne mit Hilfe eines sogenannten *kommutativen Diagramms*. Im Diagramm aus Abbildung 10.7 kann man auf zwei verschiedene Arten von V nach $\mathbb{K}^m$ abbilden:

$$\begin{array}{ccc} V & \xrightarrow{\ \varphi\ } & W \\ {\scriptstyle \Phi_{\mathcal{B}}} \big\downarrow & & \big\downarrow {\scriptstyle \Phi_{\mathcal{C}}} \\ \mathbb{K}^n & \xrightarrow{\ A_\varphi\ } & \mathbb{K}^m \end{array}$$

Abbildung 10.7

Einmal „Pfeil rechts und runter", also durch Anwenden von $\Phi_{\mathcal{C}} \circ \varphi$ ($\Phi_{\mathcal{C}}$ ist der kanonische Basiswahl-Isomorphismus aus Beispiel 10.26); das andere Mal „Pfeil runter und dann rechts", d.h. $A_\varphi \circ \Phi_{\mathcal{B}}$. Dabei steht A_φ abkürzend für die durch das Matrix-Vektor-Produkt gegebene Abbildung $x \mapsto A_\varphi \cdot x$, die nach obiger Bemerkung linear ist. Wenn das Diagramm „kommutiert", so bedeutet dies, dass beide Wege zum selben Ergebnis führen, also dass

$$(\Phi_{\mathcal{C}} \circ \varphi)(v) = (A_\varphi \circ \Phi_{\mathcal{B}})(v)$$

für alle $v \in V$ gilt. Ausgeschrieben lautet diese Gleichung

$$\Phi_{\mathcal{C}}(\varphi(v)) = (\varphi(v))_{\mathcal{C}} \stackrel{!}{=} A_{\varphi}(\Phi_{\mathcal{B}}(v)) = A_{\varphi} \cdot (v)_{\mathcal{B}},$$

und das ist genau die Aussage des Satzes, den wir jetzt beweisen werden.

Beweis: Wir stellen v bezüglich der Urbild-Basis $\mathcal{B} = (v_1, \ldots, v_n)$ dar als $v = \sum_{j=1}^{n} x_j v_j$ mit $x_j \in \mathbb{K}$. Anders ausgedrückt: $(v)_{\mathcal{B}} = (x_1, \ldots, x_n)^t$ ist der Koordinatenvektor von v bezüglich $\mathcal{B}$. Anwenden von φ unter Ausnutzen der Linearität liefert

$$\varphi(v) = \varphi\Big(\sum_{j=1}^{n} x_j v_j \Big) = \sum_{j=1}^{n} x_j \varphi(v_j).$$

Nun ist aber $\varphi(v_j) = \sum_{i=1}^{m} a_{ij} w_i$, denn so sind die Einträge a_{ij} der Matrix von φ gerade definiert worden (schau dazu nochmal auf Seite 314 nach). Setzen wir dies ein und ziehen die x_j gemäß des Distributivgesetzes (S$_2$) in die innere Summe rein, so folgt

$$\varphi(v) = \sum_{j=1}^{n} x_j \varphi(v_j) = \sum_{j=1}^{n} x_j \Big(\sum_{i=1}^{m} a_{ij} w_i \Big) = \sum_{j=1}^{n} \sum_{i=1}^{m} x_j (a_{ij} w_i) = \sum_{i=1}^{m} \sum_{j=1}^{n} (a_{ij} x_j) w_i.$$

Im letzten Schritt wurde einfach die Reihenfolge der beiden endlichen Summen vertauscht, was aufgrund des Kommutativgesetzes (A$_4$) stets erlaubt ist. Außerdem kamen bei $x_j(a_{ij} w_i) = (a_{ij} x_j) w_i$ das Axiom (S$_4$) sowie die Kommutativität der Körpermultiplikation zum Einsatz. Der letzte Ausdruck enthält die Darstellung von $\varphi(v)$ bezüglich der Bild-Basis $\mathcal{C}$, nämlich

$$\varphi(v) = \sum_{i=1}^{m} y_i w_i \qquad \text{mit} \qquad y_i := \sum_{j=1}^{n} a_{ij} x_j,$$

d.h. der Koordinatenvektor von $\varphi(v)$ bezüglich $\mathcal{C}$ hat die Einträge y_i. Jetzt sind wir fertig, denn $y_i = \sum_{j=1}^{n} a_{ij} x_j$ ist genau das Ergebnis, das man erhält, wenn man die Kippregel auf die Matrix A und den Koordinatenvektor $(v)_{\mathcal{B}} = (x_1, \ldots, x_n)^t$ anwendet (wirf nochmals einen Blick auf die Definition des Matrix-Vektor-Produkts auf Seite 317). $\square$

Das war jetzt sicherlich sehr schwere Kost. Falls du den Beweis nicht komplett nachvollziehen konntest, gibt es zwei Möglichkeiten: Entweder du arbeitest ihn nochmals ganz in Ruhe durch (und schreibst falls nötig die Summen explizit aus, um genau zu verstehen, was in jedem Schritt passiert ist), oder du glaubst ihn einfach und freust dich, dass jetzt verständliche Beispiele und machbare Aufgaben folgen. Wichtig ist für die Praxis zunächst nur, dass du Matrizen aufstellen und die Kippregel anwenden kannst.

Auf einen häufigen Anfängerfehler, der für viel Verwirrung sorgen kann, sei aber noch explizit hingewiesen. Will man die Matrixeinträge a_{ij} bestimmen, so nimmt man sich einen Urbild-Basisvektor v_j und stellt $\varphi(v_j)$ bezüglich der Bildbasis dar, d.h. man sucht Skalare $a_{1j}, \ldots, a_{mj} \in \mathbb{K}$ mit

$$\varphi(v_j) = \sum_{i=1}^{m} a_{ij} w_i = a_{1j} w_1 + a_{2j} w_2 + \ldots + a_{mj} w_m \in W.$$

Hier läuft die Summe also über den vorderen Index $i = 1, \ldots, m$ von a_{ij}.

Hat man hingegen die Matrix A bestimmt und will das Matrix-Vektorprodukt von A mit einem Koordinatenvektor $(v)_{\mathcal{B}} = (x_1, \ldots, x_n)^t$ ausrechnen, so erhält man als Ergebnis der Kippregel den Vektor $\left(\varphi(v)\right)_{\mathcal{C}} = (y_1, \ldots, y_m)^t$ mit den Einträgen

$$y_i = \sum_{j=1}^{n} a_{ij} x_j \in \mathbb{K}.$$

Beachte, dass die Summe nun über den hinteren Index $j = 1, \ldots, n$ von a_{ij} läuft. Das darf man auf keinen Fall durcheinander bringen (denn dadurch würde man Spalten und Zeilen der Matrix vertauschen).

Beispiel 10.28 Wir verallgemeinern Beispiel 10.27, indem wir statt der 90°-Rotation die lineare Abbildung $\rho_\theta \colon \mathbb{R}^2 \to \mathbb{R}^2$ betrachten, die jeden Vektor des $\mathbb{R}^2$ um einen beliebigen Winkel θ (theta) gegen den Uhrzeigersinn dreht.

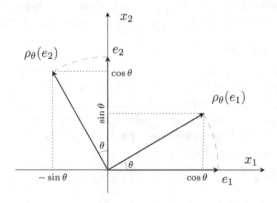

Abbildung 10.8

Dass ρ_θ tatsächlich linear ist, begründet man am bequemsten durch ein geometrisches Argument wie in Beispiel 10.21. Wir geben die Abbildungsvorschrift hier bewusst nur in Worten an, und gelangen über die Matrixdarstellung zu einer konkreten Beschreibung von ρ_θ. Als Bild- und Urbildbasis wählen wir die Standardbasis $\mathcal{B} = (e_1, e_2)$. Wir bestimmen die Einträge der Matrix, indem wir die Bilder $\rho_\theta(e_1)$, $\rho_\theta(e_2)$ der Basisvektoren bezüglich $\mathcal{B}$ darstellen. Der Abbildung 10.8 entnimmt man

$$\rho_\theta(e_1) = \begin{pmatrix} \cos\theta \\ \sin\theta \end{pmatrix} = \cos\theta \cdot e_1 + \sin\theta \cdot e_2,$$

woraus wir die Matrixeinträge $\alpha_{11} = \cos\theta$ und $\alpha_{21} = \sin\theta$ erhalten. Und ebenso

$$\rho_\theta(e_2) = \begin{pmatrix} -\sin\theta \\ \cos\theta \end{pmatrix} = -\sin\theta \cdot e_1 + \cos\theta \cdot e_2,$$

d.h. $\alpha_{12} = -\sin\theta$ und $\alpha_{22} = \cos\theta$. (Diese Formeln sind übrigens auch für $\theta > 90°$ gültig.) Somit erhalten wir die Matrix

$$_\mathcal{B}(\rho_\theta)_\mathcal{B} = \begin{pmatrix} \cos\theta & -\sin\theta \\ \sin\theta & \cos\theta \end{pmatrix}.$$

Für einen beliebigen Vektor $x \in \mathbb{R}^2$ mit Koordinaten $(x)_\mathcal{B} = (x_1, x_2)^t$ (bei der Standardbasis ist man oft schlampig und schreibt einfach nur x statt $(x)_\mathcal{B}$) ergibt sich nun sofort

$$\big(\rho_\theta(x)\big)_\mathcal{B} = {}_\mathcal{B}(\rho_\theta)_\mathcal{B} \cdot (x)_\mathcal{B} = \begin{pmatrix} \cos\theta & -\sin\theta \\ \sin\theta & \cos\theta \end{pmatrix} \cdot \begin{pmatrix} x_1 \\ x_2 \end{pmatrix} = \begin{pmatrix} x_1\cos\theta - x_2\sin\theta \\ x_1\sin\theta + x_2\cos\theta \end{pmatrix}.$$

Damit wissen wir automatisch, wie das Bild eines beliebigen Vektors unter ρ_θ aussieht, ohne dass wir uns dies anhand einer Skizze überlegen müssten. Very nice indeed!

Beispiel 10.29   Nun kommt ein zugegebenermaßen etwas konstruiertes Beispiel, das aber demonstrieren soll, was zu tun ist, wenn Urbild- und Bildbasis nicht gleich und auch nicht beide die Standardbasis sind. Wir betrachten zwei reelle Polynomräume und als Homomorphismus zwischen ihnen die Multiplikation mit x:

$$\mu_x \colon \mathcal{P}_{2,\mathbb{R}} \to \mathcal{P}_{3,\mathbb{R}}, \quad p(x) \mapsto x \cdot p(x).$$

In $\mathcal{P}_{2,\mathbb{R}}$ wählen wir die Standardbasis $\mathcal{B} = (1, x)$, während wir in $\mathcal{P}_{3,\mathbb{R}}$ zur Basis $\mathcal{C} = (2, 1-x, \frac{1}{2}x^2)$ greifen, und bestimmen die Matrix von μ_x bezüglich dieser Basen. Weil wir von einem Raum der Dimension $n = 2$ in einen Raum der Dimension $m = 3$ abbilden, wird es eine 3×2–Matrix werden ($n = 2$ Spalten mit jeweils $m = 3$ Einträgen, d.h. 3 Zeilen). Dazu müssen wir wie immer die Bilder der Basisvektoren von $\mathcal{B}$ bezüglich $\mathcal{C}$ darstellen. Es ist

$$\mu_x(1) = x \cdot 1 = x \stackrel{!}{=} a_{11} \cdot 2 + a_{21} \cdot (1 - x) + a_{31} \cdot \tfrac{1}{2}x^2.$$

Zusammenfassen der rechten Seite ergibt $(2a_{11} + a_{21}) - a_{21}x + \frac{1}{2}a_{31}x^2$, und ein Koeffizientenvergleich mit $\mu_x(1) = x = 0 + 1 \cdot x + 0 \cdot x^2$ führt auf das lineare Gleichungssystem

$$2a_{11} + a_{21} = 0 \qquad \wedge \qquad -a_{21} = 1 \qquad \wedge \qquad \tfrac{1}{2}a_{31} = 0.$$

Dieses ist schnell gelöst. Von rechts nach links: $a_{31} = 0$, $a_{21} = -1$ und eingesetzt in die erste Gleichung folgt $a_{11} = -\frac{1}{2}a_{21} = \frac{1}{2}$. Somit ist $(\mu_x(1))_\mathcal{C} = (\frac{1}{2}, -1, 0)^t$. Ebenso:

$$\mu_x(x) = x \cdot x = x^2 \stackrel{!}{=} a_{12} \cdot 2 + a_{22} \cdot (1 - x) + a_{32} \cdot \tfrac{1}{2}x^2.$$

Der Koeffizientenvergleich von $x^2 = 0 \cdot 1 + 0 \cdot x + 1 \cdot x^2$ mit der umgeordneten rechten Seite $(2a_{12} + a_{22}) - a_{22}x + \frac{1}{2}a_{32}x^2$ liefert das LGS

$$2a_{12} + a_{22} = 0 \quad \wedge \quad -a_{22} = 0 \quad \wedge \quad \tfrac{1}{2}a_{32} = 1$$

mit den Lösungen $a_{22} = a_{12} = 0$ und $a_{32} = 2$. Folglich haben wir $(\mu_x(x))_{\mathcal{C}} = (0, 0, 2)^t$. Die Matrix von μ_x besitzt damit folgende Gestalt

$$\mathcal{C}(\mu_x)_{\mathcal{B}} = \Big(\ (\mu_x(1))_{\mathcal{C}} \ \ (\mu_x(x))_{\mathcal{C}} \ \Big) = \begin{pmatrix} 1/2 & 0 \\ -1 & 0 \\ 0 & 2 \end{pmatrix}.$$

Machen wir die Probe aufs Exempel und bestimmen das Bild von $p(x) = 3 - 4x$ mit Hilfe des Matrix-Vektor-Produkts. Zunächst ist der Koordinatenvektor von p gegeben durch $(p)_{\mathcal{B}} = (3, -4)^t$ und mit der Kippregel folgt

$$\big(\mu_x(p)\big)_{\mathcal{C}} = \mathcal{C}(\mu_x)_{\mathcal{B}} \cdot (p)_{\mathcal{B}} = \begin{pmatrix} 1/2 & 0 \\ -1 & 0 \\ 0 & 2 \end{pmatrix} \cdot \begin{pmatrix} 3 \\ -4 \end{pmatrix} = \begin{pmatrix} 1/2 \cdot 3 + 0 \cdot (-4) \\ -1 \cdot 3 + 0 \cdot (-4) \\ 0 \cdot 3 + 2 \cdot (-4) \end{pmatrix} = \begin{pmatrix} 3/2 \\ -3 \\ -8 \end{pmatrix}.$$

Das sind also die $\mathcal{C}$-Koordinaten von $\mu_x(p)$, was nichts anderes bedeutet als

$$\mu_x(p) = \tfrac{3}{2} \cdot 2 + (-3) \cdot (1 - x) + (-8) \cdot \tfrac{1}{2}x^2 = 3 - 3 + 3x - 4x^2 = 3x - 4x^2,$$

was – oh Jubel – tatsächlich das Ergebnis von $x \cdot p(x)$ ist. Nochmal: Dieses Beispiel war nur zu Demonstrationszwecken gedacht; kein normaler Mensch würde bei einer solch einfachen Abbildung den Umweg über die Matrix wählen, geschweige denn auch noch mit $\mathcal{C}$ als Basis.

Einen ersten Hinweis darauf, was einen überhaupt dazu bewegen sollte, andere Basen als die Standardbasis zu verwenden, gibt Aufgabe 10.34.

So, genug der Beispiele. Es hilft nämlich alles nichts: Um richtig mit Matrizen umgehen zu lernen, musst du selbst die folgenden Aufgaben durchackern.

Aufgabe 10.32 Berechne die folgenden Matrix-Vektor-Produkte.

a) $\begin{pmatrix} 1 & 2 \\ 3 & 4 \\ 5 & 6 \end{pmatrix} \cdot \begin{pmatrix} 7 \\ 8 \end{pmatrix}$
b) $\begin{pmatrix} 1/2 & 0 & -i \\ -2i & 3 & -2/3 \\ 0 & 1+i & 1 \\ -1 & 8i & 2 \end{pmatrix} \cdot \begin{pmatrix} -2i \\ 4 \\ 6 \end{pmatrix}$
c) $(\pi \quad \pi) \cdot \begin{pmatrix} -\pi \\ 2\pi \end{pmatrix}$

Aufgabe 10.33 Bestimme die Matrizen bezüglich der angegebenen Basen.

a) $o \colon V \to V, \quad v \mapsto 0_V, \quad \mathcal{B} = \mathcal{C} = (v_1, \ldots, v_n)$ (*Nullmatrix*).

b) $\mathrm{id}\colon V \to V, \quad v \mapsto v, \quad \mathcal{B} = \mathcal{C} = (v_1, \ldots, v_n)$.

Diese Matrix der Identität heißt *Einheitsmatrix* und wird mit E_n bezeichnet.

c) $\mathrm{id}\colon V \to V, \quad v \mapsto v, \quad \mathcal{B} = (v_1, v_2, v_3)$ und $\mathcal{C} = (v_2, v_3, v_1)$.

d) $\mu_{\mathrm{i}}\colon \mathbb{C} \to \mathbb{C}, \quad z \mapsto \mathrm{i} \cdot z, \quad \mathcal{B} = \mathcal{C} = (1, \mathrm{i})$ ($\mathbb{R}$-Basen).

Bestimme zudem den $\mathcal{B}$-Koordinatenvektor von $z = 2 - 3\mathrm{i}$ und berechne seinen Bildvektor über das Matrix-Vektor-Produkt.

e) $\mu_{\mathrm{i}}\colon \mathbb{C} \to \mathbb{C}, \quad z \mapsto \mathrm{i} \cdot z, \quad \mathcal{B}' = \mathcal{C}' = (1)$ ($\mathbb{C}$-Basen).

f) $\mu_{\mathrm{i}}\colon \mathbb{C} \to \mathbb{C}, \quad z \mapsto \mathrm{i} \cdot z, \quad \mathcal{B}'' = (\mathrm{i})$ und $\mathcal{C}' = (1)$ ($\mathbb{C}$-Basen).

g) $\mu_{\sqrt{2}}\colon \mathbb{Q}(\sqrt{2}) \to \mathbb{Q}(\sqrt{2}), \quad q \mapsto \sqrt{2} \cdot q, \quad \mathcal{B} = \mathcal{C} = (1, \sqrt{2})$.

h) $\pi_1\colon \mathbb{R}^3 \to \mathbb{R}, \quad (x_1, x_2, x_3)^t \mapsto x_1, \quad \mathcal{B} = (e_1, e_2, e_3), \mathcal{C} = (1)$.

i) $\frac{\mathrm{d}}{\mathrm{d}x}\colon \mathcal{P}_{4,\mathbb{R}} \to \mathcal{P}_{3,\mathbb{R}}, \quad p(x) \mapsto p'(x), \quad \mathcal{B} = (1, x, x^2, x^3), \mathcal{C} = (1, x, x^2)$.

j) $\tau\colon \mathcal{P}_{3,\mathbb{R}} \to \mathcal{P}_{3,\mathbb{R}}, \quad p(x) \mapsto p(x-1), \quad \mathcal{B} = \mathcal{C} = (1, x, x^2)$.

Berechne hier zudem das Bild des Vektors p mit $(p)_\mathcal{B} = (1, 3, -2)^t$ auf zwei Arten (direktes Anwenden von τ bzw. Matrix-Vektor-Produkt).

Aufgabe 10.34   Wir definieren eine lineare Abbildung

$$\varphi\colon \mathbb{Q}^3 \to \mathbb{Q}^3 \quad \text{durch} \quad \begin{pmatrix} x_1 \\ x_2 \\ x_3 \end{pmatrix} \mapsto \begin{pmatrix} 2x_1 - 3x_2 - x_3 \\ -x_2 \\ -x_1 + x_2 + 2x_3 \end{pmatrix}.$$

a) Bestimme die Matrix A von φ bezüglich $\mathcal{B} = \mathcal{C} = (e_1, e_2, e_3)$.

b) Wie lautet die Matrix $B := {}_{\mathcal{E}}(\varphi)_{\mathcal{E}}$ bezüglich der Basis $\mathcal{E}$ von $\mathbb{Q}^3$, die aus

$$v_1 = \begin{pmatrix} 1 \\ 1 \\ 0 \end{pmatrix}, \quad v_2 = \begin{pmatrix} 1 \\ 0 \\ 1 \end{pmatrix}, \quad v_3 = \begin{pmatrix} 1 \\ 0 \\ -1 \end{pmatrix} \quad \text{besteht?}$$

Ein kleiner theoretischer Ausblick soll diesen Abschnitt abrunden. Wir bezeichnen mit $\mathrm{Mat}_{m \times n, \mathbb{K}}$ die Menge aller $m \times n$-Matrizen mit Einträgen aus $\mathbb{K}$. Schreiben wir $A = (a_{ij})$ für eine Matrix, so wird $\mathrm{Mat}_{m \times n, \mathbb{K}}$ unter den komponentenweise definierten Verknüpfungen

$$(a_{ij}) + (b_{ij}) := (a_{ij} + b_{ij}) \quad \text{und} \quad \lambda \cdot (a_{ij}) := (\lambda a_{ij})$$

zu einem $\mathbb{K}$-Vektorraum. Als solcher ist $\mathrm{Mat}_{m \times n, \mathbb{K}}$ isomorph zu $\mathbb{K}^{m \cdot n}$, denn man braucht nur die $m \cdot n$ Einträge a_{ij} in irgendeiner beliebigen Reihenfolge als Spaltenvektor aufzuschreiben, und schon hat man eine Abbildung von $\mathrm{Mat}_{m \times n, \mathbb{K}}$ nach $\mathbb{K}^{m \cdot n}$, die offensichtlich (!) linear und bijektiv ist. Daraus folgt

$$\dim_{\mathbb{K}} \mathrm{Mat}_{m \times n, \mathbb{K}} = m \cdot n.$$

Hat man Aufgabe 10.29 bearbeitet, so weiß man, dass auch $\mathrm{Hom}_{\mathbb{K}}(V, W)$, also die Menge aller linearen Abbildungen von V nach W, ein Vektorraum ist. Wählt man Basen $\mathcal{B} = (v_1, \ldots, v_n)$ von V und $\mathcal{C} = (w_1, \ldots, w_m)$ von W, dann erhält man eine Abbildung

$$\mathcal{M}\colon \mathrm{Hom}_{\mathbb{K}}(V, W) \to \mathrm{Mat}_{m \times n, \mathbb{K}}, \quad \varphi \mapsto \mathcal{M}(\varphi) := {}_{\mathcal{C}}(\varphi)_{\mathcal{B}},$$

die jedem Homomorphismus seine Matrix bezüglich der gewählten Basen zuordnet. Man kann zeigen, dass dieses $\mathcal{M}$ ein Isomorphismus ist. Probier das doch mal; es ist nicht ganz leicht, aber mit unserer bisher entwickelten Theorie gut machbar. Aus $\mathrm{Hom}_{\mathbb{K}}(V, W) \cong \mathrm{Mat}_{m \times n, \mathbb{K}}$ folgt dann insbesondere

$$\dim_{\mathbb{K}} \mathrm{Hom}_{\mathbb{K}}(V, W) = m \cdot n.$$

Für $V = \mathbb{K}^n$ und $W = \mathbb{K}^m$ ist die Isomorphie $\mathrm{Hom}_{\mathbb{K}}(\mathbb{K}^n, \mathbb{K}^m) \cong \mathrm{Mat}_{m \times n, \mathbb{K}}$ übrigens noch anschaulicher. Wählt man nämlich als $\mathcal{B}$ und $\mathcal{C}$ jeweils die Standardbasen, so lässt sich die Umkehrabbildung von $\mathcal{M}$ ganz konkret angeben. Ist $A \in \mathrm{Mat}_{m \times n, \mathbb{K}}$ eine Matrix, so definiert

$$\varphi_A \colon \mathbb{K}^n \to \mathbb{K}^m, \quad x \mapsto A \cdot x$$

eine lineare Abbildung (weise dies nach!). Mit $x = (x)_{\mathcal{B}}$ ist dabei der Koordinatenvektor eines $x \in \mathbb{K}^n$ bezüglich der Standardbasis gemeint. Die Abbildung

$$\mathcal{H}\colon \mathrm{Mat}_{m \times n, \mathbb{K}} \to \mathrm{Hom}_{\mathbb{K}}(\mathbb{K}^n, \mathbb{K}^m), \quad A \mapsto \varphi_A$$

ist dann „offensichtlich" die Umkehrabbildung zu $\mathcal{M}$. Falls du bis jetzt noch nicht ausgestiegen bist, versuche doch auch dies noch zu beweisen.

Vor allem in fortgeschrittenen Mathebüchern kann es passieren, dass Sachen, die der Autor als „offensichtlich" abtut, dir auf den ersten Blick überhaupt nicht klar sind. Dann hilft oftmals der Griff zu Papier und Bleistift, um in Ruhe darüber nachzudenken.

10.3.2 Das Matrixprodukt

Wir betrachten die Komposition (Hintereinanderausführung) von linearen Abbildungen und überlegen, wie sich diese mit Hilfe von Matrizen beschreiben lässt.

Beispiel 10.30 Wir beginnen mit zwei bekannten Homomorphismen des $\mathbb{R}^2$:

$$\rho \colon \begin{pmatrix} x_1 \\ x_2 \end{pmatrix} \mapsto \begin{pmatrix} -x_2 \\ x_1 \end{pmatrix} \quad \text{und} \quad \sigma \colon \begin{pmatrix} x_1 \\ x_2 \end{pmatrix} \mapsto \begin{pmatrix} x_1 \\ -x_2 \end{pmatrix},$$

also der Rotation um $90°$ gegen den Uhrzeigersinn und der Spiegelung an der x_1-Achse (siehe Aufgabe 10.25). Inzwischen solltest du durch scharfes Hinschauen erkennen können, dass die Matrizen beider Abbildungen bezüglich der Standardbasis gegeben sind durch

$$A_\rho = \begin{pmatrix} 0 & -1 \\ 1 & 0 \end{pmatrix} \qquad \text{und} \qquad A_\sigma = \begin{pmatrix} 1 & 0 \\ 0 & -1 \end{pmatrix}.$$

Schauen wir uns nun die Komposition

$$\rho \circ \sigma \colon \mathbb{R}^2 \to \mathbb{R}^2, \quad \begin{pmatrix} x_1 \\ x_2 \end{pmatrix} \overset{\sigma}{\mapsto} \begin{pmatrix} x_1 \\ -x_2 \end{pmatrix} \overset{\rho}{\mapsto} \begin{pmatrix} -(-x_2) \\ x_1 \end{pmatrix} = \begin{pmatrix} x_2 \\ x_1 \end{pmatrix}$$

an. Diese Abbildung ist laut Aufgabe 10.28 selbst wieder linear, was man hier auch durch bloßes Hinsehen erkennt: $\rho \circ \sigma$ vertauscht einfach die x_1- mit der x_2-Komponente (und ist damit die Spiegelung an der ersten Winkelhalbierenden). Die Matrixdarstellung bezüglich der kanonischen Basis $\mathcal{B} = (e_1, e_2)$ lautet

$$_\mathcal{B}(\rho \circ \sigma)_\mathcal{B} = \begin{pmatrix} 0 & 1 \\ 1 & 0 \end{pmatrix}.$$

Die Frage ist nun, ob sich diese Matrix irgendwie auch anhand von A_σ und A_ρ aufstellen lässt, was einem die konkrete Berechnung von $\rho \circ \sigma$ ersparen würde. Bilden wir einfach mal ganz frech ein „Matrixprodukt" $A_\rho \cdot A_\sigma$, indem wir die beiden Spalten von A_σ als zwei separate Vektoren auffassen und mit beiden das Matrix-Vektor-Produkt mit A_ρ bilden. Anders ausgedrückt: Wir wenden die Kippregel auf beide Spalten von A_σ (eine ist fett, die andere grau gesetzt) an und erhalten

$$A_\rho \cdot A_\sigma = \begin{pmatrix} 0 & -1 \\ 1 & 0 \end{pmatrix} \cdot \begin{pmatrix} \mathbf{1} & 0 \\ \mathbf{0} & -1 \end{pmatrix} = \begin{pmatrix} 0 \cdot \mathbf{1} - 1 \cdot \mathbf{0} & 0 \cdot 0 - 1 \cdot (-1) \\ 1 \cdot \mathbf{1} + 0 \cdot \mathbf{0} & 1 \cdot 0 + 0 \cdot (-1) \end{pmatrix}$$

$$= \begin{pmatrix} 0 & 1 \\ 1 & 0 \end{pmatrix}.$$

Oho! Das so erklärte Matrixprodukt von A_ρ mit A_σ ist doch tatsächlich die Matrix von $\rho \circ \sigma$. Dass dies kein Zufall ist, sehen wir in Kürze. Zuvor bemerken wir jedoch noch, dass

$$A_\sigma \cdot A_\rho = \begin{pmatrix} 1 & 0 \\ 0 & -1 \end{pmatrix} \cdot \begin{pmatrix} 0 & -1 \\ 1 & 0 \end{pmatrix} = \begin{pmatrix} 0 & -1 \\ -1 & 0 \end{pmatrix} \neq A_\rho \cdot A_\sigma$$

ist, d.h. die Matrixmultiplikation ist nicht kommutativ. Der geometrische Hintergrund ist hier, dass $\sigma \circ \rho$ – also erst Rotieren mit ρ und danach Spiegeln mit σ – die Spiegelung an der zweiten und nicht mehr an der ersten Winkelhalbierenden ist (mache dir das an einem Bildchen klar).

Um den allgemeinen Fall vorzubereiten, bilden wir das Produkt einer 2×3−Matrix A mit einer 3×2−Matrix B. Starre diese Rechnung so lange an, bis du jeden Schritt verstehst, vor allem über welche Indizes summiert wird!

$$A \cdot B = \begin{pmatrix} a_{11} & a_{12} & a_{13} \\ a_{21} & a_{22} & a_{23} \end{pmatrix}_{2\times 3} \cdot \begin{pmatrix} b_{11} & b_{12} \\ b_{21} & b_{22} \\ b_{31} & b_{32} \end{pmatrix}_{3\times 2}$$

$$= \begin{pmatrix} a_{11}b_{11} + a_{12}b_{21} + a_{13}b_{31} & a_{11}b_{12} + a_{12}b_{22} + a_{13}b_{32} \\ a_{21}b_{11} + a_{22}b_{21} + a_{23}b_{31} & a_{21}b_{12} + a_{22}b_{22} + a_{23}b_{32} \end{pmatrix}_{2\times 2}$$

$$= \begin{pmatrix} \sum_{j=1}^{3} a_{1j}b_{j1} & \sum_{j=1}^{3} a_{1j}b_{j2} \\ \sum_{j=1}^{3} a_{2j}b_{j1} & \sum_{j=1}^{3} a_{2j}b_{j2} \end{pmatrix}_{2\times 2}$$

Das Ergebnis ist also eine 2×2−Matrix $C = A \cdot B$, deren Einträge c_{ik}, $i, k \in \{1, 2\}$, gegeben sind durch

$$c_{ik} = \sum_{j=1}^{3} a_{ij}b_{jk}.$$

Mache dir klar, dass man in diesem Fall auch das Produkt $D = B \cdot A$ hätte bilden können, und schreibe auf, welches Format D hat und wie die Einträge δ_{ik} hier aussehen.

Definition 10.12   Ist $A = (a_{ij})$ eine $m \times \ell$−Matrix und $B = (b_{jk})$ eine Matrix vom Format $\ell \times n$, so kann man (durch „mehrfache Kippregel") deren Produkt $C = A \cdot B$ bilden. Die Produktmatrix $C = (c_{ik})$ besitzt dann das Format $m \times n$ und ihre Einträge sind gegeben durch

$$c_{ik} = \sum_{j=1}^{\ell} a_{ij}b_{jk}, \quad 1 \leqslant i \leqslant m, \, 1 \leqslant k \leqslant n.$$

(Das Produkt $A \cdot B$ ergibt nur dann Sinn, wenn die Anzahl der Spalten von A mit der Anzahl der Zeilen von B übereinstimmt.) $\Diamond$

Satz 10.8   Sind U, V, W $\mathbb{K}$-Vektorräume mit den Basen $\mathcal{A}, \mathcal{B}, \mathcal{C}$, und sind $\psi \colon U \to V$ sowie $\varphi \colon V \to W$ Homomorphismen, so gilt für die Matrix der Komposition $\varphi \circ \psi \colon U \to W$

$$\mathcal{c}(\varphi \circ \psi)_{\mathcal{A}} = \mathcal{c}(\varphi)_{\mathcal{B}} \cdot {}_{\mathcal{B}}(\psi)_{\mathcal{A}},$$

sie ist also das Matrixprodukt der Matrizen von φ und ψ.

Beweis: Es seien $\mathcal{A} = (u_1, \ldots, u_n)$, $\mathcal{B} = (v_1, \ldots, v_\ell)$ und $\mathcal{C} = (w_1, \ldots, w_m)$ die besagten Basen von U, V und W. Die Einträge der Matrizen $A := \mathcal{c}(\varphi)_{\mathcal{B}} = (a_{ij})$ bzw. $B := {}_{\mathcal{B}}(\psi)_{\mathcal{A}} = (b_{jk})$ sind dann definiert durch die Beziehungen

$$\varphi(v_j) = \sum_{i=1}^{m} a_{ij}w_i \quad \text{bzw.} \quad \psi(u_k) = \sum_{j=1}^{\ell} b_{jk}v_j.$$

Um die Matrix von $\varphi \circ \psi$ bezüglich $\mathcal{A}$ und $\mathcal{C}$ zu erhalten, müssen wir die Bilder der Vektoren von $\mathcal{A}$ unter $\varphi \circ \psi$ bezüglich $\mathcal{C}$ darstellen. Konkreter ausgedrückt müssen wir Skalare c_{ik} finden, die $(\varphi \circ \psi)(u_k) = \sum_{i=1}^{m} c_{ik} w_i$ für alle $1 \leqslant k \leqslant n$ erfüllen. Gehen wir's an:

$$(\varphi \circ \psi)(u_k) = \varphi\left(\psi(u_k)\right) = \varphi\left(\sum_{j=1}^{\ell} b_{jk} v_j\right) = \sum_{j=1}^{\ell} b_{jk} \varphi(v_j) = \sum_{j=1}^{\ell} b_{jk} \cdot \left(\sum_{i=1}^{m} a_{ij} w_i\right).$$

Jetzt kommen die gleichen Schritte wie schon im Beweis von Satz 10.7, nämlich distributives Ausmultiplizieren und Vertauschen der Summen:

$$(\varphi \circ \psi)(u_k) = \sum_{j=1}^{\ell} \sum_{i=1}^{m} b_{jk} a_{ij} w_i = \sum_{i=1}^{m}\left(\sum_{j=1}^{\ell} a_{ij} b_{jk}\right) w_i \stackrel{!}{=} \sum_{i=1}^{m} c_{ik} w_i.$$

Somit ergibt sich $c_{ik} = \sum_{j=1}^{\ell} a_{ij} b_{jk}$ für die Matrixeinträge von $\varphi \circ \psi$. Da dies genau die Einträge der Produktmatrix $A \cdot B = {}_{\mathcal{C}}(\varphi)_{\mathcal{B}} \cdot {}_{\mathcal{B}}(\psi)_{\mathcal{A}}$ sind, beendet das den Beweis. $\square$

Auch dies ist ein Beweis, der auf den ersten Blick vielleicht abschreckend aussieht, den du aber gut selbst hinbekommen kannst. Schreib ihn doch einfach nochmal selber auf, und du wirst sehen, wie alles fast automatisch an den richtigen Platz fällt. (Allerdings musst du gut aufpassen, dass du m, ℓ und n nicht durcheinander bringst.)

Bevor du dich mit den nächsten Aufgaben vergnügen darfst, kommt wieder ein kleiner theoretischer Ausblick. Wie auf Seite 322 angedeutet, ist $\mathrm{Mat}_{m \times n, \mathbb{K}}$ ein $\mathbb{K}$-Vektorraum. Die Menge $\mathscr{A}_{n, \mathbb{K}} = \mathrm{Mat}_{n \times n, \mathbb{K}}$ aller quadratischen $n \times n$–Matrizen mit Einträgen aus $\mathbb{K}$ besitzt sogar noch mehr Struktur, nämlich die einer sogenannten (assoziativen) $\mathbb{K}$-*Algebra*. Grob gesagt ist dies ein Vektorraum, dessen Elemente man auch „vernünftig" multiplizieren kann. Genauer gelten für das oben eingeführte Matrixprodukt $\mathscr{A}_{n, \mathbb{K}} \times \mathscr{A}_{n, \mathbb{K}} \to \mathscr{A}_{n, \mathbb{K}}$, $(A, B) \mapsto A \cdot B$, folgende Rechenregeln:

- Es ist assoziativ, d.h. $(A \cdot B) \cdot C = A \cdot (B \cdot C)$ für alle $A, B, C \in \mathscr{A}_{n, \mathbb{K}}$.

- Es gelten Distributivgesetze, d.h. es ist $(A + B) \cdot C = A \cdot C + B \cdot C$ sowie $A \cdot (B + C) = A \cdot B + A \cdot C$ für alle $A, B, C \in \mathscr{A}_{n, \mathbb{K}}$ (aufgrund der fehlenden Kommutativität der Matrixmultiplikation für $n \geq 2$ muss beides gefordert werden).

- Die Skalarmultiplikation des Vektorraums ist kompatibel mit der Matrixmultiplikation: $(\lambda A) \cdot B = \lambda(A \cdot B) = A \cdot (\lambda B)$ für alle $A, B \in \mathscr{A}_{n, \mathbb{K}}$ und alle $\lambda \in \mathbb{K}$.

- $\mathscr{A}_{n, \mathbb{K}}$ ist sogar eine $\mathbb{K}$-*Algebra mit Eins*, denn die Einheitsmatrix E_n (mit Einsen auf der Diagonalen und Nullen sonst) verhält sich neutral bezüglich der Matrixmultiplikation, d.h. $E_n \cdot A = A = A \cdot E_n$ für alle $A \in \mathscr{A}_{n, \mathbb{K}}$.

All diese Eigenschaften sind leicht nachzurechnen, nur das Assoziativgesetz erfordert unangenehm viel Schreibaufwand.

Aufgabe 10.35   Berechne – sofern existent – die folgenden Matrixprodukte.

a) $\begin{pmatrix} 1 & 2 \\ 3 & 4 \end{pmatrix} \cdot \begin{pmatrix} 1 & 2 & 3 \\ -1 & -2 & -3 \end{pmatrix}$ b) $\begin{pmatrix} 1 & 2 & 3 \\ -1 & -2 & -2\frac{3}{3} \end{pmatrix} \cdot \begin{pmatrix} 1 & 3 \\ 2 & 4 \end{pmatrix}$

c) $\begin{pmatrix} 0 & 1 \\ 0 & 0 \end{pmatrix} \cdot \begin{pmatrix} 0 & 1 \\ 0 & 0 \end{pmatrix}$ d) $\begin{pmatrix} 1 & i \end{pmatrix} \cdot \begin{pmatrix} 1 \\ i \end{pmatrix}$ e) $\begin{pmatrix} 1 \\ i \end{pmatrix} \cdot \begin{pmatrix} 1 & i \end{pmatrix}$

Aufgabe 10.36   Es sei $\sigma_1 \colon \mathbb{R}^2 \to \mathbb{R}^2$ die Spiegelung an der ersten Winkelhalbierenden und $\sigma_2 \colon \mathbb{R}^2 \to \mathbb{R}^2$ die Spiegelung am Ursprung. Bestimme die Matrix von $\sigma_2 \circ \sigma_1$ bezüglich der Standardbasis $\mathcal{B}$ auf zwei verschiedene Arten: Zuerst durch explizites Bestimmen der Matrixeinträge der Komposition $\sigma_2 \circ \sigma_1$, danach durch Anwenden von Satz 10.8. Was gilt für $\sigma_1 \circ \sigma_2$?

Aufgabe 10.37   In dieser Aufgabe lernst du eine weitere konkrete Realisierung des Körpers der komplexen Zahlen mit Hilfe spezieller Matrizen kennen. Wir betrachten dazu die folgende Teilmenge der $\mathbb{R}$-Algebra $\mathscr{A}_{2,\mathbb{R}}$ aller reellen quadratischen 2×2-Matrizen

$$\mathscr{C} = \left\{ \begin{pmatrix} a & -b \\ b & a \end{pmatrix} \; \middle| \; a, b \in \mathbb{R} \right\} \subset \mathscr{A}_{2,\mathbb{R}},$$

sowie die Elemente $1_{\mathscr{C}} = E_2 = \begin{pmatrix} 1 & 0 \\ 0 & 1 \end{pmatrix}$ und $I = \begin{pmatrix} 0 & -1 \\ 1 & 0 \end{pmatrix}$ von $\mathscr{C}$.

a) Zeige, dass $\mathscr{C}$ ein $\mathbb{R}$-Vektorraum mit Basis $(1_{\mathscr{C}}, I)$ ist (du darfst voraussetzen, dass $\mathrm{Mat}_{2\times 2,\mathbb{R}}$ ein $\mathbb{R}$-Vektorraum ist). Gib explizit einen Isomorphismus $\varphi \colon \mathscr{C} \to \mathbb{C}$ an, der die Isomorphie von $\mathscr{C}$ zu $\mathbb{C}$ (als $\mathbb{R}$-Vektorräume) zeigt.

b) $\mathscr{C}$ ist sogar selbst wieder eine (assoziative) $\mathbb{R}$-Algebra mit Eins: Dazu musst du nur noch nachweisen, dass für $Z, W \in \mathscr{C}$ auch $Z \cdot W$ wieder in $\mathscr{C}$ liegt, denn alle weiteren Algebren-Eigenschaften vererben sich von $\mathscr{A}_{2,\mathbb{R}}$ auf $\mathscr{C}$.

c) Rechne nach, dass $\mathscr{C}$ sogar kommutativ ist, d.h. dass $Z \cdot W = W \cdot Z$ für alle $Z, W \in \mathscr{C}$ gilt (was bei Matrixmultiplikation ja nicht selbstverständlich ist).

d) Was ist I^2? Wenn du an die Beispiele 10.21 $\mathbb{C}$ und 10.27 denkst, sollte dich das Ergebnis nicht überraschen.

e) Zeige weiter, dass der Isomorphismus φ aus a) sogar multiplikativ ist, d.h. dass $\varphi(Z \cdot W) = \varphi(Z)\varphi(W)$ für alle $Z, W \in \mathscr{C}$ gilt.

f) Zeige zu guter Letzt, dass jedes $0 \neq Z \in \mathscr{C}$ ein multiplikatives Inverses besitzt (Tipp: Übertrage die Formel für das Inverse einer komplexen Zahl z mittels φ^{-1} auf $\mathscr{C}$).

Wenn du dir nun die Liste aller Körperaxiome nochmals anschaust, wirst du feststellen, dass wir insgesamt nachgewiesen haben, dass $\mathscr{C}$ ein Körper ist.

g) Wie sieht das Urbild $\varphi^{-1}(z)$ aus, wenn die komplexe Zahl $z = r\cos\theta + \mathrm{i}\,r\sin\theta$ in Polarform gegeben ist? Versuche die Gestalt der Matrix im Hinblick auf Beispiel 10.28 zu interpretieren.

(Folgt man genau den Anleitungen, so ist dies alles machbar, aber insgesamt doch recht aufwändig – die Mühe lohnt sich jedoch ...)   ☠☠

10.4   Ausblick: LGS und Determinanten

Zum Abschluss wollen wir unsere bisher entwickelte Theorie auf Lineare Gleichungssysteme (LGS[5]) anwenden. Aus der Schule erinnerst du dich an LGS vermutlich als ein Zahlen- und Variablengewirr, das z.B. beim Schneiden von Ebenen auftritt und bei dem man sich meistens verrechnet. Im Folgenden wird eine Grundkenntnis des Gauß-Algorithmus als bekannt vorausgesetzt.

Wir betrachten LGS nun von einem abstrakteren Standpunkt aus und unsere Erkenntnisse über Matrizen bzw. lineare Abbildungen helfen uns dabei, Ordnung ins Chaos zu bringen.

Wir beschränken uns hier auf den „Spielzeug-Fall" eines (reellen) 2×2–LGS. An diesem lassen sich nämlich bereits alle wichtigen Ideen präsentieren, ohne aufwändige Notation und Rechentechnik einführen zu müssen.

10.4.1   Homogene LGS

Beispiel 10.31   Wir starten mit dem *homogenen LGS* („homogen" bedeutet, dass auf der rechten Seite nur Nullen stehen)

$$
\begin{aligned}
2x_1 &+ x_2 &= 0 \qquad &\text{(I)} \\
4x_1 &+ 3x_2 &= 0 \qquad &\text{(II)}.
\end{aligned}
$$

Zunächst fassen wir beide Gleichungen als Gleichheit zweier Vektoren des $\mathbb{R}^2$ auf:

$$
\begin{pmatrix} 2x_1 + x_2 \\ 4x_1 + 3x_2 \end{pmatrix} = \begin{pmatrix} 0 \\ 0 \end{pmatrix} = 0_{\mathbb{R}^2},
$$

---

[5]Weil „LGSe" doof aussieht, verwenden wir die Abkürzung LGS sowohl für den Singular als auch den Plural.

und schreiben die linke Seite in ein Matrix-Vektor-Produkt um:

$$\begin{pmatrix} 2 & 1 \\ 4 & 3 \end{pmatrix} \cdot \begin{pmatrix} x_1 \\ x_2 \end{pmatrix} = \begin{pmatrix} 0 \\ 0 \end{pmatrix}.$$

Damit nimmt das LGS die schnuckelige Form

$$A \cdot x = 0$$

an (für den Nullvektor schreiben wir nur noch 0 statt $0_{\mathbb{R}^2}$) mit der Matrix

$$A = \begin{pmatrix} 2 & 1 \\ 4 & 3 \end{pmatrix}.$$

Die *Lösungsmenge* $L(A,0) \subseteq \mathbb{R}^2$ des LGS $A \cdot x = 0$ zu bestimmen, bedeutet also nichts anderes, als den *Kern der Matrix* A zu berechnen:

$$L(A,0) = \ker A := \{\, x \in \mathbb{R}^2 \mid A \cdot x = 0 \,\}.$$

Noch eine Feinheit: Statt „Kern der Matrix A" sollte man präziser sagen „Kern der von A induzierten linearen Abbildung"

$$\varphi_A \colon \mathbb{R}^2 \to \mathbb{R}^2, \quad x \mapsto A \cdot x = \begin{pmatrix} 2x_1 + x_2 \\ 4x_1 + 3x_2 \end{pmatrix}.$$

Überzeuge dich davon, dass φ_A tatsächlich linear ist und bezüglich der Standardbasis des $\mathbb{R}^2$ gerade A als Darstellungsmatrix besitzt. Wir verstehen im Folgenden immer $\ker A$ im Sinne von $\ker \varphi_A$.

Im ursprünglichen LGS ersetzen wir Gleichung (II) durch (IIa) = (II)−2·(I) um x_2 rauszuwerfen und das LGS auf Stufenform zu bringen („Gauß-Algorithmus"):

$$
\begin{aligned}
2x_1 &+& x_2 &= 0 & \text{(I)} \\
&& x_2 &= 0 & \text{(IIa).}
\end{aligned}
$$

Hieran lässt sich nun sofort ablesen, dass das homogene LGS nur die *triviale Lösung* $x_1 = x_2 = 0$ besitzt, dass also $L(A,0)$ nur aus dem Nullvektor $0 = (0,0)^t$ besteht. Abstrakter ausgedrückt bedeutet dies, dass die lineare Abbildung φ_A injektiv ist, da sie einen trivialen Kern besitzt (Lemma 10.3).

Auch diesen zur Bestimmung von $L(A,0)$ notwendigen Schritt wollen wir nun elegant mit Hilfe von Matrizen darstellen. Es sei nochmal betont, dass es uns hier nicht um das numerische Lösen von LGS geht, sondern um das Verstehen der zugrunde liegenden Theorie. Zum umgeformten LGS gehört die Matrix

$$A' = \begin{pmatrix} 2 & 1 \\ 0 & 1 \end{pmatrix},$$

welche man aus A erhält, indem man von links mit der „Umformungsmatrix"

$$U = \begin{pmatrix} 1 & 0 \\ -2 & 1 \end{pmatrix}$$

multipliziert (die zunächst vom Himmel fällt; siehe Anmerkung):

$$U \cdot A = \begin{pmatrix} 1 & 0 \\ -2 & 1 \end{pmatrix} \cdot \begin{pmatrix} 2 & 1 \\ 4 & 3 \end{pmatrix} = \begin{pmatrix} 1 \cdot 2 + 0 \cdot 4 & 1 \cdot 1 + 0 \cdot 3 \\ -2 \cdot 2 + 1 \cdot 4 & -2 \cdot 1 + 1 \cdot 3 \end{pmatrix} = \begin{pmatrix} 2 & 1 \\ 0 & 1 \end{pmatrix} = A'.$$

Multiplizieren wir also beide Seiten des ursprünglichen LGS $A \cdot x = 0$ von links mit U, so geht es in seine Stufenform über:

$$U \cdot (A \cdot x) = U \cdot 0 \implies A' \cdot x = 0,$$

wobei $U \cdot (A \cdot x) = (U \cdot A) \cdot x$, also die Assoziativität der Matrizenmultiplikation einging. Anhand dieser Darstellung lässt sich elegant begründen, warum eine Zeilenumformung des Gauß-Algorithmus wie „ersetze Gleichung (II) durch (II)$-2 \cdot$(I)" die Lösungsmenge des LGS nicht ändert, warum also

$$\ker A = \ker A' \qquad \text{bzw.} \qquad L(A, 0) = L(A', 0)$$

gilt. Bevor wir dies im nächsten Satz allgemein beweisen, noch eine wichtige

Anmerkung:　　Wie kommt man auf die Umformungsmatrix U? Ganz einfach: Will man Gleichung (II) durch $\lambda \cdot$(I)$+\mu \cdot$(II) ersetzen, so multipliziert man die zum LGS gehörige Matrix A von links mit der Matrix

$$U_{\lambda, \mu} = \begin{pmatrix} 1 & 0 \\ \lambda & \mu \end{pmatrix}.$$

In vorigem Beispiel war $\lambda = -2$ und $\mu = 1$. Allgemein gilt

$$U_{\lambda, \mu} \cdot A = \begin{pmatrix} 1 & 0 \\ \lambda & \mu \end{pmatrix} \cdot \begin{pmatrix} a_{11} & a_{12} \\ a_{21} & a_{22} \end{pmatrix} = \begin{pmatrix} a_{11} & a_{12} \\ \lambda a_{11} + \mu a_{21} & \lambda a_{12} + \mu a_{22} \end{pmatrix}.$$

Satz 10.9　　Die folgenden „elementaren Zeilenumformungen" des Gauß-Algorithmus ändern die Lösungsmenge eines homogenen 2×2−LGS $A \cdot x = 0$ nicht.

(1) Multiplizieren einer Gleichung (Zeile) mit einem Skalar $\mu \neq 0$.

(2) Ersetzen von Gleichung (II) durch $\lambda \cdot$(I)$+\mu \cdot$(II), wobei $\mu \neq 0$ ist[6]. (Analog für Gleichung (I), was man sich im Hinblick auf (3) aber auch sparen kann.)

(3) Vertauschen der beiden Gleichungen (Zeilen).

Beweis:　　(1) ist ein Spezialfall von (2) für $\lambda = 0$ (bzw. $\mu = 0$ und $\lambda \neq 0$, wenn es um Gleichung (I) geht). Zum Beweis von (2) zeigen wir $\ker A = \ker A'$, d.h.

---

[6]Der Fall $\mu = 0$ ist ausgeschlossen, da man sonst Gleichung (II) durch $\lambda \cdot$(I)$+0 \cdot$(II) ersetzt, also (II) einfach vernichtet, was natürlich keine erlaubte Zeilenumformung ist. Analog für (1).

$L(A,0) = L(A',0)$, wobei $A' = U_{\lambda,\mu} \cdot A$ die umgeformte Matrix des LGS ist. Die Inklusion $L(A,0) \subseteq L(A',0)$ ist simpel, denn aus $A \cdot x = 0$ folgt

$$A' \cdot x = (U_{\lambda,\mu} \cdot A) \cdot x = U_{\lambda,\mu} \cdot (A \cdot x) = U_{\lambda,\mu} \cdot 0 = 0.$$

Um umgekehrt $L(A',0) \subseteq L(A,0)$ zu zeigen, beachten wir, dass $\ker U_{\lambda,\mu}$ trivial ist: $U_{\lambda,\mu} \cdot x = 0$ lautet ausgeschrieben

$$\begin{pmatrix} 1 & 0 \\ \lambda & \mu \end{pmatrix} \cdot \begin{pmatrix} x_1 \\ x_2 \end{pmatrix} = \begin{pmatrix} x_1 \\ \lambda x_1 + \mu x_2 \end{pmatrix} \overset{!}{=} \begin{pmatrix} 0 \\ 0 \end{pmatrix},$$

woraus $x_1 = 0$ und damit $\lambda \cdot 0 + \mu \cdot x_2 = 0$ folgt, was wegen $\mu \neq 0$ auch $x_2 = 0$ erzwingt.

Gilt nun $A' \cdot x = 0$, d.h. $U_{\lambda,\mu} \cdot (A \cdot x) = 0$, so ist $A \cdot x \in \ker U_{\lambda,\mu} = \{0\}$, also muss $A \cdot x = 0$ sein. Aus $x \in L(A',0)$ folgt demnach $x \in L(A,0)$.

(3) ist klar, aber wir führen es trotzdem kurz allgemein aus. Um Zeilen (I) und (II) zu vertauschen, multipliziert man die zum LGS gehörige Matrix A von links mit der folgenden Permutationsmatrix (überprüfe das)

$$P = \begin{pmatrix} 0 & 1 \\ 1 & 0 \end{pmatrix}.$$

Da P offenbar einen trivialen Kern besitzt, folgt wie in (2) $\ker A = \ker (P \cdot A)$. $\square$

Das Schöne an dieser Argumentation ist, dass sie sich wortwörtlich auf $n \times n$–LGS überträgt. Man muss sich einfach nur davon überzeugen, dass auch im Fall $n > 2$ alle Umformungsmatrizen, die zu elementaren Zeilenumformungen gehören, stets einen trivialen Kern besitzen.

Beispiel 10.32   Wir betrachten als weiteres homogenes LGS

$$
\begin{array}{rrrl}
2x_1 & + & x_2 & = 0 \qquad \text{(I)} \\
4x_1 & + & 2x_2 & = 0 \qquad \text{(II)},
\end{array}
$$

also $B \cdot x = 0$ mit der Matrix $B = \begin{pmatrix} 2 & 1 \\ 4 & 2 \end{pmatrix}$.

Um $L(B,0) = \ker B$ zu bestimmen, ersetzen wir Gleichung (II) wieder durch (II)$-2\cdot$(I), gehen also über zur Matrix

$$B' = U_{-2,1} \cdot B = \begin{pmatrix} 1 & 0 \\ -2 & 1 \end{pmatrix} \cdot \begin{pmatrix} 2 & 1 \\ 4 & 2 \end{pmatrix} = \begin{pmatrix} 2 & 1 \\ 0 & 0 \end{pmatrix}.$$

Aufgrund der Nullen in der zweiten Zeile muss ein $x \in \ker B'$ lediglich $2x_1 + x_2 = 0$ erfüllen. Wählen wir $x_1 = \lambda \in \mathbb{R}$ als freien Parameter, so folgt $x_2 = -2x_1 = -2\lambda$. Mit Satz 10.9 erhalten wir

$$L(B,0) = \ker B = \ker B' = \left\{ \begin{pmatrix} \lambda \\ -2\lambda \end{pmatrix} \,\Big|\, \lambda \in \mathbb{R} \right\} = \left\langle \begin{pmatrix} 1 \\ -2 \end{pmatrix} \right\rangle_{\mathbb{R}}.$$

Die Lösungsmenge des LGS ist also ein eindimensionaler Unterraum des $\mathbb{R}^2$.

10.4.2   Die Determinante

Der Unterschied zwischen den beiden Matrizen A und B der vorigen Beispiele lag darin, dass A einen trivialen Kern besaß und B hingegen nicht. Somit war φ_A injektiv und φ_B war es nicht.

Nun gibt es eine äußerst nützliche Abbildung, die sofort „merkt", ob eine Matrix einen trivialen Kern besitzt oder nicht. Die *Determinante* oder Determinantenabbildung für 2×2–Matrizen ist definiert als

$$\det \colon \mathrm{Mat}_{2 \times 2, \mathbb{R}} \to \mathbb{R}, \quad A = \begin{pmatrix} a_{11} & a_{12} \\ a_{21} & a_{22} \end{pmatrix} \mapsto \det A := a_{11}a_{22} - a_{12}a_{21}.$$

Wie man überhaupt auf die Idee kommen kann, ausgerechnet $a_{11}a_{22} - a_{12}a_{21}$ zu betrachten, wird im Beweis des nächsten Satzes klar. Darauf, *was* die Determinante letztendlich ist (eine „alternierende Multilinearform"), gehen wir nicht ein.

Satz 10.10   Es gilt $\det A \neq 0$ genau dann, wenn $\ker A = \{0\}$ ist, d.h. genau die Matrizen mit Determinante ungleich Null besitzen einen trivialen Kern.

Beweis: Bei $\ker A = \{0\}$ geht es um die Lösungsmenge des homogenen LGS $A \cdot x = 0$. Wir bringen dessen Matrix A durch Multiplikation mit einer geeigneten Umformungsmatrix U auf Stufenform:

$$\begin{pmatrix} 1 & 0 \\ -a_{21} & a_{11} \end{pmatrix} \cdot \begin{pmatrix} a_{11} & a_{12} \\ a_{21} & a_{22} \end{pmatrix} = \begin{pmatrix} a_{11} & a_{12} \\ 0 & -a_{12}a_{21} + a_{11}a_{22} \end{pmatrix} = A'.$$

Beachte, dass der Eintrag rechts unten von A' nichts anderes als $\det A$ ist. Das homogene LGS $A' \cdot x = 0$ lautet ausgeschrieben also

$$\begin{array}{rcrcll} a_{11} \cdot x_1 & + & a_{12} \cdot x_2 & = & 0 & \qquad \text{(I)} \\ 0 \cdot x_1 & + & \det A \cdot x_2 & = & 0 & \qquad \text{(II).} \end{array}$$

Im Fall $\det A = 0$ reduziert sich (II) auf $0 = 0$, ist also redundant, und das LGS $A' \cdot x = 0$ besitzt (unendlich viele) nicht-triviale Lösungen, da man $x_1 = \lambda \in \mathbb{R}$ frei wählen kann (vergleiche mit Beispiel 10.32). Folglich ist $\ker A' \neq \{0\}$.

Ist hingegen $\det A \neq 0$, so folgt aus (II) $x_2 = {}^0\!/\!{\det A} = 0$, und eingesetzt in (I) ergibt sich $x_1 = 0$. In diesem Fall besitzt $A' \cdot x = 0$ also nur die triviale Lösung, es ist somit $\ker A' = \{0\}$.

Nach Satz 10.9 gilt $\ker A = \ker A'$, was den Beweis beendet.   □

In Beispiel 10.31 ist

$$\det A = \det \begin{pmatrix} 2 & 1 \\ 4 & 3 \end{pmatrix} = 2 \cdot 3 - 1 \cdot 4 = 2 \neq 0,$$

also ist $\ker A = \{0\}$, d.h. das zu A gehörige homogene LGS besitzt nur die triviale Lösung. In Beispiel 10.32 gilt hingegen

$$\det B = \det \begin{pmatrix} 2 & 1 \\ 4 & 2 \end{pmatrix} = 2 \cdot 2 - 1 \cdot 4 = 0,$$

somit ist der Kern von B nicht-trivial und $B \cdot x = 0$ besitzt (unendlich viele) nicht-triviale Lösungen.

Bei den Umformungsmatrizen $U_{\lambda,\,\mu}$ (mit $\mu \neq 0$) liefert die Determinante sofort die Trivialität des Kerns, denn es ist

$$\det U_{\lambda,\,\mu} = \det \begin{pmatrix} 1 & 0 \\ \lambda & \mu \end{pmatrix} = 1 \cdot \mu - 0 \cdot \lambda = \mu \neq 0.$$

Satz 10.10 gilt ebenfalls für $n \times n$–Matrizen, allerdings ist die Definition der Determinante für beliebige n deutlich aufwändiger (siehe beliebiges Buch aus dem Literaturverzeichnis). Etwa für eine 3×3–Matrix $A = (a_{ij})$ lautet die Determinantenformel

$$\det A = \ a_{11}a_{22}a_{33} + a_{12}a_{23}a_{31} + a_{13}a_{21}a_{32}$$
$$- a_{13}a_{22}a_{31} - a_{11}a_{23}a_{32} - a_{12}a_{21}a_{33}.$$

Bei $n = 4$ hat man bereits $4! = 24$ und bei $n = 5$ sogar $5! = 120$ solcher Summanden zu berücksichtigen.

Bei der expliziten Bestimmung von Lösungen eines inhomogenen LGS im nächsten Abschnitt wird sich der nächste Satz als äußerst nützlich erweisen, da er einem lästige Zeilenumformungen erspart.

Satz 10.11 Ist $A \in \mathrm{Mat}_{2\times 2,\,\mathbb{R}}$ eine Matrix mit $\det A \neq 0$, so ist A *invertierbar*, d.h. es gibt eine Matrix $A^{-1} \in \mathrm{Mat}_{2\times 2,\,\mathbb{R}}$ mit $A \cdot A^{-1} = E_2 = A^{-1} \cdot A$.

Für $A = \begin{pmatrix} a_{11} & a_{12} \\ a_{21} & a_{22} \end{pmatrix}$ besitzt die inverse Matrix die Gestalt

$$A^{-1} = \frac{1}{\det A} \cdot \begin{pmatrix} a_{22} & -a_{12} \\ -a_{21} & a_{11} \end{pmatrix}.$$

Der Vorfaktor bedeutet, dass jeder Matrixeintrag durch $\det A$ geteilt wird.

Beweis: Wir rechnen explizit nach, dass die angegebene Matrix die Inverse von A ist. Wir haben (zunächst ohne den Vorfaktor $\frac{1}{\det A}$)

$$\begin{pmatrix} a_{11} & a_{12} \\ a_{21} & a_{22} \end{pmatrix} \cdot \begin{pmatrix} a_{22} & -a_{12} \\ -a_{21} & a_{11} \end{pmatrix} = \begin{pmatrix} a_{11}a_{22} - a_{12}a_{21} & -a_{11}a_{12} + a_{12}a_{11} \\ a_{21}a_{22} - a_{22}a_{21} & -a_{21}a_{12} + a_{22}a_{11} \end{pmatrix}$$

$$= \begin{pmatrix} \det A & 0 \\ 0 & \det A \end{pmatrix} = \det A \cdot \begin{pmatrix} 1 & 0 \\ 0 & 1 \end{pmatrix} = \det A \cdot E_2,$$

und Teilen durch $\det A$ liefert das gewünschte Resultat. Ebenso rechnet man nach, dass auch $A^{-1} \cdot A = E_2$ erfüllt ist. $\qquad \square$

Wir begründen nun noch abstrakt, warum es im Falle $\det A \neq 0$ eine solche inverse Matrix geben muss – ganz ohne Rückgriff auf die explizite Formel für A^{-1}. Nach

Satz 10.10 bedeutet $\det A \neq 0$, dass $\ker A = \{0\}$ und die Abbildung φ_A somit injektiv ist. Mit der Dimensionsformel 10.5 bzw. Aufgabe 10.31 folgt die Surjektivität von φ_A, denn es gilt

$$\dim \operatorname{im} \varphi_A = \dim \mathbb{R}^2 - \dim \ker \varphi_A = 2 - 0 = 2,$$

also muss $\operatorname{im} \varphi_A = \mathbb{R}^2$ sein. Die Dimension des Bildes von φ_A nennt man übrigens den *Rang* der Matrix A. Insgesamt ist φ_A also ein Isomorphismus und besitzt daher eine lineare Umkehrabbildung φ_A^{-1}, die $\varphi_A \circ \varphi_A^{-1} = \operatorname{id}_{\mathbb{R}^2} = \varphi_A^{-1} \circ \varphi_A$ erfüllt. Übergang zu Matrizen (bezüglich der Standardbasis) überführt diese Beziehung in $A \cdot B = E_2 = B \cdot A$, wobei B die Matrix von φ_A^{-1} bezeichnet. Vorige Gleichung besagt, dass B die gesuchte inverse Matrix von A ist.

10.4.3 Inhomogene LGS

Zum Abschluss werfen wir noch einen Blick auf *inhomogene LGS*

$$\begin{array}{rcll} a_{11}x_1 & + & a_{12}x_2 = y_1 & \text{(I)} \\ a_{21}x_1 & + & a_{22}x_2 = y_2 & \text{(II)} \end{array} \qquad \text{oder kurz} \qquad A \cdot x = y.$$

Inhomogen bedeutet dabei, dass rechts nicht der Nullvektor steht, d.h. $y \neq 0$. Bevor wir uns Beispiele anschauen, klären wir die Struktur der Lösungsmenge eines solchen inhomogenen LGS allgemein.

> **Satz 10.12**   Ist der Vektor $x_0 \in \mathbb{R}^2$ eine Lösung des inhomogenen LGS $A \cdot x = y$, so besitzt dessen gesamte Lösungsmenge die Gestalt
>
> $$L(A, y) = x_0 + L(A, 0) := \{\, x_0 + x \mid x \in L(A, 0) \,\}.$$
>
> (Man „verschiebt" also einfach die Lösungsmenge des zugehörigen homogenen LGS um den Vektor x_0.)

Achtung: Der Satz sagt nicht, dass es überhaupt eine Lösung x_0 geben muss. Im Unterschied zum homogenen Fall (dort gibt es stets die triviale Lösung $x = 0$) gibt es inhomogene LGS mit $L(A, y) = \varnothing$, wie wir weiter unten sehen werden.

Beweis: $L(A, y) \subseteq x_0 + L(A, 0)$: Zunächst gilt $A \cdot x_0 = y$ nach Definition von x_0. Erfüllt ein weiterer Vektor z die Gleichung $A \cdot z = y = A \cdot x_0$, so folgt

$$0 = A \cdot z - A \cdot x_0 = A \cdot (z - x_0),$$

weil Multiplikation mit A linear ist. Somit liegt $z - x_0$ in $\ker A = L(A, 0)$, also ist $z - x_0 = x$ für ein $x \in L(A, 0)$, sprich $z = x_0 + x$ mit $x \in L(A, 0)$.
$x_0 + L(A, 0) \subseteq L(A, y)$: Diese Inklusion ist noch einfacher, denn für jedes $x_0 + x$ mit $x \in L(A, 0) = \ker A$ gilt

$$A \cdot (x_0 + x) = A \cdot x_0 + A \cdot x = y + 0 = y. \qquad \square$$

Beispiel 10.33   Wir lösen das inhomogene LGS

$$
\begin{array}{rcll}
2x_1 & + & x_2 & = -1 \quad \text{(I)} \\
4x_1 & + & 3x_2 & = 1 \quad \text{(II).}
\end{array}
$$

Die zugehörige Matrix A erfüllt $\det A = 6-4 = 2 \neq 0$, also existiert nach Satz 10.11 die Inverse

$$
A^{-1} = \begin{pmatrix} 2 & 1 \\ 4 & 3 \end{pmatrix}^{-1} = \frac{1}{2} \cdot \begin{pmatrix} 3 & -1 \\ -4 & 2 \end{pmatrix} = \begin{pmatrix} 3/2 & -1/2 \\ -2 & 1 \end{pmatrix}.
$$

Links-Multiplizieren von $A \cdot x_0 = y$ mit A^{-1} führt auf $E_2 \cdot x_0 = A^{-1} \cdot y$, also ist

$$
x_0 = \begin{pmatrix} 3/2 & -1/2 \\ -2 & 1 \end{pmatrix} \cdot \begin{pmatrix} -1 \\ 1 \end{pmatrix} = \begin{pmatrix} -2 \\ 3 \end{pmatrix}
$$

eine Lösung des inhomogenen LGS. Da der Kern von A wegen $\det A \neq 0$ trivial ist, gibt es nach Satz 10.12 keine weiteren Lösungen, d.h. dieses LGS ist eindeutig lösbar mit $L(A,y) = \{(-2,3)^t\}$.

Beispiel 10.34   Wir bestimmen die Lösungsmenge des inhomogenen LGS

$$
\begin{array}{rcll}
2x_1 & + & x_2 & = 1 \quad \text{(I)} \\
4x_1 & + & 2x_2 & = 2 \quad \text{(II).}
\end{array}
$$

Da die Determinante der zugehörigen Matrix B Null ist, gibt es in diesem Fall keine Inverse B^{-1}, mit der wir arbeiten können. In diesem einfachen Beispiel erkennt man jedoch auf einen Blick, dass z.B. $x_0 = (0,1)^t$ eine Lösung ist. Mit Satz 10.12 und dem Ergebnis von Beispiel 10.32 erhalten wir somit

$$
L(B,y) = x_0 + L(B,0) = \begin{pmatrix} 0 \\ 1 \end{pmatrix} + \left\langle \begin{pmatrix} 1 \\ -2 \end{pmatrix} \right\rangle_{\mathbb{R}} = \left\{ \begin{pmatrix} \lambda \\ 1 - 2\lambda \end{pmatrix} \,\middle|\, \lambda \in \mathbb{R} \right\}.
$$

Beispiel 10.35   Wir wiederholen Beispiel 10.34 mit $y' = (1,3)^t$, also

$$
\begin{array}{rcll}
2x_1 & + & x_2 & = 1 \quad \text{(I)} \\
4x_1 & + & 2x_2 & = 3 \quad \text{(II).}
\end{array}
$$

Beidseitige Multiplikation von $B \cdot x = y'$ mit $U_{-2,1}$ ergibt

$$
\begin{pmatrix} 2 & 1 \\ 0 & 0 \end{pmatrix} \cdot \begin{pmatrix} x_1 \\ x_2 \end{pmatrix} = \begin{pmatrix} 1 & 0 \\ -2 & 1 \end{pmatrix} \cdot \begin{pmatrix} 1 \\ 3 \end{pmatrix} = \begin{pmatrix} 1 \\ 1 \end{pmatrix}.
$$

Da in der zweiten Komponente die unerfüllbare Gleichung $0 \cdot x_1 + 0 \cdot x_2 = 1$ steht, ist in diesem Beispiel $L(B,y') = \varnothing$.

Der abstraktere Grund hierfür ist, dass der Vektor $y' = (1,3)^t$ nicht im Bild von φ_B liegt. So etwas kann immer dann auftreten, wenn der Rang der Matrix B „nicht voll", hier also kleiner als 2 ist, denn dann ist im φ_B nicht der gesamte $\mathbb{R}^2$.

Und damit soll es genug sein. Ich hoffe, dass dir die Lektüre des Buches viel Freude bereitet hat und dir den Einstieg in die Hochschulmathematik erleichtern wird!

Literatur zu Kapitel 10

[BEU2]   Beutelspacher, A.: *Lineare Algebra*. Springer Spektrum, 8. Aufl. (2014)

[BOS2]   Bosch, S.: *Lineare Algebra*. Springer Spektrum, 5. Aufl. (2014)

[GLO3]   Glosauer, T.: *Elementar(st)e Gruppentheorie*. Springer Spektrum (2016)

[JÄN]   Jänich, K.: *Lineare Algebra*. Springer, 11. Aufl. (2008)

[MK]   Modler, F., Kreh, M.: *Tutorium Analysis 1 und Lineare Algebra 1*.
         Springer Spektrum, 3. Aufl. (2014)

Teil V

Anhang

Ein paar Übungsklausuren

Zum Nachtisch serviere ich noch einige Original-Klausuren aus meinen MathePlus-Kursen. Die Bearbeitungszeit betrug stets gemütliche 100 min. Handschriftliche Lösungen sind auf der im Vorwort genannten Homepage zu finden. Da ich jetzt noch etwas Platz schinden muss, weil sonst bei der ersten Klausur ein unschöner Seitenumbruch entsteht, gebe ich die Internetadresse hier einfach nochmals an, was den zusätzlichen Vorteil hat, dass du nicht ganz nach vorne blättern musst und somit die Leimbindung des Buches geschont wird. Achtung, hier kommt sie:

> http://gl.jkg-reutlingen.de/MathePlus/.

Der Punkt am Ende ist ein Satzzeichen und gehört nicht mit zur Adresse.
Tja, immer noch eine Menge Platz übrig. Hier noch eine kurze Download-Anleitung: Ein Linksklick auf den blau unterstrichenen Dateinamen, und schon sollte sich eine pdf-Datei öffnen, die dann nach Belieben gespeichert oder gedruckt werden kann. Sollte das nicht klappen, dann Rechtsklick auf den Dateinamen und „Link in neuem Tab öffnen" auswählen.

Und zum Schluss noch ein spektakulärer Mathewitz:

> Forscher in Harvard haben ein $\varepsilon > 0$ entdeckt, das so klein ist, dass es negativ wird, wenn man es halbiert.

Reaktion eines Schülers hierauf: „Häh, das geht doch gar nicht!". Unbezahlbar. :)

© Springer Fachmedien Wiesbaden GmbH, ein Teil von Springer Nature 2019
T. Glosauer, *(Hoch)Schulmathematik*, https://doi.org/10.1007/978-3-658-24574-0_11

Klausur zu Logik und Beweismethoden

Aufgabe 1 (*Aussagen*)   Aussagen oder nicht? Ja oder Nein genügt als Antwort.

  a) Keine Panik, tief durchatmen!

  b) Diese Klausur wird einen zweistelligen Schnitt haben.

Aufgabe 2 (*Aussagenlogische Äquivalenz*)

  a) Formuliere eine der beiden De Morgan'schen Regeln und beweise sie mit Hilfe einer Wahrheitstafel. Erläutere hierbei auch den Unterschied zwischen $\Longleftrightarrow_{\mathscr{L}}$ und $\longleftrightarrow$.

  b) Beweise die Regel $\neg (A \rightarrow B) \Longleftrightarrow_{\mathscr{L}} A \wedge \neg B$.
Verneine damit „Wenn Gustl Logik lernt, dann bekommt er Kopfschmerzen".

Aufgabe 3 (*Direkter Beweis, Kehrsatz, Kontraposition*)

  a) Beweise direkt: Wenn 4 ein Teiler der natürlichen Zahl n ist, dann muss n gerade sein.
Ausführlicher Aufschrieb mit Voraussetzung, Behauptung, Beweis verlangt.

  b) Wie lautet der Kehrsatz von a)? Ist er wahr? Begründung!

  c) Wie lautet die Kontraposition von a)? Ist sie wahr?

Aufgabe 4 (*Diverse Beweismethoden*)

Beweise die folgenden Aussagen mit einer Methode deiner Wahl.

  a) Das Produkt zweier ungerader Zahlen ist wieder ungerade.

  b) Zwei aufeinanderfolgende natürliche Zahlen sind teilerfremd.

  c) Es gibt unendlich viele Primzahlen.

Aufgabe 5 (*Induktionsbeweise*)

  a) Zeige durch vollständige Induktion, dass für die Summe der ersten n ungeraden Zahlen ($n \in \mathbb{N}$ beliebig)

$$1 + 3 + 5 + \ldots + (2n - 1) = n^2$$

gilt. Ausführlicher Begleittext, auch zur Induktionsschleife am Ende!

  b) Beweise **eine** der beiden folgenden Aussagen durch Induktion; hierbei darf der Begleittext etwas kürzer ausfallen.

     b_1) Für alle $n \in \mathbb{N}$ ist 4 ein Teiler von $5^n + 7$.

     b_2) Für alle $n \in \mathbb{N}$ gilt $1 + 2 + 4 + 8 + \ldots + 2^n = 2^{n+1} - 1$.

Zusatz: Zeige durch vollständige Induktion, dass $n^2 + n$ für alle $n \in \mathbb{N}$ gerade ist. Wie geht das ohne Induktion viel schneller?

Viel Erfo$\mathscr{L}$g!

Klausur zu Mengen und Abbildungen

Aufgabe 1 *(Mengen)*

a) Wie ist $A \cup B$ definiert (für Teilmengen A, B einer Menge M)?

b) Bestimme:

    (i) $[0,1] \cup (1,\pi]$ (ii) $[0,1] \cap (1,\pi]$ (iii) $\mathbb{Z} \backslash \mathbb{O}$ (iv) $(0,1)^C$ (in $\mathbb{R}$)

c) Formuliere und beweise eine der beiden De Morgan-Regeln für Mengen.

Aufgabe 2 *(Abbildungen)* Sei $q \colon \mathbb{R} \to \mathbb{R}$ die gute alte Quadratfunktion $x \mapsto x^2$.

a) Gib an: $q([0,\pi])$, $q^{-1}(4)$, $q^{-1}([1,\pi])$.

b) Beweise im $q = \mathbb{R}_0^+$. Sauberer Nachweis der Mengengleichheit verlangt!

Aufgabe 3 *(Eigenschaften von Abbildungen)*

a) Wann heißt eine Abbildung $f \colon A \to B$ injektiv? Beschreibe dies auch mit Hilfe der Mengen $f^{-1}(b)$ (gib zunächst an, wie diese überhaupt definiert sind).

b) Untersuche $f \colon \mathbb{R} \to \mathbb{R}$, $x \mapsto 2x - 1$, auf In-, Sur- und Bijektivität.

Aufgabe 4 Im Folgenden siehst du das Schaubild K_f einer Funktion $f \colon A \to B$, die zunächst $A = \mathbb{R}$ als Definitionsbereich und $B = \mathbb{R}$ als Bildbereich hat. Du sollst nun neue Definitionsbereiche $A' \subset A$ und Bildbereiche $B' \subset B$ farbig einzeichnen, so dass f als Funktion von A' nach B' betrachtet

(i) injektiv, aber nicht surjektiv   (ii) surjektiv, aber nicht injektiv   oder

(iii) bijektiv wird.

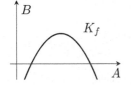 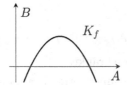 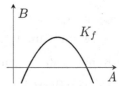

Aufgabe 5 *(Beweise)* Beweise 3 der 4 folgenden Aussagen (streiche die übrige!). Dabei bezeichnet stets $f \colon A \to B$ eine Abbildung.

a) $f(M \cup N) = f(M) \cup f(N)$ für Teilmengen M, $N \subseteq A$.

b) $f^{-1}(X \cap Y) = f^{-1}(X) \cap f^{-1}(Y)$ für Teilmengen $X, Y \subseteq B$.

c) Gibt es eine Abbildung $g \colon B \to A$ mit $f \circ g = \mathrm{id}_B$, dann ist f surjektiv.

d) Sei $g \colon B \to C$ eine Abbildung, so dass $g \circ f$ injektiv ist. Dann ist auch f injektiv.

Zusatz: Gilt $M \cap N = \varnothing$, so folgt für injektives f auch $f(M) \cap f(N) = \varnothing$. (Tipp: Kontraposition bzw. Widerspruchsbeweis.) Warum ist dies für beliebiges f falsch?

VIEL ERfOLG!

Klausur zu Folgen

Aufgabe 1   (*Epsilontik*)

Gegeben ist die Folge (a_n) mit $a_n = 42 - \dfrac{1}{4n^2}$, $n \in \mathbb{N}$.

Stelle eine Vermutung für den Grenzwert a dieser Folge auf und gib an, was dies laut Weierstraß bedeutet. Beweise dann deine Vermutung (mit ε, also *ohne* Grenzwertsätze) und schreibe einen kurzen Begleittext zu deinem Beweis. Gib zudem explizit ein n_ε zu $\varepsilon = 10^{-9}$ an.

Aufgabe 2   (*Grenzwertsätze*)

Berechne den Grenzwert der Folge (a_n) mit Hilfe der Grenzwertsätze. Gib dabei die jeweils verwendeten Grenzwertsätze an. Welche Limes-Eigenschaft muss man bei c) zusätzlich verwenden?

a) $a_n = \dfrac{4n^2 + n}{2n^2 - \pi}$ b) $a_n = \dfrac{2^n + 3^n}{2^n - 3^{n+1}}$ c) $a_n = \dfrac{n+1}{\sqrt{n^2 + n}}$

Aufgabe 3   Richtig oder falsch? (Gegen-)Beispiel oder Begründung ist verlangt!

A: Es gibt beschränkte Folgen, die nicht konvergieren.

B: Jede konvergente Folge ist monoton.

C: Jede monotone Folge ist konvergent.

D: Es gibt eine Folge, die gleichzeitig $a = 1$ *und* $a' = 2$ als Grenzwert besitzt.

Aufgabe 4   (*Beweise*)

Beweise zwei der drei folgenden Aussagen im ε-Style!

a) Konvergente Folgen sind beschränkt.

b) Grenzwertsatz (G_1). (Erst sauber formulieren, dann beweisen.)

c) Eine nach oben beschränkte, monoton wachsende Folge ist konvergent.

Aufgabe 5   (*Rekursive Folgen*)

Gegeben ist die rekursive Folge $a_1 = 4$; $a_{n+1} = \frac{1}{16} a_n^2 + 4$, $n \in \mathbb{N}$.

Zeige, dass diese Folge monoton wachsend und nach oben beschränkt (vollst. Induktion!), also konvergent ist, und berechne anschließend ihren Grenzwert.

Viel εrfolg!

Klausur zu (Un)Gleichungen

Stufe 0

Löse $4x - 6 = 0$ und schreibe das Ergebnis als gekürzten Bruch, uiuiuiiii...

Stufe I

Löse die folgenden Gleichungen.

a) $x^3 = 2x$

b) $10x^2 - 50x + 60 = 0$

c) $|x - \frac{1}{2}| = \frac{1}{3}$

d) $\dfrac{x+4}{x+2} = \dfrac{3}{2}$

e) $\sqrt{x} + 2x = 3$

f) $2^{6x} = \frac{1}{8}$

Stufe II

Löse die folgenden Gleichungen. Streiche entweder b) oder b').

a) $|x - 2| = |\frac{1}{2}x + \frac{1}{2}|$ rechnerisch *und* zeichnerisch!

b) $\dfrac{1}{x-2} + \dfrac{5}{x+2} = 1 - \dfrac{4}{4-x^2}$ oder   b') $2 \cdot 2^{x-1} + 1 = 3 \cdot 2^{-x} - 1$

Stufe III

Löse die folgenden Ungleichungen. Streiche entweder b) oder b').

a) $x^3 + 4 > 3x^2$

b) $\dfrac{x}{x+2} - \dfrac{3}{x-1} \geqslant -\dfrac{9}{(x-1)(x+2)}$ oder

b') $\sqrt{2 - \frac{1}{2}x} + 1 \leqslant \sqrt{x} - 1$

$$\geqslant \text{ ERFOLG!}$$

Klausur zu Integrationsmethoden

Aufgabe 1 Knacke *acht* der neun folgenden Integrale mit einem geeigneten Verfahren. Streiche die Teilaufgabe, die du nicht bearbeitest.

a) $\displaystyle\int x \cdot e^{x^2}\, \mathrm{d}x$

b) $\displaystyle\int 2x \cdot e^x\, \mathrm{d}x$

c) $\displaystyle\int x^2 \cdot e^x\, \mathrm{d}x$

d) $\displaystyle\int \frac{21x}{\sqrt{x^2 + 2014}}\, \mathrm{d}x$

e) $\displaystyle\int \sin x \cdot \cos x\, \mathrm{d}x$

f) $\displaystyle\int x^2 \cdot \ln x\, \mathrm{d}x$

g) $\displaystyle\int \frac{\sinh x}{\cosh x}\, \mathrm{d}x$

h) $\displaystyle\int_1^e \ln\!\left(e^{\ln x}\right) \mathrm{d}x$

i) $\displaystyle\int_0^\pi \sin^2 x\, \mathrm{d}x$

Aufgabe 2 Berechne *zwei* der drei folgenden Integrale durch geeignete Substitution(en).

a) $\displaystyle\int \frac{\pi}{\sqrt{9 - x^2}}\, \mathrm{d}x$

b) $\displaystyle\int \frac{1}{9x^2 + 1}\, \mathrm{d}x$

c) $\displaystyle\int \frac{1}{\sqrt{x^2 + 9}}\, \mathrm{d}x$

Zusatz: Berechne die Fläche des Einheitskreises durch Integration.

$$V \int \text{EL } \text{ERFOLG!}$$

Klausur zu komplexen Zahlen

Aufgabe 1 (*Konstruktion von* $\mathbb{C}$)

a) Wie hat HAMILTON die komplexen Zahlen $(\mathbb{C}, +, \cdot)$ konstruiert? Anders gefragt: Was ist $\mathbb{C}$ als Menge und wie sind Addition und Multiplikation auf $\mathbb{C}$ festgelegt?

b) Wie ist die imaginäre Einheit i definiert? (Wer $\mathrm{i} = \sqrt{-1}$ schreibt, bekommt i^2 Punkte!) Rechne nach, dass $\mathrm{i}^2 = -1_{\mathbb{C}}$ gilt.

c) Weise nach, dass sich jede komplexe Zahl in der Form $a + b\,\mathrm{i}$ mit $a, b \in \mathbb{R}$ darstellen lässt. (Mache dabei auch Gebrauch von der Einbettung $\iota\colon \mathbb{R} \to \mathbb{C}$.)

Aufgabe 2 (*Rechnen in* $\mathbb{C}$)   Bringe auf die Form $a + b\,\mathrm{i}$ mit $a, b \in \mathbb{R}$.

a) $(3 + 4\,\mathrm{i})^{-1}$ b) $\dfrac{(2 + 4\,\mathrm{i})^2}{1 + \mathrm{i}}$ c) $\mathrm{Re}\,(\sqrt{\pi}\,\mathrm{i}) + \mathrm{Im}\,(\overline{\pi + \mathrm{i}}) + \left| \frac{1}{\sqrt{2}} + \frac{1}{\sqrt{2}}\,\mathrm{i} \right|$

Aufgabe 3 (*Geometrie in der gaußschen Zahlenebene*)

a) Stelle $\mathcal{K} = \left\{ z \in \mathbb{C} \mid |z + \mathrm{i}| = 2 \wedge \mathrm{Im}\, z > 0 \right\}$ zeichnerisch dar – mit sauberer Begründung (algebraisch oder geometrisch). Kennzeichne am Bild deutlich, welche Punkte (nicht) zu $\mathcal{K}$ gehören!

b) Ebenso für die Menge $\mathcal{M} = \left\{ z \in \mathbb{C} \mid |z| = |z + \mathrm{i}| \right\}$.

Aufgabe 4 (*Trigonometrische Identitäten*)

Leite mit der Euler-Identität eine komplexe Darstellung des Cosinus her. Beweise anschließend mit deren Hilfe die Beziehung

$$\cos^2 \varphi = \frac{1}{2}\,(1 + \cos 2\varphi).$$

Aufgabe 5 (*Gleichungen über* $\mathbb{C}$)   Löse die folgenden Gleichungen.

a) $z^2 = -25$ b) $z^2 + (1 - 3\,\mathrm{i})\,z - 4 = 0$ c) $z^3 = -8\,\mathrm{i}$

Stelle die Lösungsmenge von c) zeichnerisch dar.

Beachte: Der Lösungsweg muss stets klar erkennbar sein, insbesondere wenn komplexe Quadratwurzeln gezogen werden!

VIEL GLÜCK!

Klausur zur Linearen Algebra

Aufgabe 1 (*Matrizen*)

a) Berechne folgende Matrixprodukte (sofern sie existieren).

(i) $\begin{pmatrix} 1 & 2 \\ 3 & 4 \end{pmatrix} \cdot \begin{pmatrix} 1 & 2 \\ -1 & -2 \end{pmatrix}$ (ii) $\begin{pmatrix} 1 & i \\ 2 & 1-i \end{pmatrix} \cdot \begin{pmatrix} 1 \\ i \end{pmatrix}$ (iii) $\begin{pmatrix} 1 \\ \pi \end{pmatrix} \cdot \begin{pmatrix} 1 & \pi \end{pmatrix}$

b) Gib die Inverse der Matrix $A = \begin{pmatrix} 2 & 2 \\ 4 & 5 \end{pmatrix}$ an.

Aufgabe 2 (*Lineare Abbildungen und Matrizen*)   Weise nach, dass

$$\varphi \colon \mathbb{R}^2 \to \mathbb{R}^2, \quad \begin{pmatrix} x_1 \\ x_2 \end{pmatrix} \mapsto \begin{pmatrix} x_1 + \pi x_2 \\ 2x_1 - x_2 \end{pmatrix},$$

linear ist und bestimme die Matrix von φ bezüglich der Standardbasis des $\mathbb{R}^2$.

Aufgabe 3 (*Komposition linearer Abbildungen*)   Betrachte

$$\sigma \colon \mathbb{R}^2 \to \mathbb{R}^2, \quad \begin{pmatrix} x_1 \\ x_2 \end{pmatrix} \mapsto \begin{pmatrix} x_1 \\ -x_2 \end{pmatrix}, \quad \text{und} \quad \rho \colon \mathbb{R}^2 \to \mathbb{R}^2, \quad \begin{pmatrix} x_1 \\ x_2 \end{pmatrix} \mapsto \begin{pmatrix} -x_2 \\ x_1 \end{pmatrix}.$$

a) Bestimme die Matrizen von σ und ρ bezüglich der Standardbasis und beschreibe, welche geometrische Bedeutung beide Abbildungen haben.

b) Berechne die Matrix der Komposition $\sigma \circ \rho$. Gilt $\sigma \circ \rho = \rho \circ \sigma$? (Begründe mit Hilfe von Matrizen oder geometrisch – am besten beides.)

Aufgabe 4 (*Vektorräume*)

a) Gib die beiden Verknüpfungen an, die $V = \mathbb{R}^2$ zu einem $\mathbb{R}$-Vektorraum machen. Verifiziere jeweils eines der Axiome $(A_1) - (A_4)$ und $(S_1) - (S_4)$.

b) Erläutere die Begriffe „Erzeugendensystem", „Basis" und „Dimension" eines Vektorraums. Weise nach, dass $\mathcal{B} = (v_1, v_2)$ mit $v_1 = \begin{pmatrix} 1 \\ 1 \end{pmatrix}$ und $v_2 = \begin{pmatrix} -1 \\ 0 \end{pmatrix}$ eine Basis von $\mathbb{R}^2$ ist.

Aufgabe 5 (*Inhomogenes LGS*)

In beiden Teilaufgaben sind Matrixmethoden zu verwenden!

a) Begründe, für welche $a \in \mathbb{R}$ das folgende LGS eine eindeutige Lösung besitzt.

$$\begin{aligned} 2x_1 &+ 3x_2 &= 2 \\ 4x_1 &+ a\,x_2 &= 4 \end{aligned}$$

b) Bestimme die Lösungsmenge für $a = 6$ und analysiere ihre Gestalt.

$$\varphi \text{L } \mathbb{R}\text{FOLG!}$$

Lösungen zu den Übungsaufgaben

Lösungen zu Kapitel 1

Lösung 1.1

a) Ist eine Aussage, die offenbar falsch ist.

b) Ist keine Aussage, sondern eine Frage, der man keinen Wahrheitswert zuordnen kann.

c) Ist hingegen eine Aussage, da der Satz nun entweder wahr sein kann (falls Urrkh fragt) oder falsch (falls Urrkh nicht fragt).

d) Keine Aussage, sondern ein freundlicher Befehl.

e) Hier wurde d) zu einer Aussage umformuliert, da man nun wieder sinnvoll fragen kann, ob dieser Satz wahr oder falsch ist. Noch präziser sollte man e) als Aussageform auffassen, wenn nicht klar ist, um welchen Lehrer bzw. Schüler es sich handelt.

Lösung 1.2   Angenommen, S ist wahr. Dann stimmt der Inhalt von S, der aber gerade besagt, dass S falsch ist. Widerspruch.

Nimmt man hingegen S als falsch an, so ist „Dieser Satz ist falsch" falsch, d.h. es folgt die Wahrheit des Satzes im Widerspruch zur Annahme.

Man kann S also weder w noch f als Wahrheitswert zuordnen, somit ist S keine Aussage.

Ebenso verhält es sich bei den Sätzen L und F.

Lösung 1.3   Um die zweite De Morgan-Regel zu beweisen, müssen wir zeigen, dass $\neg(A \vee B) \longleftrightarrow \neg A \wedge \neg B$ eine Tautologie ist. Wahrheitstafel A.1 bestätigt dies:

A	B	$\neg(A \vee B)$		$\longleftrightarrow$	$\neg A \wedge \neg B$		
w	w	f	w	w	f	f	f
w	f	f		w	f		
f	w	f		w	f		
f	f	w		w	w		

Tabelle A.1

Wer das Aufstellen der Tafel noch nicht ganz verstanden hat, trage in Gedanken die fehlenden Werte ein. Hier ist die Erklärung für die zweite Zeile: Ist A wahr und B falsch, so ist $A \vee B$ wahr, also ist $\neg(A \vee B)$ falsch. $\neg A$ ist falsch und $\neg B$ ist wahr, also ist $\neg A \wedge \neg B$ falsch. Die Bijunktion ist damit wahr, da beide Teilformeln denselben Wahrheitswert, in diesem Fall falsch, besitzen.

Es bedeute M: „Gustl lernt Mathe" und P: „Gustl geht pumpen". Dann ist die Verneinung von $M \wedge P$ laut De Morgan $\neg M \vee \neg P$, d.h.

© Springer Fachmedien Wiesbaden GmbH, ein Teil von Springer Nature 2019
T. Glosauer, *(Hoch)Schulmathematik*, https://doi.org/10.1007/978-3-658-24574-0_12

Gustl lernt nicht Mathe oder geht nicht pumpen. (Auch beides möglich.)

Die Verneinung der zweiten Aussage $M \vee P$ ist nach De Morgan $\neg M \wedge \neg P$:

Gustl lernt nicht Mathe und geht nicht pumpen. Oder gleichbedeutend: Gustl lernt weder Mathe noch geht er pumpen.

Verneinen von „Entweder lernt Gustl Mathe oder geht pumpen" bedeutet, dass er beides macht, oder keins von beidem, d.h.

(Gustl lernt Mathe und geht pumpen) $\vee$ (Er lernt weder Mathe noch geht er pumpen).

(Dies ist sogar ein entweder-oder, da beide Möglichkeiten sich ausschließen.)

Lösung 1.4   Beweis durch Wahrheitstafel A.2 (selber vervollständigen):

A	B	$\neg(A \to B)$	$\longleftrightarrow$	$A \wedge \neg B$
w	w	f w	w	w f f
w	f	w	w	w
f	w	f	w	f
f	f	f	w	f

Tabelle A.2

Die Verneinung der Aussage „Wenn Gustl Mathe lernt, dann geht er nicht pumpen", $\neg(M \to \neg P)$, ist demnach $M \wedge \neg \neg P$ bzw. $M \wedge P$, d.h.

Gustl lernt Mathe und geht pumpen.

Lösung 1.5   Sind $(A \to B) \longleftrightarrow (\neg A \to \neg B)$ bzw. $(A \to B) \longleftrightarrow (B \to A)$ Tautologien?

A	B	$(A \to B)$	$\longleftrightarrow$	$(\neg A \to \neg B)$	$(A \to B)$	$\longleftrightarrow$	$(B \to A)$
w	w	w	w	w	w	w	w
w	f	f	f	w	f	f	w

Tabelle A.3

Sobald das erste f unter dem Bijunktor auftaucht, kann man aufhören, da dann die Bijunktion keine Tautologie mehr sein kann. $A \to B$ ist somit weder zu $\neg A \to \neg B$ noch zu $B \to A$ äquivalent.

Lösung 1.6   Dies ist trivial (unmittelbar einsichtig): Wegen $\mathcal{F} \Longleftrightarrow_{\mathscr{L}} \mathcal{G}$ haben $\mathcal{F}$ und $\mathcal{G}$ stets die gleichen Wahrheitswerte ($\mathcal{F} \longleftrightarrow \mathcal{G}$ ist eine Tautologie). Da der $\neg$-Junktor einfach nur die Wahrheitswerte w und f vertauscht, haben auch $\neg \mathcal{F}$ und $\neg \mathcal{G}$ stets die gleichen Wahrheitswerte, nur eben jetzt vertauscht (d.h. auch $\neg \mathcal{F} \longleftrightarrow \neg \mathcal{G}$ bleibt eine Tautologie), sprich $\neg \mathcal{F} \Longleftrightarrow_{\mathscr{L}} \neg \mathcal{G}$.

Lösung 1.7

a) Hier musst du dich überzeugen, dass die Formeln $(A \wedge B) \wedge C$ und $A \wedge (B \wedge C)$ stets die gleichen Wahrheitswerte annehmen, für alle möglichen Kombinationen der Wahrheitswerte von A, B und C. Gleichbedeutend damit ist, dass $(A \wedge B) \wedge C \longleftrightarrow A \wedge (B \wedge C)$ eine Tautologie ist. Dies macht man durch Aufstellen einer Wahrheitstafel mit $2^3 = 8$ Zeilen, was jeder selber kann; vergleiche b). Analog für $(A \vee B) \vee C$ und $A \vee (B \vee C)$.

b) Wir beweisen nur das erste Distributivgesetz durch Tabelle A.4. Diese zeigt, dass die Bijunktion beider Teilformeln eine Tautologie ist, also sind die beiden Formeln äquivalent.

A	B	C	$(A \wedge B)$	$\vee$	C	$\longleftrightarrow$	$(A \vee C)$	$\wedge$	$(B \vee C)$
w	w	w	w	w	w	w	w	w	w
w	w	f	w	w	f	w	w	w	w
w	f	w	f	w	w	w	w	w	w
w	f	f	f	f	f	w	w	f	f
f	w	w	f	w	w	w	w	w	w
f	w	f	f	f	f	w	f	f	w
f	f	w	f	w	w	w	w	w	w
f	f	f	f	f	f	w	f	f	f

Tabelle A.4

Lösung 1.8

a) Dies folgt aus Aufgabe 1.4 unter Verwendung von Aufgabe 1.6:

$$\neg(A \to B) \Longleftrightarrow_{\mathscr{L}} A \wedge \neg B \quad \text{liefert} \quad \neg\neg(A \to B) \Longleftrightarrow_{\mathscr{L}} \neg(A \wedge \neg B),$$

was äquivalent zu $(A \to B) \Longleftrightarrow_{\mathscr{L}} \neg A \vee B$ ist (De Morgan). Alternativ kann man auch einfach eine Wahrheitstafel aufstellen.

b) $\neg(A \wedge B) \Longleftrightarrow_{\mathscr{L}} \neg A \vee \neg B$ ergibt durch Verneinen (siehe Aufgabe 1.6)

$$A \wedge B \Longleftrightarrow_{\mathscr{L}} \neg(\neg A \vee \neg B),$$

womit der $\wedge$-Junktor auf $\neg$ und $\vee$ zurückgeführt wäre.

c) Zunächst kann man sich überlegen, dass für die Bijunktion gilt

$$(A \longleftrightarrow B) \Longleftrightarrow_{\mathscr{L}} ((A \to B) \wedge (B \to A)).$$

(Überprüfe dies!) Einsetzen der Ergebnisse von a) und b) liefert

$$(A \longleftrightarrow B) \overset{a)}{\Longleftrightarrow}_{\mathscr{L}} ((\neg A \vee B) \wedge (\neg B \vee A))$$
$$\overset{b)}{\Longleftrightarrow}_{\mathscr{L}} \neg(\neg(\neg A \vee B) \vee \neg(\neg B \vee A)).$$

(Entweder A oder B) bedeutet (nicht-A und B) oder (A und nicht-B), d.h.

$$A \succ\!\!\prec B \iff_{\mathscr{L}} (\neg A \wedge B) \vee (A \wedge \neg B).$$

(Überprüfe dies!) Ersetzt man beide $\wedge$ mit Hilfe von b), so ergibt sich

$$A \succ\!\!\prec B \iff_{\mathscr{L}} \neg (A \vee \neg B) \vee \neg (\neg A \vee B).$$

Lösung 1.9   Aus $A \succ\!\!\prec B \iff_{\mathscr{L}} (\neg A \wedge B) \vee (A \wedge \neg B)$ folgt nach Aufgabe 1.6

$$\neg (A \succ\!\!\prec B) \iff_{\mathscr{L}} \neg \big((\neg A \wedge B) \vee (A \wedge \neg B) \big).$$

Wir formen nun den rechten Term mit Hilfe der De Morgan-Regeln ($\text{DM}_{1,2}$) und des zweiten Distributivgesetzes (DG_2) um. Zudem wird verwendet, dass $\neg\neg A$ und A äquivalent sind.

$$\neg\big((\neg A \wedge B) \vee (A \wedge \neg B) \big)$$
$$\overset{\text{DM}_2}{\iff}_{\mathscr{L}} \neg(\neg A \wedge B) \wedge \neg(A \wedge \neg B)$$
$$\overset{\text{DM}_1}{\iff}_{\mathscr{L}} (\neg\neg A \vee \neg B) \wedge (\neg A \vee \neg\neg B)$$
$$\iff_{\mathscr{L}} (A \vee \neg B) \wedge (\neg A \vee B) \quad \big[\ \overset{1.8\,c)}{\iff}_{\mathscr{L}} (A \longleftrightarrow B)\ \big]$$
$$\overset{\text{DG}_2}{\iff}_{\mathscr{L}} (A \wedge (\neg A \vee B)) \vee (\neg B \wedge (\neg A \vee B))$$
$$\overset{\text{DG}_2}{\iff}_{\mathscr{L}} ((A \wedge \neg A) \vee (A \wedge B)) \vee ((\neg B \wedge \neg A) \vee (\neg B \wedge B))$$

Bei $A \wedge \neg A$ handelt es sich um eine sogenannte *Kontradiktion* – eine Aussage, die stets falsch ist. Ist K eine Kontradiktion und C eine beliebige Aussage, so ist $K \vee C$ äquivalent zu C: Ist C wahr, so auch $K \vee C$ und ist C falsch, so auch $K \vee C$ (da K stets falsch ist). Somit gilt

$$(A \wedge \neg A) \vee (A \wedge B) \iff_{\mathscr{L}} A \wedge B \quad \text{und ebenso}$$

$$(\neg B \wedge \neg A) \vee (\neg B \wedge B) \iff_{\mathscr{L}} \neg B \wedge \neg A.$$

Insgesamt ergibt sich

$$\neg (A \succ\!\!\prec B) \iff_{\mathscr{L}} (A \wedge B) \vee (\neg A \wedge \neg B),$$

also genau das, was man auch intuitiv erwartet hätte: Die Verneinung von „Entweder A oder B" ist „(Sowohl A als auch B) oder (Weder A noch B)".
(Natürlich hätte man das viel leichter mit einer Wahrheitstafel überprüfen können; der Vorteil der formalen Methode ist, dass sie auch zum Ziel führt, wenn man das Ergebnis nicht intuitiv erkennt.)

Lösung 1.10

a) Für alle Dinge x gilt: Wenn x ein Mann ist, dann ist x ein Schwein.
   Kurz: Alle Männer sind Schweine. (Falsch?!)

b) Für alle Dinge x gilt: x ist ein Mann und x ist ein Schwein.
Kurz: Alles ist ein Mann und ein Schwein. (Sicherlich falsch.)

c) Es gibt ein Ding x, für das gilt: x ist ein Mann und ein Schwein.
Kurz: Manche Männer sind Schweine. (Richtig?!)

Lösung 1.11

a) $\forall x : E(x)$, wobei E das Prädikat „ _ ist Eins" (womit?) bezeichnet.

b) $\forall x : (W(x) \to R(x))$; mit den beiden Prädikaten W „ _ ist ein Weg" und R „ _ führt nach Rom".

c) $\exists x : (S(x) \wedge M(x))$; mit S: „ _ ist Schüler" und M: „ _ ist gut in Mathe".

Beachte: $\exists x : (S(x) \to M(x))$ drückt etwas anderes aus: Da diese Subjunktion automatisch wahr ist, wenn $S(x)$ falsch ist, wäre diese Aussage bereits dann wahr, wenn man für x z.B. Ferkel einsetzt.

d) Ist G das Prädikat „ _ ist Gurke" und T das Prädikat „ _ ist Tomate", so lautet die Aussage

$$\neg(\exists x : (G(x) \wedge T(x))) \iff_{\mathscr{L}} \forall x : \neg(G(x) \wedge T(x)),$$

was sich nach Aufgabe 1.4 auch als $\forall x : (G(x) \to \neg T(x))$ schreiben lässt.

Lösung 1.12

a) (i) Für jedes Ding x gibt es ein Ding y, so dass x schwerer als y ist.
(ii) Es gibt ein Ding x, das schwerer als alle anderen Dinge y ist.
(iii) Es gibt ein Ding x, für das es ein y gibt, so dass x schwerer als y ist.

b) $(\forall x\, \forall y\, \exists t : F(x,y,t)) \wedge (\forall x\, \exists y\, \forall t : F(x,y,t)) \wedge \neg(\exists x\, \forall y\, \forall t : F(x,y,t))$, wobei man $\neg(\exists x\, \forall y\, \forall t : F(x,y,t))$ auch als $\forall x\, \exists y\, \exists t : \neg F(x,y,t)$ schreiben kann.

c) Für jedes $\varepsilon > 0$ gibt es ein $n_\varepsilon \in \mathbb{N}$, so dass für alle $n > n_\varepsilon$ gilt: $|a - a_n| < \varepsilon$. Um dies zu verneinen, wendet man $\neg(\exists x : F(x)) \iff_{\mathscr{L}} \forall x : \neg F(x)$ und $\neg(\forall x : F(x)) \iff_{\mathscr{L}} \exists x : \neg F(x)$ sukzessive an und erhält folgende Äquivalenzkette (das $\iff_{\mathscr{L}}$ wurde eingespart):

$$\neg(\forall \varepsilon > 0\, \exists n_\varepsilon \in \mathbb{N}\, \forall n > n_\varepsilon : |a - a_n| < \varepsilon)$$
$$\exists \varepsilon > 0 : \neg(\exists n_\varepsilon \in \mathbb{N}\, \forall n > n_\varepsilon : |a - a_n| < \varepsilon)$$
$$\exists \varepsilon > 0\, \forall n_\varepsilon \in \mathbb{N} : \neg(\forall n > n_\varepsilon : |a - a_n| < \varepsilon)$$
$$\exists \varepsilon > 0\, \forall n_\varepsilon \in \mathbb{N}\, \exists n > n_\varepsilon : \neg(|a - a_n| < \varepsilon)$$
$$\exists \varepsilon > 0\, \forall n_\varepsilon \in \mathbb{N}\, \exists n > n_\varepsilon : |a - a_n| \geqslant \varepsilon.$$

In Worten: Es gibt ein $\varepsilon > 0$, so dass es für alle natürlichen Zahlen n_ε ein $n > n_\varepsilon$ gibt, für welches die Ungleichung $|a - a_n| < \varepsilon$ nicht erfüllt ist, d.h. für welches $|a - a_n| \geqslant \varepsilon$ gilt. (Dazu sagen wir später: „a_n liegt nicht in der ε-Umgebung um a".) Dass es für jedes $n_\varepsilon \in \mathbb{N}$ ein $n > n_\varepsilon$ gibt, heißt übrigens nichts anderes, als dass es unendlich viele solcher n gibt.

Lösungen zu Kapitel 2

Hinweise zu ausgewählten Aufgaben

Hinweis 2.3   Du sollst Vermutungen aufstellen, ob z.B. das Produkt einer geraden Zahl g mit einer ungeraden Zahl u stets gerade oder ungerade ist. Dazu musst du überlegen, ob es das Ergebnis des Produkts $g \cdot u$ von der Form $2\heartsuit$ oder $2\heartsuit + 1$ (mit $\heartsuit \in \mathbb{N}$) ist, was sich durch eine leichte Rechnung herausfinden lässt, wenn du die gerade Zahl als $g = 2k$ und die ungerade als $u = 2l + 1$ darstellst ($k, l \in \mathbb{N}_0$).

Hinweis 2.4   Schreibe z.B. die Zahl $z = 672$, deren Quersumme $\overline{z} = 6 + 7 + 2 = 15$ durch 3 teilbar ist, mit Hilfe ihrer Hunderter-, Zehner- und Einerziffer als Summe. Trick: Schreibe dann 100 als $99 + 1$ sowie 10 als $9 + 1$ und überlege, wieso die entstehende Summe von 3 geteilt wird. Analog für die 9.

Hinweis 2.6   Schreibe zunächst die Kontraposition durch Verneinen der Aussagen und Umdrehen ihrer Reihenfolge auf. Nicht aufeinanderfolgend zu sein bedeutet, dass der Abstand der Zahlen $a \neq b$ mindestens 2 beträgt, also $|a - b| \geqslant 2$ gilt.

Hinweis 2.7   Die Darstellung von z.B. $z = 1024$ im Zehnersystem lautet $z = 1 \cdot 10^3 + 0 \cdot 10^2 + 2 \cdot 10^1 + 4 \cdot 10^0$. Allgemein ist

$$z = z_n \cdot 10^n + z_{n-1} \cdot 10^{n-1} + \ldots + z_1 \cdot 10 + z_0 = \sum_{k=0}^{n} z_k \cdot 10^k$$

mit Ziffern $z_k \in \{0, \ldots, 9\}$ für $k = 1, \ldots, n-1$ und $z_n \in \{1, \ldots, 9\}$ die (eindeutige) Darstellung einer Zahl z im Zehnersystem. Überlege nun, wieso diese Zahl ungerade wird, wenn z_0 ungerade ist; beachte dabei, dass jede Zehnerpotenz 10^k mit $k \geqslant 1$ durch 2 teilbar ist.

Hinweis 2.8   Denke z.B. an geometrische Figuren (Dreiecke oder Rechtecke) mit speziellen Eigenschaften (z.B. gleichseitig) und formuliere hierzu einfache wenn-dann-Aussagen. Oder verwende direkt Sätze / Lemmata aus dem Text.

Hinweis 2.9 $1 = (n + 1) - n$ und Aufgabe 2.1.

Hinweis 2.10   Nimm an, es gilt „$>$" und führe dies durch Quadrieren sowie Anwenden der binomischen Formeln zum Widerspruch $\heartsuit^2 < 0$.

Hinweis 2.11   Imitiere den Beweis von Satz 2.3, allerdings musst du anstelle von Lemma 2.3 Euklids Lemma verwenden.
Noch eleganter ist folgendes Vorgehen: Überlege, wieso die Gleichung $m^2 = 3n^2$ der Eindeutigkeit der Primfaktorzerlegung widerspricht. (Links und rechts steht dieselbe Zahl; begründe nun, warum der Primfaktor 3 links bzw. rechts unterschiedlich oft auftritt.)

Hinweis 2.12   Zeige: Wenn $p_1, \ldots, p_n$ die einzigen Primzahlen sind, dann besitzt die Zahl $p_1 \cdot \ldots \cdot p_n + 1$ keinen Primfaktor.

Hinweis 2.13 Gehe analog zum Beweis von Satz 2.4 vor; beachte allerdings die dortige Anmerkung: Meist wirst du nicht elegant durch Ausklammern auf das gewünschte Ergebnis kommen, sondern musst die linke und rechte Seite der im (IS) zu beweisenden Gleichung getrennt berechnen und am Ende vergleichen.
Die Σ-Notation spart im (IS) etwas Schreibarbeit.

Hinweis 2.14 Beim (IA) ist die dritte binomische Formel nützlich. Beim (IS) musst du Brüche addieren durch Hauptnenner-Bilden.

Hinweis 2.15 b) Vereinfache im (IS) $(n + 1)^3 - (n + 1)$ so weit wie möglich (binomische Formel für hoch 3 beachten, oder $(n+1)^3 = (n+1) \cdot (n+1)^2$ schreiben) und überlege, wieso $n(n + 1)$ stets gerade, und damit $3n(n + 1)$ durch 6 teilbar ist.

Hinweis 2.16 a) Die Abkürzung $n \cdot (n - 1) \cdot (n - 2) \cdot \ldots \cdot 2 \cdot 1 := n!$ (n Fakultät) spart viel Schreibarbeit. Beachte, dass $(n + 1) \cdot n! = (n + 1)!$ ist. Ein wechselndes Vorzeichen lässt sich durch $(-1)^n$ ausdrücken.

Lösung 2.1   Laut Voraussetzung gilt $t \mid a$ und $t \mid b$, also gibt es natürliche Zahlen k und l mit $a = k \cdot t$ und $b = l \cdot t$. Beachte, dass wegen $a > b$ auch $k > l$ ist.
Wir wollen $t \mid (a-b)$ zeigen, d.h. wir müssen eine Zahl $m \in \mathbb{N}$ finden mit $a - b = m \cdot t$. Dies lässt sich mit Hilfe des Distributivgesetzes leicht bewerkstelligen:

$$a - b = k \cdot t - l \cdot t \stackrel{\mathrm{DG}}{=} (k - l) \cdot t.$$

Somit ist $a - b = m \cdot t$ mit $m := k - l \in \mathbb{N}$ (wegen $k > l$ ist $m > 0$), was $t \mid (a - b)$ bedeutet. $\square$

Lösung 2.2

a) Wegen $a \mid b$ und $b \mid c$ gibt es natürliche Zahlen k und l mit $b = k \cdot a$ und $c = l \cdot b$. Damit folgt (unter Verwendung des Assoziativgesetzes)

$$c = l \cdot b = l \cdot (k \cdot a) = (l \cdot k) \cdot a,$$

woran man $a \mid c$ ablesen kann, da $l \cdot k \in \mathbb{N}$ ist. $\square$

b) Nach Voraussetzung gilt $a \mid c$ und $b \mid d$, also gibt es natürliche Zahlen k und l mit $c = k \cdot a$ und $d = l \cdot b$. Das Produkt $c \cdot d$ lässt sich damit faktorisieren als $c \cdot d = (k \cdot a) \cdot (l \cdot b) = (k \cdot l) \cdot a \cdot b$ (Assoziativ- und Kommutativgesetz), woraus die Behauptung $a \cdot b \mid c \cdot d$ folgt. $\square$

c) Wegen $t \mid a$ und $t \mid b$ gibt es natürliche Zahlen k und l mit $a = k \cdot t$ und $b = l \cdot t$. Für beliebe $m, n \in \mathbb{N}$ gilt dann (unter Verwendung von Assoziativ- und Distributivgesetz)

$$m \cdot a + n \cdot b = m \cdot (k \cdot t) + n \cdot (l \cdot t) = (m \cdot k + n \cdot l) \cdot t,$$

und aufgrund von $m \cdot k + n \cdot l \in \mathbb{N}$ folgt $t \mid (m \cdot a + n \cdot b)$. Diese Aussage verallgemeinert Lemma 2.1 sowie Aufgabe 1.1 (wenn man $n = -1$ zulässt, was am Beweis nichts ändert). $\square$

Lösung 2.3　Die Summe zweier gerader Zahlen ist wieder gerade. Dasselbe gilt für die Summe ungerader Zahlen.

Beweis:　Sind $m = 2k$ und $n = 2l$ mit $k, l \in \mathbb{N}$ gerade Zahlen, so ist

$$m + n = 2k + 2l = 2(k + l)$$

wieder gerade. Ebenso ist die Summe zweier ungerader Zahlen $u = 2k + 1$ und $v = 2l + 1$ mit $k, l \in \mathbb{N}_0$ wieder gerade, denn es gilt

$$u + v = 2k + 1 + 2l + 1 = 2(k + l) + 2 = 2(k + l + 1). \qquad \square$$

Das Produkt zweier ungerader Zahlen ist ungerade.

Beweis:　Sind $u = 2k + 1$ und $v = 2l + 1$ $(k, l \in \mathbb{N}_0)$ zwei ungerade Zahlen, so ist

$$u \cdot v = (2k + 1) \cdot (2l + 1) = 4kl + 2k + 2l + 1 = 2(2kl + k + l) + 1 = 2x + 1$$

mit $x := 2kl + k + l \in \mathbb{N}_0$, also ist $u \cdot v$ ungerade. $\qquad \square$

Analog zeigt man: Produkte gerader Zahlen sind gerade und das Produkt einer geraden mit einer ungeraden Zahl ist ebenfalls gerade. (Ist mindestens einer der Faktoren gerade, so taucht automatisch der Faktor 2 im Produkt auf.)

Lösung 2.4　Wir führen hier nur einen beispielgebundenen Beweis. Die Quersumme der Zahl $z = 672 = 6 \cdot 100 + 7 \cdot 10 + 2 \cdot 1$ beträgt $\bar{z} = 6 + 7 + 2 = 15$, was durch 3 teilbar ist. Also sollte 3 auch z selbst teilen. Um dies einzusehen, spaltet man die Zehnerpotenzen auf als $100 = 99 + 1$ und $10 = 9 + 1$:

$$z = 6 \cdot (99 + 1) + 7 \cdot (9 + 1) + 2 \cdot 1 = (6 \cdot 99 + 7 \cdot 9) + (6 + 7 + 2) = (6 \cdot 99 + 7 \cdot 9) + \bar{z}.$$

Der erste Summand $s := 9 \cdot (6 \cdot 11 + 7 \cdot 1)$ ist durch 3 teilbar, $\bar{z}$ ist laut Voraussetzung durch 3 teilbar, also ist 3 auch ein Teiler von $z = s + \bar{z}$ (Lemma 2.1). Diese Idee kann man nun leicht auf beliebige Zahlen verallgemeinern; es ist nur etwas lästig, dies allgemein aufzuschreiben.

Ist $\bar{z}$ sogar durch 9 teilbar, so folgt die Teilbarkeit von z durch 9, weil der Summand s stets auch durch 9 teilbar ist.

Lösung 2.5　Es ist $m_1 = p_1 + 1 = 3$ bereits prim, also $p_2 = 3$. Ebenso ist $m_2 = p_1 \cdot p_2 + 1 = 7$ prim, d.h. $p_3 = 7$. Und erneut wird $m_3 = p_1 \cdot p_2 \cdot p_3 + 1 = 43$ prim, also $p_4 = 43$. Im nächsten Schritt ist $m_4 = p_1 \cdot p_2 \cdot p_3 \cdot p_4 + 1 = 1807$, was man nach etwas Rumprobieren als $13 \cdot 139$ faktorisieren kann. Somit ist $p_5 = 13$ die fünfte Primzahl unserer Liste. Einmal noch: $m_5 = p_1 \cdot p_2 \cdot p_3 \cdot p_4 \cdot p_5 + 1 = 23479 = 53 \cdot 443$ (nach langem Probieren). Die Liste $2, 3, 7, 43, 13, 53$ lässt sich so beliebig weit fortsetzen, allerdings wird es immer schwieriger zu erkennen, ob die Zahlen m prim sind bzw. wie man sie faktorisieren kann.

Lösung 2.6　Die Kontraposition von „Wenn die Zahlen von der Form n und $n + 1$ sind (A), dann sind sie teilerfremd (B)" lautet:

„Wenn zwei Zahlen a und b einen echten gemeinsamen Teiler besitzen ($\neg$ B), dann folgen sie nicht aufeinander, d.h. $|a - b| \neq 1$ ($\neg$ A)."

Beweis der Kontraposition: Zunächst schließen wir den trivialen Fall $a = b$ aus, wo einfach $a - b = 0$ ist. Sei nun also $a \neq b$ und $t \geqslant 2$ ein Teiler von a und b. Dann gibt es Zahlen $k \neq l$ mit $a = k \cdot t$ und $b = l \cdot t$ und es folgt

$$|a - b| = |k \cdot t - l \cdot t| = |(k - l) \cdot t| = |k - l| \cdot t.$$

Wegen $k \neq l$ und $t \geqslant 2$ ist das letzte Produkt $\geqslant 2$, d.h. a und b haben einen Abstand von größer als 1, sie folgen also nicht aufeinander. $\square$

Will man den Betrag vermeiden, so kann man o.B.d.A. („ohne Beschränkung der Allgemeinheit") annehmen, dass $a > b$ ist.

Lösung 2.7   Die Kontraposition von „Ist eine Zahl gerade (A), so ist ihre letzte Ziffer (im Zehnersystem) gerade (B)" lautet:

„Ist die letzte Ziffer einer Zahl ungerade ($\neg$ B), dann ist die Zahl selbst ungerade ($\neg$ A)".

Beweis der Kontraposition: Es sei $z = z_n \cdot 10^n + z_{n-1} \cdot 10^{n-1} + \ldots + z_1 \cdot 10 + z_0$ die Darstellung der Zahl z im Zehnersystem. Da alle Summanden des Ausdrucks $z_n \cdot 10^n + z_{n-1} \cdot 10^{n-1} + \ldots + z_1 \cdot 10$ durch 2 teilbar sind, ist er gerade, also von der Form $2k$ ($k \in \mathbb{N}$). Nach Voraussetzung ist die letzte Ziffer von der Form $z_0 = 2l+1$ (mit $l \leqslant 4$), und es folgt

$$z = z_n \cdot 10^n + z_{n-1} \cdot 10^{n-1} + \ldots + z_1 \cdot 10 + z_0 = 2k + (2l + 1) = 2(k + l) + 1,$$

d.h. z ist ungerade. $\square$

Lösung 2.8   Ein simples Beispiel aus der Geometrie: Für eine Figur F gilt

„Wenn F ein Quadrat ist (A), dann ist F ein Rechteck (B)."

$\neg$ A $\Longrightarrow$ $\neg$ B lautet hier: „Wenn F kein Quadrat ist, dann ist F kein Rechteck." Dies ist sicherlich falsch (Gegenbeispiel aufzeichnen). Ebenso ist der *Kehrsatz* B $\Longrightarrow$ A, also „Wenn F ein Rechteck ist, dann ist F ein Quadrat" falsch. Das sollte einen nun nicht mehr überraschen, da B $\Longrightarrow$ A und $\neg$ A $\Longrightarrow$ $\neg$ B als Kontrapositionen logisch äquivalent sind.

Die Kontraposition des ursprünglichen Satzes lautet „Wenn F kein Rechteck ist ($\neg$ B), dann ist F kein Quadrat ($\neg$ B)", was natürlich stimmt.

Versuche dasselbe mit einem der Lemmata bzw. Sätze aus dem Text Beachte dabei: Um zu zeigen, dass ein Satz falsch ist, genügt stets die Angabe *eines* Gegenbeispiels!

Lösung 2.9   Angenommen, n und $n+1$ haben einen echten gemeinsamen Teiler $t \geqslant 2$. Dann teilt t nach Aufgabe 2.1 auch die Differenz $1 = (n + 1) - n$, was ein Widerspruch zu $t \geqslant 2$ ist. (Dies ist eleganter als Lösung 2.6.) $\square$

Lösung 2.10   Angenommen, es gilt $2 \cdot \sqrt{ab} > a+b$. Da beide Seiten positiv sind, erhält Quadrieren die Ungleichung, d.h.

$$\left(2 \cdot \sqrt{ab}\right)^2 = 4ab > (a+b)^2 = a^2 + 2ab + b^2,$$

was sich zu $0 > a^2 - 2ab + b^2 = (a-b)^2$ umformen lässt. Widerspruch, weil das Quadrat einer reellen Zahl nicht negativ sein kann. $\square$

Lösung 2.11   Wir nehmen an, die Aussage des Satzes sei falsch, also dass $\sqrt{3}$ rational ist und sich somit als (positiver) Bruch $\frac{m}{n}$ mit $m, n \in \mathbb{N}$ darstellen lässt:

$$\sqrt{3} = \frac{m}{n} \qquad (\star).$$

Zudem nehmen wir an, dass m und n teilerfremd sind, der Bruch also vollständig gekürzt wurde. Nach Definition der Quadratwurzel folgt durch Quadrieren von $(\star)$

$$\left(\frac{m}{n}\right)^2 = \sqrt{3}^2 = 3 \qquad \text{bzw.} \qquad m^2 = 3n^2.$$

Nun ist $3n^2$ durch 3 teilbar, also muss auch $m^2 = m \cdot m$ durch 3 teilbar sein. Nach Euklids Lemma muss dann bereits m selbst durch 3 teilbar sein, d.h. $m = 3k$ mit einem $k \in \mathbb{N}$. Eingesetzt in obige Gleichung liefert dies

$$3n^2 = m^2 = (3k)^2 = 9k^2,$$

und Teilen durch 3 ergibt $n^2 = 3k^2$, woraus wie eben folgt, dass auch n durch 3 teilbar ist. Somit besitzen m und n die 3 als gemeinsamen Teiler, im Widerspruch zu ihrer Teilerfremdheit. $\square$

Da Euklids Lemma für jede Primzahl p gilt, funktioniert dieser Beweis für jedes $\sqrt{p}$. Dies zeigt, dass es unendlich viele irrationale Zahlen gibt.

Alternative unter Verwendung der eindeutigen PFZ: Aus Gleichung $(\star)^2$,

$$m^2 = 3n^2,$$

folgt zunächst, dass 3 ein Teiler von $m^2 = 3n^2$ ist und nach Euklids Lemma folgt $3 \mid m$, d.h. m enthält mindestens 1-mal die 3 als Primfaktor. Somit tritt die 3 in $m^2 = m \cdot m$ mindestens 2-mal als Primfaktor auf. Auf der rechten Seite, $3n^2$, tritt die 3 jedoch nur 1-mal als Primfaktor auf, denn da m und n teilerfremd sind, kann 3 kein Teiler von n und damit auch nicht von n^2 sein (wieder nach Euklids Lemma). Da m^2 und $3n^2$ dieselbe Zahl sind, widerspricht dies der eindeutigen Primfaktorzerlegung. $\square$

(Noch kürzer: m^2 enthält die 3 geradzahlig oft als Primfaktor, während sie in $3n^2$ ungeradzahlig oft auftritt, aufgrund des zusätzlichen Faktors 3.)

Lösung 2.12   (Alle Bezeichnungen wie im Text selbst.)
Wir nehmen an, A ist wahr und B ist falsch ($\neg$ B wahr), und folgern daraus, dass

A falsch ($\neg$ A wahr) ist.

Ist $\neg$ B wahr, dann gibt es nur endlich viele Primzahlen, sagen wir n Stück, die wir als $p_1, \ldots, p_n$ auflisten können. Wir betrachten wie gehabt die Zahl $m = p_1 \cdot \ldots \cdot p_n + 1$. Da m größer als alle p_i ist, kann es nicht in der Liste stehen und kann daher nach Voraussetzung nicht prim sein. Aber keine Primzahl p_i aus der Liste kann ein Teiler von m sein, denn sonst würde p_i auch $1 = m - p_1 \cdot \ldots \cdot p_n$ teilen, was unmöglich ist. Somit hat m keinen Primfaktor und der Satz von der Primfaktorzerlegung (A) ist falsch. Widerspruch[1]. $\qquad\square$

Lösung 2.13

a) (IA): Für $n = 1$ steht links und rechts 1.

(IS): Es gelte $1 + 4 + 7 + \ldots + (3n - 2) = \frac{1}{2}n(3n - 1)$ für ein n (IV). Wir zeigen die Gültigkeit der Formel für $n + 1$, d.h. dass

$$1 + 4 + 7 + \ldots + \big(3(n+1) - 2\big) \overset{!}{=} \frac{1}{2}(n+1)\big(3(n+1) - 1\big) = \frac{1}{2}(n+1)(3n+2) \quad (\star)_a$$

gilt. Dazu setzen wir links die (IV) ein:

$$1 + 4 + 7 + \ldots + (3n - 2) + \big(3(n+1) - 2\big) \overset{\text{(IV)}}{=} \frac{1}{2}n(3n - 1) + (3n + 1).$$

Dies kann man weiter zusammenfassen zu (klammere zunächst noch $\frac{1}{2}$ aus):

$$\frac{1}{2}n(3n - 1) + (3n + 1) = \frac{1}{2}\big(3n^2 - n + 2(3n + 1)\big) = \frac{1}{2}\big(3n^2 + 5n + 2\big),$$

was nichts anderes als $\frac{1}{2}(n+1)(3n+2)$ aus $(\star)_a$ ist (multipliziere aus). $\qquad\square$

Bei allen Induktionsbeweisen greift nach dem Beweis von (IS) die Induktionsschleife, was wir nicht jedes Mal extra dazu schreiben.

In Summen-Notation würde der Beginn des (IS) wie folgt aussehen:

$$\sum_{k=1}^{n+1}(3k - 2) = \sum_{k=1}^{n}(3k - 2) + (3(n+1) - 2) \overset{\text{(IV)}}{=} \frac{1}{2}n(3n - 1) + (3n + 1) \quad \ldots$$

b) (IA): Passt, da $1 = 1^2$.

(IS): Es gelte $1 + 3 + 5 + \ldots + (2n - 1) = n^2$ für ein n (IV). Wir zeigen die Gültigkeit der Formel für $n + 1$, d.h. dass

$$1 + 3 + 5 + \ldots + \big(2(n+1) - 1\big) = (n+1)^2$$

gilt. Dazu setzen wir links die (IV) ein:

$$1 + 3 + 5 + \ldots + (2n - 1) + \big(2(n+1) - 1\big) \overset{\text{(IV)}}{=} n^2 + (2n + 1) = (n+1)^2$$

(1. Binom) und schon sind wir fertig. $\qquad\square$

---

[1] Der Widerspruch bei reductio ad absurdum liegt allgemein in der gleichzeitigen Wahrheit von A und $\neg$ A. Hier könnte man aber auch sagen, dass A wahr *ist* (als bewiesener Satz) und demnach $\neg$ A nicht wahr sein kann.

c) (IA): Passt, da $1^2 = \frac{1}{6} \cdot 1 \cdot 2 \cdot 3$.

(IS): Es gelte $1^2 + 2^2 + \ldots + n^2 = \frac{1}{6}n(n+1)(2n+1)$ für ein n (IV). Wir zeigen die Gültigkeit der Formel für $n+1$, d.h. dass

$$1^2 + 2^2 + \ldots + (n+1)^2 = \frac{1}{6}(n+1)(n+2)\big(2(n+1)+1\big)$$

$$= \frac{1}{6}(n+1)(2n^2 + 7n + 6) \qquad (\star)_{\mathrm{c}}$$

gilt (am Ende wurden die letzten beiden Klammern ausmultipliziert). (IV) links einsetzen:

$$1^2 + 2^2 + \ldots + n^2 + (n+1)^2 \overset{\text{(IV)}}{=} \frac{1}{6}n(n+1)(2n+1) + (n+1)^2.$$

Nun wird $\frac{1}{6}(n+1)$ ausgeklammert:

$$\frac{1}{6}n(n+1)(2n+1) + (n+1)^2 = \frac{1}{6}(n+1)\big(n(2n+1) + 6(n+1)\big),$$

und die zweite Klammer ergibt tatsächlich $2n^2 + 7n + 6$ wie in $(\star)_{\mathrm{c}}$. $\qquad\square$

d) (IA): Passt, da $1^3 = \frac{1}{4} \cdot 1^2 \cdot 2^2$.

(IS): Es gelte $1^3 + 2^3 + \ldots + n^3 = \frac{1}{4}n^2(n+1)^2$ für ein n (IV). Wir zeigen die Gültigkeit der Formel für $n+1$, d.h. dass

$$1^3 + 2^3 + \ldots + (n+1)^3 = \frac{1}{4}(n+1)^2(n+2)^2 \quad (\star)_{\mathrm{d}}$$

gilt. (IV) links einsetzen:

$$1^3 + 2^3 + \ldots + n^3 + (n+1)^3 \overset{\text{(IV)}}{=} \frac{1}{4}n^2(n+1)^2 + (n+1)^3.$$

Jetzt kann $\frac{1}{4}(n+1)^2$ ausgeklammert werden:

$$\frac{1}{4}n^2(n+1)^2 + (n+1)^3 = \frac{1}{4}(n+1)^2\big(n^2 + 4(n+1)\big) = \frac{1}{4}(n+1)^2(n^2 + 4n + 4).$$

Erkennt man nun noch das Binom $(n+2)^2$ in der zweiten Klammer, steht dasselbe wie in $(\star)_{\mathrm{d}}$ da. $\qquad\square$

Die erstaunliche Beziehung $(1 + 2 + \ldots + n)^2 = 1^3 + 2^3 + \ldots + n^3$ (überprüfe sie für einige n), folgt nun mühelos, indem man links die gaußsche Summenformel einsetzt, also $\frac{1}{2}n(n+1)$, die beim Quadrieren in das Ergebnis von d) übergeht, was der rechten Seite entspricht.

Lösung 2.14   (IA): 3. Binom $(a^2 - b^2) = (a+b) \cdot (a-b)$ hilft weiter.

Für $n = 1$ geht die linke Seite der Formel unter Verwendung des Binoms in die rechte über:

$$\frac{1 - q^2}{1 - q} = \frac{1^2 - q^2}{1 - q} = \frac{(1 + q)(1 - q)}{1 - q} = 1 + q.$$

(IS): Gilt $1 + q + q^2 + \ldots + q^n = \frac{1 - q^{n+1}}{1 - q}$ für ein n (IV), so folgt durch Bruchrechnen

$$1 + q + \ldots + q^n + q^{n+1} \overset{\text{(IV)}}{=} \frac{1 - q^{n+1}}{1 - q} + q^{n+1}$$

$$= \frac{1 - q^{n+1} + q^{n+1}(1 - q)}{1 - q} = \frac{1 - q^{n+2}}{1 - q}.$$

Damit gilt die geometrische Summenformel auch für $n + 1$. $\qquad\square$

Lösung 2.15   a)   (IA): 9 teilt $10^1 - 1 = 9$.

(IS): Für ein n sei 9 ein Teiler von $10^n - 1$, also $10^n - 1 = m \cdot 9$ für ein $m \in \mathbb{N}$ (IV). Wir zeigen, dass dann auch $10^{n+1} - 1$ durch 9 teilbar ist.
Es ist $10^{n+1} = 10 \cdot 10^n$, und aus der (IV) folgt $10^n = 9m + 1$, was auf

$$10^{n+1} - 1 = 10 \cdot 10^n - 1 = 10 \cdot (9m + 1) - 1 = 90m + 9 = (10m + 1) \cdot 9 = k \cdot 9$$

führt (mit $k := 10m + 1 \in \mathbb{N}$), also ist $10^{n+1} - 1$ durch 9 teilbar. $\qquad\square$

Die Aussage ist auch ohne Induktion klar, denn $10^n - 1$ ist eine Zahl mit n 9ern als Ziffern (bzw. $10^n - 1 = (10 - 1) \cdot s = 9s$ mit $s = 1 + 10^1 + \ldots + 10^{n-1}$ nach der geometrischen Summenformel).

b)   (IA): 6 teilt $2^3 - 2 = 6$, also stimmt die Aussage für $n = 2$.

(IS): Für ein $n \geqslant 2$ sei $n^3 - n$ durch 6 teilbar, also von der Form $n^3 - n = m \cdot 6$ für ein $m \in \mathbb{N}$ (IV). Wir zeigen, dass dann auch $(n + 1)^3 - (n + 1)$ durch 6 teilbar ist. Zunächst ist

$$(n+1)^3 - (n+1) = n^3 + 3n^2 + 3n + 1 - n - 1 = n^3 - n + 3n^2 + 3n \overset{\text{(IV)}}{=} 6m + 3n(n+1).$$

Das Produkt $n(n + 1)$ ist nach Aufgabe 2.3 stets gerade, da entweder n oder $n + 1$ gerade ist, also kann man $n(n + 1) = 2l$ mit einem $l \in \mathbb{N}$ schreiben. Damit ergibt sich

$$(n + 1)^3 - (n + 1) = 6m + 3 \cdot 2l = 6m + 6l = 6(m + l),$$

und man erkennt die Teilbarkeit durch 6. $\qquad\square$

Ohne Induktion: Faktorisiere $n^3 - n = n(n^2 - 1) = n(n + 1)(n - 1)$. Nun sind $n - 1$, n und $n + 1$ drei aufeinanderfolgende Zahlen, d.h. mindestens eine von ihnen ist gerade, also durch 2 teilbar, und eine von ihnen ist 3 oder 6 oder 9 etc. und damit durch 3 teilbar. Nach Aufgabe 2.2 b) ist das Produkt durch $2 \cdot 3 = 6$ teilbar.

Lösung 2.16

a) $f'(x) = -\dfrac{1}{x^2}$, $f''(x) = \dfrac{2}{x^3}$, $f'''(x) = -\dfrac{3 \cdot 2}{x^4}$, $f^{(4)}(x) = \dfrac{4 \cdot 3 \cdot 2}{x^5} \ldots$

Vermutung: $f^{(n)}(x) = (-1)^n \dfrac{n!}{x^{n+1}}$, mit $n! := n \cdot (n-1) \cdot (n-2) \cdot \ldots \cdot 2 \cdot 1$.

(IA): Passt, da $(-1)^1 \dfrac{1!}{x^{1+1}} = -\dfrac{1}{x^2}$.

(IS): Es gelte $f^{(n)}(x) = (-1)^n \dfrac{n!}{x^{n+1}} = (-1)^n n! \cdot x^{-(n+1)}$ für ein n. Wir leiten dies ab (beachte $(x^{-(n+1)})' = (x^{-n-1})' = -(n+1)x^{-n-2}$), und erhalten

$$f^{(n+1)}(x) = \left(f^{(n)}(x)\right)' = (-1)^n \frac{-(n+1) \cdot n!}{x^{n+2}} = (-1)^{n+1} \frac{(n+1)!}{x^{n+2}}. \qquad \square$$

b) (IA): Die erste Ableitung von $f(x) = \dfrac{1}{\sqrt{x}} = x^{-\frac{1}{2}}$ ist

$$f'(x) = -\frac{1}{2} x^{-\frac{3}{2}} = \frac{1}{-2 \cdot x^{\frac{3}{2}}} = \frac{1}{-2 \cdot \sqrt{x}^3}.$$

Das gleiche Ergebnis liefert auch die angegebene Formel für $n = 1$.

(IS): Es gelte $f^{(n)}(x) = \dfrac{1 \cdot 3 \cdot 5 \cdot \ldots \cdot (2n-1)}{(-2)^n \cdot \sqrt{x}^{2n+1}} = \dfrac{1 \cdot 3 \cdot 5 \cdot \ldots \cdot (2n-1)}{(-2)^n} \cdot x^{-\frac{2n+1}{2}}$ für ein n. Ableiten:

$$f^{(n+1)}(x) = \frac{2n+1}{-2} \cdot \frac{1 \cdot 3 \cdot 5 \cdot \ldots \cdot (2n-1)}{(-2)^n} \cdot x^{-\frac{2n+1}{2}-1}$$

$$= \frac{1 \cdot 3 \cdot 5 \cdot \ldots \cdot (2n-1) \cdot (2n+1)}{(-2)^{n+1}} \cdot x^{-\frac{2n+3}{2}}$$

$$= \frac{1 \cdot 3 \cdot 5 \cdot \ldots \cdot (2n-1) \cdot (2(n+1)-1)}{(-2)^{n+1} \cdot \sqrt{x}^{2(n+1)+1}}. \qquad \square$$

Lösung 2.17   (IA): Ein Schüler allein schlägt in $\frac{1}{2} \cdot 0 \cdot 1 = 0$ Hände ein.

(IS): Die Formel stimme für ein n (IV). Haben wir $n+1$ Schüler im Raum, so gruppieren wir sie zunächst in n Schüler, die sich laut (IV) mit $\frac{1}{2}(n-1)n$ Handschlägen begrüßen. Der verbleibende $(n+1)$-te Schüler muss dann noch n Schüler begrüßen, also finden insgesamt

$$\frac{1}{2}(n-1) \cdot n + n = \frac{n}{2} \cdot \big((n-1)+2\big) = \frac{n}{2} \cdot (n+1)$$

$$= \frac{1}{2} n \cdot (n+1) = \frac{1}{2}\big((n+1)-1\big) \cdot (n+1)$$

Handschläge statt. (Im ersten Schritt wurde $\frac{n}{2}$ ausgeklammert.) $\square$

Ohne Induktion: Wir lassen die Schüler nacheinander durch die Tür laufen und sich begrüßen. Der zweite Schüler muss in eine Hand einschlagen, der nächste in zwei, der übernächste in drei usw., und der n-te schließlich schlägt in $n-1$ Hände ein. Die Gesamtzahl der Handschläge beträgt dann nach der gaußschen Summenformel:
$$1 + 2 + 3 + \ldots + (n-1) = \tfrac{1}{2}(n-1)\big((n-1)+1\big) = \tfrac{1}{2}(n-1)\cdot n\,.$$

Lösung 2.18   Stimmt doch, oder? :)

Der Fehler liegt darin, dass die im (IS) beschriebene Aufteilung in $S_1, \ldots, S_n$ und $S_2, \ldots, S_{n+1}$ für $n = 1$ keinen gemeinsamen Schüler hat: Die erste Gruppe besteht nur aus S_1, während die zweite nur aus S_2 besteht. Man kann nun also nicht von der ersten Gruppe auf die zweite schließen, da der (nur für $n \geqslant 2$ vorhandene) gemeinsame Schüler S_n fehlt. Somit ist der (IS) von 1 auf $1+1 = 2$ falsch.

Lösung 2.19

a) Zunächst berechnen wir einige Binomialkoeffizienten.

$$\binom{0}{0} = \tfrac{0!}{0!\cdot 0!} = 1, \quad \binom{1}{0} = \tfrac{1!}{0!\cdot 1!} = 1 = \binom{1}{1}$$

$$\binom{2}{0} = \tfrac{2!}{0!\cdot 2!} = 1 = \binom{2}{2}, \quad \binom{2}{1} = \tfrac{2!}{1!\cdot 1!} = 2$$

$$\binom{3}{0} = \tfrac{3!}{0!\cdot 3!} = 1, \quad \binom{3}{1} = \tfrac{3!}{1!\cdot 2!} = \tfrac{3\cdot 2\cdot 1}{2} = 3, \quad \binom{3}{2} = \tfrac{3!}{2!\cdot 1!} = 3, \quad \binom{3}{3} = \tfrac{3!}{3!\cdot 0!} = 1$$

$$\binom{4}{0} = 1 = \binom{4}{4}, \quad \binom{4}{1} = \tfrac{4!}{1!\cdot 3!} = \tfrac{4\cdot 3\cdot 2\cdot 1}{3\cdot 2\cdot 1} = 4 = \binom{4}{3}, \quad \binom{4}{2} = \tfrac{4!}{2!\cdot 2!} = \tfrac{4\cdot 3\cdot 2\cdot 1}{4} = 6$$

Ganz allgemein gilt

$$\binom{n}{0} = \binom{n}{n} = 1, \quad \binom{n}{1} = \binom{n}{n-1} = \frac{n!}{1!\cdot (n-1)!} = \frac{n\cdot (n-1)\cdot \ldots 2\cdot 1}{(n-1)\cdot \ldots\cdot 2\cdot 1} = n,$$

$$\binom{n}{2} = \binom{n}{n-2} = \frac{n!}{2!\cdot (n-2)!} = \frac{n\cdot (n-1)\cdot (n-2)\cdot \ldots 2\cdot 1}{2\cdot (n-2)\cdot \ldots\cdot 2\cdot 1} = \frac{n\cdot (n-1)}{2}\,.$$

Hinter dem ersten Gleichheitszeichen steckt die folgende Symmetrieregel

$$\binom{n}{n-k} = \frac{n!}{(n-k)!\cdot (n-(n-k))!} = \frac{n!}{(n-k)!\cdot k!} = \binom{n}{k}.$$

Die Binomialkoeffizienten sind die Einträge des PASCAL-Dreiecks (man erhält einen Eintrag $\neq 1$ als Summe der beiden über ihm stehenden Zahlen):

$n = 0$				1				
$n = 1$			1		1			
$n = 2$		1		2		1		
$n = 3$	1		3		3		1	
$n = 4$	1	4		6		4		1

Für die ersten vier Binome ergibt sich somit ($(a+b)^0$ zählen wir nicht):

$$(a+b)^1 = \sum_{k=0}^{1} \binom{1}{k} a^{1-k} b^k = \binom{1}{0} a^1 b^0 + \binom{1}{1} a^{1-1} b^1 = a + b$$

$$(a+b)^2 = \sum_{k=0}^{2} \binom{2}{k} a^{2-k} b^k = \binom{2}{0} a^2 b^0 + \binom{2}{1} a^{2-1} b^1 + \binom{2}{2} a^{2-2} b^2$$

$$= a^2 + 2ab + b^2$$

$$(a+b)^3 = \sum_{k=0}^{3} \binom{3}{k} a^{3-k} b^k = \ldots = a^3 + 3a^2 b + 3ab^2 + b^3$$

$$(a+b)^4 = \sum_{k=0}^{4} \binom{4}{k} a^{4-k} b^k = \ldots = a^4 + 4a^3 b + 6a^2 b^2 + 4ab^3 + b^4.$$

b) Die zu beweisende Regel ist genau das Bildungsgesetz des Pascal-Dreiecks: Man erhält $\binom{n+1}{k}$, indem man die beiden im Pascal-Dreieck über ihm liegenden Binomialkoeffizienten $\binom{n}{k}$ und $\binom{n}{k-1}$ addiert ($k > 0$).

$$\binom{n}{k} + \binom{n}{k-1} = \frac{n!}{k! \cdot (n-k)!} + \frac{n!}{(k-1)! \cdot (n-(k-1))!}$$

$$= \frac{n!}{k! \cdot (n-k)!} \cdot \frac{(n+1)-k}{(n+1)-k} + \frac{n!}{(k-1)! \cdot ((n+1)-k)!} \cdot \frac{k}{k}$$

Es wurde $n - (k-1)$ zu $(n+1) - k$ umgeschrieben, und durch Erweitern mit den grauen Brüchen stellen wir den Hauptnenner $k! \cdot ((n+1)-k)!$ her: Wegen $(k-1)! \cdot k = k!$ und

$$(n-k)! \cdot ((n+1)-k) = (n-k)! \cdot ((n-k)+1) = ((n-k)+1)! = ((n+1)-k)!$$

steht jetzt nämlich das Gleiche im Nenner beider Brüche. Auf einen Bruchstrich schreiben und zusammenfassen liefert das gewünschte Ergebnis (beachte erneut $(n+1) \cdot n! = (n+1)!$):

$$\frac{n! \cdot ((n+1)-k) + n! \cdot k}{k! \cdot ((n+1)-k)!} = \frac{n! \cdot (n+1) - n! \cdot k + n! \cdot k}{k! \cdot ((n+1)-k)!}$$

$$= \frac{(n+1)!}{k! \cdot ((n+1)-k)!} = \binom{n+1}{k}.$$

c) Den (IA) für $n = 1$ haben wir bereits in a) erbracht. (IS): Unter der (IV), dass der binomische Lehrsatz für ein n gilt, schließen wir nun auf seine Gültigkeit für $n + 1$:

$$(a+b)^{n+1} = (a+b) \cdot (a+b)^n \overset{(IV)}{=} (a+b) \cdot \left(\sum_{k=0}^{n} \binom{n}{k} a^{n-k} b^k \right).$$

Ausmultiplizieren und distributives Hineinziehen von a und b in die Summe führt auf

$$a \cdot \sum_{k=0}^{n} \binom{n}{k} a^{n-k} b^k + b \cdot \sum_{k=0}^{n} \binom{n}{k} a^{n-k} b^k$$

$$= \sum_{k=0}^{n} \binom{n}{k} a^{n+1-k} b^k + \sum_{k=0}^{n} \binom{n}{k} a^{n-k} b^{k+1}. \qquad (\star)$$

Um die Summen zusammenfassen zu können, führen wir in der zweiten Summe einen Indexshift von k auf $k-1$ durch:

$$\sum_{k=0}^{n} \binom{n}{k} a^{n-k} b^{k+1} = \sum_{k=1}^{n+1} \binom{n}{k-1} a^{n-(k-1)} b^{(k-1)+1} = \sum_{k=1}^{n+1} \binom{n}{k-1} a^{n+1-k} b^k.$$

Dadurch haben wir erreicht, dass in beiden Summen in $(\star)$ dieselben Terme $a^{n+1-k} b^k$ auftreten, allerdings startet nun die erste Summe in $(\star)$ bei $k=0$ statt bei $k=1$ und die zweite geht bis $n+1$ statt nur bis n. Deshalb schreiben wir bei Summe 1 den ersten Summanden ($k=0$) und bei Summe 2 den letzten Summanden ($k=n+1$) gesondert hin:

$$\binom{n}{0} a^{n+1} b^0 + \sum_{k=1}^{n} \binom{n}{k} a^{n+1-k} b^k \quad + \quad \sum_{k=1}^{n} \binom{n}{k-1} a^{n+1-k} b^k + \binom{n}{n} a^0 b^{n+1}.$$

Nun haben wir es fast geschafft, denn fassen wir die Summen zusammen, so ergibt sich

$$1 \cdot a^{n+1} b^0 + \sum_{k=1}^{n} \left(\binom{n}{k} + \binom{n}{k-1} \right) a^{n+1-k} b^k + 1 \cdot a^0 b^{n+1}$$

$$\overset{\text{b)}}{=} \binom{n+1}{0} a^{n+1} b^0 + \sum_{k=1}^{n} \binom{n+1}{k} a^{n+1-k} b^k + \binom{n+1}{n+1} a^0 b^{n+1}$$

$$= \sum_{k=0}^{n+1} \binom{n+1}{k} a^{n+1-k} b^k,$$

und das ist genau der binomische Lehrsatz für $n+1$. Uff! $\square$

Die Begründung des Indexshifts ist trivial: Schreibt man sich die linke und rechte Seite von

$$\sum_{k=0}^{n} A(k) = \sum_{k=1}^{n+1} A(k-1).$$

auf, so steht beidesmal die Summe $A(0) + A(1) + \ldots + A(n)$ da.

Lösung 2.20

a) Unter Beachtung von $2^{2^n} = 2^{(2^n)}$ folgt:

$$F_0 = 2^{2^0} + 1 = 2^1 + 1 = 3$$
$$F_1 = 2^{2^1} + 1 = 2^2 + 1 = 5$$
$$F_2 = 2^{2^2} + 1 = 2^4 + 1 = 17$$
$$F_3 = 2^{2^3} + 1 = 2^8 + 1 = 257.$$

Es gilt
$$F_0 = 3 = 5 - 2 = F_1 - 2$$
$$F_0 \cdot F_1 = 15 = 17 - 2 = F_2 - 2$$
$$F_0 \cdot F_1 \cdot F_2 = 255 = 257 - 2 = F_3 - 2.$$

b) Vermutung: Es gilt

$$F_0 \cdot F_1 \cdot \ldots \cdot F_{n-1} = F_n - 2 \quad \text{für alle } n \in \mathbb{N}.$$

Beweis durch vollständige Induktion über n.

(IA): Für $n = 1$ gilt wie oben bereits festgestellt $F_0 = F_1 - 2$.

(IV): Für ein $n \in \mathbb{N}$ gelte $F_0 \cdot F_1 \cdot \ldots \cdot F_{n-1} = F_n - 2$.

(IS): Dann folgt für $n + 1$:

$$F_0 \cdot F_1 \cdot \ldots \cdot F_n = F_0 \cdot F_1 \cdot \ldots \cdot F_{n-1} \cdot F_n \overset{\text{(IV)}}{=} (F_n - 2) \cdot F_n$$

$$= \left(2^{2^n} - 1\right) \cdot \left(2^{2^n} + 1\right) \overset{\text{Binom}}{=} \left(2^{2^n}\right)^2 - 1^2$$

$$= 2^{2^n \cdot 2} - 1 = 2^{2^{n+1}} - 1 = F_{n+1} - 2. \qquad \square$$

c) Ist t ein Teiler von F_k, so teilt t auch das Produkt $F_0 \cdot F_1 \cdot \ldots \cdot F_{n-1}$. Teilt t zudem noch F_n, dann ist t ein Teiler der Differenz

$$F_n - F_0 \cdot F_1 \cdot \ldots \cdot F_{n-1} \overset{\text{b)}}{=} 2,$$

also kommt nur $t = 1$ oder $t = 2$ in Frage. Nun sind aber alle Fermat-Zahlen ungerade (da $F_n = 2m + 1$ mit $m = 2^{2^n-1} \in \mathbb{N}$ gilt), also scheidet $t = 2$ aus, d.h. zwei verschiedene Fermat-Zahlen $F_k \neq F_n$ besitzen nur $t = 1$ als gemeinsamen Teiler, sprich sie sind teilerfremd.

d) Offenbar sind alle F_n verschieden ($F_0 < F_1 < F_2 < \ldots$), d.h. es gibt unendlich viele Fermat-Zahlen. Nach Theorem 2.1 besitzt jedes F_n mindestens einen Primfaktor p_n, der nach c) kein Primfaktor einer anderen Fermat-Zahl sein kann. Somit ist $p_0, p_1, p_2, \ldots$ eine unendlich lange Liste verschiedener Primzahlen, d.h. die Menge $\mathbb{P}$ aller Primzahlen kann nicht endlich sein. $\qquad \square$

Lösungen zu Kapitel 3

Lösung 3.1

a) $A = \{\, n \mid n = 42k \text{ mit } k \in \mathbb{Z} \,\}$

b) Ist eine Zahl $n \in \mathbb{N}$ mit Rest 2 durch 7 teilbar, so heißt das, dass $n - 2$ durch 7 teilbar ist, also gilt $n - 2 = 7k$ mit $k \in \mathbb{N}_0$ (wegen $7 \mid 0$ kann man auch $n = 2$ erlauben). Somit ist $B = \{\, n \mid n = 7k + 2 \text{ mit } k \in \mathbb{N}_0 \,\}$.

Lösung 3.2 Genau einer der beiden Fälle $\mathfrak{M} \in \mathfrak{M}$ oder $\mathfrak{M} \notin \mathfrak{M}$ müsste doch wohl eintreten, oder?

Angenommen es ist $\mathfrak{M} \in \mathfrak{M}$. Dann erfüllt $\mathfrak{M}$ aufgrund der Definition von $\mathfrak{M}$ die Bedingung $\mathfrak{M} \notin \mathfrak{M}$, was im Widerspruch zur Annahme steht.

Angenommen es ist $\mathfrak{M} \notin \mathfrak{M}$, dann darf $\mathfrak{M}$ die definierende Eigenschaft von $\mathfrak{M}$ nicht erfüllen, d.h. es darf *nicht* $\mathfrak{M} \notin \mathfrak{M}$ gelten. Daraus folgt $\mathfrak{M} \in \mathfrak{M}$ im Widerspruch zur Annahme.

Somit sind beide Annahmen falsch. Anders formuliert haben wir für $\mathfrak{M}$ gerade die absurde Äquivalenz $\mathfrak{M} \in \mathfrak{M} \iff \mathfrak{M} \notin \mathfrak{M}$ gefolgert.

Lösung 3.3 Am besten zeichnest du dir noch die Intervalle übereinander auf.

a) $[0,1] \cap (\frac{1}{2},2] = (\frac{1}{2},1]$. Ausführliche Begründung:
$$[0,1] \cap (\tfrac{1}{2},2] = \{\, x \in \mathbb{R} \mid 0 \leqslant x \leqslant 1 \wedge \tfrac{1}{2} < x \leqslant 2 \,\} = \{\, x \in \mathbb{R} \mid \tfrac{1}{2} < x \leqslant 1 \,\}.$$

b) $[0,1) \cup (\frac{1}{2},2] = [0,2]$

c) $[0,1) \cap [1,2] = \varnothing$, da $x < 1$ und $x \geqslant 1$ nicht gleichzeitig geht.

d) $[0,1] \setminus (\frac{1}{2},2] = [0,\frac{1}{2}]$

Lösung 3.4 Die Menge $\{\, z \in \mathbb{Z} \mid \frac{z}{2} \in \mathbb{Z} \,\}$ nennen wir M. Um $\mathbb{E} = M$ zu zeigen, wenden wir das typische Vorgehen zum Nachweis von Mengengleichheit an: Wir zeigen die Inklusionen „$\subseteq$" und „$\supseteq$", d.h. $\mathbb{E} \subseteq M$ und $\mathbb{E} \supseteq M$ bzw. $M \subseteq \mathbb{E}$.

$\mathbb{E} \subseteq M$: Es sei $z \in \mathbb{E}$ eine ganze Zahl, also $z = 2k$ mit einem $k \in \mathbb{Z}$. Dann folgt sofort $\frac{z}{2} = \frac{2k}{2} = k \in \mathbb{Z}$, also liegt z auch in M.

$M \subseteq \mathbb{E}$: Liegt z in M, so ist $\frac{z}{2} = k$ für eine ganze Zahl $k \in \mathbb{Z}$. Multiplikation mit 2 ergibt $z = 2k$, d.h. z ist gerade, sprich ein Element von $\mathbb{E}$. $\qquad\square$

In diesem einfachen Fall geht auch beides in einem Aufwasch: Für ein $z \in \mathbb{Z}$ gilt
$$z \in \mathbb{E} \iff z = 2k \text{ mit } k \in \mathbb{Z} \iff \tfrac{z}{2} = k \text{ mit } k \in \mathbb{Z} \iff z \in M.$$

Lösung 3.5 Zu zeigen ist $A \cap (B \cup C) = (A \cap B) \cup (A \cap C)$.

„$\subseteq$" Sei $x \in A \cap (B \cup C)$, d.h. $x \in A$ und $x \in B \cup C$, also $x \in A$ und gleichzeitig $x \in B$ oder $x \in C$.

1. Fall: Ist $x \in A$ und $x \in B$, so folgt $x \in A \cap B$, und da $A \cap B$ in der Vereinigung $(A \cap B) \cup (A \cap C)$ liegt, gilt auch $x \in (A \cap B) \cup (A \cap C)$.

2. Fall: Ist $x \in A$ und $x \in C$, so folgt $x \in A \cap C \subseteq (A \cap B) \cup (A \cap C)$.

In beiden Fällen folgt also $x \in (A \cap B) \cup (A \cap C)$ und somit auf Mengenebene $A \cap (B \cup C) \subseteq (A \cap B) \cup (A \cap C)$.

„$\supseteq$" Sei $x \in (A \cap B) \cup (A \cap C)$, d.h. $x \in A \cap B$ oder $x \in A \cap C$.

1. Fall: Ist $x \in A \cap B$, dann folgt wegen $B \subseteq B \cup C$ auch $x \in A \cap (B \cup C)$.

2. Fall: Ist $x \in A \cap C$, dann folgt wegen $C \subseteq B \cup C$ auch $x \in A \cap (B \cup C)$.

Auf Mengenebene gilt also $(A \cap B) \cup (A \cap C) \subseteq A \cap (B \cup C)$, was natürlich das Gleiche wie $A \cap (B \cup C) \supseteq (A \cap B) \cup (A \cap C)$ bedeutet.

Alternativ kann man dieses Distributivgesetz für Mengen auch wieder auf die Aussagenlogik zurückführen. Wir definieren wie im Beweis 1 von Satz 3.1 Aussageformen durch $\mathcal{A}(x)\colon x \in A$, $\mathcal{B}(x)\colon x \in B$, und $\mathcal{C}(x)\colon x \in C$, die jeweils wahr sind, wenn x in der zugehörigen Menge liegt, und falsch, wenn x nicht drin liegt. Zum Nachweis des zweiten Distributivgesetzes müssen wir zeigen, dass

$$\mathcal{X}(x)\colon x \in A \cap (B \cup C) \qquad \text{und} \qquad \mathcal{Y}(x)\colon x \in (A \cap B) \cup (A \cap C)$$

aussagenlogisch äquivalente Aussageformen sind. $\mathcal{X}(x)$ ist genau dann wahr, wenn $(x \in A) \wedge ((x \in B) \vee (x \in C))$ gilt, d.h. wenn $\mathcal{A}(x) \wedge (\mathcal{B}(x) \vee \mathcal{C}(x))$ wahr ist. Nach Aufgabe 1.7 b) ist dies aber genau dann der Fall, wenn $(\mathcal{A}(x) \wedge \mathcal{B}(x)) \vee (\mathcal{A}(x) \wedge \mathcal{C}(x))$ wahr ist, also wenn $\mathcal{Y}(x)$ wahr ist. Dies zeigt die Äquivalenz von $\mathcal{X}(x)$ und $\mathcal{Y}(x)$ und damit die Gültigkeit des zweiten Distributivgesetzes.

Lösung 3.6

„$\Leftarrow$" Sei $C \subseteq A$. Dann gilt $A \cup C = A$ $(\star)$, und es folgt

$$(A \cap B) \cup C \overset{\mathrm{DG}}{=} (A \cup C) \cap (B \cup C) \overset{(\star)}{=} A \cap (B \cup C).$$

„$\Rightarrow$" Beweis der Kontraposition: Ist $C \nsubseteq A$, dann ist $C \backslash A \neq \varnothing$, d.h. es existiert ein $x \in C$ mit $x \notin A$ (siehe Abbildung A.1).

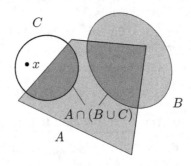

Abbildung A.1

Dieses x erfüllt

$$x \in C \subseteq (A \cap B) \cup C, \quad \text{aber} \quad x \notin A, \quad \text{also auch} \quad x \notin A \cap (B \cup C),$$

was $(A \cap B) \cup C \neq A \cap (B \cup C)$ zeigt. $\qquad\qquad\qquad\qquad\qquad\qquad$ □

Lösung 3.7   Beweis der ersten De Morgan-Regel $(A \cap B)^{\mathsf{C}} = A^{\mathsf{C}} \cup B^{\mathsf{C}}$.

Möglichkeit 1:   Rückführung auf die Aussagenlogik. Betrachte die Aussageformen $\mathcal{A}(x)\colon x \in A$ und $\mathcal{B}(x)\colon x \in B$. Beachte, dass $\neg\mathcal{A}(x)$ wahr ist, wenn $x \notin A$, also $x \in A^{\mathsf{C}}$ gilt. Nun ist $\mathcal{X}(x)\colon \neg(\mathcal{A}(x) \wedge \mathcal{B}(x))$ nach der ersten De Morgan-Regel der Aussagenlogik (Seite 11) äquivalent zu $\mathcal{Y}(x)\colon \neg\mathcal{A}(x) \vee \neg\mathcal{B}(x)$. Damit folgt

$$x \in (A \cap B)^{\mathsf{C}} \iff \mathcal{X}(x) \text{ wahr} \iff \mathcal{Y}(x) \text{ wahr} \iff x \in A^{\mathsf{C}} \cup B^{\mathsf{C}}. \qquad □$$

Möglichkeit 2:   Direkter Nachweis der Mengengleichheit.

„$\subseteq$" Wir betrachten ein $x \in M$ mit $x \in (A \cap B)^{\mathsf{C}} = M \backslash (A \cap B)$, also $x \notin A \cap B$. Nicht im Schnitt zu liegen bedeutet $x \notin A$ oder(!) $x \notin B$ (*nicht* „und", denn es genügt bereits, wenn x in einer der beiden Mengen nicht enthalten ist, um nicht im Schnitt zu liegen). In anderer Notation: $x \in A^{\mathsf{C}}$ oder $x \in B^{\mathsf{C}}$, also $x \in A^{\mathsf{C}} \cup B^{\mathsf{C}}$. Auf Mengenebene folgt $(A \cap B)^{\mathsf{C}} \subseteq A^{\mathsf{C}} \cup B^{\mathsf{C}}$.

„$\supseteq$" Sei $x \in A^{\mathsf{C}} \cup B^{\mathsf{C}}$, d.h. $x \in A^{\mathsf{C}}$ oder $x \in B^{\mathsf{C}}$, also $x \notin A$ oder $x \notin B$. Dann kann x natürlich auch nicht im Schnitt $A \cap B$ liegen, sprich $x \in (A \cap B)^{\mathsf{C}}$. Auf Mengenebene folgt $A^{\mathsf{C}} \cup B^{\mathsf{C}} \subseteq (A \cap B)^{\mathsf{C}}$. $\qquad\qquad\qquad$ □

Alternativ in einem Aufwasch durch Äquivalenzkette:

$$x \in (A \cap B)^{\mathsf{C}} \iff x \notin A \cap B \iff x \notin A \text{ oder(!) } x \notin B$$

$$\iff x \in A^{\mathsf{C}} \text{ oder } x \in B^{\mathsf{C}} \iff x \in A^{\mathsf{C}} \cup B^{\mathsf{C}}.$$

Vorsicht: Bei der Verwendung von Äquivalenzpfeilen ist unbedingt darauf zu achten, dass in jedem Schritt beide Implikationen „$\Leftarrow$" und „$\Rightarrow$" wahr sind.

Beweis der zweiten De Morgan-Regel $(A \cup B)^{\mathsf{C}} = A^{\mathsf{C}} \cap B^{\mathsf{C}}$. Wir zeigen diese nur auf eine Weise, direkt über Äquivalenzen:

$$x \in (A \cup B)^{\mathsf{C}} \iff x \notin A \cup B \iff x \notin A \text{ und(!) } x \notin B$$

$$\iff x \in A^{\mathsf{C}} \text{ und } x \in B^{\mathsf{C}} \iff x \in A^{\mathsf{C}} \cap B^{\mathsf{C}}. \qquad\qquad □$$

Die Umformulierung $\neg(\mathcal{A}(x) \vee \mathcal{B}(x)) \iff_{\mathscr{L}} (\neg\mathcal{A}(x) \wedge \neg\mathcal{B}(x))$ mittels Aussagenlogik hätte auch hier wieder den Vorteil, dass man nicht über die „und(!)"-Äquivalenz nachdenken müsste.

Lösung 3.8   Diagramm 3.1 zeigt, dass „$|A \cup B| = |A| + |B|$" im Allgemeinen falsch ist, weil dadurch die Elemente in $A \cap B$ doppelt gezählt würden. Nur wenn A und B *disjunkt* sind, d.h. $A \cap B = \varnothing$, stimmt diese Formel. Korrekt ist:

$$|A \cup B| = |A| + |B| - |A \cap B|.$$

Zur Begründung beachte man, dass jedes Element von $A \cup B$ entweder in A oder $B \backslash A$ liegt (zeichne dir zur Veranschaulichung Venn-Diagramme). Da diese beiden Mengen disjunkt sind, gilt

$$|A \cup B| = |A| + |B \backslash A|,$$

und aufgrund von $|B \backslash A| = |B| - |A \cap B|$ folgt die Behauptung.

Lösung 3.9   Das kartesische Produkt lautet in diesem Fall

$$A \times B = \big\{ (d,k), (d,m), (d,s), (p,k), (p,m), (p,s), (b,k), (b,m), (b,s) \big\},$$

und besitzt $3 \cdot 3 = 9$ Elemente. Allgemein gilt offenbar (für endliche Mengen)

$$|A \times B| = |A| \cdot |B|,$$

denn jedes der $|A|$ Elemente von A kann mit jedem der $|B|$ Elemente von B zu einem Tupel kombiniert werden.

Lösung 3.10   Für $|M| = 0$ ist M die leere Menge und damit auch die einzig mögliche Teilmenge, d.h. $\mathfrak{P}(M) = \{ \varnothing \}$ (dies ist jetzt nicht etwa auch die leere Menge, sondern eine einelementige Menge, die als einziges Element die leere Menge enthält). Das bedeutet $|\mathfrak{P}(M)| = 1 = 2^0$.

Sei $|M| = 1$, etwa $M = \{ a \}$. Hier lassen sich als Teilmengen nur die leere Menge und die Menge selbst auswählen, also $\mathfrak{P}(M) = \{ \varnothing, \{a\} \}$ und somit $|\mathfrak{P}(M)| = 2 = 2^1$.

Sei $|M| = 2$, etwa $M = \{ a, b \}$. Neben der leeren Menge und der Menge selbst lassen sich noch einelementige Teilmengen bilden, also $\mathfrak{P}(M) = \{ \varnothing, \{a\}, \{b\}, \{a,b\} \}$ und somit $|\mathfrak{P}(M)| = 4 = 2^2$.

Für $|M| = 3$ wissen wir bereits aus Beispiel 3.4, dass $|\mathfrak{P}(M)| = 8 = 2^3$ ist.

Bei $|M| = 4$ sei etwa $M = \{ a, b, c, d \}$. Aufschreiben aller Teilmengen liefert

$$\mathfrak{P}(M) = \big\{ \varnothing, \{a\}, \{b\}, \{c\}, \{d\}, \{a,b\}, \{a,c\}, \{b,c\}, \{a,d\}, \{b,d\},$$
$$\{c,d\}, \{a,b,c\}, \{a,b,d\}, \{a,c,d\}, \{b,c,d\}, \{a,b,c,d\} \big\},$$

also ist $|\mathfrak{P}(M)| = 16 = 2^4$. Dies wollen wir nun noch etwas systematischer herleiten: Es gibt 4 einelementige Teilmengen von M: $\{a\}, \ldots, \{d\}$. Weiterhin gibt es $4 \cdot 3 = 12$ Möglichkeiten, 2 der 4 Elemente von M auszuwählen. Weil bei Mengen die Reihenfolge der Elemente aber keine Rolle spielt (z.B. ist $\{a,b\} = \{b,a\}$), ergeben sich nur $\frac{4 \cdot 3}{2} = 6$ verschiedene zweielementige Teilmengen. Ähnlich ist es bei den 3-elementigen Teilmengen: Es gibt $4 \cdot 3 \cdot 2 = 24$ Möglichkeiten für die Auswahl ihrer Elemente, eine mögliche Wahl wäre z.B. $\{a,b,c\}$. Jede Permutation (Durcheinanderwürfelung) dieser drei Elemente ändert die Teilmenge nicht: $\{a,b,c\} = \{b,c,a\} = \ldots = \{b,a,c\}$. Weil es jeweils $3 \cdot 2 \cdot 1 = 3! = 6$ mögliche Permutationen gibt, bleiben am Ende nur $\frac{24}{6} = 4$ verschiedene dreielementige Teilmengen übrig. Insgesamt ($\varnothing$ und M selbst nicht vergessen) ergibt sich

$$|\mathfrak{P}(M)| = 1 + 4 + 6 + 4 + 1 = 16 = 2^4.$$

Wer hier genau hinschaut erkennt vielleicht, dass es sich bei den möglichen Anzahlen 1, 4, 6, 4 und 1 gerade um die Binomialkoeffizienten $\binom{4}{0}$, $\binom{4}{1}$, $\binom{4}{2}$, $\binom{4}{3}$ und $\binom{4}{4}$ handelt. Mit Hilfe dieser Erkenntnis lässt sich die Potenzmengen-Mächtigkeit einer n-elementigen Menge bestimmen:

Wer in der Schule etwas Kombinatorik gelernt hat, weiß, dass es $\binom{n}{k} = \frac{n!}{k!(n-k)!}$ Möglichkeiten gibt, aus n Elementen k Elemente *ohne Reihenfolge* auszuwählen. Damit ist

$$|\mathfrak{P}(M)| = \binom{n}{0} + \binom{n}{1} + \ldots + \binom{n}{n} = \sum_{k=0}^{n} \binom{n}{k} = 2^n.$$

Hinter dem letzten Gleichzeichen steckt folgender Trick: Man schreibt 2 als $1+1$ und entwickelt $2^n = (1+1)^n$ nach dem binomischen Lehrsatz (siehe Seite 35). Weil die Faktoren $1^k \cdot 1^{n-k}$ allesamt 1 sind, ist obige Summe der Binomialkoeffizienten demnach nichts anderes als $(1+1)^n = 2^n$.

Die Mächtigkeit der Potenzmenge ist also die Zweierpotenz der Mächtigkeit der Ursprungsmenge; daher auch der Name Potenzmenge.

Lösung 3.11

a) Es ist $I = \mathbb{N}_0$ und $M_i = [-i,i]$. $\bigcap_{i\in I} M_i = \{0\}$ ist klar, denn $x \in \mathbb{R}$ liegt genau dann in allen Intervallen M_i (inklusive $[-0,0] = \{0\}$), wenn $x = 0$ ist. $\bigcup_{i\in I} M_i = \mathbb{R}$: Da $M_i \subseteq \mathbb{R}$ für alle $i \in I$ ist, gilt $\bigcup_{i\in I} M_i \subseteq \mathbb{R}$. Umgekehrt liegt auch jedes $x \in \mathbb{R}$ in (mindestens) einem Intervall M_i (vergleiche dazu auch Aufgabe 4.16): Runde $|x|$ auf die nächstgrößere natürliche Zahl i_x auf; dann ist $x \in [-i_x, i_x] = M_{i_x} \subset \bigcup_{i\in I} M_i$. Somit ist $\mathbb{R} \subseteq \bigcup_{i\in I} M_i$ und insgesamt gilt Gleichheit.

b) Es ist $\bigcap_{i\in I} M_i = \varnothing$, denn wenn ein $x \in \mathbb{R}$ in allen Intervallen $(0, \frac{1}{i})$ liegt, so müsste einerseits $x > 0$ sein, andererseits wäre x aber auch kleiner als *jedes* $\frac{1}{i}$, $i \in \mathbb{N}$. Dies ist nicht möglich: Wie in a) findet man eine natürliche Zahl i_x mit $i_x > \frac{1}{x}$, d.h. $\frac{1}{i_x} < x$. Somit enthält der Durchschnitt $\bigcap_{i\in I} M_i$ keine Elemente.

Die Vereinigung ist $\bigcup_{i\in I} M_i = M_1 = (0,1)$. „$\supseteq$" ist klar nach Definition der Vereinigung und „$\subseteq$" folgt aus $M_i \subseteq M_1$ für alle $i \in \mathbb{N}$.

c) Die De Morgan-Regeln für beliebige Schnitte und Vereinigungen lauten

$$\left(\bigcap_{i\in I} M_i \right)^{\mathsf{C}} = \bigcup_{i\in I} M_i^{\mathsf{C}} \quad \text{und} \quad \left(\bigcup_{i\in I} M_i \right)^{\mathsf{C}} = \bigcap_{i\in I} M_i^{\mathsf{C}}.$$

Beweis der ersten Regel:

$$x \in \left(\bigcap_{i\in I} M_i \right)^{\mathsf{C}} \iff x \notin \bigcap_{i\in I} M_i \iff x \notin M_j \text{ für ein } j \in I$$

$$\iff x \in M_j^{\mathsf{C}} \text{ für ein } j \in I \iff x \in \bigcup_{i\in I} M_i^{\mathsf{C}}.$$

Auch hier bedeutet „für ein j" wieder „für mindestens ein j".

Beweis der zweiten Regel:

$$x \in \left(\bigcup_{i \in I} M_i \right)^{\complement} \iff x \notin \bigcup_{i \in I} M_i \iff x \notin M_i \text{ für alle } i \in I$$

$$\iff x \in M_i^{\complement} \text{ für alle } i \in I \iff x \in \bigcap_{i \in I} M_i^{\complement}. \qquad \square$$

Lösung 3.12

a) $\operatorname{im} q = \mathbb{R}_0^+$; $q([1,3)) = [1,9)$; $q^{-1}([169,361]) = [-19,-13] \cup [13,19]$ (gesucht sind alle Zahlen, deren Quadrat in $[169,361]$ liegt); $q^{-1}(-1) = \varnothing$, da $q(x) = x^2 = -1$ für kein $x \in \mathbb{R}$ gilt; $q^{-1}((-1,2)) = (-\sqrt{2}, \sqrt{2}\,)$.

b) $\operatorname{im} f = \{s,k\}$, $f^{-1}(m) = \varnothing$, $f^{-1}(s) = \{d,p\}$, $f^{-1}(\{s,k\}) = A$.

c) Für $n = 0$ ist $p(x) = a_0 = \text{konst.}$, d.h. $\operatorname{im} p = \{a_0\}$. Für $n > 0$ unterscheide: Falls n ungerade ist, gilt $\operatorname{im} p = \mathbb{R}$, weil die Polynomfunktion dann für $x \to \infty$ gegen $+\infty$ (da $a_n > 0$ vorausgesetzt wurde) und für $x \to -\infty$ gegen $-\infty$ strebt und dazwischen jeden y-Wert annimmt (ohne Beweis).

Für gerades n gilt $p(x) \to +\infty$ für $x \to \pm\infty$ ($a_n > 0$) und an einer Stelle x_0 nimmt $p(x)$ sein globales Minimum an. Deshalb ist in diesem Fall $\operatorname{im} p = [\,p(x_0), \infty\,)$.

d) $\operatorname{id}^{-1}(N) = N$ für beliebiges $N \subseteq A$.

e) $\operatorname{im} r = \mathbb{N}_{\geqslant 2}$, $r^{-1}(\{169, \ldots, 361\}) = \{168, \ldots, 360\}$.

Lösung 3.13

a) Da die (und nur die) reellen Zahlen zwischen -1 und 1 (Grenzen inklusive) vom Sinus getroffen werden, ist $\operatorname{im} \sin = \sin(\mathbb{R}) = [-1,1]$.

b) Es gilt $\sin([\,\pi, 2\pi\,]) = [-1,0]$, wie man am Schaubild erkennt.

c) Die Urbildmenge $\sin^{-1}(\{0\})$ besteht aus allen x-Werten mit $\sin(x) \in \{0\}$, sprich $\sin(x) = 0$, also aus den Nullstellen der Sinusfunktion:

$$\sin^{-1}(\{0\}) = \{\, x \in \mathbb{R} \mid \sin(x) = 0 \,\} = \{\ldots, -\pi, 0, \pi, 2\pi, \ldots\},$$

wobei man die letzte Menge kompakter als $\{\, k \cdot \pi \mid k \in \mathbb{Z} \,\}$ oder noch kürzer als $\mathbb{Z}\pi$ bzw. $\pi\mathbb{Z}$ schreibt.

d) Die Menge $\sin^{-1}(\{1\})$ besteht aus allen x mit $\sin(x) = 1$, also (siehe Schaubild und beachte die 2π-Periodizität des Sinus)

$$\sin^{-1}(\{1\}) = \{\, x \in \mathbb{R} \mid \sin(x) = 1 \,\} = \{\, \tfrac{\pi}{2} + k \cdot 2\pi \mid k \in \mathbb{Z} \,\} = \tfrac{\pi}{2} + 2\pi\mathbb{Z}.$$

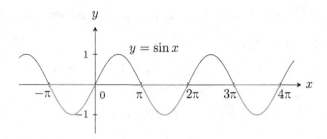

Abbildung A.2

e) Nur die grauen Abschnitte auf der x-Achse in Abbildung A.2 liefern Sinuswerte in $[-1,0]$, also gilt

$$\sin^{-1}([-1,0]) = \ldots[-\pi,0] \cup [\pi,2\pi] \cup [3\pi,4\pi] \cup \ldots,$$

was man eleganter schreiben kann als

$$\sin^{-1}([-1,0]) = \bigcup_{k \in \mathbb{O}} [k\pi,(k+1)\pi],$$

wobei k die ungeraden Zahlen $\mathbb{O} = \{\ldots,-1,1,3,5,\ldots\}$ durchläuft.

Lösung 3.14   im $f \subseteq B$: Sei $y \in \operatorname{im} f$, d.h. $y = \sqrt{x}$ für ein $x \in A = \mathbb{R}_0^+$. Nach Definition der Wurzel ist dann $y \geqslant 0$, also $y \in B$. (Erinnere dich: $\sqrt{x}$ ist die nicht negative Lösung der Gleichung $y^2 = x$.)

$B \subseteq \operatorname{im} f$:   Sei $y \in B$, d.h. $y \geqslant 0$. Wir wollen $y \in \operatorname{im} f$ zeigen, also gilt es ein $x \in A$ mit $f(x) = y$ zu finden. Wählen wir $x = y^2$, so ist $x \in A$ und

$$f(x) = f(y^2) = \sqrt{y^2} = |y| = y,$$

wobei im letzten Schritt entscheidend $y \geqslant 0$ einging. Dies zeigt $y \in \operatorname{im} f$.   □

Lösung 3.15

(1) Ist $y \in f(M_1)$, so ist $y = f(x)$ mit einem $x \in M_1$, das aufgrund von $M_1 \subseteq M_2$ auch in M_2 liegt, woraus $y = f(x) \in f(M_2)$ folgt. Also haben wir $f(M_1) \subseteq f(M_2)$.
Ist $x \in f^{-1}(N_1)$, dann gilt $f(x) \in N_1$ und wegen $N_1 \subseteq N_2$ folgt $f(x) \in N_2$, d.h. $x \in f^{-1}(N_2)$. Auf Mengenebene: $f^{-1}(N_1) \subseteq f^{-1}(N_2)$.

(2) Ein $y \in f(M_1 \cap M_2)$ ist von der Gestalt $y = f(x)$ mit $x \in M_1 \cap M_2$. Da x demnach in beiden Mengen liegt, gilt $y = f(x) \in f(M_1)$ und $y \in f(M_2)$, also $y \in f(M_1) \cap f(M_2)$.
Dass die Inklusion $f(M_1 \cap M_2) \subseteq f(M_1) \cap f(M_2)$ echt sein kann, sieht man z.B. an $f \colon \mathbb{R} \to \mathbb{R}$, $x \mapsto x^2$, sowie $M_1 = [0,1]$ und $M_2 = [-1,0]$. Hier ist nämlich $f(M_1) = f(M_2) = [0,1]$, aber

$$f(M_1 \cap M_2) = f(\{0\}) = \{0\} \subset [0,1] = f(M_1) \cap f(M_2).$$

(3) $f^{-1}(N_1 \cup N_2) = f^{-1}(N_1) \cup f^{-1}(N_2)$ beweisen wir durch eine Äquivalenzkette:

$$\begin{aligned}
x \in f^{-1}(N_1 \cup N_2) &\iff f(x) \in N_1 \cup N_2 \\
&\iff f(x) \in N_1 \vee f(x) \in N_2 \\
&\iff x \in f^{-1}(N_1) \vee x \in f^{-1}(N_2) \\
&\iff x \in f^{-1}(N_1) \cup f^{-1}(N_2).
\end{aligned}$$

(4) Anwenden der Definitionen von Urbild und Komplement liefert

$$x \in f^{-1}(N^\mathsf{C}) \iff f(x) \in N^\mathsf{C} \iff f(x) \notin N \iff x \notin f^{-1}(N)$$
$$\iff x \in (f^{-1}(N))^\mathsf{C}. \qquad \square$$

Lösung 3.16

a) f ist nicht injektiv, da es zwei Punkte in A gibt, die denselben Bildpunkt in B besitzen. Da es außerdem Punkte in B gibt, die kein Urbild in A haben, ist f auch nicht surjektiv. Folglich kann f natürlich auch nicht bijektiv sein.

b) Diagramme zeichnen kann jeder selber (hoffe ich). Beachte dabei c).

c) Für injektives f ist $|A| \leqslant |B|$ eine notwendige Bedingung: Für $|A| > |B|$ hätten mindestens zwei Elemente von A dasselbe Bild unter f, da es nur $|B|$ Möglichkeiten zur Auswahl dieses Bildes gibt.
Für surjektives f braucht man $|A| \geqslant |B|$: Wenn jedes $y \in B$ von f getroffen werden soll, muss A mindestens $|B|$ Elemente enthalten, da kein $x \in A$ mehr als ein Bild haben kann (sonst wäre f keine Abbildung).
Beide Bedingungen zusammen ergeben $|A| = |B|$ als notwendige Voraussetzung für die Bijektivität von f. (Natürlich ist das nicht hinreichend; z.B. könnte f jedes $x \in A$ auf dasselbe $y_0 \in B$ abbilden.)

Lösung 3.17

○ Ist f injektiv, so wird kein $y \in B$ mehrfach von f getroffen, jedes y besitzt also *höchstens ein Urbild* unter f, d.h. es ist $|f^{-1}(y)| \leqslant 1$ für alle $y \in B$.

○ Ist f surjektiv, so besitzt jedes $y \in B$ *mindestens ein Urbild* unter f, d.h. es ist $|f^{-1}(y)| \geqslant 1$ für alle $y \in B$.

○ Bei bijekivem f besitzt jedes $y \in B$ *genau ein Urbild* unter f, d.h. es ist $|f^{-1}(y)| = 1$ für alle $y \in B$.

Lösung 3.18

a) Wegen $q(-1) = q(1)$ ist q nicht injektiv, und da -1 kein Urbild unter q besitzt, ist es auch nicht surjektiv.

b) Jedes $y \in \mathbb{R}_0^+$ besitzt $x = \sqrt{y}$ als Urbild unter q_1, da $\sqrt{y}^2 = y$ ist (wegen $y \geqslant 0$ existiert die Wurzel stets).

c) Es sei $q_2(x) = q_2(\tilde{x})$, also $x^2 = \tilde{x}^2$. Durch Wurzelziehen folgt $|x| = |\tilde{x}|$ und aufgrund von $x, \tilde{x} \in \mathbb{R}_0^+$ kann der Betrag entfallen, d.h. es ist $x = \tilde{x}$, was die Injektivität von q_2 beweist.

d) Folgt sofort aus b) und c).

Ist $f : A \to B$ mit $A, B \subseteq \mathbb{R}$ injektiv, so darf kein $b \in B$ mehrfach getroffen werden. Somit darf keine Parallele zur x-Achse ($y = b$) durch ein beliebiges $b \in B$ das Schaubild K_f mehr als einmal schneiden. Ist f hingegen surjektiv, so muss jedes $b \in B$ einmal getroffen werden, d.h. alle besagten Parallelen müssen das Schaubild mindestens einmal schneiden. Mache dir dies an der Normalparabel in Abbildung A.3 klar, mit A und B wie in den Aufgabenteilen a)–d).

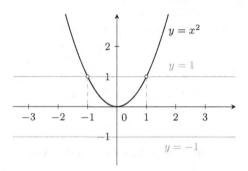

Abbildung A.3

Lösung 3.19

a) Die lineare Funktion $f(x) = 2x - 2$ ist auf ganz $I = \mathbb{R}$ bijektiv mit Bildbereich $J = \mathbb{R}$. Auflösen von $y = 2x - 2$ nach x ergibt $x = \frac{y+2}{2} = \frac{1}{2}y + 1$. Durch Vertauschen von x und y erhält man als Umkehrfunktion

$$f^{-1} : \mathbb{R} \to \mathbb{R}, \quad x \mapsto f^{-1}(x) = \tfrac{1}{2}x + 1.$$

Kontrolle:

$$(f \circ f^{-1})(x) = f\big(f^{-1}(x)\big) = f(\tfrac{1}{2}x + 1) = 2(\tfrac{1}{2}x + 1) - 2 = x = \mathrm{id}_{\mathbb{R}}(x),$$

und ebenso leicht sieht man $f^{-1} \circ f = \mathrm{id}_{\mathbb{R}}$ ein. Die beiden Schaubilder gehen durch Spiegelung an der ersten Winkelhalbierenden auseinander hervor (siehe Abbildung A.4).

b) g ist für $I = J = \mathbb{R} \setminus \{0\}$ bijektiv. Auflösen von $y = \frac{1}{x}$ nach x und Vertauschen von x mit y liefert $g^{-1}(x) = \frac{1}{x}$, d.h. g ist seine eigene Umkehrfunktion. Abbildung A.5 links zeigt, dass K_g spiegelsymmetrisch zur Geraden $y = x$ verläuft.

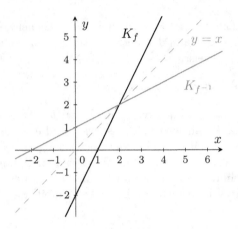

Abbildung A.4

c) h ist für $I = [-2, \infty)$ bijektiv mit Bildbereich $J = [1, \infty)$. Auflösen von $y = \sqrt{x+2} + 1$ nach x ergibt $x = (y-1)^2 - 2$, so dass

$$h^{-1}: J \to I, \quad x \mapsto (x-1)^2 - 2$$

die Umkehrfunktion von h ist. Schaubilder: siehe Abbildung A.5 rechts.

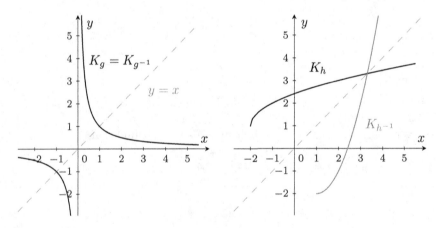

Abbildung A.5

Lösung 3.20

a) Nach Definition der Verkettung gilt für alle $x \in D_h$

$$((f \circ g) \circ h)(x) = (f \circ g)(h(x)) = f(g(h(x))) = f((g \circ h)(x))$$
$$= (f \circ (g \circ h))(x).$$

b) Sei $A = \{1, 2, 3\}$ und σ, π seien die durch

$$\sigma(1) = 1, \sigma(2) = 3, \sigma(3) = 2, \quad \text{sowie} \quad \pi(1) = 2, \pi(2) = 3, \pi(3) = 1$$

definierten Permutationen von A. Dann ist $\sigma(\pi(1)) = \sigma(2) = 3$, während $\pi(\sigma(1)) = \pi(1) = 2$, also gilt $(\sigma \circ \pi)(1) \neq (\pi \circ \sigma)(1)$ und somit $\sigma \circ \pi \neq \pi \circ \sigma$.

Als weiteres Beispiel sind $f(x) = x^2$ und $g(x) = x + 1$ Funktionen von $\mathbb{R} \to \mathbb{R}$, bei denen man sofort $f \circ g \neq g \circ f$ sieht (z.B. durch Einsetzen von $x = 1$).

Lösung 3.21

a) Es sei $f(x_1) = f(x_2)$ für $x_1, x_2 \in A$. Eingesetzt in g folgt $g(f(x_1)) = g(f(x_2))$, bzw. $(g \circ f)(x_1) = (g \circ f)(x_2)$. Die Injektivität von $g \circ f$ erzwingt $x_1 = x_2$. Somit ist f injektiv, denn aus $f(x_1) = f(x_2)$ folgt $x_1 = x_2$.

b) Surjektivität von $g \circ f$ bedeutet $(g \circ f)(A) = g(f(A)) = C$. Da $f(A) \subseteq B$ ist, muss dann natürlich erst recht $g(B) = C$ gelten, also ist g surjektiv.

c) Um die Surjektivität von f zu zeigen, müssen wir für jedes $b \in B$ ein f-Urbild $a_b \in A$ finden. Um g ins Spiel zu bringen, bilden wir b doch einfach mal mit g ab: $c = g(b) \in C$ besitzt wegen der Surjektivität von $g \circ f \colon A \to C$ ein Urbild $a \in A$. Dieses a erfüllt $(g \circ f)(a) = c$ und ist eine mögliche Wahl für das gesuchte Urbild a_b: Es gilt

$$g(b) = c = (g \circ f)(a) = g(f(a)),$$

woraus aufgrund der Injektivität von g wie gewünscht $b = f(a)$ folgt.

d) Wir betrachten $f \colon \mathbb{R} \to \mathbb{R}$, $x \mapsto x^2$ und $g \colon \mathbb{R} \to \mathbb{R}_0^+$, $x \mapsto |x|$. Dann ist f offenbar nicht surjektiv (im f enthält keine negativen Zahlen), aber für die Verkettung gilt $(g \circ f)(x) = g(f(x)) = g(x^2) = |x^2| = x^2$ (da $x^2 \geqslant 0$). Somit ist $g \circ f \colon \mathbb{R} \to \mathbb{R}_0^+$, $x \mapsto x^2$ eine surjektive Funktion, denn jedes $y \in \mathbb{R}_0^+$ besitzt $\sqrt{y}$ als Urbild unter $g \circ f$.

Lösung 3.22   Um in den „$\Rightarrow$"-Richtungen keine Fallunterscheidungen machen zu müssen, behandeln wir die Spezialfälle $M = \varnothing$ und $M = A$ vorneweg.
In (1) gilt im Fall $M = \varnothing$ trivialerweise $f(M^{\mathsf{C}}) \subseteq f(M)^{\mathsf{C}}$, denn $f(\varnothing)^{\mathsf{C}} = \varnothing^{\mathsf{C}} = B \supseteq f(\varnothing^{\mathsf{C}}) = f(A)$. Ebenso ist für $M = A$ stets $f(A^{\mathsf{C}}) = f(\varnothing) = \varnothing \subseteq f(A)^{\mathsf{C}}$ ganz egal, ob f injektiv ist oder nicht.
In (2) ist bei vorausgesetzter Surjektivität $f(A) = B$ und daraus folgt $f(A)^{\mathsf{C}} = B^{\mathsf{C}} = \varnothing \subseteq f(A^{\mathsf{C}})$. Für $M = \varnothing$ ist $f(\varnothing)^{\mathsf{C}} = \varnothing^{\mathsf{C}} = B$, was wieder nur für surjektives f eine Teilmenge von $f(\varnothing^{\mathsf{C}}) = f(A) = B$ ist.

(1) „$\Rightarrow$" Sei f injektiv und M eine beliebige Teilmenge mit $\varnothing \neq M \subset A$. Gilt $y \in f(M^{\mathsf{C}})$, dann ist $y = f(x)$ mit einem $x \in M^{\mathsf{C}}$, d.h. $x \notin M$. Da jedes $x' \in M$ automatisch $x' \neq x$ erfüllt, liefert die Injektivität von f, dass $f(x') \neq f(x)$ für alle $x' \in M$ sein muss. Folglich liegt $y = f(x)$ nicht in $f(M)$, sprich $y \in f(M)^{\mathsf{C}}$, was $f(M^{\mathsf{C}}) \subseteq f(M)^{\mathsf{C}}$ beweist.

„⇐" Da $f(M^C) \subseteq f(M)^C$ für *alle* Teilmengen $M \subseteq A$ gilt, können wir als M insbesondere die einelementigen Mengen $M = \{x\}$ für beliebiges $x \in A$ wählen. Aufgrund der vorausgesetzten Inklusion folgt dann

$$f(\{x\}^C) \subseteq f(\{x\})^C = B \setminus \{f(x)\}.$$

Somit liegen alle $x' \in \{x\}^C$, also alle x' mit $x' \neq x$, in $B \setminus \{f(x)\}$ und werden daher nicht auf $f(x)$ abgebildet. Aus $x' \neq x$ folgt also $f(x') \neq f(x)$, was gleichbedeutend mit der Injektivität von f ist.   □

(2) „⇒" Sei f surjektiv und $M \neq \emptyset$ eine beliebige, echte Teilmenge von A. Jedes Element $y \in f(M)^C = B \setminus f(M)$ besitzt aufgrund der Surjektivität von f ein Urbild, d.h. man findet ein $x \in A$ mit $y = f(x)$. Dieses x muss aber aus M^C stammen (für $x \in M$ wäre $y = f(x) \in f(M)$), was $y = f(x) \in f(M^C)$ bedeutet. Somit gilt $f(M)^C \subseteq f(M^C)$.

„⇐" Da $f(M)^C \subseteq f(M^C)$ für *alle* Teilmengen $M \subseteq A$ gilt, können wir insbesondere $M = A$ wählen. In diesem Fall folgt wegen $A^C = A \setminus A = \emptyset$

$$f(A)^C \subseteq f(A^C) = f(\emptyset) = \emptyset, \quad \text{also} \quad f(A)^C = \emptyset.$$

Wenn im $f = f(A)$ leeres Komplement in B besitzt, muss $f(A)$ bereits ganz B sein, d.h. f ist surjektiv.   □

Lösung 3.23

a) Betrachte $g \colon (0,1] \to [0,1)$, $x \mapsto 1 - x$. Stellt man sich die zugehörige Gerade vor, so erkennt man sofort, dass g eine Bijektion ist.
Formaler: Aus $g(1) = 0$ und $g(x) \to 1$ für $x \to 0$ und dem linearen Verhalten dazwischen folgt im $g = [0,1)$, d.h. g ist surjektiv. Injektivität ist klar, da aus $1 - x_1 = 1 - x_2$ sofort $x_1 = x_2$ folgt. (Noch schneller: $g^{-1} \colon [0,1) \to (0,1]$, $x \mapsto 1 - x$, ist die Umkehrabbildung.) Somit gilt $|(0,1]| = |[0,1)|$.

Beweis von $|[0,1)| = |[0,1]|$: Indem man $\tilde{f}(0) = 0$ definiert, setzt man die Abbildung $f \colon (0,1] \to (0,1)$ aus dem Beweis von Satz 3.5 (1) zu einer Abbildung $\tilde{f} \colon [0,1] \to [0,1)$ fort, die weiterhin bijektiv ist: Das „Drankleben" der Null ergibt im $\tilde{f} = [0,1)$ anstelle von $(0,1)$ und ändert nichts an der Injektivität, da $\tilde{f}(x) = f(x) \neq 0$ für alle $x \in (0,1)$.

b) Geometrisch: Man legt das kürzere Intervall eine Längeneinheit über das längere und projiziert dann von einem geeigneten Zentrum aus, was eine bijektive Korrespondenz beider Intervalle liefert.
Formal (aber auch noch ein wenig geometrisch): Man wählt als Bijektion $h \colon (a,b) \to (c,d)$ diejenige lineare Funktion, deren zugehörige Gerade K_h durch die Punkte $(a \mid c)$ und $(b \mid d)$ verläuft. (Also $h(x) = mx + l$ mit Steigung $m = \frac{\Delta y}{\Delta x} = \frac{d-c}{b-a}$ und y-Achsenabschnitt l, bestimmbar aus der Punktprobe $h(a) = c$.) Dann gilt im $h = (c,d)$ nach Konstruktion von h und die Injektivität ist klar.

c) Hier wurde alle nötige Arbeit bereits geleistet: Nach a) und Satz 3.5 gilt $|(0,1]| = |[0,1)| = |(0,1)|$ und b) liefert weiter $|(0,1)| = |(\sqrt{2}, \pi)|$. (Will man explizit eine Bijektion angeben, so bilde man die Komposition der Bijektionen aus a), Satz 3.5 und b).)

Lösung 3.24

a) Es ist $10x = 9{,}9999\ldots$ und Differenzbildung mit x liefert

$$9x = 10x - x = 9{,}9999\ldots - 0{,}9999\ldots = 9{,}0$$

was nach Division durch 9 auf $x = 1$ führt.

b) Ist z.B. $z = 0{,}2\overline{10} = 0{,}210101010\ldots$, so besäße dieses z das Urbild (x, y) mit $x = 0{,}2\overline{0} = 0{,}2$ und $y = 0{,}\overline{1}$. Die Darstellung von x verstößt aber gegen die Vereinbarung, alle Zahlen als nicht abbrechende Dezimalbrüche zu schreiben. Und diese Vereinbarung ist nötig, um die Abbildung h im Beweis von Satz 3.6 bzw. deren Umkehrung überhaupt definieren zu können. Ansonsten besäße z.B. die Zahl $z = 0{,}5 = 0{,}4\overline{9}$ kein eindeutiges Urbild mehr: Als $z = 0{,}5$ geschrieben wäre $h^{-1}(z) = (0{,}5, 0)$ (was schon aufgrund von $0 \notin (0,1]$ nicht erlaubt wäre), während die Darstellung $z = 0{,}4\overline{9}$ auf $h^{-1}(z) = (0{,}4\overline{9}, 0{,}\overline{9})$ führen würde. Somit wäre h^{-1} keine Abbildung mehr.

c) Nein, das geht nicht, da z.B. das Urbild von $z = 0{,}919191\ldots \in (0,1)$ das Tupel (x, y) mit $x = 0{,}999\ldots$ und $y = 0{,}111\ldots$ ist. Aber $x = 0{,}\overline{9} = 1$ liegt nicht mehr in $(0,1)$.

Lösungen zu Kapitel 4

Lösung 4.1   Sollte „Hinschauen" keine Vermutung für den Grenzwert liefern, so setzt man einfach mal mit dem Taschenrechner große n in a_n ein.

Achtung: Deine Lösungen sollten stets so ausführlich wie a) aufgeschrieben sein. In b)–f) wird hier nicht jedesmal wiederholt, dass $\varepsilon > 0$ beliebig sei und auch nicht mehr das Argument $(\star)$ angeführt.

a) Vermutung: (a_n) konvergiert gegen $a = 2$. Beweis: Für ein beliebiges $\varepsilon > 0$ müssen wir ein $n_\varepsilon \in \mathbb{N}$ finden, so dass $|a_n - a| < \varepsilon$ für alle $n > n_\varepsilon$ gilt. Wir müssen also $\left| (2 - \frac{1}{\sqrt{n}}) - 2 \right| = \left| -\frac{1}{\sqrt{n}} \right| < \varepsilon$ nach n auflösen:

$$\frac{1}{\sqrt{n}} < \varepsilon \quad \Longleftrightarrow \quad \sqrt{n} > \frac{1}{\varepsilon} \quad \Longleftrightarrow \quad n > \frac{1}{\varepsilon^2}.$$

(Bei der letzten Äquivalenz geht ein, dass die Quadratfunktion $q: \mathbb{R}^+ \to \mathbb{R}^+$, $x \mapsto x^2$, streng monoton steigend ist; und damit auch ihre Umkehrfunktion, die Wurzel.)

Setzen wir also $n_\varepsilon = \left\lceil \frac{1}{\varepsilon^2} \right\rceil$, so haben wir zu jedem $\varepsilon > 0$ ein n_ε gefunden, so dass $|a_n - 2| < \varepsilon$ für alle $n > n_\varepsilon$ gilt. Somit konvergiert (a_n) tatsächlich gegen 2. $(\star)$
Für $\varepsilon = 10^{-6}$ ist $n_\varepsilon = 10^{12}$ zu wählen (als kleinstmögliche Zahl n_ε mit obiger Eigenschaft).

b) Vermutung: $a_n \to -\frac{2}{4} = -\frac{1}{2}$. Beweis: Es gilt

$$\left| \frac{1-2n}{4n} - \left(-\frac{1}{2}\right) \right| = \left| \frac{1-2n}{4n} + \frac{2n}{4n} \right| = \left| \frac{1-2n+2n}{4n} \right| = \frac{1}{4n} < \varepsilon$$

für alle $n > n_\varepsilon := \left\lceil \frac{1}{4\varepsilon} \right\rceil$. Es ist $n_\varepsilon = 250\,000$ für $\varepsilon = 10^{-6}$.

c) Vermutung: $a_n \to \pi$. Rechne: $\left| (\pi - \frac{(-1)^n}{n^2}) - \pi \right| = \left| -\frac{(-1)^n}{n^2} \right| = \frac{1}{n^2}$. Dies wird $< \varepsilon$ für alle $n > n_\varepsilon := \left\lceil \frac{1}{\sqrt{\varepsilon}} \right\rceil$. Für $\varepsilon = 10^{-6}$ braucht man $n_\varepsilon = 1000$.

d) Vermutung: $a_n \to \sqrt{2}$. $\left| (\sqrt{2} + \left(\frac{5}{8}\right)^n) - \sqrt{2} \right| = \left(\frac{5}{8}\right)^n < \varepsilon$ führt völlig analog zu Beispiel 1.4 auf $n_\varepsilon = \left\lceil \frac{\log \varepsilon}{\log \frac{5}{8}} \right\rceil$. Für $\varepsilon = 10^{-6}$ ist $n_\varepsilon = \lceil 29{,}39\ldots \rceil = 30$ zu wählen.

e) Zunächst schreiben wir a_n um als $a_n = \frac{3^n - 4^n}{4^{n+1}} = \frac{3^n}{4 \cdot 4^n} - \frac{4^n}{4 \cdot 4^n} = \frac{1}{4} \cdot \left(\frac{3}{4}\right)^n - \frac{1}{4}$.

Damit ist die Vermutung $a_n \to -\frac{1}{4}$ schnell bewiesen: $|a_n + \frac{1}{4}| = \frac{1}{4} \cdot \left(\frac{3}{4}\right)^n < \varepsilon$ führt nach Umformungen wie in Beispiel 1.4 auf $n_\varepsilon = \left\lceil \frac{\log 4\varepsilon}{\log \frac{3}{4}} \right\rceil$. Für $\varepsilon = 10^{-6}$ ergibt sich $n_\varepsilon = \lceil 43{,}2 \rceil = 44$.

f) Vermutung: $a_n \to -\frac{12}{8} = -\frac{3}{2}$. Zum Auswerten von $|a_n - (-\frac{3}{2})| < \varepsilon$ müssen wir zunächst Umformarbeit verrichten!

$$\left| \frac{-12n^2 + 12n - 1}{8n^2 - 8n + 2} + \frac{3}{2} \right| = \left| \frac{2(-12n^2 + 12n - 1) + 3(8n^2 - 8n + 2)}{2(8n^2 - 8n + 2)} \right|$$

$$= \ldots = \left| \frac{4}{4(4n^2 - 4n + 1)} \right| = \frac{1}{(2n-1)^2} < \varepsilon.$$

Auflösen der Ungleichung nach n ergibt $n > \frac{1}{2}\left(\frac{1}{\sqrt{\varepsilon}} + 1\right) := n_\varepsilon$. Für $\varepsilon = 10^{-6}$ muss man also die Wahl $n_\varepsilon = \lceil 500{,}5 \rceil = 501$ treffen.

Will man sich das mühsame Hauptnenner-Bilden und Zusammenfassen sparen, so kann man auch einfach Polynomdivision durchführen: Es ist $(-12n^2 + 12n - 1) : (8n^2 - 8n + 2) = -\frac{3}{2}$ mit Rest 2 (nachrechnen!), also

$$a_n = \frac{-12n^2 + 12n - 1}{8n^2 - 8n + 2} = -\frac{3}{2} + \frac{2}{8n^2 - 8n + 2} = -\frac{3}{2} + \frac{2}{2(2n-1)^2},$$

und es folgt wieder $|a_n + \frac{3}{2}| = \frac{1}{(2n-1)^2}$.

Lösung 4.2 Wir müssen zeigen, dass $|(\sqrt{n+1} - \sqrt{n}) - 0|$ irgendwann kleiner als jedes beliebige $\varepsilon > 0$ wird. Trickreiches Erweitern hilft hierbei:

$$(\sqrt{n+1} - \sqrt{n}) \cdot \frac{\sqrt{n+1} + \sqrt{n}}{\sqrt{n+1} + \sqrt{n}} = \frac{\sqrt{n+1}^2 - \sqrt{n}^2}{\sqrt{n+1} + \sqrt{n}} \quad \text{(3. Binom!)}$$

$$= \frac{n+1-n}{\sqrt{n+1} + \sqrt{n}} = \frac{1}{\sqrt{n+1} + \sqrt{n}}.$$

Da Auflösen von $\frac{1}{\sqrt{n+1}+\sqrt{n}} < \varepsilon$ nach n unangenehm werden dürfte, schätzen wir wie folgt ab:

$$\sqrt{n+1} + \sqrt{n} > \sqrt{n} \quad \Longrightarrow \quad \frac{1}{\sqrt{n+1} + \sqrt{n}} < \frac{1}{\sqrt{n}}.$$

Es genügt also, dass $\frac{1}{\sqrt{n}} < \varepsilon$ wird, denn dann ist erst recht $\frac{1}{\sqrt{n+1}+\sqrt{n}} < \frac{1}{\sqrt{n}} < \varepsilon$. (So finden wir zwar nicht das kleinstmögliche n_ε, aber das verlangt ja auch keiner.) Somit ist $n_\varepsilon = \lceil \frac{1}{\varepsilon^2} \rceil$ eine mögliche Wahl, was den Beweis von $a_n \to 0$ beendet.

Lösung 4.3 Angenommen $a \neq a'$, also etwa $a > a'$, sind zwei verschiedene Grenzwerte von (a_n). Dann ist $a - a' > 0$ und damit auch $\varepsilon := \frac{a-a'}{3} > 0$. Nach Definition von ε ist (anschaulich) klar, dass die ε-Umgebungen $U_\varepsilon(a)$ und $U_\varepsilon(a')$ disjunkt sind, d.h. dass sie kein Element gemeinsam haben. Aufgrund von $a_n \to a$ und $a_n \to a'$ müssten aber beide fast alle Folgenglieder enthalten. Widerspruch. $\square$

Lösung 4.4 Es gibt ein $\varepsilon > 0$, so dass nicht fast alle a_n in der ε-Umgebung um a liegen. Da „nicht fast alle" gleichbedeutend mit „unendlich viele" ist, kann man dies auch formulieren als: Es gibt ein $\varepsilon > 0$, so dass $|a_n - a| \geqslant \varepsilon$ für unendlich viele a_n gilt. Für eine formale Verneinung siehe Aufgabe 1.12.

Lösung 4.5   Wir müssen zeigen, dass $a_n b_n$ gegen 0 konvergiert. Wir suchen also zu beliebigem $\varepsilon > 0$ ein n_ε, so dass $|a_n b_n - 0| < \varepsilon$ für alle $n > n_\varepsilon$ gilt. Da (b_n) beschränkt ist, gibt es eine Zahl $S \in \mathbb{R}^+$, so dass $|b_n| \leqslant S$ für alle $n \in \mathbb{N}$ ist. Da (a_n) eine Nullfolge ist, finden wir zu $\varepsilon' = \frac{\varepsilon}{S} > 0$ ein $n_{\varepsilon'}$, so dass $|a_n| < \frac{\varepsilon}{S}$ für alle $n > n_{\varepsilon'}$ gilt (warum man $\frac{\varepsilon}{S}$ statt ε wählt, wird gleich klar werden). Für diese $n > n_{\varepsilon'}$ gilt dann wie gewünscht

$$|a_n b_n - 0| = |a_n b_n| = |a_n| \cdot |b_n| < \frac{\varepsilon}{S} \cdot S = \varepsilon. \qquad \square$$

Lösung 4.6   Wir müssen $|\sqrt{a_n} - \sqrt{a}\,|$ kleiner als jedes beliebige $\varepsilon > 0$ werden lassen. Hierbei hilft wieder der Trick aus Aufgabe 4.2. Zunächst sei $a > 0$.

$$\left|\sqrt{a_n} - \sqrt{a}\,\right| = \left|(\sqrt{a_n} - \sqrt{a}) \cdot \frac{\sqrt{a_n} + \sqrt{a}}{\sqrt{a_n} + \sqrt{a}}\right| = \left|\frac{\sqrt{a_n}^2 - \sqrt{a}^2}{\sqrt{a_n} + \sqrt{a}}\right|$$

$$= \frac{|a_n - a|}{\sqrt{a_n} + \sqrt{a}} \leqslant \frac{|a_n - a|}{\sqrt{a}}\,,$$

wobei im letzten Schritt die Abschätzung $\sqrt{a_n} + \sqrt{a} \geqslant \sqrt{a}$ verwendet wurde. Weil (a_n) gegen a konvergiert, gibt es ein n_ε, so dass $|a_n - a| < \varepsilon\sqrt{a}$ für alle $n > n_\varepsilon$ gilt, und damit auch

$$\left|\sqrt{a_n} - \sqrt{a}\,\right| \leqslant \frac{|a_n - a|}{\sqrt{a}} < \frac{\varepsilon\sqrt{a}}{\sqrt{a}} = \varepsilon.$$

Für $a = 0$ ist die obige Abschätzung nicht zulässig, jedoch sieht man in diesem Fall direkt, dass $|\sqrt{a_n} - \sqrt{0}\,| = \sqrt{a_n}$ beliebig klein wird: Wegen $a_n \to 0$ existiert ein n_ε, so dass $a_n < \varepsilon^2$ für alle $n > n_\varepsilon$ gilt, woraus $\sqrt{a_n} < \sqrt{\varepsilon^2} = \varepsilon$ für alle $n > n_\varepsilon$ folgt (aufgrund der Monotonie der Wurzelfunktion). $\qquad \square$

Lösung 4.7   Für $0 < q < 1$ ist $Q := \frac{1}{q} > 1$, und nach Beispiel 4.7 ist die Folge (Q^n) unbeschränkt. Zu jedem $S \in \mathbb{R}$ gibt es also ein $N_S \in \mathbb{N}$ mit $Q^n > S$ für alle $n > N_S$. Setzt man zu $\varepsilon > 0$ nun $S = \frac{1}{\varepsilon}$ und $n_\varepsilon = N_S$, so erhält man $Q^n = (\frac{1}{q})^n > S = \frac{1}{\varepsilon}$ für alle $n > n_\varepsilon$, woraus durch Kehrwertbildung $q^n < \varepsilon$ für alle $n > n_\varepsilon$ folgt. $\qquad \square$

Lösung 4.8   „$\Rightarrow$" Ist die Folge (a_n) beschränkt, so gibt es Zahlen $s, S \in \mathbb{R}$ mit $s \leqslant a_n \leqslant S$ für alle $n \in \mathbb{N}$. Der maximale Abstand eines a_n zur Null kann also höchstens $|S|$ oder $|s|$ sein, je nachdem welche der beiden Beträge größer ist (der Betrag ist nötig, falls s oder S negativ sind). Setzt man also $s^* = \max\{|s|, |S|\}$, so gilt $|a_n| \leqslant s^*$ für alle n.
„$\Leftarrow$" Gibt es umgekehrt ein $s^* \in \mathbb{R}^+$ mit $|a_n| \leqslant s^*$ für alle n, so folgt nach Definition des Betrages $-s^* \leqslant a_n \leqslant s^*$ für alle n, d.h. $s := -s^*$ ist eine untere Schranke der Folge und $S := s^*$ ist eine obere Schranke.

Lösung 4.9   Die Folge (a_n) mit $a_n = \bigl(1 - (-1)^n\bigr) \cdot n = \begin{cases} 2n & \text{für ungerades } n \\ 0 & \text{für gerades } n \end{cases}$

ist unbeschränkt, also divergent, besitzt aber 0 als (einzigen) Häufungswert.

Lösung 4.10   Die Menge aller Häufungswerte der Folge ist $\{\, a_n \mid n \geqslant 2 \,\} \cup \{0\}$. Dass 0 ein Häufungswert ist, zeigt man wie in Beispiel 4.9, denn man braucht wieder nur, dass $T(n)$ beliebig groß werden kann. Dies sieht man so: Ist p eine beliebige Primzahl und $k \in \mathbb{N}$ beliebig, so ist $T(p^{k-1}) = k$, denn die einzigen Teiler von p^{k-1} sind die k Primzahlpotenzen $\{\, p^0, p^1, p^2, \ldots, p^{k-1} \,\}$. Also werden für $n_k := p^{k-1}$ die $T(n_k)$ mit wachsendem k beliebig groß.

Ferner ist nach Definition der Folge klar: Jedes Folgenglied a_n ist von der Form $\frac{1}{k}$ mit $k := T(n) \in \mathbb{N}$. Jedes $\frac{1}{k}$ mit $k \geqslant 2$ kommt zudem unendlich oft als Folgenglied vor, denn p^{k-1} besitzt wie oben erläutert genau k Teiler – und das gilt für jede Primzahl p, von denen es unendlich viele gibt. Wieder mit derselben Argumentation wie in Beispiel 4.9 ist somit jedes Folgenglied außer dem ersten ($a_1 = 1$) auch Häufungswert der Folge.

Dass es außerhalb von $\{\, a_n \mid n \geqslant 2 \,\} \cup \{0\}$ keine weiteren Häufungswerte gibt, sieht man folgendermaßen. Eine Zahl $r \in \mathbb{R}$ mit $r < 0$ oder $r \geqslant 1$ kann sicherlich kein Häufungswert sein, denn für genügend kleines ε liegt überhaupt kein a_n in $U_\varepsilon(r)$ (bzw. nur $a_1 = 1$ im Fall $r = 1$).

Ist $0 < r < 1$ mit $r \neq a_n$ für alle n, so gibt es ein $m \geqslant 2$ mit $\frac{1}{m} < r < \frac{1}{m-1}$. (Wähle dazu m als kleinste natürliche Zahl, die $m > \frac{1}{r}$ erfüllt; dann muss $m - 1 < \frac{1}{r}$ sein, also insgesamt $m > \frac{1}{r} > m - 1$ und durch Kehrbruch-Bildung folgt die gewünschte Eigenschaft.) Wählt man nun ε als das Minimum der Zahlen $r - \frac{1}{m}$ und $\frac{1}{m-1} - r$, so liegt kein Folgenglied in $U_\varepsilon(r)$, denn jedes Folgenglied besitzt die Gestalt $\frac{1}{k}$ und hat damit mindestens den Abstand ε zu r. Insbesondere kann r kein Häufungswert der Folge sein.

Lösung 4.11   Weil (n) keine konvergente Folge ist, sind die Voraussetzungen der Grenzwertsätze nicht erfüllt; man darf den Limes daher *nicht* in $(n \cdot \frac{1}{n})$ reinziehen.

Lösung 4.12   Wir verwenden die platzsparende Schreibweise „$\to$" statt $\lim\limits_{n \to \infty}$.

a) $\dfrac{4 + 2n}{3 - \sqrt{2}\,n} = \dfrac{n\left(\frac{4}{n} + 2\right)}{n\left(\frac{3}{n} - \sqrt{2}\right)} = \dfrac{\frac{4}{n} + 2}{\frac{3}{n} - \sqrt{2}} \overset{(G_{1,3})}{\longrightarrow} \dfrac{0 + 2}{0 - \sqrt{2}} = -\dfrac{2}{\sqrt{2}} = -\sqrt{2}$

b) $\dfrac{(5 - 3n)^2}{2 - 4n^2} = \dfrac{25 - 30n + 9n^2}{2 - 4n^2} = \dfrac{n^2\left(\frac{25}{n^2} - \frac{30}{n} + 9\right)}{n^2\left(\frac{2}{n^2} - 4\right)} \overset{(G_{1,3})}{\longrightarrow} \dfrac{0 - 0 + 9}{0 - 4} = -2{,}25$

c) $\dfrac{2\sqrt{n}}{\sqrt{n} - 2} = \dfrac{2\sqrt{n}}{\sqrt{n}\left(1 - \frac{2}{\sqrt{n}}\right)} = \dfrac{2}{1 - \frac{2}{\sqrt{n}}} \overset{(G_{1,2,3})}{\longrightarrow} \dfrac{2}{1 - 0} = 2$

Hierbei ging ein, dass $\left(\frac{1}{\sqrt{n}}\right) = \left(\sqrt{\frac{1}{n}}\right)$ nach Aufgabe 4.6 eine Nullfolge ist.

d) $\dfrac{7^n - 1}{7^{n+1} + 6^n} = \dfrac{7^n\left(1 - \frac{1}{7^n}\right)}{7^n\left(7 + \frac{6^n}{7^n}\right)} = \dfrac{1 - \left(\frac{1}{7}\right)^n}{7 + \left(\frac{6}{7}\right)^n} \overset{(G_{1,3})}{\longrightarrow} \dfrac{1 - 0}{7 + 0} = \dfrac{1}{7}$

Hierbei wurde verwendet, dass (q^n) für alle $0 < q < 1$ eine Nullfolge ist.

e) $\dfrac{n-2}{\sqrt{4n^2-1}} = \dfrac{n\left(1-\frac{2}{n}\right)}{\sqrt{n^2\left(4-\frac{1}{n^2}\right)}} = \dfrac{n\left(1-\frac{2}{n}\right)}{n\sqrt{4-\frac{1}{n^2}}} = \dfrac{1-\frac{2}{n}}{\sqrt{4-\frac{1}{n^2}}} \xrightarrow{\;(G_{1,3})^*\;} \dfrac{1-0}{\sqrt{4-0}} = \dfrac{1}{2}$

* Neben den Grenzwertsätzen geht im Nenner auch Aufgabe 4.6 ein!

f) Wir erweitern wieder trickreich mit Hilfe der 3. binomischen Formel:

$$\left(\sqrt{n+\sqrt{n}}-\sqrt{n}\right)\cdot \frac{\sqrt{n+\sqrt{n}}+\sqrt{n}}{\sqrt{n+\sqrt{n}}+\sqrt{n}} = \frac{\sqrt{n+\sqrt{n}}^{\,2}-\sqrt{n}^{\,2}}{\sqrt{n+\sqrt{n}}+\sqrt{n}}$$

$$= \frac{n+\sqrt{n}-n}{\sqrt{n+\sqrt{n}}+\sqrt{n}} = \frac{\sqrt{n}}{\sqrt{n+\sqrt{n}}+\sqrt{n}} = \frac{\sqrt{n}}{\sqrt{n\left(1+\frac{\sqrt{n}}{n}\right)}+\sqrt{n}}$$

$$= \frac{\sqrt{n}}{\sqrt{n}\cdot\sqrt{1+\frac{1}{\sqrt{n}}}+\sqrt{n}} = \frac{1}{\sqrt{1+\frac{1}{\sqrt{n}}}+1}\,.$$

Unter Verwendung von $(G_{1,3})$ und Aufgabe 4.6 sieht man schließlich, dass der letzte Ausdruck gegen $\frac{1}{\sqrt{1}+1}$ strebt, es ist also überraschenderweise

$$\lim_{n\to\infty}\left(\sqrt{n+\sqrt{n}}-\sqrt{n}\right) = \frac{1}{2}\,.$$

Lösung 4.13

a) Dass s die größte untere Schranke von $\varnothing \neq A \subseteq \mathbb{R}$ ist, bedeutet:

  (1) s ist eine untere Schranke von A, d.h. es gilt $x \geqslant s$ für alle $x \in A$ *und*

  (2) s ist die größte Zahl mit der Eigenschaft (1), d.h. keine Zahl $s' > s$ kann untere Schranke von M sein. Anders formuliert: Für alle $\varepsilon > 0$ gibt es ein $x \in A$ mit $x < s+\varepsilon$. (Gäbe es ein ε, für das obige Bedingung verletzt wäre, d.h. $x \geqslant s+\varepsilon$ für alle $x \in A$, dann wäre $s' := s+\varepsilon$ eine größere untere Schranke als s.)

b) Für $A = (\pi, 42] = \{\, x \in \mathbb{R} \mid \pi < x \leqslant 42 \,\}$ ist $\inf A = \pi$. Denn offenbar ist π eine untere Schranke von A, d.h. es bleibt nur noch nachzuweisen, dass es auch die größte solche ist: Für jedes $\varepsilon > 0$ gibt es eine Zahl in A, die $\pi+\varepsilon$ unterschreitet, z.B. $\pi + \frac{\varepsilon}{2}$, womit keine der Zahlen $\pi+\varepsilon$ (für $\varepsilon > 0$) eine größere untere Schranke sein kann.

c) Das *Minimum* von A ist ein (bzw. *das*) Element $m \in A$ mit $x \geqslant m$ für alle $x \in A$. Existiert $m = \min A$, dann ist es eine untere Schranke von A (nach Definition). Es ist aber auch die größte untere Schranke, denn für kein $s' > m$ kann $x \geqslant s'$ für alle $x \in A$ gelten, da ja $m \in A$ und $m < s'$ gilt. Somit ist $\min A$ das Infimum von A. $\qquad\square$

Lösung 4.14

a) Da A nach oben beschränkt ist, existiert $S := \sup A$ (siehe Satz 4.3). Aus „$x \leqslant S$ für alle $x \in A$" wird, wenn man mit -1 multipliziert: „$-x \geqslant -S$ für alle $-x \in -A$", d.h. $-S$ ist untere Schranke von $-A$. Es ist auch die größte untere Schranke von $-A$, denn gäbe es eine größere Schranke $-S' > -S$, so wäre $S' < S$ eine kleinere untere Schranke von A (wieder aufgrund der Äquivalenz $-x \geqslant -S' \iff x \leqslant S'$), was $S = \sup A$ widerspricht. Somit ist $-S = -\sup A$ das Infimum der Menge $-A$.

Die „Infimumseigenschaft von $\mathbb{R}$" lautet:

> Jede nicht leere, nach unten beschränkte Teilmenge A der reellen Zahlen $\mathbb{R}$ besitzt ein Infimum in $\mathbb{R}$.

Beweis: Nach dem gleichen Argument wie eben ist $-A$ nach oben beschränkt, also existiert nach Satz 4.3 das Supremum $\sup(-A) \in \mathbb{R}$. Mit der eben gezeigten Beziehung folgt aufgrund von $A = -(-A)$

$$\inf A = \inf(-(-A)) = -\sup(-A). \qquad \square$$

b) Sei $s := \inf A > 0$. Da s eine untere Schranke von A ist, gilt $x \geqslant s > 0$ für alle $x \in A$, also kann die Menge A^{-1} gebildet werden (da man nie durch Null teilt). Wir müssen zeigen, dass $\frac{1}{s}$ die kleinste obere Schranke von A^{-1} ist. Aus $x \geqslant s > 0$ folgt $\frac{1}{x} \leqslant \frac{1}{s}$ für alle $x \in A$, d.h. $\frac{1}{s}$ ist schon mal obere Schranke von A^{-1}. Gäbe es eine kleinere obere Schranke $\frac{1}{s} - \varepsilon$, so würde $\frac{1}{x} \leqslant \frac{1}{s} - \varepsilon = \frac{1 - \varepsilon s}{s}$ für alle $\frac{1}{x} \in A^{-1}$ gelten. Daraus würde $x \geqslant \frac{s}{1 - \varepsilon s} > s$ für alle $x \in A$ folgen, womit $s = \inf A$ nicht die größte untere Schranke von A wäre. Dieser Widerspruch zeigt, dass $\frac{1}{s}$ die kleinste obere Schranke von A^{-1}, also das Supremum ist. $\qquad \square$

Lösung 4.15 Offenbar ist 1 das größte Element von A, also gilt $1 = \max A = \sup A$ (nach Beispiel 4.15). Ein Minimum besitzt A nicht, denn jedes $\frac{1}{n}$ wird größenmäßig z.B. von $\frac{1}{n+1}$ unterboten. Das Infimum von A ist $\inf A = 0$: Offensichtlich ist Null eine untere Schranke von A, aber es ist auch die kleinste untere Schranke, denn zu jedem $\varepsilon > 0$ gibt es ein $n \in \mathbb{N}$ mit $\frac{1}{n} < 0 + \varepsilon$.

Lösung 4.16 Angenommen das archimedische Prinzip gilt nicht. Dann gibt es ein $r \in \mathbb{R}$, so dass $n \leqslant r$ für alle $n \in \mathbb{N}$ gilt, d.h. r ist eine obere Schranke von $\mathbb{N}$. Nach der Supremumseigenschaft von $\mathbb{R}$ existiert dann $S := \sup \mathbb{N}$. Da S die kleinste obere Schranke von $\mathbb{N}$ ist, muss es ein $n \in \mathbb{N}$ mit $n > S - 1$ geben (sonst wäre $S - 1$ eine kleinere obere Schranke). Addition von 1 liefert $n + 1 > S$, was wegen $n + 1 \in \mathbb{N}$ der Definition von S als Supremum widerspricht. $\qquad \square$

Lösung 4.17

a) Es ist $a_{n+1} - a_n = \frac{2(n+1)-1}{2(n+1)+1} - \frac{2n-1}{2n+1} = \ldots = \frac{4}{(2n+1) \cdot (2n+3)} > 0$ für alle $n \in \mathbb{N}$, d.h. (a_n) wächst streng monoton.

b) (a_n) ist streng monoton fallend, denn es gilt

$$a_{n+1} - a_n = \frac{2 - (n+1)^2}{(n+1)^2 + 4} - \frac{2 - n^2}{n^2 + 4} = \frac{2 - n^2 - 2n - 1}{n^2 + 2n + 5} - \frac{2 - n^2}{n^2 + 4}$$

$$= \frac{(1 - n^2 - 2n)(n^2 + 4) - (2 - n^2)(n^2 + 2n + 5)}{(n^2 + 2n + 5)(n^2 + 4)}$$

$$= \dots = \frac{-12n - 6}{(n^2 + 2n + 5)(n^2 + 4)} < 0 \quad \text{für alle } n \in \mathbb{N}.$$

Lösung 4.18   Obwohl es dem Zufall überlassen ist, wie die Folgenglieder aussehen werden, kann man mit Hilfe des Monotonieprinzips sagen, dass jede solche Folge konvergieren wird: (a_n) ist z.B. durch $0{,}7$ nach oben beschränkt und streng monoton wachsend, denn nach Konstruktion der Folge gilt $a_{n+1} > a_n$ für alle $n \in \mathbb{N}$ (es kommt ja immer eine weitere Nachkommastelle > 0 dazu). Da man nicht unendlich lange würfeln kann, wird man den Grenzwert $\sup a_n$ ($= a_\infty$:)) allerdings niemals genau kennen.

Lösung 4.19   Die Menge $A = \{ a_n \mid n \in \mathbb{N} \}$ aller Folgenglieder ist nach unten beschränkt. Nach Aufgabe 4.14 existiert daher $s := \inf A$. Aus der Charakterisierung des Infimums folgt, dass s der Grenzwert von (a_n) ist: Ist $\varepsilon > 0$ vorgegeben, so muss es ein a_{n_ε} geben mit $a_{n_\varepsilon} < s + \varepsilon$ (ansonsten wäre $s + \varepsilon$ eine größere untere Schranke von A). Da die Folge monoton fällt, folgt $a_n \leqslant a_{n_\varepsilon} < s + \varepsilon$ für alle $n > n_\varepsilon$, und da sowieso $a_n \geqslant s$ gilt (s ist untere Schranke), ist $s \leqslant a_n < s + \varepsilon$ für alle $n > n_\varepsilon$. Somit liegen fast alle a_n in $U_\varepsilon(s)$, d.h. $a_n \to s = \inf A =: \inf a_n$.   □

Lösung 4.20

A: Falsch, es gibt beschränkte Folgen, die nicht konvergieren, wie z.B. $((-1)^n)$.

B: Richtig, alle unbeschränkten monotonen Folgen wie z.B. (n^2) oder (2^n) divergieren.

C: Richtig, z.B. ist $(-n)$ nach oben durch 0 beschränkt, aber divergent. Oder verwende das Beispiel aus A.

D: Richtig, siehe Satz 4.1.

E: Falsch, $\left(\frac{(-1)^n}{n}\right)$ ist nicht monoton, aber konvergiert gegen Null.

F: Richtig, siehe Monotonieprinzip 4.5.

Lösung 4.21

a) Es ist stets $\frac{a_{n+1}}{a_n} = 3$ ist, also leistet eine Folge mit

$$a_1 = 6 \quad \text{und} \quad a_{n+1} = 3a_n \quad \text{für } n \in \mathbb{N}$$

das Gewünschte. Ebenso kann man aber auch die Differenzen $a_{n+1} - a_n$ bilden; dies liefert $a_2 - a_1 = 12 = 4 \cdot 3$; $a_3 - a_2 = 36 = 4 \cdot 3^2$; $a_4 - a_3 = 108 = 4 \cdot 3^3$; $\dots$ Eine weitere Rekursionsvorschrift lautet somit

$$a_1 = 6 \quad \text{und} \quad a_{n+1} = a_n + 4 \cdot 3^n \quad \text{für } n \in \mathbb{N}.$$

b) Die ersten Folgenglieder lauten $a_1 = 2 = \frac{2}{1}$; $a_2 = 1{,}5 = \frac{3}{2}$; $a_3 = \frac{4}{3}$; $a_4 = \frac{5}{4}$, so dass sich die Vermutung $b_n = \frac{n+1}{n}$ für das explizite Bildungsgesetz aufdrängt. Wir zeigen $a_n = b_n$ für alle $n \in \mathbb{N}$ durch vollständige Induktion. Für $n = 1$ ist $a_1 = 2 = b_1$ (IA). Setzen wir $a_n = b_n$ für ein n voraus (IV), so folgt unter Verwendung der Rekursionsvorschrift

$$a_{n+1} = a_n - \frac{1}{n(n+1)} \overset{(IV)}{=} b_n - \frac{1}{n(n+1)} = \frac{n+1}{n} - \frac{1}{n(n+1)}$$

$$= \frac{(n+1)^2 - 1}{n(n+1)} = \frac{n^2 + 2n}{n(n+1)} = \frac{n(n+2)}{n(n+1)} = \frac{n+2}{n+1} = b_{n+1},$$

was den Induktionsschritt besiegelt. $\qquad\square$

Lösung 4.22

a) (1) Wir zeigen durch vollständige Induktion, dass $a_n > 0$ für alle $n \in \mathbb{N}$ gilt. IA: $a_1 = 1 > 0$. IS: Gilt $a_n > 0$ für ein n (IV), so folgt sofort $a_{n+1} = q \cdot a_n > 0$, da $q > 0$.
(2) Wir weisen nach, dass (a_n) streng monoton fallend ist. Multipliziert man $q < 1$ mit $a_n > 0$, so steht da $q \cdot a_n < a_n$, d.h. $a_{n+1} < a_n$ für alle n.
(3) Nach (1) und (2) ist (a_n) eine nach unten beschränkte, streng monoton fallende Folge und somit nach dem Monotonieprinzip konvergent. Wir dürfen also auf beiden Seiten der Rekursionsvorschrift den Limes anwenden und mit (G_2) folgt für den Grenzwert a

$$\lim_{n\to\infty} a_{n+1} = \lim_{n\to\infty} (q \cdot a_n) = q \cdot \lim_{n\to\infty} a_n, \qquad \text{d.h.} \quad a = q \cdot a.$$

Die Gleichung $a = q \cdot a$ bzw. $(1-q) \cdot a = 0$ besitzt wegen $1 - q \neq 0$ die Lösung $a = 0$, d.h. (a_n) ist eine Nullfolge.

b) Durch Betrachten der ersten Folgenglieder $a_2 = 3{,}5$; $a_3 = 3{,}75$; $a_4 = 3{,}875$; $a_5 = 3{,}9375$; $a_6 = 3{,}96875$; ... gelangt man zur Vermutung, dass (a_n) streng monoton wächst und 4 als obere Schranke besitzt, ja sogar gegen 4 konvergiert. Beweis:

(1) Nachweis von $a_n < 4$ für alle n durch Induktion. IA: $a_1 = 3 < 4$. IS: Aus $a_n < 4$ (IV) folgt $a_{n+1} = 2 + \frac{a_n}{2} < 2 + \frac{4}{2} = 4$.
(2) Aus der Schranke 4 folgt die strenge Monotonie, denn es ist

$$a_{n+1} - a_n = 2 + \frac{a_n}{2} - a_n = 2 - \frac{a_n}{2} > 2 - \frac{4}{2} = 0 \qquad \text{für alle } n \in \mathbb{N}.$$

(3) Nach dem Monotonieprinzip konvergiert (a_n). Demnach ist es erlaubt, auf beiden Seiten der Rekursionvorschrift den Limes zu bilden. Zusammen mit den Grenzwertsätzen ergibt sich für den Limes a der Folge

$$\lim_{n\to\infty} a_{n+1} = \lim_{n\to\infty} \left(2 + \frac{a_n}{2} \right) = 2 + \frac{\lim\limits_{n\to\infty} a_n}{2}, \qquad \text{also} \quad a = 2 + \frac{a}{2}.$$

Die letzte Gleichung liefert $a = 4$. (Somit war 4 nicht nur irgendeine obere Schranke, sondern sogar das Supremum der Folge, da ja $a_n \to \sup a_n$.)

Lösung 4.23

(1) Wir weisen zunächst die Beschränktheit nach. IA: $a_1 = 1 < 2$. IS: Gilt $a_n < 2$ für ein n (IV), so folgt $a_{n+1} = \sqrt{1 + a_n} < \sqrt{1 + 2} = \sqrt{3} < 2$, wenn man verwendet, dass die Wurzelfunktion streng monoton steigend ist. Also gilt $a_n < 2$ für alle $n \in \mathbb{N}$.

(2) Wir zeigen $a_{n+1} > a_n$ durch Induktion nach n. IA: $a_2 = \sqrt{2} > 1 = a_1$. IS: Gilt $a_{n+1} > a_n$ für ein n (IV), so folgt $a_{n+2} = \sqrt{1 + a_{n+1}} > \sqrt{1 + a_n} = a_{n+1}$, wieder aufgrund der Monotonie der Wurzelfunktion.

(3) Da der Limes a nach dem Monotonieprinzip existiert, ist beidseitige Grenzwertbildung erlaubt. Mit Hilfe von Aufgabe 4.6, die besagt, dass man den Limes unter die Wurzel ziehen darf, und Grenzwertsatz (G_1) folgt

$$\lim_{n \to \infty} a_{n+1} = \lim_{n \to \infty} \sqrt{1 + a_n} = \sqrt{1 + \lim_{n \to \infty} a_n} \,, \quad \text{d.h.} \quad a = \sqrt{1 + a} \,.$$

Quadrieren führt auf $a^2 - a - 1 = 0$, was $a = \frac{1 + \sqrt{5}}{2}$ als positive Lösung besitzt. (Die negative Lösung entfällt, da alle $a_n > 0$ sind, und somit kein negativer Grenzwert in Frage kommt.)

Lösung 4.24   Es ist $a_2 = \frac{1}{4}$, $a_3 = 0{,}3125$, $a_4 \approx 0{,}3320$, $a_5 \approx 0{,}3333$, so dass sich die Vermutung $a = \frac{1}{3}$ für den Grenzwert aufdrängt.

(1) Wir zeigen $a_{n+1} \leqslant \frac{1}{c}$ für alle $n \in \mathbb{N}$ durch quadratisches Ergänzen.

$$a_{n+1} = 2a_n - ca_n^2 = -c \left(a_n^2 - \frac{2}{c} a_n + \frac{1}{c^2} - \frac{1}{c^2} \right)$$

$$= -c \left(\left(a_n - \frac{1}{c} \right)^2 - \frac{1}{c^2} \right) = -c \left(a_n - \frac{1}{c} \right)^2 + \frac{1}{c} \leqslant \frac{1}{c} \,,$$

da $-c \cdot (a_n - \frac{1}{c})^2 \leqslant 0$ gilt. Somit ist (a_n) nach oben durch $\frac{1}{c}$ beschränkt.

(2) Der Induktionsanfang ist klar. Es gelte $a_n > 0$ für ein n. Laut (1) ist $a_n \leqslant \frac{1}{c}$, also $ca_n \leqslant 1$ (beachte $c > 0$) und durch Multiplikation mit $-a_n < 0$ folgt $-ca_n^2 \geqslant -a_n$. Einsetzen in die Rekursionsvorschrift liefert

$$a_{n+1} = 2a_n - ca_n^2 \geqslant 2a_n - a_n = a_n > 0.$$

Somit haben wir $a_n > 0$ für alle $n \in \mathbb{N}$ nachgewiesen, woraus auch die Gültigkeit der Ungleichung $-ca_n^2 \geqslant -a_n$ für alle $n \in \mathbb{N}$ folgt.

(3) Daraus folgt nun rasch das monotone Wachstum der Folge:

$$a_{n+1} - a_n = 2a_n - ca_n^2 - a_n = a_n - ca_n^2 \geqslant a_n - a_n = 0.$$

Somit ist (a_n) eine monoton wachsende, nach oben beschränkte Folge, die nach dem Monotonieprinzip konvergiert. Ihren Grenzwert a erhalten wir durch das übliche Verfahren, beidseitige Limesbildung in der Rekursionsvorschrift:

$$\lim_{n\to\infty} a_{n+1} = \lim_{n\to\infty} \left(2a_n - ca_n^2 \right), \quad \text{also} \quad a = 2a - ca^2.$$

Die letzte Gleichung führt auf $a = ca^2$, also $a = \frac{1}{c}$ (weil $a \neq 0$ aufgrund von $a > a_1 > 0$), was zu zeigen war. $\square$

Lösung 4.25

a) Zeichnet man sich einen Kaninchenstammbaum der ersten paar Generationen auf[1], so kommt man darauf, dass $f_1 = 1$, $f_2 = 1$, $f_3 = 2$, $f_4 = 3$, $f_5 = 5$, $f_6 = 8$, usw. gilt. Die Anzahl der Kaninchenpaare zu Beginn des $(n+1)$-ten Monats $(n \geqslant 2)$ ist die Summe der Paarzahlen der letzten beiden Monate, was man auch ohne Diagramm leicht einsehen kann: Die f_n Paare des letzten Monats existieren weiter, und die f_{n-1} Paare, die es bereits im vorletzten Monat gab, werfen nun jeweils ein neues Paar. Damit lautet die Rekursionsvorschrift

$$f_1 = f_2 = 1; \quad f_{n+1} = f_n + f_{n-1} \quad \text{für } n \geqslant 2.$$

Für das Gesuchte f_{13} (nach einem Jahr heißt zu Beginn des 13. Monats) ergibt sich 233.

b) Es ist $q_1 = 1$, $q_2 = 2$, $q_3 = 3/2 = 1{,}5$, $q_4 = 5/3 \approx 1{,}667$, $q_5 = 8/5 = 1{,}6$, $q_6 = 13/8 = 1{,}625$, $q_7 = 21/13 \approx 1{,}615$, $q_8 = 34/21 \approx 1{,}619$, $q_9 = 55/34 \approx 1{,}618$, $q_{10} = 89/55 \approx 1{,}618$.

Man erkennt, dass die Fibonacci-Quotientenfolge *nicht* monoton ist – jedenfalls nicht ab $n = 1$, d.h. wir können uns vermutlich nicht auf das Monotonieprinzip stützen, um die Existenz ihres Grenzwerts nachzuweisen, der wahrscheinlich nahe der Zahl 1,618 liegen wird.

Die Rekursionsvorschrift für (q_n) folgt leicht aus derjenigen für die Fibonacci-Zahlen:

$$q_{n+1} = \frac{f_{n+2}}{f_{n+1}} = \frac{f_{n+1} + f_n}{f_{n+1}} = 1 + \frac{f_n}{f_{n+1}} = 1 + \frac{1}{\frac{f_{n+1}}{f_n}} = 1 + \frac{1}{q_n}. \qquad (\star)$$

c) Vorüberlegung: Wenden wir in $(\star)$ beidseitig den Limes an, so folgt, dass der Grenzwert f von (q_n), wenn er denn überhaupt existiert, die Gleichung

$$f = 1 + \frac{1}{f} \qquad \text{bzw.} \qquad f^2 - f - 1 = 0$$

erfüllen muss. Die positive Lösung dieser quadratischen Gleichung ist der goldene Schnitt $\Phi := \frac{1+\sqrt{5}}{2} \approx 1{,}61803$.

---

[1] siehe z.B. www.natur-struktur.ch/goldenmean/fibonacci.php

(1) Wir zeigen $q_n \geqslant 1$ für alle $n \in \mathbb{N}$ durch vollständige Induktion. IA: passt. IS: Setzen wir $q_n \geqslant 1$ für ein n voraus, so ist natürlich erst recht $q_n > 0$ und mit b) folgt $q_{n+1} = 1 + \frac{1}{q_n} > 1$.

(2) Mit den Tipps aus der Anleitung ergibt sich

$$|q_{n+1} - \Phi| = \left| 1 + \frac{1}{q_n} - 1 - \frac{1}{\Phi} \right| = \left| \frac{1}{q_n} - \frac{1}{\Phi} \right| = \left| \frac{\Phi - q_n}{q_n \Phi} \right|$$

$$= \frac{|\Phi - q_n|}{q_n \Phi} \leqslant \frac{|q_n - \Phi|}{\Phi} \, ,$$

wobei im letzten Schritt $q_n \geqslant 1$, also $\frac{1}{q_n} \leqslant 1$, und $|\Phi - q_n| = |q_n - \Phi|$ einging.

(3) Da (2) für jedes n gilt, ist auch $|q_n - \Phi| \leqslant \frac{|q_{n-1} - \Phi|}{\Phi}$ und damit folgt

$$|q_{n+1} - \Phi| \leqslant \frac{|q_n - \Phi|}{\Phi} \leqslant \frac{\frac{|q_{n-1} - \Phi|}{\Phi}}{\Phi} = \frac{|q_{n-1} - \Phi|}{\Phi^2} \, .$$

Wiederholt man dies, bis man bei q_1 landet, so steht da

$$|q_{n+1} - \Phi| \leqslant \frac{|q_{n-1} - \Phi|}{\Phi^2} \leqslant \frac{|q_{n-2} - \Phi|}{\Phi^3} \leqslant \ldots \leqslant \frac{|q_1 - \Phi|}{\Phi^n}$$

$$= \frac{|1 - \Phi|}{\Phi^n} = \frac{1}{\Phi^{n+1}} \, ,$$

wobei am Ende $|1 - \Phi| = |-\frac{1}{\Phi}| = \frac{1}{\Phi}$ verwendet wurde.

Wegen $\Phi > 1$ ist die Folge (b^n) mit $b := \frac{1}{\Phi} < 1$ eine Nullfolge, und zusammen mit der eben gezeigten Abschätzung $|q_n - \Phi| \leqslant b^n$ folgt, dass $|q_n - \Phi|$ irgendwann kleiner als jedes beliebige $\varepsilon > 0$ wird. Somit ist bewiesen, dass (q_n) gegen Φ konvergiert, d.h.

$$\lim_{n \to \infty} q_n = \lim_{n \to \infty} \frac{f_{n+1}}{f_n} = \Phi = \frac{1 + \sqrt{5}}{2} \, . \qquad \square$$

Lösung 4.26   Da Φ Lösung der Gleichung $\Phi^2 = \Phi + 1$ ist, ergibt sich

$$(a_n - \Phi)(a_n + \Phi) = a_n^2 - \Phi^2 = \sqrt{1 + a_{n-1}}^2 - (\Phi + 1)$$

$$= 1 + a_{n-1} - \Phi - 1 = a_{n-1} - \Phi.$$

Durch Betragsbildung und Umstellen folgt unter Beachtung von $a_n \geqslant 1$ (was man leicht durch Induktion nachweist)

$$|a_n - \Phi| = \frac{|a_{n-1} - \Phi|}{a_n + \Phi} \leqslant \frac{|a_{n-1} - \Phi|}{1 + \Phi} = \frac{|a_{n-1} - \Phi|}{\Phi^2} \, .$$

Entsprechend gilt auch $|a_{n-1} - \Phi| \leqslant \frac{|a_{n-2} - \Phi|}{\Phi^2}$; setzt man dies oben ein und hangelt sich bis a_1 herunter, so erhält man

$$|a_n - \Phi| \leqslant \frac{|a_{n-1} - \Phi|}{\Phi^2} \leqslant \frac{|a_{n-2} - \Phi|}{\Phi^4} \leqslant \dots \leqslant \frac{|a_1 - \Phi|}{\Phi^{2(n-1)}}$$

$$= \frac{|1 - \Phi|}{\Phi^{2(n-1)}} = \frac{|-\frac{1}{\Phi}|}{\Phi^{2(n-1)}} = \frac{1}{\Phi^{2n-1}} \,.$$

Da $\left((\frac{1}{\Phi})^{2n-1} \right)$ eine Nullfolge ist, wird auch $|a_n - \Phi|$ für genügend großes n beliebig klein. Somit ist erneut $a_n \to \Phi$ bewiesen. $\qquad \square$

Lösung 4.27

a) Umschreiben der Glieder führt sofort auf eine Teleskopsumme:

$$\sum_{k=1}^{n} \frac{1 - \frac{1}{\pi}}{\pi^k} = \sum_{k=1}^{n} \left(\frac{1}{\pi^k} - \frac{1}{\pi^{k+1}} \right) = \frac{1}{\pi} - \frac{1}{\pi^2} + \frac{1}{\pi^2} - \dots - \frac{1}{\pi^{n+1}} = \frac{1}{\pi} - \frac{1}{\pi^{n+1}},$$

und weil $\left((\frac{1}{\pi})^{n+1} \right)$ eine Nullfolge ist, liefert Limesbildung

$$\sum_{k=1}^{\infty} \frac{1 - \frac{1}{\pi}}{\pi^k} = \lim_{n \to \infty} \left(\frac{1}{\pi} - \frac{1}{\pi^{n+1}} \right) = \frac{1}{\pi}.$$

b) Hier muss man wieder den „Hauptnenner-Rückwärts-Trick" anwenden. Man versucht Zahlen A, B zu finden, so dass

$$\frac{1}{4k^2 - 1} = \frac{1}{(2k-1)(2k+1)} \overset{!}{=} \frac{A}{2k-1} - \frac{B}{2k+1}$$

gilt. Multiplikation mit dem Hauptnenner $(2k-1)(2k+1)$ führt auf

$$1 = A(2k+1) - B(2k-1) = 2k(A - B) + A + B.$$

Die linke Seite ist unabhängig von k, also muss $A - B = 0$, d.h. $A = B$ sein. Die verbleibende Gleichung $A + B = 1$ liefert $A = B = \frac{1}{2}$, also ist

$$\sum_{k=1}^{n} \frac{1}{4k^2 - 1} = \sum_{k=1}^{n} \left(\frac{1}{2(2k-1)} - \frac{1}{2(2k+1)} \right) = \frac{1}{2} \sum_{k=1}^{n} \left(\frac{1}{2k-1} - \frac{1}{2k+1} \right).$$

Die letzte Teleskopsumme schrumpft auf $1 - \frac{1}{2n+1}$ zusammen; deshalb folgt

$$\sum_{k=1}^{\infty} \frac{1}{4k^2 - 1} = \frac{1}{2} \lim_{n \to \infty} \left(1 - \frac{1}{2n+1} \right) = \frac{1}{2}.$$

Lösung 4.28   Es gilt $\sqrt{k} < k$ für jede natürliche Zahl k, also ist $\frac{1}{\sqrt{k}} > \frac{1}{k}$. Folglich sind die Partialsummen $s_n = \sum_{k=1}^{n} \frac{1}{\sqrt{k}}$ größer als die entsprechenden Partialsummen der harmonischen Reihe. Da letztere aber unbeschränkt anwachsen, wachsen auch die s_n über jede Schranke.

Lösung 4.29   Damit die Reihe mit 1 beginnt und wir die Formel für die geometrische Reihe anwenden können, klammern wir zunächst $-\frac{1}{2}$ aus:

$$-\tfrac{1}{2} + \tfrac{1}{6} - \tfrac{1}{18} + \tfrac{1}{54} - \tfrac{1}{162} + \ldots = -\tfrac{1}{2} \cdot \left(1 - \tfrac{1}{3} + \tfrac{1}{9} - \tfrac{1}{27} + \tfrac{1}{81} + \ldots\right).$$

In der Klammer steht nun die geometrische Reihe zu $-\frac{1}{3}$ mit Grenzwert

$$\sum_{k=0}^{\infty} \left(-\tfrac{1}{3}\right)^k = \frac{1}{1+\frac{1}{3}} = \tfrac{3}{4}.$$

Insgesamt ergibt sich $-\frac{1}{2} \cdot \frac{3}{4} = -\frac{3}{8}$ als Grenzwert der Reihe.

Lösung 4.30

a) Zunächst schreiben wir $0,0\overline{48} = \frac{1}{10} \cdot 0,\overline{48}$. Die Zahl $0,\overline{48}$ schreibt man wie in Beispiel 4.27 mit Hilfe der geometrischen Reihe als $\frac{48}{99}$, so dass man insgesamt $0,0\overline{48} = \frac{1}{10} \cdot 0,\overline{48} = \frac{1}{10} \cdot \frac{48}{99} = \frac{48}{990}$ erhält.

b) $3,1\overline{48} = 3,1 + 0,0\overline{48} = 3,1 + \frac{48}{990} = \frac{3117}{990}$.

c) Wieder ähnlich wie in Beispiel 4.27 erhält man

$$0,\overline{1234} = 0,12341234\ldots = 0,1234 + \frac{0,1234}{10\,000} + \frac{0,1234}{10\,000^2} + \ldots$$

$$= 0,1234 \cdot \left(1 + \frac{1}{10\,000} + \left(\frac{1}{10\,000}\right)^2 + \ldots\right) = 0,1234 \cdot \sum_{k=0}^{\infty} \left(\frac{1}{10\,000}\right)^k$$

$$= 0,1234 \cdot \frac{1}{1 - \frac{1}{10\,000}} = \frac{1234}{10\,000} \cdot \frac{10\,000}{9999} = \frac{1234}{9999}.$$

Lösung 4.31   Zenon war der Ansicht, dass die „Addition" unendlich vieler Zeitintervalle – auch wenn diese immer kleiner werden – keine endliche Zeit ergeben können. Uns ist heutzutage klar, dass eine monoton wachsende Zahlenfolge durchaus eine obere Schranke besitzen kann.

Wenn der Läufer für die erste Hälfte 1 min benötigt, dann braucht er für das nächste Viertel die Zeit $\frac{1}{2}$ min, für das darauf folgende Achtel $\frac{1}{4}$ min usw. Für die Gesamtzeit ergibt sich somit (alles in Minuten)

$$t_{\text{ges}} = 1 + \tfrac{1}{2} + \tfrac{1}{4} + \tfrac{1}{8} + \ldots = \sum_{k=0}^{\infty} \left(\tfrac{1}{2}\right)^k = \frac{1}{1 - \frac{1}{2}} = 2,$$

was natürlich wenig überrascht, da der Läufer sich ja gleichförmig bewegt, und damit für die doppelte Strecke auch die doppelte Zeit, nämlich 2 min benötigt.

Lösung 4.32   Vorüberlegung: Die Höhe eines gleichseitigen Dreiecks mit Seitenlänge a beträgt $h = \frac{\sqrt{3}}{2} \cdot a$ (Pythagoras!). Als Flächeninhalt erhalten wir somit $\frac{1}{2} \cdot a \cdot h = \frac{\sqrt{3}}{4} \cdot a^2$.

A_0: Für $n = 0$ ist die Figur ein gleichseitiges Dreieck mit Seitenlänge $a = 1$. Nach der Vorüberlegung gilt $A_0 = \frac{\sqrt{3}}{4}$.

A_1: Es entstehen 3 neue Dreiecke mit Seitenlänge $\frac{1}{3}$, also jeweils der Fläche $\frac{\sqrt{3}}{4} \cdot \left(\frac{1}{3}\right)^2 = \frac{1}{9} \cdot A_0$. Die Gesamtfläche beträgt somit

$$A_1 = A_0 + 3 \cdot \frac{1}{9} \cdot A_0 = A_0 \cdot \left(1 + 3 \cdot \frac{1}{9}\right).$$

A_2: An den $3 \cdot 4 = 12$ Seiten kommen 12 neue Dreiecke mit Grundseite $a = \frac{1}{3} \cdot \frac{1}{3} = \frac{1}{9}$ hinzu mit der Fläche $\left(\frac{1}{9}\right)^2 \cdot A_0$. Also ist

$$A_2 = A_1 + 3 \cdot 4 \cdot \left(\frac{1}{9}\right)^2 \cdot A_0 = A_0 \cdot \left(1 + 3 \cdot \frac{1}{9} + 3 \cdot 4 \cdot \left(\frac{1}{9}\right)^2\right).$$

A_3: Durch Anfügen eines Dreiecks werden aus jedem geraden Seitenstück 4 Seitenstücke (siehe Bild in der Aufgabe). Da wir in Schritt 2 von 12 Seiten ausgegangen sind, finden wir nun $12 \cdot 4 = 48 = 3 \cdot 4^2$ Seiten vor. In diesem Schritt entstehen also $3 \cdot 4^2$ neue Dreiecke mit Grundseite $a = \frac{1}{3} \cdot \left(\frac{1}{3}\right)^2 = \left(\frac{1}{3}\right)^3$ und Fläche $\left(\frac{1}{9}\right)^3 \cdot A_0$. Also ist

$$A_3 = A_2 + 3 \cdot 4^2 \cdot \left(\frac{1}{9}\right)^3 \cdot A_0 = A_0 \cdot \left(1 + 3 \cdot \frac{1}{9} + 3 \cdot 4 \cdot \left(\frac{1}{9}\right)^2 + 3 \cdot 4^2 \cdot \left(\frac{1}{9}\right)^3\right).$$

A_n: Aus den vorigen Formeln lässt sich das allgemeine Bildungsgesetz erkennen:

$$\begin{aligned}
A_n &= A_{n-1} + 3 \cdot 4^{n-1} \cdot \left(\frac{1}{9}\right)^n \cdot A_0 \\
&= A_0 \cdot \left(1 + 3 \cdot \frac{1}{9} + 3 \cdot 4 \cdot \left(\frac{1}{9}\right)^2 + \ldots + 3 \cdot 4^{n-1} \cdot \left(\frac{1}{9}\right)^n\right) \\
&= A_0 \cdot \left(1 + \frac{3}{9} \cdot \left(1 + \frac{4}{9} + \left(\frac{4}{9}\right)^2 + \ldots + \left(\frac{4}{9}\right)^{n-1}\right)\right) \\
&= A_0 \cdot \left(1 + \frac{1}{3} \sum_{k=0}^{n-1} \left(\frac{4}{9}\right)^k\right).
\end{aligned}$$

Für den Grenzwert der Flächeninhalte folgt somit

$$\lim_{n \to \infty} A_n = A_0 \cdot \left(1 + \frac{1}{3} \sum_{k=0}^{\infty} \left(\frac{4}{9}\right)^k\right) = A_0 \cdot \left(1 + \frac{1}{3} \cdot \frac{1}{1 - \frac{4}{9}}\right)$$

$$= A_0 \cdot \left(1 + \frac{1}{3} \cdot \frac{9}{5}\right) = A_0 \cdot \frac{8}{5} = \frac{\sqrt{3}}{4} \cdot \frac{8}{5} = \frac{2}{5} \cdot \sqrt{3}.$$

Auch hier wächst der Umfang der Figuren über alle Grenzen. Nach den vorigen Überlegungen besitzt die n-te Figur $3 \cdot 4^n$ Seiten der Länge $\left(\frac{1}{3}\right)^n$. Somit ist $U_n = 3 \cdot 4^n \cdot \left(\frac{1}{3}\right)^n = 3 \cdot \left(\frac{4}{3}\right)^n$ und es strebt $U_n \to \infty$ für $n \to \infty$.

Lösung 4.33　　Wir führen die Annahme $e = \frac{m}{n} \in \mathbb{Q}$ zu einem Widerspruch.

(1) $n!$ in die Klammer und das Summenzeichen ziehen ergibt unter Beachtung von $\frac{n!}{n} = \frac{n(n-1)!}{n} = (n-1)!$

$$N = n! \left(\frac{m}{n} - \sum_{k=0}^{n} \frac{1}{k!} \right) = n! \frac{m}{n} - n! \sum_{k=0}^{n} \frac{1}{k!} = (n-1)! \, m - \sum_{k=0}^{n} \frac{n!}{k!} \, .$$

Offenbar ist $(n-1)! \, m \in \mathbb{N}$ und aufgrund von $n \geqslant k$ tritt $k!$ als Faktor von $n!$ auf, d.h. auch alle Brüche $\frac{n!}{k!}$ der Summe sind natürliche Zahlen. Damit ist N als Differenz natürlicher Zahlen eine ganze Zahl.

N ist positiv, da $e = \sum_{k=0}^{\infty} \frac{1}{k!} > \sum_{k=0}^{n} \frac{1}{k!}$ für jedes beliebige n gilt (die Partialsummen sind eine streng monoton wachsende Folge, da $\frac{1}{k!} > 0$ für alle k). Insgesamt ist $N \in \mathbb{N}$.

(2) Wir verwenden die für konvergente Reihen und jedes $n \in \mathbb{N}$ gültige Beziehung

$$\sum_{k=0}^{\infty} a_k = \sum_{k=0}^{n} a_k + \sum_{k=n+1}^{\infty} a_k \, ,$$

um N wie folgt umzuschreiben:

$$N = n! \left(e - \sum_{k=0}^{n} \frac{1}{k!} \right) = n! \left(\sum_{k=0}^{\infty} \frac{1}{k!} - \sum_{k=0}^{n} \frac{1}{k!} \right)$$

$$= n! \left(\sum_{k=0}^{n} \frac{1}{k!} + \sum_{k=n+1}^{\infty} \frac{1}{k!} - \sum_{k=0}^{n} \frac{1}{k!} \right) = n! \sum_{k=n+1}^{\infty} \frac{1}{k!} = \sum_{k=n+1}^{\infty} \frac{n!}{k!} \, .$$

Zum Schluss wurde der konstante Faktor $n!$ in den Limes reingezogen nach (G2). Nun schauen wir uns die Anfangsglieder dieser Reihe genauer an:

$$N = \sum_{k=n+1}^{\infty} \frac{n!}{k!} = \frac{n!}{(n+1)!} + \frac{n!}{(n+2)!} + \frac{n!}{(n+3)!} + \cdots$$

$$= \frac{n!}{(n+1) \cdot n!} + \frac{n!}{(n+2)(n+1) \cdot n!} + \frac{n!}{(n+3)(n+2)(n+1) \cdot n!} + \cdots$$

$$= \frac{1}{(n+1)} + \frac{1}{(n+2)(n+1)} + \frac{1}{(n+3)(n+2)(n+1)} + \cdots$$

$$< \frac{1}{(n+1)} + \frac{1}{(n+1)(n+1)} + \frac{1}{(n+1)(n+1)(n+1)} + \cdots$$

$$= \frac{1}{(n+1)} + \frac{1}{(n+1)^2} + \frac{1}{(n+1)^3} + \cdots = \sum_{k=1}^{\infty} \frac{1}{(n+1)^k} \, .$$

Dies ist (fast) eine geometrische Reihe mit $q = \frac{1}{n+1}$, nur ohne 0-tes Glied. Fügen wir dieses künstlich hinzu, so folgt

$$\sum_{k=1}^{\infty} q^k = \sum_{k=0}^{\infty} q^k - q^0 = \frac{1}{1-q} - 1 = \frac{1}{1-\frac{1}{n+1}} - 1 = \frac{1}{n}.$$

(Führe die Bruchrechnung am Ende aus.) Damit haben wir $N < \frac{1}{n}$ bewiesen.

(3) Die Abschätzung $N < \frac{1}{n}$ (mit $n \in \mathbb{N}$) bedeutet, dass die natürliche Zahl N kleiner 1 sein müsste, was unmöglich ist. Dieser Widerspruch zeigt, dass die Annahme falsch gewesen sein muss, d.h. dass e irrational ist. □

Lösung 4.34

a) Aufgrund der k-ten Potenz drängt sich das Wurzelkriterium auf. Es ist

$$\sqrt[k]{\left(\frac{2{,}7 \cdot k + \pi}{\mathrm{e} \cdot k + 5}\right)^k} = \frac{2{,}7 \cdot k + \pi}{\mathrm{e} \cdot k + 5} = \frac{2{,}7 + \frac{\pi}{k}}{\mathrm{e} + \frac{5}{k}}.$$

Diese Folge konvergiert somit gegen $q = \frac{2{,}7}{\mathrm{e}}$. Da $\mathrm{e} \approx 2{,}71828$, ist $q < 1$, und nach dem Wurzelkriterium folgt Konvergenz der Reihe.

b) Der Faktor $(-1)^k$ lässt das Leibnizkriterium verlockend erscheinen: Dazu müssen wir prüfen, dass die Folge (a_k) mit $a_k := \frac{1}{k(k+1)}$ eine monoton fallende Nullfolge ist. Offenbar gilt $a_k \to 0$, und die Monotonie folgt aus

$$\frac{a_{k+1}}{a_k} = \frac{\frac{1}{(k+1)(k+2)}}{\frac{1}{k(k+1)}} = \frac{k(k+1)}{(k+1)(k+2)} = \frac{k}{k+2} < 1,$$

d.h. $a_{k+1} < a_k$ für alle $k \in \mathbb{N}$. Das Leibnizkriterium garantiert nun die Konvergenz der Reihe.

Alternativ: Wir wissen bereits aus Beispiel 4.23, dass die Reihe der Absolutbeträge $\sum_{k=1}^{\infty} |a_k| = \sum_{k=1}^{\infty} \frac{1}{k(k+1)}$ konvergiert. Nach dem Majorantenkriterium konvergiert daher auch die zugehörige alternierende Reihe.

c) Wir versuchen es mit dem Quotientenkriterium: Für $x = 0$ ist die Konvergenz trivial (Nullreihe), und für $x \neq 0$ können wir rechnen

$$q_k = \left| \frac{\frac{(k+1)!}{(k+1)^{k+1}} \cdot x^{k+1}}{\frac{k!}{k^k} \cdot x^k} \right| = \frac{(k+1)! \cdot k^k \cdot |x|^{k+1}}{k! \cdot (k+1)^{k+1} \cdot |x|^k}$$

$$= \frac{(k+1) \cdot k^k \cdot |x|}{(k+1)^k \cdot (k+1)} = \left(\frac{k}{k+1}\right)^k \cdot |x| = \frac{1}{\left(1 + \frac{1}{k}\right)^k} \cdot |x|,$$

wobei beim dritten Gleichheitszeichen $\frac{(k+1)!}{k!} = k+1$ verwendet wurde. Nach Satz 4.9 und Grenzwertsatz (G$_3$) konvergiert q_k gegen $q(x) := \frac{1}{\mathrm{e}} \cdot |x|$.

Hinreichend für Konvergenz der Reihe ist nach dem Quotientenkriterium $q(x) < 1$, was mit $|x| < e$ gleichbedeutend ist. Weiter liefert das Quotientenkriterium Divergenz, falls $q(x) > 1$, also $|x| > e$ ist.

Der Fall $|x| = e$ muss „von Hand" untersucht werden: Da nach Satz 4.9 die Folge $\left(1 + \frac{1}{k}\right)^k$ monoton wachsend gegen e strebt, ist insbesondere jedes Folgenglied $\leqslant e$. Damit gilt

$$\frac{|a_{k+1}|}{|a_k|} = q_k = \frac{1}{(1 + \frac{1}{k})^k} \cdot e \geqslant \frac{1}{e} \cdot e = 1 \quad \text{für alle } k,$$

also ist $|a_{k+1}| \geqslant |a_k| \geqslant \ldots \geqslant |a_1| = \frac{1!}{1^1} \cdot |x| = e$. Die Folgenglieder bilden demnach in diesem Fall keine Nullfolge, d.h. die Reihe divergiert für $|x| = e$.

Lösungen zu Kapitel 5

Lösung 5.1   Um nicht immer so lange Bruchstriche ziehen zu müssen, schreiben wir bei den Differenzenquotienten die Division durch h als Multiplikation mit $\frac{1}{h}$.

a) Zunächst formen wir den Differenzenquotienten mit Hilfe des binomischen Lehrsatzes um:

$$m_s(h) = \frac{f(1+h) - f(1)}{h} = \frac{1}{h}\left(f(1+h) - f(1)\right)$$

$$= \frac{1}{h}\left((1+h)^3 - 1^3\right) = \frac{1}{h}\left(1^3 + 3\cdot 1^2 \cdot h + 3\cdot 1 \cdot h^2 + h^3 - 1\right)$$

$$= \frac{1}{h}\left(3\cdot h + 3\cdot h^2 + h^3\right) = 3 + 3\cdot h + h^2.$$

Jetzt vollziehen wir den Grenzübergang $h \to 0$ – dieses eine Mal ausführlich, unter Verwendung von Definition 5.1 (vergleiche jedoch mit Anmerkung auf Seite 122). Sei also (h_n) eine Nullfolge mit von 0 verschiedenen Gliedern. Dann ist $m_s(h_n) = 3 + 3\cdot h_n + h_n^2$, was aufgrund der Grenzwertsätze für $n \to \infty$ gegen $3 + 3\cdot 0 + 0^2 = 3$ konvergiert. Da dies für jede solche Nullfolge gilt, strebt nach Definition 5.1 der Ausdruck $m_s(h) \to 3$ für $h \to 0$. Für die Ableitung von f (bzw. den Differenzialquotienten oder die Tangentensteigung des Schaubilds) an der Stelle 1 gilt somit

$$f'(1) = \lim_{h \to 0} m_s(h) = \lim_{h \to 0}\left(3 + 3\cdot h + h^2\right) = 3.$$

b) Auch hier formen wir zunächst wieder den Differenzenquotienten um:

$$m_s(h) = \frac{1}{h}\left(f(2+h) - f(2)\right)$$

$$= \frac{1}{h}\left((2+h)^2 - 2(2+h) + 3 - (2^2 - 2\cdot 2 + 3)\right)$$

$$= \frac{1}{h}\left(4 + 4h + h^2 - 4 - 2h + 3 - 3\right) = \frac{1}{h}\left(h^2 + 2h\right) = h + 2\,.$$

Nun vollziehen wir „durch Hinschauen" den Grenzübergang $h \to 0$ und erhalten für die Ableitung an der Stelle 2

$$f'(2) = \lim_{h \to 0} m_s(h) = \lim_{h \to 0}\left(h + 2\right) = 2.$$

c) Mit demselben Vorgehen wie bisher erhalten wir:

$$m_s(h) = \frac{1}{h}\left(\frac{1}{-1+h} - \frac{1}{-1}\right) = \frac{1}{h}\left(\frac{1}{h-1} + 1\right) = \frac{1}{h} \cdot \frac{1 + (h-1)}{h-1}$$

$$= \frac{1}{h} \cdot \frac{h}{h-1} = \frac{1}{h-1}\,.$$

Grenzübergang $h \to 0$ liefert als Ableitung

$$f'(-1) = \lim_{h \to 0} m_s(h) = \lim_{h \to 0} \frac{1}{h-1} = \frac{1}{0-1} = -1.$$

Lösung 5.2   Einsetzen der in Aufgabe 5.1 bestimmten Ableitungen in die allgemeine Tangentengleichung aus Satz 5.1 und Zusammenfassen liefert

  a) $t(x) = 3x - 2$,   b) $t(x) = 2x - 1$,   c) $t(x) = -x - 2$.

Wir zeichnen nur das Bild der Hyperbel aus Teilaufgabe c):

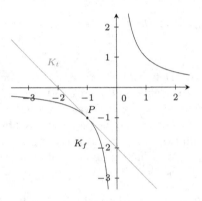

Abbildung A.6

Die lineare Approximation von $f(x) = x^3$ durch seine Tangentenfunktion in $x_0 = 1$ lautet: $f(x) \approx t(x) = 3x - 2$. Dass diese Näherung nahe bei x_0 gute Werte liefert, zeigt die Rechnung $f(1{,}04) = 1{,}04^3 \approx 3 \cdot 1{,}04 - 2 = 1{,}12$, was nur um ca. 0,4% kleiner als der tatsächliche Wert ($1{,}04^3 = 1{,}124864$) ist.
Ebenso gilt $f(x) = \frac{1}{x} \approx -x - 2$ nahe bei $x_0 = -1$, und man erhält $f(-1{,}08) \approx -(-1{,}08) - 2 = -0{,}92$ statt exakt $f(-1{,}08) = -\frac{25}{27} \approx -0{,}9259259$.

Lösung 5.3

  a) Es sei $x \in D_f = \mathbb{R}$. Der Differenzenquotient lautet $\frac{1}{h}\big(f(x+h) - f(x)\big) = \frac{1}{h}(x + h - x) = 1$. Da dies gar nicht mehr von h abhängt, ist natürlich auch der Grenzwert $f'(x) = 1$. In diesem Beispiel ist die Ableitungsfunktion also konstant, was geometrisch der konstanten Steigung der ersten Winkelhalbierenden entspricht.

  b) Es sei $x \in D_f = \mathbb{R}\backslash\{0\}$. Zunächst formen wir den Differenzenquotienten um, indem wir die Brüche auf den gemeinsamen Nenner $x \cdot (x + h)$ bringen:

$$\frac{1}{h}\left(\frac{1}{x+h} - \frac{1}{x}\right) = \frac{1}{h}\frac{x - (x+h)}{x \cdot (x+h)} = -\frac{1}{x^2 + x \cdot h}.$$

Im Grenzübergang $h \to 0$ strebt der Nenner gegen x^2, und mit Grenzwertsatz (G$_3$) folgt für die Ableitung

$$f'(x) = \lim_{h \to 0} \frac{-1}{x^2 + x \cdot h} = -\frac{1}{x^2}.$$

c) Für beliebiges $x \in D_f = \mathbb{R}$ gilt für den Differenzenquotienten (unter Verwendung des binomischen Lehrsatzes):

$$\frac{1}{h}\left(f(x+h) - f(x)\right) = \frac{1}{h}\left((x+h)^3 - x^3\right)$$
$$= \frac{1}{h}\left(x^3 + 3x^2h + 3xh^2 + h^3 - x^3\right) = 3x^2 + 3xh + h^2.$$

Für $h \to 0$ erhalten wir $f'(x) = 3x^2$.

Lösung 5.4   PR: Produktregel, KR: Kettenregel, QR: Quotientenregel

$a'(x) = \frac{1}{\pi} \cdot \pi \cdot x^{\pi-1} + 0 = x^{\pi-1}$

$b'(x) = 2 \cdot \frac{1}{2}x^{\frac{1}{2}-1} - (-\sin x) = x^{-\frac{1}{2}} + \sin x = \frac{1}{\sqrt{x}} + \sin x$

$c'(t) = \left(t^{-4} + 3t^{2-\frac{4}{3}}\right)' = \left(t^{-4} + 3t^{\frac{2}{3}}\right)' = -4t^{-5} + 3 \cdot \frac{2}{3}t^{-\frac{1}{3}} = -\frac{4}{t^5} + \frac{2}{\sqrt[3]{t}}$

$d'(x) = 2tx + t^2,$ während $e'(t) = x^2 + 2tx$ ist (nach t ableiten!)

Statt PR: $x \cdot \sqrt{x} = x \cdot x^{\frac{1}{2}} = x^{\frac{3}{2}}$, also $f'(x) = \frac{3}{2}x^{\frac{1}{2}} + 0$

PR und KR: $g'(x) = 2x \cdot e^{2x} + x^2 \cdot (e^{2x} \cdot 2) = 2xe^{2x} \cdot (1 + x)$

PR und KR: $h'(z) = nz^{n-1} \cdot \ln(3z) + z^n \cdot (\frac{1}{3z} \cdot 3) = z^{n-1} \cdot (n\ln(3z) + 1)$

KR: $i'(x) = \cos(x^2) \cdot 2x + 2 \cdot \sin x \cdot \cos x$ (beachte $\sin^2 x := (\sin x)^2$)

Zweimal KR: $j'(x) = n\left(e^{-x^2}\right)^{n-1} \cdot e^{-x^2} \cdot (-2x) = -2nx\left(e^{-x^2}\right)^n$
(Dies sieht man noch schneller, wenn man $\left(e^{-x^2}\right)^n = e^{-nx^2}$ beachtet.)

Zweimal KR: $k'(x) = \left((\ln(4x))^{-\frac{1}{2}}\right)' = -\frac{1}{2}(\ln(4x))^{-\frac{3}{2}} \cdot \frac{1}{4x} \cdot 4 = -\frac{1}{2x\sqrt{\ln(4x)}^3}$

Dreimal KR: $l'(t) = 4\cos^3(\tan t) \cdot (-\sin(\tan t)) \cdot (1 + \tan^2 t)$

QR: $m'(x) = \frac{1 \cdot (x^2-1) - x \cdot 2x}{(x^2-1)^2} = \frac{-x^2-1}{(x^2-1)^2} = -\frac{x^2+1}{(x^2-1)^2}$

Folgende miese Umformung hilft zur Vermeidung der QR:

$$n(x) = \frac{40x^2 - 90}{2x+3} = 10 \cdot \frac{4x^2 - 9}{2x+3} = 10 \cdot \frac{(2x+3)(2x-3)}{2x+3} = 10 \cdot (2x - 3),$$

also ist $n'(x) = 20$.

Glücklicherweise hängt der Funktionsterm von $o(t)$ gar nicht von t ab, so dass $o'(t) = 0$ ist.

Lösung 5.5

a) Die Strecke OP besitzt die Steigung $m_1 = \frac{y_0}{x_0}$ (dies gilt auch für $x_0 < 0$), also muss die Tangente eine Steigung von $m_2 = -\frac{1}{m_1} = -\frac{x_0}{y_0}$ haben (beachte $y_0 \neq 0$ nach Voraussetzung). Da $K_{t_{\text{geo}}}$ durch $P(x_0 | y_0)$ verläuft, führt die Punktprobe mit $t_{\text{geo}}(x) = m_2 x + c$ auf

$$y_0 = -\frac{x_0}{y_0} \cdot x_0 + c, \quad \text{d.h.} \quad c = y_0 + \frac{x_0^2}{y_0} = \frac{y_0^2 + x_0^2}{y_0} = \frac{r^2}{y_0} \ .$$

Somit ist $\quad t_{\text{geo}}(x) = -\dfrac{x_0}{y_0} \cdot x + \dfrac{r^2}{y_0} \ .$

b) Nach dem Satz von Pythagoras gilt $x^2 + y^2 = r^2$ für jeden Punkt auf dem Kreis. Löst man dies nach y auf, so ergibt sich

$$\sqrt{y^2} = |y| = \sqrt{r^2 - x^2},$$

und da in der oberen Hälfte des Kreises $y \geqslant 0$ ist, folgt $y = f(x) = \sqrt{r^2 - x^2}$ für dessen Funktionsgleichung. Diese Wurzel ist natürlich nur für $|x| \leqslant r$ definiert.
Ableiten von $f(x) = \sqrt{r^2 - x^2} = (r^2 - x^2)^{\frac{1}{2}}$ mittels Kettenregel ergibt

$$f'(x) = \frac{1}{2} (r^2 - x^2)^{-\frac{1}{2}} \cdot (-2x) = \frac{-x}{\sqrt{r^2 - x^2}} \ ,$$

womit die Steigung der „analytischen Tangente"

$$m_t = f'(x_0) = \frac{-x_0}{\sqrt{r^2 - x_0^2}} = -\frac{x_0}{y_0}$$

beträgt. Da dies derselbe Wert wie für die „geometrische Tangente" ist, besitzen beide dieselbe Funktionsgleichung (gleiche Punktprobe wie in a)).

Lösung 5.6   Zunächst leiten wir $f(x) = \ln(x + 1)$ ein paar Mal ab:

$$f'(x) = \frac{1}{x+1} \ ; \ f''(x) = -\frac{1}{(x+1)^2} \ ; \ f^{(3)}(x) = \frac{2}{(x+1)^3} \ ; \ f^{(4)}(x) = -\frac{3 \cdot 2}{(x+1)^4} \ ,$$

was einen zur Vermutung

$$f^{(k)}(x) = (-1)^{k-1} \frac{(k-1)!}{(x+1)^k} \quad \text{für alle } k \geqslant 1$$

führt, die man leicht durch Induktion beweist. Für die Taylorreihe von f ergibt sich somit

$$T_f(x) = \sum_{k=0}^{\infty} \frac{f^{(k)}(0)}{k!} x^k = \sum_{k=1}^{\infty} \frac{(-1)^{k-1}(k-1)!}{k!} x^k = \sum_{k=1}^{\infty} \frac{(-1)^{k-1}}{k} x^k.$$

(Der nullte Term entfällt wegen $f^{(0)}(0) = f(0) = \ln 1 = 0$.) Deren Konvergenzradius bestimmen wir mit der Euler-Formel (Satz 4.15):

$$R = \lim_{k \to \infty} \left| \frac{a_k}{a_{k+1}} \right| = \lim_{k \to \infty} \frac{\frac{1}{k}}{\frac{1}{k+1}} = \lim_{k \to \infty} \frac{k+1}{k} = 1.$$

Also konvergiert T_f jedenfalls auf $(-1, 1)$. Untersuchung der Randpunkte: Für $x = -1$ wird

$$T_f(-1) = \sum_{k=1}^{\infty} \frac{(-1)^{k-1}}{k} (-1)^k = \sum_{k=1}^{\infty} \frac{(-1)^{-1}}{k} (-1)^{2k} = -\sum_{k=1}^{\infty} \frac{1}{k} = -\infty,$$

d.h. die Taylorreihe divergiert dort (harmonische Reihe). Für $x = 1$ hingegen erhalten wir die Reihe

$$T_f(1) = \sum_{k=1}^{\infty} \frac{(-1)^{k-1}}{k} 1^k = \sum_{k=1}^{\infty} \frac{(-1)^{k-1}}{k},$$

welche nach dem Leibnizkriterium konvergiert (alternierende harmonische Reihe – bis auf ein Minuszeichen; vergleiche Beispiel 4.30).
Somit ist die Taylorreihe T_f auf $I = (-1, 1]$ konvergent, während f auf dem viel größeren Intervall $(-1, \infty)$ definiert ist. Laut Aufgabe dürfen wir $T_f(x) = f(x)$ auf I annehmen, was für $x = 1$ das schöne Resultat

$$f(1) = \ln 2 = T_f(1) = \sum_{k=1}^{\infty} \frac{(-1)^{k-1}}{k} = 1 - \frac{1}{2} + \frac{1}{3} - \frac{1}{4} + \frac{1}{5} - \dots,$$

liefert. Die (negative) alternierende harmonische Reihe besitzt also den Wert $\ln 2 \approx 0{,}693$.

Lösungen zu Kapitel 6

Lösung 6.1

a) $\displaystyle\int (2x + 3x^2 + 4x^3)\,\mathrm{d}x = x^2 + x^3 + x^4 + c$

b) $\displaystyle\int \left(\sin x - 2x^{-\frac{1}{2}}\right)\mathrm{d}x = -\cos x - \frac{2}{\frac{1}{2}}\,x^{\frac{1}{2}} + c = -\cos x - 4\sqrt{x} + c$

c) $\displaystyle\int (n-1)x^{-n}\,\mathrm{d}x = \frac{n-1}{-n+1}\,x^{-n+1} + c = \frac{n-1}{-(n-1)}\,x^{-(n-1)} + c = \frac{-1}{x^{n-1}} + c$

Bei den nächsten Aufgaben ist die lineare Verkettung zu beachten, d.h. man darf nicht vergessen, durch die innere Ableitung (fett gedruckt) zu teilen.

d) $\displaystyle\int \left(\frac{1}{2}(2x+2)^{-\frac{1}{2}} + 2\right)\mathrm{d}x = \frac{1}{\mathbf{2}}\cdot\frac{\frac{1}{2}}{\frac{1}{2}}(2x+2)^{\frac{1}{2}} + 2x + c = \frac{1}{2}\sqrt{2x+2} + 2x + c$

e) $\displaystyle\int \pi^2\cdot\sin(\pi x)\,\mathrm{d}x = \frac{1}{\boldsymbol{\pi}}\cdot\pi^2\left(-\cos(\pi x)\right) + c = -\pi\cos(\pi x) + c$

f) $\displaystyle\int a(ax)^{-\frac{1}{3}}\,\mathrm{d}x = \frac{1}{\boldsymbol{a}}\cdot a\cdot\frac{1}{\frac{2}{3}}(ax)^{\frac{2}{3}} + c = \frac{3}{2}\sqrt[3]{(ax)^2} + c$

h) $\displaystyle\int (1-mx)^{-2}\,\mathrm{d}x = \frac{1}{-\boldsymbol{m}}\cdot\frac{1}{-1}(1-mx)^{-1} + c = \frac{1}{m(1-mx)} + c$

g) Die äußere Funktion des ersten Summanden $\frac{1}{2x+2}$ ist $\frac{1}{\heartsuit}$, was $\ln|\heartsuit|$ als Stammfunktion besitzt. Beachtet man bei beiden Summanden die innere Ableitung von 2, so ergibt sich:

$$\int \left(\frac{1}{2x+2} + \mathrm{e}^{2x}\right)\mathrm{d}x = \frac{1}{\mathbf{2}}\ln|2x+2| + \frac{1}{\mathbf{2}}\,\mathrm{e}^{2x} + c.$$

i) $\displaystyle\int \left(\frac{x^4}{x^2} - \frac{2}{x^2}\right)\mathrm{d}x = \int (x^2 - 2x^{-2})\,\mathrm{d}x = \frac{1}{3}x^3 + \frac{-2}{-1}x^{-1} + c = \frac{x^3}{3} + \frac{2}{x} + c$

Ohne Umformung kann man hier nicht integrieren. Auf keinen Fall dürfen Zähler und Nenner einzeln integriert werden!

Lösung 6.2

Vorbemerkung zu a) und b): Wir wählen dieselbe Intervallzerlegung mit Stützpunkten $x_k = k\cdot\frac{b}{n}$ wie im Beispiel zu $f(x) = x^2$. Da $f(x) = x$ bzw. x^3 monoton wachsend sind, gehören die rechten Intervallgrenzen zur Obersumme (erstelle eine Skizze).

a) Für die Obersumme ergibt sich folgender Ausdruck:

$$\mathcal{O}_n = \sum_{k=1}^{n} f(x_k) \cdot \Delta x = \sum_{k=1}^{n} f\left(k \cdot \frac{b}{n}\right) \cdot \frac{b}{n} = \sum_{k=1}^{n} k \cdot \frac{b}{n} \cdot \frac{b}{n} = \sum_{k=1}^{n} k \cdot \left(\frac{b}{n}\right)^2$$

$$= \frac{b^2}{n^2} \cdot \sum_{k=1}^{n} k = \frac{b^2}{n^2} \cdot \frac{1}{2} n(n+1) = \frac{1}{2} \frac{n}{n} \cdot \frac{n+1}{n} \cdot b^2 = \frac{1}{2}\left(1 + \frac{1}{n}\right) \cdot b^2.$$

Für den Grenzwert der Obersummenfolge erhalten wir somit

$$\lim_{n \to \infty} \mathcal{O}_n = \frac{1}{2}(1+0) \cdot b^2 = \frac{1}{2} b^2.$$

Eine völlig analoge Rechnung liefert ebenfalls $\lim_{n \to \infty} \mathcal{U}_n = \frac{1}{2} b^2$, so dass $\int_0^b x \, dx = \frac{1}{2} b^2$ folgt.

b) Ähnlich wie in a) erhält man für die Obersumme:

$$\mathcal{O}_n = \sum_{k=1}^{n} f\left(k \cdot \frac{b}{n}\right) \cdot \frac{b}{n} = \sum_{k=1}^{n} k^3 \cdot \left(\frac{b}{n}\right)^3 \cdot \frac{b}{n} = \frac{b^4}{n^4} \cdot \sum_{k=1}^{n} k^3$$

$$= \frac{b^4}{n^4} \cdot \frac{1}{4} n^2 (n+1)^2 = \frac{1}{4} \frac{n^2}{n^2} \cdot \frac{(n+1)^2}{n^2} \cdot b^4 = \frac{1}{4}\left(1 + \frac{1}{n}\right)^2 \cdot b^4,$$

wobei im letzten Schritt $\frac{(n+1)^2}{n^2} = \left(\frac{n+1}{n}\right)^2$ einging. Grenzübergang liefert

$$\lim_{n \to \infty} \mathcal{O}_n = \frac{1}{4}(1+0)^2 \cdot b^4 = \frac{1}{4} b^4.$$

Analog zeigt man $\lim_{n \to \infty} \mathcal{U}_n = \frac{1}{4} b^4$, also ist $\int_0^b x^3 \, dx = \frac{1}{4} b^4.$

c) Da $f(x) = 2 - \frac{1}{2} x$ monoton fällt, gehören die rechten Intervallgrenzen nun zur Untersumme (erstelle eine Skizze!). Wir rechnen:

$$\mathcal{U}_n = \sum_{k=1}^{n} f\left(k \cdot \frac{b}{n}\right) \cdot \frac{b}{n} = \sum_{k=1}^{n}\left(2 - \frac{1}{2} k \cdot \frac{b}{n}\right) \cdot \frac{b}{n}$$

$$= \sum_{k=1}^{n} 2 \cdot \frac{b}{n} - \sum_{k=1}^{n} \frac{1}{2} k \cdot \frac{b^2}{n^2} = 2 \frac{b}{n} \cdot \sum_{k=1}^{n} 1 - \frac{1}{2} \frac{b^2}{n^2} \cdot \sum_{k=1}^{n} k.$$

$$= 2 \frac{b}{n} \cdot n - \frac{1}{2} \frac{b^2}{n^2} \frac{1}{2} n(n+1) = 2b - \frac{1}{4}\left(1 + \frac{1}{n}\right) \cdot b^2.$$

Grenzübergang: $\lim_{n \to \infty} \mathcal{U}_n = 2b - \frac{1}{4}(1+0) \cdot b^2 = 2b - \frac{1}{4} b^2$. Ebenso für den Grenzwert der Obersummenfolge, so dass sich insgesamt ergibt

$$\int_0^b \left(2 - \frac{1}{2} x\right) dx = 2b - \frac{1}{4} b^2.$$

Lösung 6.3   Es seien $(\mathscr{Z}_n)$ eine Folge von Zerlegungen von $[\,a\,,b\,]$, deren Feinheit gegen Null strebt, sowie $(\mathscr{R}_n(f))$ und $(\mathscr{R}_n(g))$ die zugehörigen Folgen von Riemann-Summen von f bzw. g. Aus $f(x) \leqslant g(x)$ für alle $x \in [\,a\,,b\,]$ und Gleichheit der Intervall-Längen Δx_k folgt sofort

$$\sum_{k=1}^{n} f(\xi_k)\Delta x_k \leqslant \sum_{k=1}^{n} g(\xi_k)\Delta x_k, \quad \text{d.h.} \quad \mathscr{R}_n(f) \leqslant \mathscr{R}_n(g).$$

Aufgrund von $f,g \in \mathscr{R}\,[\,a\,,b\,]$ konvergieren beide Riemann-Summen-Folgen gegen die bestimmten Integrale von f bzw. g, und da obige Ungleichung auch beim Grenzübergang erhalten bleibt, ergibt sich wie gewünscht

$$\int_a^b f(x)\,\mathrm{d}x = \lim_{n\to\infty} \mathscr{R}_n(f) \leqslant \lim_{n\to\infty} \mathscr{R}_n(g) = \int_a^b g(x)\,\mathrm{d}x.$$

Ist nun $f \in \mathscr{C}\,[\,a\,,b\,]$, so existiert nach Satz 6.4 das Maximum m von f auf $[\,a\,,b\,]$, für welches dann nach Definition $f(x) \leqslant m$ für alle $x \in [\,a\,,b\,]$ gilt. Setzen wir in obige Ungleichung für $g(x)$ also die konstante Funktion m ein, so erhalten wir unter Verwendung von Beispiel 6.10

$$\int_a^b f(x)\,\mathrm{d}x \leqslant \int_a^b m\,\mathrm{d}x = m \cdot (b-a).$$

Lösung 6.4

a) $\displaystyle\int_1^4 \left(x^{-\frac{1}{2}} - 3x^2\right)\mathrm{d}x = \left[\,2\sqrt{x} - x^3\,\right]_1^4 = 2\sqrt{4} - 4^3 - (2\sqrt{1} - 1^3) = -61$

b) $\displaystyle\int_{\frac{\pi}{2}}^{\pi} \left(\pi\cos x - \frac{\pi^2}{x^2}\right)\mathrm{d}x = \left[\,\pi\sin x + \frac{\pi^2}{x}\,\right]_{\frac{\pi}{2}}^{\pi} = \ldots = -2\pi$

c) $\displaystyle\int_1^{\frac{3}{2}} 4(1-2x)^{-2}\,\mathrm{d}x = 4\left[\,\frac{1}{-2}\cdot\frac{1}{-1}(1-2x)^{-1}\,\right]_1^{\frac{3}{2}} = 2\left[\,\frac{1}{1-2x}\,\right]_1^{\frac{3}{2}} = \ldots = 1$

d) $\displaystyle\int_0^{12} \left(\tfrac{2}{3}x+1\right)^{\frac{1}{2}}\mathrm{d}x = \left[\,\frac{1}{\frac{2}{3}}\cdot\frac{1}{\frac{3}{2}}\left(\tfrac{2}{3}x+1\right)^{\frac{3}{2}}\,\right]_0^{12} = \left[\,\sqrt{\left(\tfrac{2}{3}x+1\right)^3}\,\right]_0^{12} = \ldots = 26$

e) $\displaystyle\int_{\frac{\pi}{\omega}}^{\frac{2\pi}{\omega}} \frac{\omega}{2}\sin(\omega t - \pi)\,\mathrm{d}t = \frac{\omega}{2}\left[\,\frac{1}{\omega}(-\cos(\omega t - \pi))\,\right]_{\frac{\pi}{\omega}}^{\frac{2\pi}{\omega}} = -\frac{1}{2}\left[\,\cos(\omega t - \pi)\,\right]_{\frac{\pi}{\omega}}^{\frac{2\pi}{\omega}}$

$\qquad = -\frac{1}{2}\left(\cos(2\pi - \pi) - \cos(\pi - \pi)\right) = -\frac{1}{2}\left(\cos\pi - \cos 0\right) = -\frac{1}{2}(-1-1) = 1$

f) $\displaystyle\int_{-6}^{1} (2-x)^{-\frac{2}{3}}\,\mathrm{d}x = \left[\,\frac{1}{-1}\cdot\frac{1}{\frac{1}{3}}(2-x)^{\frac{1}{3}}\,\right]_{-6}^{1} = -3\left[\,\sqrt[3]{2-x}\,\right]_{-6}^{1} = \ldots = 3$

Lösung 6.5

a) Ein Kegel vom Radius r und der Höhe h entsteht, wenn das Schaubild von $f(x) = \frac{r}{h}x$ auf $[\,0\,,h\,]$ um die x-Achse rotiert (erstelle eine Skizze für $r = 1$ und $h = 2$), also ist

$$V_{\text{Kegel}} = \pi \int_0^h \left(\frac{r}{h}\,x\right)^2 \mathrm{d}x = \pi \frac{r^2}{h^2} \int_0^h x^2 \,\mathrm{d}x = \pi \frac{r^2}{h^2} \cdot \frac{h^3}{3} = \frac{\pi}{3} r^2 h.$$

b) Um eine Kugel vom Radius r zu bekommen, lässt man einen Halbkreis vom Radius r um die x-Achse rotieren. Da ein solcher durch $f(x) = \sqrt{r^2 - x^2}$ für $|x| \leqslant r$ beschrieben wird (siehe Aufgabe 5.5), erhalten wir

$$V_{\text{Kugel}} = \pi \int_{-r}^{r} \sqrt{r^2 - x^2}^2 \,\mathrm{d}x = \pi \cdot 2 \int_0^r (r^2 - x^2)\,\mathrm{d}x \quad \text{(Symmetrie)}$$

$$= 2\pi \left[r^2 x - \frac{x^3}{3} \right]_0^r = 2\pi \left(r^3 - \frac{r^3}{3} \right) = \frac{4}{3}\pi r^3.$$

Lösung 6.6

a) $\displaystyle \int_1^{\infty} \frac{1}{\sqrt{x}} \,\mathrm{d}x := \lim_{z\to\infty} \int_1^z x^{-\frac{1}{2}}\,\mathrm{d}x = \lim_{z\to\infty} \left[2\sqrt{x} \right]_1^z = \lim_{z\to\infty} \left(2\sqrt{z} - 2 \right) = +\infty,$

dieses uneigentliche Integral existiert also nicht.

b) $\displaystyle \int_0^1 \frac{1}{x^2} \,\mathrm{d}x := \lim_{z\to 0+} \int_z^1 x^{-2}\,\mathrm{d}x = \lim_{z\to 0+} \left[-\frac{1}{x} \right]_z^1 = \lim_{z\to 0+} \left(\frac{1}{z} - 1 \right) = +\infty,$

d.h. auch dieses uneigentliche Integral existiert nicht. (Was nicht überraschend ist: Laut a) nähert sich $f(x) = \frac{1}{\sqrt{x}}$ „nicht schnell genug" der x-Achse, um eine endliche Fläche zu ergeben, und da $g(x) = \frac{1}{x^2}$ die Umkehrfunktion von f ist, schmiegt g sich ebenfalls „zu langsam" an die y-Achse an.)

c) $\displaystyle \int_{-\infty}^{-2} \frac{x-1}{x^3} \,\mathrm{d}x := \lim_{z\to-\infty} \int_z^{-2} \left(\frac{1}{x^2} - \frac{1}{x^3} \right) \mathrm{d}x = \lim_{z\to-\infty} \left[-\frac{1}{x} + \frac{1}{2x^2} \right]_z^{-2}$

$\displaystyle = \lim_{z\to-\infty} \left(-\frac{1}{-2} + \frac{1}{8} + \frac{1}{z} - \frac{1}{2z^2} \right) = \frac{1}{2} + \frac{1}{8} + 0 = \frac{5}{8}.$

Lösung 6.7   Der Rotationskörper besitzt ein endliches Volumen, da

$$V = \pi \int_1^{\infty} \left(\frac{1}{x}\right)^2 \mathrm{d}x := \pi \lim_{z\to\infty} \int_1^z x^{-2}\,\mathrm{d}x = \pi \lim_{z\to\infty} \left[-\frac{1}{x} \right]_1^z = \pi.$$

Lustigerweise besitzt die Querschnittsfläche *keinen* endlichen Inhalt, denn es ist

$$A = \int_1^{\infty} \frac{1}{x} \,\mathrm{d}x := \lim_{z\to\infty} \int_1^z \frac{1}{x}\,\mathrm{d}x = \lim_{z\to\infty} (\ln z - \ln 1) = +\infty.$$

Lösungen zu Kapitel 7

Lösung 7.1

a) Ausprobieren liefert $x_1 = -1$ als eine Lösung von $x^3 - 4x^2 + x + 6 = 0$. Polynomdivision durch $(x - x_1) = (x + 1)$ ergibt

$$
\begin{array}{l}
(\quad x^3 - 4x^2 \ + x + 6) : (x + 1) = x^2 - 5x + 6. \\
\ \underline{-\,x^3 \ - x^2} \\
\qquad\ -5x^2 \ + x \\
\qquad\ \ \underline{5x^2 + 5x} \\
\qquad\qquad\quad 6x + 6 \\
\qquad\qquad\ \ \underline{-\,6x - 6} \\
\qquad\qquad\qquad\quad 0
\end{array}
$$

Achtung: Hier wurden alle Minusklammern bereits aufgelöst, d.h. anstelle von z.B. $-(x^3 + x^2)$ wurde gleich $-x^3 - x^2$ geschrieben.

Eine Alternative zur Polynomdivision stellt der folgende Ansatz dar.

$$(ax^2 + bx + c) \cdot (x + 1) \overset{!}{=} x^3 - 4x^2 + x + 6$$

$$ax^3 + bx^2 + cx + ax^2 + bx + c \overset{!}{=} x^3 - 4x^2 + x + 6$$

$$ax^3 + (a + b)x^2 + (b + c)x + c \overset{!}{=} x^3 - 4x^2 + x + 6$$

Koeffizientenvergleich liefert sofort $a = 1$ und $c = 6$ und daraus wegen $a + b = -4$ dann $b = -5$, also erhält man auch auf diesem Wege

$$x^3 - 4x^2 + x + 6 = (x^2 - 5x + 6) \cdot (x + 1).$$

Nach dem Satz vom Nullprodukt bleibt daher $x^2 - 5x + 6 = 0$ zu lösen. Vieta liefert $x_2 = 2$ und $x_3 = 3$, also ist insgesamt $L = \{-1, 2, 3\}$.

b) Wieder finden wir die erste Lösung $x_1 = 2$ von $x^3 - 2x^2 + x - 2 = 0$ durch Raten, und Polynomdivision liefert

$$
\begin{array}{l}
(\quad x^3 - 2x^2 + x - 2) : (x - 2) = x^2 + 1. \\
\ \underline{-\,x^3 + 2x^2} \\
\qquad\qquad\qquad\ x - 2 \\
\qquad\qquad\quad\ \underline{-\,x + 2} \\
\qquad\qquad\qquad\qquad 0
\end{array}
$$

Da $x^2 + 1 = 0$ keine reellen Lösungen besitzt, bleibt es bei $L = \{2\}$.

Mit dem alternativen Ansatz

$$(ax^2 + bx + c) \cdot (x - 2) \overset{!}{=} x^3 - 2x^2 + x - 2$$

$$ax^3 + (b - 2a)x^2 + (c - 2b)x \overset{!}{=} x^3 - 2x^2 + x - 2$$

erhält man $a = 1$, $b = 0$ und $c = 1$, dann geht es weiter wie oben.

c) Mit der ersten erratenen Lösung $x_1 = -1$ erhält man mittels Polynomdivision

$$(\quad x^3 \qquad - 7x - 6) : (x+1) = x^2 - x - 6.$$
$$\underline{-\,x^3 - x^2}$$
$$-\,x^2 - 7x$$
$$\underline{x^2 + x}$$
$$-\,6x - 6$$
$$\underline{6x + 6}$$
$$0$$

Alternativ kann man wieder ansetzen:

$$(ax^2 + bx + c) \cdot (x+1) \overset{!}{=} x^3 - 7x + 6, \quad \text{d.h.}$$

$$ax^3 + (a+b)x^2 + (b+c)x \overset{!}{=} x^3 + 0x^2 - 7x + 6.$$

Als Ergebnis erhalten wir $a = 1$ und $c = -6$, und wegen $a+b = 0$ folgt $b = -1$, also ebenfalls die Produktdarstellung $x^3 - 7x + 6 = (x^2 - x - 6) \cdot (x+1)$.

Zu lösen bleibt jedenfalls $x^2 - x - 6 = 0$. Mit Vieta oder Lösungsformel für quadratische Gleichungen erhält man die weiteren Lösungen $x_2 = 3$ und $x_3 = -2$. Also ist $L = \{-2, -1, 3\}$.

Lösung 7.2

a) Zur Lösung von $4x^4 - 12x^2 + 9 = 0$ substituieren wir $u = x^2$, was auf die Gleichung $4u^2 - 12u + 9 = 0$ führt. Wenn man das Binom $(2u - 3)^2$ nicht erkennt, erhält man etwas aufwändiger auch mit der Lösungsformel

$$u_{1,2} = \frac{12 \pm \sqrt{144 - 144}}{2 \cdot 4} = \frac{3}{2}$$

als einzige Lösung. Die Rücksubstitution liefert $|x| = \sqrt{u} = \sqrt{3/2}$ und damit die Lösungsmenge $L = \left\{\pm\sqrt{3/2}\right\}$ der ursprünglichen Gleichung.

b) Durch Ausklammern von x erhält man

$$x^5 + \frac{1}{4}x^3 - \frac{3}{8}x = x \cdot \left(x^4 + \frac{1}{4}x^2 - \frac{3}{8}\right) = 0,$$

also $x_1 = 0$ als erste Lösung, und es bleibt nurmehr die reduzierte Gleichung $x^4 + \frac{1}{4}x^2 - \frac{3}{8} = 0$ zu lösen. Die Substitution $u = x^2$ liefert $u^2 + \frac{1}{4}u - \frac{3}{8} = 0$, also lauten die Lösungen der substituierten Gleichung

$$u_{1,2} = \frac{-\frac{1}{4} \pm \sqrt{\frac{1}{16} + \frac{12}{8}}}{2} = \frac{-\frac{1}{4} \pm \sqrt{\frac{25}{16}}}{2} = \frac{-\frac{1}{4} \pm \frac{5}{4}}{2},$$

d.h. $u_1 = \frac{1}{2}$ und $u_2 = -\frac{3}{4}$. Aus der nicht-negativen Lösung u_1 erhalten wir via Rücksubstitution weitere Lösungen $x_{2,3} = \pm\sqrt{1/2} = \pm\sqrt{2}/2$ (der Nenner wurde rational gemacht) der ursprünglichen Gleichung. $x^2 = u_2 < 0$ ist nicht möglich und liefert keine weiteren Lösungen. Die Lösungsmenge lautet somit $L = \left\{0, \pm\sqrt{2}/2\right\}$.

c) Zunächst substituiert man $u = x^2$, so dass $14u^3 - 67u^2 + 81 = 0$ zu lösen ist. Errate eine erste Lösung $u_1 = -1$ (was keine reelle Lösung x liefert), und führe Polynomdivision durch:

$$
\begin{array}{l}
(\quad 14u^3 - 67u^2 \qquad\quad + 81) : (u + 1) = 14u^2 - 81u + 81. \\
\underline{-\ 14u^3 - 14u^2} \\
\qquad\quad -\ 81u^2 \\
\qquad\quad \underline{81u^2 + 81u} \\
\qquad\qquad\qquad 81u + 81 \\
\qquad\qquad\qquad \underline{-\ 81u - 81} \\
\qquad\qquad\qquad\qquad\qquad 0
\end{array}
$$

Die Nullstellen des Faktors $14u^2 - 81u + 81$ erhält man wieder über die Lösungsformel:

$$
u_{2,3} = \frac{81 \pm \sqrt{81^2 - 4 \cdot 14 \cdot 81}}{28} = \frac{81 \pm 45}{28},
$$

also $u_2 = \frac{9}{2}$ und $u_3 = \frac{9}{7}$. Aus den nicht-negativen Lösungen u_2 und u_3 der substituierten Gleichung erhält man durch $|x| = \sqrt{u}$ die komplette Lösungsmenge der ursprünglichen Gleichung als $L = \left\{ \pm\frac{3}{\sqrt{2}}, \pm\frac{3}{\sqrt{7}} \right\}$.

Lösung 7.3

a) Die Ungleichung $-x^2 + 4x < 0$ $(\star)$ ist zu lösen. Die zugehörige Gleichung $-x^2 + 4x = -x(x-4) = 0$ hat die Lösungen 0 und 4. Wir müssen also die Gültigkeit der Ungleichung in den drei Bereichen $x < 0$, $0 < x < 4$ und $x > 4$ überprüfen. Einsetzen z.B. der Zahlen -1, 1 und 5 liefert wahre Aussagen für $(\star)$ für die Bereiche $x < 0$ und $x > 4$, während dies zwischen 0 und 4 nicht der Fall ist. Also ist die Lösungsmenge der Ungleichung $L = (-\infty, 0) \cup (4, \infty)$. Dies erhält man noch schneller, wenn man sich überlegt, in welchen Bereichen die Faktoren $-x$ und $x - 4$ verschiedene Vorzeichen haben (denn dann ist ihr Produkt $-x(x-4) < 0$).

b) Die Substitution $u = x^2$ führt auf die zugehörige Gleichung $u^2 + \frac{3}{8}u - \frac{1}{16} = 0$, welche die Lösungen $u_1 = \frac{1}{8}$ und $u_2 = -\frac{1}{2}$ hat. Rücksubstitution liefert $x_{1,2} = \pm\frac{1}{\sqrt{8}} = \pm\frac{1}{2\sqrt{2}}$. Einsetzen von -1, 0 und 1 in die Ungleichung liefert nur für $-\frac{1}{2\sqrt{2}} \leqslant x \leqslant \frac{1}{2\sqrt{2}}$ eine wahre Aussage. Damit ist $L = \left[-\frac{1}{2\sqrt{2}}, \frac{1}{2\sqrt{2}} \right]$.

c) Die Ungleichung $3x^3 + 6x^2 > x^3 + 36x + 80$ bringt man durch Äquivalenzumformungen zunächst auf die Gestalt $x^3 + 3x^2 - 18x - 40 > 0$ $(\star)$. Eine (erratene) Lösung der zugehörigen Gleichung ist $x_1 = 4$. Per Polynomdivision erhält man die Faktorisierung

$$
x^3 + 3x^2 - 18x - 40 = (x - 4) \cdot (x^2 + 7x + 10).
$$

Vieta liefert die weiteren Lösungen $x_2 = -2$ und $x_3 = -5$. Wir müssen also vier Intervalle untersuchen: $I_1 = (-\infty, -5)$, $I_2 = (-5, -2)$, $I_3 = (-2, 4)$ und $I_4 = (4, \infty)$.

○ Für $-6 \in I_1$ ergibt die Probe in $(\star)$ $-40 > 0$, eine falsche Aussage.

○ Für $-3 \in I_2$ folgt $14 > 0$, auf I_2 gilt also die Ungleichung.

○ Für $0 \in I_3$ wird $(\star)$ zur falschen Aussage $-40 > 0$.

○ Für $5 \in I_4$ folgt $70 > 0$, eine wahre Aussage.

Somit ist die Lösungsmenge $L = I_2 \cup I_4 = (-5, -2) \cup (4, \infty)$.

Lösung 7.4

a) Die für $x \neq \pm 3$ definierte Gleichung formen wir um:

$$\frac{x}{x-3} + \frac{2x}{x+3} = \frac{1}{x-3} + \frac{x+3}{9-x^2}$$

$$\Longleftrightarrow \quad x(x+3) + 2x(x-3) = x+3 - (x+3)$$

$$\Longleftrightarrow \quad 3x^2 - 3x = 0$$

$$\Longleftrightarrow \quad 3x(x-1) = 0,$$

wobei wir im ersten Schritt mit $(x-3) \cdot (x+3) = x^2 - 9$ multipliziert haben, was für $x \neq \pm 3$ eine Äquivalenzumformung ist.

Es bleibt also nur $3x(x-1) = 0$ zu lösen und mit dem Nullproduktsatz erhalten wir die Lösungsmenge $L = \{0, 1\}$.

b) Wir multiplizieren zunächst die gegebene Gleichung für $x \neq 0$ und $x \neq 1$ mit $2x(x-1) = 2(x^2 - x)$:

$$\frac{1}{x^2 - x} - \frac{1}{x-1} = 1 - \frac{1}{2x}$$

$$\Longleftrightarrow \quad 2 - 2x = 2(x^2 - x) - (x-1)$$

$$\Longleftrightarrow \quad 2x^2 - x - 1 = 0.$$

Nach der letzten Umformung können wir die Lösungsformel anwenden und erhalten $x_1 = 1$ und $x_2 = -\frac{1}{2}$ als Lösungen von $2x^2 - x - 1 = 0$. Da $x = 1$ aber nicht im Definitionsbereich der Bruchgleichung liegt, gibt es nur eine Lösung der ursprünglichen Gleichung, d.h. $L = \left\{ -\frac{1}{2} \right\}$.

Lösung 7.5

a) Am einfachsten argumentiert man so: Ein Bruch $\frac{Z}{N}$ ist genau dann $\leqslant 0$, wenn $Z \geqslant 0$ und $N < 0$ oder $Z \leqslant 0$ und $N > 0$ gilt.

Im ersten Fall erhalten wir $x + 1 \geqslant 0$ und $x + 2 < 0$, d.h. $x \geqslant -1$ und $x < -2$, was nicht gleichzeitig erfüllt sein kann.

Im zweiten Fall muss $x + 1 \leqslant 0$ und $x + 2 > 0$ erfüllt sein, d.h. $x \leqslant -1$ und $x > -2$, also zusammen: $x \in (-2, -1]$.

Die Lösungsmenge lautet somit $L = (-2, -1]$.

b) Die Ungleichung $\frac{x^3}{x+1} + x + \frac{10}{x+1} \geq \frac{-2x}{x+1}$ $(\star)$, die für $x \neq -1$ definiert ist, wird mit $(x+1)$ multipliziert.

Fall 1: $x + 1 > 0$, d.h. $\boldsymbol{x \in (-1, \infty) = J_1}$. $(\star)$ wird zu

$$x^3 + x^2 + x + 10 \geq -2x \quad \Longleftrightarrow \quad x^3 + x^2 + 3x + 10 \geq 0 \quad (\star\star).$$

Eine Lösung der zugehörigen Gleichung ist $x_1 = -2$. Durch Polynomdivision erhalten wir die Faktorisierung

$$x^3 + x^2 + 3x + 10 = (x+2) \cdot (x^2 - x + 5)$$

und die Lösungsformel $x_{2,3} = \frac{1 \pm \sqrt{1-20}}{2}$ liefert keine weiteren reellen Lösungen. Da die zu $p(x) = x^2 - x + 5$ gehörige Parabel nach oben geöffnet ist und keine Nullstellen hat, gilt $p(x) > 0$ für alle $x \in \mathbb{R}$. Die Ungleichung $(\star\star)$, die sich als $(x+2) \cdot p(x) \geq 0$ schreiben lässt, ist somit für $x + 2 \geq 0$, also $x \in [-2, \infty) = I_1$ erfüllt. Fall 1 steuert somit das Intervall $I_1 \cap J_1 = (-1, \infty)$ zur Lösungsmenge bei.

Fall 2: $x + 1 < 0$, d.h. $\boldsymbol{x \in (-\infty, -1) = J_2}$. $(\star)$ wird analog zu oben zu

$$x^3 + x^2 + 3x + 10 \leq 0 \qquad \text{bzw.} \qquad (x+2) \cdot p(x) \leq 0.$$

Wegen $p > 0$ führt dies auf $x + 2 \leq 0$, also $x \in (-\infty, -2] = I_2$. Fall 2 steuert folglich das Intervall $I_2 \cap J_2 = (-\infty, -2]$ zur Lösungsmenge bei.

Insgesamt gilt $L = (-\infty, -2] \cup (-1, \infty)$.

Alternativ-Lösung durch Einsetzen von Zahlen (obige Umformungen und Bestimmung von J_1, J_2 bleiben einem dabei aber natürlich nicht erspart):

Fall 1: Für $\boldsymbol{x \in J_1}$ muss $x^3 + x^2 + 3x + 10 \geq 0$ $(\star\star)$ untersucht werden. Die zugehörige Gleichung besitzt $x_1 = -2$ als einzige Lösung (siehe oben); die Prüfintervalle für $(\star\star)$, aus denen wir Zahlen einsetzen, sind somit $P_1 = (-\infty, -2)$ und $P_2 = (-2, \infty)$. Da $P_1 \cap J_1 = \varnothing$ ist, müssen wir $(\star\star)$ nur für $x \in P_2 \cap J_1 = (-1, \infty)$ testen, indem wir z.B. 0 einsetzen: $10 \geq 0$, also wahre Aussage.
Fall 1 steuert somit das Intervall $(-1, \infty)$ zur Lösungsmenge bei.

Fall 2: Für $\boldsymbol{x \in J_2}$ ist $(\star)$ äquivalent zu $x^3 + x^2 + 3x + 10 \leq 0$ $(\ast)$, was wir auf $P_1 \cap J_2 = (-\infty, -2)$ und $P_2 \cap J_2 = (-2, -1)$ testen.

  ◦ Test mit $-3 \in P_1 \cap J_2$ liefert: $-17 \leq 0$, eine wahre Aussage.
  ◦ Test mit $-1{,}5 \in P_2 \cap J_2$: $4{,}375 \leq 0$, was falsch ist.

Fall 2 steuert folglich das Intervall $(-\infty, -2]$ zur Lösungsmenge bei.

Insgesamt gilt wieder $L = (-\infty, -2] \cup (-1, \infty)$.

c) Multipliziert man die zur Ungleichung $\frac{1}{x-1} + \frac{2}{x+1} + \frac{1}{x^2-1} < \frac{5}{8}$ $(\star)$ gehörende Gleichung mit dem Hauptnenner $N(x) = 8(x-1)(x+1) = 8(x^2 - 1)$, so erhält man nach kurzem Umformen $5x^2 - 24x - 5 = 0$ (siehe Beispiel 7.9). Diese Gleichung besitzt die Lösungen 5 und $-\frac{1}{5}$ und ihre linke Seite lässt sich demnach faktorisieren als

$$5x^2 - 24x - 5 = 5(x - 5)(x + \tfrac{1}{5}).$$

Das Vorzeichen des Multiplikators $N(x)$ stellen wir in Vorzeichentabelle A.5 übersichtlich dar.

	$x + 1$	$x - 1$	$N(x)$
$x < -1$	$-$	$-$	$+$
$-1 < x < 1$	$+$	$-$	$-$
$1 < x$	$+$	$+$	$+$

Tabelle A.5

Fall 1: $N(x) > 0$, d.h. $\boldsymbol{x} \in (-\infty, -1) \cup (1, \infty) = \boldsymbol{J_1}$. ($\star$) wird zu $5x^2 - 24x - 5 > 0$; die Faktoren von $5(x - 5)(x + \frac{1}{5})$ müssen demnach dasselbe Vorzeichen besitzen.

> **Fall 1.1:** Damit beide Klammern positiv werden, muss $x > 5$ und $x > -\frac{1}{5}$ sein. Zusammengefasst also $x > 5$, d.h. $x \in (5, \infty) = I_1$.

> **Fall 1.2:** Damit beide Klammern negativ werden, muss $x < 5$ und $x < -\frac{1}{5}$ sein. Zusammen: $x < -\frac{1}{5}$, sprich $x \in (-\infty, -\frac{1}{5}) = I_2$.

Fall 1 trägt zur Lösungsmenge somit die Intervalle $I_1 \cap J_1 = (5, \infty)$ und $I_2 \cap J_1 = (-\infty, -1)$ bei.

Fall 2: $N(x) < 0$, d.h. $\boldsymbol{x} \in (-\boldsymbol{1}, \boldsymbol{1}) = \boldsymbol{J_2}$. Multiplikation mit $N(x)$ dreht das Ungleichheitszeichen um, und ($\star$) ist hier äquivalent zu $5x^2 - 24x - 5 < 0$. Die Faktoren von $5(x - 5)(x + \frac{1}{5})$ müssen hier also verschiedene Vorzeichen besitzen.

> **Fall 2.1:** $x > 5$ und $x < -\frac{1}{5}$ ist nicht möglich.

> **Fall 2.1:** $x < 5$ und $x > -\frac{1}{5}$, d.h. $x \in (-\frac{1}{5}, 5) = I_3$.

Fall 2 steuert also $I_3 \cap J_2 = (-\frac{1}{5}, 1)$ zur Lösungsmenge bei.

Insgesamt erhält man $L = (-\infty, -1) \cup (-\frac{1}{5}, 1) \cup (5, \infty)$.

Alternativ-Lösung durch Einsetzen (gleicher Kommentar wie bei b)):

Fall 1: ($\star$) wird für $\boldsymbol{x} \in \boldsymbol{J_1}$ zu $5x^2 - 24x - 5 > 0$ ($\star\star$). Da die Nullstellen der zugehörigen Gleichung $-\frac{1}{5}$ und 5 sind, müssen wir ($\star\star$) auf den Intervallen $P_1 = (-\infty, -\frac{1}{5})$, $P_2 = (-\frac{1}{5}, 5)$ und $P_3 = (5, \infty)$ prüfen, wobei die Prüfzahl stets auch in J_1 liegen muss, da wir uns in Fall 1 befinden. Wir testen ($\star\star$) für die Werte $-2 \in P_1 \cap J_1$, $2 \in P_2 \cap J_1$ und $6 \in P_3 \cap J_1$.

○ Für $x = -2$ wird ($\star$) zu $63 > 0$, einer wahren Aussage.

○ Für $x = 2$ wird ($\star$) zu $-33 > 0$, einer falschen Aussage.

○ Für $x = 6$ wird ($\star$) zu $31 > 0$, einer wahren Aussage.

Fall 1 trägt zur Lösungsmenge die Intervalle $P_1 \cap J_1 = (-\infty, -1)$ und $P_3 \cap J_1 = (5, \infty)$ bei.

Fall 2: ($\star$) ist für $x \in J_2$ äquivalent zu $5x^2 - 24x - 5 < 0$ ($*$). Da $P_3 \cap J_2 = \varnothing$ ist, brauchen wir ($*$) nur mit $-\frac{1}{2} \in P_1 \cap J_2$ und $0 \in P_2 \cap J_2$ zu prüfen.

○ Für $x = -\frac{1}{2}$ wird ($*$) zu $8{,}25 < 0$, einer falschen Aussage.

○ Für $x = 0$ wird ($*$) zu $-5 < 0$, einer wahren Aussage.

Fall 2 steuert also $P_2 \cap J_2 = \left(-\frac{1}{5}, 1\right)$ zur Lösungsmenge bei.

Insgesamt erhält man wieder $L = (-\infty, -1) \cup \left(-\frac{1}{5}, 1\right) \cup (5, \infty)$.

Lösung 7.6

a) Die Gleichung $\sqrt{x} = -1$ hat als Lösungsmenge offensichtlich die leere Menge, während die quadrierte Gleichung $x = 1$ die einelementige Lösungsmenge $L = \{1\}$ besitzt. Ein weiteres Beispiel ist die Wurzelgleichung $\sqrt{x} = x - 1$, welche nach Quadrieren $x = (x-1)^2 = x^2 - 2x - 1$ bzw. $x^2 - 3x - 1 = 0$ lautet, welche die zwei verschiedenen Lösungen $x_{1,2} = \frac{1}{2}\left(3 \pm \sqrt{9+4}\right)$ besitzt, wovon eine negativ und damit keine Lösung der ursprünglichen Gleichung ist.

b) Die Gleichung $\sqrt{x^2} = 1$ hat als Lösungen $x_{1,2} = \pm 1$, genau wie die quadrierte Gleichung $x^2 = 1$. Ebenso hat $\sqrt{x} = 1$ genau wie ihr Quadrat $x = 1^2$ die einzige Lösung $x = 1$.

Lösung 7.7

a) Als erstes quadrieren wir die Gleichung $\sqrt{6x + 37} = x + 5$ und erhalten

$$6x + 37 = x^2 + 10x + 25 \qquad \Longleftrightarrow \qquad x^2 + 4x - 12 = 0.$$

Die Lösungen der letzten Gleichung liefert Vieta: Man erhält mit $x_1 = -6$ und $x_2 = 2$ Kandidaten für Lösungen der ursprünglichen Gleichung. Probe:

○ Mit $x_1 = -6$: Linke Seite ergibt $\sqrt{-36 + 37} = 1$, rechte Seite ergibt $-6 + 5 = -1$, also ist $x_1 = -6$ keine Lösung.

○ Mit $x_2 = 2$: Linke Seite ergibt $\sqrt{12 + 37} = 7$, rechte Seite ergibt $2 + 5 = 7$, also ist $x_2 = 2$ eine Lösung.

Die Lösungsmenge lautet somit $L = \{2\}$.

b) Durch Quadrieren wird aus $\sqrt{2x^2} = \sqrt{x^2 - 1} - 1$ die Gleichung

$$2x^2 = x^2 - 1 - 2\sqrt{x^2 - 1} + 1 \qquad \Longleftrightarrow \qquad x^2 = -2\sqrt{x^2 - 1},$$

was durch erneutes Quadrieren zu $x^4 = 4(x^2 - 1)$ wird. Wir haben nun also die Lösungen zu $x^4 - 4x^2 + 4 = 0$ zu finden. Substitution $u = x^2$ liefert $u^2 - 4u + 4 = 0$, und da die linke Seite als $u^2 - 4u + 4 = (u - 2)^2$ geschrieben werden kann, muss $u = 2$ sein und somit nach Rücksubstitution $x = \pm\sqrt{2}$. Wir müssen diese Lösungskandidaten zur Probe in die ursprüngliche Gleichung einsetzen: Beidesmal ergibt sich die falsche Aussage $2 = 0$, so dass die Lösungsmenge hier leer ist, $L = \varnothing$.

c) Die Gleichung $\sqrt[3]{5x + 2} = x - 2$ nehmen wir mit Hilfe des binomischen Lehrsatzes „hoch 3" und erhalten

$$5x + 2 = x^3 + 3 \cdot x^2 \cdot (-2)^1 + 3 \cdot x \cdot (-2)^2 + (-2)^3 = x^3 - 6x^2 + 12x - 8,$$

also $x^3 - 6x^2 + 7x - 10 = 0$. Durch Erraten finden wir die erste Lösung $x_1 = 5$ und mittels Polynomdivision die Faktorisierung

$$x^3 - 6x^2 + 7x - 10 = (x - 5) \cdot (x^2 - x + 2).$$

Der zweite Faktor der linken Seite kann nicht Null werden, denn die Gleichung $x^2 - x + 2 = 0$ führt wegen negativer Diskriminante in der Lösungsformel auf keine weiteren reellen Lösungen.

Für $x_1 = 5$ führen wir die Probe in der ursprünglichen Gleichung durch: Die linke Seite ergibt $\sqrt[3]{25 + 2} = \sqrt[3]{27} = 3$, und ebenfalls ist die rechte Seite $5 - 2 = 3$. Somit lautet die Lösungsmenge $L = \{5\}$.

Die Probe wäre hier nicht nötig, da die Abbildung $f \colon \mathbb{R} \to \mathbb{R}$, $x \mapsto x^3$ bijektiv, also insbesondere injektiv ist. Stimmen bei einer Gleichung nach dem Potenzieren beide Seiten für einen Wert von x überein, so haben sie auch dasselbe Urbild unter f, das wiederum der dritten Wurzel entspricht.

Lösung 7.8

a) Wir lösen die zu $\sqrt{16 + x^2} - x \leqslant 5$ gehörige Gleichung und erhalten nach Isolieren, Quadrieren und Sortieren

$$16 + x^2 = x^2 + 10x + 25, \quad \text{also } x_1 = -\tfrac{9}{10}.$$

Die Probe liefert auf der linken Seite

$$\sqrt{16 + \left(-\tfrac{9}{10}\right)^2} - \left(-\tfrac{9}{10}\right) = \sqrt{\tfrac{1681}{100}} + \tfrac{9}{10} = \tfrac{50}{10} = 5,$$

was der rechten Seite 5 entspricht. Somit löst $x_1 = -\tfrac{9}{10}$ wirklich die zugehörige Gleichung.

Wir prüfen die Ungleichung „links und rechts" von x_1. (Dies genügt, da $f(x) = \sqrt{16 + x^2} - x$ auf ganz $\mathbb{R}$ stetig ist und somit keine Sprünge mit Vorzeichenwechsel machen kann.)

   ○ Für $x = -3$ folgt: $\sqrt{25} + 3 = 8 > 5$, also ist die Ungleichung für $x < x_1$ nicht erfüllt.

○ Für $x = 0$ ist $\sqrt{16} + 1 = 4 \leqslant 5$, also gilt die Ungleichung für $x \geqslant x_1$.

Als Lösungsmenge erhält man folglich $L = \left[-\frac{9}{10}, \infty \right)$.

b) Wir quadrieren die zu $2\sqrt{x} - 2 \geqslant \sqrt{x-1}$ $(\star)$ gehörige Gleichung, isolieren die Wurzel und quadrieren erneut:

$$2\sqrt{x} - 2 = \sqrt{x-1} \implies 4x - 8\sqrt{x} + 4 = x - 1 \iff 8\sqrt{x} = 3x + 5$$

$$\implies 64x = 9x^2 + 30x + 25 \iff 9x^2 - 34x + 25 = 0.$$

Die Lösungsformel liefert für die letzte Gleichung $x_1 = \frac{25}{9}$ und $x_2 = 1$. Durch Einsetzen in die ursprüngliche Gleichung überzeugt man sich, dass es sich wirklich um Lösungen handelt; insbesondere gehören x_1 und x_2 automatisch zur Lösungsmenge der Ungleichung $(\star)$.

Aufgrund des Definitionsbereichs $D = [\, 1, \infty\,)$ der ursprünglichen Gleichung ist x_2 ein Randpunkt und wir müssen nur für die Bereiche $I_1 = (\, 1, \frac{25}{9}\,)$ $I_2 = [\, \frac{25}{9}, \infty\,)$ Werte einsetzen:

○ Für $x = 2 \in I_1$ wird $(\star)$ zu: $2\sqrt{2} - 2 \geqslant \sqrt{2-1} = 1$; falsch!

○ Für $x = 5 \in I_2$ wird $(\star)$ zu: $2\sqrt{5} - 2 \geqslant \sqrt{5-1} = 2$; wahr!

Damit erhalten wir als Lösungsmenge $L = \{\, 1\,\} \cup [\, \frac{25}{9}, \infty\,)$.

c) Die Ungleichung $\frac{1}{2\sqrt{x+2}} > \frac{1}{x-1}$ $(\star)$ mit Definitionsbereich $D = (-2, \infty) \setminus \{\, 1\,\}$ machen wir zuerst „bruchfrei", indem wir mit dem Hauptnenner multiplizieren. Da die Wurzel $\sqrt{x+2}$ stets positiv ist, hängt das Vorzeichen des Hauptnenners $N(x) = 2\sqrt{x+2} \cdot (x-1)$ nur von $x - 1$ ab.

Fall 1: $N(x) > 0$, also $(x-1) > 0$, d.h. $\boldsymbol{x \in (\, 1, \infty\,) = J_1}$. Die bruchfreie Ungleichung lautet für diesen Fall

$$x - 1 > 2\sqrt{x+2} \implies x^2 - 2x + 1 > 4(x+2) \iff x^2 - 6x - 7 > 0,$$

wobei wir im ersten Schritt (unter Beachtung des wegen $x > 1$ positiven Vorzeichens) quadriert haben. Die Lösungen der zur letzten Ungleichung gehörigen Gleichung ergeben sich nach Vieta zu $x_1 = -1$ und $x_2 = 7$. Die Prüfintervalle sind somit $I_1 = (-\infty, -1)$, $I_2 = (-1, 7)$ und $I_3 = (\, 7, \infty\,)$. Da $I_1 \cap J_1 = \varnothing$ ist, brauchen wir die Ungleichung nur für $x = 2 \in I_2 \cap J_1$ und $x = 14 \in I_3 \cap J_1$ testen:

○ Für $x = 2$ wird $(\star)$ zu $\frac{1}{2 \cdot 2} > \frac{1}{1}$; falsch!

○ Für $x = 14$ wird $(\star)$ zu $\frac{1}{2 \cdot 4} > \frac{1}{13}$, was stimmt.

Fall 1 liefert somit das Intervall $I_3 \cap J_1 = (\, 7, \infty\,)$.

Fall 2: $N(x) < 0$, also $(x-1) < 0$, d.h. $\boldsymbol{x \in (-2, 1) = J_2}$ (beachte $x > -2$ aufgrund der Definitionsmenge D). Wir erhalten hier als bruchfreie Ungleichung $x - 1 < 2\sqrt{x+2}$ mit Lösungen $x_1 = -1$ und $x_2 = 7$ der zugehörigen Gleichung (siehe oben). Hier testen wir $(\star)$ mit $-1{,}5 \in I_1 \cap J_2$ und $0 \in I_2 \cap J_2$ (es ist $I_3 \cap J_2 = \varnothing$):

○ Für $x = -1{,}5$ wird $(\star)$ zu $\frac{1}{2 \cdot \sqrt{1/2}} > \frac{1}{-2{,}5}$, einer wahren Aussage.

○ Für $x = 0$ wird $(\star)$ zu $\frac{1}{2 \cdot \sqrt{2}} > \frac{1}{-1}$, auch einer wahren Aussage.

Fall 2 steuert somit das ganze Intervall $J_2 = (-2\,,1\,)$ zur Lösungsmenge bei.

Als gesamte Lösungsmenge ergibt sich $L = (-2\,,1\,) \cup (\,7\,,\infty\,)$.

Lösung 7.9

a) Damit $|x - 5| = 8$ wird, muss $x - 5$ entweder 8 oder -8 sein. Im ersten Fall folgt $x_1 = 13$, im zweiten $x_2 = -3$. Die Lösungsmenge der Betragsgleichung ist also $L = \{-3, 13\}$.

b) Da die Gleichung $|x-4| = |3x+6|$ mehrere Beträge enthält, veranschaulichen wir die Fallunterscheidungen in Abbildung A.7. Es gibt drei Fälle.

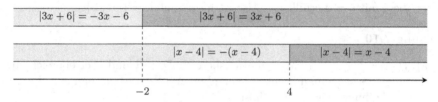

Abbildung A.7

Fall 1: $x < -2$, also $|3x + 6| = -3x - 6$ und $|x - 4| = -(x - 4) = -x + 4$. Die zu lösende Gleichung lautet hier $-x + 4 = -3x - 6$, d.h. $x_1 = -5$. Da dieses $x_1 < -2$ ist, also im betrachteten Definitionsbereich von Fall 1 liegt, haben wir eine Lösung gefunden.

Fall 2: $-2 \leqslant x < 4$, also $|3x + 6| = 3x + 6$ und $|x - 4| = -x + 4$. Hier lautet die Gleichung ohne Beträge $-x + 4 = 3x + 6$, deren Lösung $x_2 = -\frac{1}{2}$ auch im Definitionsbereich von Fall 2 liegt.

Fall 3: $x \geqslant 4$, also $|3x + 6| = 3x + 6$ und $|x - 4| = x - 4$. Wie in Fall 1 (nur mit umgedrehten Vorzeichen) erhalten wir $x - 4 = 3x + 6$, also $x_3 = -5$, was diesmal nicht im Definitionsbereich von Fall 3 liegt, aber in Fall 1 bereits als Lösung erkannt wurde.

Die Lösungsmenge lautet folglich $L = \{-5, -\frac{1}{2}\}$.

c) Im ersten Schritt quadrieren wir die Gleichung $\sqrt{|x + 6|} = x$ und erhalten $|x+6| = x^2$. Zur Auflösung des Betrags müssen wir zwei Fälle unterscheiden:

Fall 1: $x \geqslant -6$, also $|x + 6| = x + 6$. Somit haben wir $x + 6 = x^2$ bzw. $x^2 - x - 6 = 0$ zu lösen.

Die Lösungsformel liefert $x_1 = 3$ und $x_2 = -2$ als Lösungskandidaten. Beide liegen im Definitionsbereich von Fall 1 und sind also Lösungen der quadrierten Gleichung. Wegen des Quadrierens müssen wir allerdings die Probe mit der ursprünglichen Gleichung machen: $\sqrt{|3+6|}$ ergibt 3, also ist x_1 eine Lösung. Bei x_2 erhält man jedoch $\sqrt{|-2+6|} = 2 \neq -2$.

Fall 2: $x < -6$, also $|x+6| = -(x+6) = -x-6$, und wir haben die quadratische Gleichung $-x-6 = x^2$ bzw. $x^2 + x + 6 = 0$ zu lösen. Aufgrund negativer Diskriminate $1 - 4 \cdot 6 < 0$ liefert Fall 2 keine Lösungen.

Die Lösungsmenge lautet folglich $L = \{\,3\,\}$.

d) Die Gleichung $\frac{|x+1|}{|x|} = x + 1$, welche für $x \neq 0$ definiert ist, multiplizieren wir für $x \neq -1$ mit $\frac{|x|}{x+1}$ und erhalten die Gleichung $|x| = \frac{|x+1|}{x+1}$. Da $|\heartsuit|$ sich nur im Vorzeichen von $\heartsuit$ unterscheiden kann, ist die rechte Seite 1 oder -1. Links steht $|x|$, was > 0 ist, also kann die Gleichheit mit rechts nur für $|x| = 1$ bestehen, d.h. $x = \pm 1$. Da wir für die Umformung $x = -1$ ausschließen mussten, erhalten wir so jedoch nur $x = 1$ als Lösung. Durch direktes Einsetzen von $x = -1$ in die ursprüngliche Gleichung sieht man, dass diese mit $0 = 0$ erfüllt ist. Also ist insgesamt $L = \{-1, 1\}$.

Lösung 7.10

a) $f(x) = \frac{1}{2}(x + |x|)$ hat Definitionsbereich $D = \mathbb{R}$ und Wertebereich $[\,0, \infty)$. Letzteres sieht man leicht an Schaubild A.8 bzw. wenn man den Betrag mittels Fallunterscheidung auflöst:

$$f(x) = \begin{cases} \frac{1}{2}(x - x) & \text{für } x < 0 \\ \frac{1}{2}(x + x) & \text{für } x \geqslant 0 \end{cases} = \begin{cases} 0 & \text{für } x < 0 \\ x & \text{für } x \geqslant 0, \end{cases}$$

d.h. bei f handelt es sich um den „Positivteil" der ersten Winkelhalbierenden.

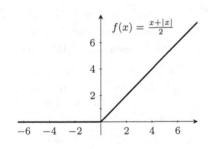

Abbildung A.8

b) Die Funktion $f(x) = \frac{x}{|x|}(x - 2)$ ist definiert für alle $x \neq 0$, d.h. maximaler Definitionsbereich ist $\mathbb{R} \backslash \{\,0\,\}$. Wir schreiben $f(x)$ ohne Beträge:

$$f(x) = \frac{x}{|x|}(x-2) = \begin{cases} -\frac{x}{x}(x-2) & \text{für } x < 0 \\ \frac{x}{x}(x-2) & \text{für } x > 0 \end{cases} = \begin{cases} -x+2 & \text{für } x < 0 \\ x-2 & \text{für } x > 0. \end{cases}$$

Somit ist der Wertebereich die Vereinigung der Wertemenge von $-x + 2$ für negatives x, d.h. $(\,2\,,\infty\,)$, und der Wertemenge von $x - 2$ für positives x, $(\,-2\,,\infty\,)$ (der Wert an der Stelle 0 ist jeweils nicht mit enthalten, wegen des Definitionsbereichs der ursprünglichen Funktion). Zusammengefasst ist die Wertemenge also $W_f = (\,2\,,\infty\,) \cup (\,-2\,,\infty\,) = (\,-2\,,\infty\,)$.

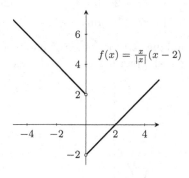

Abbildung A.9

c) Die Funktion $f(x) = |x - 2| + |x + 1|$ ist auf ganz $\mathbb{R}$ definiert. Für die Bestimmung des Wertebereichs bzw. zum leichteren Zeichnen unterscheiden wir bezüglich des Terms $|x - 2|$ die Bereiche $x < 2$ und $x \geqslant 2$, sowie für $|x + 1|$ die Bereiche links und rechts von -1:

$$f(x) = |x - 2| + |x + 1| = \begin{cases} -(x - 2) - (x + 1) & \text{für } x < -1 \\ -(x - 2) + (x + 1) & \text{für } -1 \leqslant x < 2 \\ (x - 2) + (x + 1) & \text{für } x \geqslant 2 \end{cases}$$

$$= \begin{cases} -2x + 1 & \text{für } x < -1 \\ 3 & \text{für } -1 \leqslant x < 2 \\ 2x - 1 & \text{für } x \geqslant 2. \end{cases}$$

Wir erhalten Schaubild A.10 mit drei Geradenstücken.

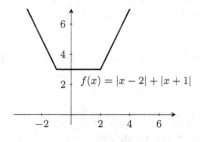

Abbildung A.10

Der Wertebereich ist $[\,3\,,\infty\,)$ (wie man leicht an der Vereinigung der Wertebereiche der einzelnen Geradenstücke sieht).

d) Auch bei $f(x) = |x^2 - 2|$ ist der Definitionsbereich $\mathbb{R}$. Für $x^2 \geqslant 2$ bzw. $|x| \geqslant \sqrt{2}$ ist $|x^2 - 2| = x^2 - 2$, ansonsten muss man die Vorzeichen umkehren:

$$f(x) = |x^2 - 2| = \begin{cases} x^2 - 2 & \text{für } x \leqslant -\sqrt{2} \text{ oder } x \geqslant \sqrt{2} \\ -x^2 + 2 & \text{für } -\sqrt{2} < x < \sqrt{2}. \end{cases}$$

Das Schaubild in Abbildung A.11 ist eine verschobene Normalparabel, deren Negativteil nach oben geklappt ist. Der Wertebereich ist $[\,0\,,\infty\,)$.

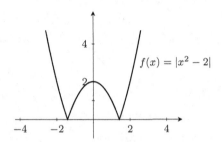

Abbildung A.11

Lösung 7.11

a) Zur Lösung der Ungleichung $|x - 4| + |2 - x| > x + 1$ stellen wir zunächst fest, dass die Argumente der beiden Beträge ihr Vorzeichen bei 2 bzw. 4 wechseln. Insgesamt sind drei Fälle zu betrachten, wenn wir die Beträge auflösen wollen.

Fall 1: $x \leqslant 2$, also $|x - 4| = -(x - 4)$ und $|2 - x| = 2 - x$. Wir erhalten hier die Ungleichung $6 - 2x > x + 1$, d.h. $x < \frac{5}{3}$. Da $\frac{5}{3} < 2$ und die Bedingung von Fall 1 somit automatisch erfüllt ist, gehört $(-\infty, \frac{5}{3})$ zur Lösungsmenge.

Fall 2: $2 < x < 4$, also $|x - 4| = -(x - 4)$ und $|2 - x| = -(2 - x)$. Die Ungleichung vereinfacht sich zu $2 > x + 1$, d.h. $x < 1$. Weil das die Bedingung von Fall 2 verletzt, erhalten wir hier keine weiteren Lösungen.

Fall 3: $x \geqslant 4$, also $|x - 4| = x - 4$ und $|2 - x| = -(2 - x)$. In diesem letzten Fall lautet die Ungleichung $2x - 6 > x + 1$, d.h. $x > 7$ und als Beitrag zur Lösungsmenge erhalten wir $(\,7\,,\infty\,)$.

Insgesamt ist $L = (-\infty, \frac{5}{3}) \cup (\,7\,,\infty\,)$.

b) Die Ungleichung $|x^2 - 2| \geqslant \frac{1}{4}$ ist nach Definition des Betrags gleichbedeutend damit, dass entweder $x^2 - 2 \geqslant \frac{1}{4}$ oder $x^2 - 2 \leqslant -\frac{1}{4}$ ist. Also muss $x^2 \geqslant \frac{9}{4}$ oder $x^2 \leqslant \frac{7}{4}$ sein.

Der erste Fall tritt genau für $|x| \geqslant \sqrt{\frac{9}{4}} = \frac{3}{2}$ ein, d.h. $-\frac{3}{2} \geqslant x$ oder $x \geqslant \frac{3}{2}$.

Der zweite Fall liegt genau dann vor, wenn $-\frac{\sqrt{7}}{2} \leqslant x \leqslant \frac{\sqrt{7}}{2}$ ist.

Somit ist die Lösungsmenge $L = (-\infty, -\frac{3}{2}] \cup [-\frac{\sqrt{7}}{2}, \frac{\sqrt{7}}{2}] \cup [\frac{3}{2}, \infty)$.

c) Da der Betrag keiner reellen Zahl negativ sein kann, ist die Lösungsmenge von $|x^3 - 117x^2 + 42| < -\pi$ leer; $L = \varnothing$.

Lösung 7.12

a) Durch Logarithmieren zur Basis 3 erhalten wir $\log_3 3^{2x-5} = \log_3 3^{-3}$, also $2x - 5 = -3$. Somit muss $x = 1$ sein, d.h. $L = \{1\}$.

b) Durch Logarithmieren zur Basis 7 erhalten wir aus $7^{\frac{3x}{2}} = 2^{-5x}$ die Gleichung $\frac{3x}{2} = (-5x) \cdot \log_7 2$. Daraus folgt man $(3 + 10 \cdot \log_7 2)x = 0$. Da der Vorfaktor nicht 0 ist (Taschenrechner, bzw. $2 > 1$ und damit $\log_7 2 > 0$), muss $x = 0$ gelten, d.h. $L = \{0\}$.

c) Wir schreiben vermöge (P3) die ursprüngliche Gleichung soweit möglich in Zweierpotenzen und fassen dann geeignet zusammen:

$$2^{6x-1} + 4^{3x+2} - 8^{2x} = 31$$
$$\Longleftrightarrow \quad 2^{6x-1} + 2^{2 \cdot (3x+2)} - 2^{3 \cdot 2x} = 31$$
$$\Longleftrightarrow \quad 2^{6x-1} \cdot (1 + 2^5 - 2^1) = 31$$
$$\Longleftrightarrow \quad 2^{6x-1} \cdot 31 = 31$$
$$\Longleftrightarrow \quad 2^{6x-1} = 1.$$

Wenn wir nun $\log_2$ auf beide Seiten der Gleichung anwenden, erhalten wir $6x - 1 = 0$, somit $x = \frac{1}{6}$, und die Lösungsmenge lautet $L = \{\frac{1}{6}\}$.

d) Wir bringen die 100 auf die linke Seite und erkennen an

$$(100^x)^2 - 101 \cdot 100^x + 100 = 0,$$

dass die Substitution $u = 100^x$ auf $u^2 - 101u + 100 = 0$ führt. Die Lösungen dieser quadratischen Gleichung sind

$$u_{1,2} = \frac{101 \pm \sqrt{101^2 - 4 \cdot 100}}{2} = \frac{101 \pm 99}{2},$$

also $u_1 = 1$ und $u_2 = 100$. Rücksubstitution ergibt $x_1 = \log_{100} 1 = 0$ bzw. $x_2 = \log_{100} 100 = 1$ als Lösungen, d.h. $L = \{0, 1\}$.

e) Durch Ausklammern auf der linken Seite und rechten Seite erhalten wir

$$2^x \cdot (1 + 2) = 3^{x+2} \cdot (1 + 3) \quad \text{bzw.} \quad 2^x \cdot 3 = 3^{x+2} \cdot 2^2.$$

Sortieren wir die 2er bzw. 3er-Potenzen jeweils auf eine Seite, so ergibt sich $2^{x-2} = 3^{x+1}$. Logarithmieren zur Basis 2 ergibt

$$x - 2 = (x + 1) \cdot \log_2 3, \quad \text{und damit} \quad (1 - \log_2 3)x = 2 + \log_2 3.$$

Wir erhalten $x = \frac{2 + \log_2 3}{1 - \log_2 3}$, was sich nicht weiter vereinfachen lässt.

Anmerkung: Genauso zielführend wäre die Basis 3 gewesen, bei einer anderen Basis wären noch mehr Logarithmen im Ausdruck enthalten gewesen.

Lösung 7.13   Der Beweis von (P_1) ergibt sich unmittelbar aus dem Additionstheorem der e-Funktion:

$$a^x \cdot a^y = e^{x \ln a} \cdot e^{y \ln a} = e^{x \ln a + y \ln a} = e^{(x+y) \ln a} = a^{x+y}.$$

Zum Beweis von (L_3) rechnen wir

$$\log_a(x^y) = \log_a(e^{y \ln x}) = \frac{\ln e^{y \ln x}}{\ln a} = \frac{y \ln x}{\ln a} = y\,\frac{\ln x}{\ln a} = y \log_a x.$$

Der Beweis der restlichen Potenz- und Logarithmengesetze gelingt ähnlich mühelos, wenn man zudem noch $(e^x)^y = e^{y \ln e^x} = e^{xy}$ (im ersten Schritt wird nichts anderes als die Definition $a^x = e^{x \ln a}$ mit $a = e^x$ verwendet) und $\ln(xy) = \ln x + \ln y$ beachtet (siehe Seite 115).   ⊟

Lösung 7.14   Polynomdividieren bis der Arzt kommt. (Nochmal der Hinweis: Hier sind die Minusklammern alle aufgelöst, was ich dir beim Aufschreiben nicht unbedingt empfehlen würde.)

a)
$$
\begin{array}{l}
(x^2 - 2x + 1) : (x - 1) = x - 1 \\
\underline{-x^2 + x} \\
-x + 1 \\
\underline{x - 1} \\
0
\end{array}
$$

Wer das Binom erkennt, kann sich die Polynomdivision auch sparen, denn

$$\frac{x^2 - 2x + 1}{x - 1} = \frac{(x-1)^2}{x - 1} = x - 1 \quad :).$$

b)
$$
\begin{array}{l}
(x^3 - 37x^2 + x - 37) : (x - 37) = x^2 + 1 \\
\underline{-x^3 + 37x^2} \\
x - 37 \\
\underline{-x + 37} \\
0
\end{array}
$$

c)
$$
\begin{array}{l}
(3x^3 - 6x^2 - 5x + 10) : (3x^2 - 5) = x - 2 \\
\underline{-3x^3 + 5x} \\
-6x^2 + 10 \\
\underline{6x^2 - 10} \\
0
\end{array}
$$

d)
$$
\begin{array}{l}
(x^3 + 5x^2 + x - 11) : (x^2 + x - 3) = x + 4 + \dfrac{1}{x^2 + x - 3} \\
\underline{-x^3 - x^2 + 3x} \\
4x^2 + 4x - 11 \\
\underline{-4x^2 - 4x + 12} \\
1
\end{array}
$$

e)

$$(\quad x^3 \qquad + 6x + 8) : (x^2 - x + 8) = x + 1 + \frac{-x}{x^2 - x + 8}$$

$$\underline{- x^3 + x^2 - 8x}$$
$$x^2 - 2x + 8$$
$$\underline{- x^2 + x - 8}$$
$$- x$$

f) Ganz viele Lücken für $0x^4$, $0x^3$ etc. lassen.

$$(\quad x^5 \qquad\qquad\qquad - 1) : (x - 1) = x^4 + x^3 + x^2 + x + 1$$

$$\underline{- x^5 + x^4}$$
$$x^4$$
$$\underline{- x^4 + x^3}$$
$$x^3$$
$$\underline{- x^3 + x^2}$$
$$x^2$$
$$\underline{- x^2 + x}$$
$$x - 1$$
$$\underline{- x + 1}$$
$$0$$

Zusatz: Allgemein gilt

$$(x^n - 1) : (x - 1) = x^{n-1} + x^{n-2} + \ldots + x + 1,$$

wie man leicht durch Multiplizieren der rechten Seite mit $(x - 1)$ bestätigt.

Lösungen zu Kapitel 8

Lösung 8.1

a) Wir wählen $u(x) = x$ und $v'(x) = e^{-x}$, so dass $u'(x) = 1$ und $v(x) = -e^{-x}$ ist (beachte beim Aufleiten die innere Ableitung -1). Partiell integrieren:

$$\int \overset{u}{x} \cdot \overset{v'}{e^{-x}} \, dx = \overset{u}{x} \cdot \overset{v}{(-e^{-x})} - \int \overset{u'}{1} \cdot \overset{v}{(-e^{-x})} \, dx = -xe^{-x} + \int e^{-x} \, dx$$

$$= -xe^{-x} - e^{-x} + c = -e^{-x}(x + 1) + c = -\frac{x + 1}{e^x} + c.$$

b) Partiell integrieren mit $u(x) = x^2$, d.h. $u'(x) = 2x$, und $v'(x) = e^{-x}$, d.h. $v(x) = -e^{-x}$, ergibt

$$\int x^2 \cdot e^{-x} \, dx = -x^2 \cdot e^{-x} + \int 2x \cdot e^{-x} \, dx.$$

Das neu entstandene Integral ist laut a) gleich $-2e^{-x}(x+1)+c$. (Ohne Kenntnis von a) müsste man erneut Produktintegration ausführen.) Insgesamt folgt

$$\int x^2 \cdot e^{-x} \, dx = -x^2 \cdot e^{-x} - 2e^{-x}(x + 1) + c = -e^{-x}(x^2 + 2x + 2) + c.$$

c) Für $u(x) = \ln x$ und $v'(x) = x^n$ ist $u'(x) = \frac{1}{x}$ und $v(x) = \frac{1}{n+1} x^{n+1}$. Produktintegration:

$$\int x^n \cdot \ln x \, dx = \ln x \cdot \frac{1}{n + 1} x^{n+1} - \int \frac{1}{x} \cdot \frac{1}{n + 1} x^{n+1} \, dx$$

$$= \ln x \cdot \frac{1}{n + 1} x^{n+1} - \int \frac{1}{n + 1} x^n \, dx$$

$$= \ln x \cdot \frac{1}{n + 1} x^{n+1} - \frac{1}{(n + 1)^2} x^{n+1} + c$$

$$= \frac{x^{n+1}}{(n + 1)^2} \left((n + 1) \ln x - 1 \right) + c.$$

Lösung 8.2

a) Am besten zieht man den Vorfaktor $-\frac{1}{2}$ vor das Integral. Setze dann $u(x) = x$ und $v'(x) = \cos x$, so dass $u'(x) = 1$ und $v(x) = \sin x$ ist. Partielle Integration (mit Grenzen):

$$\int_0^\pi \left(-\frac{x}{2} \right) \cdot \cos x \, dx = -\frac{1}{2} \int_0^\pi x \cdot \cos x \, dx$$

$$= -\frac{1}{2} \left(\left[x \cdot \sin x \right]_0^\pi - \int_0^\pi 1 \cdot \sin x \, dx \right) = -\frac{1}{2} \left[x \cdot \sin x + \cos x \right]_0^\pi = 1.$$

b) Um den Schreibaufwand zu reduzieren, berechnen wir zuerst das unbestimmte Integral. Wir setzen $v'(x) = x^4$ und $u(x) = \ln|x| \overset{x \leq 0}{=} \ln(-x)$, weil dann beim Ableiten der ln wegfällt.

Mit $v(x) = \frac{1}{5}x^5$ und $u'(x) = (\ln(-x))' = \frac{1}{-x} \cdot (-1) = \frac{1}{x}$ folgt

$$\int x^4 \cdot \ln|x| \, dx = \frac{1}{5}\, x^5 \cdot \ln|x| - \int \frac{1}{5}\, x^4 \, dx$$

$$= \frac{1}{5}\, x^5 \ln|x| - \frac{1}{25}\, x^5 + c = \frac{1}{25}\, x^5 (5 \ln|x| - 1) + c.$$

(Vergleiche mit Lösung 8.1 c)!) Grenzen einsetzen unter Beachtung von $\ln 1 = 0$ sowie $\ln e^{\frac{1}{5}} = \frac{1}{5} \ln e = \frac{1}{5}$ liefert:

$$\int_{-\sqrt[5]{e}}^{-1} x^4 \cdot \ln|x| \, dx = \left[\frac{1}{25}\, x^5 \, (5 \ln|x| - 1) \right]_{-\sqrt[5]{e}}^{-1}$$

$$= \frac{1}{25}\, (-1)^5 (5 \ln|-1| - 1) - \frac{1}{25}\, (-e^{\frac{1}{5}})^5 (5 \ln|-e^{\frac{1}{5}}| - 1) = \frac{1}{25}.$$

c) Auch hier rechnen wir zunächst ohne Grenzen. Partiell integrieren mit $u(x) = e^{2x}$, d.h. $u'(x) = 2e^{2x}$, und $v'(x) = \cos x$, d.h. $v(x) = \sin x$ (auch die umgekehrte Wahl von u und v' würde zum Ziel führen!), ergibt zunächst

$$\int e^{2x} \cos x \, dx = e^{2x} \sin x - \int 2e^{2x} \sin x \, dx.$$

Beim neu entstandenen Integral wendet man erneut Produktintegration an mit $\tilde{u}(x) = 2e^{2x}$, d.h. $\tilde{u}'(x) = 4e^{2x}$, und $\tilde{v}'(x) = \sin x$, d.h. $\tilde{v}(x) = -\cos x$:

$$\int 2e^{2x} \sin x \, dx \, dx = -2e^{2x} \cos x - \int 4e^{2x} (-\cos x) \, dx$$

$$= -2e^{2x} \cos x + 4 \int e^{2x} \cos x \, dx.$$

Oben eingesetzt folgt

$$\int e^{2x} \cos x \, dx = e^{2x} \sin x - \left(-2e^{2x} \cos x + 4 \int e^{2x} \cos x \, dx \right)$$

$$= e^{2x} (\sin x + 2 \cos x) - 4 \int e^{2x} \cos x \, dx.$$

Addiere $4 \int e^{2x} \cos x \, dx$: $5 \int e^{2x} \cos x \, dx = e^{2x} (\sin x + 2 \cos x)$, d.h.

$$\int e^{2x} \cos x \, dx = \frac{e^{2x}}{5} (\sin x + 2 \cos x) \ (+c).$$

(Da in der Rechnung auf beiden Seiten ein unbestimmtes Integral stand, wurde die Integrationskonstante c zunächst weggelassen.) Somit ergibt sich für beliebiges $z < 0$

$$\int_z^0 e^{2x} \cos x \, dx = \left[\frac{e^{2x}}{5} (\sin x + 2 \cos x) \right]_z^0$$

$$= \frac{e^0}{5} (\sin 0 + 2 \cos 0) - \frac{e^{2z}}{5} (\sin z + 2 \cos z) = \frac{2}{5} - \frac{e^{2z}}{5} \cdot h(z)$$

mit $h(z) = \sin z + 2 \cos z$. Da $h(z)$ beschränkt ist ($|h(z)| \leqslant 3$, da cos und sin betragsmäßig nie größer als 1 werden), folgt $|\frac{e^{2z}}{5} \cdot h(z)| \leqslant \frac{3}{5} e^{2z}$ und da die rechte Seite für $z \to -\infty$ gegen 0 strebt, muss dies auch für $\frac{e^{2z}}{5} \cdot h(z)$ gelten. Also ist

$$\int_{-\infty}^0 e^{2x} \cdot \cos x \, dx = \lim_{z \to -\infty} \int_z^0 e^{2x} \cos x \, dx = \lim_{z \to -\infty} \left(\frac{2}{5} - \frac{e^{2z}}{5} \cdot h(z) \right) = \frac{2}{5}.$$

Lösung 8.3   Substitution: $u = 3x + 2$; Differenziale: $\frac{du}{dx} = 3 \implies dx = \frac{1}{3} du$.

$$\int (3x + 2)^4 \, dx = \int u^4 \frac{1}{3} \, du = \frac{1}{3} \cdot \frac{1}{5} u^5 + c = \frac{1}{15} (3x + 2)^5 + c$$

Um die allgemeine Regel zu beweisen, setzt man $u = ax + b$, also $du = a \, dx$, und integriert völlig analog wie eben.

Diese Regel „Stammfunktion von f geteilt durch innere Ableitung" geht nur bei linearen inneren Funktionen. Ist z.B. $f(ax^2)$ zu integrieren, könnte man ja auf die Idee kommen, $\frac{1}{2ax} F(ax^2)$ als Stammfunktion hinzuschreiben. Dann ist aber (aufgrund der Produktregel)

$$\left(\frac{1}{2ax} F(ax^2) \right)' \neq \frac{1}{2ax} (F(ax^2))',$$

da der Vorfaktor von F nun *keine* Konstante mehr ist!

Lösung 8.4

a) Substitution: $u = x^3 + 2$; Differenziale: $\frac{du}{dx} = 3x^2 \implies dx = \frac{du}{3x^2}$.

$$\int 9x^2 \cdot \sqrt{x^3 + 2} \, dx = \int 9x^2 \cdot \sqrt{u} \, \frac{du}{3x^2} = 3 \int \sqrt{u} \, du$$

$$= 3 \cdot \frac{2}{3} u^{\frac{3}{2}} + c = 2 \sqrt{(x^3 + 2)^3} + c.$$

b) Substitution: $u = x^2$; Differenziale: $\frac{du}{dx} = 2x \implies dx = \frac{du}{2x}$.

$$\int x \cdot e^{-x^2} \, dx = \int x \cdot e^{-u} \, \frac{du}{2x} = \frac{1}{2} \int e^{-u} \, du = -\frac{1}{2} e^{-u} + c = -\frac{1}{2} e^{-x^2} + c,$$

Für das uneigentliche Integral folgt damit

$$\int_0^\infty x \cdot e^{-x^2} \, dx = \lim_{z \to \infty} \left[-\frac{1}{2} e^{-x^2} \right]_0^z = -\frac{1}{2} \left(0 - e^0 \right) = \frac{1}{2},$$

wobei im vorletzten Schritt $\lim_{z \to \infty} e^{-z^2} = 0$ eingeht.

c) Substitution: $u = 3 - x^2$; Differenziale: $\frac{du}{dx} = -2x \implies dx = \frac{du}{-2x}$.

$$\int \frac{-2x}{3 - x^2} \, dx = \int \frac{-2x}{u} \frac{du}{-2x} = \int \frac{1}{u} \, du = \ln|u| + c = \ln|3 - x^2| + c$$

d) Substitution: $u = \ln x$; Differenziale: $\frac{du}{dx} = \frac{1}{x} \implies dx = x \, du$. Grenzen umrechnen: $x = e$ liefert $u = \ln e = 1$, $x = e^2$ ergibt $u = \ln e^2 = 2$. Somit ist

$$\int_e^{e^2} \frac{1}{x \cdot \ln x} \, dx = \int_1^2 \frac{1}{x \cdot u} x \, du = \int_1^2 \frac{1}{u} \, du = \Big[\ln|u| \Big]_1^2 = \ln 2 - \ln 1 = \ln 2.$$

Lösung 8.5   Setzen wir $u = f(x)$, so ist $\frac{du}{dx} = f'(x)$ und $dx = \frac{du}{f'(x)}$, also folgt

$$\int \frac{f'(x)}{f(x)} \, dx = \int \frac{f'(x)}{u} \frac{du}{f'(x)} = \int \frac{1}{u} \, du = \ln|u| + c = \ln|f(x)| + c.$$

Alternativ kann man die Formel durch Ableiten mit der Kettenregel beweisen. Nützlich wäre dies bei c) und d) der vorigen Aufgabe gewesen, da der Zähler dort jeweils die Ableitung des Nenners war. Bei d) erkennt man dies erst, wenn man den Integranden als $\frac{1}{x \cdot \ln x} = \frac{\frac{1}{x}}{\ln x}$ umschreibt. Dann folgt mit eben bewiesener Formel

$$\int \frac{1}{x \cdot \ln x} \, dx = \int \frac{\frac{1}{x}}{\ln x} \, dx = \ln|\ln x| + c.$$

Lösung 8.6   Wir setzen $x(t) = \cos t$, wobei sich t in einem Bijektivitätsintervall des Cosinus befinden muss, also z.B. $t \in (0, \pi)$; die Ränder entfallen aufgrund von $|x| < 1$. Umrechnung der Differenziale liefert $dx = -\sin t \, dt$ und mit $1 - \cos^2 t = \sin^2 t$ folgt

$$\int \frac{dx}{\sqrt{1 - x^2}} = \int \frac{-\sin t \, dt}{\sqrt{1 - \cos^2 t}} = -\int \frac{\sin t}{|\sin t|} \, dt = -\int 1 \, dt = -t + c.$$

Beachte $|\sin t| = \sin t$ aufgrund von $t \in (0, \pi)$. Die Rücksubstitution $t = \arccos x$ liefert

$$\int \frac{1}{\sqrt{1 - x^2}} \, dx = -\arccos x + c \quad \text{für } |x| < 1.$$

Da zwei Stammfunktionen sich um eine additive Konstante unterscheiden dürfen – diese verschwindet ja beim Ableiten – ist dies kein Widerspruch zu unserem früheren Ergebnis $\arcsin x + c$, denn zwischen Arcussinus und Arcuscosinus gilt der Zusammenhang (siehe Seite 222) – $\arccos x = \arcsin x - \frac{\pi}{2}$.

Lösung 8.7   Die Voraussetzungen von Satz 5.9 sind erfüllt: Sinus ist auf dem Intervall $I = (-1, 1)$ differenzierbar mit $\sin'(x) \neq 0$ für $x \in I$ und besitzt dort den Arcussinus als Umkehrfunktion. Somit ist arcsin differenzierbar und Ableiten von $\sin(\arcsin x) = x$ liefert nach der Kettenregel (alternativ kann man auch direkt die Formel aus dem Satz verwenden)

$$\sin'(\arcsin x) \cdot \arcsin'(x) = x' = 1, \quad \text{also} \quad \arcsin'(x) = \frac{1}{\cos(\arcsin x)}.$$

Hmm, das sieht noch etwas unschön aus, zumal wir nicht wissen, was der Cosinus mit dem Arcussinus macht. Hier hilft der trigonometrische Pythagoras weiter:

$$\sin^2 x + \cos^2 x = 1, \quad \text{bzw.} \quad \cos x = \sqrt{1 - \sin^2 x}$$

($|\cos x| = \cos x$, da $|x| \leqslant 1$), wobei $\sin^2 x$ abkürzend für $(\sin x)^2$ steht. Damit folgt

$$\arcsin'(x) = \frac{1}{\cos(\arcsin x)} = \frac{1}{\sqrt{1 - (\sin(\arcsin x))^2}} = \frac{1}{\sqrt{1 - x^2}}.$$

Für den Arcustangens gehen wir analog vor. Zunächst folgt seine Differenzierbarkeit (auf ganz $\mathbb{R}$) aus Satz 5.9, da er die Umkehrfunktion von $\tan|_{(-\frac{\pi}{2}, \frac{\pi}{2})}$ ist und dort $\tan'(x) = 1 + \tan^2 x \neq 0$ gilt. Ableiten von $\tan(\arctan x) = x$ liefert

$$\tan'(\arctan x) \cdot \arctan'(x) = x' = 1, \quad \text{also} \quad \arctan'(x) = \frac{1}{\tan'(\arctan x)}.$$

Mit $\tan' \heartsuit = 1 + (\tan \heartsuit)^2$ ergibt sich insgesamt

$$\arctan'(x) = \frac{1}{1 + (\tan(\arctan x))^2} = \frac{1}{1 + x^2}.$$

Lösung 8.8

a) Es ist $\displaystyle \int \frac{1}{\sqrt{3 - x^2}}\,\mathrm{d}x = \int \frac{1}{\sqrt{3\left(1 - \frac{x^2}{3}\right)}}\,\mathrm{d}x = \frac{1}{\sqrt{3}} \int \frac{1}{\sqrt{1 - \left(\frac{x}{\sqrt{3}}\right)^2}}\,\mathrm{d}x.$

Substitution: $x(t) = \sqrt{3}\sin t$ (für $|t| < \frac{\pi}{2}$); Differenziale: $\mathrm{d}x = \sqrt{3}\cos t\,\mathrm{d}t$. Unter Beachtung von $\sqrt{1 - \sin^2 t} = |\cos t| = \cos t$ (da $|t| < \frac{\pi}{2}$) folgt

$$\frac{1}{\sqrt{3}} \int \frac{1}{\sqrt{1 - \left(\frac{x}{\sqrt{3}}\right)^2}}\,\mathrm{d}x = \frac{1}{\sqrt{3}} \int \frac{1}{\sqrt{1 - \sin^2 t}}\sqrt{3}\cos t\,\mathrm{d}t = \int 1\,\mathrm{d}t = t + c.$$

Rücksubstitution: Aus $x = \sqrt{3}\sin t$ folgt $t = \arcsin\left(\frac{x}{\sqrt{3}}\right)$, und wir erhalten

$$\int \frac{1}{\sqrt{3 - x^2}}\,\mathrm{d}x = \arcsin\left(\frac{x}{\sqrt{3}}\right) + c \qquad \text{für } |x| < \sqrt{3}.$$

Anmerkung: Setzt man die Stammfunktion von $\frac{1}{\sqrt{1-u^2}}$ als bekannt voraus, muss man nicht mehr explizit mit dem Sinus substituieren. Man setzt am Ende der ersten Zeile einfach $u = \frac{x}{\sqrt{3}}$, also $dx = \sqrt{3}\, du$ und erhält

$$\frac{1}{\sqrt{3}} \int \frac{1}{\sqrt{1-u^2}} \sqrt{3}\, du = \int \frac{1}{\sqrt{1-u^2}}\, du = \arcsin u + c = \arcsin\left(\frac{x}{\sqrt{3}}\right) + c.$$

b) Zunächst führen wir quadratische Ergänzung im Radikanden durch:

$$-4(x^2 + x) = -4\left(x^2 + x + \left(\frac{1}{2}\right)^2 - \left(\frac{1}{2}\right)^2\right) = -4\left(\left(x + \frac{1}{2}\right)^2 - \frac{1}{4}\right)$$

$$= 1 - 4\left(x + \frac{1}{2}\right)^2 = 1 - \left(2\left(x + \frac{1}{2}\right)\right)^2 = 1 - (2x + 1)^2.$$

Mit $u = 2x + 1$, d.h. $du = 2\, dx$, und den neuen Grenzen $u = 0$ und $u = \frac{1}{2}$ ergibt sich

$$\int_{-\frac{1}{2}}^{-\frac{1}{4}} \frac{1}{\sqrt{-4(x^2 + x)}}\, dx = \int_{-\frac{1}{2}}^{-\frac{1}{4}} \frac{1}{\sqrt{1 - (2x + 1)^2}}\, dx = \int_0^{\frac{1}{2}} \frac{1}{\sqrt{1 - u^2}} \frac{du}{2}$$

$$= \frac{1}{2}\left[\arcsin u\right]_0^{\frac{1}{2}} = \frac{1}{2}\left(\arcsin \frac{1}{2} - \arcsin 0\right) = \frac{\pi}{12}.$$

Im letzten Schritt ging $\arcsin \frac{1}{2} = \frac{\pi}{6}$ (da $\sin \frac{\pi}{6} = \frac{1}{2}$) und $\arcsin 0 = 0$ (da $\sin 0 = 0$) ein.

c) Wir formen den Integranden um zu $\frac{1}{1+u^2}$, um $\arctan$ als Stammfunktion anwenden zu können.

$$\int \frac{1}{4 + 25x^2}\, dx = \int \frac{1}{4\left(1 + \frac{25x^2}{4}\right)}\, dx = \frac{1}{4} \int \frac{1}{1 + \left(\frac{5x}{2}\right)^2}\, dx$$

Die Substitution $u = \frac{5x}{2}$ liefert $dx = \frac{2}{5}\, du$, und die Grenzen bleiben erhalten, d.h.

$$\int_0^{\infty} \frac{1}{4 + 25x^2}\, dx = \frac{1}{4} \int_0^{\infty} \frac{1}{1 + u^2} \frac{2\, du}{5} = \frac{1}{10}\left[\arctan u\right]_0^{\infty} = \frac{\pi}{20}.$$

Beachte dabei $\lim_{u \to \infty} \arctan u = \frac{\pi}{2}$ (da $\lim_{x \to \frac{\pi}{2}} \tan x = \infty$) und $\arctan 0 = 0$ (da $\tan 0 = 0$).

Lösung 8.9

Ein Kreis mit Radius r um den Ursprung wird beschrieben durch $x^2 + y^2 = r^2$ bzw. $y = \pm\sqrt{r^2 - x^2}$ für $|x| \leqslant r$. Wir müssen also den Inhalt der Fläche unter dem Schaubild der Funktion $f(x) = \sqrt{r^2 - x^2}$ zwischen 0 und r bestimmen, und diesen anschließend vervierfachen (Symmetrie), um den Flächeninhalt des gesamten Kreises zu erhalten. Bestimmen wir zunächst die Stammfunktion von f:

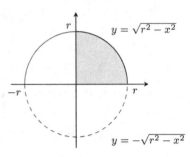

Abbildung A.12

$$\int \sqrt{r^2 - x^2} \,\mathrm{d}x = \int r \cdot \sqrt{1 - \left(\frac{x}{r}\right)^2} \,\mathrm{d}x$$

$$\stackrel{u=\frac{x}{r}}{=} \int r \cdot \sqrt{1 - u^2}\, r \,\mathrm{d}u = r^2 \int \sqrt{1 - u^2} \,\mathrm{d}u.$$

Durch die Substitution $u(t) = \sin t$ erhält man

$$\int \sqrt{r^2 - x^2} \,\mathrm{d}x = \frac{r^2}{2}\left(u \cdot \sqrt{1 - u^2} + \arcsin u\right) + c$$

$$= \frac{r^2}{2}\left(\frac{x}{r} \cdot \sqrt{1 - \left(\frac{x}{r}\right)^2} + \arcsin \frac{x}{r}\right) + c.$$

(Rechnung wie in Beispiel 8.12; führe sie zu Übungszwecken selbst nochmal durch!) Für den Flächeninhalt des Kreises ergibt sich somit

$$A_{\text{Kreis}} = 4\int_0^r \sqrt{r^2 - x^2} \,\mathrm{d}x = 4 \cdot \frac{r^2}{2}\left[\frac{x}{r} \cdot \sqrt{1 - \left(\frac{x}{r}\right)^2} + \arcsin \frac{x}{r}\right]_0^r$$

$$= 2r^2\left(0 + \arcsin 1 - 0 - \arcsin 0\right) = 2r^2\left(\frac{\pi}{2} - 0\right) = \pi r^2. \qquad \text{Ta-dah!}$$

Lösung 8.10   Auflösen von $\frac{x^2}{a^2} + \frac{y^2}{b^2} = 1$ nach y liefert

$$y = \pm b\sqrt{1 - \frac{x^2}{a^2}} = \pm b\sqrt{\frac{1}{a^2}(a^2 - x^2)} = \pm\frac{b}{a}\sqrt{a^2 - x^2}$$

als Funktionsgleichungen der oberen und unteren Ellipsenhälfte. Aus Symmetriegründen genügt es wieder, den Flächeninhalt des rechten oberen Ellipsenviertels zu bestimmen und diesen dann zu vervierfachen. Mit Hilfe der Stammfunktion aus der vorigen Aufgabe folgt

$$A = 4\int_0^a \frac{b}{a}\sqrt{a^2 - x^2} \,\mathrm{d}x \stackrel{8.9}{=} \frac{4b}{a} \cdot \frac{a^2}{2}\left[\frac{x}{a} \cdot \sqrt{1 - \left(\frac{x}{a}\right)^2} + \arcsin \frac{x}{a}\right]_0^a$$

$$= 2ab\left(0 + \arcsin 1 - 0 - \arcsin 0\right) = 2ab \cdot \frac{\pi}{2} = \pi ab.$$

Für $a = b = r$ geht die Ellipsengleichung in die Gleichung eines Kreises vom Radius r über, und für dessen Flächeninhalt folgt erneut $A = \pi ab = \pi r^2$.

Lösung 8.11 Für das Volumen des Rotationskörpers von $f(x) = b\sqrt{1 - \frac{x^2}{a^2}}$ gilt

$$V = \pi \int_{-a}^{a} f(x)^2 \, dx = 2\pi \cdot \int_{0}^{a} f(x)^2 \, dx = 2\pi \cdot \int_{0}^{a} b^2 \sqrt{1 - \frac{x^2}{a^2}}^2 \, dx,$$

wobei im zweiten Schritt die Achsensymmetrie des Integranden ausgenutzt wurde. Da beim Quadrieren die Wurzel wegfällt, lässt sich das entstehende Integral elementar lösen:

$$V = 2\pi b^2 \int_{0}^{a} \left(1 - \frac{x^2}{a^2}\right) dx = 2\pi b^2 \left[x - \frac{x^3}{3a^2}\right]_{0}^{a} = 2\pi b^2 \left(a - \frac{a^3}{3a^2}\right) = \frac{4}{3}\pi ab^2.$$

Für $a = b = r$ ergibt sich $V = \frac{4}{3}\pi r^3$, das wohlbekannte Volumen einer Kugel vom Radius r.

Lösung 8.12

a) Mit den Doppelwinkelformeln folgt sofort

$$\cos\varphi = \cos^2\frac{\varphi}{2} - \sin^2\frac{\varphi}{2} = \left(\frac{1}{\sqrt{1+u^2}}\right)^2 - \left(\frac{u}{\sqrt{1+u^2}}\right)^2$$

$$= \frac{1}{1+u^2} - \frac{u^2}{1+u^2} = \frac{1-u^2}{1+u^2},$$

$$\sin\varphi = 2\sin\frac{\varphi}{2}\cos\frac{\varphi}{2} = 2 \cdot \frac{1}{\sqrt{1+u^2}} \cdot \frac{u}{\sqrt{1+u^2}} = \frac{2u}{1+u^2}.$$

b) Aus $\tan'(x) = 1 + \tan^2 x$ folgt mit $x = \frac{\varphi}{2}$ und der Kettenregel:

$$\frac{du}{d\varphi} = \left(\tan\frac{\varphi}{2}\right)' = \frac{1}{2}\left(1 + \tan^2\frac{\varphi}{2}\right) = \frac{1}{2}(1 + u^2).$$

c) (i) $$\int \frac{1}{1+\cos\varphi} \, d\varphi = \int \frac{1}{1 + \frac{1-u^2}{1+u^2}} \frac{2\,du}{1+u^2} = \int \frac{1}{\frac{1+u^2+1-u^2}{1+u^2}} \frac{2\,du}{1+u^2}$$

$$= \int \frac{1+u^2}{2} \frac{2\,du}{1+u^2} = \int 1 \, du = u + c = \tan\frac{\varphi}{2} + c$$

(ii) $$\int \frac{1}{\sin\varphi} \, d\varphi = \int \frac{1}{\frac{2u}{1+u^2}} \frac{2\,du}{1+u^2} = \int \frac{1}{u} \, du = \ln|u| + c = \ln\left|\tan\frac{\varphi}{2}\right| + c$$

(iii) $\displaystyle\int \frac{1 + \sin\varphi}{1 + \cos\varphi}\,\mathrm{d}\varphi = \int \frac{1 + \frac{2u}{1+u^2}}{1 + \frac{1-u^2}{1+u^2}}\,\frac{2\,\mathrm{d}u}{1+u^2} = \int \frac{\frac{1+u^2+2u}{1+u^2}}{\frac{1+u^2+1-u^2}{1+u^2}}\,\frac{2\,\mathrm{d}u}{1+u^2}$

$$= \int \frac{1 + u^2 + 2u}{2}\,\frac{2\,\mathrm{d}u}{1+u^2} = \int \frac{1 + u^2 + 2u}{1+u^2}\,\mathrm{d}u$$

$$= \int \left(\frac{1 + u^2}{1+u^2} + \frac{2u}{1+u^2} \right)\mathrm{d}u = \int \left(1 + \frac{2u}{1+u^2} \right)\mathrm{d}u$$

$$= u + \ln(1+u^2) + c = \tan\frac{\varphi}{2} + \ln\left(1 + \tan^2\frac{\varphi}{2}\right) + c.$$

Wenn man beachtet, dass $1 + \tan^2 x = \frac{1}{\cos^2 x}$ gilt (Seite 146), lässt sich die Stammfunktion noch umschreiben als

$$\tan\frac{\varphi}{2} + \ln\left(1 + \tan^2\frac{\varphi}{2}\right) + c = \tan\frac{\varphi}{2} + \ln\left(\cos^{-2}\frac{\varphi}{2}\right) + c$$

$$= \tan\frac{\varphi}{2} - 2\ln\left|\cos\frac{\varphi}{2}\right| + c.$$

Viel schneller kommt man hier durch folgende Zerlegung zum Ziel:

$$\int \frac{1 + \sin\varphi}{1 + \cos\varphi}\,\mathrm{d}\varphi = \int \left(\frac{1}{1+\cos\varphi} + \frac{\sin\varphi}{1+\cos\varphi} \right)\mathrm{d}\varphi$$

$$= \tan\frac{\varphi}{2} - \ln|1 + \cos\varphi| + c,$$

wobei die Stammfunktion des ersten Summanden aus (i) stammt, und man beim zweiten Summanden erkennen sollte, dass der Zähler die negative Ableitung des Nenners ist! Auf den ersten Blick scheint dies eine vollkommen andere Stammfunktion als die obige zu sein, aber unter Verwendung von $\cos^2\alpha = \frac{1}{2}(1 + \cos 2\alpha)$ folgt

$$2\ln\left|\cos\frac{\varphi}{2}\right| = \ln\left|\cos^2\frac{\varphi}{2}\right| = \ln\left|\frac{1}{2}(1 + \cos\varphi)\right|$$

$$= \ln\frac{1}{2} + \ln|1 + \cos\varphi|,$$

und der Unterschied $\ln\frac{1}{2}$ der beiden gefundenen Stammfunktionen verschwindet in der additiven Konstante.

Lösung 8.13

a) $K_{\cosh}$ ist achsensymmetrisch zur y-Achse, denn es gilt

$$\cosh(-x) = \frac{1}{2}(e^{-x} + e^{-(-x)}) = \frac{1}{2}(e^x + e^{-x}) = \cosh x \quad \text{für alle } x \in \mathbb{R}.$$

$K_{\sinh}$ ist punktsymmetrisch zum Ursprung, denn für alle $x \in \mathbb{R}$ ist

$$\sinh(-x) = \frac{1}{2}(e^{-x} - e^{-(-x)}) = \frac{1}{2}(-e^x + e^{-x}) = -\sinh x.$$

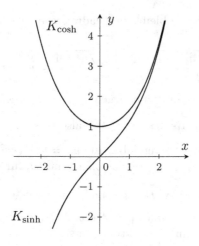

Abbildung A.13

Beide Schaubilder (siehe Abbildung A.13) nähern sich für wachsendes x aufgrund von $e^{-x} \to 0$ für $x \to \infty$ dem Schaubild von $\frac{1}{2}e^x$ an.

b) Binomische Formeln sowie $(e^{\pm x})^2 = e^{\pm 2x}$ und $e^x \cdot e^{-x} = e^0 = 1$ liefern

$$\cosh^2 x - \sinh^2 x = \frac{1}{4}\left(e^x + e^{-x}\right)^2 - \frac{1}{4}\left(e^x - e^{-x}\right)^2$$

$$= \frac{1}{4}\left(e^{2x} + 2e^x \cdot e^{-x} + e^{-2x} - e^{2x} + 2e^x \cdot e^{-x} - e^{-2x}\right) = \frac{1}{4} \cdot 4e^0 = 1.$$

c) (i) $\quad \cosh^2 x + \sinh^2 x \overset{b)}{=} \frac{1}{4}\left(2e^{2x} + 2e^{-2x}\right) = \frac{1}{2}\left(e^{2x} + e^{-2x}\right) = \cosh(2x)$

   (ii) Subtrahiere b) von (i) und teile durch 2.

   (iii) Addiere b) mit (i) und teile durch 2.

   (iv) $2\sinh x \cosh x = 2\frac{1}{4}\left(e^x - e^{-x}\right) \cdot \left(e^x + e^{-x}\right) = \frac{1}{2}(e^{2x} - e^{-2x}) = \sinh(2x)$

d) Es gilt $\quad \frac{\mathrm{d}}{\mathrm{d}x}\sinh x = \cosh x \quad$ und $\quad \frac{\mathrm{d}}{\mathrm{d}x}\cosh x = \sinh x, \quad$ denn

$$\sinh'(x) = \frac{1}{2}(e^x - e^{-x})' = \frac{1}{2}(e^x - e^{-x} \cdot (-1)) = \frac{1}{2}(e^x + e^{-x}) = \cosh x,$$

$$\cosh'(x) = \frac{1}{2}(e^x + e^{-x})' = \frac{1}{2}(e^x + e^{-x} \cdot (-1)) = \frac{1}{2}(e^x - e^{-x}) = \sinh x.$$

e) Um die Umkehrfunktion des Sinus hyperbolicus zu bestimmen, müssen wir die Gleichung $\sinh x = \frac{1}{2}(e^x - e^{-x}) = y$ nach y auflösen und dann x mit y vertauschen. Multiplikation mit $2e^x$ führt auf

$$e^{2x} - 1 = 2ye^x \quad \text{bzw.} \quad (e^x)^2 - 2ye^x - 1 = 0.$$

Nach Substitution $e^x = u$ bleibt die quadratische Gleichung $u^2 - 2yu - 1 = 0$ zu lösen.

$$u_{1,2} = \frac{2y \pm \sqrt{4y^2 + 4}}{2} = \frac{2y \pm 2\sqrt{y^2 + 1}}{2} = y \pm \sqrt{y^2 + 1}.$$

Das Minuszeichen entfällt, denn wegen $\sqrt{y^2 + 1} > \sqrt{y^2} = |y|$ ist stets

$$u_2 = y - \sqrt{y^2 + 1} < y - |y| \leqslant 0, \quad \text{also } u_2 < 0,$$

was nicht mit $u = e^x > 0$ vereinbar ist. $u_1 = y + \sqrt{y^2 + 1}$ hingegen ist für alle $y \in \mathbb{R}$ positiv: Für $y \geqslant 0$ ist das offensichtlich, für $y < 0$ folgt es aus

$$y + \sqrt{y^2 + 1} > y + \sqrt{y^2} = y + |y| \overset{y \leq 0}{=} y - y = 0.$$

Somit ist Logarithmieren von $u_1 = e^x$ erlaubt, und Vertauschen von x mit y liefert schließlich als Umkehrfunktion von sinh:

$$\text{arsinh } x = \ln\left(x + \sqrt{x^2 + 1}\right) \quad \text{für } x \in \mathbb{R}.$$

Völlig analog führt die Umkehrung von $\cosh \colon [\,0\,,\infty\,) \to [\,1\,,\infty\,)$ auf die Gleichung $(e^x)^2 - 2ye^x + 1 = 0$, was nach der Substitution $e^x = u$ in die quadratische Gleichung $u^2 - 2yu + 1 = 0$ übergeht, welche die Lösungen

$$u_{1,2} = \frac{2y \pm \sqrt{4y^2 - 4}}{2} = \frac{2y \pm 2\sqrt{y^2 - 1}}{2} = y \pm \sqrt{y^2 - 1}$$

besitzt, die wegen $y \in [\,1\,,\infty\,)$ reell sind. Wieder entfällt das Minuszeichen, denn die Einschränkung $x \in [\,0\,,\infty\,)$ erzwingt $u = e^x \geqslant 1$, was u_2 wegen $u_2 = y - \sqrt{y^2 - 1} \leqslant 1$ nicht erfüllt. (Die Gültigkeit der letzten Ungleichung bestätigt man durch folgende trickreiche Abschätzung:

$$\sqrt{y^2 - 1} = \sqrt{y^2 - 2y + 1 + 2y - 1 - 1} = \sqrt{(y-1)^2 + 2(y-1)}$$
$$\geqslant \sqrt{(y-1)^2} = y - 1,$$

in welche $2(y-1) \geqslant 0$, sprich $y \geqslant 1$, sowie die Monotonie der Wurzel eingeht.) Logarithmieren von $u_1 = e^x$ und Vertauschen von x mit y ergibt als Umkehrfunktion von cosh:

$$\text{arcosh } x = \ln\left(x + \sqrt{x^2 - 1}\right) \quad \text{für } x \in [\,1\,,\infty\,).$$

Lösung 8.14   Die Inklusion $\widetilde{\mathcal{H}} \subseteq \mathcal{H}$ folgt sofort aus Aufgabe 8.13 b), denn

$$(\pm \cosh t)^2 - (\sinh t)^2 = \cosh^2 t - \sinh^2 t = 1.$$

Sei umgekehrt $(x\,|\,y) \in \mathcal{H}$ gegeben. Da $\sinh \colon \mathbb{R} \to \mathbb{R}$ bijektiv ist, findet man (genau) ein $t \in \mathbb{R}$ so dass $y = \sinh t$ ist. Aus $x^2 - y^2 = 1$ folgt nun

$$|x| = \sqrt{1 + y^2} = \sqrt{1 + \sinh^2 t} = \cosh t.$$

Somit liegt $(x\,|\,y) = (\cosh t\,|\,\sinh t)$ (bzw. $(-\cosh t\,|\,\sinh t)$ falls $x < 0$) in $\widetilde{\mathcal{H}}$.

Lösung 8.15 Wir setzen $x(t) = \cosh t$ mit $t > 0$ (damit $\cosh$ bijektiv und $x > 1$ erfüllt ist). Dann ist $\frac{dx}{dt} = \sinh t$ und es folgt

$$\int \frac{dx}{\sqrt{x^2 - 1}} = \int \frac{\sinh t \, dt}{\sqrt{\cosh^2 t - 1}} = \int \frac{\sinh t}{\sqrt{\sinh^2 t}} \, dt = \int \frac{\sinh t}{\sinh t} \, dt = \int 1 \, dt,$$

wobei im vorletzten Schritt $|\sinh t| = \sinh t$ für $t > 0$ verwendet wurde. Somit ergibt sich

$$\int \frac{1}{\sqrt{x^2 - 1}} \, dx = t + c = \operatorname{arcosh} x + c = \ln\left(x + \sqrt{x^2 - 1}\right) + c.$$

Lösung 8.16

1) Die Differenzierbarkeit von arsinh begründet man mit Hilfe von Satz 5.9 wie in Aufgabe 8.7 (beachte $\sinh'(x) = \cosh x \neq 0$ für alle $x \in \mathbb{R}$). Ableiten von $\sinh(\operatorname{arsinh} x) = x$ $(x \in \mathbb{R})$ liefert nach der Kettenregel

$$\sinh'(\operatorname{arsinh} x) \cdot \operatorname{arsinh}'(x) = x' = 1, \quad \text{also} \quad \operatorname{arsinh}'(x) = \frac{1}{\cosh(\operatorname{arsinh} x)}.$$

Um dies etwas ansehnlicher zu machen, verwenden wir

$$\cosh^2 x - \sinh^2 x = 1, \quad \text{bzw.} \quad |\cosh x| = \cosh x = \sqrt{1 + \sinh^2 x}$$

($\cosh x > 0$ für alle $x \in \mathbb{R}$), womit folgt:

$$\operatorname{arsinh}'(x) = \frac{1}{\cosh(\operatorname{arsinh} x)} = \frac{1}{\sqrt{1 + (\sinh(\operatorname{arsinh} x))^2}} = \frac{1}{\sqrt{1 + x^2}}.$$

2) Die Differenzierbarkeit von arcosh für $x > 1$ folgt aus Satz 5.9, wenn man $\cosh'(x) = \sinh x \neq 0$ für $x > 0 = \operatorname{arcosh} 1$ beachtet. Es ist

$$\operatorname{arcosh}'(x) = \frac{1}{\sinh(\operatorname{arcosh} x)}.$$

Wie oben folgt weiter (beachte $|\sinh y| = \sinh y$ für $y \geqslant 0$)

$$\operatorname{arcosh}'(x) = \frac{1}{\sinh(\operatorname{arcosh} x)} = \frac{1}{\sqrt{(\cosh(\operatorname{arcosh} x))^2 - 1}} = \frac{1}{\sqrt{x^2 - 1}}.$$

Man erkennt, dass dies für $x = 1$ nicht definiert ist.

Lösung 8.17

a) Zunächst formen wir den Integranden um (beachte $22^2 = 484$):

$$\frac{88}{\sqrt{484 + 121x^2}} = \frac{88}{\sqrt{484\left(1 + \frac{121}{484}x^2\right)}} = \frac{88}{22\sqrt{1 + \left(\frac{11}{22}x\right)^2}} = \frac{4}{\sqrt{1 + \left(\frac{x}{2}\right)^2}}.$$

Setzt man nun $x(t) = 2\sinh t$, d.h. $dx = 2\cosh t\, dt$, so folgt

$$\int \frac{88}{\sqrt{484 + 121x^2}}\, dx = \int \frac{4}{\sqrt{1 + \left(\frac{x}{2}\right)^2}}\, dx = 4\int \frac{2\cosh t}{\sqrt{1 + \sinh^2 t}}\, dt$$

$$= 8\int \frac{\cosh t}{\sqrt{\cosh^2 t}}\, dt = 8\int 1\, dt = 8t + c = 8\operatorname{arsinh}\left(\frac{x}{2}\right) + c.$$

Man kann auch gleich $\frac{x}{2} = u$ setzen und $\int \frac{1}{\sqrt{1+u^2}}\, du = \operatorname{arsinh} u + c$ verwenden.

b) Als erstes wird der Radikand quadratisch ergänzt:

$$x^2 + 4x + 3 = x^2 + 4x + 2^2 - 2^2 + 3 = (x+2)^2 - 1.$$

Anschließend wird $x + 2 = u$ substituiert. Grenzen: $x = -1$ liefert $u = 1$, $x = 2$ ergibt $u = 4$. Mit dem Ergebnis von Aufgabe 8.15 folgt nun (will man die Rechnung nochmals durchführen, setzt man $x + 2 = \cosh t$)

$$\int_{-1}^{2} \frac{1}{\sqrt{x^2 + 4x + 3}}\, dx = \int_{-1}^{2} \frac{1}{\sqrt{(x+2)^2 - 1}}\, dx = \int_{1}^{4} \frac{1}{\sqrt{u^2 - 1}}\, du$$

$$= \left[\operatorname{arcosh} u\right]_{1}^{4} = \operatorname{arcosh} 4 - \operatorname{arcosh} 1 = \ln\left(4 + \sqrt{4^2 - 1}\right) - 0 \approx 2{,}06.$$

Beachte: Da der Integrand $f(x)$ bei $x = -1$ nicht definiert ist, handelt es sich um ein uneigentliches Integral, d.h. man sollte korrekter $\lim_{z \to -1} \int_{z}^{2} f(x)\, dx$ schreiben. Aus $\lim_{u \to 1} \operatorname{arcosh} u = 0$ folgt jedoch die Existenz dieses Grenzwerts, d.h. der Inhalt der Fläche, den das Schaubild zwischen -1 und 2 mit der x-Achse begrenzt, ist endlich.

Lösung 8.18

a) Wir schreiben den Integranden als Produkt: $\frac{x^2}{\sqrt{a^2+x^2}} = x \cdot \frac{x}{\sqrt{a^2+x^2}}$. Da der zweite Faktor mittels Substitution leicht integrierbar ist, können wir Produktintegration mit $u(x) = x$ und $v'(x) = \frac{x}{\sqrt{a^2+x^2}}$ durchführen. Zunächst bestimmen wir (ein) $v(x)$, indem wir $w(x) = a^2 + x^2$ setzen, d.h. $dw = 2x\, dx$:

$$v(x) = \int \frac{x}{\sqrt{a^2 + x^2}}\, dx = \int \frac{x}{\sqrt{w}} \frac{dw}{2x} = \frac{1}{2} 2w^{\frac{1}{2}} = \sqrt{a^2 + x^2}.$$

Produktintegration liefert nun

$$\int x \cdot \frac{x}{\sqrt{a^2 + x^2}}\, dx = x \cdot \sqrt{a^2 + x^2} - \int 1 \cdot \sqrt{a^2 + x^2}\, dx. \qquad (\star)$$

Im neuen Integral setzen wir $x(t) = a \sinh t$, d.h. $\mathrm{d}x = a \cosh t \, \mathrm{d}t$:

$$\int \sqrt{a^2 + x^2} \, \mathrm{d}x = \int \sqrt{a^2 + a^2 \sinh^2 t} \; a \cosh t \, \mathrm{d}t$$

$$= a^2 \int \sqrt{1 + \sinh^2 t} \; \cosh t \, \mathrm{d}t = a^2 \int \cosh^2 t \, \mathrm{d}t.$$

Um nicht erneut Produktintegration durchführen zu müssen, verwenden wir die Identitäten (iii) und (iv) aus Aufgabe 8.13 c). ($+c$ lassen wir vorerst weg.)

$$\int \sqrt{a^2 + x^2} \, \mathrm{d}x = a^2 \int \cosh^2 t \, \mathrm{d}t = a^2 \int \frac{1}{2} \left(\cosh(2t) + 1 \right) \mathrm{d}t$$

$$= \frac{a^2}{2} \left(\frac{1}{2} \sinh(2t) + t \right) = \frac{a^2}{2} \left(\frac{1}{2} 2 \sinh t \cosh t + t \right)$$

$$= \frac{a^2}{2} \left(\sinh t \, \sqrt{1 + \sinh^2 t} + t \right)$$

Rücksubstitution: Aus $x = a \sinh t$ folgt $t = \operatorname{arsinh} \frac{x}{a}$ und damit

$$\int \sqrt{a^2 + x^2} \, \mathrm{d}x = \frac{a^2}{2} \left(\frac{x}{a} \sqrt{1 + \left(\frac{x}{a} \right)^2} + \operatorname{arsinh} \frac{x}{a} \right)$$

$$= \frac{x}{2} \sqrt{a^2 + x^2} + \frac{a^2}{2} \operatorname{arsinh} \frac{x}{a} \, .$$

Setzt man dies in $(\star)$ ein, so erhält man schließlich

$$\int \frac{x^2}{\sqrt{a^2 + x^2}} \, \mathrm{d}x = \frac{x}{2} \sqrt{a^2 + x^2} - \frac{a^2}{2} \operatorname{arsinh} \frac{x}{a} + c.$$

Alternativ hätte man auch gleich zu Beginn $x(t) = a \sinh t$ substituieren können; man stößt dabei auf das Integral über $\sinh^2 t$, welches man ähnlich wie eben löst (oder wie in Aufgabe 8.19).

b) Zunächst beweisen wir den Tipp: Laut Quotientenregel ist

$$\tanh'(x) = \frac{\cosh x \cdot \cosh x - \sinh x \cdot \sinh x}{\cosh^2 x} = \frac{\cosh^2 x - \sinh^2 x}{\cosh^2 x} = \frac{1}{\cosh^2 x} \, .$$

Außerdem gilt

$$1 - \tanh^2 x = 1 - \frac{\sinh^2 x}{\cosh^2 x} = \frac{\cosh^2 x - \sinh^2 x}{\cosh^2 x} = \frac{1}{\cosh^2 x} \, .$$

Setzen wir also $x(t) = \tanh t$, so ist $\mathrm{d}x = \frac{1}{\cosh^2 x} \, \mathrm{d}t$, und es folgt mühelos

$$\int \frac{1}{1 - x^2} \, \mathrm{d}x = \int \frac{1}{1 - \tanh^2 x} \frac{1}{\cosh^2 x} \, \mathrm{d}t = \int \frac{1}{\frac{1}{\cosh^2 x}} \frac{1}{\cosh^2 x} \, \mathrm{d}t$$

$$= \int 1 \, \mathrm{d}t = t + c = \operatorname{artanh} x + c.$$

Eine explizite Darstellung des *Areatangens hyperbolicus* lautet übrigens:
$\operatorname{artanh} x = \frac{1}{2} \ln\left(\frac{1+x}{1-x}\right)$ (für $|x| < 1$).

c) Wir substituieren $x(t) = a \cosh t$ (mit $t > 0$), d.h. $dx = a \sinh t \, dt$. Beachte zudem, dass $\sqrt{\sinh^2 t} = |\sinh t| = \sinh t$ wegen $t > 0$ ist. Los geht's:

$$\int \frac{1}{x^2 \sqrt{x^2 - a^2}} \, dx = \frac{1}{a} \int \frac{dx}{x^2 \sqrt{\frac{x^2}{a^2} - 1}} = \frac{1}{a} \int \frac{a \sinh t \, dt}{a^2 \cosh^2 t \, \sqrt{\cosh^2 t - 1}}$$

$$= \frac{1}{a^2} \int \frac{\sinh t}{\cosh^2 t \, \sqrt{\sinh^2 t}} \, dt = \frac{1}{a^2} \int \frac{1}{\cosh^2 t} \, dt \overset{\text{b)}}{=} \frac{1}{a^2} \int \tanh'(t) \, dt$$

$$= \frac{1}{a^2} \tanh t + c = \frac{1}{a^2} \frac{\sinh t}{\cosh t} + c = \frac{1}{a^2} \frac{\sqrt{\cosh^2 t - 1}}{\cosh t} + c$$

$$= \frac{1}{a^2} \frac{\sqrt{\left(\frac{x}{a}\right)^2 - 1}}{\frac{x}{a}} + c = \frac{\sqrt{x^2 - a^2}}{a^2 x} + c.$$

Lösung 8.19   Es ist $A_\Delta = \frac{1}{2} \cdot x \cdot 2y = x \cdot y = x \sqrt{x^2 - 1}$ der Flächeninhalt des Dreiecks $P_x O Q_x$. Um den Inhalt der schraffierten Fläche zu erhalten, muss von A_Δ der Inhalt der Fläche, die von der gestrichelten Linie und der Hyperbel $y = \pm\sqrt{x^2 - 1}$ eingeschlossen wird, also

$$2 \int_1^x f(\xi) \, d\xi = 2 \int_1^x \sqrt{\xi^2 - 1} \, d\xi,$$

abgezogen werden. Das Integral lässt sich durch die Substitution $\xi(t) = \cosh t$ ($t > 0$), d.h. $d\xi = \sinh t \, dt$ in den Griff bekommen, denn aufgrund von $\cosh^2 t - \sinh^2 t = 1$ ergibt sich:

$$\int \sqrt{\xi^2 - 1} \, d\xi = \int \sqrt{\cosh^2 t - 1} \, \sinh t \, dt = \int |\sinh t| \, \sinh t \, dt \overset{t \geq 0}{=} \int \sinh^2 t \, dt.$$

Produktintegration liefert unter Verwendung von $\cosh^2 t = 1 + \sinh^2 t$:

$$\int \sinh t \cdot \sinh t \, dt = \sinh t \cdot \cosh t - \int \cosh^2 t \, dt$$

$$= \sinh t \cdot \cosh t - \int (1 + \sinh^2 t) \, dt = \sinh t \cdot \cosh t - t - \int \sinh^2 t \, dt.$$

Durch beidseitiges Addieren des gesuchten Integrals und Teilen durch 2 erhält man schließlich

$$\int \sinh^2 t \, dt = \frac{1}{2} \left(\sinh t \cdot \cosh t - t \right) + c.$$

(Alternativ hätte man auch die Identität (ii) aus Aufgabe 8.13 c), $\sinh^2 x = \frac{1}{2}(\cosh(2x) - 1)$, verwenden und ähnlich wie in Aufgabe 8.18 b) vorgehen können.)

Mit $\cosh t = \xi$, also $t = \operatorname{arcosh} \xi$, ergibt sich wegen $\sinh t = \sqrt{\cosh^2 t - 1}$

$$\int \sqrt{\xi^2 - 1}\, \mathrm{d}\xi = \frac{1}{2}\left(\sqrt{\cosh^2 t - 1} \cdot \cosh t - t\right) + c$$

$$= \frac{1}{2}\left(\sqrt{\xi^2 - 1} \cdot \xi - \operatorname{arcosh} \xi\right) + c.$$

Für den Flächeninhalt der schraffierten Fläche folgt nun endlich

$$A(x) = x\sqrt{x^2 - 1} - 2\int_1^x \sqrt{\xi^2 - 1}\, \mathrm{d}\xi$$

$$= x\sqrt{x^2 - 1} - 2\left[\frac{1}{2}\left(\xi\sqrt{\xi^2 - 1} - \operatorname{arcosh} \xi\right)\right]_1^x$$

$$= x\sqrt{x^2 - 1} - x\sqrt{x^2 - 1} + \operatorname{arcosh} x - \underbrace{\left(1 \cdot \sqrt{1^2 - 1} - \operatorname{arcosh} 1\right)}_{0}$$

$$= \operatorname{arcosh} x.$$

Lösung 8.20

a) Die Nullstellen des Nenners sind $x_1 = -2$ und $x_2 = 3$; somit ist

$$\frac{5}{x^2 - x - 6} = \frac{A}{x + 2} + \frac{B}{x - 3} \qquad \text{der Ansatz für die PBZ des Integranden.}$$

Multiplizieren mit dem gemeinsamen Nenner $(x+2)(x-3) = x^2 - x - 6$ führt auf $5 = A(x - 3) + B(x + 2)$, also $A = -1$, $B = 1$ (setze $x = -2$ bzw. $x = 3$ ein). Damit:

$$\int \frac{5}{x^2 - x - 6}\, \mathrm{d}x = \int \left(\frac{-1}{x + 2} + \frac{1}{x - 3}\right) \mathrm{d}x$$

$$= -\ln|x + 2| + \ln|x - 3| + c = \ln\left|\frac{x - 3}{x + 2}\right| + c.$$

b) Die Linearfaktorzerlegung des Nenners lautet $x^2 - \pi x = x(x - \pi)$. Für die PBZ folgt:

$$\frac{3x - 2\pi}{x^2 - \pi x} = \frac{A}{x} + \frac{B}{x - \pi} \qquad \Longrightarrow \qquad 3x - 2\pi = A(x - \pi) + Bx.$$

Einsetzen von $x = 0$ ergibt $-2\pi = -A\pi$, also $A = 2$, und für $x = \pi$ erhalten wir $\pi = B\pi$, d.h. $B = 1$. Damit ist

$$\int \frac{3x - 2\pi}{x^2 - \pi x}\, \mathrm{d}x = \int \left(\frac{2}{x} + \frac{1}{x - \pi}\right) \mathrm{d}x$$

$$= 2\ln|x| + \ln|x - \pi| + c = \ln(x^2|x - \pi|) + c.$$

c) Zunächst formen wir den Integranden um. Dies kann durch Polynomdivision geschehen (selber durchführen), oder aber durch folgenden Trick:

$$\frac{x^2 - x + 3}{x^2 - 3x + 2} = \frac{x^2 - 3x + 2 + 2x + 1}{x^2 - 3x + 2}$$

$$= \frac{x^2 - 3x + 2}{x^2 - 3x + 2} + \frac{2x + 1}{x^2 - 3x + 2} = 1 + \frac{2x + 1}{x^2 - 3x + 2}.$$

Die PBZ des letzten Bruches führt auf

$$\frac{2x + 1}{(x - 1)(x - 2)} = \frac{A}{x - 1} + \frac{B}{x - 2} \implies 2x + 1 = A(x - 2) + B(x - 1).$$

Für $x = 1$ folgt daraus $3 = -A$ und für $x = 2$ erhält man $5 = B$. Insgesamt ergibt sich

$$\int \frac{x^2 - x + 3}{x^2 - 3x + 2} \, dx = \int \left(1 - \frac{3}{x - 1} + \frac{5}{x - 2} \right) dx$$

$$= x - 3\ln|x - 1| + 5\ln|x - 2| + c = x + \ln\left| \frac{(x - 2)^5}{(x - 1)^3} \right| + c.$$

Lösung 8.21   Nullstellen des Nenners: $x_{1,2} = \frac{-p \pm \sqrt{p^2 - 4q}}{2} = \frac{-p \pm k}{2}$, d.h.

$$x^2 + px + q = (x - x_1)(x - x_2) = \left(x + \frac{p - k}{2} \right) \left(x + \frac{p + k}{2} \right).$$

Ansatz für die PBZ:

$$\frac{1}{x^2 + px + q} = \frac{A}{x + \frac{p-k}{2}} + \frac{B}{x + \frac{p+k}{2}} \implies 2 = A(2x + p + k) + B(2x + p - k).$$

(Es wurde mit $2(x^2 + px + q)$ multipliziert, um das störende $\frac{1}{2}$ zu beseitigen.) Zusammenfassen und ordnen führt auf

$$0x + 2 = (2A + 2B)x + (A + B)p + (A - B)k,$$

und Koeffizientenvergleich liefert $2A + 2B = 0$ sowie $(A + B)p + (A - B)k = 2$. Aus der ersten Gleichung folgt $A = -B$, was mit der zweiten $-2Bk = 2$, also $B = -\frac{1}{k}$ ergibt. Somit ist

$$\frac{1}{x^2 + px + q} = \frac{1}{k \left(x + \frac{p-k}{2} \right)} - \frac{1}{k \left(x + \frac{p+k}{2} \right)}$$

und integrieren liefert

$$\int \frac{1}{x^2 + px + q} \, dx = \frac{1}{k} \int \left(\frac{1}{x + \frac{p-k}{2}} - \frac{1}{x + \frac{p+k}{2}} \right) dx$$

$$= \frac{1}{k} \left(\ln\left| x + \frac{p - k}{2} \right| - \ln\left| x + \frac{p + k}{2} \right| \right) + c = \frac{1}{k} \ln\left| \frac{2x + p - k}{2x + p + k} \right| + c.$$

Im letzten Schritt wurde ein Logarithmengesetz angewendet, sowie Zähler und Nenner mit 2 erweitert. Test dieser Formel bei Aufgabe 8.20 a): Dort ist $p = -1$ und $q = -6$, d.h. $k = \sqrt{p^2 - 4q} = \sqrt{25} = 5$, demnach sollte

$$5 \int \frac{1}{x^2 - x - 6} \, \mathrm{d}x = \frac{5}{5} \ln \left| \frac{2x - 1 - 5}{2x - 1 + 5} \right| + c = \ln \left| \frac{x - 3}{x + 2} \right| + c$$

sein, was auch stimmt.

Lösung 8.22

a) $\frac{1}{2} \sin^2 x + c$ (Subst.: $u = \sin x$)

     Hier könnte statt $F(x) = \frac{1}{2} \sin^2 x$ ebenso $G(x) = -\frac{1}{2} \cos^2 x$ als Ergebnis stehen (falls $u = \cos x$ gesetzt wurde). Beachte stets, dass deine Stammfunktion sich um eine additive Konstante vom angegebenen Ergebnis unterscheiden kann (da diese beim Ableiten verschwindet). Hier ist $F(x) - G(x) = \frac{1}{2}$.

b) $\frac{1}{9} \ln |z^9 - 1| + c$ (Subst.: $u = z^9 - 1$)

c) $\frac{1}{4} e^{2x} (2x - 1) + c$ (P.I. mit $u = x$ und $v' = e^{2x}$)

d) $\frac{1}{2} t^2 + t + \ln |t - 1| + c$ (Polynomdivision $t^2 : (t - 1) = t + 1 + \frac{1}{t-1}$)

e) $-2\sqrt{1 - \sin x} + c$ (Subst.: $u = 1 - \sin x$)

f) $e^{\tan x} + c$ (Subst.: $u = \tan x$, $\frac{\mathrm{d}u}{\mathrm{d}x} = 1 + \tan^2 x = \frac{1}{\cos^2 x}$ (S. 146))

g) $-xe^{-x} + c$ (P.I. mit $u = x - 1$ und $v' = \frac{1}{e^x} = e^{-x}$)

h) $\frac{1}{b} \ln |a + be^x| + c$ (Subst.: $u = a + be^x$)

i) $\frac{1}{6} \arctan^6 x + c$ (Subst.: $u = \arctan x$, $\frac{\mathrm{d}u}{\mathrm{d}x} = \frac{1}{1+x^2}$)

j) $\frac{1}{15} \sqrt{(1 + 2x)^3} \cdot (3x - 1) + c$ (P.I. mit $u = x$ und $v' = \sqrt{1 + 2x}$)

     (Alternativ könnte man $u = 1 + 2x$ substituieren, muss dann allerdings auch $x = \frac{1}{2}(u - 1)$ einsetzen.)

     Um jeweils auf obiges Endergebnis zu kommen, muss man im Zwischenergebnis $\frac{1}{3}x(1+2x)^{3/2} - \frac{1}{15}(1+2x)^{5/2} + c$ noch den Ausdruck $(1+2x)^{3/2} = \sqrt{(1 + 2x)^3}$ ausklammern und die Klammer zusammenfassen.

k) $x(\ln x - 1)^2 + x + c$ (P.I. mit $u = \ln x = v'$, also $v = x(\ln x - 1)$)

     Man muss im Zwischenergebnis $x \ln x \, (\ln x - 1) - \big(x \, (\ln x - 1) - x\big) + c$ erst x ausklammern und dann in der Klammer nochmals $(\ln x - 1)$ ausklammern, um auf das Endergebnis zu kommen. (Beachte: $\ln x - 1 = \ln(x) - 1$.)

l) $x \arcsin x + \sqrt{1 - x^2} + c$ (P.I. mit $u = \arcsin x$ und $v' = 1$; beim entstehenden Integral muss dann $w = 1 - x^2$ substituiert werden.)

m) $\frac{1}{2} \arctan \left(\frac{x+1}{2} \right) + c$ (Nenner erst quadratisch ergänzen, dann $u = \frac{x+1}{2}$.)

n) $\arcsin\left(\frac{x}{2}\right) + c$ $(x(t) = 2\sin t)$

o) $-\frac{2}{3}\sqrt{1-x} \cdot (x+2) + c$ (Subst.: $u = 1 - x$ *und* $x = 1 - u$ einsetzen!)

p) $\frac{1}{2}e^x(\sin x - \cos x) + c$ (zweifache P.I.)

q) $-\frac{1}{x+1} + c$ (Im Nenner des Integranden steht das Binom $(x+1)^2$!)

r) $\frac{2}{3}\sqrt{(e^x+1)^3} + c$ (Subst.: $u = e^x + 1$)

s) $\frac{1}{2}\arctan(x^2) + c$ (Subst.: $u = x^2$)

t) $\frac{1}{4}x^2(2\ln(3x) - 1) + c$ (P.I. mit $u = \ln(3x)$ und $v' = x$)

u) $2\cosh(\sqrt{x}) + c$ (Subst.: $u = \sqrt{x}$, $\frac{du}{dx} = \frac{1}{2\sqrt{x}}$)

v) $\frac{1}{4}\left(\ln(x^2)\right)^2 + c$ (Subst.: $u = \ln(x^2)$)

w) $\frac{1}{2}\ln\left|\frac{(x+2)^3}{x-2}\right|$ (PBZ: $\frac{x-4}{x^2-4} = \frac{1}{2}\left(\frac{3}{x+2} - \frac{1}{x-2}\right)$)

x) $\frac{1}{3}\cosh^3 x - \cosh x + c$ (Trick: $\sinh^3 x = \sinh^2 x \cdot \sinh x = (\cosh^2 x - 1) \cdot \sinh x$
   $= \cosh^2 x \cdot \sinh x - \sinh x$; beim ersten Summanden $u = \cosh x$ substituieren.)

y) $1 - \ln x - 2\ln|1 - \ln x| + c$ (Im Nenner erst ein x ausklammern, dann
   $u = 1 - \ln x$ substituieren *und* $\ln x = 1 - u$ einsetzen! Beim entstehenden
   Integranden $\frac{u-2}{u} = 1 - \frac{2}{u}$ beachten.)

z) Subst.: $u = e^{-x}$, d.h. $e^x = \frac{1}{u}$ und $\frac{du}{dx} = -e^{-x}$ bzw. $dx = -e^x\, du = -\frac{1}{u}\, du$.

$$\int \frac{e^x + e^{-x}}{1 + e^x}\, dx = \int \frac{\frac{1}{u} + u}{1 + \frac{1}{u}}\left(-\frac{1}{u}\right) du = -\int \frac{\frac{1}{u} + u}{u + 1}\, du$$

$$= -\int \left(\frac{\frac{1}{u}}{u+1} + \frac{u}{u+1}\right) du = -\int \left(\frac{1}{u(u+1)} + \frac{u}{u+1}\right) du$$

Den ersten Summanden integriert man mittels PBZ:

$$\int \frac{1}{u(u+1)}\, du = \int \left(\frac{1}{u} - \frac{1}{u+1}\right) du = \ln|u| - \ln|u+1| + c_1.$$

Beim zweiten setzt man $z = u + 1$, d.h. $u = z - 1$ und $du = dz$:

$$\int \frac{u}{u+1}\, du = \int \frac{z-1}{z}\, dz = \int \left(1 - \frac{1}{z}\right) dz = z - \ln|z| + c_2.$$

Insgesamt ergibt sich:

$$\int \frac{e^x + e^{-x}}{1 + e^x} \, dx = -\left(\ln|u| - \ln|u+1| + z - \ln|z| \right) + c'$$

$$= -\ln|e^{-x}| + \ln|e^{-x} + 1| - e^{-x} - 1 + \ln|e^{-x} + 1| + c'$$

$$= -(-x) + 2\ln(e^{-x} + 1) - e^{-x} - 1 + c'$$

$$= x + 2\ln(e^{-x} + 1) - e^{-x} + c.$$

Lösungen zu Kapitel 9

Lösung 9.1 $z \oplus w = \begin{pmatrix} 1 \\ 1 \end{pmatrix} \oplus \begin{pmatrix} 0 \\ 2 \end{pmatrix} = \begin{pmatrix} 1 \\ 3 \end{pmatrix}$; $z \odot w = \begin{pmatrix} 1 \cdot 0 - 1 \cdot 2 \\ 1 \cdot 2 + 1 \cdot 0 \end{pmatrix} = \begin{pmatrix} -2 \\ 2 \end{pmatrix}$

In Abbildung A.14 lässt sich erkennen, dass geometrisch gesehen die Addition komplexer Zahlen nach der gewohnten Vektoraddition im $\mathbb{R}^2$ gemäß der Parallelogrammregel geschieht. Wenn man genau hinschaut, erkennt man, dass bei der Multiplikation die Winkel der beiden Pfeile addiert wurden: $z \odot w$ hat den Winkel $135° = 45° + 90°$. Zudem scheint die Länge von z verdoppelt worden zu sein. Später mehr dazu. Für w^2 ergibt sich

$$w^2 = w \odot w = \begin{pmatrix} 0 \cdot 0 - 2 \cdot 2 \\ 0 \cdot 2 + 2 \cdot 0 \end{pmatrix} = \begin{pmatrix} -4 \\ 0 \end{pmatrix},$$

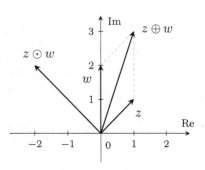

Abbildung A.14

der „Quadratpfeil" liegt also auf der negativen reellen Achse!

Lösung 9.2

a) $(2 + 3\,\mathrm{i}) - (1 - \mathrm{i}) = 2 + 3\,\mathrm{i} - 1 + \mathrm{i} = 1 + 4\,\mathrm{i}$

b) $(5 - 3\,\mathrm{i}) \cdot (4 - \mathrm{i}) = 20 - 5\,\mathrm{i} - 12\,\mathrm{i} + 3\,\mathrm{i}^2 = 20 - 17\,\mathrm{i} - 3 = 17 - 17\,\mathrm{i}$

c) $(8 + 6\,\mathrm{i})^2 = 8^2 + 2 \cdot 8 \cdot 6\,\mathrm{i} + (6\,\mathrm{i})^2 = 64 + 96\,\mathrm{i} + 36\,\mathrm{i}^2 = 28 + 96\,\mathrm{i}$

d) $\dfrac{1}{\mathrm{i}} = \dfrac{1}{\mathrm{i}} \cdot \dfrac{\mathrm{i}}{\mathrm{i}} = \dfrac{\mathrm{i}}{\mathrm{i}^2} = \dfrac{\mathrm{i}}{-1} = -\mathrm{i}$ (Merken!)

     (Ist der Nenner rein imaginär, d.h. von der Form $b\,\mathrm{i}$ mit $b \in \mathbb{R}$, so muss man nicht mit $-b\,\mathrm{i}$ erweitern, sondern es genügt $b\,\mathrm{i}$, weil das Minus sich hier sowieso wegkürzt.)

e) $\dfrac{8 + 5\,\mathrm{i}}{2 - \mathrm{i}} \cdot \dfrac{2 + \mathrm{i}}{2 + \mathrm{i}} = \dfrac{16 + 8\,\mathrm{i} + 10\,\mathrm{i} - 5}{2^2 - \mathrm{i}^2} = \dfrac{11 + 18\,\mathrm{i}}{5} = \dfrac{11}{5} + \dfrac{18}{5}\mathrm{i} = 2{,}2 + 3{,}6\,\mathrm{i}$

f) $\dfrac{1}{\mathrm{i}} + \dfrac{3}{1 + \mathrm{i}} = -\mathrm{i} + \dfrac{3}{1 + \mathrm{i}} \cdot \dfrac{1 - \mathrm{i}}{1 - \mathrm{i}} = -\mathrm{i} + \dfrac{3 - 3\,\mathrm{i}}{1^2 - \mathrm{i}^2} = -\mathrm{i} + \dfrac{3 - 3\,\mathrm{i}}{2} = 1{,}5 - 2{,}5\,\mathrm{i}$

g) $\dfrac{\sqrt{2}}{\sqrt{2} - \mathrm{i}} = \dfrac{\sqrt{2}}{\sqrt{2} - \mathrm{i}} \cdot \dfrac{\sqrt{2} + \mathrm{i}}{\sqrt{2} + \mathrm{i}} = \dfrac{\sqrt{2}^2 + \sqrt{2}\,\mathrm{i}}{\sqrt{2}^2 - \mathrm{i}^2} = \dfrac{2 + \sqrt{2}\,\mathrm{i}}{3} = \dfrac{2}{3} + \dfrac{\sqrt{2}}{3}\mathrm{i}$

h) Wer den Trick $z^{10} = (z^2)^5$ nicht sieht, hat's schwer, denn er muss $(1 + \mathrm{i})^{10}$ mit dem binomischen Lehrsatz entwickeln (11 Summanden!).

$$(1 + \mathrm{i})^{10} = \big((1 + \mathrm{i})^2\big)^5 = \big(1^2 + 2\,\mathrm{i} + \mathrm{i}^2\big)^5 = (2\,\mathrm{i})^5$$

$$= 2^5 \cdot \mathrm{i}^5 = 32 \cdot \mathrm{i}^2 \cdot \mathrm{i}^2 \cdot \mathrm{i} = 32\,\mathrm{i}$$

i) Es ist $\frac{1+i}{1-i} \cdot \frac{1+i}{1+i} = \frac{(1+i)^2}{1^2-i^2} \overset{h)}{=} \frac{2i}{2} = i$, also müssen wir i^{201} ausrechnen.

Fangen wir an mit $i^2 = -1$, $i^3 = i^2 \cdot i = -i$, $i^4 = i^2 \cdot i^2 = (-1) \cdot (-1) = 1$. Somit wiederholt sich diese Reihe ab i^5, denn $i^5 = i^4 \cdot i = 1 \cdot i = i$. Wir müssen also nur schauen, wie oft die 4 in 201 steckt. Mit $201 = 4 \cdot 50 + 1$ folgt

$$\left(\frac{1+i}{1-i}\right)^{201} = i^{201} = i^{4 \cdot 50+1} = i^{4 \cdot 50} \cdot i^1 = (i^4)^{50} \cdot i = 1^{50} \cdot i = i.$$

Lösung 9.3 $\mathcal{M} = \{\, z \in \mathbb{C} \mid \operatorname{Re} z \geqslant 2 \wedge \operatorname{Im} z < 1 \,\}$ ist die Schnittmenge

$$\{\, z \in \mathbb{C} \mid \operatorname{Re} z \geqslant 2 \,\} \cap \{\, z \in \mathbb{C} \mid \operatorname{Im} z < 1 \,\}.$$

Beachte in Abbildung A.15, dass der linke Rand mit zu $\mathcal{M}$ gehört, während der obere Rand nicht dazu gehört.

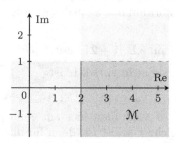

Abbildung A.15

Lösung 9.4   Es sei $z = a + b\,i$ mit $a, b \in \mathbb{R}$. Am cleversten rechnet man wie folgt:

$$\frac{1}{z^2} = \frac{1}{(a+b\,i)^2} = \left(\frac{1}{a+b\,i}\right)^2 = \left(\frac{1}{a+b\,i} \cdot \frac{a-b\,i}{a-b\,i}\right)^2 = \left(\frac{a-b\,i}{a^2+b^2}\right)^2$$

$$= \frac{(a-b\,i)^2}{(a^2+b^2)^2} = \frac{a^2 - 2ab\,i - b^2}{(a^2+b^2)^2} = \frac{a^2-b^2}{(a^2+b^2)^2} - \frac{2ab}{(a^2+b^2)^2}\,i.$$

Wer das Quadrat zu Beginn nicht raus zieht, muss etwas umständlicher rechnen:

$$\frac{1}{z^2} = \frac{1}{(a+b\,i)^2} = \frac{1}{a^2 + 2ab\,i + b^2\,i^2} = \frac{1}{(a^2-b^2) + 2ab\,i} \cdot \frac{(a^2-b^2) - 2ab\,i}{(a^2-b^2) - 2ab\,i}$$

$$= \frac{(a^2-b^2) - 2ab\,i}{(a^2-b^2)^2 - (2ab\,i)^2} = \frac{(a^2-b^2) - 2ab\,i}{a^4 - 2a^2b^2 + b^4 + 4a^2b^2} = \frac{(a^2-b^2) - 2ab\,i}{a^4 + 2a^2b^2 + b^4}$$

$$= \frac{(a^2-b^2) - 2ab\,i}{(a^2+b^2)^2} = \frac{a^2-b^2}{(a^2+b^2)^2} - \frac{2ab}{(a^2+b^2)^2}\,i.$$

So oder so ist $\operatorname{Re} w = \operatorname{Re} \dfrac{1}{z^2} = \dfrac{a^2-b^2}{(a^2+b^2)^2}$ und $\operatorname{Im} w = \operatorname{Im} \dfrac{1}{z^2} = -\dfrac{2ab}{(a^2+b^2)^2}.$

Lösung 9.5

a) Die Abbildung $r\colon \mathbb{C} \to \mathbb{R}$, $z \mapsto \operatorname{Re} z$ ist

○ *nicht injektiv*, denn es ist z.B. $r(1 + \mathrm{i}) = 1 = r(1 + 2\,\mathrm{i})$, d.h. die 1 besitzt mehr als ein Urbild unter r (sogar unendlich viele, nämlich $1 + b\,\mathrm{i}$ für alle $b \in \mathbb{R}$).

○ *surjektiv*, denn jedes $a \in \mathbb{R}$ wird wegen $r(a) = a$ von r getroffen, d.h. $\operatorname{im} r = \mathbb{R}$.

○ *nicht bijektiv*, da sie nicht injektiv ist.

b) Die Abbildung $e\colon \mathbb{R} \to \mathbb{C}$, $a \mapsto a + a\,\mathrm{i}$ (welche die reelle Achse als erste Winkelhalbierende in die komplexe Zahlenebene einbettet) ist

○ *injektiv*, denn aus $e(a) = e(a')$ folgt $a + a\,\mathrm{i} = a' + a'\,\mathrm{i}$ und Vergleich der Realteile führt sofort auf $a = a'$. Jedes Element von $\operatorname{im} e$ wird also genau einmal getroffen.

○ *nicht surjektiv*, denn z.B. $1 + 2\,\mathrm{i}$ besitzt offenbar kein Urbild unter e.

○ *nicht bijektiv*, da sie nicht surjektiv ist.

c) Die Abbildung $k\colon \mathbb{C}\backslash\{0\} \to \mathbb{C}\backslash\{0\}$, $z \mapsto \frac{1}{z} = z^{-1}$, ist bijektiv (also injektiv und surjektiv). Dies zeigt man hier am einfachsten durch Angabe der Umkehrabbildung, welche k selbst ist, denn für alle $z \in \mathbb{C}\backslash\{0\}$ gilt

$$(k \circ k)(z) = k(k(z)) = k\left(\tfrac{1}{z}\right) = \left(\tfrac{1}{z}\right)^{-1} = z.$$

Somit ist $k \circ k = \operatorname{id}_{\mathbb{C}\backslash\{0\}}$, d.h. $k^{-1} = k$. Da k eine Umkehrabbildung besitzt, ist k bijektiv (siehe Satz 3.3). Stattdessen kann man natürlich auch direkt die Injektivität und Surjektivität nachprüfen (tue dies).

d), e) Sowohl g als auch m sind bijektive Abbildungen, denn sie besitzen beide eine Umkehrabbildung, und zwar $g^{-1}(z) = z - \mathrm{i}$ sowie $m^{-1}(z) = \frac{1}{1+\mathrm{i}} \cdot z$. (Rechne zur Kontrolle $g^{-1} \circ g = \operatorname{id}_{\mathbb{C}} = g \circ g^{-1}$ nach; ebenso für m.)

Lösung 9.6   Wir machen den allgemeinen Ansatz $z^{-1} = c + d\,\mathrm{i}$ und dröseln die Bedingung $z \cdot z^{-1} = 1$ in Komponenten auf:

$$z \cdot z^{-1} = (a + b\,\mathrm{i}) \cdot (c + d\,\mathrm{i}) = ac - bd + (ad + bc)\,\mathrm{i} \overset{!}{=} 1_{\mathbb{C}} = 1 + 0\,\mathrm{i}.$$

Vergleich von Real- und Imaginärteil führt dann auf folgendes 2×2–LGS:

$$
\begin{array}{llcl}
\mathrm{I}: & ac - bd &= 1 & \\
\mathrm{II}: & ad + bc &= 0 &
\end{array}
\qquad \overset{a \cdot \mathrm{I} + b \cdot \mathrm{II}}{\longrightarrow} \qquad
\begin{array}{llcl}
\mathrm{I'}: & a^2 c + b^2 c &= a & \\
\mathrm{II}: & ad + bc &= 0 &
\end{array}
$$

Aus I' folgt $c = \frac{a}{a^2 + b^2}$, und einsetzen in II liefert (für $a \neq 0$): $d = -\frac{bc}{a} = \frac{-b}{a^2 + b^2}$. Ist $a = 0$, so reduziert sich das LGS auf $-bd = 1$ und $bc = 0$, d.h. es ist $d = -\frac{1}{b}$

und $c = 0$, was mit obiger Form für $a = 0$ übereinstimmt. Insgesamt erhält man also dieselbe Formel für das Inverse:

$$z^{-1} = c + d\,\mathrm{i} = \frac{a}{a^2 + b^2} - \frac{b}{a^2 + b^2}\,\mathrm{i},$$

nur eben mit viel größerem Aufwand als durch „Nenner reell machen".

Lösung 9.7   Es sei $z = a + b\,\mathrm{i}$ und $w = c + d\,\mathrm{i}$ (mit $a, b, c, d \in \mathbb{R}$).

(1) $\overline{z + w} = \overline{a + c + (b + d)\,\mathrm{i}} = a + c - (b + d)\,\mathrm{i} = a - b\,\mathrm{i} + c - d\,\mathrm{i} = \overline{z} + \overline{w}$.

   $\overline{z \cdot w} = \overline{ac - bd + (ad + bc)\,\mathrm{i}} = ac - bd - (ad + bc)\,\mathrm{i}$ ist dasselbe wie

   $\overline{z} \cdot \overline{w} = (a - b\,\mathrm{i}) \cdot (c - d\,\mathrm{i}) = ac + bd\,\mathrm{i}^2 - ad\,\mathrm{i} - bc\,\mathrm{i} = ac - bd - (ad + bc)\,\mathrm{i}$.

(2) Es gilt $z + \overline{z} = a + b\,\mathrm{i} + a - b\,\mathrm{i} = 2a = 2\,\mathrm{Re}\,z$. Teilen durch 2 liefert die Behauptung.

   Ebenso: $z - \overline{z} = a + b\,\mathrm{i} - (a - b\,\mathrm{i}) = 2b\,\mathrm{i} = 2\,\mathrm{i}\,\mathrm{Im}\,z$. Teilen durch 2i liefert die Behauptung.

   Geometrische Interpretation: In Abbildung A.16 erkennt man, dass der Pfeil von $z + \overline{z}$ auf der reellen Achse liegt und die Länge $2\,\mathrm{Re}\,z$ besitzt.

   Für $z - \overline{z}$ ergibt sich ein ähnliches Bild, nur dass der Pfeil hier auf der imaginären Achse liegt.

(3) 3. Binom: $z \cdot \overline{z} = (a + b\,\mathrm{i}) \cdot (a - b\,\mathrm{i}) = a^2 - (b\,\mathrm{i})^2 = a^2 + b^2 \in \mathbb{R}_0^+$. $\square$

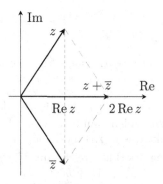

Abbildung A.16

Lösung 9.8   Stures Anwenden aller Rechengesetze liefert

$$50 \cdot \mathrm{Im}\,\overline{(2 - 4\,\mathrm{i})^{-1}} + \mathrm{Re}\,(|6 + 8\,\mathrm{i}|) = 50 \cdot \mathrm{Im}\,\overline{\left(\frac{2 - 4\,\mathrm{i}}{|2 + 4\,\mathrm{i}|^2} \right)} + \mathrm{Re}\,\sqrt{6^2 + 8^2}$$

$$= 50 \cdot \mathrm{Im}\,\overline{\left(\frac{2 + 4\,\mathrm{i}}{2^2 + 4^2} \right)} + \mathrm{Re}\,10 = 50 \cdot \mathrm{Im}\,\overline{\left(\frac{1}{10} + \frac{1}{5}\,\mathrm{i} \right)} + 10$$

$$= 50 \cdot \mathrm{Im}\,\left(\frac{1}{10} - \frac{1}{5}\,\mathrm{i} \right) + 10 = 50 \cdot \left(-\frac{1}{5} \right) + 10 = -10 + 10 = 0.$$

Lösung 9.9   Mit Hilfe der Beziehung $|\heartsuit|^2 = \heartsuit \cdot \overline{\heartsuit}$ folgt

$$|z+w|^2 + |z-w|^2 = (z+w) \cdot \overline{(z+w)} + (z-w) \cdot \overline{(z-w)}$$

$$= (z+w) \cdot (\overline{z}+\overline{w}) + (z-w) \cdot (\overline{z}-\overline{w})$$

$$= z \cdot \overline{z} + z \cdot \overline{w} + w \cdot \overline{z} + w \cdot \overline{w} + z \cdot \overline{z} - z \cdot \overline{w} - w \cdot \overline{z} + w \cdot \overline{w}$$

$$= |z|^2 + z \cdot \overline{w} + w \cdot \overline{z} + |w|^2 + |z|^2 - z \cdot \overline{w} - w \cdot \overline{z} + |w|^2 = 2\,|z|^2 + 2\,|w|^2.$$

In Abbildung A.17 erkennt man, dass $z + w$ und $z - w$ die Diagonalen des von z und w aufgespannten Parallelogramms sind (der Pfeil von $z - w$ wurde an das Ende des w-Pfeils verschoben, denn die Pfeile aller komplexen Zahlen „starten" eigentlich im Ursprung).

Da $|z|^2 = |z| \cdot |z|$ der Flächeninhalt eines Quadrats mit Seitenlänge $|z|$ ist, besagt obige Gleichung dass die Summe der Flächeninhalte der Quadrate über den Diagonalen eines Parallelogramms ebenso groß ist wie die Summe der Flächeninhalte der Quadrate über den vier Seiten des Parallelogramms.

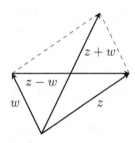

Abbildung A.17

Lösung 9.10

○ Die komplexe Konjugation $\kappa \colon \mathbb{C} \to \mathbb{C}$, $z \mapsto \overline{z}$, ist bijektiv, denn sie ist ihre eigene Umkehrabbildung: Für jedes $z = a + b\,\mathrm{i}$ mit $a, b \in \mathbb{R}$ gilt

$$(\kappa \circ \kappa)(z) = \kappa(\overline{z}) = \kappa(a - b\,\mathrm{i}) = \overline{a - b\,\mathrm{i}} = a + b\,\mathrm{i} = z,$$

d.h. $\kappa \circ \kappa = \mathrm{id}_{\mathbb{C}}$, also ist $\kappa^{-1} = \kappa$.

○ Der Betrag $b \colon \mathbb{C} \to \mathbb{C}$, $z \mapsto |z|$, ist nicht injektiv, denn z.B. gilt $b(z) = 1$ für unendlich viele komplexe Zahlen, nämlich alle mit Betrag 1. Wegen $\operatorname{im} b \subseteq \mathbb{R}_0^+$ kann b auch nicht surjektiv sein; z.B. besitzen -1 oder i kein Urbild.

○ Durch die Einschränkung des Bildbereichs auf $\mathbb{R}_0^+$ wird $\tilde{b}$ surjektiv, denn jedes $a \in \mathbb{R}_0^+$ besitzt sich selbst als Urbild: $\tilde{b}(a) = |a| = a$. Nach dem Argument von oben ist $\tilde{b}$ aber weiterhin nicht injektiv.

Lösung 9.11   Siehe Abbildung A.18.

a) $\mathcal{M}_1$: Offenbar bilden die Endpunkte aller komplexen Pfeile z der Länge 1 einen Kreis vom Radius 1 mit Mittelpunkt $(0\,|\,0)$.

$\mathcal{M}_1'$ hingegen besteht aus allen Kreisen vom Radius $\leqslant 1$, und ist somit die komplette Kreisscheibe (Inneres und Rand).

$\mathcal{M}_1$ abstrakter charakterisiert: Verwendet man die Definition des Betrags, so ist für $z = x + y\,\mathrm{i}$ (mit $x, y \in \mathbb{R}$)

$$|z| = \sqrt{x^2 + y^2} = 1,$$

a) 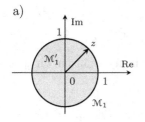   b) 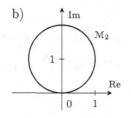   c)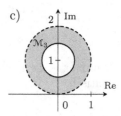

Abbildung A.18

und nach dem Satz des Pythagoras werden durch $\sqrt{(x-0)^2 + (y-0)^2} = 1$ alle Punkte $(x\,|\,y)$ beschrieben, die zum Punkt $(0\,|\,0)$ den Abstand 1 haben. Diese bilden einen Kreis vom Radius 1 mit Mittelpunkt $(0\,|\,0)$.

b) Für $z = x + y\,\mathrm{i}$ (mit $x, y \in \mathbb{R}$) gilt

$$|z - \mathrm{i}| = |x + (y-1)\,\mathrm{i}| = \sqrt{(x-0)^2 + (y-1)^2} = 1,$$

d.h. $\mathcal{M}_2$ ist ein Kreis mit Radius 1, dessen Mittelpunkt bei i, also im Punkt $(0\,|\,1)$ liegt.

c) $\mathcal{M}_3$ ist die grau getönte Menge. Beachte, dass der innere Kreis mit zu $\mathcal{M}_3$ zählt (wegen $|z - \mathrm{i}| \geqslant \frac{1}{2}$), während der äußere Kreis nicht zu $\mathcal{M}_3$ gehört (wegen $|z - \mathrm{i}| < 1$).

d) Geometrische Lösung: Laut Beispiel 9.7 ist klar, dass hier die Mittelsenkrechte der Punkte $(-1\,|\,0)$ und $(1\,|\,0)$ rauskommen wird. Trotzdem nochmal ausführlich: Sei wieder $z = x + y\,\mathrm{i}$ mit $x, y \in \mathbb{R}$. Dann wird durch den Betrag $|z - 1|$ der Abstand zwischen den Punkten $(x\,|\,y)$ und $(1\,|\,0)$ beschrieben. Ebenso ist $|z + 1| = |z - (-1)|$ der Abstand zwischen den Punkten $(x\,|\,y)$ und $(-1\,|\,0)$. Die Bedingung $|z - 1| = |z + 1|$ beschreibt demnach alle Punkte $(x\,|\,y)$, die von $(1\,|\,0)$ und $(-1\,|\,0)$ denselben Abstand haben. Somit ist $\mathcal{M}_4$ die Mittelsenkrechte dieser Punkte, sprich die imaginäre Achse (y-Achse). Die kann sich jeder auch ohne Bildchen vorstellen.

Algebraische Lösung: $|z - 1| = |z + 1|$ lautet in Koordinaten geschrieben:

$$\sqrt{(x-1)^2 + y^2} = \sqrt{(x+1)^2 + y^2}.$$

Quadrieren und umformen liefert

$$(x-1)^2 + y^2 = (x+1)^2 + y^2 \iff (x-1)^2 = (x+1)^2$$

$$\iff x^2 - 2x + 1 = x^2 + 2x + 1,$$

und die letzte Gleichung führt auf $-2x = 2x$, was nur durch $x = 0$ lösbar ist. Da y beliebig ist (es fällt weg beim Umformen), folgt $\mathcal{M}_4 = \{\,(0\,|\,y) \mid y \in \mathbb{R}\,\}$.

e) Für $z = x + y\,\mathrm{i}$ mit $x, y \in \mathbb{R}$ ist

$$|z|^2 - 2(z + \bar{z}) = x^2 + y^2 - 2(x + y\,\mathrm{i} + x - y\,\mathrm{i}) = x^2 + y^2 - 4x.$$

Um in $x^2 - 4x + y^2 = 0$ eine Kreisgleichung zu erkennen, ergänzen wir quadratisch

$$x^2 - 4x \underbrace{+4 - 4}{} + y^2 = (x - 2)^2 - 4 + y^2 = 0,$$

also $(x - 2)^2 + (y - 0)^2 = 4 = 2^2$. Somit ist $\mathfrak{M}_5$ ein Kreis mit Radius 2 und Mittelpunkt $(2\,|\,0)$.

Lösung 9.12

a) Das multiplikative Neutralelement $\mathbf{1}_* = \left(\begin{smallmatrix} e_1 \\ e_2 \end{smallmatrix}\right)$ muss $\mathbf{1}_* * \boldsymbol{x} = \boldsymbol{x}$ für alle $\boldsymbol{x} \in \mathbb{R}^2$ erfüllen, d.h. es muss

$$\begin{pmatrix} e_1 \\ e_2 \end{pmatrix} * \begin{pmatrix} a \\ b \end{pmatrix} = \begin{pmatrix} e_1 a \\ e_2 b \end{pmatrix} \overset{!}{=} \begin{pmatrix} a \\ b \end{pmatrix} \qquad \text{für alle } a, b \in \mathbb{R} \text{ gelten.}$$

„Linksneutralität" genügt hier, da die Multiplikation $*$ offenbar kommutativ ist. Das ist natürlich nur für $e_1 = e_2 = 1$ möglich, also ist $\mathbf{1}_* = \left(\begin{smallmatrix} 1 \\ 1 \end{smallmatrix}\right)$.

b) Das Element $\boldsymbol{n} = \left(\begin{smallmatrix} 1 \\ 0 \end{smallmatrix}\right)$ kann kein multiplikatives Inverses bezüglich $*$ besitzen, denn es ist

$$\begin{pmatrix} 1 \\ 0 \end{pmatrix} * \begin{pmatrix} a \\ b \end{pmatrix} = \begin{pmatrix} a \\ 0 \end{pmatrix} \neq \begin{pmatrix} 1 \\ 1 \end{pmatrix} = \mathbf{1}_*$$

für alle $a, b \in \mathbb{R}$. Somit kann $*$ keine Körpermultiplikation auf $\mathbb{R}^2$ definieren.

c) $\boldsymbol{n} = \left(\begin{smallmatrix} 1 \\ 0 \end{smallmatrix}\right)$ und $\boldsymbol{m} = \left(\begin{smallmatrix} 0 \\ 1 \end{smallmatrix}\right)$ sind Nullteiler, denn sie sind von Null verschieden und erfüllen

$$\boldsymbol{n} * \boldsymbol{m} = \begin{pmatrix} 1 \\ 0 \end{pmatrix} * \begin{pmatrix} 0 \\ 1 \end{pmatrix} = \begin{pmatrix} 0 \\ 0 \end{pmatrix} = \mathbf{0}.$$

Angenommen, $(\mathbb{R}^2, +, *)$ wäre ein Körper. Dann besäße $\boldsymbol{n} \neq \mathbf{0}$ ein multiplikatives Inverses $\boldsymbol{n}^{-1}$. Multiplikation von $\boldsymbol{n} * \boldsymbol{m} = \mathbf{0}$ mit $\boldsymbol{n}^{-1}$ führt auf

$$\underbrace{\boldsymbol{n}^{-1} * \boldsymbol{n}}_{=\mathbf{1}_*} * \boldsymbol{m} = \boldsymbol{n}^{-1} * \mathbf{0} = \mathbf{0} \quad \text{d.h.} \quad \boldsymbol{m} = \mathbf{0},$$

was ein Widerspruch zu $\boldsymbol{m} \neq \mathbf{0}$ ist. (Im ersten Schritt wurde stillschweigend die Assoziativität von $*$ vorausgesetzt und die Klammern gleich weggelassen.) Dieses Argument zeigt übrigens ganz allgemein, dass es in Körpern keine Nullteiler geben kann.

Lösung 9.13

a) Beweis, dass die Eins eines Körpers eindeutig bestimmt ist: Angenommen $\tilde{1}$ ist ein weiteres Neutralelement der Multiplikation. Dann folgt sofort

$$1 = 1 \cdot \tilde{1} = \tilde{1},$$

wobei im ersten Schritt die Eigenschaft von $\tilde{1}$ als Neutralelement eingeht und beim zweiten Gleichheitszeichen die Neutralität der 1. Somit gilt $\tilde{1} = 1$ und die Eindeutigkeit ist bewiesen.

b) Beweis der Eindeutigkeit von multiplikativen Inversen in Körpern: Seien b und $\tilde{b}$ zwei multiplikative Inverse von $a \in \mathbb{K}$. Dann ist $a \cdot b = 1$ sowie $a \cdot \tilde{b} = 1$ und es folgt

$$\tilde{b} = \tilde{b} \cdot 1 = \tilde{b} \cdot (a \cdot b) = (\tilde{b} \cdot a) \cdot b = (a \cdot \tilde{b}) \cdot b = 1 \cdot b = b,$$

wobei die Assoziativität und Kommutativität der Multiplikation verwendet wurden.

Lösung 9.14   (Erst lesen, wenn die Frustration zu groß wurde.)

a) Nach dem Distributivgesetz[1] gilt: $a \cdot 0 = a \cdot (0+0) = a \cdot 0 + a \cdot 0$. Als Körperelement besitzt $a \cdot 0$ ein additives Inverses $-a \cdot 0$. Addiert man dieses auf beiden Seiten der Gleichung (Klammerung entfällt aufgrund des Assoziativgesetzes), so folgt

$$a \cdot 0 - a \cdot 0 = a \cdot 0 + a \cdot 0 - a \cdot 0 \quad \text{d.h.} \quad 0 = a \cdot 0.$$

b) Das Distributivgesetz rückwärts angewendet („Ausklammern") liefert

$$(-1) \cdot (-1) + (-1) \cdot 1 = (-1) \cdot (-1 + 1) = (-1) \cdot 0 \overset{a)}{=} 0,$$

und Addition der 1 auf beiden Seiten von $(-1) \cdot (-1) + (-1) = 0$ ergibt $(-1) \cdot (-1) = 1$. Alternativ kann man auch rechnen

$$0 = (-1) \cdot 0 = (-1) \cdot (1 + (-1)) = (-1) \cdot 1 + (-1) \cdot (-1) = -1 + (-1) \cdot (-1),$$

also ist $x := (-1) \cdot (-1)$ ein additives Inverses von -1. Da auch 1 diese Eigenschaft hat, und additive Inverse eindeutig sind, folgt $x = 1$.

c) Ausklammern liefert $(-1) \cdot a + a = (-1) \cdot a + 1 \cdot a = (-1 + 1) \cdot a = 0 \cdot a \overset{a)}{=} 0$, d.h. $(-1) \cdot a$ ist *das* additive Inverse von a, sprich $(-1) \cdot a = -a$.

d) $(-a) \cdot (-b) \overset{c)}{=} (-1) \cdot a \cdot (-1) \cdot b \overset{(M_4)}{=} (-1) \cdot (-1) \cdot a \cdot b \overset{b)}{=} 1 \cdot a \cdot b = a \cdot b$

(Wo ging auch hier wieder stillschweigend das Assoziativgesetz ein?)

---

[1] Da die 0 als Neutralelement bezüglich der Addition definiert ist, hat sie zunächst einmal gar nichts mit der Multiplikation zu tun. Um eine Brücke zwischen beidem zu schlagen, muss also irgendwo das Distributivgesetz eingehen, da es das einzige Axiom ist, welches $+$ und $\cdot$ verbindet.

Lösung 9.17

a) Es gilt $(2\,\mathrm{i})^2 = -4$ und $2\,\mathrm{i} \in \mathcal{H}^-$, also ist $\sqrt{-4} = 2\,\mathrm{i}$. Darauf kommt man auch, wenn man -4 als $4\,\mathrm{e}^{\pi\mathrm{i}}$ schreibt und Satz 9.8 anwendet:

$$\sqrt{-4} = \sqrt{4}\,\mathrm{e}^{\frac{\pi}{2}\mathrm{i}} = 2\,\mathrm{i}.$$

Achtung: $-2\,\mathrm{i}$ ist *nicht* $\sqrt{-4}$, da der Winkel von $-2\,\mathrm{i}$ nicht in $[\,0,\pi)$ liegt, d.h. $-2\,\mathrm{i} \notin \mathcal{H}^-$.

(Wer sorglos mit dem Wurzelzeichen umgeht, kann auch einfach schreiben:

$$\sqrt{-4} = \sqrt{4\cdot(-1)} \overset{!}{=} \sqrt{4}\cdot\sqrt{-1} = 2\,\mathrm{i},$$

sollte beim Schritt mit dem ! allerdings Aufgabe 9.18 beachten.)

b) Für $a \leqslant 0$ ist $-a \geqslant 0$ und $\sqrt{-a}$ die reelle Quadratwurzel. Für $a > 0$ folgt wegen $-a = a\,\mathrm{e}^{\pi\mathrm{i}}$

$$\sqrt{-a} = \sqrt{a}\,\mathrm{e}^{\frac{\pi}{2}\mathrm{i}} = \sqrt{a}\,\mathrm{i}.$$

c) Als Quadratwurzel von $16\,\mathrm{e}^{3\pi\mathrm{i}}$ kommen in Frage

$$w_1 = \sqrt{16}\,\mathrm{e}^{\frac{3\pi}{2}\mathrm{i}} = 4(-\mathrm{i}) = -4\,\mathrm{i} \quad \text{oder} \quad w_2 = -w_1 = 4\,\mathrm{i}.$$

Wegen $w_2 \in \mathcal{H}^-$ ist $\sqrt{16\,\mathrm{e}^{3\pi\mathrm{i}}} = w_2 = 4\,\mathrm{i}$.

Schneller geht dies mit b), denn es ist $16\,\mathrm{e}^{3\pi\mathrm{i}} = 16\,\mathrm{e}^{\pi\mathrm{i}} = -16$.

d) Wir wandeln $z = 5 + 12\,\mathrm{i}$ in Polarform um: Betrag $|z| = \sqrt{5^2 + 12^2} = 13$ und Argument $\varphi = \tan^{-1}(\frac{12}{5}) = 67{,}4°$ (gerundet; exakter Wert gespeichert).

$$\sqrt{5 + 12\,\mathrm{i}} = \sqrt{13\,\mathrm{e}^{67,4°\,\mathrm{i}}} = \sqrt{13}\,\mathrm{e}^{\frac{67,4°}{2}\mathrm{i}}$$

$$= \sqrt{13}\left(\cos\left(\tfrac{67,4°}{2}\right) + \mathrm{i}\sin\left(\tfrac{67,4°}{2}\right)\right) \overset{\text{TR}}{=} 3 + 2\,\mathrm{i}$$

e) Wieder wandeln wir zuerst in Polarform um: Betrag $|z| = \sqrt{3^2 + (-4)^2} = 5$ und Argument $\varphi = \tan^{-1}(\frac{-4}{3}) = -53{,}1° = 306{,}9°$ (gerundet; exakter Wert gespeichert).

$$\sqrt{3 - 4\,\mathrm{i}} = \sqrt{5\,\mathrm{e}^{306,9°\,\mathrm{i}}} = \sqrt{5}\,\mathrm{e}^{\frac{306,9°}{2}\mathrm{i}}$$

$$= \sqrt{5}\left(\cos\left(\tfrac{306,9°}{2}\right) + \mathrm{i}\sin\left(\tfrac{306,9°}{2}\right)\right) \overset{\text{TR}}{=} -2 + \mathrm{i}$$

Lösung 9.18 Bereits für $z = w = -1$ ist $\sqrt{z\cdot w} = \sqrt{(-1)\cdot(-1)} = \sqrt{1} = 1$, während $\sqrt{z}\cdot\sqrt{w} = \sqrt{-1}\cdot\sqrt{-1} = \mathrm{i}\cdot\mathrm{i} = -1$ ist. Als Beispiel für die Division eignet sich $z = 1$ und $w = -1$:

$$\sqrt{\frac{z}{w}} = \sqrt{\frac{1}{-1}} = \sqrt{-1} = \mathrm{i} \neq \frac{1}{\mathrm{i}} = \frac{\sqrt{1}}{\sqrt{-1}} = \frac{\sqrt{z}}{\sqrt{w}}.$$

Da beide Ausdrücke $\sqrt{z} \cdot \sqrt{w}$ und $-\sqrt{z} \cdot \sqrt{w}$ die Gleichung $\heartsuit^2 = z \cdot w$ lösen (wie man sofort durch Einsetzen sieht), muss nach Satz 9.8 (und Definition 9.9) einer von beiden die Wurzel $\sqrt{z \cdot w}$ sein.

Lösung 9.19

a) „$\Rightarrow$" Sei $\sqrt{z} = r \in \mathbb{R}_0^+$. Dann ist $z = \sqrt{z}^2 = r^2$ natürlich auch reell und nicht negativ.

„$\Leftarrow$" Ist umgekehrt $z = r\,\mathrm{e}^{0\mathrm{i}} \in \mathbb{R}_0^+$, dann ist auch $\sqrt{z} = \sqrt{r}\,\mathrm{e}^{\frac{0}{2}\mathrm{i}} = \sqrt{r} \in \mathbb{R}_0^+$, da es sich um die gewöhnliche reelle Quadratwurzel handelt.

b) „$\Rightarrow$" Sei $\sqrt{z} = b\,\mathrm{i}$ rein imaginär mit $b \in \mathbb{R}^+$ ($b > 0$, da $\sqrt{z} \in \mathcal{H}^-$ gelten muss; spielt hier aber keine Rolle). Dann ist $z = \sqrt{z}^2 = (b\,\mathrm{i})^2 = -b^2 < 0$, also $z \in \mathbb{R}^-$.

„$\Leftarrow$" Für $z = -a \in \mathbb{R}^-$ ist $\sqrt{z} = \sqrt{-a} = \sqrt{a}\,\mathrm{i}$ rein imaginär (siehe 9.17 b)).

Lösung 9.20   Wir führen das Anwenden der Formel nur am Beispiel von $\sqrt{3 - 4\mathrm{i}}$ vor. Es ist $a = 3$, $b = -4$, also $\mathrm{sgn}(b) = -1$. Mit $|3 - 4\,\mathrm{i}| = 5$ ergibt sich

$$\sqrt{\frac{|z| + a}{2}} + \mathrm{sgn}(b) \sqrt{\frac{|z| - a}{2}}\,\mathrm{i} = \sqrt{\frac{5 + 3}{2}} - \sqrt{\frac{5 - 3}{2}}\,\mathrm{i} = \sqrt{4} - \sqrt{1}\,\mathrm{i} = 2 - \mathrm{i}.$$

Da dieses Ergebnis nicht in $\mathcal{H}^-$ liegt, gilt $\sqrt{3 - 4\mathrm{i}} = -(2 - \mathrm{i}) = -2 + \mathrm{i}$.

Herleitung der Formeln (nach [KÖN]): Für $z = a + b\,\mathrm{i}$ (mit $a, b \in \mathbb{R}$) suchen wir Lösungen $w = x + y\,\mathrm{i}$ ($x, y \in \mathbb{R}$) der Gleichung

$$w^2 = z, \quad \text{d.h.} \quad (x + y\,\mathrm{i})^2 = a + b\,\mathrm{i}.$$

Ausführen des Quadrats liefert $x^2 + 2xy\,\mathrm{i} + (y\,\mathrm{i})^2 = x^2 - y^2 + 2xy\,\mathrm{i} \overset{!}{=} a + b\,\mathrm{i}$. Vergleichen von Real- und Imaginärteil führt auf das reelle Gleichungspaar

$$(1) \quad x^2 - y^2 = a \quad \text{und} \quad (2) \quad 2xy = b.$$

Um dieses elegant zu lösen, beachten wir, dass aus $w^2 = z$ auch $|w|^2 = |w^2| = |z|$ folgt, d.h.

$$(3) \quad |w|^2 = x^2 + y^2 = |z|.$$

$(3) + (1)$ und $(3) - (1)$ führt dann auf $2x^2 = |z| + a$ und $2y^2 = |z| - a$, also gilt für den Real- und Imaginärteil des gesuchten $w = x + y\,\mathrm{i}$

$$x = \pm\sqrt{\frac{|z| + a}{2}} \quad \text{und} \quad y = \pm\sqrt{\frac{|z| - a}{2}}.$$

Nun haben wir allerdings Gleichung (2) noch gar nicht verwendet. Diese sagt uns, welche Vorzeichen von x und y wir zu wählen haben. Ist $b > 0$, dann müssen x

und y wegen $2xy = b$ jeweils dasselbe Vorzeichen besitzen, also ist oben $(+,+)$ bzw. $(-,-)$ auszuwählen; im Falle $b < 0$ muss $(+,-)$ bzw. $(-,+)$ gewählt werden. Dies wird durch die Signumfunktion kompakt ausgedrückt. Im Spezialfall $b = 0$ ist $z = a \in \mathbb{R}$, und es gilt bekanntlich $\sqrt{z} = \sqrt{a}$ für $a \geqslant 0$ und $\sqrt{z} = \sqrt{|a|}\,\mathrm{i}$ für $a < 0$, was auch die obigen Formeln für x und y liefern (überprüfe dies).

Schließlich muss man zur Kontrolle noch nachrechnen, dass mit diesen Zahlen x und y (mit geeigneten Vorzeichen) tatsächlich $w^2 = (x + y\,\mathrm{i})^2 = z$ gilt (ÜA).   □

Lösung 9.21   Mit Eulers Identität ist der Beweis von de Moivres Formel ein Kinderspiel, denn

$$(\cos\varphi + \mathrm{i}\sin\varphi)^n = (\mathrm{e}^{\varphi\mathrm{i}})^n = \mathrm{e}^{n\varphi\mathrm{i}} = \cos n\varphi + \mathrm{i}\sin n\varphi,$$

wobei im zweiten Schritt das Additionstheorem der komplexen e-Funktion eingeht:

$$(\mathrm{e}^{\varphi\mathrm{i}})^n = \mathrm{e}^{\varphi\mathrm{i}} \cdot \ldots \cdot \mathrm{e}^{\varphi\mathrm{i}} = \mathrm{e}^{\varphi\mathrm{i} + \ldots + \varphi\mathrm{i}} = \mathrm{e}^{n\varphi\mathrm{i}}.$$

Lösung 9.22

a) $\overline{\mathrm{e}^{\varphi\mathrm{i}}} = \overline{\cos\varphi + \mathrm{i}\sin\varphi} = \cos\varphi - \mathrm{i}\sin\varphi = \cos(-\varphi) + \mathrm{i}\sin(-\varphi) = \mathrm{e}^{-\varphi\mathrm{i}}$, wobei die Symmetrieeigenschaften von Cosinus und Sinus eingehen: $\cos(-\varphi) = \cos\varphi$ (Achsensymmetrie zur y-Achse) und $\sin(-\varphi) = -\sin\varphi$ (Punktsymmetrie zum Ursprung). Geometrisch: Den Pfeil von $\mathrm{e}^{\varphi\mathrm{i}}$ an der reellen Achse zu spiegeln bedeutet, das Vorzeichen des Winkels umzudrehen.

b) Für $z = \mathrm{e}^{\varphi\mathrm{i}}$ ist laut a) $\overline{z} = \mathrm{e}^{-\varphi\mathrm{i}}$ und somit folgt wegen $\mathrm{e}^{\varphi\mathrm{i}} = \cos\varphi + \mathrm{i}\sin\varphi$

$$\cos\varphi = \mathrm{Re}\,z \overset{9.7}{=} \frac{1}{2}\,(z + \overline{z}) = \frac{1}{2}\,(\mathrm{e}^{\varphi\mathrm{i}} + \mathrm{e}^{-\varphi\mathrm{i}})$$

$$\sin\varphi = \mathrm{Im}\,z \overset{9.7}{=} \frac{1}{2\,\mathrm{i}}\,(z - \overline{z}) = \frac{1}{2\,\mathrm{i}}\,(\mathrm{e}^{\varphi\mathrm{i}} - \mathrm{e}^{-\varphi\mathrm{i}}).$$

Wer sich an die Formeln für Real- und Imaginärteil nicht mehr erinnert, kann natürlich auch einfach die Euler-Identität in die rechte Seite der zu zeigenden Gleichungen einsetzen und so lange umformen, bis $\cos\varphi$ bzw. $\sin\varphi$ da steht.

Lösung 9.23

a) Methode (i): Für $n = 2$ lautet die Formel von de Moivre

$$(\cos\varphi + \mathrm{i}\sin\varphi)^2 = \cos 2\varphi + \mathrm{i}\sin 2\varphi,$$

während nach der ersten binomischen Formel

$$(\cos\varphi + \mathrm{i}\sin\varphi)^2 = \cos^2\varphi + 2\mathrm{i}\cos\varphi\sin\varphi - \sin^2\varphi$$

$$= (\cos^2\varphi - \sin^2\varphi) + \mathrm{i}\,2\cos\varphi\sin\varphi$$

gilt. Vergleich von Real- und Imaginärteil der rechten Seiten liefert die Doppelwinkelformeln.

Methode (ii): Wir setzen die Beziehungen aus voriger Aufgabe in die rechten Seiten ein.

$$2\cos\varphi\sin\varphi = 2\cdot\frac{1}{2}\left(e^{\varphi i}+e^{-\varphi i}\right)\cdot\frac{1}{2i}\left(e^{\varphi i}-e^{-\varphi i}\right)$$

$$=\frac{1}{2i}\left((e^{\varphi i})^2-(e^{-\varphi i})^2\right)\quad\text{(3. Binom)}$$

$$=\frac{1}{2i}\left(e^{2\varphi i}-e^{-2\varphi i}\right)=\sin 2\varphi\quad\text{(nach 9.22 b))}$$

$$\cos^2\varphi-\sin^2\varphi = \left(\frac{1}{2}\left(e^{\varphi i}+e^{-\varphi i}\right)\right)^2-\left(\frac{1}{2i}\left(e^{\varphi i}-e^{-\varphi i}\right)\right)^2$$

$$=\frac{1}{4}\left((e^{\varphi i})^2+2e^{\varphi i}\cdot e^{-\varphi i}+(e^{-\varphi i})^2\right)$$

$$-\frac{1}{-4}\left((e^{\varphi i})^2-2e^{\varphi i}\cdot e^{-\varphi i}+(e^{-\varphi i})^2\right)$$

$$=\frac{1}{4}\left(e^{2\varphi i}+2e^0+e^{-2\varphi i}+e^{2\varphi i}-2e^0+e^{-2\varphi i}\right)$$

$$=\frac{1}{4}\left(2e^{2\varphi i}+2e^{-2\varphi i}\right)=\frac{1}{2}\left(e^{2\varphi i}+e^{-2\varphi i}\right)=\cos 2\varphi$$

b) Hier musst du $(\cos\varphi+i\sin\varphi)^3$ gemäß $(a+b)^3=a^3+3a^2b+3ab^2+b^3$ aufdröseln und dann mit der de Moivre-Formel für $n=3$ Real- und Imaginärteil vergleichen. [...]

Lösung 9.24

a) Wir wenden Methode (ii) an.

$$\cos\varphi\cdot\sin\theta+\sin\varphi\cdot\cos\theta$$

$$=\frac{1}{2}\left(e^{\varphi i}+e^{-\varphi i}\right)\cdot\frac{1}{2i}\left(e^{\theta i}-e^{-\theta i}\right)+\frac{1}{2i}\left(e^{\varphi i}-e^{-\varphi i}\right)\cdot\frac{1}{2}\left(e^{\theta i}+e^{-\theta i}\right)$$

$$=\frac{1}{4i}\left(e^{(\varphi+\theta)i}-e^{(\varphi-\theta)i}+e^{(-\varphi+\theta)i}-e^{-(\varphi+\theta)i}\right)$$

$$+\frac{1}{4i}\left(e^{(\varphi+\theta)i}+e^{(\varphi-\theta)i}-e^{(-\varphi+\theta)i}-e^{-(\varphi+\theta)i}\right)$$

$$=\frac{1}{4i}\left(2e^{(\varphi+\theta)i}-2e^{-(\varphi+\theta)i}\right)=\frac{1}{2i}\left(e^{(\varphi+\theta)i}-e^{-(\varphi+\theta)i}\right)=\sin(\varphi+\theta)$$

b) Geht vollkommen analog zu a) und meine Lust, das nochmal zu tippen, hält sich in Grenzen...

c) Auch hier führt stures Einsetzen und Durchhaltevermögen zum Ziel.

$$2\sin\frac{\varphi+\theta}{2}\cos\frac{\varphi-\theta}{2} = 2\frac{1}{2\,\mathrm{i}}\left(\mathrm{e}^{\frac{\varphi+\theta}{2}\mathrm{i}} - \mathrm{e}^{-\frac{\varphi+\theta}{2}\mathrm{i}}\right)\cdot\frac{1}{2}\left(\mathrm{e}^{\frac{\varphi-\theta}{2}\mathrm{i}} + \mathrm{e}^{-\frac{\varphi-\theta}{2}\mathrm{i}}\right)$$

$$= \frac{1}{2\,\mathrm{i}}\left(\mathrm{e}^{(\frac{\varphi+\theta}{2}+\frac{\varphi-\theta}{2})\mathrm{i}} + \mathrm{e}^{(\frac{\varphi+\theta}{2}-\frac{\varphi-\theta}{2})\mathrm{i}} - \mathrm{e}^{(-\frac{\varphi+\theta}{2}+\frac{\varphi-\theta}{2})\mathrm{i}} - \mathrm{e}^{(-\frac{\varphi+\theta}{2}-\frac{\varphi-\theta}{2})\mathrm{i}}\right)$$

$$= \frac{1}{2\,\mathrm{i}}\left(\mathrm{e}^{\varphi\mathrm{i}} + \mathrm{e}^{\theta\mathrm{i}} - \mathrm{e}^{-\theta\mathrm{i}} - \mathrm{e}^{-\varphi\mathrm{i}}\right) = \frac{1}{2\,\mathrm{i}}\left(\mathrm{e}^{\varphi\mathrm{i}} - \mathrm{e}^{\varphi\mathrm{i}}\right) + \frac{1}{2\,\mathrm{i}}\left(\mathrm{e}^{\theta\mathrm{i}} - \mathrm{e}^{-\theta\mathrm{i}}\right)$$

$$= \sin\varphi + \sin\theta$$

Lösung 9.25   Ausmultiplizieren liefert

$$(\cos\varphi + \mathrm{i}\sin\varphi)\cdot(\cos\theta + \mathrm{i}\sin\theta)$$

$$= \cos\varphi\cos\theta + \mathrm{i}\cos\varphi\sin\theta + \mathrm{i}\sin\varphi\cos\theta + \mathrm{i}^2\sin\varphi\sin\theta$$

$$= \cos\varphi\cos\theta - \sin\varphi\sin\theta + \mathrm{i}\,(\cos\varphi\sin\theta + \sin\varphi\cos\theta)$$

$$= \cos(\varphi+\theta) + \mathrm{i}\sin(\varphi+\theta)\quad\text{nach (9.24).}$$

Wendet man nun auf beiden Seiten die Euler-Identität an, so steht da

$$\mathrm{e}^{\varphi\mathrm{i}}\cdot\mathrm{e}^{\theta\mathrm{i}} = \mathrm{e}^{(\varphi+\theta)\mathrm{i}}.$$

Dies ist genau das Additionstheorem für die komplexe e-Funktion, das man zeigen wollte, allerdings nur für den Spezialfall rein imaginärer Exponenten (und 0). Die Fußnote in der Aufgabenstellung zur Beweislogik sollte man aber unbedingt beachten.

Lösung 9.26

a) $$z_{1,2} = \frac{4\pm\sqrt{(-4)^2 - 4\cdot 5}}{2} = \frac{4\pm\sqrt{-4}}{2} = \frac{4\pm 2\,\mathrm{i}}{2} = 2\pm\mathrm{i}$$

b) Um den Rechenaufwand zu reduzieren, teilt man beide Seiten der Gleichung durch 5 und erhält als äquivalente Gleichung $z^2 - (1+2\,\mathrm{i})z - 1 + \mathrm{i} = 0$. Lösungsformel anwenden:

$$z_{1,2} = \frac{1+2\,\mathrm{i}\pm\sqrt{(-(1+2\,\mathrm{i}))^2 - 4\cdot(-1+\mathrm{i})}}{2} = \frac{1+2\,\mathrm{i}\pm\sqrt{1}}{2},$$

also ist die Lösungsmenge $L = \{1+\mathrm{i}, \mathrm{i}\}$.

Lösung 9.27   Das Polynom $f(z) = (z-(1-\mathrm{i}))\cdot(z-(4+3\,\mathrm{i}))$ besitzt offenbar die gewünschten Zahlen als Nullstellen. Somit ist $f(z) = 0$ die gesuchte quadratische Gleichung und Ausmultiplizieren führt auf

$$z^2 - (4+3\,\mathrm{i})z - (1-\mathrm{i})z + (1-\mathrm{i})\cdot(4+3\,\mathrm{i}) = z^2 - (5+2\,\mathrm{i})z + 7 - \mathrm{i} = 0.$$

Zur Kontrolle kann man die Lösungsformel auf diese Gleichung anwenden:

$$z_{1,2} = \frac{5 + 2\,\mathrm{i} \pm \sqrt{(-(5 + 2\,\mathrm{i}))^2 - 4 \cdot (7 - \mathrm{i})}}{2} = \frac{5 + 2\,\mathrm{i} \pm \sqrt{-7 + 24\,\mathrm{i}}}{2}$$

$$= \frac{5 + 2\,\mathrm{i} \pm (3 + 4\,\mathrm{i})}{2} \quad \text{(Aufgabe 9.20), d.h. } L = \{\, 4 + 3\,\mathrm{i}, 1 - \mathrm{i} \,\}.$$

Lösung 9.28 Wir setzen einfach nur die Zahlen $k = 1, \ldots, 5$ in die Formel $\zeta_k = \mathrm{e}^{k\frac{2\pi}{5}\mathrm{i}}$ für die fünften Einheitswurzeln ein:

$$\zeta_1 = \mathrm{e}^{\frac{2\pi}{5}\mathrm{i}}, \quad \zeta_2 = \mathrm{e}^{\frac{4\pi}{5}\mathrm{i}}, \quad \ldots \quad, \quad \zeta_5 = \mathrm{e}^{\frac{10\pi}{5}\mathrm{i}} = 1.$$

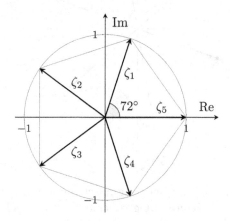

Abbildung A.19

Der Pfeil von ζ_{k+1} entsteht durch Drehung des ζ_k-Pfeils um $\frac{2\pi}{5} = 72°$. Die Pfeile der ζ_k zeigen somit auf die Eckpunkte eines regelmäßigen Fünfecks (siehe Abbildung A.19).

Lösung 9.29 Wir wandeln die rechte Seite der Gleichung, $c = -32 + 32\sqrt{3}\,\mathrm{i} = 32(-1 + \sqrt{3}\,\mathrm{i})$, zunächst in Polarform um:

$$|c| = 32\sqrt{(-1)^2 + \sqrt{3}^2} = 64, \quad \varphi = \tan^{-1}\left(\tfrac{32\sqrt{3}}{-32}\right) \in -\tfrac{\pi}{3} + \pi\mathbb{Z}.$$

Da der Pfeil von c im 2. Quadranten liegt, ist nicht $-\frac{\pi}{3}$, sondern $-\frac{\pi}{3} + \pi = \frac{2\pi}{3} = 120°$ der korrekte Winkel. Eine Lösung w der Gleichung $z^6 = c$ erhält man nun sofort, indem man aus $|c|$ die gewöhnliche sechste Wurzel zieht und den Winkel von c sechstelt, d.h.

$$w = \sqrt[6]{64}\,\mathrm{e}^{\frac{2\pi}{18}\mathrm{i}} = 2\,\mathrm{e}^{\frac{\pi}{9}\mathrm{i}}.$$

Nach Satz 9.11 erhält man alle Lösungen der Gleichung $z^6 = c$, indem man dieses w mit den sechsten Einheitswurzeln

$$\zeta_1 = \mathrm{e}^{\frac{2\pi}{6}\mathrm{i}}, \quad \zeta_2 = \mathrm{e}^{\frac{4\pi}{6}\mathrm{i}}, \quad \zeta_3 = \mathrm{e}^{\frac{6\pi}{6}\mathrm{i}} = -1, \quad \zeta_4 = \mathrm{e}^{\frac{8\pi}{6}\mathrm{i}}, \quad \zeta_5 = \mathrm{e}^{\frac{10\pi}{6}\mathrm{i}}, \quad \zeta_6 = 1$$

multipliziert. Kompakt aufgeschrieben lautet die Lösungsmenge somit

$$L = \left\{ \zeta_1 w, \dots, \zeta_6 w \right\} = \left\{ 2\,e^{\left(\frac{2\pi k}{6} + \frac{\pi}{9}\right)i} \mid k \in \{1, \dots, 6\} \right\}.$$

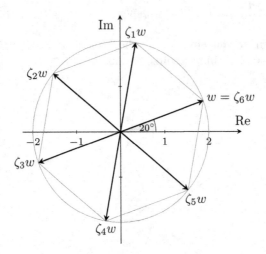

Abbildung A.20

In Abbildung A.20 ist die Lösungsmenge grafisch dargestellt. Das regelmäßige Einheitssechseck, welches zur Kreisteilungsgleichung $z^6 = 1$ gehört, wurde um den Faktor 2 gestreckt und um $\frac{\pi}{9} = 20°$ gegen den Uhrzeigersinn gedreht, was einer Multiplikation der ζ_k mit $w = 2\,e^{\frac{\pi}{9}i}$ entspricht.

Lösungen zu Kapitel 10

Lösung 10.1 $(A_1) - (A_4)$ sind identisch. (Die Addition in $V = \mathbb{K}$ *ist* die Körperaddition in $\mathbb{K}$.)

$(S_1) - (S_4)$ folgen ebenso leicht daraus, dass die Skalarmultiplikation in V und die Körpermultiplikation in $\mathbb{K}$ identisch sind: Da $1_\mathbb{K}$ das Neutralelement der Multiplikation ist, folgt (S_1). (S_2) und (S_3) sind nichts anderes als das Distributivgesetz (D) zusammen mit der Kommutativität (M_4) der Multiplikation und (S_4) ist in diesem Fall einfach das Assoziativgesetz (M_1) der Körpermultiplikation.

Lösung 10.2   Der Nachweis von $(A_1) - (A_4)$ geht *wortwörtlich* wie auf Seite 253, wo wir die Körperaxiome für $\mathbb{C}$ überprüft haben – man muss lediglich $\mathbb{R}^2$ durch $\mathbb{K}^2$ ersetzen. Wie jetzt; enttäuscht und zu faul zum Nachschlagen? Also guuut, machen wir's hier nochmal (außer dem Assoziativgesetz (A_1), darauf hab ich wirklich nicht zweimal Lust):

(A_2) Da die Existenz eines Nullvektors gefordert wird, müssen wir explizit einen angeben. Der Nullvektor von $V = \mathbb{K}^2$ ist natürlich $0_V := (0,0)^t$, denn dieses 0_V erfüllt

$$v \oplus 0_V = \begin{pmatrix} v_1 \\ v_2 \end{pmatrix} \oplus \begin{pmatrix} 0 \\ 0 \end{pmatrix} = \begin{pmatrix} v_1 + 0 \\ v_2 + 0 \end{pmatrix} = \begin{pmatrix} v_1 \\ v_2 \end{pmatrix} = v \quad \text{für alle } v \in V.$$

(A_3) Ebenso müssen wir zu jedem $v = (v_1, v_2)^t \in \mathbb{K}^2$ einen Gegenvektor angeben, der v bei Addition auslöscht. Dieser ist $-v := (-v_1, -v_2)^t$, denn

$$v \oplus (-v) = \begin{pmatrix} v_1 \\ v_2 \end{pmatrix} \oplus \begin{pmatrix} -v_1 \\ -v_2 \end{pmatrix} = \begin{pmatrix} v_1 - v_1 \\ v_2 - v_2 \end{pmatrix} = \begin{pmatrix} 0 \\ 0 \end{pmatrix} = 0_V.$$

(A_4) Kommutativität der Addition in V: Für zwei beliebige Vektoren $v, w \in V$ gilt

$$v \oplus w = \begin{pmatrix} v_1 \\ v_2 \end{pmatrix} \oplus \begin{pmatrix} w_1 \\ w_2 \end{pmatrix} = \begin{pmatrix} v_1 + w_1 \\ v_2 + w_2 \end{pmatrix} = \begin{pmatrix} w_1 + v_1 \\ w_2 + v_2 \end{pmatrix} = \begin{pmatrix} w_1 \\ w_2 \end{pmatrix} \oplus \begin{pmatrix} v_1 \\ v_2 \end{pmatrix} = w \oplus v.$$

Auch hier ist also gar nichts Aufregendes passiert, sondern wir haben einfach verwendet, dass in jeder Komponente die Addition in $\mathbb{K}$ kommutativ ist.

(S_1) Ist erfüllt, denn für alle $v \in V$ gilt

$$1_\mathbb{K} * v = 1_\mathbb{K} * \begin{pmatrix} v_1 \\ v_2 \end{pmatrix} = \begin{pmatrix} 1_\mathbb{K} \cdot v_1 \\ 1_\mathbb{K} \cdot v_2 \end{pmatrix} = \begin{pmatrix} v_1 \\ v_2 \end{pmatrix} = v.$$

(S_2) Wenden wir komponentenweise das Distributivgesetz (D) von $\mathbb{K}$ an, so folgt

$$\lambda * (v \oplus w) = \lambda * \begin{pmatrix} v_1 + w_1 \\ v_2 + w_2 \end{pmatrix} = \begin{pmatrix} \lambda \cdot (v_1 + w_1) \\ \lambda \cdot (v_2 + w_2) \end{pmatrix} \overset{(D)}{=} \begin{pmatrix} \lambda \cdot v_1 + \lambda \cdot w_1 \\ \lambda \cdot v_2 + \lambda \cdot w_2 \end{pmatrix}$$
$$= \begin{pmatrix} \lambda \cdot v_1 \\ \lambda \cdot v_2 \end{pmatrix} \oplus \begin{pmatrix} \lambda \cdot w_1 \\ \lambda \cdot w_2 \end{pmatrix} = (\lambda * v) \oplus (\lambda * w)$$

für beliebige $\lambda \in \mathbb{K}$ und $v, w \in V$.

(S$_3$) Ebenso leicht verifiziert man auch (S$_3$): Für $\lambda, \mu \in \mathbb{K}$ und $v \in V$ gilt

$$(\lambda + \mu) * v = (\lambda + \mu) * \begin{pmatrix} v_1 \\ v_2 \end{pmatrix} = \begin{pmatrix} (\lambda + \mu) \cdot v_1 \\ (\lambda + \mu) \cdot v_2 \end{pmatrix} \overset{(D)}{=} \begin{pmatrix} \lambda \cdot v_1 + \mu \cdot v_1 \\ \lambda \cdot v_2 + \mu \cdot v_2 \end{pmatrix}$$

$$= \begin{pmatrix} \lambda \cdot v_1 \\ \lambda \cdot v_2 \end{pmatrix} \oplus \begin{pmatrix} \mu \cdot v_1 \\ \mu \cdot v_2 \end{pmatrix} = \lambda * \begin{pmatrix} v_1 \\ v_2 \end{pmatrix} \oplus \mu * \begin{pmatrix} v_1 \\ v_2 \end{pmatrix} = (\lambda * v) \oplus (\mu * v).$$

(S$_4$) Auch dieser Nachweis gelingt problemlos, wenn man komponentenweise das Assoziativgesetz (M$_1$) der $\mathbb{K}$-Multiplikation verwendet:

$$(\lambda \cdot \mu) * v = (\lambda \cdot \mu) * \begin{pmatrix} v_1 \\ v_2 \end{pmatrix} = \begin{pmatrix} (\lambda \cdot \mu) \cdot v_1 \\ (\lambda \cdot \mu) \cdot v_2 \end{pmatrix} \overset{(M_1)}{=} \begin{pmatrix} \lambda \cdot (\mu \cdot v_1) \\ \lambda \cdot (\mu \cdot v_2) \end{pmatrix}$$

$$= \lambda * \begin{pmatrix} \mu \cdot v_1 \\ \mu \cdot v_2 \end{pmatrix} = \lambda * \left(\mu * \begin{pmatrix} v_1 \\ v_2 \end{pmatrix} \right) = \lambda * (\mu * v). \qquad \square$$

Lösung 10.3

a) Geht wörtlich wie bei Körpern. Angenommen, $\tilde{0}_V$ wäre ein weiterer Nullvektor. Dann folgt, da sowohl 0_V wie auch $\tilde{0}_V$ Neutralelemente der Addition sind, dass $\tilde{0}_V = \tilde{0}_V \oplus 0_V = 0_V$ sein muss.

Ist $\tilde{v}$ ein weiterer Gegenvektor zu v, d.h. gilt $\tilde{v} \oplus v = 0_V$, so folgt

$$\tilde{v} = \tilde{v} \oplus 0_V = \tilde{v} \oplus (v \oplus (-v)) = (\tilde{v} \oplus v) \oplus (-v) = 0_V \oplus (-v) = -v,$$

wobei im dritten Schritt die Assoziativität der Addition einging. $\qquad \square$

b) Mit (S$_2$) folgt $\lambda * 0_V = \lambda * (0_V \oplus 0_V) = \lambda * 0_V \oplus \lambda * 0_V$. Addiert man nun auf beiden Seiten den Gegenvektor $-(\lambda * 0_V)$, so bleibt die Gleichung erhalten und links steht 0_V, rechts $\lambda * 0_V$ (Assoziativgesetz beachten), also genau was wir zeigen wollten.

Mit (S$_3$) folgt $0_\mathbb{K} * v = (0_\mathbb{K} + 0_\mathbb{K}) * v = 0_\mathbb{K} * v \oplus 0_\mathbb{K} * v$ und Subtraktion von $0_\mathbb{K} * v$, d.h. Addition des Gegenvektors $-(0_\mathbb{K} * v)$ liefert wieder die gewünschte Beziehung. $\qquad \square$

c) Durch Rückwärts-Anwenden von (S$_2$) zusammen mit b) erhält man

$$-\lambda * v \oplus \lambda * v = (-\lambda + \lambda) * v = 0_\mathbb{K} * v = 0_V,$$

d.h. $-\lambda \cdot v$ erfüllt die Beziehung $w' \oplus w = 0_V$, die der Gegenvektor $w' := -(\lambda * v)$ von $w := \lambda * v$ erfüllt. Da nach a) Gegenvektoren eindeutig bestimmt sind, muss $-\lambda * v = -(\lambda * v)$ sein.

Mit demselben Argument sieht man $\lambda * (-v) = -(\lambda * v)$, denn mit (S$_3$) folgt

$$(\lambda * (-v)) \oplus (\lambda * v) = \lambda * (-v \oplus v) = \lambda * 0_V \overset{b)}{=} 0_V. \qquad \square$$

Lösung 10.4

a) Dass V ein Unterraum von sich selbst ist, ist klar.

Der Nullraum $\{0_V\}$ ist abgeschlossen unter $+$, da $0_V + 0_V = 0_V$ ist, und da $\lambda \cdot 0_V = 0_V$ für alle $\lambda \in \mathbb{K}$ gilt (siehe Aufgabe 10.3), ist er auch abgeschlossen unter Skalarmultiplikation. Nach dem Unterraum-Kriterium ist der Nullraum also ein Unterraum von V; welch eine Überraschung.

b) Für zwei Elemente $\lambda \cdot u$ und $\mu \cdot u$ von $U = \langle u \rangle_\mathbb{K}$ gilt nach (S3)

$$\lambda \cdot u + \mu \cdot u = (\lambda + \mu) \cdot u \in U,$$

d.h. U ist abgeschlossen bzgl. $+$. Wegen (S4) gilt $\lambda \cdot (\mu \cdot u) = (\lambda\mu) \cdot u \in U$, d.h. U ist auch abgeschlossen unter Skalarmultiplikation, insgesamt also ein Unterraum. $\qquad\square$

c) Es ist $U_1 = \langle u \rangle_\mathbb{R}$ mit $u = (2,1)^t$. Weitere Unterräume von $\mathbb{R}^2$:

$$U_2 = \left\langle \begin{pmatrix} 1 \\ 0 \end{pmatrix} \right\rangle_\mathbb{R} = \left\{ \begin{pmatrix} \lambda \\ 0 \end{pmatrix} \,\Big|\, \lambda \in \mathbb{R} \right\}, \quad U_3 = \left\langle \begin{pmatrix} 0 \\ 1 \end{pmatrix} \right\rangle_\mathbb{R}, \quad U_4 = \left\langle \begin{pmatrix} 1 \\ 1 \end{pmatrix} \right\rangle_\mathbb{R}.$$

U_2 ist die x_1-Achse, U_3 die x_2-Achse und U_4 die erste Winkelhalbierende.

Lösung 10.5 Betrachtet man $\mathbb{C} = \mathbb{R}^2$ als $\mathbb{R}$-Vektorraum, so ist $\mathbb{R} \subset \mathbb{C}$ ein $\mathbb{R}$-Unterraum, denn $\mathbb{R}$ ist offenbar abgeschlossen unter Addition und Multiplikation mit Skalaren aus $\mathbb{R}$ (bzw. $\mathbb{R} = \langle 1_\mathbb{C} \rangle_\mathbb{R}$, also Unterraum nach Aufgabe 10.4).
Sieht man $\mathbb{C}$ jedoch als $\mathbb{C}$-Vektorraum an, so ist $\mathbb{R}$ *kein* $\mathbb{C}$-Unterraum, denn z.B. für $\lambda = i$ ist $i \cdot 1 = i \notin \mathbb{R}$.

Lösung 10.6 Es seien (a_n) und (b_n) konvergente Folgen. Nach Grenzwertsatz (G1) ist dann auch die Summenfolge $(a_n + b_n)$ konvergent, sprich $(a_n + b_n) \in \mathcal{S}_{\mathbb{R},c}$. Betrachtet man $\lambda \in \mathbb{R}$ als konstante Folge (λ), so liefert Grenzwertsatz (G2), dass auch $\lambda \cdot (a_n) = (\lambda a_n)$ konvergiert, d.h. $\lambda \cdot (a_n) \in \mathcal{S}_{\mathbb{R},c}$. Somit ist $\mathcal{S}_{\mathbb{R},c}$ ein Unterraum des Folgenraums $\mathcal{S}_\mathbb{R}$. $\qquad\square$

Lösung 10.7 Sind $f, g \in \mathscr{D}_\mathbb{R}$ differenzierbare Funktionen und $\lambda \in \mathbb{R}$, so gilt laut der Summen- und Faktorregel (Satz 5.2.1), dass $f + g \in \mathscr{D}_\mathbb{R}$ und $\lambda \cdot f \in \mathscr{D}_\mathbb{R}$ ist.
Somit ist $\mathscr{D}_\mathbb{R}$ ein reeller Unterraum von $\mathcal{F}_\mathbb{R}$.
Ebenso direkt folgt aus Satz 6.9, dass $\mathscr{R}[a,b] = \mathscr{R}_I$ ein Unterraum von $\mathcal{F}_I$ ist.

Lösung 10.8 $U_n = \langle x^n \rangle_\mathbb{K}$, $n \in \mathbb{N}$. Oder $\mathcal{P}_{n,\mathbb{K}}$, $n \in \mathbb{N}$, d.h. die Vektorräume der Polynome vom Grad $< n$.

Lösung 10.9 Es seien $f, g \in \mathscr{B}_\mathbb{R}$ zwei beschränkte Funktionen mit den Schranken S_f und S_g. Dann ist anschaulich klar, dass die Summenfunktion $f + g$ niemals den Schlauch der halben Breite $S_f + S_g$ um die x-Achse verlassen kann. Ebenso wird $\lambda \cdot f$ für jedes $\lambda \in \mathbb{R}$ im Schlauch der halben Breite $|\lambda| S_f$ bleiben.
Um dies formaler aufzuschreiben, benutzen wir die Dreiecksungleichung:

$$|(f+g)(x)| = |f(x) + g(x)| \leqslant |f(x)| + |g(x)| \leqslant S_f + S_g \quad \text{für alle } x \in \mathbb{R},$$

d.h. $S_f + S_g$ ist eine Schranke von $f + g$, sprich $f + g \in \mathscr{B}_{\mathbb{R}}$. Für $\lambda \in \mathbb{R}$ gilt

$$|(\lambda \cdot f)(x)| = |\lambda \cdot f(x)| = |\lambda| \, |f(x)| \leqslant |\lambda| \, S_f \quad \text{für alle } x \in \mathbb{R},$$

d.h. $|\lambda| \, S_f$ ist eine Schranke für $\lambda \cdot f$, also ist auch $\lambda \cdot f \in \mathscr{B}_{\mathbb{R}}$. $\qquad \square$

Lösung 10.10

a) Folgt aus der Definition von $\cap$: Sind $u, u' \in U \cap U'$, so liegen u und u' sowohl in U als auch in U'. Weil beides Unterräume sind, folgt $u + u' \in U$ und $u + u' \in U'$, also auch $u + u' \in U \cap U'$. Ebenso für $\lambda \cdot u$. $\qquad \square$

b) Im Falle, dass ein Unterraum im anderen enthalten ist, etwa $U' \subseteq U$, gilt $U \cup U' = U$, d.h. die Vereinigung ist trivialerweise ein Unterraum, weil U einer ist. Spannender ist, dass auch die Umkehrung davon gilt:

> Wenn $U \cup U'$ ein Unterraum ist, dann muss bereits $U \subseteq U'$ oder $U' \subseteq U$ gelten.

Wir beweisen dies durch Übergang zur Kontraposition:

> Wenn $U \nsubseteq U'$ und $U' \nsubseteq U$ gilt, dann ist $U \cup U'$ kein Unterraum.

Beweis: Weil nach Voraussetzung $U \backslash U' \neq \varnothing$ und $U' \backslash U \neq \varnothing$ gilt (sonst läge einer der Unterräume im anderen), existieren Vektoren $u \in U \backslash U'$ und $u' \in U' \backslash U$. Wir zeigen, dass $u + u'$ *nicht* in $U \cup U'$ liegt. Wäre dies nämlich der Fall, so müsste $u + u'$ in U oder in U' liegen. Ist etwa $u + u' \in U'$, dann folgt, weil $u + u'$ und u beide im Unterraum U' liegen,

$$u = (u + u') - u' \in U'.$$

Dies widerspricht aber der Wahl von $u \in U \backslash U'$, da ja ein solches u eben gerade nicht in U' liegt. Der andere Fall $u + u' \in U$ geht vollkommen analog. Dieser Widerspruch zeigt, dass $u + u' \notin U \cup U'$ gilt, obwohl u und u' beide in $U \cup U'$ liegen. Folglich kann $U \cup U'$ kein Unterraum sein. $\qquad \square$

Dies war keinesfalls ein offensichtlicher Beweis! Gratuliere, falls du ihn beim ersten Lesen nachvollziehen konntest (oder sogar selber darauf kamst).

Obiger Beweis ist die Formalisierung von Abbildung A.21: Zwei Unterräume, die nicht ineinander liegen, stellen wir uns als nicht parallele Ursprungsgeraden im $\mathbb{R}^2$ vor. Dann wird sofort klar, dass die Summe $u + u'$ aus der Vereinigung $U \cup U'$ herauszeigt. Außerdem kann man am Bild die Darstellung $u = (u + u') - u'$ erkennen.

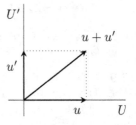

Abbildung A.21

Lösung 10.11   Genauer sollte es heißen: Das System der Vektoren $v_1, \ldots, v_n$ ist linear unabhängig. Die Aussage „die Vektoren $v_1, \ldots, v_n$ sind linear unabhängig" könnte man, wenn man böswillig ist, auch so missverstehen, dass jeder einzelne Vektor dieser Liste linear unabhängig ist, was dann nur bedeuten würde, dass keiner dieser Vektoren der Nullvektor ist. Auf solche Pedanterien werden wir uns im Folgenden allerdings nicht mehr einlassen.

Lösung 10.12 $1 \cdot 0_V + 0 \cdot v_2 + \ldots + 0 \cdot v_n = 0_V$ ist eine nicht-triviale Linearkombination des Nullvektors aus den gegebenen Vektoren.

Lösung 10.13   Wir stellen den Nullvektor als Linearkombination der drei gegebenen Vektoren dar. Wir versuchen also alle Skalare $\lambda_1, \lambda_2, \lambda_3 \in \mathbb{Q}$ zu finden, die $\lambda_1 \cdot v_1 + \lambda_2 \cdot v_2 + \lambda_3 \cdot v_3 = 0_{\mathbb{Q}^3}$ erfüllen, d.h.

$$\lambda_1 \cdot \begin{pmatrix} 1 \\ 3 \\ 5 \end{pmatrix} + \lambda_2 \cdot \begin{pmatrix} 1/2 \\ 1/4 \\ 2 \end{pmatrix} + \lambda_3 \cdot \begin{pmatrix} 1 \\ -2 \\ 3 \end{pmatrix} = \begin{pmatrix} 0 \\ 0 \\ 0 \end{pmatrix}.$$

Dies führt auf das folgende lineare Gleichungssystem.

$$
\begin{array}{rclcrcll}
\lambda_1 & + & \tfrac{1}{2}\lambda_2 & + & 1\lambda_3 & = 0 & & \text{(I)} \\
3\lambda_1 & + & \tfrac{1}{4}\lambda_2 & - & 2\lambda_3 & = 0 & & \text{(II)} \\
5\lambda_1 & + & 2\lambda_2 & + & 3\lambda_3 & = 0 & & \text{(III)}
\end{array}
$$

Wie man solche LGS löst, hast du (hoffentlich !) in der Schule bis zum Erbrechen geübt. Wir bringen es auf Stufenform, indem wir zunächst Gleichung (II) durch (IIa) = (II)$-3 \cdot$(I) und (III) durch (IIIa) = $5 \cdot$(I)$-$(III) ersetzen (wer keine Brüche mag, multipliziert davor mit 2 bzw. 4 durch):

$$
\begin{array}{rclcrcll}
\lambda_1 & + & \tfrac{1}{2}\lambda_2 & + & 1\lambda_3 & = 0 & & \text{(I)} \\
 & - & \tfrac{5}{4}\lambda_2 & - & 5\lambda_3 & = 0 & & \text{(IIa)} \\
 & & \tfrac{1}{2}\lambda_2 & + & 2\lambda_3 & = 0 & & \text{(IIIa).}
\end{array}
$$

Weiter erhält man durch (IIIb) = $\frac{5}{2} \cdot$(IIIa)$+$(IIa)

$$
\begin{array}{rclcrcll}
\lambda_1 & + & \tfrac{1}{2}\lambda_2 & + & 1\lambda_3 & = 0 & & \text{(I)} \\
 & - & \tfrac{5}{4}\lambda_2 & - & 5\lambda_3 & = 0 & & \text{(IIa)} \\
 & & & & 0 & = 0 & & \text{(IIIb).}
\end{array}
$$

Damit ist das LGS unterbestimmt, wir können also z.B. in (IIa) $\lambda_3 = t \in \mathbb{Q}$ frei wählen und erhalten $\lambda_2 = -4t$, was beides eingesetzt in Gleichung (I) auf $\lambda_1 = -\frac{1}{2}\lambda_2 - \lambda_3 = 2t - t = t$ führt.

Somit ist die Lösungsmenge $L = \{(t, -4t, t) \mid t \in \mathbb{Q}\}$, und für jedes $t \neq 0$ erhalten wir eine nicht-triviale Lösung des LGS (eine genügt bereits!), d.h. die Vektoren v_1, v_2, v_3 sind linear abhängig. Für $t = 1$ ergibt sich $1 \cdot v_1 - 4 \cdot v_2 + 1 \cdot v_3 = 0_{\mathbb{Q}^3}$, also ist $v_1 = 4 \cdot v_2 - 1 \cdot v_3$ eine mögliche Linearkombination.

Lösung 10.14   Wenn das System linear abhängig ist, gibt es eine nicht-triviale Linearkombination des Nullvektors, $\lambda_1 \cdot v_1 + \ldots + \lambda_n \cdot v_n = \sum_{i=1}^{n} \lambda_i \cdot v_i = 0_V$ mit mindestens einem $\lambda_j \neq 0$. Wir lösen nach $\lambda_j \cdot v_j$ auf, indem wir alle anderen Summanden auf die rechte Seite bringen:

$$\lambda_j \cdot v_j = -\sum_{i \neq j} \lambda_i \cdot v_i = \sum_{i \neq j} (-\lambda_i) \cdot v_i,$$

wobei hier über alle $i = 1, \ldots, n$, außer $i = j$, summiert wird. Da nach Wahl $\lambda_j \neq 0$ ist, können wir durch λ_j teilen, und erhalten

$$v_j = \frac{1}{\lambda_j} \cdot \sum_{i \neq j} (-\lambda_i) \cdot v_i = \sum_{i \neq j} \left(-\frac{\lambda_i}{\lambda_j}\right) \cdot v_i,$$

d.h. v_j ist eine Linearkombination der restlichen $n-1$ Vektoren. $\qquad\square$

Lösung 10.15   Wir führen einen Widerspruchsbeweis, indem wir annehmen, dass 1 und $\sqrt{2}$ linear abhängig über $\mathbb{Q}$ sind. In diesem Fall gibt es eine nicht-triviale Linearkombination $\lambda \cdot 1 + \mu \cdot \sqrt{2} = 0$ mit $\lambda, \mu \in \mathbb{Q}$, nicht beide Null, also sogar beide ungleich Null (da weder 1 noch $\sqrt{2}$ Null sind). Aufgelöst nach $\sqrt{2}$ ergibt sich $\sqrt{2} = -\frac{\lambda}{\mu} \in \mathbb{Q}$, im Widerspruch zur Irrationalität von $\sqrt{2}$. $\qquad\square$

Lösung 10.16   Die n Monome $1, x, \ldots, x^{n-1}$ sind nach Beispiel 10.13 für jedes beliebige $n \in \mathbb{N}$ linear unabhängig.

Es sei $e_i = (0, \ldots, 1, 0, \ldots) \in \mathcal{S}_\mathbb{R}$ die Folge, deren i-tes Folgenglied 1 ist und die sonstigen 0 sind. Die Folgen $e_1, \ldots, e_n$ sind dann für jedes beliebige $n \in \mathbb{N}$ linear unabhängig. Denn $\lambda_1 \cdot e_1 + \ldots + \lambda_n \cdot e_n$ ist die Folge $(\lambda_1, \lambda_2, \ldots, \lambda_n, 0, \ldots)$, und diese ist genau dann die Null-Folge, wenn $\lambda_1 = \lambda_2 = \ldots = \lambda_n = 0$ gilt.

Natürlich kann man die Polynome wieder als reellwertige Funktionen auffassen, d.h. $\mathbb{R}[x] \subset \mathcal{F}_\mathbb{R}$, und somit sind auch die Monome x^n linear unabhängig in $\mathcal{F}_\mathbb{R}$. Es lohnt sich jedoch, noch ein weiteres Beispiel zu geben, allein um die punktweise Verknüpfung in $\mathcal{F}_\mathbb{R}$ besser zu verstehen. Wie in der Anleitung definiert, betrachten wir die charakteristischen Funktionen $\chi_k \colon \mathbb{R} \to \mathbb{R}$ mit

$$\chi_k(x) = \begin{cases} 1 & \text{wenn } x \in I_k = (k-1, k) \\ 0 & \text{wenn } x \notin I_k \end{cases}$$

und weisen deren lineare Unabhängigkeit nach. In Abbildung A.22 ist zur besseren Veranschaulichung die Linearkombination $\ell = \frac{1}{2} \cdot \chi_1 + \chi_2 - \chi_3$ grafisch dargestellt. Setzt man in diese zum Beispiel $x_1 = 0{,}8 \in I_1$ ein, so erhält man $\ell(x_1) = \frac{1}{2} \cdot \chi_1(x_1) + \chi_2(x_1) - \chi_3(x_1) = \frac{1}{2} + 0 + 0 = \frac{1}{2}$. Offensichtlich ist diese Linearkombination nicht die Nullfunktion. Wenn du dieses Bild im Kopf hast, wird dir auch die folgende Verallgemeinerung nicht schwer fallen, wo wir zeigen, dass keine nicht-triviale Linearkombination der χ_i die Nullfunktion ergeben kann.

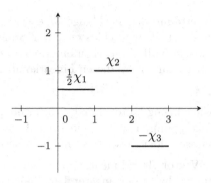

Abbildung A.22

Sei $\ell = \lambda_1 \cdot \chi_1 + \ldots + \lambda_n \cdot \chi_n = 0_{\mathcal{F}_{\mathbb{R}}}$ eine Linearkombination der Nullfunktion. Wir wählen ein $x_k \in I_k$, $1 \leqslant k \leqslant n$, und wenden ℓ auf dieses x_k an. Nach Definition der punktweisen Verknüpfung in $\mathcal{F}_{\mathbb{R}}$ ist

$$\ell(x_k) = \lambda_1 \chi_1(x_k) + \ldots + \lambda_k \chi_k(x_k) + \ldots + \lambda_n \chi_n(x_k) = 0 + \ldots + \lambda_k 1 + \ldots + 0 = \lambda_k.$$

Weil ℓ die Nullfunktion ist, muss $\ell(x_k) = 0$ sein, woraus $\lambda_k = 0$ folgt. Dies zeigt $\lambda_1 = \ldots = \lambda_n = 0$, also sind die charakteristischen Funktionen $\chi_1, \ldots, \chi_n$ linear unabhängig.

Lösung 10.17   Wir müssen zwei Dinge zeigen:

(1) $\langle M \rangle$ ist ein Unterraum von V. (Den Index $_{\mathbb{K}}$ sparen wir uns ab jetzt.)

(2) $\langle M \rangle$ ist der *kleinste* Unterraum von V, der M enthält, d.h.

$$U \leqslant V \text{ mit } M \subseteq U \implies \langle M \rangle \subseteq U.$$

(1) Es seien $u, v \in \langle M \rangle$ (was offensichtlich nicht leer ist) und $\lambda \in \mathbb{K}$. Nach Definition des Aufspanns $\langle M \rangle$ sind u und v dann von der Gestalt $u = \sum_{i=1}^{n} \lambda_i \cdot v_i$ und $v = \sum_{i=1}^{n} \mu_i \cdot v_i$ mit Skalaren λ_i, $\mu_i \in \mathbb{K}$. Mit Hilfe der Vektorraumaxiome folgt

$$u + v = \sum_{i=1}^{n} \lambda_i \cdot v_i + \sum_{i=1}^{n} \mu_i \cdot v_i = \sum_{i=1}^{n} (\lambda_i + \mu_i) \cdot v_i \qquad \text{und}$$

$$\lambda \cdot u = \lambda \cdot \sum_{i=1}^{n} \lambda_i \cdot v_i = \sum_{i=1}^{n} (\lambda \lambda_i) \cdot v_i.$$

Somit sind $u + v$ und $\lambda \cdot u$ wieder Linearkombination der Vektoren $v_1, \ldots, v_n$ aus M, also Elemente von $\langle M \rangle$, weshalb $\langle M \rangle$ nach Satz 10.1 ein Unterraum von V ist.

(2) Sei $U \leqslant V$ ein Unterraum, der die Menge M enthält, d.h. $v_1, \ldots, v_n$ liegen in U. Als Unterraum ist U abgeschlossen unter Summenbildung und Skalarmultiplikation, weshalb alle Linearkombinationen der $v_i \in U$ wieder in U liegen. Da $\langle M \rangle$ aber genau aus all diesen Linearkombinationen besteht, folgt $\langle M \rangle \subseteq U$. $\qquad\square$

Lösung 10.18   Die Umkehrung lautet: Lässt sich für ein System $v_1, \ldots, v_n \in V$ von Vektoren eines $\mathbb{K}$-Vektorraums V jeder Vektor $v \in V$ *eindeutig* als Linearkombination der v_i darstellen, so bildet dieses System eine Basis $\mathcal{B}$ von V.

Beweis: Da sich jeder Vektor als $\mathcal{B}$-Linearkombination darstellen lässt, ist $\mathcal{B}$ ein Erzeugendensystem. Zum Nachweis der linearen Unabhängigkeit von $\mathcal{B}$ betrachten wir eine Linearkombination des Nullvektors: $0_V = \lambda_1 \cdot v_1 + \ldots + \lambda_n \cdot v_n$. Da auch $0_V = 0 \cdot v_1 + \ldots + 0 \cdot v_n$ gilt, folgt aus der vorausgesetzten Eindeutigkeit der Darstellung $\lambda_i = 0$ für alle $1 \leqslant i \leqslant n$, d.h. die lineare Unabhängigkeit von $\mathcal{B}$. Somit ist $\mathcal{B}$ ein linear unabhängiges Erzeugendensystem, also eine Basis von V. $\qquad\square$

Lösung 10.19   Nachweis mit Hilfe des Unterraum-Kriteriums, dass E ein Unterraum ist: Offensichtlich ist der Nullvektor in E enthalten, also ist $E \neq \emptyset$. Sind $x, y \in E$, so folgt für deren Summe $x + y = (x_1 + y_1, x_2 + y_2, x_3 + y_3)^t \in \mathbb{K}^3$ unter Verwendung von Distributiv- und Kommutativgesetz in $\mathbb{K}$

$$(x_1 + y_1)n_1 + (x_2 + y_2)n_2 + (x_3 + y_3)n_3$$
$$= \underbrace{x_1 n_1 + x_2 n_2 + x_3 n_3}_{=\,0,\ \text{da } x \in E} + \underbrace{y_1 n_1 + y_2 n_2 + y_3 n_3}_{=\,0,\ \text{da } y \in E} = 0 + 0 = 0,$$

also gilt auch $x + y \in E$. Sind $x \in E$ und $\lambda \in \mathbb{K}$, so folgt für das skalare Vielfache $\lambda \cdot x = (\lambda x_1, \lambda x_2, \lambda x_3)^t \in \mathbb{K}^3$ unter Verwendung von Assoziativ- und Distributivgesetz in $\mathbb{K}$

$$(\lambda x_1)n_1 + (\lambda x_2)n_2 + (\lambda x_3)n_3 = \lambda \underbrace{(x_1 n_1 + x_2 n_2 + x_3 n_3)}_{=\,0,\ \text{da } x \in E} = \lambda 0 = 0,$$

also gilt auch $\lambda \cdot x \in E$, und E ist ein Unterraum von $\mathbb{K}^3$.
Nun bestimmen wir explizit eine Basis von E. Sei dazu $x \in E$ beliebig; die Beziehung $x_1 n_1 + x_2 n_2 + x_3 n_3 = 0$ ist eine Gleichung für die drei zu bestimmenden Komponenten x_1, x_2, x_3 von x. Da n nicht der Nullvektor ist, ist eine der Komponenten $\neq 0$, etwa $n_3 \neq 0$. Wählen wir $x_1 = \lambda \in \mathbb{K}$ und $x_2 = \mu \in \mathbb{K}$ frei, so lässt x_3 sich aus der Gleichung $\lambda n_1 + \mu n_2 + x_3 n_3 = 0$ in Abhängigkeit von λ und μ ausrechnen durch $x_3 = -\frac{1}{n_3}(\lambda n_1 + \mu n_2)$. Somit besitzt jedes $x \in E$ die Gestalt

$$x = \begin{pmatrix} \lambda \\ \mu \\ -\frac{n_1}{n_3}\lambda - \frac{n_2}{n_3}\mu \end{pmatrix} = \lambda \cdot \begin{pmatrix} 1 \\ 0 \\ -\frac{n_1}{n_3} \end{pmatrix} + \mu \cdot \begin{pmatrix} 0 \\ 1 \\ -\frac{n_2}{n_3} \end{pmatrix} =: \lambda \cdot u + \mu \cdot v.$$

Damit lässt sich jedes $x \in E$ als Linearkombination der zwei Vektoren u und v darstellen, die zudem beide in E liegen (überzeuge dich hiervon). Die lineare

Unabhängigkeit von u und v sollte aufgrund der 1- und 0-Verteilung offensichtlich sein (falls nicht, führe den Nachweis schriftlich). Damit ist u, v eine Basis von E, d.h. $\dim_{\mathbb{K}} E = 2$. E lässt sich nun auch etwas anschaulicher darstellen als

$$E = \{\, \lambda \cdot u + \mu \cdot v \mid \lambda, \mu \in \mathbb{K} \,\},$$

was eine Ebene im $\mathbb{K}^3$ beschreibt. Für $\mathbb{K} = \mathbb{R}$ hast du E bereits gründlich in der Schulgeometrie studiert: Es handelt sich um eine Ebene mit Normalenvektor $\vec{n}$, die durch den Ursprung verläuft. Denn die definierende Bedingung von E ist nichts anderes als $\vec{x} \cdot \vec{n} = 0$, wobei der Malpunkt hier für das Skalarprodukt von Vektoren im $\mathbb{R}^3$ steht.

Lösung 10.20 Wir definieren die charakteristischen Funktionen $\chi_k \colon M \to \mathbb{R}$ der einelementigen Teilmengen $\{m_k\}$ von M durch

$$\chi_k(m_i) = \begin{cases} 1 & \text{für } i = k \\ 0 & \text{für } i \neq k, \end{cases}$$

und behaupten, dass χ_1, χ_2, χ_3 eine Basis von $V = \mathrm{Abb}(M, \mathbb{R})$ bilden. Da M nur drei Elemente besitzt, ist eine Abbildung $f : M \to \mathbb{R}$ eindeutig durch ihre Funktionswerte auf m_1, m_2, m_3 charakterisiert, d.h. durch die drei reellen Zahlen $f(m_1) =: \lambda_1, f(m_2) =: \lambda_2, f(m_3) =: \lambda_3 \in \mathbb{R}$.
Die Linearkombination $\lambda_1 \cdot \chi_1 + \lambda_2 \cdot \chi_2 + \lambda_3 \cdot \chi_3$ hat auf allen drei Elementen von M dieselben Funktionswerte wie f, denn es ist aufgrund der punktweise definierten Verknüpfung in V z.B.

$$(\lambda_1 \cdot \chi_1 + \lambda_2 \cdot \chi_2 + \lambda_3 \cdot \chi_3)(m_1) = \lambda_1 \chi_1(m_1) + \lambda_2 \chi_2(m_1) + \lambda_3 \chi_3(m_1)$$
$$= \lambda_1 1 + \lambda_2 0 + \lambda_3 0 = \lambda_1 = f(m_1).$$

Damit ist $\lambda_1 \cdot \chi_1 + \lambda_2 \cdot \chi_2 + \lambda_3 \cdot \chi_3$ eine andere Schreibweise für die Funktion f, also $f = \lambda_1 \cdot \chi_1 + \lambda_2 \cdot \chi_2 + \lambda_3 \cdot \chi_3$. Somit ist χ_1, χ_2, χ_3 ein Erzeugendensystem. Die lineare Unabhängigkeit der χ_k folgt wie in Aufgabe 10.16. Also ist χ_1, χ_2, χ_3 eine Basis von V, d.h. $\dim_{\mathbb{R}} V = 3$. $\qquad\square$

Lösung 10.21 Erste Möglichkeit: Es ist $-v = (-1) \cdot v$ nach Aufgabe 10.3, und da man Skalare aus linearen Abbildungen „rausziehen" kann, folgt

$$\varphi(-v) = \varphi((-1) \cdot v) = (-1) \cdot \varphi(v) = -\varphi(v).$$

Zweite Möglichkeit: $0_W = \varphi(0_V) = \varphi(v + (-v)) = \varphi(v) + \varphi(-v)$, und Subtraktion von $\varphi(v)$ liefert das Gewünschte. Hierbei ging die Additivität von φ ein. $\qquad\square$

Lösung 10.22 „$\Rightarrow$" Sei zuerst φ als $\mathbb{K}$-linear vorausgesetzt. Dann folgt durch schrittweise Ausnutzung der beiden Linearitäts-Bedingungen aus Definition 10.8

$$\varphi(\lambda \cdot u + \mu \cdot v) = \varphi(\lambda \cdot u) + \varphi(\mu \cdot v) = \lambda \cdot \varphi(u) + \mu \cdot \varphi(v)$$

für alle $u, v \in V$ und alle $\lambda, \mu \in \mathbb{K}$.

„$\Leftarrow$" Ist umgekehrt $\varphi(\lambda \cdot u + \mu \cdot v) = \lambda \cdot \varphi(u) + \mu \cdot \varphi(v)$ für alle $u, v \in V$ und alle $\lambda, \mu \in \mathbb{K}$ gegeben, so folgt für $\lambda = \mu = 1$ insbesondere

$$\varphi(u + v) = \varphi(1 \cdot u + 1 \cdot v) = 1 \cdot \varphi(u) + 1 \cdot \varphi(v) = \varphi(u) + \varphi(v),$$

wobei mehrfach das Vektorraumaxiom (S_1) verwendet wurde. Die zweite Linearitätsbedingung $\varphi(\lambda \cdot u) = \lambda \cdot \varphi(u)$ folgt einfach durch Einsetzen von $\mu = 0$. $\qquad\square$

Lösung 10.23 Der Induktionsanfang (IA) für $n = 2$ wurde bereits in der vorigen Aufgabe erbracht.

Es gelte nun also $\varphi\left(\sum_{i=1}^{n} \lambda_i \cdot v_i\right) = \sum_{i=1}^{n} \lambda_i \cdot \varphi(v_i)$ für irgendein $2 \leqslant n \in \mathbb{N}$ für alle $v_1, \ldots, v_n \in V$ und $\lambda_1, \ldots, \lambda_n \in \mathbb{K}$ (Induktionsvoraussetzung (IV)).

Induktionsschritt: Für die Linearkombination von $n + 1$ Vektoren ergibt sich dann unter Verwendung von (IA) und (IV)

$$\varphi\left(\sum_{i=1}^{n+1} \lambda_i \cdot v_i\right) = \varphi\left(\sum_{i=1}^{n} \lambda_i \cdot v_i + \lambda_{n+1} \cdot v_{n+1}\right)$$

$$\overset{(IA)}{=} \varphi\left(\sum_{i=1}^{n} \lambda_i \cdot v_i\right) + \lambda_{n+1} \cdot \varphi(v_{n+1})$$

$$\overset{(IV)}{=} \sum_{i=1}^{n} \lambda_i \cdot \varphi(v_i) + \lambda_{n+1} \cdot \varphi(v_{n+1}) = \sum_{i=1}^{n+1} \lambda_i \cdot \varphi(v_i)$$

für alle $v_1, \ldots, v_{n+1} \in V$ und $\lambda_1, \ldots, \lambda_{n+1} \in \mathbb{K}$. $\qquad\square$

Lösung 10.24 Für $c \neq 0$ ist $f(2 \cdot x) = m(2x) + c = 2mx + c \neq 2(mx + c) = 2 \cdot f(x)$, also ist f nicht linear. Noch schneller: $f(0) = c \neq 0$, was bei einer linearen Abbildung nach Lemma 10.1 nicht sein kann.

Lösung 10.25 In Abbildung A.23 kann man geometrisch erkennen, dass σ additiv, d.h. verträglich mit der Addition ist. Verträglichkeit mit der Skalarmultiplikation soll sich jeder selber vorstellen.

Durch formales Nachrechnen: Sind $u = (u_1, u_2)^t$ und $v = (v_1, v_2)^t$ Vektoren im $\mathbb{R}^2$ und $\lambda, \mu \in \mathbb{R}$, so gilt

$$\sigma(\lambda \cdot u + \mu \cdot v) = \sigma\left(\begin{pmatrix} \lambda u_1 + \mu v_1 \\ \lambda u_2 + \mu v_2 \end{pmatrix}\right) = \begin{pmatrix} \lambda u_1 + \mu v_1 \\ -\lambda u_2 - \mu v_2 \end{pmatrix} .$$

$$= \lambda \cdot \begin{pmatrix} u_1 \\ -u_2 \end{pmatrix} + \mu \cdot \begin{pmatrix} v_1 \\ -v_2 \end{pmatrix} = \lambda \cdot \sigma(u) + \mu \cdot \sigma(v).$$

Die „Komplexifizierung" von σ ist ganz einfach die komplexe Konjugation

$$\mathbb{C} \to \mathbb{C}, \quad a + b\,i \mapsto a - b\,i,$$

denn diese spiegelt einen komplexen Zeiger an der reellen Achse.

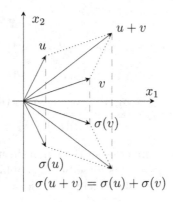

Abbildung A.23

Lösung 10.26 Die $\mathbb{Q}$-Linearität von φ verifiziert man durch direktes Nachrechnen: Der Übersichtlichkeit halber zeigen wir hier nur die Additivität, dazu seien $q = (q_1, q_2, q_3)^t$ und $r = (r_1, r_2, r_3)^t$ Vektoren im $\mathbb{Q}^3$:

$$\varphi(q + r) = \varphi\left(\begin{pmatrix} q_1 + r_1 \\ q_2 + r_2 \\ q_3 + r_3 \end{pmatrix} \right) = \begin{pmatrix} 2(q_1 + r_1) + (q_2 + r_2) \\ \frac{1}{2}(q_2 + r_2) - (q_3 + r_3) \end{pmatrix}$$

$$= \begin{pmatrix} (2q_1 + q_2) + (2r_1 + r_2) \\ (\frac{1}{2}q_2 - q_3) + (\frac{1}{2}r_2 - r_3) \end{pmatrix} = \begin{pmatrix} 2q_1 + q_2 \\ \frac{1}{2}q_2 - q_3 \end{pmatrix} + \begin{pmatrix} 2r_1 + r_2 \\ \frac{1}{2}r_2 - r_3 \end{pmatrix},$$

was nichts anderes als $\varphi(q) + \varphi(r)$ ist. Ebenso direkt kann man $\varphi(\lambda \cdot q) = \lambda \cdot \varphi(q)$ für $q \in \mathbb{Q}^3$ und $\lambda \in \mathbb{Q}$ nachrechnen.

Lösung 10.27 Hinter der Linearität der Limesbildung verstecken sich nur die Grenzwertsätze: Sind nämlich (a_n) und (b_n) konvergente Folgen mit Grenzwerten a bzw. b, so konvergiert die Summenfolge nach (G_1) gegen $a + b$, d.h. es ist

$$\ell\left((a_n) + (b_n)\right) = \lim_{n\to\infty} (a_n + b_n) = a + b = \lim_{n\to\infty} a_n + \lim_{n\to\infty} b_n = \ell((a_n)) + \ell((b_n)).$$

Weiterhin ist $(\lambda a_n) = (\lambda) \cdot (a_n)$, wobei (λ) die konstante Folge mit λ als Folgengliedern (und Limes λ) bezeichnet. Nach dem Produkt-Grenzwertsatz (G_2) folgt

$$\ell\left(\lambda \cdot (a_n)\right) = \ell\left((\lambda) \cdot (a_n)\right) = \lim_{n\to\infty} (\lambda a_n) = \lambda a = \lambda \lim_{n\to\infty} a_n = \lambda \ell((a_n)).$$

(Beachte: Der erste Malpunkt in obiger Rechnung steht für die Skalarmultiplikation in $\mathcal{S}_{\mathbb{R},c}$, während der zweite Malpunkt das Produkt von Folgen bezeichnet.)

Lösung 10.28 Wir verwenden die Linearitätsbedingung aus Aufgabe 10.22. Es seien $u_1, u_2 \in U$ und $\lambda_1, \lambda_2 \in \mathbb{K}$. Dann folgt unter schrittweiser Verwendung der

Linearität von ψ und φ

$$(\varphi \circ \psi)(\lambda_1 \cdot u_1 + \lambda_2 \cdot u_2) = \varphi\big(\psi(\lambda_1 \cdot u_1 + \lambda_2 \cdot u_2)\big)$$

$$= \varphi\big(\lambda_1 \cdot \psi(u_1) + \lambda_2 \cdot \psi(u_2)\big) \qquad \text{(da } \psi \text{ linear)}$$

$$= \lambda_1 \cdot \varphi\big(\psi(u_1)\big) + \lambda_2 \cdot \varphi\big(\psi(u_2)\big) \qquad \text{(da } \varphi \text{ linear)}$$

$$= \lambda_1 \cdot (\varphi \circ \psi)(u_1) + \lambda_2 \cdot (\varphi \circ \psi)(u_2). \qquad \square$$

Lösung 10.29   Um die Summe zweier Homomorphismen $\varphi, \psi \in \mathrm{Hom}_{\mathbb{K}}(V, W)$ zu definieren, müssen wir angeben, was diese Summenabbildung mit Vektoren $v \in V$ macht. Als naheliegende Möglichkeit bietet sich die Addition der Bildvektoren an:

$$(\varphi + \psi)(v) := \varphi(v) + \psi(v) \in W,$$

wodurch wir eine neue Abbildung $\varphi + \psi \colon V \to W$ erhalten. Allerdings müssen wir noch verifizieren, dass diese auch tatsächlich wieder linear ist. Das geht ähnlich wie in der letzten Aufgabe unter Verwendung der Linearität von ψ und φ sowie der Vektorraumaxiome in W:

$$(\varphi + \psi)(\lambda_1 \cdot v_1 + \lambda_2 \cdot v_2) \overset{\text{Def.}}{=} \varphi(\lambda_1 \cdot v_1 + \lambda_2 \cdot v_2) + \psi(\lambda_1 \cdot v_1 + \lambda_2 \cdot v_2)$$

$$\overset{\varphi,\psi \text{ lin.}}{=} \lambda_1 \cdot \varphi(v_1) + \lambda_2 \cdot \varphi(v_2) + \lambda_1 \cdot \psi(v_1) + \lambda_2 \cdot \psi(v_2)$$

$$\overset{W\_\text{VR}}{=} \lambda_1 \cdot (\varphi(v_1) + \psi(v_1)) + \lambda_2 \cdot (\varphi(v_2) + \psi(v_2))$$

$$\overset{\text{Def.}}{=} \lambda_1 \cdot (\varphi + \psi)(v_1) + \lambda_2 \cdot (\varphi + \psi)(v_2).$$

Diese mühsame Schreibarbeit zeigt also $\varphi + \psi \in \mathrm{Hom}_{\mathbb{K}}(V, W)$.
Nach demselben Prinzip definieren wir das skalare Vielfache von $\varphi \in \mathrm{Hom}_{\mathbb{K}}(V, W)$ mit $\lambda \in \mathbb{K}$ durch

$$(\lambda \cdot \varphi)(v) := \lambda \cdot \varphi(v) \in W.$$

Der Nachweis, dass $\lambda \cdot \varphi$ tatsächlich in $\mathrm{Hom}_{\mathbb{K}}(V, W)$ liegt, verläuft analog.
Jetzt ist es nur noch Formsache, nachzuprüfen, dass $\mathrm{Hom}_{\mathbb{K}}(V, W)$ mit den so definierten Verknüpfungen die Vektorraumaxiome erfüllt. Da wir elementweise im Vektorraum W rechnen, reduzieren sich alle Nachweise auf die in W gültigen Vektorraumaxiome. Wir verweisen dazu auf Beispiel 10.7, denn dort wurde auch nichts anderes als die Vektorraumstruktur von $\mathbb{R}$ verwendet. Der Übung halber solltest du dir alle Nachweise nochmals explizit in diesem Kontext aufschreiben. Wir weisen nur noch darauf hin, dass der Null„vektor" von $\mathrm{Hom}_{\mathbb{K}}(V, W)$ die Nullabbildung $0_{\mathrm{Hom}} \colon V \to W$, $v \mapsto 0_W$, ist.

Lösung 10.30   (1) Die Spiegelung σ aus Aufgabe 10.25 besitzt einen trivialen Kern, d.h. $\ker \sigma = \{0_{\mathbb{R}^2}\}$, da jeder Vektor $\neq 0_{\mathbb{R}^2}$ auch beim Spiegeln nicht zum Nullvektor wird. Das Bild von σ ist der gesamte $\mathbb{R}^2$, denn jeder Vektor ist Spiegelbild seines Spiegelbilds, anders ausgedrückt: $(x_1, x_2)^t$ besitzt $(x_1, -x_2)^t$ als Urbild unter σ. Insgesamt ist σ also bijektiv, d.h. ein Isomorphismus des $\mathbb{R}^2$. Dies sieht man schneller auch daran, dass $\sigma \circ \sigma = \mathrm{id}_{\mathbb{R}^2}$ gilt, σ also seine eigene Umkehrabbildung ist. Will man das Bild nicht explizit bestimmen, so zieht man die Dimensionsformel heran, die besagt, dass

$$\dim_{\mathbb{R}} \mathrm{im}\, \sigma = \dim_{\mathbb{R}} \mathbb{R}^2 - \dim_{\mathbb{R}} \ker \sigma = 2 - 0 = 2$$

ist, und mit Argument $(*)$ folgt $\mathrm{im}\, \sigma = \mathbb{R}^2$.

(2) Um den Kern von $\varphi \colon \mathbb{Q}^3 \to \mathbb{Q}^2$, $(q_1, q_2, q_3)^t \mapsto (2q_1 + q_2, \frac{1}{2} q_2 - q_3)^t$, zu bestimmen, müssen wir alle Vektoren $(q_1, q_2, q_3)^t \in \mathbb{Q}^3$ finden, die $(2q_1 + q_2, \frac{1}{2} q_2 - q_3)^t = (0,0)^t$ erfüllen. D.h. wir müssen das rationale LGS

$$
\begin{array}{rrrll}
2q_1 & + & q_2 & = 0 & \quad \text{(I)} \\
& & \frac{1}{2} q_2 \; - \; q_3 & = 0 & \quad \text{(II)}
\end{array}
$$

lösen. Da dieses unterbestimmt ist (nur zwei Gleichungen für drei Unbekannte), können wir $q_3 = r \in \mathbb{Q}$ frei wählen. Aus (II) folgt $q_2 = 2r$, und einsetzen in (I) ergibt $q_1 = -r$. Die Lösungsmenge des LGS und damit der Kern von φ besitzt die Gestalt

$$\ker \varphi = \left\{ \begin{pmatrix} -r \\ 2r \\ r \end{pmatrix} \;\middle|\; r \in \mathbb{Q} \right\} = \left\langle \begin{pmatrix} -1 \\ 2 \\ 1 \end{pmatrix} \right\rangle_{\mathbb{Q}}.$$

Da der Kern also der Aufspann des einen Vektors $(-1, 2, 1)^t \neq 0_{\mathbb{Q}^3}$ ist, besitzt er Dimension 1, und die Dimensionsformel liefert

$$\dim_{\mathbb{Q}} \mathrm{im}\, \varphi = \dim_{\mathbb{Q}} \mathbb{Q}^3 - \dim_{\mathbb{Q}} \ker \varphi = 3 - 1 = 2,$$

und wieder nach $(*)$ folgt $\mathrm{im}\, \varphi = \mathbb{Q}^2$, d.h. φ ist surjektiv.

(3) Der Kern des Limes-Homomorphismus $\ell \colon \mathcal{S}_{\mathbb{R}, c} \to \mathbb{R}$, $(a_n) \mapsto \lim_{n \to \infty} a_n$, besteht genau aus den Nullfolgen, denn genau diese erfüllen $\lim_{n \to \infty} a_n = 0$. Das Bild von ℓ ist ganz $\mathbb{R}$, denn jede reelle Zahl $r \in \mathbb{R}$ kommt als Limes einer reellwertigen Folge vor, am einfachsten als Limes der konstanten Folge (r).

Lösung 10.31

a) Die Dimensionsformel liefert in diesem Fall

$$\dim_{\mathbb{K}} \ker \varphi = \dim_{\mathbb{K}} V - \dim_{\mathbb{K}} \mathrm{im}\, \varphi \overset{\text{Vor.}}{>} \dim_{\mathbb{K}} W - \dim_{\mathbb{K}} \mathrm{im}\, \varphi.$$

Da $\mathrm{im}\, \varphi$ ein Untervektorraum von W ist, ist seine Dimension höchstens $\dim_{\mathbb{K}} W$. Somit ist $\dim_{\mathbb{K}} W - \dim_{\mathbb{K}} \mathrm{im}\, \varphi \geqslant 0$, und es folgt $\dim_{\mathbb{K}} \ker \varphi > 0$. Folglich besitzt φ einen nicht-trivialen Kern und ist demnach nicht injektiv.

b) Es folgt analog zu a)

$$\dim_{\mathbb{K}} \mathrm{im}\, \varphi = \dim_{\mathbb{K}} V - \dim_{\mathbb{K}} \ker \varphi \overset{\text{Vor.}}{<} \dim_{\mathbb{K}} W - \dim_{\mathbb{K}} \ker \varphi \leqslant \dim_{\mathbb{K}} W.$$

Somit ist $\dim_{\mathbb{K}} \mathrm{im}\, \varphi < \dim_{\mathbb{K}} W$, also kann $\mathrm{im}\, \varphi$ nicht ganz W sein, da es sonst die gleiche Dimension haben müsste. Demnach ist φ nicht surjektiv.

c) Sei φ injektiv, d.h. $\ker\varphi = \{0_V\}$, sprich $\dim_{\mathbb{K}}\ker\varphi = 0$. Die Dimensionsformel liefert $\dim_{\mathbb{K}}\operatorname{im}\varphi = \dim_{\mathbb{K}}V - 0 = \dim_{\mathbb{K}}V$, was nach Voraussetzung
$\dim_{\mathbb{K}}W$ ist. Mit $(*)$ ergibt sich $\operatorname{im}\varphi = W$, also die Surjektivität von φ. Die
Umkehrung (ii) $\Longrightarrow$ (i) zeigt man völlig analog (man hätte auch gleich alle
Argumente mit „$\Longleftrightarrow$“-Pfeilen versehen können).

Für $\dim_{\mathbb{K}}V = \infty$ versagt dieses Argument. So ist zum Beispiel der Ab-
leitungsoperator $\frac{\mathrm{d}}{\mathrm{d}x}\colon \mathbb{R}[x] \to \mathbb{R}[x]$ surjektiv, aber nicht injektiv (überlege,
warum!). Ein Beispiel für eine injektive, aber nicht surjektive lineare Abbil-
dung ist der *Rechtsshift*

$$\rho\colon \mathcal{S}_{\mathbb{R}} \to \mathcal{S}_{\mathbb{R}}, \quad (a_1, a_2, \ldots) \mapsto (0, a_1, a_2, \ldots).$$

In $\operatorname{im}\rho$ fehlen offenbar die Folgen, die als erstes Glied keine 0 besitzen, also
ist ρ nicht surjektiv. Die Injektivität ist offensichtlich.

Lösung 10.32   Mit Hilfe der Kippregel rechnen wir zeilenweise:

a) $\begin{pmatrix} 1 & 2 \\ 3 & 4 \\ 5 & 6 \end{pmatrix} \cdot \begin{pmatrix} 7 \\ 8 \end{pmatrix} = \begin{pmatrix} 1\cdot 7 + 2\cdot 8 \\ 3\cdot 7 + 4\cdot 8 \\ 5\cdot 7 + 6\cdot 8 \end{pmatrix} = \begin{pmatrix} 23 \\ 53 \\ 83 \end{pmatrix}$

b) $\begin{pmatrix} 1/2 & 0 & -\mathrm{i} \\ -2\,\mathrm{i} & 3 & -2/3 \\ 0 & 1+\mathrm{i} & 1 \\ -1 & 8\,\mathrm{i} & 2 \end{pmatrix} \begin{pmatrix} -2\,\mathrm{i} \\ 4 \\ 6 \end{pmatrix} = \begin{pmatrix} 1/2\cdot(-2\,\mathrm{i}) + 0\cdot 4 + (-\mathrm{i})\cdot 6 \\ (-2\,\mathrm{i})\cdot(-2\,\mathrm{i}) + 3\cdot 4 + (-2/3)\cdot 6 \\ 0\cdot(-2\,\mathrm{i}) + (1+\mathrm{i})\cdot 4 + 1\cdot 6 \\ (-1)\cdot(-2\,\mathrm{i}) + (8\,\mathrm{i})\cdot 4 + 2\cdot 6 \end{pmatrix} = \begin{pmatrix} -7\,\mathrm{i} \\ 4 \\ 10 + 4\,\mathrm{i} \\ 12 + 34\,\mathrm{i} \end{pmatrix}$

c) $\begin{pmatrix} \pi & \pi \end{pmatrix} \cdot \begin{pmatrix} -\pi \\ 2\pi \end{pmatrix} = \begin{pmatrix} \pi\cdot(-\pi) + \pi\cdot(2\pi) \end{pmatrix} = \begin{pmatrix} \pi^2 \end{pmatrix}$

Lösung 10.33   Die Bilder der Basisvektoren bzw. deren Koordinaten bezüglich
der Bildbasis kommen in die Spalten der Matrix.

a) Für jedes v_i ist $o(v_i) = 0_V = 0\cdot v_1 + \ldots + 0\cdot v_n$, also ist $(o(v_i))_{\mathcal{B}} = (0, \ldots, 0)^t$,
d.h. die $n \times n$-Matrix der Nullabbildung besitzt wie zu erwarten die Gestalt

$$_{\mathcal{B}}(o)_{\mathcal{B}} = \begin{pmatrix} 0 & \cdots & 0 \\ \vdots & \ddots & \vdots \\ 0 & \cdots & 0 \end{pmatrix}.$$

b) Für v_1 ist $\operatorname{id}(v_1) = v_1 = 1\cdot v_1 + 0\cdot v_2 + \ldots + 0\cdot v_n$, d.h.

$$(\operatorname{id}(v_1))_{\mathcal{B}} = (1, 0, \ldots, 0)^t = e_1$$

(der erste Standardbasisvektor im $\mathbb{K}^n$). Entsprechend gilt (für $n \geqslant 3$)

$$\operatorname{id}(v_2) = v_2 = 0\cdot v_1 + 1\cdot v_2 + 0\cdot v_3 + \ldots + 0\cdot v_n,$$

d.h. $(\mathrm{id}(v_2))_\mathcal{B} = (0,1,0,\ldots,0)^t = e_2$. Allgemein gilt $(\mathrm{id}(v_i))_\mathcal{B} = e_i$ (der i-te Standardbasisvektor im $\mathbb{K}^n$) für jedes $1 \leqslant i \leqslant n$. Die Matrix der Identität besitzt damit in jeder Basis $\mathcal{B}$ die Gestalt

$$_\mathcal{B}(\mathrm{id})_\mathcal{B} = \begin{pmatrix} e_1 & e_2 & \ldots & e_n \end{pmatrix} = \begin{pmatrix} 1 & & & \mathbf{0} \\ & 1 & & \\ & & \ddots & \\ \mathbf{0} & & & 1 \end{pmatrix},$$

wobei die großen Nullen für alle Einträge ($= 0$) außerhalb der Hauptdiagonalen stehen.

c) Diesmal ist die geänderte Reihenfolge der Vektoren in der Bildbasis zu beachten: Hier ist

$$\mathrm{id}(v_1) = v_1 = 0 \cdot v_2 + 0 \cdot v_3 + 1 \cdot v_1, \quad \text{d.h.} \quad (\mathrm{id}(v_1))_\mathcal{C} = (0,0,1)^t,$$

$$\mathrm{id}(v_2) = v_2 = 1 \cdot v_2 + 0 \cdot v_3 + 0 \cdot v_1, \quad \text{d.h.} \quad (\mathrm{id}(v_2))_\mathcal{C} = (1,0,0)^t,$$

$$\mathrm{id}(v_3) = v_3 = 0 \cdot v_2 + 1 \cdot v_3 + 0 \cdot v_1, \quad \text{d.h.} \quad (\mathrm{id}(v_3))_\mathcal{C} = (0,1,0)^t,$$

und die Matrix der Identität ist nun eine nicht-triviale *Permutationsmatrix*

$$_\mathcal{C}(\mathrm{id})_\mathcal{B} = \begin{pmatrix} 0 & 1 & 0 \\ 0 & 0 & 1 \\ 1 & 0 & 0 \end{pmatrix}.$$

d) Es ist $\mu_\mathrm{i}(1) = \mathrm{i} \cdot 1 = \mathrm{i} = 0 \cdot 1 + 1 \cdot \mathrm{i}$, d.h. $(\mu_\mathrm{i}(1))_\mathcal{B} = (0,1)^t$ und $\mu_\mathrm{i}(\mathrm{i}) = \mathrm{i} \cdot \mathrm{i} = -1 = (-1) \cdot 1 + 0 \cdot \mathrm{i}$, d.h. $(\mu_\mathrm{i}(\mathrm{i}))_\mathcal{B} = (-1,0)^t$. Damit ist die $\mathbb{R}$-Matrix der Multiplikation mit i gegeben durch

$$_\mathcal{B}(\mu_\mathrm{i})_\mathcal{B} = \begin{pmatrix} 0 & -1 \\ 1 & 0 \end{pmatrix}.$$

Natürlich ist $(z)_\mathcal{B} = (2, -3)^t$ und damit

$$(\mu_\mathrm{i}(z))_\mathcal{B} = {}_\mathcal{B}(\mu_\mathrm{i})_\mathcal{B} \cdot (z)_\mathcal{B} = \begin{pmatrix} 0 & -1 \\ 1 & 0 \end{pmatrix} \cdot \begin{pmatrix} 2 \\ -3 \end{pmatrix} = \begin{pmatrix} 0 \cdot 2 + (-1) \cdot (-3) \\ 1 \cdot 2 + 0 \cdot (-3) \end{pmatrix} = \begin{pmatrix} 3 \\ 2 \end{pmatrix},$$

was wie zu erwarten dem Ergebnis der direkten Rechnung entspricht, denn $\mathrm{i} \cdot (2 - 3\,\mathrm{i}) = 2\,\mathrm{i} - 3\,\mathrm{i}^2 = 3 + 2\,\mathrm{i}$.

e) Wie in der vorigen Teilaufgabe gilt $\mu_\mathrm{i}(1) = \mathrm{i} \cdot 1$, was hier jedoch schon die Darstellung in der gegebenen $\mathbb{C}$-Basis von $\mathbb{C}$ ist. D.h. $(\mu_\mathrm{i}(\mathrm{i}))_{\mathcal{B}'} = (\mathrm{i})$ und die $\mathbb{C}$-Matrix der Multiplikation mit i ist gegeben durch

$$_{\mathcal{B}'}(\mu_\mathrm{i})_{\mathcal{B}'} = (\mathrm{i}).$$

f) Diesmal ist $\mu_i(i) = i \cdot i = -1 = (-1) \cdot 1$, d.h. $(\mu_i(i))_{e'} = (-1)$ und die $\mathbb{C}$-Matrix der Multiplikation mit i ist bezüglich der neuen, verschiedenen Basen gegeben durch

$$_{e'}(\mu_i)_{\mathcal{B}''} = (-1).$$

g) Es gilt $\mu_{\sqrt{2}}(1) = \sqrt{2} \cdot 1 = \sqrt{2} = 0 \cdot 1 + 1 \cdot \sqrt{2}$, d.h. $(\mu_{\sqrt{2}}(1))_{\mathcal{B}} = (0,1)^t$, sowie $\mu_{\sqrt{2}}(\sqrt{2}) = \sqrt{2} \cdot \sqrt{2} = 2 = 2 \cdot 1 + 0 \cdot \sqrt{2}$, d.h. $(\mu_{\sqrt{2}}(\sqrt{2}))_{\mathcal{B}} = (2,0)^t$. Als Matrix ergibt sich

$$_{\mathcal{B}}(\mu_{\sqrt{2}})_{\mathcal{B}} = \begin{pmatrix} 0 & 2 \\ 1 & 0 \end{pmatrix}.$$

h) Aus $\pi_1(e_1) = 1 = 1 \cdot 1$ und $\pi_1(e_2) = \pi_1(e_3) = 0 = 0 \cdot 1$ folgt

$$_{e}(\pi_1)_{\mathcal{B}} = \begin{pmatrix} 1 & 0 & 0 \end{pmatrix}.$$

i) Die Matrixdarstellung lautet

$$_{e}\left(\frac{\mathrm{d}}{\mathrm{d}x}\right)_{\mathcal{B}} = \begin{pmatrix} 0 & 1 & 0 & 0 \\ 0 & 0 & 2 & 0 \\ 0 & 0 & 0 & 3 \end{pmatrix},$$

denn z.B. für x^3 gilt $\frac{\mathrm{d}}{\mathrm{d}x}(x^3) = 3x^2 = 0 \cdot 1 + 0 \cdot x + 3 \cdot x^2$, entsprechend für die anderen Basisvektoren.

j) Es ist $\tau(p)$ das Polynom mit $(\tau(p))(x) = p(x-1)$. Um unschöne Ausdrücke wie $(\tau(x))(x)$ zu vermeiden, geben wir den Basisvektoren andere Bezeichnungen. Es seien p_0, p_1, p_2 die Polynome mit $p_0(x) = x^0 = 1$, $p_1(x) = x^1 = x$ und $p_2(x) = x^2$. Dann gilt

$$(\tau(p_0))(x) = p_0(x - 1) = (x - 1)^0 = 1 = 1 \cdot 1 + 0 \cdot x + 0 \cdot x^2,$$

$$(\tau(p_1))(x) = p_1(x - 1) = (x - 1)^1 = (-1) \cdot 1 + 1 \cdot x + 0 \cdot x^2,$$

$$(\tau(p_2))(x) = p_2(x - 1) = (x - 1)^2 = 1 \cdot 1 + (-2) \cdot x + 1 \cdot x^2.$$

Somit erhalten wir als Matrix von τ

$$_{\mathcal{B}}(\tau)_{\mathcal{B}} = \begin{pmatrix} 1 & -1 & 1 \\ 0 & 1 & -2 \\ 0 & 0 & 1 \end{pmatrix}.$$

Der Koordinatenvektor $(p)_{\mathcal{B}} = (1, 3, -2)^t$ gehört zum Polynom $p(x) = 1 + 3x - 2x^2$. Durch direktes Anwenden von τ ergibt sich

$$(\tau(p))(x) = p(x - 1) = 1 + 3(x - 1) - 2(x - 1)^2$$

$$= 1 + 3x - 3 - 2x^2 + 4x - 2 = -4 + 7x - 2x^2.$$

Viel angenehmer ist es, dieses Ergebnis durch Anwenden des Matrix-Vektor-Produkts zu berechnen. Es ist

$$(\tau(p))_\mathcal{B} = {}_\mathcal{B}(\tau)_\mathcal{B} \cdot (p)_\mathcal{B} = \begin{pmatrix} 1 & -1 & 1 \\ 0 & 1 & -2 \\ 0 & 0 & 1 \end{pmatrix} \cdot \begin{pmatrix} 1 \\ 3 \\ -2 \end{pmatrix} = \begin{pmatrix} -4 \\ 7 \\ -2 \end{pmatrix},$$

was ebenfalls $(\tau(p))(x) = -4 + 7x - 2x^2$ bedeutet.

Lösung 10.34

a) Die Matrixdarstellung lautet

$$A = {}_\mathcal{B}(\varphi)_\mathcal{B} = \begin{pmatrix} 2 & -3 & -1 \\ 0 & -1 & 0 \\ -1 & 1 & 2 \end{pmatrix}.$$

b) Bezüglich der Basis $\mathcal{E}$ geschieht etwas Interessantes:

$$\varphi(v_1) = \varphi((1,1,0)^t) = \begin{pmatrix} 2 \cdot 1 - 3 \cdot 1 - 0 \\ -1 \\ -1 + 1 + 2 \cdot 0 \end{pmatrix} = \begin{pmatrix} -1 \\ -1 \\ 0 \end{pmatrix} = (-1) \cdot v_1,$$

$$\varphi(v_2) = \varphi((1,0,1)^t) = \begin{pmatrix} 2 \cdot 1 - 3 \cdot 0 - 1 \\ 0 \\ -1 + 0 + 2 \cdot 1 \end{pmatrix} = \begin{pmatrix} 1 \\ 0 \\ 1 \end{pmatrix} = 1 \cdot v_2,$$

$$\varphi(v_3) = \varphi((1,0,-1)^t) = \begin{pmatrix} 2 \cdot 1 - 3 \cdot 0 + 1 \\ 0 \\ -1 + 0 - 2 \cdot 1 \end{pmatrix} = \begin{pmatrix} 3 \\ 0 \\ -3 \end{pmatrix} = 3 \cdot v_3,$$

d.h. die zugehörige Matrix besitzt *Diagonalgestalt*

$$B = {}_\mathcal{E}(\varphi)_\mathcal{E} = \begin{pmatrix} -1 & 0 & 0 \\ 0 & 1 & 0 \\ 0 & 0 & 3 \end{pmatrix}.$$

Durch geschickte Wahl der Basis kann man hier also die darstellende Matrix schön einfach aussehen lassen.

Anmerkung: Einen Vektor v, der bei Anwendung von φ in ein Vielfaches $\lambda \cdot v$ von sich selbst übergeht, nennt man *Eigenvektor* und das zugehörige λ heißt *Eigenwert*. Wie man solche Eigenvektoren bestimmen kann und für welche linearen Abbildungen es wie in dieser Aufgabe sogar Basen aus Eigenvektoren gibt, untersucht man in der sogenannten *Eigenwerttheorie*.

Lösung 10.35

a) Durch mehrfaches Anwenden der Kippregel erhält man:

$$\begin{pmatrix} 1 & 2 \\ 3 & 4 \end{pmatrix} \cdot \begin{pmatrix} 1 & 2 & 3 \\ -1 & -2 & -3 \end{pmatrix}$$

$$= \begin{pmatrix} 1 \cdot 1 + 2 \cdot (-1) & 1 \cdot 2 + 2 \cdot (-2) & 1 \cdot 3 + 2 \cdot (-3) \\ 3 \cdot 1 + 4 \cdot (-1) & 3 \cdot 2 + 4 \cdot (-2) & 3 \cdot 3 + 4 \cdot (-3) \end{pmatrix} = \begin{pmatrix} -1 & -2 & -3 \\ -1 & -2 & -3 \end{pmatrix}.$$

b) Das Matrixprodukt existiert nicht, da die Formate nicht passen.

c) $\begin{pmatrix} 0 & 1 \\ 0 & 0 \end{pmatrix} \cdot \begin{pmatrix} 0 & 1 \\ 0 & 0 \end{pmatrix} = \begin{pmatrix} 0 & 0 \\ 0 & 0 \end{pmatrix}$

d) $(1 \quad i) \cdot \begin{pmatrix} 1 \\ i \end{pmatrix} = (1 \cdot 1 + i \cdot i) = (1 - 1) = (0)$

e) $\begin{pmatrix} 1 \\ i \end{pmatrix} \cdot (1 \quad i) = \begin{pmatrix} 1 \cdot 1 & 1 \cdot i \\ i \cdot 1 & i \cdot i \end{pmatrix} = \begin{pmatrix} 1 & i \\ i & -1 \end{pmatrix}$

Lösung 10.36   Es ist $\sigma_1((x_1, x_2)^t) = (x_2, x_1)^t$ und $\sigma_2((x_1, x_2)^t) = (-x_1, -x_2)^t$. Insbesondere ist $\sigma_1(e_1) = e_2$, $\sigma_1(e_2) = e_1$, $\sigma_2(e_1) = -e_1$ und $\sigma_2(e_2) = -e_2$ (falls dies unklar ist, schreibe dir e_1 und e_2 und ihre Bilder in Komponenten auf). Somit erhalten wir

$$(\sigma_2 \circ \sigma_1)(e_1) = \sigma_2(\sigma_1(e_1)) = \sigma_2(e_2) = -e_2 = 0 \cdot e_1 + (-1) \cdot e_2,$$
$$(\sigma_2 \circ \sigma_1)(e_2) = \sigma_2(\sigma_1(e_2)) = \sigma_2(e_1) = -e_1 = (-1) \cdot e_1 + 0 \cdot e_2,$$

und als Matrixdarstellung ergibt sich

$$_\mathcal{B}(\sigma_2 \circ \sigma_1)_\mathcal{B} = \begin{pmatrix} 0 & -1 \\ -1 & 0 \end{pmatrix}$$

(geometrisch ist dies übrigens die Spiegelung an der zweiten Winkelhalbierenden). Anwenden des Satzes 10.8 ergibt ebenfalls

$$_\mathcal{B}(\sigma_2 \circ \sigma_1)_\mathcal{B} = {}_\mathcal{B}(\sigma_2)_\mathcal{B} \cdot {}_\mathcal{B}(\sigma_1)_\mathcal{B} = \begin{pmatrix} -1 & 0 \\ 0 & -1 \end{pmatrix} \cdot \begin{pmatrix} 0 & 1 \\ 1 & 0 \end{pmatrix} = \begin{pmatrix} 0 & -1 \\ -1 & 0 \end{pmatrix}.$$

Ferner ist $\sigma_1 \circ \sigma_2 = \sigma_2 \circ \sigma_1$, wie man sich leicht überlegt (geometrisch oder formal).

Lösung 10.37

a) Wir prüfen das Unterraum-Kriterium 10.1. Zunächst ist wegen $1_\mathcal{C} \in \mathcal{C}$ die Menge $\mathcal{C}$ nicht leer und die Rechnung

$$\begin{pmatrix} a & -b \\ b & a \end{pmatrix} + \begin{pmatrix} c & -d \\ d & c \end{pmatrix} = \begin{pmatrix} a+c & -(b+d) \\ b+d & a+c \end{pmatrix} \in \mathcal{C}$$

zeigt, dass die Summen von Matrizen aus $\mathcal{C}$ wieder in $\mathcal{C}$ liegen. Ebenso sieht man, dass reelle skalare Vielfache von Matrizen aus $\mathcal{C}$ wieder ein Element aus $\mathcal{C}$ ergeben:

$$\lambda \cdot \begin{pmatrix} a & -b \\ b & a \end{pmatrix} = \begin{pmatrix} \lambda a & -(\lambda b) \\ \lambda b & \lambda a \end{pmatrix} \in \mathcal{C}.$$

Folglich ist $\mathcal{C}$ ein Untervektorraum von $\text{Mat}_{2 \times 2, \mathbb{R}}$ und damit wieder selbst ein $\mathbb{R}$-Vektorraum. Die Zerlegung

$$\begin{pmatrix} a & -b \\ b & a \end{pmatrix} = \begin{pmatrix} a & 0 \\ 0 & a \end{pmatrix} + \begin{pmatrix} 0 & -b \\ b & 0 \end{pmatrix} = a \cdot 1_\mathcal{C} + b \cdot I$$

für $a, b \in \mathbb{R}$ zeigt, dass die Matrizen $1_\mathscr{C}$, I ein Erzeugendensystem von $\mathscr{C}$ bilden. Um die lineare Unabhängigkeit der beiden Matrizen nachzuweisen, betrachten wir eine $\mathbb{R}$-Linearkombination des Nullvektors von $\mathscr{C}$, also der 2×2−Nullmatrix: $\lambda \cdot 1_\mathscr{C} + \mu \cdot I = 0_\mathscr{C}$, d.h. ausgeschrieben

$$\lambda \cdot \begin{pmatrix} 1 & 0 \\ 0 & 1 \end{pmatrix} + \mu \cdot \begin{pmatrix} 0 & -1 \\ 1 & 0 \end{pmatrix} = \begin{pmatrix} \lambda & -\mu \\ \mu & \lambda \end{pmatrix} \stackrel{!}{=} \begin{pmatrix} 0 & 0 \\ 0 & 0 \end{pmatrix}.$$

Durch Vergleich der Matrixeinträge folgt $\lambda = \mu = 0$. Somit ist $(1_\mathscr{C}, I)$ eine $\mathbb{R}$-Basis von $\mathscr{C}$.

Um den geforderten Isomorphismus $\varphi \colon \mathscr{C} \to \mathbb{C}$ zu definieren, ziehen wir Satz 10.6 heran. Laut diesem müssen wir nur vorgeben, was mit den Basisvektoren von $\mathscr{C}$ geschieht. Wir setzen $\varphi(1_\mathscr{C}) := 1$ sowie $\varphi(I) := \mathrm{i}$, und Satz 10.6 liefert uns eine eindeutige lineare Abbildung $\varphi \colon \mathscr{C} \to \mathbb{C}$ welche dies fortsetzt, und zwar $\varphi(a \cdot 1_\mathscr{C} + b \cdot I) = a + b\,\mathrm{i}$. Weil zudem φ eine $\mathbb{R}$-Basis von $\mathscr{C}$ auf eine $\mathbb{R}$-Basis von $\mathbb{C}$ abbildet, ist φ ein Isomorphismus (vergleiche die Bemerkung nach Satz 10.2).

b) Für $Z, W \in \mathscr{C}$ zeigt folgende Rechnung, dass auch $Z \cdot W$ in $\mathscr{C}$ liegt:

$$Z \cdot W = \begin{pmatrix} a & -b \\ b & a \end{pmatrix} \cdot \begin{pmatrix} c & -d \\ d & c \end{pmatrix} = \begin{pmatrix} ac + (-b)d & a(-d) + (-b)c \\ bc + ad & b(-d) + ac \end{pmatrix}$$

$$= \begin{pmatrix} ac - bd & -(ad + bc) \\ ad + bc & ac - bd \end{pmatrix} \in \mathscr{C}.$$

Wie in der Aufgabenstellung schon erwähnt, gelten alle weiteren Algebren-Eigenschaften wie z.B. Assoziativität, Distributivität etc. die in $\mathscr{A}_{2,\mathbb{R}}$ gelten, auch in der Teilmenge $\mathscr{C}$. Weil zudem die Einheitsmatrix $1_\mathscr{C}$, also das Neutralelement der Multiplikation von $\mathscr{A}_{2,\mathbb{R}}$, in $\mathscr{C}$ liegt, ist $\mathscr{C}$ selbst wieder eine (assoziative) $\mathbb{R}$-Algebra mit Eins.

c) In b) haben wir das Produkt $Z \cdot W$ berechnet. Nun rechnen wir umgekehrt

$$W \cdot Z = \begin{pmatrix} c & -d \\ d & c \end{pmatrix} \cdot \begin{pmatrix} a & -b \\ b & a \end{pmatrix} = \begin{pmatrix} ca + (-d)b & c(-b) + (-d)a \\ da + cb & d(-b) + ca \end{pmatrix}$$

$$= \begin{pmatrix} ac - bd & -(ad + bc) \\ ad + bc & ac - bd \end{pmatrix} = Z \cdot W.$$

Somit ist $\mathscr{C}$ eine *kommutative* $\mathbb{R}$-Algebra mit Eins, und das einzige was uns jetzt noch zum Körper fehlt, ist die Existenz von multiplikativen Inversen (siehe f)).

d) Es ist $I^2 = \begin{pmatrix} 0 & -1 \\ 1 & 0 \end{pmatrix} \cdot \begin{pmatrix} 0 & -1 \\ 1 & 0 \end{pmatrix} = \begin{pmatrix} -1 & 0 \\ 0 & -1 \end{pmatrix} = -1_\mathscr{C}$. Das sollte deswegen nicht überraschen, weil I die reelle Darstellungsmatrix der Multiplikation mit i ist, und $\mathrm{i}^2 = -1$ ergibt.

e) Mit den Bezeichnungen aus Teil b) gilt

$$\varphi(Z \cdot W) = \varphi\left(\begin{pmatrix} ac - bd & -(bc + ad) \\ bc + ad & ac - bd \end{pmatrix}\right) = ac - bd + (ad + bc)\,\mathrm{i},$$

was dasselbe ist wie $\varphi(Z)\varphi(W)$ (Produkt komplexer Zahlen), denn

$$\varphi(Z)\varphi(W) = (a+b\,\mathrm{i})(c+d\,\mathrm{i}) = ac+ad\,\mathrm{i}+bc\,\mathrm{i}+bd\,\mathrm{i}^2 = ac-bd+(ad+bc)\,\mathrm{i}.$$

Damit ist φ ein sogenannter *Algebrenisomorphismus*.

f) Sei $0_{\mathscr{C}} \neq Z = \begin{pmatrix} a & -b \\ b & a \end{pmatrix} \in \mathscr{C}$, d.h. $a \neq 0$ oder $b \neq 0$. Damit ist die komplexe Zahl $z := a + b\,\mathrm{i} \neq 0$, und wir können ihr Inverses in $\mathbb{C}$ bilden: $z^{-1} = (a+b\,\mathrm{i})^{-1} = \frac{a}{a^2+b^2} - \frac{b}{a^2+b^2}\,\mathrm{i}$. Dies übertragen wir mittels φ^{-1} zurück auf $\mathscr{C}$,

$$Z^{-1} := \varphi^{-1}(z^{-1}) = \begin{pmatrix} a/(a^2+b^2) & b/(a^2+b^2) \\ -b/(a^2+b^2) & a/(a^2+b^2) \end{pmatrix} = \frac{1}{a^2+b^2} \cdot \begin{pmatrix} a & b \\ -b & a \end{pmatrix}.$$

Man kann leicht nachrechnen, dass diese Matrix Z^{-1} tatsächlich das multiplikative Inverse von Z ist, also dass $Z \cdot Z^{-1} = 1_{\mathscr{C}}$ gilt. Eleganter geht dies unter Verwendung der Multiplikativität von φ:

$$\varphi(Z \cdot Z^{-1}) = \varphi(Z)\varphi(Z^{-1}) = zz^{-1} = 1 = \varphi(1_{\mathscr{C}}),$$

und die Injektivität von φ liefert die gewünschte Beziehung $Z \cdot Z^{-1} = 1_{\mathscr{C}}$. Insgesamt wissen wir nun also, dass $\mathscr{C}$ ein zu $\mathbb{C}$ isomorpher Körper ist (isomorph im Sinne von Algebren).

g) Es ist $\varphi^{-1}(z) = \varphi^{-1}(r\cos\theta + \mathrm{i}\,r\sin\theta) = \begin{pmatrix} r\cos\theta & -r\sin\theta \\ r\sin\theta & r\cos\theta \end{pmatrix}$. Dies lässt sich auf folgende Weise in ein Produkt von Matrizen zerlegen:

$$\begin{pmatrix} r\cos\theta & -r\sin\theta \\ r\sin\theta & r\cos\theta \end{pmatrix} = \begin{pmatrix} r & 0 \\ 0 & r \end{pmatrix} \cdot \begin{pmatrix} \cos\theta & -\sin\theta \\ \sin\theta & \cos\theta \end{pmatrix},$$

woran man erkennt, dass es sich um die Darstellungsmatrix der Komposition $(r \cdot \mathrm{id}) \circ \rho_\theta$ (bezüglich der Standardbasis von $\mathbb{C} = \mathbb{R}^2$) handelt. Anwendung dieser Matrix auf einen Vektor im $\mathbb{R}^2$ entspricht somit der Drehung um θ im Gegenuhrzeigersinn mit anschließender Streckung um den Faktor r, also genau das, was die Multiplikation mit z in $\mathbb{C}$ geometrisch bedeutet.

Stichwortverzeichnis

© Springer Fachmedien Wiesbaden GmbH, ein Teil von Springer Nature 2019
T. Glosauer, *(Hoch)Schulmathematik*, https://doi.org/10.1007/978-3-658-24574-0

Printed in the United States
By Bookmasters